微电子与集成电路先进技术丛书

三维芯片集成与封装技术

[美] 刘汉诚（John H. Lau） 著
杨 兵 译

机 械 工 业 出 版 社

本书系统地讨论了用于电子、光电子和MEMS器件的2.5D、3D，以及3D IC集成和封装技术的最新进展和未来可能的演变趋势，同时详尽地讨论了IC的3D集成和封装关键技术中存在的主要工艺问题和可能的解决方案。通过介绍半导体产业中IC按照摩尔定律的发展以及演变的历史，阐述3D集成和封装的优势和挑战，结合当前3D集成关键技术的发展重点讨论TSV制程与模型、晶圆减薄与薄晶圆在封装组装过程中的拿持晶圆键合技术、3D堆叠的微凸点制造与组装技术、3D Si集成、2.5D/3D IC集成和采用无源转接板的3D IC集成、2.5D/3D IC集成的热管理技术、封装基板技术，以及存储器、LED、MEMS、CIS 3D IC集成等关键技术问题，最后讨论3D IC封装技术。

本书适合从事电子、光电子、MEMS等器件3D集成的工程师、科研人员和技术管理人员阅读，也可以作为高等院校相关专业高年级本科生和研究生的教材和参考书。

译者序

自1965年被提出以来，半导体产业的发展一直遵循着摩尔定律。但随着近些年来越来越小的线宽技术的出现，在单一芯片上集成更高密度的电路并实现更多的功能变得越来越困难，成本也越来越高，于是出现了“超越摩尔（More than Moore）”的呼声。3D集成技术目前被认定为是超越摩尔定律，持续实现器件小型化、高密度、多功能化解决方案的核心技术。近年来，越来越多的企业和研发机构投入大量人力和物力从事3D集成技术的研究，以期在未来的3D时代取得竞争优势。这些企业的工程师、研发人员和技术管理人员，以及研发机构的科学家都迫切需要深入了解3D集成的相关技术。

John H. Lau博士在本书中结合当前3D集成关键技术的发展重点讨论TSV制程与模型、晶圆减薄与薄晶圆在封装组装过程中的拿持晶圆键合技术、3D堆叠的微凸点制造与组装技术、3D Si集成、2.5D/3D IC集成和采用无源转接板的3D IC集成、2.5D/3D IC集成的热管理技术、封装基板技术，存储器、LED、MEMS、CIS 3D IC集成等关键技术问题，以及3D IC封装技术。内容涵盖了3D集成技术领域的几乎所有方面。对于希望掌握3D集成技术的学生和研究人员来说，本书不可不读。

本书由北方工业大学杨兵老师完成翻译和整理工作。

感谢老朋友、机械工业出版社江婧婧编辑为原著版权和译著出版等各项事宜所做的大量工作。感谢家人的理解和支持，使我能静下心来完成翻译工作。

书中翻译有不妥甚至错误之处，敬祈读者不吝赐教。

杨兵

2022年10月

原书前言

IC 的 3D 集成正在席卷整个半导体行业。它已经影响到了芯片供应商、无晶圆厂的设计公司、晶圆厂、集成器件制造商、外包半导体组装和测试、基板、电子制造服务、设计制造商、设备制造商、材料和设备供应商、大学和研究机构，吸引来自世界各地的研究人员和工程师在会议、讲座、研讨会和论坛中交流学习，展示他们的发现，寻找解决方案并规划他们的未来，推动行业建立 IC 的 3D 集成的标准、基础和生态系统。

这是一场完美的风暴，研究人员和公司都认为摩尔定律很快就会谢幕，而 IC 的 3D 集成将会是下一个热点。为了对未来做好准备并拥有竞争优势，他们一直在为 IC 的 3D 集成投入大量的人力和物力。IC 的 3D 集成被定义为在三维空间中通过硅通孔（Through Silicon Via，TSV）和微凸点堆叠薄芯片/转接板，以实现高性能、高密度、低功耗、宽带宽、小尺寸和轻量化。因此，TSV、薄晶圆/芯片拿持、微凸点、组装和热管理是 IC 的 3D 集成中最重要的关键技术。

然而，对于大多数实践工程师和管理人员以及科学家和研究人员来说，TSV、薄晶圆强度测量和拿持、微焊料凸点加工、再分布层（Redistribution Layer，RDL）、转接板、芯片-晶圆键合、晶圆-晶圆键合、组装、热管理、可靠性，以及包含发光二极管（Light-Emitting Diode，LED）、微机电系统（Microelectromechanical System，MEMS）和互补金属氧化物半导体（Complementary Metal-Oxide Semiconductor，CMOS）图像传感器（Contact Image Sensor，CIS）的 IC 的 3D 集成还没有得到很好的理解。因此，无论是在工业界还是在研究机构，都迫切需要编写一本内容全面的书籍，介绍这些关键技术的知识现状。本书的写作目的是让读者能够快速了解解决问题方法的基础知识，并理解在做出系统级决策时所要进行的折中。

本书共 14 章，讲述 10 个主要主题，第 1 章为半导体 IC 封装的 3D 集成；第 2 章为硅通孔建模和测试；第 3 章为用于薄晶圆拿持和应力测量的应力传感器；第 4 章为封装基板技术；第 5 章为微凸点：制造、组装和可靠性；第 6、7、8 章分别为3D Si集成，2.5D/3D IC集成，以及采用无源转接板的3D IC集成；第9章为2.5D/3D IC集成的热管理；第10章为嵌入式3D混合集成；第11、12、13章分别为LED、MEMS和CIS与IC的3D集成；第14章为3D IC封装。

第1章简要讨论了IC的3D封装、IC的3D集成和Si的3D集成，介绍了TSV时代之前和之后的供应链以及TSV大批量制造CIS和MEMS产品的现状。

第2章介绍了一种通用TSV结构的高频电学分析模型和方程，这些方程已在频域和时域中得到验证。此外，还提供了通用TSV的等效热传导率方程，这些方程已通过TSV结构的3D仿真得到验证。最后，讨论了Cu填充TSV的Cu胀出和排除区。

第3章详细介绍了压阻式应力传感器的设计、制造和校准，探讨了应力传感器在薄晶圆拿持中的应用。此外，还介绍了应力传感器在晶圆凸点制造中的应用。最后介绍了应力传感器在嵌入式超薄芯片跌落试验中的应用。

第4章介绍了IC倒装芯片的2.5D/3D集成应用中的封装基板和积层，还提供了无芯封装基板。最后，讨论了具有积层的封装基板的最新进展。

第5章讨论了晶圆凸点加工、组装和焊料凸点在25μm、20μm和15μm间距下IC的3D集成的可靠性。对于每种情况，都会检查测试结构、焊料、凸点下金属（Under Bump Metallurgy，UBM）、组装条件、底部填充和可靠性评估。

接下来的三章专门介绍3D Si集成、2.5D/3D IC集成和采用无源转接板的3D IC集成。第6章介绍了3D Si集成的概述、展望和挑战。第7章讨论了3D IC集成的潜在应用，如存储器芯片堆叠、宽I/O存储器或逻辑、宽I/O动态随机存取存储器（Dynamic Random - Access Memory，DRAM）或混合存储器立方（Hybrid Memory Cube，HMC）、宽I/O 2和高带宽存储器（High Bandwidth Memory，HBM）以及宽I/O接口（2.5D IC集成）。此外，还详细介绍了TSV和RDL的制造。最后，讨论了各种薄晶圆的拿持方法。第8章介绍了三种不同结构的无源转接板的3D IC集成。对于每个结构，提供了转接板和RDL的制造以及转接板两侧芯片的最终组装。

第9章介绍了2.5D/3D IC集成的热管理，提出了一种新的设计方案，该方案由顶部带有芯片/散热片的转接板和底部带有或不带有热沉的芯片组成。此外，还提供了2.5D和3D IC之间的热性能比较。最后，介绍了一种由TSV转接板和嵌入式微通道组成的热管理系统。

第10章介绍嵌入式3D混合集成，研究了使用光波导和嵌入式板级光互连的印制电路板，提出了一种嵌入式3D混合集成系统。最后，提出了一种带有应力消除间隙的半嵌入式TSV转接板。

接下来的三章专门介绍LED、MEMS和CIS与IC的3D集成，第11章介绍了Haitz定律的现状和前景以及LED产品的四个关键部分。此外，还介绍了

2.5D/3D IC 和 LED 的集成。最后，介绍了 3D IC 和 LED 的集成的热管理。第 12 章介绍了 3D IC 和 MEMS 集成的十种不同设计和组装工艺。此外，还提供了 MEMS 3D 封装与焊料的低温键合。最后，介绍了先进的 2.5D/3D IC 和 MEMS IC 的最新发展。第 13 章介绍了前照式（Front - Illuminated，FI）CIS 和后照式（Back - Illuminated，BI）CIS 之间的区别。讨论了 CIS 和 IC 的 3D 集成的两个例子（一个是芯片 - 晶圆的键合；另一个是堆叠晶圆的键合）。

第 14 章介绍了 3D IC 封装，包括通过引线键合的芯片堆叠、叠层封装、扇入晶圆级封装、扇出嵌入式晶圆级封装和嵌入式（刚性和柔性）板级封装。

本书针对的读者群体包含三类：那些打算研究和开发 IC 的 3D 集成关键技术的人员，如 TSV、转接板、RDL、薄晶圆拿持、微凸点、组装和热管理；遇到实际 IC 的 3D 集成问题并希望了解和学习更多解决此类问题的方法的人员；必须为其产品选择可靠、创新、高性能、高密度、低功耗、宽带和经济高效 IC 的 3D 集成技术的人。这本书也可以作为大学生和研究生的教材，他们有潜力成为未来电子和光电子行业的领导者、科学家和工程师。

我希望这本书能成为一本有价值的参考书，帮助所有面临 IC 的 3D 集成和 3D IC 与 LED、MEMS 和 CIS 集成日益增长所带来的挑战性问题的人员，我还希望它将有助于促进关键技术的进一步研究和开发，以及 IC 的 3D 集成产品的更完善应用。

学习如何在 IC 的 3D 集成和封装系统中设计和制造 TSV、RDL 和微凸点互连及热管理有助于在电子和光电子行业获得重大的进展，并在性能、功能、密度、功率、带宽、质量、尺寸和重量等方面获得显著成效。我希望本书中提供的信息有助于消除技术障碍，避免不必要的错误，加快 IC 的 3D 集成和封装领域中的设计、材料、工艺和制造这些关键技术的发展。

John H. Lau

目　录

第1章 »

半导体IC封装的3D集成

1.1 引　　言

自1996年以来，电子行业的市场规模一直处于领先地位，2015年达到1.6万亿美元。可以说，电子行业最重要的发明之一就是晶体管（1947年），这个发明使得约翰·巴丁（John Bardeen）、沃尔特·布莱顿（Walter Brattain）和威廉·肖克利（William Shockley）在1956年获得了诺贝尔物理学奖。1958年杰克·基尔比（Jack Kilby）和罗伯特·诺伊斯（Robert Noyce）先后发明了集成电路（由于罗伯特·诺伊斯比于1990年去世，所以他没能与杰克·基尔比分享诺贝尔奖），这激发了一代又一代集成电路的发展。

1965年，戈登·摩尔（Gordon Moore）提出了IC上的晶体管数量每24个月增加一倍（以实现最低成本和创新）的趋势（也称为摩尔定律），这是过去60年来微电子行业发展的最强大驱动力。该定律强调光刻技术一方面可能通过SoC按比例缩小尺寸，以及实现所有功能在单个芯片上的集成（2D）；另一方面，所有这些功能的集成都可以通过3D集成来实现，如图1-1所示，这将是本书的重点。

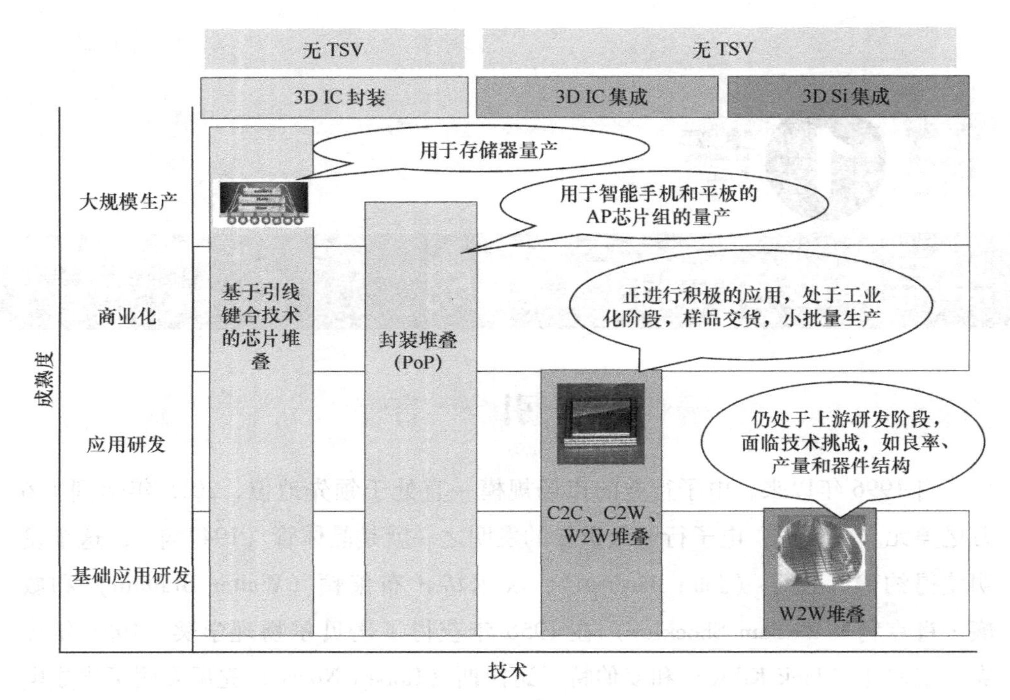

图 1-1　3D 集成技术与成熟度

1.2　3D 集成

TSV 是 3D IC/Si 集成的核心。图 1-2 显示了威廉·肖克利于 1958 年 10 月 23 日提交并于 1962 年 7 月 17 日授予的名为半导体晶圆及其制造方法的美国专利（编号 3044909）。威廉·肖克利同时也创造了半导体行业有史以来最伟大的发明——晶体管。

肖克利在 60 多年前发明了 TSV，但它并不适用于 3D IC/Si 集成，3D IC/Si 集成[1-96]由两层或多层有源电子元器件组成，这些元器件通过 TSV 垂直集成到单个电路中。这是由 SOI（绝缘体上的硅）技术的进步触发的[97]，Gat 和他的同事对此进行了首次报道，当时半导体领域的工作人员认为摩尔定律将在 20 世纪 90 年代触礁。当然，事实证明并非如此。

1965 年诺贝尔物理学奖得主理查德·费曼（Richard Feynman）是 3D IC/Si 集成最有力的推动者（见图 1-3）。他在 1985 年东京 Gakushuin 大学举办的 Nishina纪念讲演的报告《未来的计算机》中说，“（计算能力）改进的另一个方向是使物理机器变为三维，而不是全部在芯片表层。这可以分阶段完成，而不是一次完成。可以有几个层，然后随着时间的推移添加更多的层”。即使在今天，

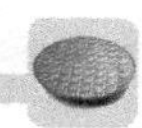

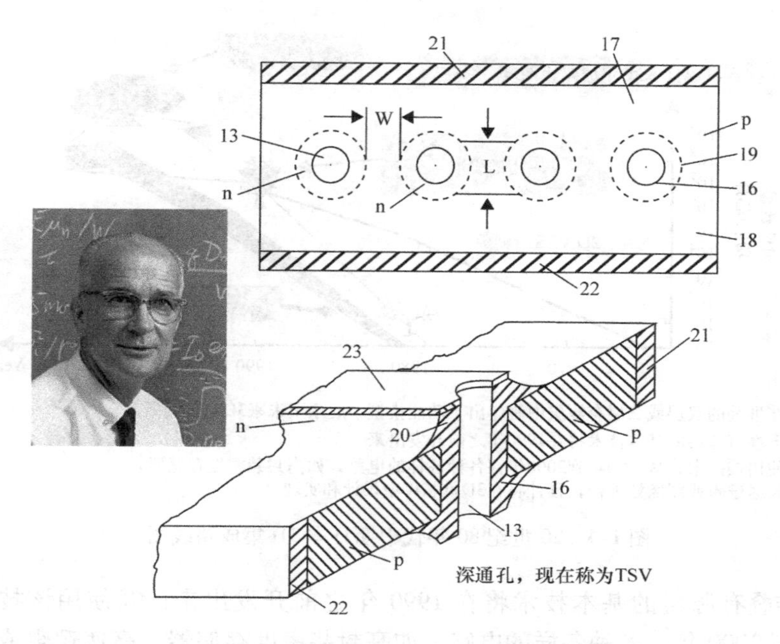

图 1-2　威廉 · 肖克利发明了 TSV（美国专利#3044909）

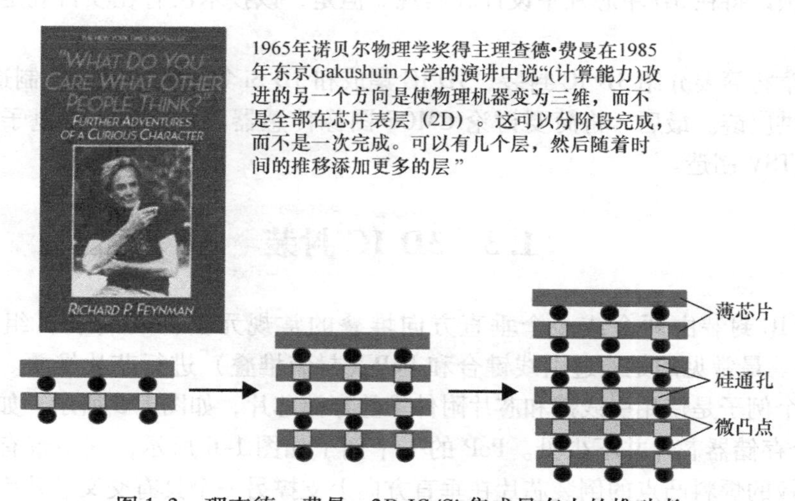

图 1-3　理查德 · 费曼，3D IC/Si 集成最有力的推动者

许多正在寻找 3D IC/Si 集成研究基金的人都喜欢引用理查德 · 费曼在 1985 年的这一报告。

20 世纪 80 年代中期，日本 MITI（国际贸易和工业部）资助了 3D 研究委员会的 3D IC/Si 集成项目，他们的路线图如图 1-4 所示[78]。日本 MITI 随后宣布：①在堆叠的双层或三层有源层中制作出了功能模型，展示了未来 3D 结构的概

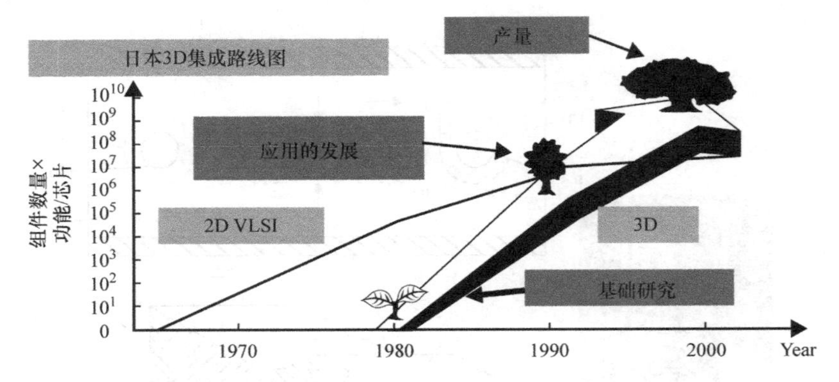

- 在堆叠的双层或三层有源层中制作出了功能模型，展示了未来3D结构的概念
- 堆叠有源层的基本技术将在1990年之前开发出来
- 使用该技术，从1990年到2000年，各种各样的电路，如高封装密度存储器、高速逻辑或图像处理器，预计将在3D单芯片中设计和实现

图 1-4　20 世纪 80 年代中期日本 3D 集成路线图

念；②堆叠有源层的基本技术将在 1990 年之前开发出来；③使用该技术，从 1990 年到 2000 年，各种各样的电路，如高封装密度存储器、高速逻辑或图像处理器，预计将在 3D 单芯片中设计和实现。但是，该技术没有在项目规定的时间内实现。

本章将简要介绍 3D IC 封装、3D IC 集成和 3D Si 集成，还将介绍制造 3D IC 集成的供应链。最后，将简要讨论 CMOS 图像传感器和 MEMS（微电子机械系统）的 TSV 制造。

1.3　3D IC 封装

3D IC 封装由两个或多个垂直方向堆叠的常规元器件（封装）组成（见图 1-1）。最常见的是通过引线键合和 PoP（封装堆叠）进行芯片堆叠。芯片堆叠的一个例子是使用引线键和芯片附件堆叠存储芯片，如图 1-5 所示。如今，堆叠 28 个存储器芯片并不少见。PoP 的一个例子如图 1-6 所示，其中带有连接到封装基板的焊料凸点的倒装芯片在垂直方向上支撑另一个具有交叉芯片引线键合的封装。

3D 存储器芯片堆叠和 PoP 是成熟的技术，在大批量生产中，如 3D 集成技术的成熟状态（见图 1-1）所示，因而在此不再讨论。然而，3D IC 封装技术一直是支持智能手机和平板电脑等移动产品，并可能成为智能手表等可穿戴产品的材料消耗和新材料开发的主要驱动力，这将在本书的最后一章中讨论。

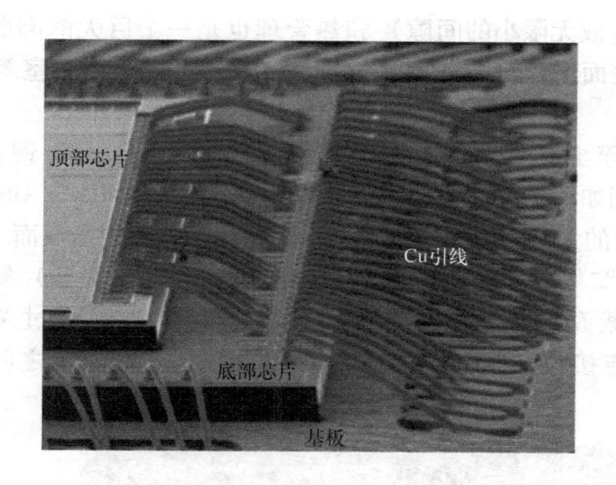

图 1-5　Amkor 公司的采用 Cu 引线键合的芯片堆叠

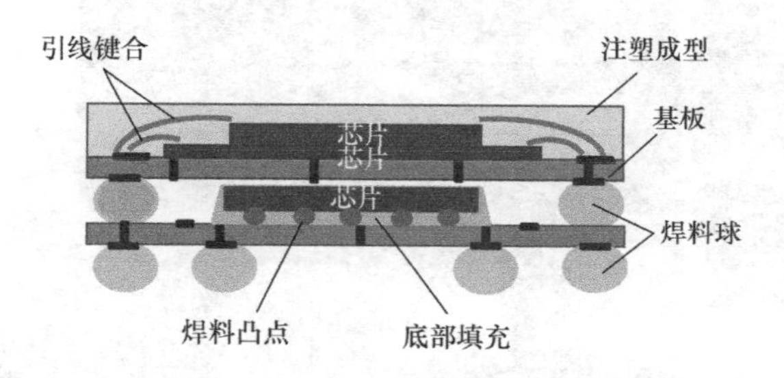

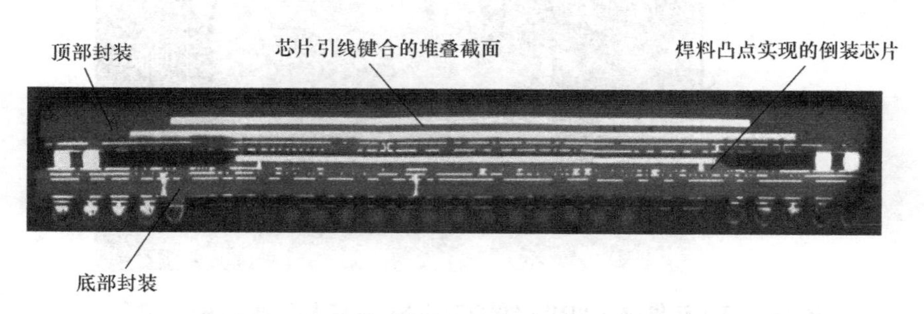

图 1-6　应用处理器芯片组的堆叠封装（PoP）

1.4　3D Si 集成

3D Si 集成使用 TSV 在垂直方向上堆叠晶圆/芯片，而不使用任何凸点（无凸点）。基本上，W2W（晶圆到晶圆）是执行 3D Si 集成键合操作的唯一方法，因此良率是一个大问题（例如一些坏的芯片被键合到好的芯片上）。还有，晶圆之间没有间隙（或无限小的间隙）和热管理也是一个巨大的问题。此外，对键合条件，例如表面清洁度、表面平整度和 3D Si 集成的洁净室等级的要求都非常高。

3D Si 集成至少有两种不同的 W2W 键合方法，即 Cu - Cu 键合和氧化物 - 氧化物键合，分别如图 1-7 和图 1-8 所示。图 1-7 显示了 NIMS/AIST/Toshiba/东京大学[79-85]给出的无凸点 Cu - Cu 电极（焊盘）间界面的横截面。图 1-8 显示了麻省理工学院[86-92]在 275℃下键合的三层 3D（环形振荡器）氧化物 - 氧化物键合结构的横截面。可以看出：①各层是键合的，并且通过 W 型接头互连；②传统的层间连接位于底部两层；③3D 通孔位于晶体管之间的隔离（场）区域。

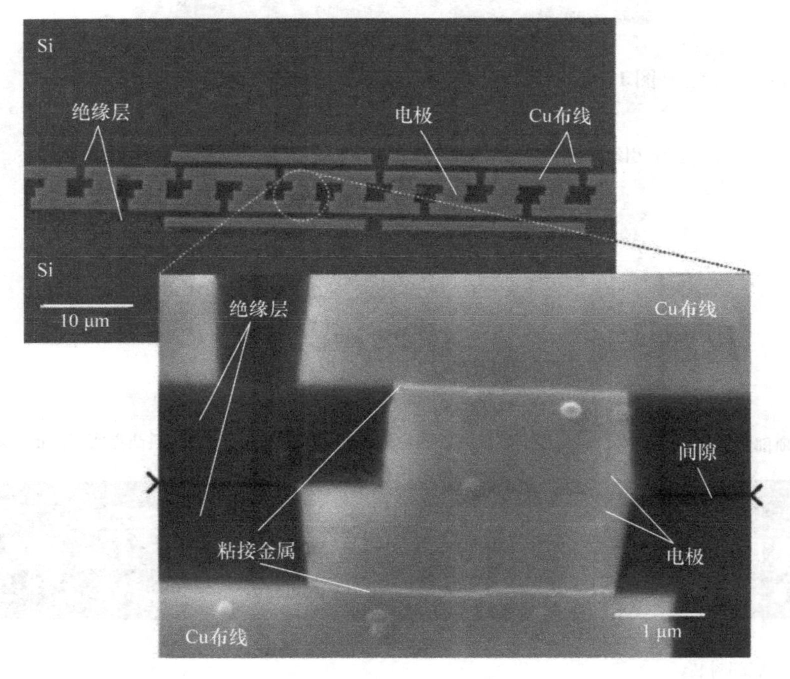

图 1-7　3D Si 集成（NIMS/AIST/Toshiba/东京大学的 Cu - Cu 键合）

在使用 3D Si 集成技术制造产品之前，还需要做大量的工作。除了热管理、通孔形成、薄晶圆拿持外，更多的研发工作还应放在成本降低、设计和工艺参数优化、键合环境、W2W 键合对准、晶圆变形、晶圆弯曲（翘曲）、检查和测试、接触性能、接触完整性、接触可靠性和制造良率问题等方面。此外，将 3D Si 集成模块系统地、可靠地封装到下一级互连构成了另一个巨大的挑战。第 6 章将介绍 3D Si 集成的更多内容。

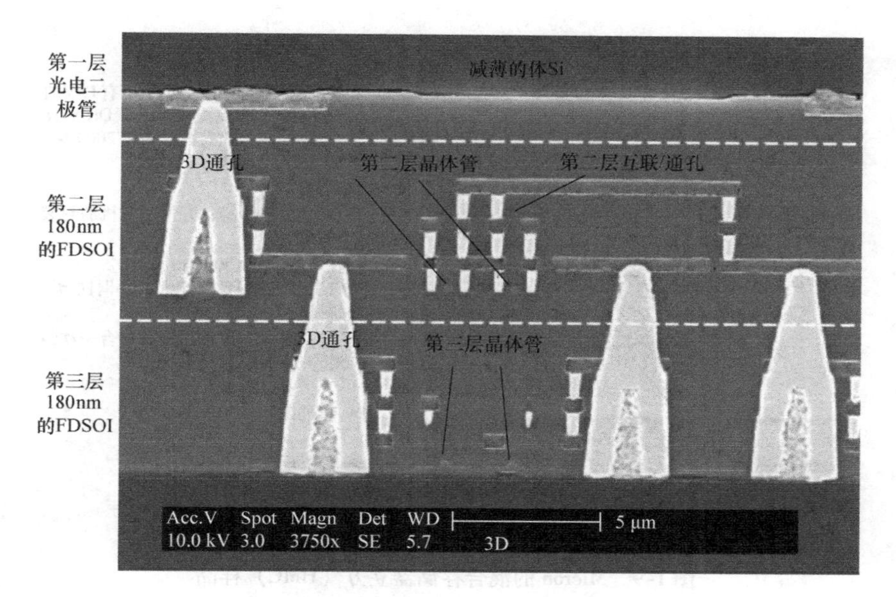

图 1-8　3D Si 集成（麻省理工学院的氧化物 - 氧化物键合）

1.5　3D IC 集成

3D IC 集成采用 TSV 和凸点在垂直方向上堆叠薄芯片。与传统倒装芯片凸点（约 100μm）不同，通常 3D IC 集成的凸点非常小（小于 25μm），称为微凸点。正在投入小批量生产的是使用 TSV、HMC（混合存储器立方）或宽 I/O DRAM（动态随机存储器）、宽 I/O DRAM 2、HBM（高带宽存储器）和 2.5D IC 集成（无源转接板）的存储堆叠。

三星量产（2014 年 8 月）的业界第一个基于 TSV 的 64GB DDR4（双数据速率类型 4）DRAM 模块（带 TSV 的存储堆叠）由 36 个 DDR4 DRAM 芯片组成，每个芯片由四个 4GB DDR4 DRAM 芯片组成。该模块的运行速度是使用引线键合封装模块的两倍，而功率消耗只有一半，该模块用于服务器应用中。

1.5.1　混合存储器立方 ★★★

图 1-9 显示了 Micron/IBM 于 2013 年 9 月底提供的第一个样品。它是一个 HMC，由四个 DRAM 组成，每个 DRAM 带有 2000 多个 TSV，位于带有 TSV 的逻辑控制器顶部。TSV DRAM 立方由 Micron 制造，TSV 控制器由 IBM 制造。微凸点是带有焊料帽的 Cu 柱（20μm 高）。Altera 为 HMC 和 Altera FPGA 设计了一个演示板。

图 1-10 显示了使用 Altera 的旗舰 28nm Stratix V FPGA（现场可编程逻辑门阵列）与 HMC 器件兼容的平台[931]。通过使用单个 HMC 器件提供超过八个 DDR4 -

- 混合存储器立方是一个带有TSV的逻辑控制器(其大小略大于DRAM)上的4-DRAM(每一个都有2000多个TSV)
- 该混合存储器立方位于有机的封装基板上
- TSV-DRAM 厚度50μm
- TSV-DRAM采用20μm(高)铜柱+焊料帽
- 存储器立方通过热压缩键合一次组装一个DRAM
- 热耗散10～20W
- TSV直径5～6μm

图 1-9 Micron 的混合存储器立方（HMC）样品

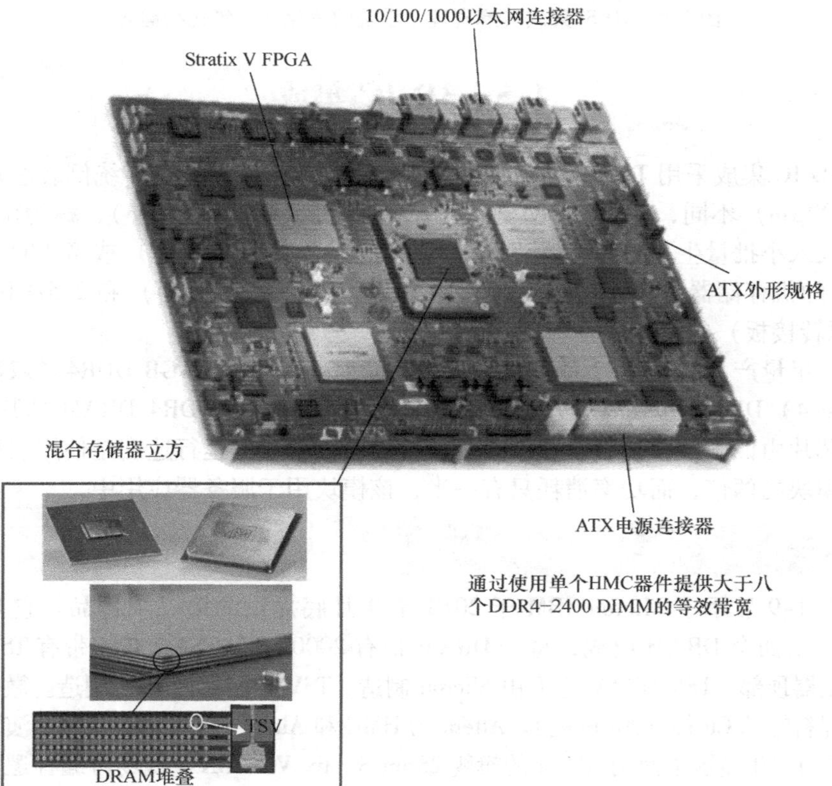

图 1-10 Altera 的 FPGA 和 HMC

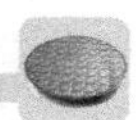

2400 DIMM（双列直插式存储器模块）的等效带宽，证明了该平台在存储器领域的技术领先地位。图 1-11 示意性地显示了 Intel 的 72 核 Knight's Landing Xeon Phi 协处理器与 HMC[941]。Micron 报告称，与 GDDR5（图形双数据速率类型 5）相比，在 CPU 封装中具有此类存储器的情况下，预计可提供 5 倍的持续存储器带宽，每比特的能量仅为原先的一半，占用空间只有原先的 1/3。图 1-12 显示了富士通超级计算机，具有 HMC 的微处理器[95]。HMC 提供更大的吞吐量和更好的电源利用效率。

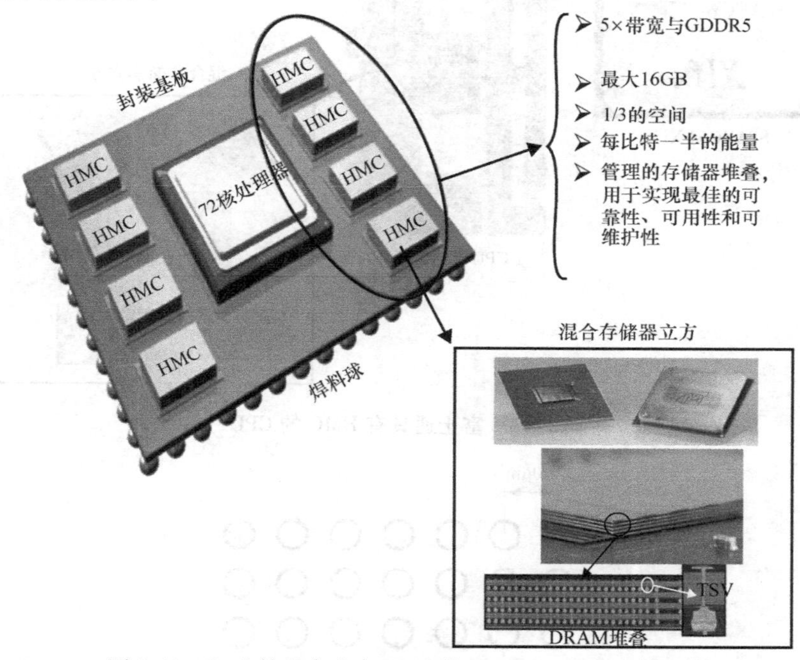

图 1-11 Intel 的具有八个 HMC 的 Knight's Landing 处理器

1.5.2 宽 I/O DRAM 和宽 I/O 2 ★★★

JEDEC 标准 JESD229，宽 I/O SDR（宽 I/O 单数据速率）于 2011 年 12 月发布，JEDEC 标准 JESD229-2，宽 I/O 2（宽 I/O 2）于 2014 年 8 月发布。

它们适用于带有 TSV 的逻辑控制器的 DRAM 堆叠，与 HMC 非常相似。微凸点分为四个象限，信号分配水平和垂直镜像，如图 1-13 所示，其中还显示了面阵列的凸点间距（40μm）。每个象限的尺寸为 2880μm × 200μm。在 x 方向（1000μm）和 y 方向（120μm）的象限之间将有一个空间。

1.5.3 高带宽存储器 ★★★

图 1-14 给出了 Hynix/AMD 的 HBM 系统的示意图，该系统基于 2013 年 12

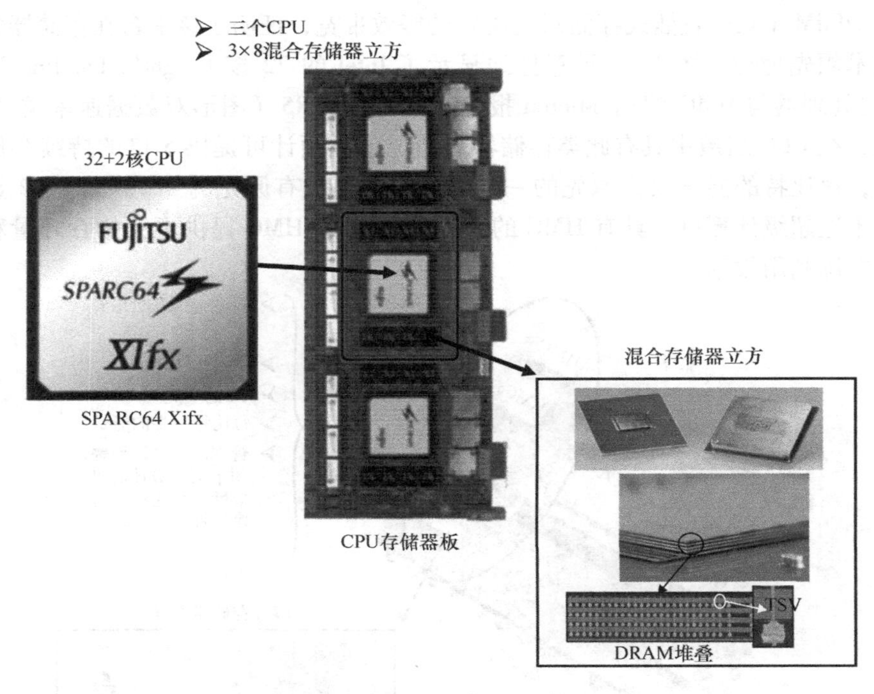

图 1-12　富士通具有 HMC 的 CPU

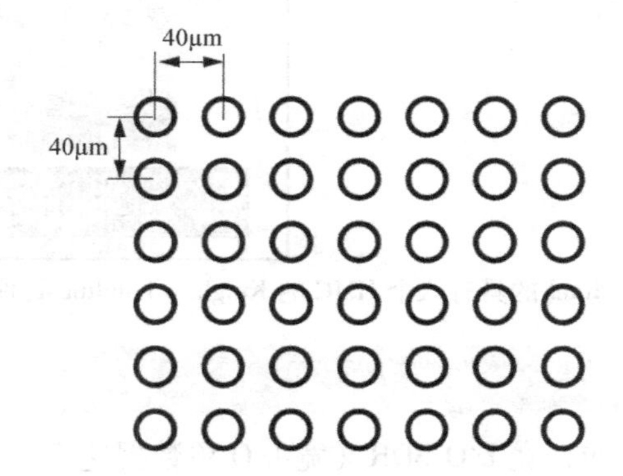

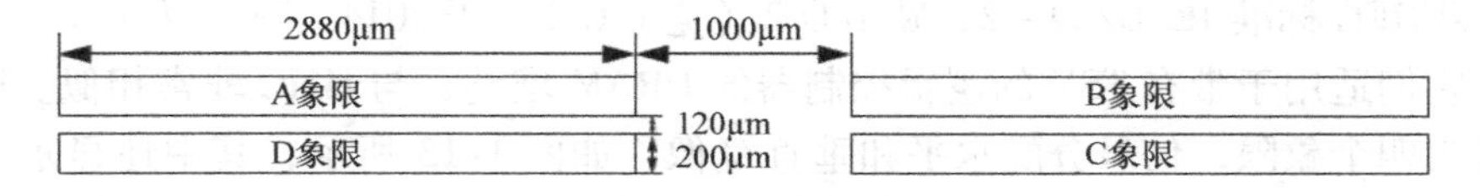

图 1-13　宽 I/O 2

月发布的 JEDEC 标准 JESD235，HBM DRAM，它适用于支撑 128 ~256GB/s 带宽的图形应用。TSV/RDL 转接板主要用于支撑/连接带有 TSV 的 HBM DRAM 存储器立方与不带 TSV 的 GPU（图形处理器单元）或 CPU（中央处理器单元）之间

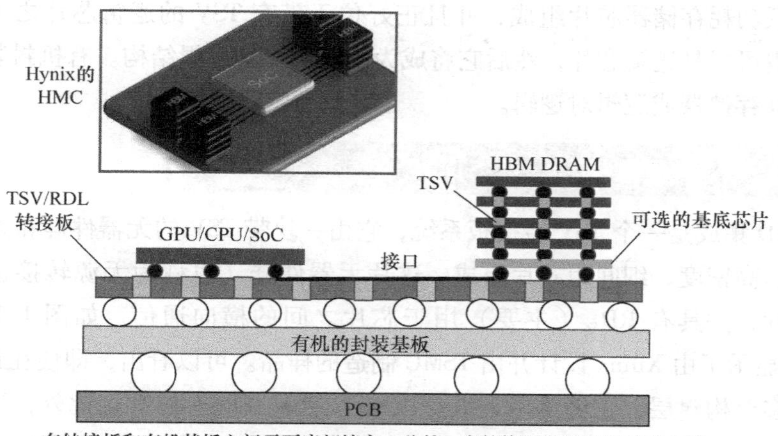

图 1-14　高带宽存储器（HBM）

的横向通信（HBM 接口）。可选的基底芯片用于 HBM DRAM 立方的缓冲和信号重路由。

1.5.4　宽 I/O 存储器（或逻辑对逻辑）★★★

图 1-15 显示了三星制造的宽 I/O 存储器样品，它由一个具有 1000 多个 I/O

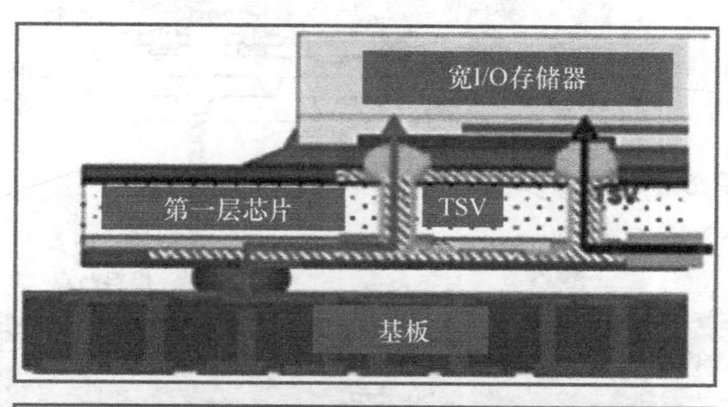

图 1-15　宽 I/O 存储器（或逻辑对逻辑）

的宽带低功耗存储器芯片组成，并且正好位于带有TSV的逻辑芯片之上。存储器芯片也可以是逻辑芯片，然后它将成为一个逻辑对逻辑结构。有机封装基板支撑宽I/O存储器或逻辑对逻辑。

1.5.5 无源转接板（2.5D IC集成）★★★

2.5D集成是一个TSV转接板系统，它由一块带TSV的无器件硅和无TSV的高性能、高密度、细间距芯片组成。这片无器件硅（也称为无源转接板）用于支撑芯片，并具有RDL（主要）用于芯片之间的横向通信，如图1-16所示。图1-17显示了由Xilinx设计并由TSMC制造的样品。可以看出，即使在封装基板上有十多个构建层，它仍然不足以支撑四个28nm FPGA芯片。此外，还需要一个无源TSV转接板，在45μm间距上具有200000多个微凸点，在最小0.4μm间距上具有四个RDL（三层Cu大马士革层和一层铝）。这种类型的结构（见图1-16和图1-17）被称为芯片转接板晶圆封装基板（CoWoS）技术，自2013年初开始小批量生产。

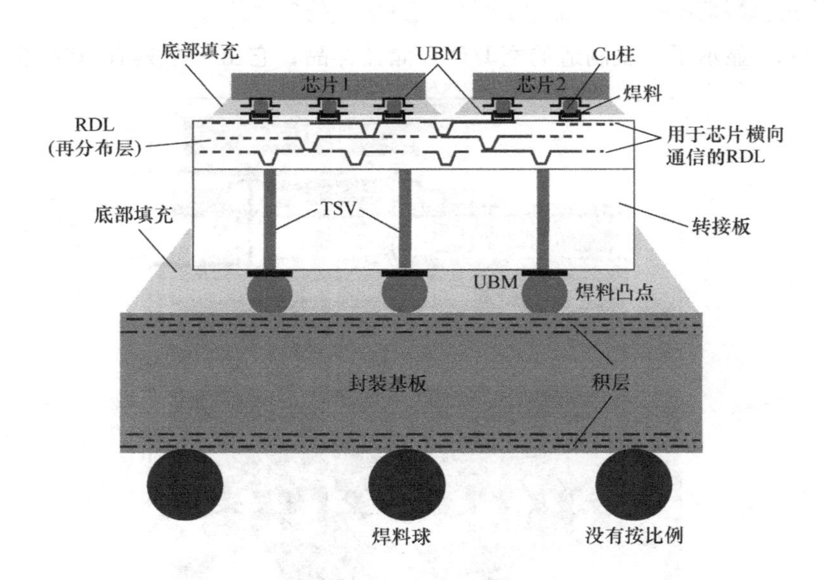

图1-16 TSV/RDL无源转接板支撑封装基板上的芯片

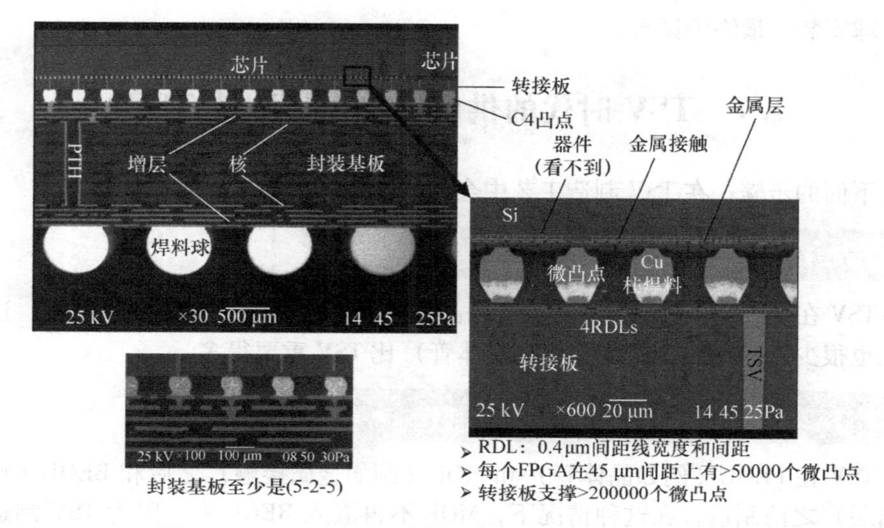

图 1-17　Xilinx/TSMC 封装在基板上的晶圆上面的芯片

1.6　TSV 时代之前的供应链

在 TSV 时代之前，技术供应链已经得到了很好的定义和理解。对于 TSV 时代之前构成供应链的各种实体的描述如下。

1.6.1　前道工艺 ★★★

这是 IC 制造的第一部分，其中单个元器件，如晶体管或电阻被图形化。该工艺从裸晶圆到（但不包括）金属层的沉积。前道工艺（Front - End - of - Line，FEOL）通常在半导体制造工厂（简称 fabs）进行。

1.6.2　后道工艺 ★★★

这是一种将有源器件与晶圆上的布线互连的制造方法。这个工艺从第一层金属开始，到键合焊盘的钝化。它还包括绝缘体和金属接触，被称为中道工艺（MEOL），术语 MOL 很少使用，而是嵌入后道工艺（Back - End - of - Line，BE-OL）中。同样，BEOL 通常在 fab 中进行。

1.6.3　封装和测试代工 ★★★

这个术语也称为封装、组装和测试。当从晶圆厂接收钝化的晶圆时，该工艺开始，然后经过电路检测、凸点形成、减薄、切割、引线键合、倒装芯片、成型、球安装、最终测试等。

1.7 TSV 时代的供应链——谁制造 TSV?

下面的步骤，在 TSV 制造工艺中会影响必须解决的各种问题。

1.7.1 TSV 通过先通孔工艺制造 ★★★

TSV 在 FEOL 之前制造，这只能由晶圆厂完成。然而，即使在工厂中，这种情况也很少发生，因为器件（例如晶体管）比 TSV 重要得多。

1.7.2 TSV 通过中通孔工艺制造 ★★★

TSV 在 FEOL（例如晶体管）和 MOL（例如金属接触）之后和 BEOL（例如金属层）之前制造，在这种情况下，MOL 不再嵌入 BEOL 中，因为 TSV 制造工艺在它们之间。由于物流和设备的兼容性，通常中通孔工艺的 TSV 由 fab 完成。更多相关信息请参阅 7.2.3 节。

1.7.3 TSV 通过后通孔（从正面）工艺制造 ★★★

TSV 在 FEOL、MOL 和 BEOL 之后制造（从晶圆正面）。到今天为止，还没有关于这个工艺的可信论文发表。

1.7.4 TSV 通过后通孔（从背面）工艺制造 ★★★

TSV 在 FEOL、MOL 和 BEOL 工艺之后制造（从晶圆背面）。CMOS 图像传感器就是一个例子。严格来说，CMOS 图像传感器不是 3D IC 集成的例子。对于 CMOS 器件样品晶圆，唯一可信的是 LETI 等人发表的论文[96]。然而，由于技术问题，如在 x、y、z 方向成功对准各个嵌入的目标（为了实现晶圆顶部金属层和背面形成的 TSV 对齐），在这些问题解决之前，应避免通过后通孔（从背面）工艺制造 TSV。更多相关信息请参阅 7.2.5 节。

基于上述讨论，似乎对于用于 3D IC 集成的有源器件晶圆，使用中通孔工艺制造 TSV 更好。此外，TSV 应由 fab 制造，所有设备和专业知识都已具备，制造 TSV 的成本不到制造（ <32nm）器件晶圆成本的 5%。

1.7.5 无源 TSV 转接板怎么样? ★★★

当行业为 3D IC 集成定义 TSV 工艺时，还没有无源转接板。此外，由于无源转接板中没有有源器件，因此它们不适合上述任何一种情况。

1.7.6 谁想为无源转接板制造 TSV? ★★★

Fab 和 OSAT 都想这么做。这取决于布局、设计和制造能力，尤其是 RDL 的线宽和间距。通常，OSAT 可以完成几微米的线宽和间距。否则，应由 fab 完成。

1.7.7 总结和建议 ★★★

介绍了制造 TSV 的供应链，现将一些重要结果和建议总结如下：

对于器件晶圆和大批量制造，TSV 应由晶圆厂采用中通孔工艺制造；对于假（无器件）晶圆，TSV 可由晶圆厂或 OSAT 完成；对于大于 3μm 的线宽和间距 RDL 以及大于 5μm 直径的通孔，fab 或 OSAT 都可以完成，否则，应由 fab 完成。

1.8 TSV 时代的供应链——谁负责 MEOL、组装和测试?

制造的所有 TSV 均为盲通孔。盲 TSV 晶圆之后是焊料凸点、临时键合、背面研磨、TSV 显示、薄晶圆拿持、剥离、清洁等，这些统称为 MEOL。在本节中，除了垂直集成的公司（如 TSMC 和三星），MEOL 工艺最好由 OSAT 执行。以下章节将展示进行某些 3D IC 集成的关键步骤（包括 FEOL、MOL、BEOL、TSV、MEOL、组装和测试）及其所有权。

1.8.1 宽 I/O 存储器（面对背）的中通孔 TSV 制造工艺 ★★★

图 1-18 显示了逻辑晶圆加工的关键步骤和所有权。在 FEOL（对器件进行图形化）和 MOL（使金属接触）之后，TSV 通过五个关键步骤制造，即通过深度反应离子刻蚀形成通孔，介质通过等离子体增强化学气相淀积，通过物理气相淀积形成阻挡层和种子层，通过电镀填充 Cu，Cu 退火和 CMP（化学机械抛光）去除覆盖的 Cu。这些步骤之后是金属层的形成，最后是钝化/开孔（BEOL）。所有这些步骤都应该在 fab 中完成。

MEOL 首先通过 UBM（凸点下金属化）和 C4（可控的塌陷芯片连接），普通晶圆凸点通过焊料与整个逻辑晶圆连接，然后用黏结剂将 TSV 晶圆临时键合到支撑（载体）晶圆上。再将 TSV 晶圆从填充 Cu 的 TSV 顶端研磨至几微米，在填充 Cu 的 TSV 顶端下方几微米处进行硅干法刻蚀。之后，对整个晶圆进行低温隔离的 SiN/SiO_2层淀积，用 CMP 去除 SiN/SiO_2和 Cu 以及 Cu 填充 TSV（Cu 露出）的 Cu 和种子层。最后，在 Cu 填充 TSV 的顶端构建 UBM。所有这些步骤都应由 OSAT 完成（垂直集成晶圆厂除外）。

另外，存储器晶圆上的微凸点由微小的焊料凸点或带焊料帽的铜柱形成，将晶圆切割成带有微凸点/Cu 柱的单个芯片。这些步骤也应由 OSAT 完成。

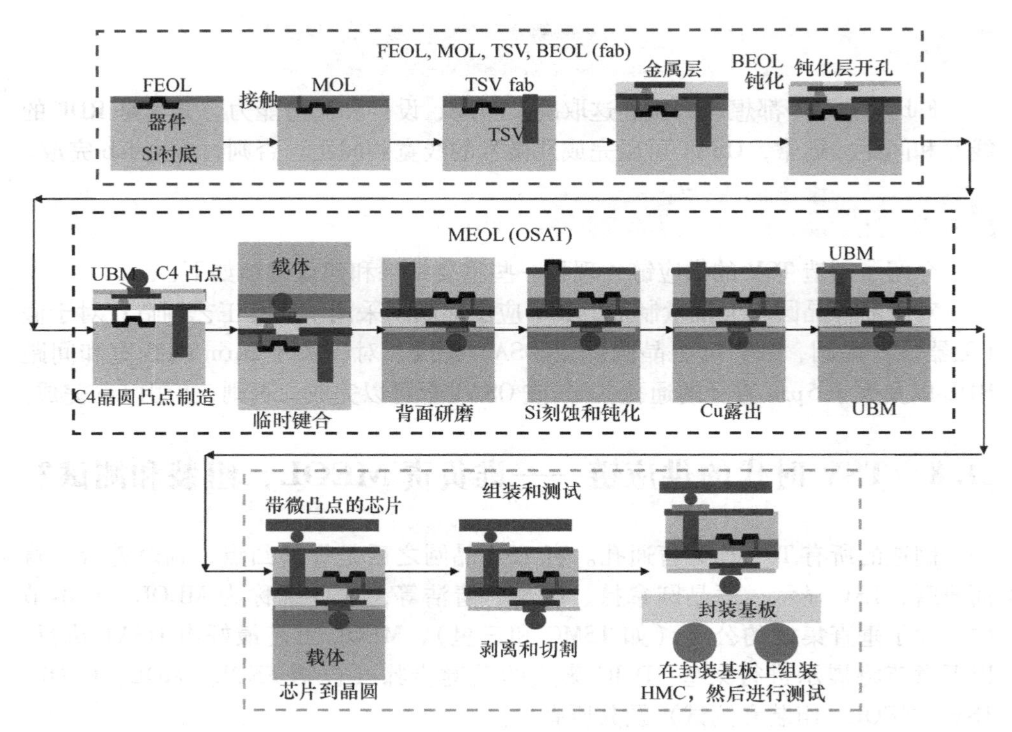

图 1-18　采用中通孔 TSV 制造工艺实现宽 I/O 存储器（面对背）的关键步骤和所有权

接下来是 C2W（芯片到晶圆）键合，即形成微凸点的存储器芯片通过载体键合（通过自然回流或热压缩）到 TSV 晶圆。在面对背 C2W 键合后，将载体晶圆从 TSV 晶圆上剥离。然后将 TSV 晶圆切割成单独的 TSV 模块。该 TSV 模块在封装基板上进行焊接（自然）回流，并进行测试。所有这些 C2W 键合、切割、组装和测试步骤都应由 OSAT 完成。

1.8.2　宽 I/O 存储器（面对面）的中通孔 TSV 制造工艺 ★★★

FEOL、MOL、TSV 和 BEOL 工艺与中通孔 TSV（面对面）工艺在 TSV 中完成的工艺完全相同，然而接下来的工艺是不同的。在 UBM 之后，TSV 晶圆临时键合到载体#1 上，而不是 C4 普通晶圆凸点通过焊料连接。然后，对 TSV 晶圆进行背面研磨，露出 Cu TSV，并制造 UBM。这些步骤之后是 C4 普通晶圆用焊料通过凸点连接，并临时键合到载体#2。接下来，载体#1 从 TSV 晶圆上剥离，并进行 C2W（面对面）键合。在 C2W 键合后，载体#2 从 TSV 晶圆上剥离，再将 TSV 晶圆切割成单独的 TSV 模块。该 TSV 模块在封装基板上回流焊接，然后进行测试。关键步骤及其所有权如图 1-19 所示。

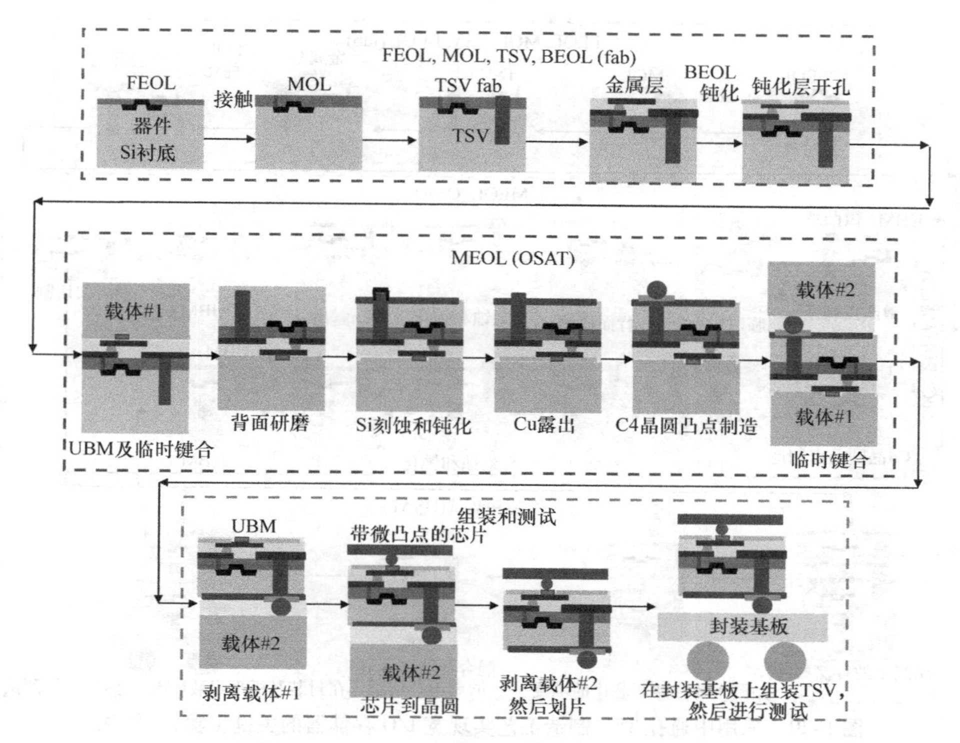

图 1-19　采用中通孔 TSV 制造工艺实现宽 I/O 存储器（面对面）的关键步骤和所有权

1.8.3　宽 I/O DRAM 的中通孔 TSV 制造工艺 ★★★

在逻辑和 DRAM 晶圆的 FEOL、MOL、TSV 和 BEOL 之后，SoC/逻辑晶圆将经历相同的步骤，如图 1-18 所示为面对背，图 1-19 所示为面对面。对于 DRAM，首先进行 UBM，然后对整个晶圆进行微晶圆凸点制造。这些过程随后是临时键合到载体晶圆、背面研磨、Cu 露出和 UBM。接下来是剥离载体晶圆，并将 TSV DRAM 晶圆切割成单个 TSV DRAM 芯片，如图 1-20 所示。

下一个工艺是 C2W（DRAM 芯片到逻辑晶圆）键合（例如，2 堆叠、4 堆叠、6 堆叠或 8 堆叠）。C2W 键合后，载体晶圆从逻辑晶圆上剥离并切割成单个 HMC（DRAM 堆叠 + 逻辑）。这些步骤之后是在封装基板上通过压模成型及底部填充组装成 HMC，最后进行测试。

1.8.4　带有 TSV/RDL 无源转接板的 2.5D IC 集成 ★★★

图 1-21 显示了关键步骤及其所有权。在一片假硅片（无有源器件）上淀积钝化层后，可以制造 TSV，构建 RDL，并进行钝化/开孔。在 UBM 之后，TSV 晶

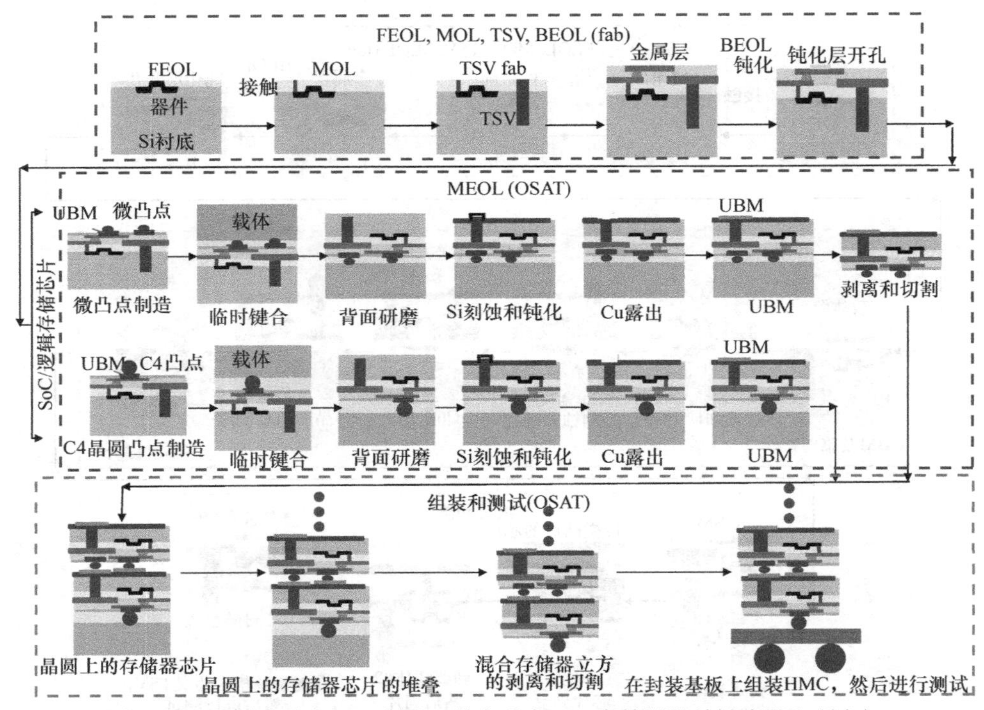

图 1-20 采用中通孔 TSV 制造工艺实现宽 I/O 存储器的关键步骤和所有权

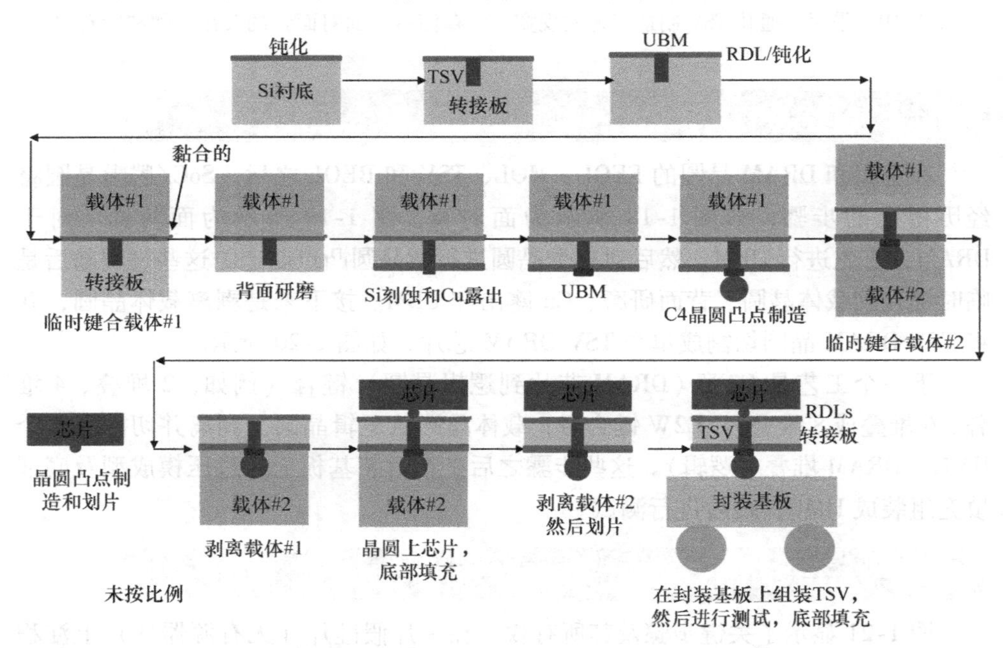

图 1-21 带有 TSV/RDL 无源转接板的 2.5D IC 集成的关键步骤和所有权

圆临时键合到载体#1 上。然后进行背面研磨、硅刻蚀、低温钝化和 Cu 露出。最后，完成 UBM、C4 晶圆与焊料的凸点连接，以及与载体#2 的临时键合。

另外，不带 TSV 的器件晶圆会受到带微小焊料凸点的微凸制造或带焊料帽的 Cu 柱的影响。然后将器件晶圆切割成带有微凸点/Cu 柱的单个芯片。

接下来要完成的工艺是剥离载体#1，执行 C2W 键合（器件芯片到 TSV 晶圆）。C2W 键合后，剥离载体#2，并将 TSV 晶圆切割成单独的 TSV 模块。最后，TSV 模块可以组装在封装基板上，并进行测试。

从图 1-21 可以看出，TSV 和 RDL 可以由 fab 或 OSAT 制造。这取决于布局、设计和制造能力，尤其是 RDL 的线宽和间距。通常，OSAT 可以完成几微米的线宽和间距。否则，应由 fab 完成。

除了垂直集成的公司希望完全在内部完成 CoWoS 工艺外，大多数无晶圆厂设计公司更喜欢使用 fab（如 UMC 和 GlobalFoundries）来制造无源转接板的盲 TSV 和 RDL。然后，fab 将未完成的 TSV 转接板交给 OSAT 进行 MEOL（焊料凸点制造/临时键合/薄晶圆拿持/背面研磨/TSV 露出/剥离/清洁）、组装和测试。对于未完成的 TSV 器件晶圆也是如此。

1.8.5　总结和建议 ★★★

本节介绍了 2.5D/3D IC 集成制造的技术供应链，还提供并讨论了关键工艺，如 FEOL、MOL、BEOL、TSV、MEOL、组装和测试，以及 2.5D/3D IC 集成的潜在应用和 HVM 的所有权，如宽 I/O 存储器（或逻辑对逻辑）、宽 I/O DRAM（或 HMC）和无源转接板（或 2.5D IC 集成）。一些重要结果和建议总结如下：

对于器件晶圆和无源转接板晶圆，以及大批量制造，MEOL、组装和测试工艺应由 OSAT 完成（垂直集成公司除外）。

从图 1-18 ~ 图 1-21 可以看出，MEOL 中有许多重要步骤（焊料凸点制造/临时键合/背面研磨/TSV Cu 露出/薄晶圆拿持/剥离/清洁）、组装和测试，因此，OSAT 应努力为稳健、高产的制造工艺做好准备。为了使未完成 TSV 晶圆从 fab 顺利过渡到 OSAT，应在盲 TSV 晶圆的电学性能[27,51]、热性能[61]和机械性能测试方法上开展更多的研究和开发工作。

1.9　采用 TSV 技术的 CMOS 图像传感器

1.9.1　东芝的 Dynastron™ ★★★

2008 年，东芝生产了采用 TSV 技术的 CMOS 图像传感器（CIS）。实际上，东芝并没有称之为 TSV，而是 TCV（芯片通孔）。为了减小产品尺寸，他们将

CMOS 图像传感器的引线键合 COB（板上芯片）技术替换为焊料凸点实现的倒装芯片技术。为了使来自电路板的信号到达传感器的焊盘，他们制作了 TCV，如图 1-22 所示。

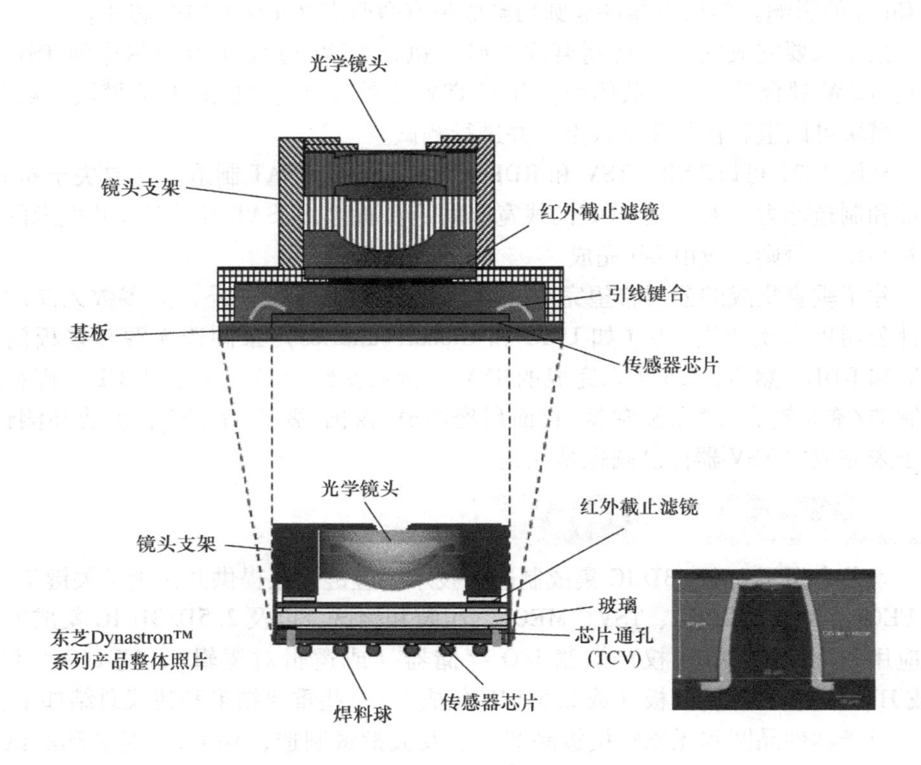

图 1-22　采用 TSV 技术的东芝 Dynastron™（2008 年）

1.9.2　意法半导体 VGA CIS 摄像模块 ★★★

2009 年，意法半导体公司生产了他们的 VGA（视频图形阵列）CIS。他们将 2.2μm 像素 CIS 集成到诺基亚 2330 摄像头模块中，如图 1-23 所示。CIS 芯片采用 0.18μm CMOS 工艺制造，CIS 模块采用后通孔 TSV 工艺进行晶圆级封装。

1.9.3　三星的 S5K4E5YX BSI 图像传感器 ★★★

2010 年，三星生产了 S5K4E5YX 5.1Mp、1/4.1" 光学格式 1.4μm 像素间距 BSI（背面照明）CIS，带有 BSI 衬底的 TSV 用于将背面键合焊盘金属化层通过衬底重新分布到前面金属化层，如图 1-24 所示。

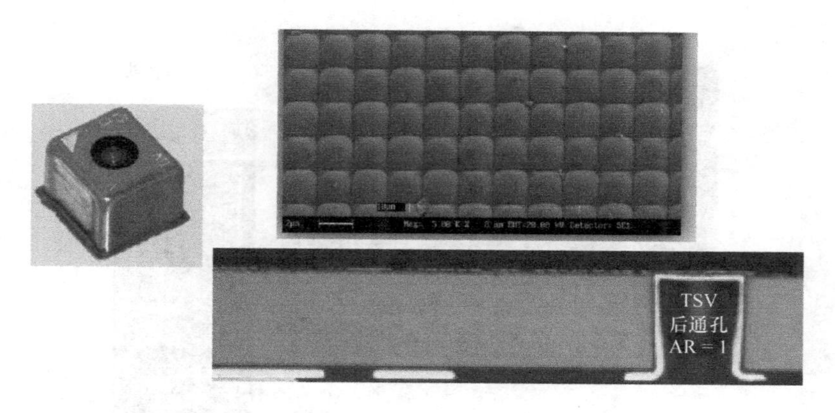

图 1-23　意法半导体采用 TSV 技术制造的 VGA CIS 摄像头模块（2009 年）

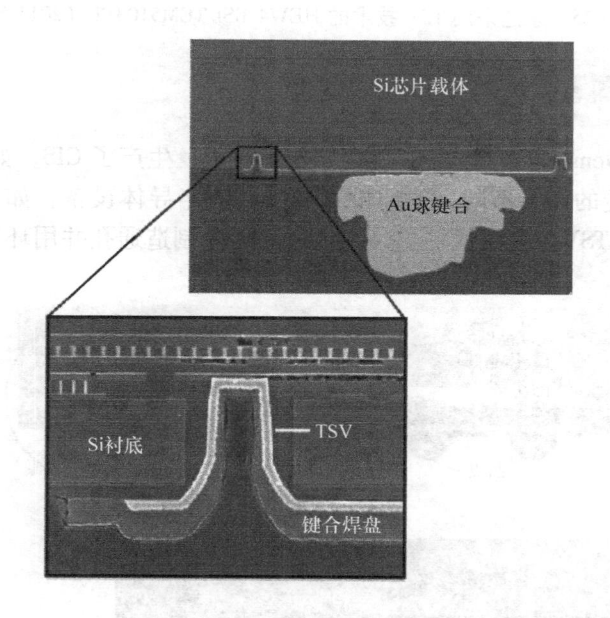

图 1-24　采用 TSV 技术的三星 S5K4E5YX BSI CIS（2010 年）

1.9.4　东芝的 HEW4 BSI TCM5103PL 图像传感器 ★★★

2011 年，东芝生产了 HEW4 BSI TCM5103PL 16Mp、1.4μm 像素间距 CIS，其横截面如图 1-25 所示。可以看出：①TSV 直径大约为 0.5μm，间距大约为 1.1μm；②通过深槽隔离键合焊盘；③TSV 使用通过环形氮化物阻挡层隔离的多晶硅；④使用硅斑，使 TSV 以 Si 为中心。

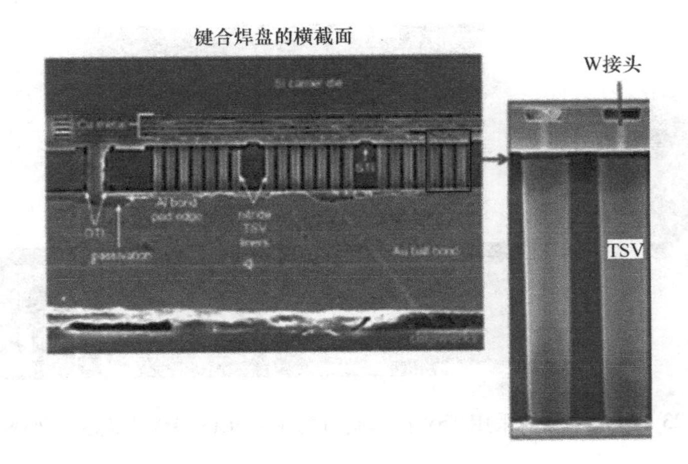

图 1-25　东芝采用 TSV 技术的 HEW4 BSI TCM5103PL（2011 年）

1.9.5　Nemotek 的 CIS ★★★

2012 年，Nemotek 从 Tessera 获得了技术许可，生产了 CIS，如图 1-26 所示。与其他公司制造的 CIS 不同，他们没有使用任何半导体设备，如 DRIE、PECVD 和 CMP 来制造 TSV。取而代之的是，他们用激光制造通孔并用环氧树脂填充。

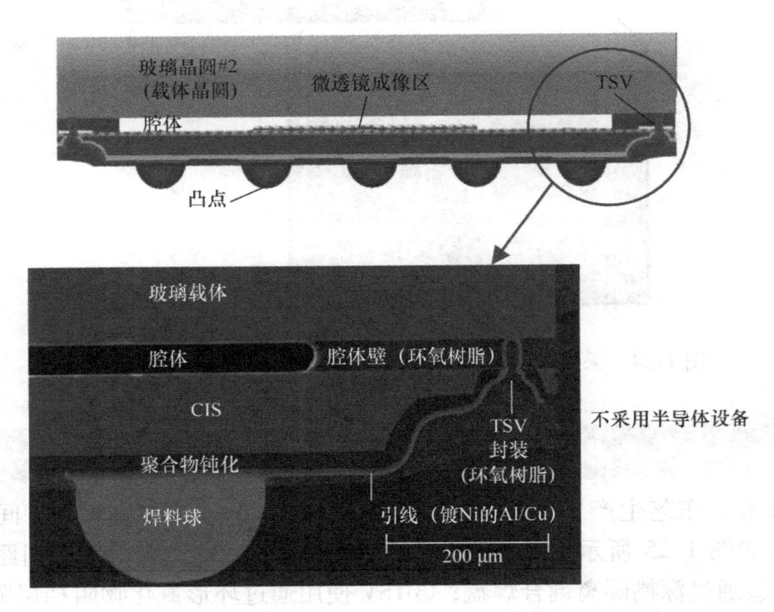

图 1-26　Nemotek 采用 TSV 技术的图像传感器（2012 年）

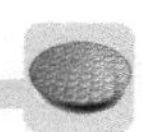

1.9.6　索尼 ISX014 堆叠式摄像传感器 ★★★

2013 年，索尼生产了 ISX014 堆叠式摄像传感器。它将 BSI CIS 像素芯片堆叠在图像处理（逻辑/模拟）芯片的顶部，TSV 沿着芯片的两边排列，如图 1-27 所示。这是第一次真正的 3D IC 和 CIS 集成用于大批量生产中。更多相关信息请参见第 13.3 节。

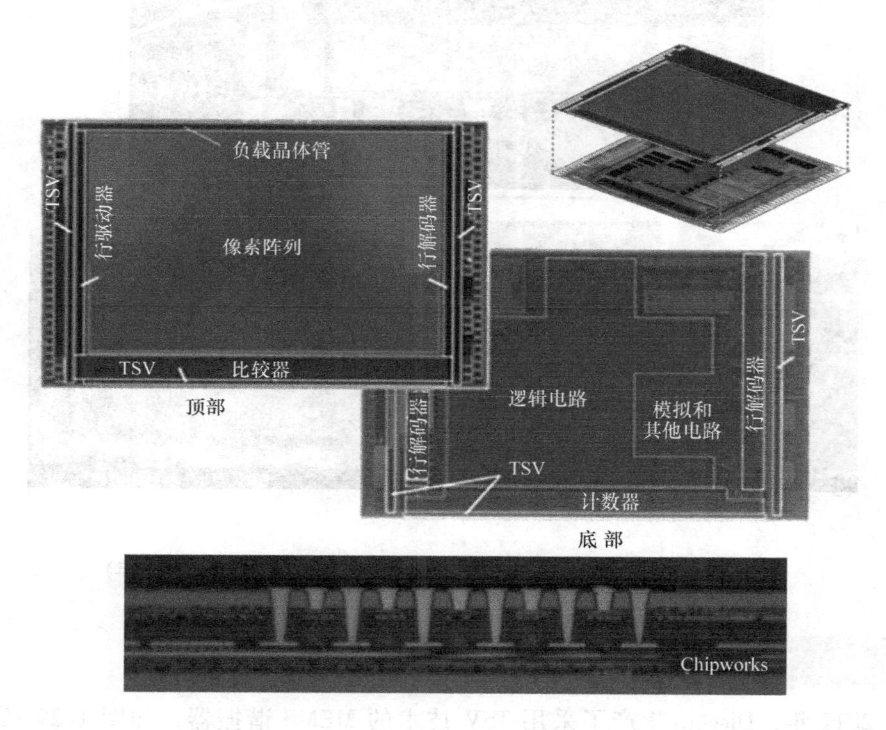

图 1-27　索尼采用 TSV 技术的 ISX014 堆叠式摄像传感器（2013 年）

1.10　带有 TSV 的 MEMS

1.10.1　意法半导体的 MEMS 惯性传感器 ★★★

2011 年，意法半导体生产了第一个采用 TSV 技术的 MEMS 惯性传感器（加速计和陀螺仪），如图 1-28 所示。可以看出：①TSV 位于 MEMS 传感器的 Si 衬底中；②驱动器 ASIC（专用 IC）与 MEMS 传感器并排，并通过引线键合连接到 TSV。

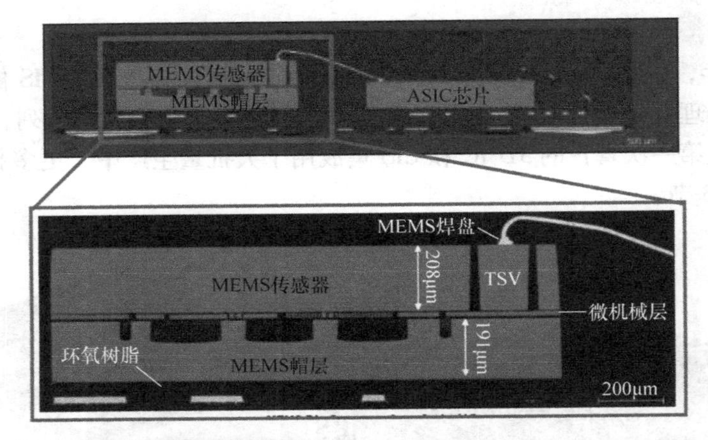

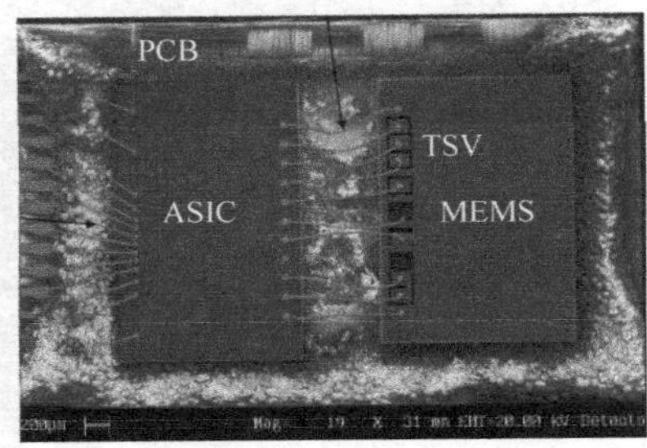

图 1-28 意法半导体的带有 TSV 的 MEMS 惯性传感器（2011 年）

1. 10. 2 Discera 的 MEMS 谐振器 ★★★

2012 年，Discera 生产了采用 TSV 技术的 MEMS 谐振器，如图 1-29 所示。可以看出：①MEMS 谐振器位于 ASIC 的正上方；②ASIC 和 TSV 之间的连接是通过引线键合连接的；③TSV 位于 MEMS 谐振器的 Si 衬底中。

1. 10. 3 Avago 的 FBAR MEMS 滤波器 ★★★

2013 年，Avago 生产了 FBAR（薄膜体声波谐振器）MEMS 滤波器 ACMD 7612：UMTS 波段 I 双工器，如图 1-30 所示。可以看出：①TSV 位于 Tx（收发器）芯片和 Rx（接收器）芯片中；②与 1. 10. 1 节和 1. 10. 2 节中显示的其他两种 MEMS 结构不同，TSV 位于帽中；③TSV 的侧壁金属化且未进行填充。有关 Avago FBAR MEMS 滤波器的更多详细信息请参阅 12. 6. 4 节。

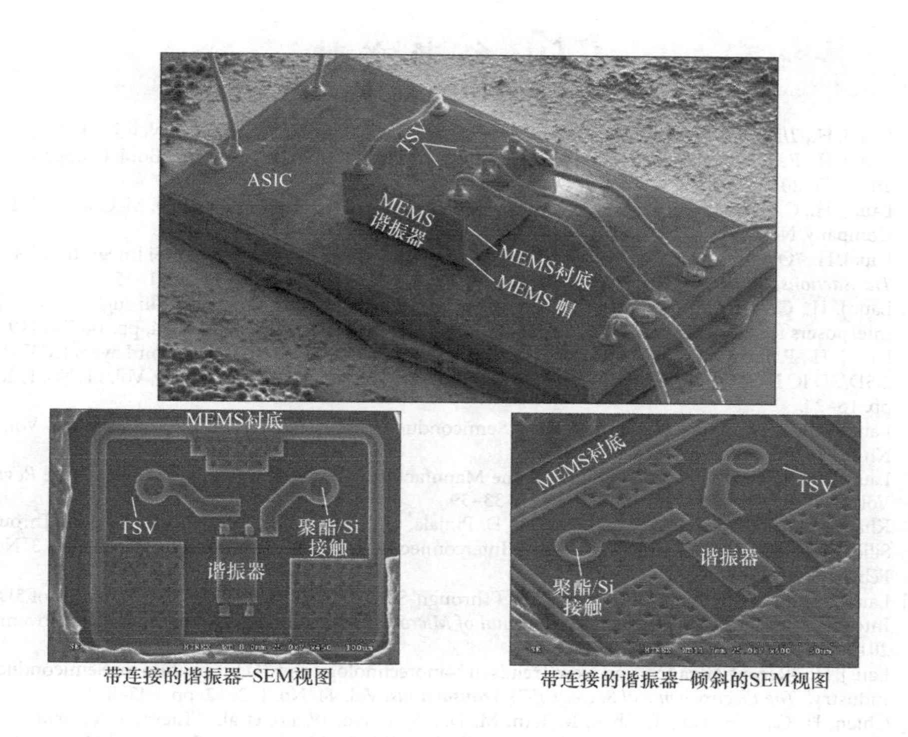

图 1-29　Discera 的采用 TSV 技术的 MEMS 谐振器（2012 年）

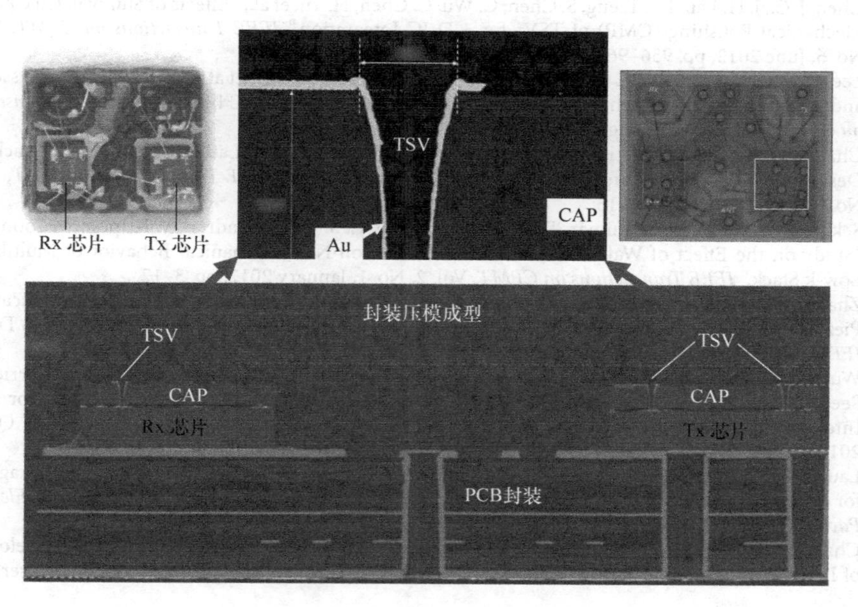

图 1-30　Avago 的采用 TSV 技术的 FBAR MEMS 滤波器（2013 年）

1.11 参考文献

[1] Lau, J. H., *Through-Silicon Vias for 3D Integration*, McGraw-Hill Book Company, New York, NY, 2013.

[2] Lau, J. H., *Reliability of ROHS-Compliant 2D and 3D IC Integration*, McGraw-Hill Book Company, New York, NY, 2011.

[3] Lau, J. H., C. K. Lee, C. S. Premachandran, and A. Yu, *Advanced MEMS Packaging*, McGraw-Hill Book Company, New York, NY, 2010.

[4] Lau, J. H., "Overview and Outlook of 3D IC Packaging, 3D IC Integration, and 3D Si Integration," *ASME Transactions, Journal of Electronic Packaging*, Vol. 136, No. 4, December 2014, pp. 1–15.

[5] Lau, J. H., C. Lee, C. Zhan, S. Wu, Y. Chao, M. Dai, R. Tain, et al., "Low-Cost Through-Silicon Hole Interposers for 3D IC," *IEEE Transactions on CPMT*, Vol. 4, No. 9, September 2014, pp. 1407–1419.

[6] Lau, J. H., P. Tzeng, C. Lee, C. Zhan, M. Li, J. Cline, K. Saito, et al., "Redistribution Layers (RDLs) for 2.5D/3D IC Integration," *IMAPS Transactions, Journal of Microelectronic Packaging*, Vol. 11, No. 1, 2014, pp. 16–24.

[7] Lau, J. H., "The Future of Interposer for Semiconductor IC Packaging," *Chip Scale Review*, Vol. 18, No. 1, January–February, 2014, pp. 32–36.

[8] Lau, J. H., "Supply Chains for High-Volume Manufacturing of 3D IC Integration," *Chip Scale Review*, Vol. 17, No. 1, January–February 2013, pp. 33–39.

[9] Khan, N., H. Li, S. Tan, S. Ho, V. Kripesh, D. Pinjala, J. H. Lau, et al., "3-D Packaging With Through-Silicon Via (TSV) for Electrical and Fluidic Interconnections," *IEEE Transactions on CPMT*, Vol. 3, No. 2, February 2013, pp. 221–228.

[10] Lau, J. H., and G. Y. Tang, "Effects of TSVs (Through-Silicon Vias) on Thermal Performances of 3D IC Integration System-in-Package (SiP)," *Journal of Microelectronics Reliability*, Vo. 52, No. 11, November 2012, pp. 2660–2669.

[11] Lau, J. H., "Recent Advances and New Trends in Nanotechnology and 3D Integration for Semiconductor Industry," *The Electrochemical Society, ECS Transactions*, Vol. 44, No. 1, 2012, pp. 805–825.

[12] Chien, H. C., J. H. Lau, Y. Chao, R. Tain, M. Dai, S. T. Wu, W. Lo, et al., "Thermal Performance of 3D IC Integration with Through-Silicon Via (TSV)," *IMAPS Transactions, Journal of Microelectronic Packaging*, Vol. 9, 2012, pp. 97–103.

[13] Chen, J. C., J. H. Lau, P. J. Tzeng, S. Chen, C. Wu, C. Chen, H. Yu, et al., "Effects of Slurry in Cu Chemical Mechanical Polishing (CMP) of TSVs for 3-D IC Integration," *IEEE Transactions on CPMT*, Vol. 2, No. 6, June 2012, pp. 956–963.

[14] Lee, C. K., T. C. Chang, J. H. Lau, Y. Huang, H. Fu, J. Huang, Z. Hsiao, et al., "Wafer Bumping, Assembly, and Reliability of Fine-Pitch Lead-Free Micro Solder Joints for 3-D IC Integration," *IEEE Transactions on CPMT*, Vol. 2, No. 8, August 2012, pp. 1229–1238.

[15] Chai, T. C., X. Zhang, H. Li, V. Sekhar, O. Kalandar, N. Khan, J. H. Lau, et al., "Impact of Packaging Design on Reliability of Large Die Cu/low-κ (BD) Interconnect," *IEEE Transactions on CPMT*, Vol. 2, No. 5, May 2012, pp. 807–816.

[16] Sekhar, V. N., L. Shen, A. Kumar, T. C. Chai, X. Zhang, C. S. Premchandran, V. Kripesh, S. Yoon, et al., "Study on the Effect of Wafer Back Grinding Process on Nanomechanical Behavior of Multilayered Low-k Stack," *IEEE Transactions on CPMT*, Vol. 2, No. 1, January 2012, pp. 3–12.

[17] Zhang, X., R. Rajoo, C. S. Selvanayagam, A. Kumar, V. Rao, N. Khan, V. Kripesh, et al., "Application of Piezoresistive Stress Sensor in Wafer Bumping and Drop Impact Test of Embedded Ultrathin Device," *IEEE Transactions on CPMT*, Vol. 2, No. 16, June 2012, pp. 935–943.

[18] Wu, C., S. Chen, P. Tzeng, J. H. Lau, Y. Hsu, J. Chen, Y. Hsin, et al., "Oxide Liner, Barrier and Seed Layers, and Cu-Plating of Blind Through-Silicon Vias (TSVs) on 300mm Wafers for 3D IC Integration," *IMAPS Transactions, Journal of Microelectronic Packaging*, Vol. 9, No. 1, First Quarter 2012, pp. 31–36.

[19] Lau, J. H., M. S. Zhang, and S. W. R. Lee, "Embedded 3D Hybrid IC Integration System-in-Package (SiP) for Opto-Electronic Interconnects in Organic Substrates," *ASME Transactions, Journal of Electronic Packaging*, Vol. 133, September 2011, pp. 1–7.

[20] Chai, T. C., X. Zhang, J. H. Lau, C. S. Selvanayagam, D. Pinjala, Y. Hoe, Y. Ong, et al., "Development of Large Die Fine-Pitch Cu/low-*k* FCBGA Package with Through-Silicon Via (TSV) Interposer," *IEEE*

Transactions on CPMT, Vol. 1, No. 5, May 2011, pp. 660–672.
[21] Lau, J. H., "TSV Interposers: The Most Cost-Effective Integrator for 3D IC Integration," *Chip Scale Review*, Vol. 15, No. 5, September/October, 2011, pp. 23–27.
[22] Sharma, G., V. Rao, A. Kumar, Y. Lim, K. Houe, S. Lim, V. Sekhar, et al., "Design and Development of Multi-Die Laterally Placed and Vertically Stacked Embedded Micro-Wafer-Level Packages," *IEEE Transactions on CPMT*, Vol. 1, No. 5, May 2011, pp. 52–59.
[23] Kumar, A., X. Zhang, Q. Zhang, M. Jong, G. Huang, V. Lee, V. Kripesh, et al., "Residual Stress Analysis in Thin Device Wafer Using Piezoresistive Stress Sensor," *IEEE Transactions on CPMT*, Vol. 1, No. 6, June 2011, pp. 841–851.
[24] Yu, A., J. H. Lau, S. Ho, A. Kumar, W. Hnin, W. Lee, M. Jong, et al., "Fabrication of High Aspect Ratio TSV and Assembly with Fine-Pitch Low-Cost Solder Microbump for Si Interposer Technology with High-Density Interconnects," *IEEE Transactions on CPMT*, Vol. 1, No. 9, September 2011, pp. 1336–1344.
[25] Lau, J. H., "Overview and Outlook of TSV and 3D Integrations," *Journal of Microelectronics International*, V. 28, No. 2, 2011, pp. 8–22.
[26] Lau, J. H., C.-J. Zhan, P.-J. Tzeng, C.-K. Lee, M.-J. Dai, H.-C. Chien, Y.-L. Chao, et al., "Feasibility Study of a 3D IC Integration System-in-Packaging (SiP) from a 300mm Multi-Project Wafer (MPW)," *IMAPS Transactions, Journal of Microelectronic Packaging*, Vol. 8, No. 4, Fourth Quarter 2011, pp. 171–178.
[27] Sheu, S., Z. Lin, J. Hung, J. H. Lau, P. Chen, S. Wu, K. Su, et al., "An Electrical Testing Method for Blind Through-Silicon Vias (TSVs) for 3D IC Integration," *IMAPS Transactions, Journal of Microelectronic Packaging*, Vol. 8, No. 4, Fourth Quarter 2011, pp. 140–145.
[28] Lau, J. H., "Critical Issues of 3D IC Integrations," *IMAPS Transactions, Journal of Microelectronics and Electronic Packaging*, Vol. 7, First Quarter Issue, 2010, pp. 35–43.
[29] Lau, J. H., Y. S. Chan, and R. S. W. Lee, "3D IC Integration with TSV Interposers for High-Performance Applications," *Chip Scale Review*, Vol. 14, No. 5, September/October, 2010, pp. 26–29.
[30] Lau, J. H., "Design and Process of 3D MEMS Packaging," *IMAPS Transactions, Journal of Microelectronics and Electronic Packaging*, Vol. 7, First Quarter Issue, 2010, pp. 10–15.
[31] Lau, J. H., Lee, R., Yuen, M., and Chan, P., "3D LED and IC Wafer Level Packaging," *Journal of Microelectronics International*, Vol. 27, No. 2, 2010, pp. 98–105.
[32] Lau, J. H., "State-of-the-Art and Trends in 3D Integration," *Chip Scale Review*, Vol. 14, No. 2, March/April, 2010, pp. 22–28.
[33] Tang, G. Y., S. Tan, N. Khan, D. Pinjala, J. H. Lau, A. Yu, V. Kripesh, et al., "Integrated Liquid Cooling Systems for 3-D Stacked TSV Modules," *IEEE Transactions on CPMT*, Vol. 33, No. 1, March 2010, pp. 184–195.
[34] Khan, N., V. Rao, S. Lim, H. We, V. Lee, X. Zhang, E. Liao, et al., "Development of 3-D Silicon Module With TSV for System in Packaging," *IEEE Transactions on CPMT*, Vol. 33, No. 1, March 2010, pp. 3–9.
[35] Lim, S., V. Rao, W. Hnin, W. Ching, V. Kripesh, C. Lee, J. H. Lau, et al., "Process Development and Reliability of Microbumps," *IEEE Transactions on CPMT*, Vol. 33, No. 4, December 2010, pp. 747–753.
[36] Yu, D. Q., Y. Li, C. Lee, W. Choi, S. Thew, C. Foo, and J. H. Lau, "Wafer-Level Hermetic Bonding Using Sn/In and Cu/Ti/Au Metallization," *IEEE Transactions on CPMT*, Vol. 32, No. 4, December 2009, pp. 926–934.
[37] Yu, A., N. Khan, G. Archit, D. Pinjala, K. Toh, V. Kripesh, S. Yoon, et al., "Fabrication of Silicon Carriers With TSV Electrical Interconnections and Embedded Thermal Solutions for High Power 3-D Packages," *IEEE Transactions on CPMT*, Vol. 32, No. 3, September 2009, pp. 566–571.
[38] Selvanayagam, C., J. H. Lau, X. Zhang, S. Seah, K. Vaidyanathan, and T. C. Chai, "Nonlinear Thermal Stress/Strain Analyses of Copper Filled TSV (Through-Silicon Via) and Their Flip-Chip Microbumps," *IEEE Transactions on Advanced Packaging*, Vol. 32, No. 4, November 2009, pp. 720–728.
[39] Zhang, X., A. Kumar, Q. X. Zhang, Y. Y. Ong, S. W. Ho, C. H. Khong, V. Kripesh, et al., "Application of Piezoresistive Stress Sensors in Ultra Thin Device Handling and Characterization," *Journal of Sensors & Actuators: A. Physical*, Vol. 156, November 2009, pp. 2–7.
[40] Chen, J., J. H. Lau, T. Hsu, C. Chen, P. Tzeng, P. Chang, C. Chien, et al., "Challenges of Cu CMP of TSVs and RDLs Fabricated from the Backside of a Thin Wafer," *IEEE International 3D Systems Integration Conference*, San Francisco, CA, October 2013, pp. 1–5.
[41] Lau, J. H., H. C. Chien, S. T. Wu, Y. L. Chao, W. C. Lo, and M. J. Kao, "Thin-Wafer Handling with a Heat-Spreader Wafer for 2.5D/3D IC Integration," *Proceedings of the 46th IMAPS International Symposium on Microelectronics*, Orlando, FL, October 2013, pp. 389–396.
[42] Wu, S. T., H. Chien, J. H. Lau, M. Li, J. Cline, and M. Ji, "Thermal and Mechanical Design and Analysis of 3D IC Interposer with Double-Sided Active Chips," *IEEE/ECTC Proceedings*, Las Vegas, NA, May 2013, pp. 1471–1479.

[43] Tzeng, P. J., J. H. Lau, C. Zhan, Y. Hsin, P. Chang, Y. Chang, J. Chen, et al., "Process Integration of 3D Si Interposer with Double-Sided Active Chip Attachments," *IEEE/ECTC Proceedings*, Las Vegas, NA, May 2013, pp. 86–93.
[44] Hung, J. F., J. H. Lau, P. Chen, S. Wu, S. Hung, S. Lai, M. Li, et al., "Electrical Performance of Through-Silicon Vias (TSVs) for High-Frequency 3D IC Integration Applications," *Proceedings of the 45th IMAPS International Symposium on Microelectronics*, September 2012, pp. 1221–1228.
[45] Wu, S. T., J. H. Lau, H. Chien, Y. Chao, R. Tain, L. Li, P. Su, et al., "Thermal Stress and Creep Strain Analyses of a 3D IC Integration SiP with Passive Interposer for Network System Application," *Proceedings of the 45th IMAPS International Symposium on Microelectronics*, September 2012, pp. 1038–1045.
[46] Li, L., P. Su, J. Xue, M. Brillhart, J. H. Lau, P. Tzeng, C. Lee, et al., "Addressing Bandwidth Challenges in Next Generation High Performance Network Systems with 3D IC Integration," *IEEE ECTC Proceedings*, San Diego, CA, May 2012, pp. 1040–1046.
[47] Lau, J. H., S. T. Wu, and H. C. Chien, "Thermal-Mechanical Responses of 3D IC Integration with a Passive TSV Interposer," *IEEE EuroSime Proceedings, Chapter 5: Reliability Modeling*, Lisbon, Portugal, April 2012, pp. 1/8–8/8.
[48] Lau, J. H., S. T. Wu, and H. C. Chien, "Nonlinear Analyses of Semi-Embedded Through-Silicon Via (TSV) Interposer with Stress Relief Gap Under Thermal Operating and Environmental Conditions," *IEEE EuroSime Proceedings, Chapter 11: Thermo-Mechanical Issues in Microelectronics*, Lisbon, Portugal, April 2012, pp. 1/6–6/6.
[49] Wu, S., J. H. Lau, H. Chien, J. Hung, M. Dai, Y. Chao, R. Tain, et al., "Ultra Low-Cost Through-Silicon Holes (TSHs) Interposers for 3D IC Integration SiPs," *IEEE ECTC Proceedings*, San Diego, CA, May 2012, pp. 1618–1624.
[50] Chieh, H. J. H. Lau, Y. Chao, M. Dai, and R. Tain, "Thermal Evaluation and Analyses of 3D IC Integration SiP with TSVs for Network System Applications," *IEEE ECTC Proceedings*, San Diego, CA, May 2012, pp. 1866–1873.
[51] Hung, J. F., J. H. Lau, P. Chen, S. Wu, S. Lai, M. Li, S. Sheu, et al., "Electrical Testing of Blind Through-Silicon Via (TSV) for 3D IC Integration," *IEEE/ECTC Proceedings*, San Diego, CA, May 2012, pp. 564–570.
[52] Zhan, C., P. Tzeng, J. H. Lau, M. Dai, H. Chien, C. Lee, S. Wu, et al., "Assembly Process and Reliability Assessment of TSV/RDL/IPD Interposer with Multi-Chip-Stacking for 3D IC Integration SiP," *IEEE/ECTC Proceedings*, San Diego, CA, May 2012, pp. 548–554.
[53] Tzeng, P., J. H. Lau, M. Dai, S. Wu, H. Chien, Y. Chao, C. Chen, et al., "Design, Fabrication, and Calibration of Stress Sensors Embedded in a TSV Interposer in a 300mm Wafer," *IEEE/ECTC Proceedings*, San Diego, CA, May 2012, pp. 1731–1737.
[54] Huang, S., C. Zhan, Y. Huang, Y. Lin, C. Fan, S. Chung, K. Kao, et al., "Effects of UBM Structure/material on the Reliability Performance of 3D Chip Stacking with 30μm-pitch Solder Micro Bump Interconnections," *IEEE/ECTC Proceedings*, San Diego, CA, May 2012, pp. 1287–1292.
[55] Chien, J., J. H. Lau, Y. Chao, M. Dai, R. Tain, L. Li, P. Su, et al., "Thermal Evaluation and Analyses of 3D IC Integration SiP with TSVs for Network System Applications," *IEEE/ECTC Proceedings*, San Diego, CA, May 2012, pp. 1866–1873.
[56] Sheu, S., Z. H. Lin, C. S. Lin, J. H. Lau, S. H. Lee, K. L. Su, T. K. Ku, et al., "Electrical Characterization of Through-Silicon Vias (TSVs) with an On Chip Bus Driver for 3D IC Integration," *IEEE/ECTC Proceedings*, San Diego, CA, May 2012, pp. 851–856.
[57] Lin, Y., C. Zhan, K. Kao, C. Fan, S. Chung, Y. Huang, S. Huang, et al., "Low Temperature Bonding using Non-Conductive Adhesive for 3D Chip Stacking with 30μm-Pitch Micro Solder Bump Interconnections," *IEEE/ECTC Proceedings*, San Diego, CA, May 2012, pp. 1656–1661.
[58] Lee, C., C. Zhan, J. H. Lau, Y. Huang, H. Fu, J. Huang, Z. Hsiao, et al., "Wafer Bumping, Assembly, and Reliability Assessment of μbumps," *IEEE/ECTC Proceedings*, San Diego, CA, May 2012, pp. 636–640.
[59] Lau, J. H., M. Dai, Y. Chao, W. Li, S. Wu, J. Hung, M. Hsieh, et al., "Feasibility Study of a 3D IC Integration System-in-Packaging (SiP)," *IEEE/ICEP Proceedings*, Nara, Japan, April 13, 2011, pp. 210–216.
[60] Hsin, Y. C., C. Chen, J. H. Lau, P. Tzeng, S. Shen, Y. Hsu, S. Chen, et al., "Effects of Etch Rate on Scallop of Through-Silicon Vias (TSVs) in 200mm and 300mm Wafers," *IEEE ECTC Proceedings*, Orlando, FL, June 2011, pp. 1130–1135.
[61] Chien, J., Y. Chao, J. H. Lau, M. Dai, R. Tain, M. Dai, P. Tzeng, et al., "A Thermal Performance Measurement Method for Blind Through-Silicon Vias (TSVs) in a 300mm Wafer," *IEEE ECTC Proceedings*, Orlando, FL, June 2011, pp. 1204–1210.
[62] Tsai, W., H. H. Chang, C. H. Chien, J. H. Lau, H. C. Fu, C. W. Chiang, T. Y. Kuo, et al., "How to Select Adhesive Materials for Temporary Bonding and De-Bonding of Thin-Wafer Handling in 3D IC

Integration?," *IEEE ECTC Proceedings*, Orlando, FL, June 2011, pp. 989–998.

[63] Zhan, C., J. Juang, Y. Lin, Y. Huang, K. Kao, T. Yang, S. Lu, et al., "Development of Fluxless Chip-on-Wafer Bonding Process for 3D chip Stacking with 30μm Pitch Lead-Free Solder Micro Bump Interconnection and Reliability Characterization," *IEEE ECTC Proceedings*, Orlando, FL, June 2011, pp. 14–21.

[64] Huang, S., T. Chang, R. Cheng, J. Chang, C. Fan, C. Zhan, J. H. Lau, et al., "Failure Mechanism of 20μm Pitch Micro Joint Within a Chip Stacking Architecture," *IEEE ECTC Proceedings*, Orlando, FL, June 2011, pp. 886–892.

[65] Lin, Y., C. Zhan, J. Juang, J. H. Lau, T. Chen, R. Lo, M. Kao, et al., "Electromigration in Ni/Sn Intermetallic Micro Bump Joint for 3D IC Chip Stacking," *IEEE ECTC Proceedings*, Orlando, FL, June 2011, pp. 351–357.

[66] Lau, J. H., "The Most Cost-Effective Integrator (TSV Interposer) for 3D IC Integration System-in-Package (SiP)," *ASME Paper no. InterPACK2011-52189*, Portland, OR, July 2011, pp. 1–12.

[67] Lau, J. H., H. C. Chien, and R. Tain, "TSV Interposers with Embedded Microchannels for 3D IC and LED Integration," *ASME Paper no. InterPACK2011-52204*, Portland, OR, July 2011, pp. 1–8.

[68] Lau, J. H., and X. Zhang, "Effects of TSV Interposer on the Reliability of 3D IC Integration SiP," *ASME Paper no. InterPACK2011-52205*, Portland, OR, July 2011, pp. 1–9.

[69] Wu, C., S. Chen, P. Tzeng, J. H. Lau, Y. Hsu, J. Chen, Y. Hsin, et al., "Oxide Liner, Barrier and Seed Layers, and Cu-Plating of Blind Through-Silicon Vias (TSVs) on 300mm Wafers for 3D IC Integration," *Proceedings of IMAPS International Conference*, Long Beach, CA, October 2011, pp. 1–7.

[70] Chang, H. H., J. H. Lau, W. L. Tsai, C. H. Chien, P. J. Tzeng, C. J. Zhan, C. K. Lee, et al., "Thin Wafer Handling of 300mm Wafer for 3D IC Integration," *Proceedings of IMAPS International Conference*, Long Beach, CA, October 2011, pp. 202–207.

[71] Lau, J. H., P.-J. Tzeng, C.-K. Lee, C.-J. Zhan, M.-J. Dai, L. Li, C.-T. Ko, et al., "Wafer Bumping and Characterizations of Fine-Pitch Lead-Free Solder Microbumps on 12" (300mm) wafer for 3D IC Integration," *Proceedings of IMAPS International Conference*, Long Beach, CA, October 2011, pp. 650–656.

[72] Lau, J. H., "TSV Manufacturing Yield and Hidden Costs for 3D IC Integration," *IEEE Proceedings of ECTC*, Las Vegas, NV, June 2010, pp. 1031–1041.

[73] Lau, J. H., "Evolution and Outlook of TSV and 3D IC/Si Integration," *IEEE/EPTC Proceedings*, Singapore, December 2010, pp. 560–570.

[74] Yu, A., J. H. Lau, S. Ho, A. Kumar, Y. Wai, d. Yu, M. Jong, et al., "Study of 15-μm-Pitch Solder Microbumps for 3D IC Integration," *IEEE Proceedings of ECTC*, San Diego, CA, May 2009, pp. 6–10.

[75] Vempati, S. R., S. Nandar, C. Khong, Y. Lim, K. Vaidyanathan, J. H. Lau, B. P. Liew, et al., "Development of 3-D Silicon Die Stacked Package Using Flip Chip Technology with Micro Bump Interconnects," *IEEE Proceedings of ECTC* San Diego, CA, May, 2009, pp. 980–987.

[76] Lau, J. H., and G. Tang, "Thermal Management of 3D IC Integration with TSV (Through-Silicon Via)," *IEEE Proceedings of ECTC*, San Diego, May 2009, pp. 635–640.

[77] Ho, S., S. Yoon, Q. Zhou, K. Pasad, V. Kripesh, and J. H. Lau, "High RF Performance TSV for Silicon Carrier for High Frequency Application," *IEEE Proceedings of Electronic, Components & Technology Conference*, Orlando, FL, May 27–30, 2008, pp. 1946–1952.

[78] Akasaka, Y., "Three-Dimensional IC Trends," *Proceedings of the IEEE*, Vol. 74, No. 12, December 1986, pp. 1703–1714.

[79] Shigetou, A. Itoh, T., Sawada, K., and Suga, T., "Bumpless Interconnect of 6-um Pitch Cu Electrodes at Room Temperature," In *IEEE Proceedings of ECTC*, Lake Buena Vista, FL, May 27–30, 2008, pp. 1405–1409.

[80] Tsukamoto, K., E. Higurashi, and T. Suga, "Evaluation of Surface Microroughness for Surface Activated Bonding," *Proceedings of IEEE CPMT Symposium Japan*, August 2010, pp. 147–150.

[81] Kondou, R., C. Wang, and T. Suga, "Room-Temperature Si-Si and Si-SiN Wafer Bonding," *Proceedings of IEEE CPMT Symposium Japan*, August 2010, pp. 161–164.

[82] Shigetou, A. Itoh, T., Matsuo, M., Hayasaka, N., Okumura, K., and T. Suga, "Bumpless Interconnect Through Ultrafine Cu Electrodes by Mans of Surface-Activated Bonding (SAB) Method," *IEEE Transaction on Advanced Packaging*, Vol. 29, No. 2, May 2006, p. 226.

[83] Wang, C., and T. Suga, "A Novel Moire Fringe Assisted Method for Nanoprecision Alignment in Wafer Bonding," In *IEEE Proceedings of ECTC*, San Diego, CA, May 25–29, 2009, pp. 872–878.

[84] Wang, C., and T. Suga, "Moire Method for Nanoprecision Wafer-to-Wafer Alignment: Theory, Simulation and Application," *IEEE Proceedings of Int. Conference on Electronic Packaging Technology & High Density Packaging*, August 2009, pp. 219–224.

[85] Higurashi, E., D. Chino, T. Suga, and R. Sawada, "Au-Au Surface-Activated Bonding and Its Application to Optical Microsensors with 3-D Structure," *IEEE Journal of Selected Topic in Quantum Electronics*, Vol. 15, No. 5, September/October 2009, pp. 1500–1505.

[86] Burns, J., B. Aull, C. Keast, C. Chen, C. Chen, C. Keast, J. Knecht, et al., "A Wafer-Scale 3-D Circuit Integration Technology," *IEEE Transactions on Electron Devices*, Vol. 53, No. 10, October 2006, pp. 2507–2516.

[87] Chen, C., K. Warner, D. Yost, J. Knecht, V. Suntharalingam, C. Chen, J. Burns, et al., "Sealing Three-Dimensional SOI Integrated-Circuit Technology," *IEEE Proceedings of Int. SOI Conference*, 2007, pp. 87–88.

[88] Chen, C., C. Chen, D. Yost, J. Knecht, P. Wyatt, J. Burns, K. Warner, et al., "Three-Dimensional Integration of Silicon-on-Insulator RF Amplifier," *Electronics Letters*, Vol. 44, No. 12, June 2008, pp. 1–2.

[89] Chen, C., C. Chen, D. Yost, J. Knecht, P. Wyatt, J. Burns, K. Warner, et al., "Wafer-Scale 3D Integration of Silicon-on-Insulator RF Amplifiers," *IEEE Proceedings of Silicon Monolithic IC in RF Systems*, 2009, pp. 1–4.

[90] Chen, C., C. Chen, P. Wyatt, P. Gouker, J. Burns, J. Knecht, D. Yost, et al., "Effects of Through-BOX Vias on SOI MOSFETs," *IEEE Proceedings of VLSI Technology, Systems and Applications*, 2008, pp. 1–2.

[91] Chen, C., C. Chen, J. Burns, D. Yost, K. Warner, J. Knecht, D. Shibles, et al., "Thermal Effects of Three Dimensional Integrated Circuit Stacks," *IEEE Proceedings of Int. SOI Conference*, 2007, pp. 91–92.

[92] Aull, B., J. Burns, C. Chen, B. Felton, H. Hanson, C. Keast, J. Knecht, et al., "Laser Radar Imager Based on 3D Integration of Geiger-Mode Avalanche Photodiodes with Two SOI Timing Circuit Layers," *IEEE Proceedings of Int. Solid-State Circuits Conference*, 2006, pp. 1179–1188.

[93] Altera White Paper, "Addressing Next-Generation Memory Requirements Using Altera FPGAs and HMC Technology," *Altera Corporation*, January 2014.

[94] Myslewski, R., "Intel Teams with Micron on Next-Gen Many-Core Xeon Phi with 3D DRAM Introduces New 'Fundamental Building Block of HPC Systems' with Intel Omni Scale Fabric," *High Performance Computer*, June 2014.

[95] Yoshida, T., "SPARC64 Xifx: Fujitsu's Next Generation Processor for HPC," *Hot Chips: A Symposium on High Performance Chips*, August 11, 2014.

[96] Chaabouni, H., M. Rousseau, P. Ldeus, A. Farcy, R. El Farhane, A. Thuaire, G. haury, et al., "Investigation on TSV Impact on 65nm CMOS Devices and Circuits," *Proceedings of IEEE/IEDM*, December 2010, pp. 35.1.1–35.1.4.

[97] Gat, A., L. Gerzberg, J. F. Gibbons, T. J. Magee, J. Peng, and J. D. Hong "CW Laser of Polyerystalline Silicon; Crystalline Structure and Electrical Properties," *Applied Physics Letter*, Vol. 33, No. 8, October 1978, pp. 775–780.

第2章 硅通孔建模和测试

2.1 引　　言

TSV（硅通孔）是3D IC和Si集成的核心。本章将介绍并讨论TSV的电学、热学和机械建模与测试。

2.2 TSV的电学建模

本节介绍用于高频3D IC集成应用的通用TSV结构的电学性能。重点介绍TSV的解析模型和解析方程的提出，以及TSV的所有关键参数，如TSV直径、TSV深度、二氧化硅厚度、焊盘直径和TSV间距。此外，通过高达30GHz的三维有限元电磁仿真，在频域和时域对模型和方程进行验证。最后，提出了TSV的电学设计规则。

2.2.1 通用TSV结构的解析模型和方程 ★★★

本节提出通用的TSV结构的高频模型，该解析模型包括一个电路模型和一组基于TSV物理结构的解析方程。在本章参考文献［1－13］中已经发表了TSV模型和方程，但是，它们与本文中介绍的略有不同。

通用的TSV结构及其结构参数如图2-1[14]所示。该结构具有一个信号TSV和一个接地TSV，它们是用铜填充的，并被硅衬底中的二氧化硅（SiO_2）层包围。图2-1还显示了TSV的其他重要参数，即TSV－TSV直径d（TSV_D）、TSV厚度h、TSV间距p，TSV侧壁的SiO_2t（SiO_2_t），硅表面的SiO_2s（SiO_2_s），焊盘直径k和焊盘厚度m，解析方程是这些参数的函数。基于这里给出的方程和图2-2所示电路模型，设计人员可以轻松地设计和表征3D IC集成应用中TSV的电学性能。

图2-2给出了图2-1所示的通用TSV结构的电路模型。电路模型中的每个R、L、G和C元件都基于TSV物理结构。

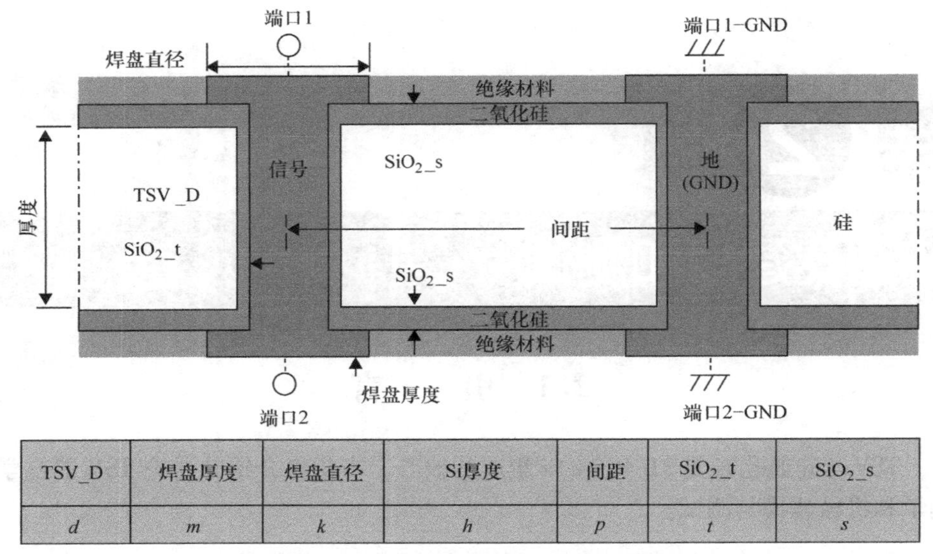

TSV_D	焊盘厚度	焊盘直径	Si厚度	间距	SiO_2_t	SiO_2_s
d	m	k	h	p	t	s

图2-1　一个通用的TSV结构及其结构参数

TSV的电阻R_{TSV}由式（2-1）得出，其中包括通孔（R_{Via}）和焊盘（R_{Pad}）电阻。由于传输宽频带信号，必须考虑电阻的趋肤效应[15]。R_{Via}由式（2-2）～式（2-5）计算得出[15-17]。其中有DC电阻和AC电阻，ρ_{TSV},μ和σ_{TSV}分别是通孔的电阻率、磁导率和电导率，而f是频率。R_{Pad}由相同的方程式计算，但$h+2s$和d需要用m和k代替。

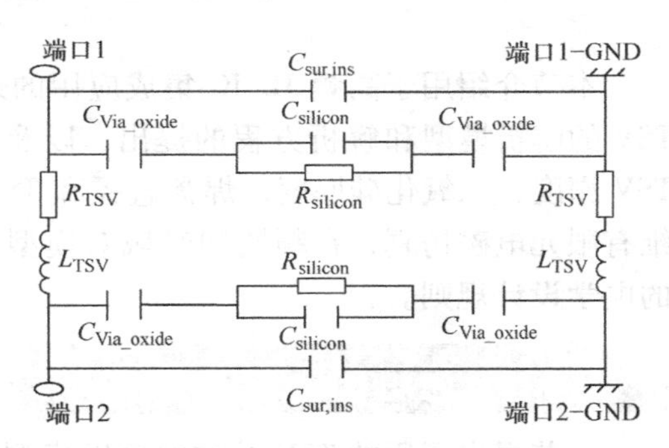

图2-2　通用TSV结构的电路模型

$$R_{TSV}=R_{Via}+2R_{Pad} \tag{2-1}$$

$$R_{Via}=\sqrt{(R_{DC,Via})^2+(R_{AC,Via})^2} \tag{2-2}$$

$$R_{DC,Via}=\rho_{TSV}\frac{h+2s}{\pi\left(\frac{d}{2}\right)^2} \tag{2-3}$$

$$R_{AC,Via}=\rho_{TSV}\frac{h+2s}{\pi\delta_{skin}(d-\delta_{skin})} \tag{2-4}$$

$$\delta_{skin}=\frac{1}{\sqrt{\pi f\mu\sigma_{TSV}}} \tag{2-5}$$

通用TSV结构的电感L_{TSV}由式（2-6）导出，其中包括通孔和焊盘的电感

L_{Via}和L_{Pad}。由于结构相似，L_{Via}和L_{Pad}由双平行线结构的电感导出，分别由式（2-7）和式（2-8）[15,16]计算。

$$L_{\mathrm{TSV}}=L_{\mathrm{Via}}+2L_{\mathrm{Pad}} \tag{2-6}$$

$$L_{\mathrm{Via}}=\frac{\mu_0\mu_{\mathrm{r}}}{2\pi}(h+2s)\ln\left[\frac{p}{d}+\sqrt{\left(\frac{p}{d}\right)^2-1}\right] \tag{2-7}$$

$$L_{\mathrm{Pad}}=\frac{\mu_0\mu_{\mathrm{r}}}{2\pi}m\ln\left[\frac{p}{d}+\sqrt{\left(\frac{p}{d}\right)^2-1}\right] \tag{2-8}$$

需要考虑信号 TSV 和地 TSV 之间的电场引起的电容。由于硅是电导率为$\sigma_{\mathrm{silicon}}$的一种半导体，因此通过硅的电场会影响 TSV 的插入损耗。所以，还需要考虑由硅导电性引起的介质损耗。在硅中 TSV 之间形成的电容C_{silicon}和电导G_{silicon}分别由式（2-9）和式（2-10）计算[15,16]。R_{silicon}是G_{silicon}的倒数，式（2-9）和式（2-10）源自相同的电感方式，双平行线结构。

$$C_{\mathrm{silicon}}=\frac{1}{2}\frac{\pi\varepsilon_0\varepsilon_{\mathrm{r,silicon}}(h+2s)}{\ln\left[\frac{p}{d+2t}\left(1+\sqrt{1-\left(\frac{d+2t}{p}\right)^2}\right)\right]} \tag{2-9}$$

$$G_{\mathrm{silicon}}=\frac{1}{2}\frac{\sigma_{\mathrm{silicon}}(h+2s)}{\ln\left[\frac{p}{d+2t}\left(1+\sqrt{1-\left(\frac{d+2t}{p}\right)^2}\right)\right]} \tag{2-10}$$

二氧化硅包围 TSV 以隔离硅和 TSV，因此，硅和 TSV 之间存在的电容$C_{\mathrm{Via_oxide}}$根据式（2-11）~式(2-13）以及 TSV 的结构参数计算。式（2-12）计算通孔和硅之间形成的同轴状电容，式（2-13）计算面对硅的焊盘电容。

$$C_{\mathrm{Via\_oxide}}=\frac{1}{2}(C_{\mathrm{coaxial}}+C_{\mathrm{Pad}}) \tag{2-11}$$

$$C_{\mathrm{coaxial}}=\pi\varepsilon_0\varepsilon_{\mathrm{r,oxide}}\frac{h+2s}{\ln\left(\frac{\frac{d}{2}+t}{\frac{d}{2}}\right)} \tag{2-12}$$

$$C_{\mathrm{Pad}}=\varepsilon_0\varepsilon_{\mathrm{r,oxide}}\frac{\pi\left[\left(\frac{k}{2}\right)^2-\left(\frac{d}{2}\right)^2\right]}{s} \tag{2-13}$$

TSV 顶部和底部的其他寄生电容$C_{\mathrm{sur,ins}}$也可从式（2-14）推导得出。包括在硅表面的二氧化硅电容$C_{\mathrm{surface,oxide}}$和绝缘材料的电容$C_{\mathrm{insulation}}$，通过式（2-15）和式（2-16）来计算。

$$C_{\mathrm{sur,ins}}=C_{\mathrm{surface,oxide}}+C_{\mathrm{insulation}} \tag{2-14}$$

$$C_{\text{surface,oxide}} = \frac{1}{2} \cdot \frac{\pi \varepsilon_0 \varepsilon_{\text{r,oxide}} s}{\ln\left[\frac{p}{d}\left(1 + \sqrt{1 - \left(\frac{d}{p}\right)^2}\right)\right]} \tag{2-15}$$

$$C_{\text{insulation}} = \frac{\pi \varepsilon_0 \varepsilon_{\text{r,insulation}} m}{\ln\left[\frac{p}{k}\left(1 + \sqrt{1 - \left(\frac{k}{p}\right)^2}\right)\right]} \tag{2-16}$$

由于微凸点的电学性能类似于通用 TSV 结构的焊盘，因此使用这些解析方程计算其寄生电阻、电感和电容并将其添加到模型中的方法是相同的。

2.2.2 TSV 模型的频域验证 ★★★

提出的电路模型和通用 TSV 结构的方程通过 3D 有限元 EM 仿真进行了验证，该仿真涉及很广的 TSV 尺寸范围和高达 30GHz 的频率。根据图 2-1 所示的结构参数，表 2-1 显示了 100 多个仿真实例。可以看出：①TSV 直径 = 5μm，10μm，20μm，30μm，40μm 和 50μm；②TSV 焊盘直径 = 10μm，20μm，30μm，40μm，50μm 和 60μm；③TSV 焊盘厚度 = 3μm；④TSV 厚度 = 50μm，100μm 和 150μm；⑤对于 TSV 直径 = 5μm，TSV 间距范围为 15 ~ 120μm；对于 TSV 直径 = 10μm，TSV 间距范围为 25 ~ 150μm；对于 TSV 直径 = 20μm，TSV 间距范围为 40 ~ 150μm；对于 TSV 直径 = 30μm，TSV 间距范围为 50 ~ 200μm；对于 TSV 直径 = 40μm，TSV 间距范围为 60 ~ 200μm；对于 TSV 直径 = 50μm，TSV 间距范围为 70 ~ 200μm；⑥SiO_2厚度分别为 0.2μm 和 0.5μm。

表 2-1　电学响应的分析参数矩阵

	TSV_D = 5μm	TSV_D = 10μm	TSV_D = 20μm	TSV_D = 30μm	TSV_D = 40μm	TSV_D = 50μm
焊盘直径/μm	10	20	30	40	50	60
焊盘厚度/μm	3	3	3	3	3	3
厚度/μm	50，100，150	50，100，150	50，100，150	50，100，150	50，100，150	50，100，150
间距/μm	15，30，60，90，120	25，50，70，100，150	40，80，120，150	50，100，150，200	60，100，150，200	70，100，150，200
SiO_2/μm	0.2，0.5	0.2，0.5	0.2，0.5	0.2，0.5	0.2，0.5	0.2，0.5

对于所考虑的所有情况，3D 有限元仿真结果与所提出的电路模型和方程非常吻合。图 2-3 ~ 图 2-8 仅显示了 18 种情况。图 2-3 显示了 TSV 直径 = 5μm，厚度 = 50μm，100μm 和 150μm，间距 = 15μm，SiO_2 = 0.2μm 情况下的插入损耗。可以看出：①插入损耗是关于频率的函数，尤其是在低频下；② 频率越高，插入损耗越大；③TSV 越厚，插入损耗越大。图 2-4 显示了与图 2-3 所示类似情况

下的插入损耗，除了非常大的间距（120μm）。可以看出，TSV 间距的作用是降低低频时的插入损耗，但在非常高的频率下会增大插入损耗，特别是对于较厚的 TSV。

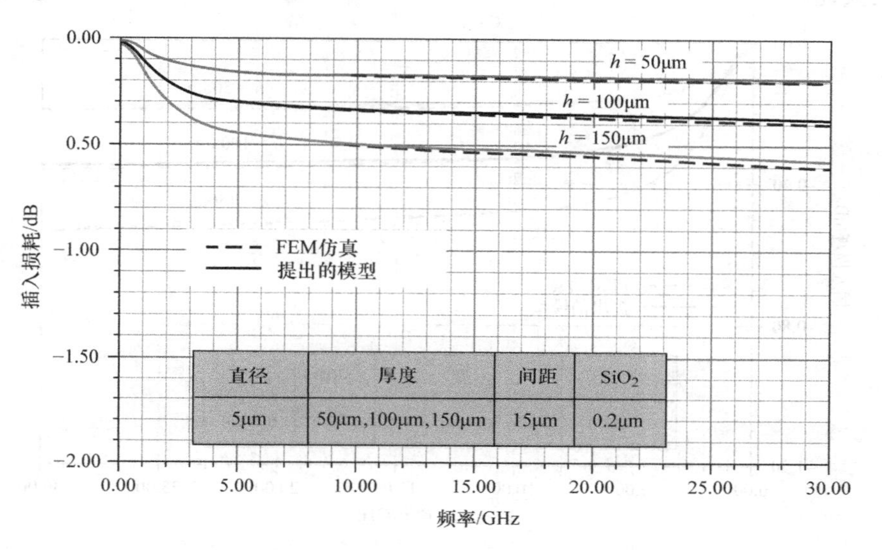

图 2-3　TSV 直径 = 5μm，厚度 = 50μm，100μm，150μm，间距 = 15μm，SiO_2 = 0.2μm 时的插入损耗

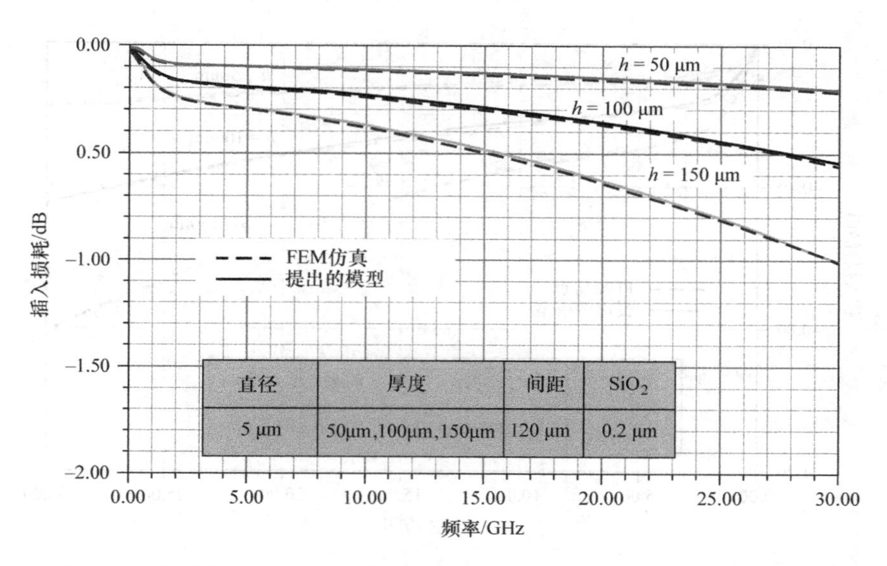

图 2-4　TSV 直径 = 5μm，厚度 = 50μm，100μm，150μm，间距 = 120μm，SiO_2 = 0.2μm 时的插入损耗

图2-5和图2-6显示了TSV直径=10μm，SiO_2=0.5μm的情况下的类似插入损耗。TSV间距的作用是在低频时降低插入损耗，而在高频和厚TSV时增加插入损耗。

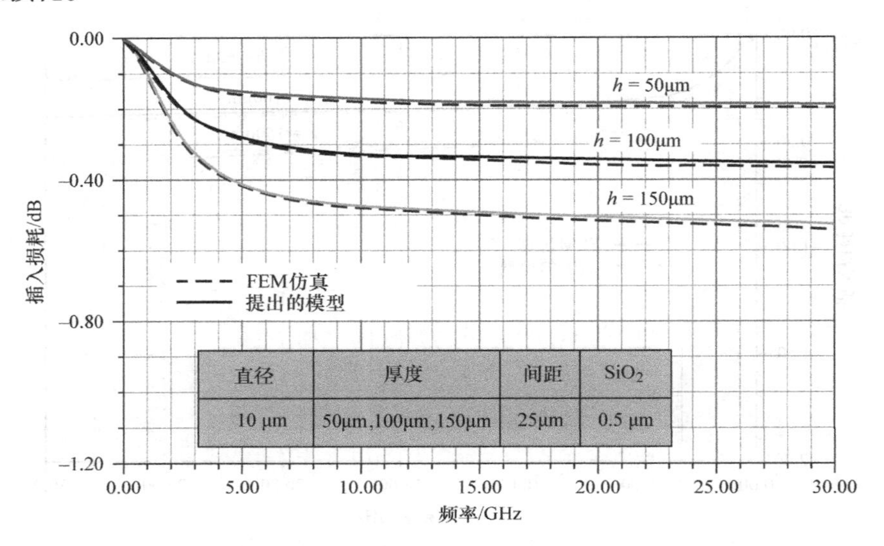

图2-5　TSV直径=10μm，厚度=50μm，100μm，150μm，间距=25μm，SiO_2=0.5μm时的插入损耗

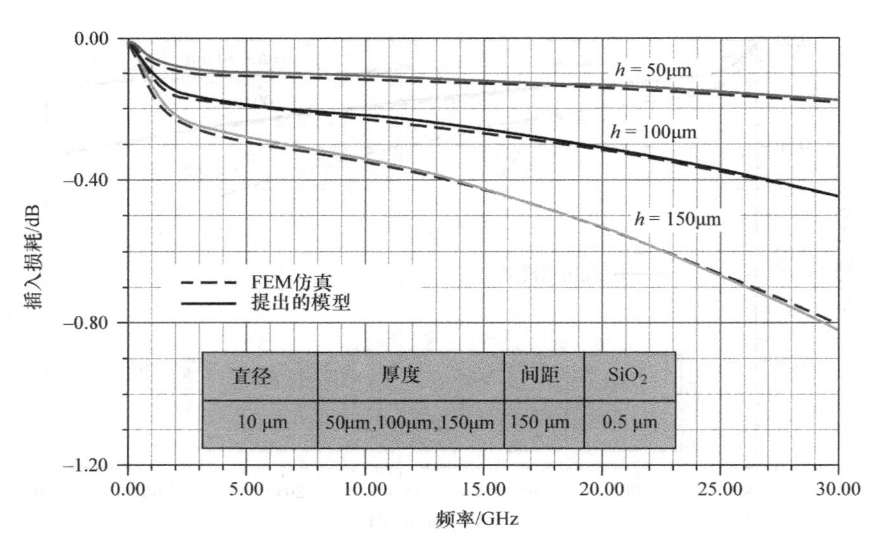

图2-6　TSV直径=10μm，厚度=50μm，100μm，150μm，间距=150μm，SiO_2=0.5μm时的插入损耗

另一方面，图 2-7 和 2-8 显示了 TSV 直径 = 20μm，SiO_2 = 0.5μm 时的插入损耗。可以看出，在非常高的频率和较厚的 TSV 情况下，TSV 间距的作用是降低几乎所有频率下的插入损耗。

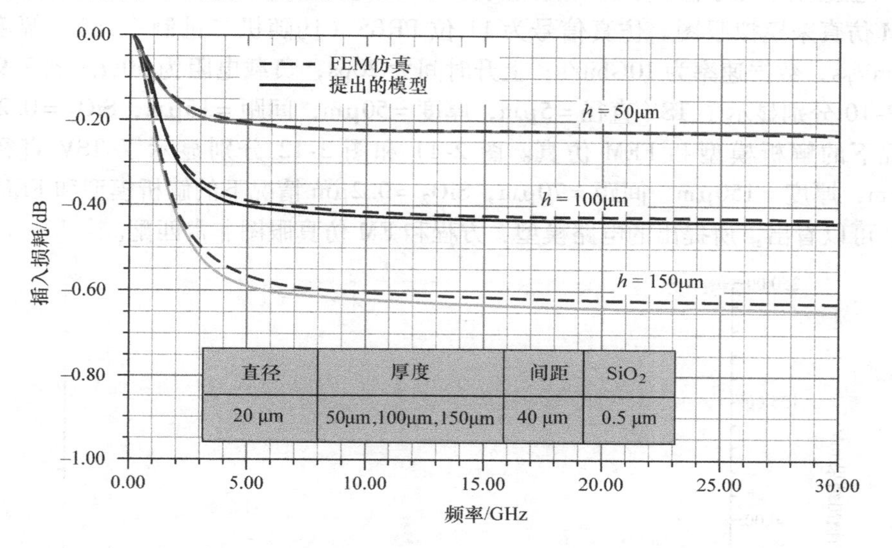

直径	厚度	间距	SiO_2
20 μm	50μm,100μm,150μm	40 μm	0.5 μm

图 2-7 TSV 直径 = 20μm，厚度 = 50μm，100μm，150μm，间距 = 40μm，SiO_2 = 0.5μm 时的插入损耗

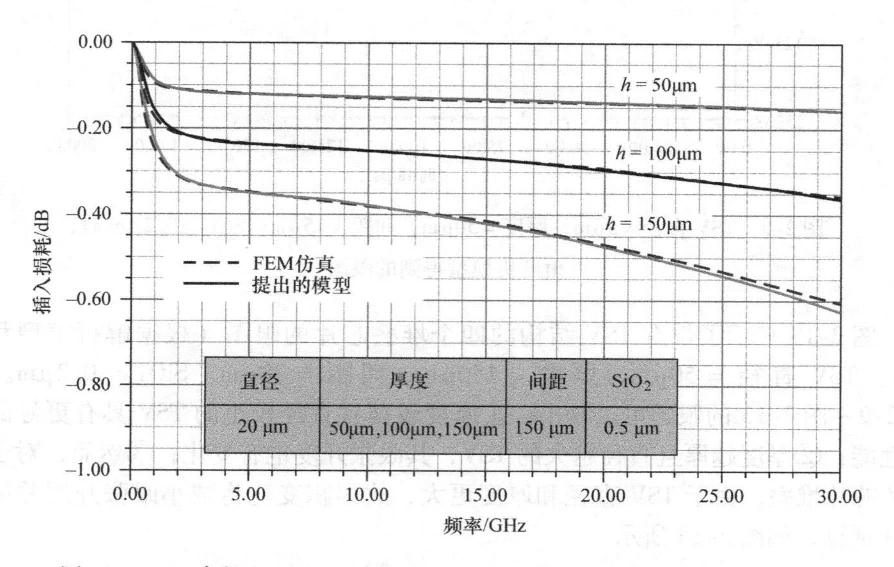

直径	厚度	间距	SiO_2
20 μm	50μm,100μm,150μm	150 μm	0.5 μm

图 2-8 TSV 直径 = 20μm，厚度 = 50μm，100μm，150μm，间距 = 150μm，SiO_2 = 0.5μm 时的插入损耗

2.2.3 TSV 模型的时域验证 ★★★

通过对时域的电学分析，利用所提出电路模型的插入损耗以及解析方程和 FEM 仿真来模拟眼图。仿真信号为 11 位 PRBS（伪随机二进制序列），幅度为 $500mV_{PP}$，数据速率为 10Gbit/s；上升时间为 20ps，负载电阻为 50Ω。图 2-9 和图 2-10 分别显示了 TSV 直径 =5μm，厚度 =50μm，间距 =15μm，SiO_2 =0.2μm 情况下的解析模型和 FEM 仿真。图 2-11 和图 2-12 分别显示了 TSV 直径 = 50μm，厚度 =150μm，间距 =70μm，SiO_2 =0.2μm 情况下的解析模型和 FEM 仿真。可以看出，所提出的电路模型、方程和 EM 仿真眼图非常匹配。

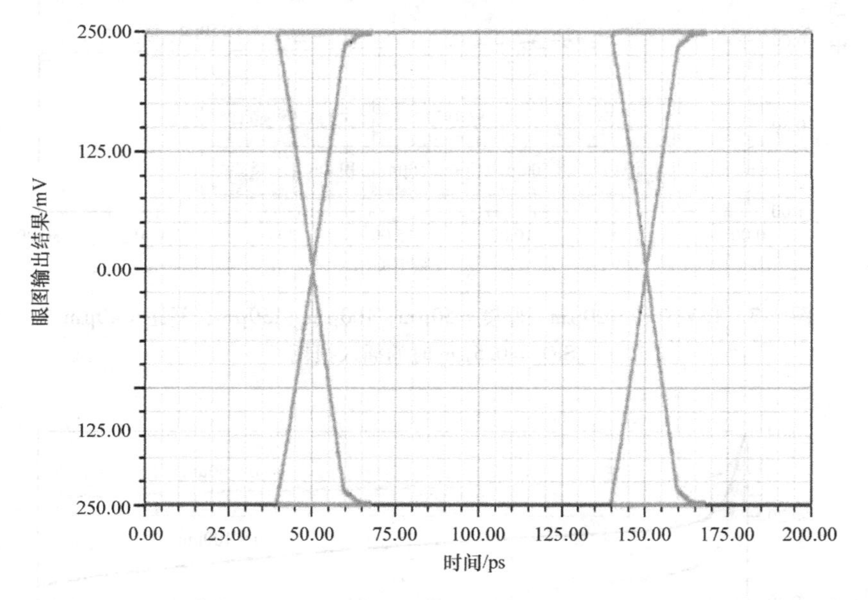

图 2-9 TSV 直径 =5μm，厚度 =50μm，间距 =15μm，SiO_2 =0.2μm 时，由解析模型得到的眼图

图 2-13 显示了带有 TSV 结构的四个堆叠芯片的眼图（根据解析模型和方程）：TSV 直径 = 50μm，厚度 = 150μm，间距 = 70μm，SiO_2 = 0.2μm。从图 2-9～图 2-13 的眼图可以看出：①厚度较薄且直径较小的 TSV 具有更好的电学性能；②厚度越厚且直径越大的 TSV，其眼张开度也有变化；③然而，对于多 TSV 芯片堆叠，由于 TSV 直径和厚度更大，故累积变化将减小眼张开度并缩减设计预算，如图 2-13 所示。

2.2.4 TSV 的电学设计指南 ★★★

图 2-14 展示了一个简单 TSV 的电学设计指南。首先，将设计 TSV 的信号源

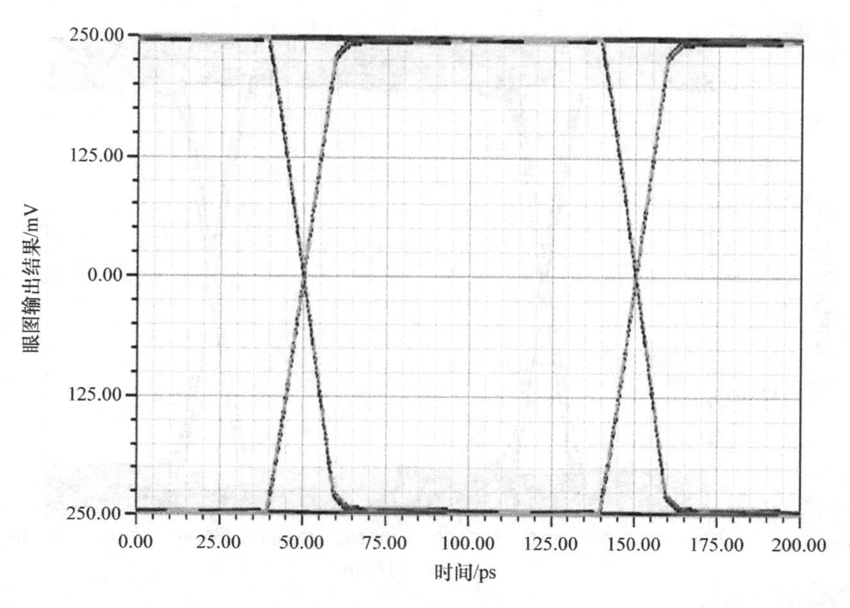

图 2-10　TSV 直径 =5μm，厚度 =50μm，间距 =15μm，SiO_2 =0. 2μm 时，由 FEM 仿真得到的眼图

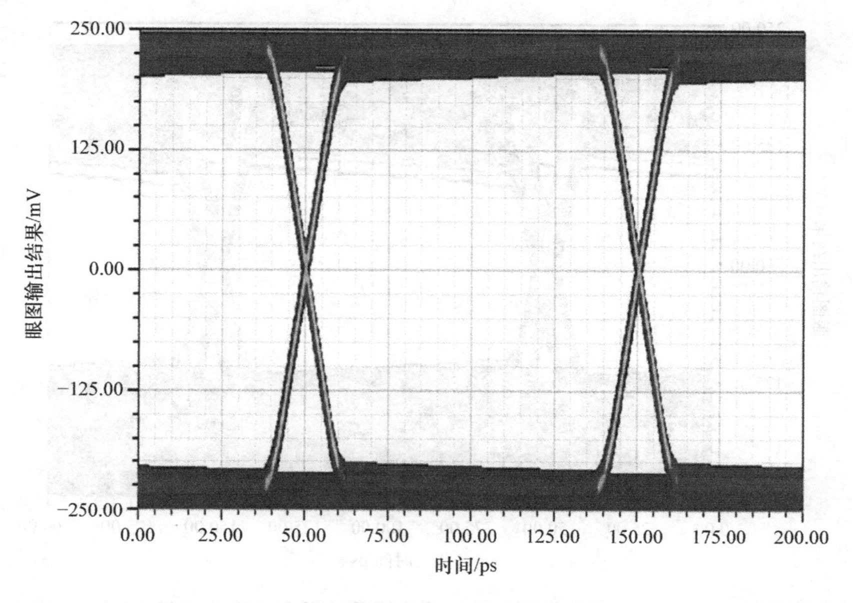

图 2-11　TSV 直径 =50μm，厚度 =150μm，间距 =70μm，SiO_2 =0. 2μm 时，由解析模型得到的眼图

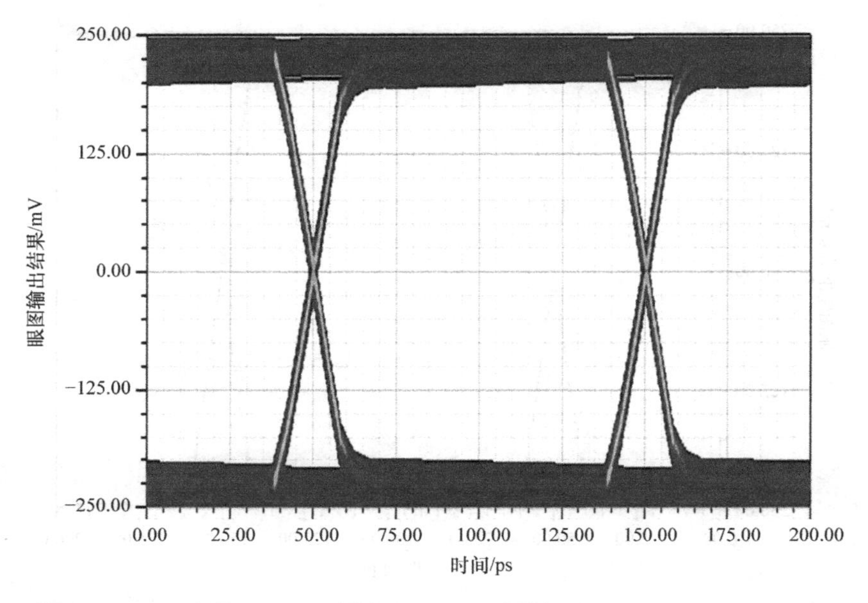

图 2-12　TSV 直径 = 50μm，厚度 = 150μm，间距 = 70μm，SiO_2 = 0.2μm 时，由 FEM 仿真得到的眼图

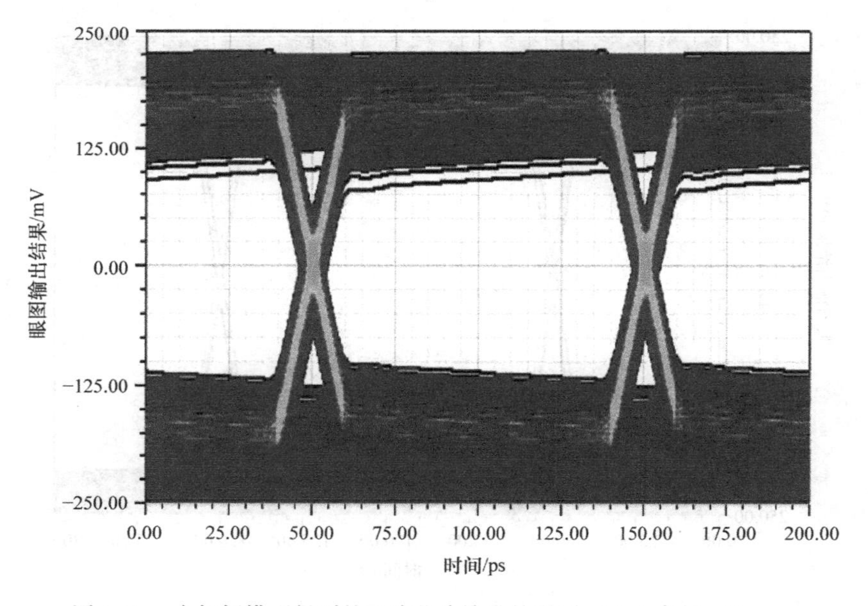

图 2-13　由解析模型得到的四片芯片堆叠的眼图（TSV 直径 = 50μm，厚度 = 150μm，间距 = 70μm，SiO_2 = 0.2μm）

和结构尺寸以及材料特性输入所提出的分析电路和方程中，以获得 TSV 的电学结果。然后，将电学结果与给定的一组技术指标进行比较，以检查结果是否符合技术指标。基于此流程，设计人员可以使用所提出的电路模型和解析方程设计和表征 3D IC 中 TSV 的电学性能。

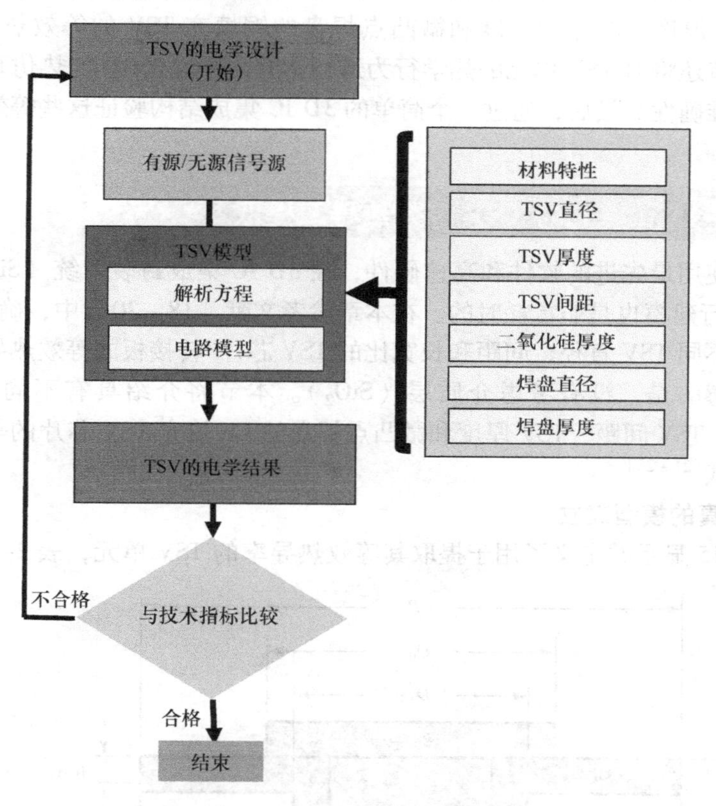

图 2-14　TSV 的电学设计指南

2.2.5　总结和建议 ★★★

本节介绍了一种用于高频 3D IC 集成应用的通用 TSV 结构的电学性能。一些重要结果总结如下：

1）提出了 TSV 及其所有关键要素电学性能的电路模型和方程组。

2）提出的电路模型和方程在很大的 TSV 尺寸范围和高达 30GHz 的频率下已通过 3D 有限元 EM 仿真得到验证。

3）在频域，所提出的模型和仿真的插入损耗结果非常匹配。

4）眼图也与提出的模型和仿真结果非常匹配。

5）提出了一个简单的 TSV 设计指南。

2.3 TSV 的热学建模

本节将介绍 TSV 的热学性能，重点在于确定一组具有不同 TSV 直径、TSV 间距、TSV 厚度、电介质厚度和微凸点焊盘的铜填充 TSV 的等效热导率方程。此外，本节还将对 TSV 单元的热学行为进行研究，并通过 3D 传热仿真来验证等效方程的准确性。最后，通过一个简单的 3D IC 集成结构验证这些等效方程的可行性。

2.3.1 Cu 填充的 TSV 等效热导率提取 ★★★

即使使用最先进的软件和高速硬件，在 3D IC 集成封装系统（SiP）中对所有 TSV 进行建模也是非常耗时的。在本章参考文献［18－20］中，确定了 Cu 填充的具有不同 TSV 直径、间距和长宽比的 TSV 芯片/转接板的等效热导率的经验公式，遗憾的是，没有考虑介质层（SiO_2）。本节将介绍具有不同介质厚度、TSV 直径、TSV 间距、TSV 厚度和微凸点焊盘的 Cu 填充 TSV 芯片的等效热导率的经验公式[21－25]。

1. 仿真的模型建立

图 2-15 显示并定义了用于提取其等效热导率的 TSV 单元，表 2-2 显示了用

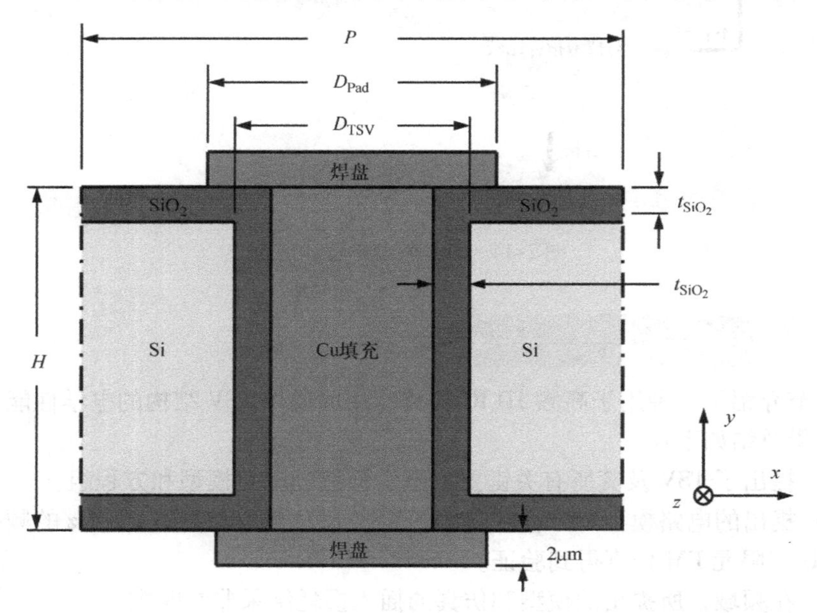

图 2-15　用于热建模的、包含重要参数的 TSV 单元示意图

于仿真的参数矩阵。其中，D_{TSV}是 TSV 的直径（10～50μm），H是芯片厚度（10～200μm），P表示 TSV 间距，t_{SiO_2}表示淀积的 SiO_2厚度（0.2～1.0μm）。

表 2-2　热响应分析的参数矩阵

D_{TSV}/μm	10	20	30	40	50
H/μm	10，20，30，50，100，150	10，20，50，100，150，200	10，20，50，100，150，250	10，20，50，100，150，250	10，20，50，100，150，250
P/μm	25，35，40，50，70，100，130	35，45，55，65，80，120，150	45，55，65，75，100，150，200	55，65，75，85，100，150，200	65，75，85，100，150，200
t_{SiO_2}/μm	0.2，0.5，1.0	0.2，0.5，1.0	0.2，0.5，1.0	0.2，0.5，1.0	0.2，0.5，1.0

要提取的等效热导率包括 k_{xy}和 k_z。下标 xy 和 z 分别表示芯片的面内方向和切面方向。对于 Cu 填充的 TSV 平面内等效热导率，在其一个侧壁（称为热表面）上施加正热流 Q''_{in}，在相反的侧壁（称为冷表面）上施加负热流 $-Q''_{out}$，以吸收热量，如图 2-16 所示。根据傅里叶定律，得到等效的 k_{xy}可以表示为

$$Q''_{in} = k_{xy}\frac{T_{hot} - T_{cold}}{P} \tag{2-17}$$

式中，T_{hot}和 T_{cold}分别为热表面和冷表面的平均温度；P 为 TSV 间距。

为了提取 Cu 填充的 TSV 切平面等效热导率 k_z，在 TSV 的顶部和底部各增加一个缓冲模块，如图 2-16 所示。缓冲模块的作用是使进出单元的热流平滑，以获得更可靠和准确的结果。

同样，通过使用傅里叶定律，等效热导率可以表示为

$$Q''_{in} = k_z\frac{T_{hot} - T_{cold}}{\Delta H} \tag{2-18}$$

式中，T_{hot}和 T_{cold}分别为热部分和冷部分的平均温度；ΔH 为两部分之间的间距，假设为 2μm。热和冷部分相互平行，对称于 Cu 填充的 TSV 单元水平中心线。

2. 边界条件与材料特性

采用 Icepak 12.1.6 作为仿真工具，使用有限体积法求解热传导问题。硅、TSV 填充的 Cu、Cu 焊盘和 SiO_2 的热导率分别为 148W/(m·K)、401W/(m·K)、401W/(m·K)、1.38W/(m·K)。对于缓冲模块的热导率，该值是灵活的，由于该模块的目的是使进出 TSV 单元的热流平滑，因此，在本研究中，假设缓冲模块的热导率为 500W/(m·K)，其厚度为 50μm。

仿真的边界条件如图 2-16 和图 2-17 所示。恒定热流 Q''_{in}施加到加热表面，假设该值为 10^8 W/m^2。此外，在冷却表面，施加负热流 Q''_{out}以吸收热量。根据能量守恒定律，两种热流的绝对值必须相等。对于其他边界条件，所有结构对称的其他表面都被定义为绝热的。

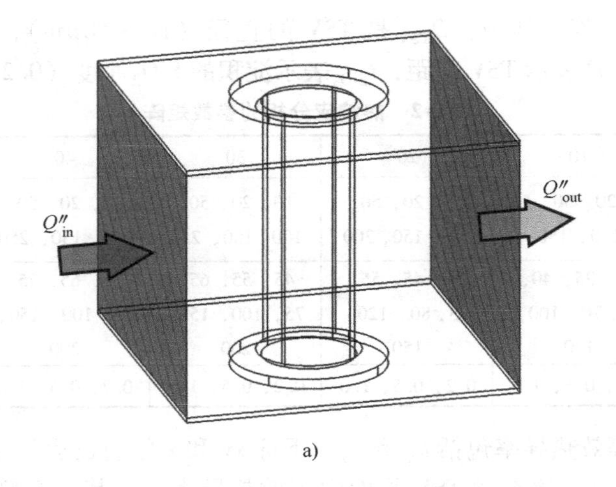

a)

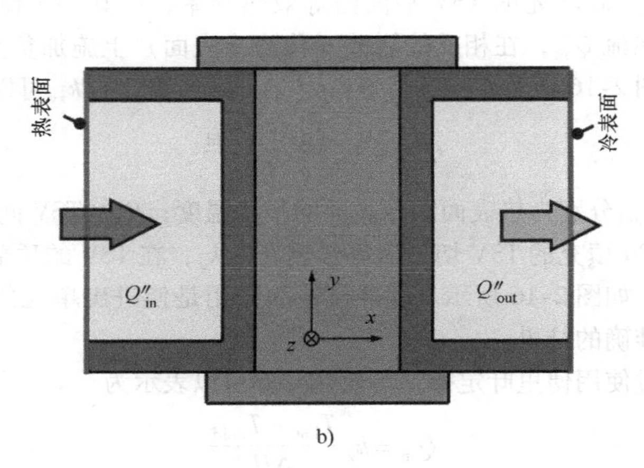

b)

图 2-16　用于提取 k_{xy} 的 TSV 单元

a）单元的立体图　b）单元的横截面

3. 等效热导率提取

出于演示的目的，考虑以下值：$D_{TSV}=20\mu m$，$t_{SiO_2}=1\mu m$，$H=50\mu m$，$P=65\mu m$，热流量 $Q''_{in}=10^8 W/m^2$。

对于等效的 k_{xy} 提取，根据仿真结果确定热表面和冷表面之间的平均温差（$T_{hot}-T_{cold}=48.3$℃）。因为 $P=65\mu m$，$Q''_{in}=10^8 W/m^2$，所以等效的 k_{xy} 可根据傅里叶定律计算，等于134.57W/(m·K)。

对于等效 k_z 提取，根据仿真结果确定热部分和冷部分之间的平均温差（$T_{hot}-T_{cold}=1.06$℃）。因为 $Q''_{in}=10^8 W/m^2$，$H=2\mu m$，所以等效的 k_z 可根据傅里叶定律计算得出，等于188.68W/(m·K)。

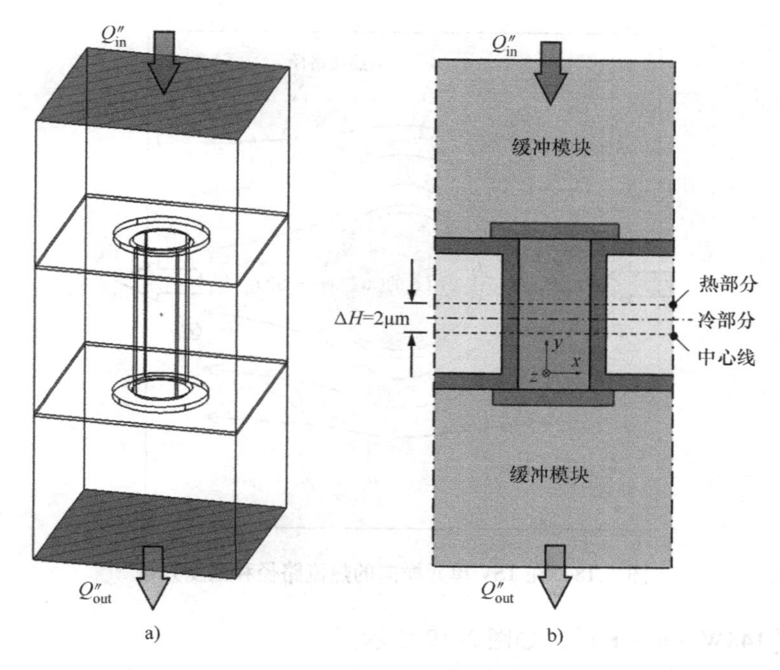

图 2-17　用于提取 k_z 的 TSV 单元

a）单元的立体图　b）单元的横截面

2.3.2　TSV 单元的热学特性 ★★★

1. 单元的横向热传输

图 2-18 显示了 TSV 单元水平中心部分的温度分布。单元的长度和宽度与 TSV 间距相同。介质层（SiO_2）和填充的铜嵌入在单元中。可以观察到，对于厚（>0.2μm）的介质层，与硅相比，由于介质层的导热性相当差［SiO_2的热导率 k=1.38W/(m·K)而硅的 k=148W/(m·K)］，热流绕过 TSV。事实上，尽管填充 TSV 的铜具有非常高的热导率［k=401W/(m·K)］，但热流仍然会被介质层阻挡，因此降低了铜在芯片横向热性能增强方面的贡献。

基于参数研究，发现与其他参数相比，芯片厚度 H 对等效 k_{xy} 的影响微不足道。此外，对于较厚（>0.2μm）的介质（SiO_2）层，这会阻止热量进入填充的铜中，从而使热流路径变长。所有等效横向热导率（k_{xy}）均小于硅［148W/(m·K)］，尤其是对于较大的 TSV 直径。

SiO_2厚度对等效 k_{xy} 的影响是明显的，如图 2-19 所示。可以看出，较厚的 SiO_2层（>0.2μm）和较大的 TSV 直径（>10μm）会导致更低的等效 k_{xy}。然而，对于较薄的 SiO_2层（<0.2μm），无论 TSV 直径大小如何，等效 k_{xy}都接近

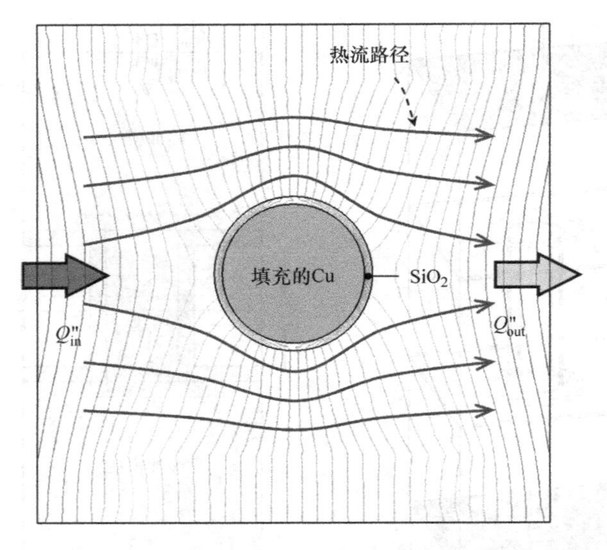

图 2-18 在 TSV 单元横向的热流路径和温度分布

硅的值［148W/(m·K)］，如图 2-19 所示。

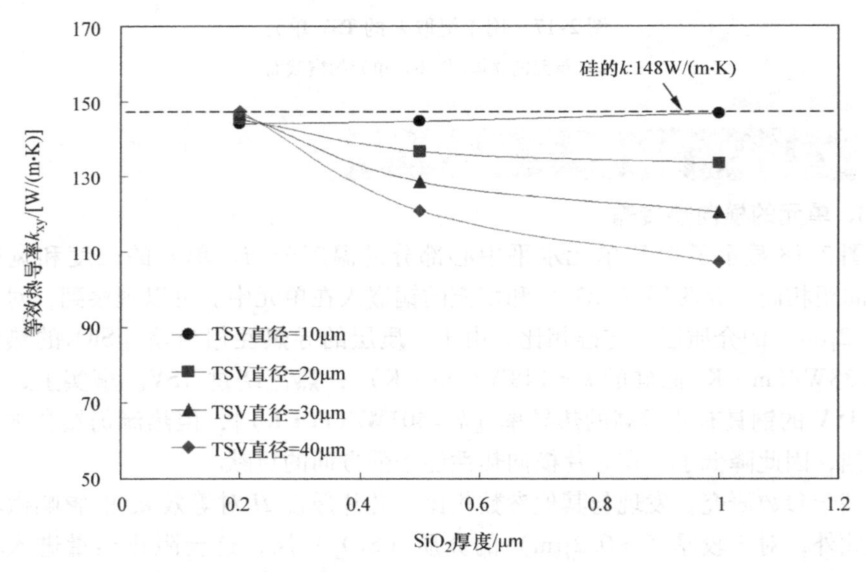

图 2-19 等效 k_{xy} 和 SiO_2 厚度之间的典型相关性：芯片厚度 H 为 50μm，间距为 65μm

TSV 间距对等效 k_{xy} 的影响很明显，如图 2-20 所示。一般来说，较大的 TSV 密度（较小的 TSV 间距）、较厚（>0.2μm）的 SiO_2 层和较大的 TSV 直径（>10μm）会导致较低的等效 k_{xy}。但是，当 SiO_2 厚度 ≤0.2μm 时，无论 TSV 直径和 TSV 间距大小如何，等效 k_{xy} 都接近硅的值［148W/(m·K)］，如图 2-20

所示。

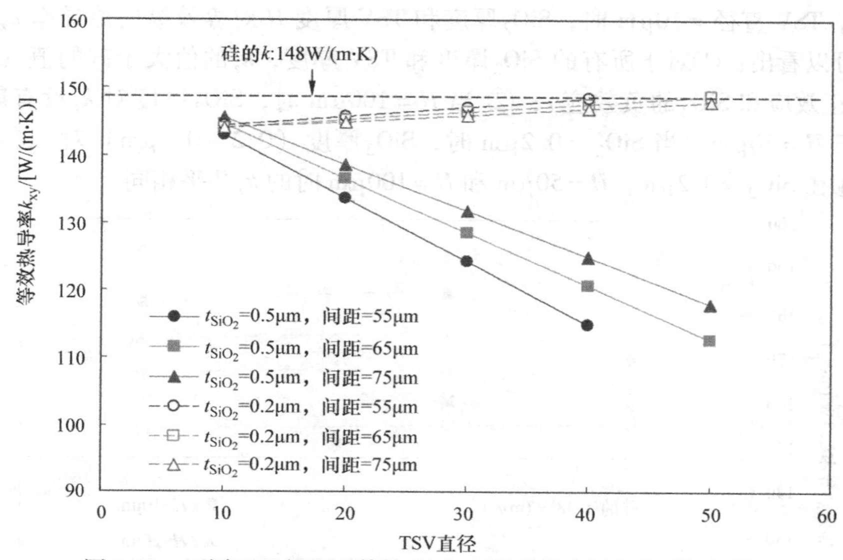

图 2-20 不同 TSV 间距下等效 k_{xy} 和 TSV 直径之间的典型相关性，芯片厚度 H 为 50μm，SiO_2 厚度为 0.2μm 和 0.5μm

TSV 的直径和间距是等效 k_{xy} 的另外两个重要参数。图 2-20 显示了 k_{xy} 和 TSV 直径以及 k_{xy} 和 TSV 间距之间的相互关系。较大的等效 k_{xy} 是由较小的 TSV 尺寸比引起的，表示为 D_{TSV}/P。换句话说，较高 TSV 密度的芯片/转接板在横向上的导热性较差。

2. 单元的纵向热传输

图 2-21 显示了 Cu 填充的 TSV 单元垂直方向上的温度分布。由于铜比硅具有更高的热导率，因此通过填充的铜流入和流出单元的热量更多。此外，由于能量平衡，填充的铜和硅的温度必须在垂直中心部分相等。因此，一些热流在进入 TSV 单元后，可能会从铜穿过介质层到达硅，而在离开 TSV 单元之前，热流可能会再次从硅穿过介质层到达填充的铜。

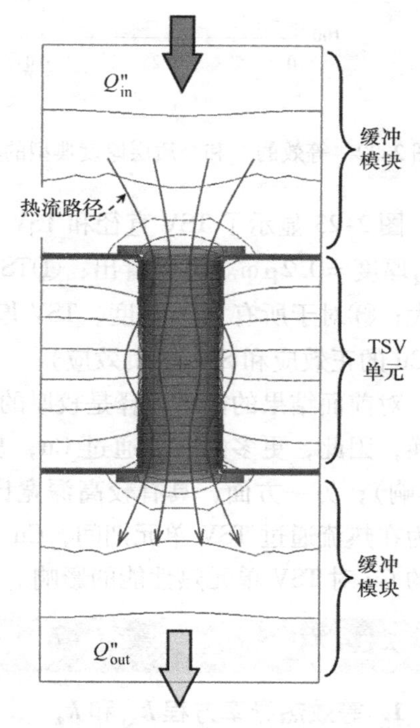

图 2-21 TSV 单元垂直方向上的温度分布

介质层（SiO_2）用作 TSV 单元的热屏障。图 2-22 显示了当 TSV 间距 = 50μm，TSV 直径 = 10μm 时，SiO_2厚度和 TSV 厚度 H 对等效纵向热导率 k_z 的影响。可以看出：①对于所有的 SiO_2厚度和 TSV 厚度，k_z的值大于硅的值（由于 Cu 的正效应和 SiO_2的负效应）；② 当 $H = 100\mu m$ 时，SiO_2厚度对 k_z没有影响；③对于 $H = 50\mu m$，当 $SiO_2 = 0.2\mu m$ 时，SiO_2厚度（0.2 ~ 0.5μm）对 k_z影响不大；④在 $SiO_2 = 0.2\mu m$，$H = 50\mu m$ 和 $H = 100\mu m$ 时的 k_z几乎相同。

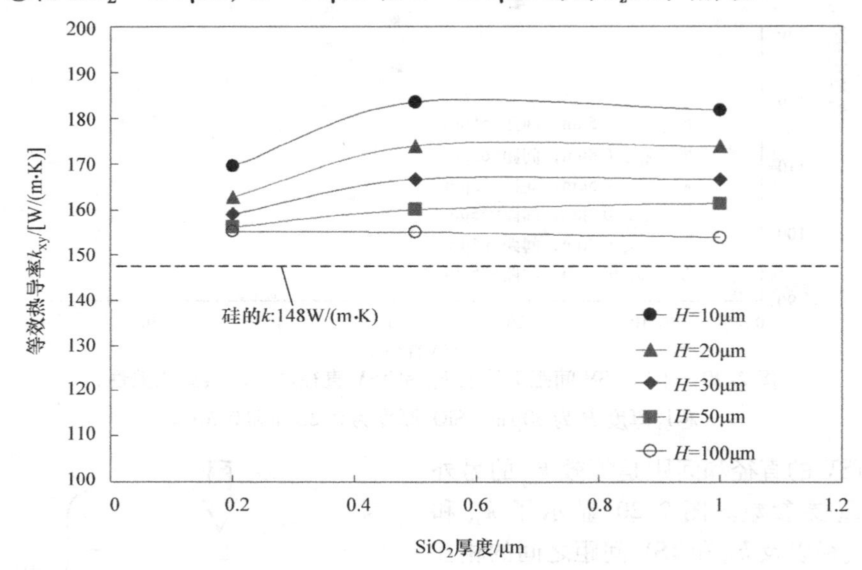

图 2-22　等效的 k_z和介质层厚度典型的相互关系，TSV 间距为 50μm，TSV 直径为 10μm

图 2-23 显示了 TSV 直径和 TSV 间距对 k_z的影响，其中 TSV 厚度 $H = 50\mu m$，SiO_2厚度 = 0.2μm。可以看出：①TSV 直径越大，k_z越大；②TSV 间距越小，k_z越大；③对于所有 SiO_2厚度、TSV 厚度、TSV 间距和 TSV 直径，k_z大于硅（由于 Cu 的正效应和 SiO_2的负效应）。

对前面结果的简单解释是较厚的介质层可能阻碍了填充的 Cu 和 Si 之间的热交换，因此，更多的热流通过 Cu，从而提高了填充的 Cu 在单元热性能的权重（影响）；另一方面，具有较高深宽比（H/D_{TSV}）的 TSV 会导致较低的等效 k_z，因为在热流通过 TSV 单元期间，Cu 和 Si 之间发生了更多的热交换，这降低了填充的 Cu 对 TSV 单元热性能的影响。

2.3.3　Cu 填充的 TSV 等效热导率方程 ★★★

1. 等效热导率方程 k_{xy}和 k_z

通过对表 2-2 中考虑的所有情况的仿真结果进行曲线拟合，可以得到 Cu 填

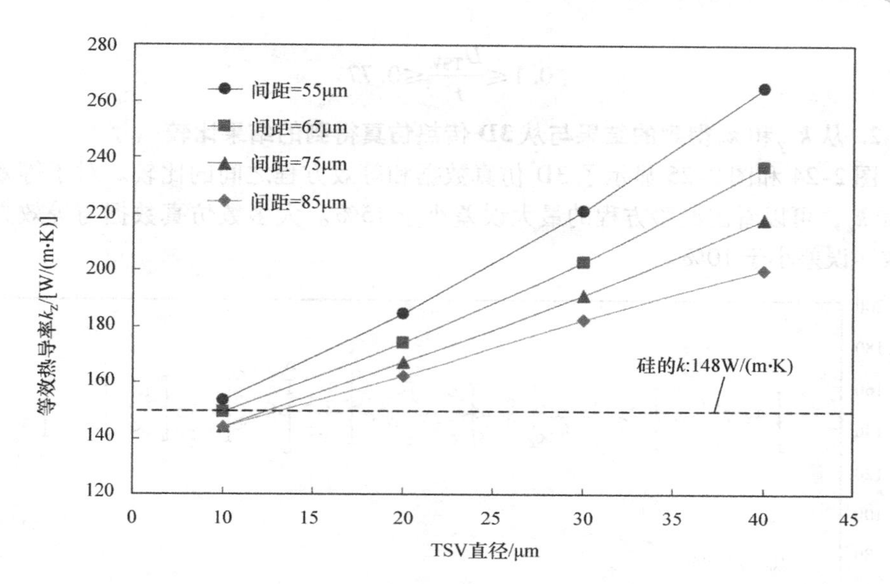

图 2-23 等效 k_z 和 TSV 直径之间的相互关系，芯片厚度 H 为 50μm，SiO_2 厚度 t_{SiO_2} 为 0.2μm

充的 TSV 等效热导率的经验方程。

对于等效 k_{xy}，经验方程为

$$Q''_{in}=k_{xy}=(90t_{SiO_2}{}^{-0.33}-148)\left(\frac{D_{TSV}}{P}\right)H^{0.1}+160t_{SiO_2}{}^{0.07} \tag{2-19}$$

对于等效 k_z，经验方程为

$$\begin{aligned}
&0.002\leqslant\frac{t_{SiO_2}}{H}\leqslant 0.01\Rightarrow k_z=128\exp\left(\frac{D_{TSV}}{P}\right)\\
&0.01<\frac{t_{SiO_2}}{H}\leqslant 0.02\Rightarrow k_z=130\exp\left(1.1\frac{D_{TSV}}{P}\right)\\
&0.02<\frac{t_{SiO_2}}{H}\leqslant 0.04\Rightarrow k_z=258\exp\left(\frac{D_{TSV}}{P}\right)+113\\
&0.04<\frac{t_{SiO_2}}{H}\leqslant 0.1\Rightarrow k_z=298\exp\left(\frac{D_{TSV}}{P}\right)+121\\
&0.01<\frac{t_{SiO_2}}{H}\leqslant 0.2\Rightarrow k_z=136\ln\left(\frac{D_{TSV}}{P}\right)+383
\end{aligned} \tag{2-20}$$

其中

$$0.2\mu m\leqslant t_{SiO_2}\leqslant 0.5\mu m$$

$$10\mu m\leqslant D_{TSV}\leqslant 50\mu m$$

$$H\geqslant 20\mu m$$

$$0.1 \leqslant \frac{D_{TSV}}{P} \leqslant 0.77$$

2. 从 k_{xy} 和 k_z 得到的结果与从3D传热仿真得到的结果比较

图2-24和图2-25显示了3D仿真数据和等效方程之间的比较。对于等效的 k_{xy} 和 k_z，可以看出经验方程的最大误差小于15%。大多数仿真数据与等效方程一致，误差小于10%。

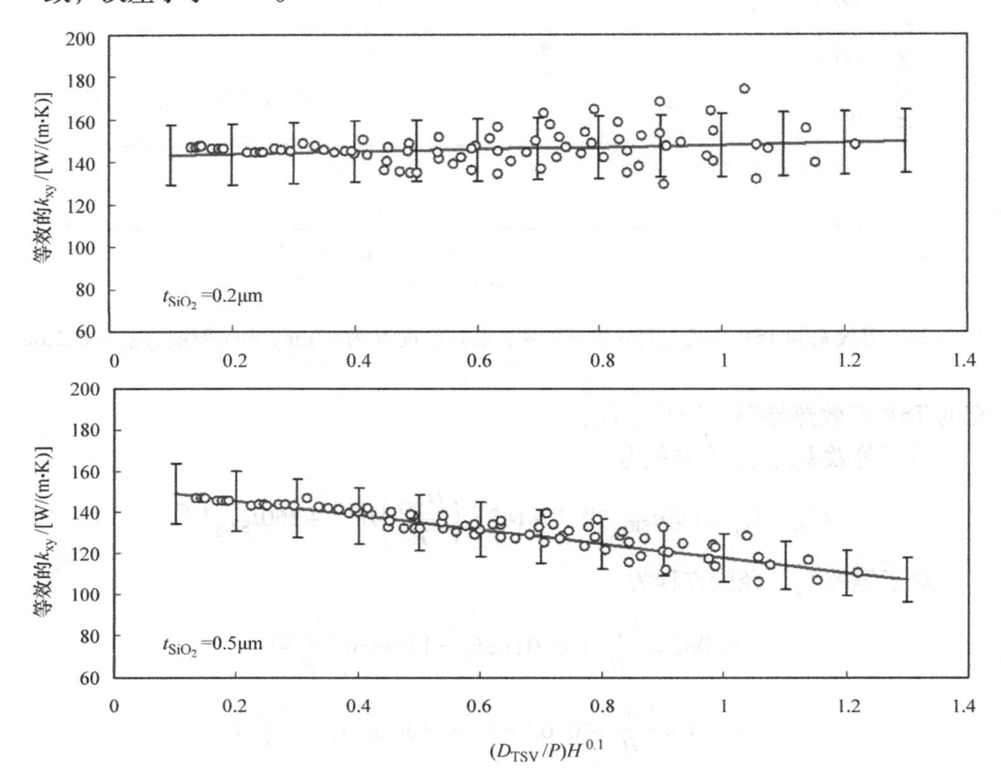

图2-24　仿真数据（点）与等效 k_{xy} 方程（曲线）的比较，误差条为±10%

3. 如何使用等效热导率方程（k_{xy} 和 k_z）进行3D IC集成？

通过建立一个等效模型，等效方程可用于3D IC SiP的设计和分析。该等效模型用于替换实际复杂的TSV模型，以简化热学仿真。图2-26显示了如何将复杂的TSV模型转换为一个等效模型。

等效模型将TSV视为一个等效区域（模块），用计算得到的等效 k_{xy} 和 k_z 表示。对TSV外的介质层（SiO_2）进行建模，通过使用常见的热阻（串联/并联）计算，焊球（或凸点）和走线转换为其他等效区域。更多相关信息请参阅8.3.3节和8.3.4节。

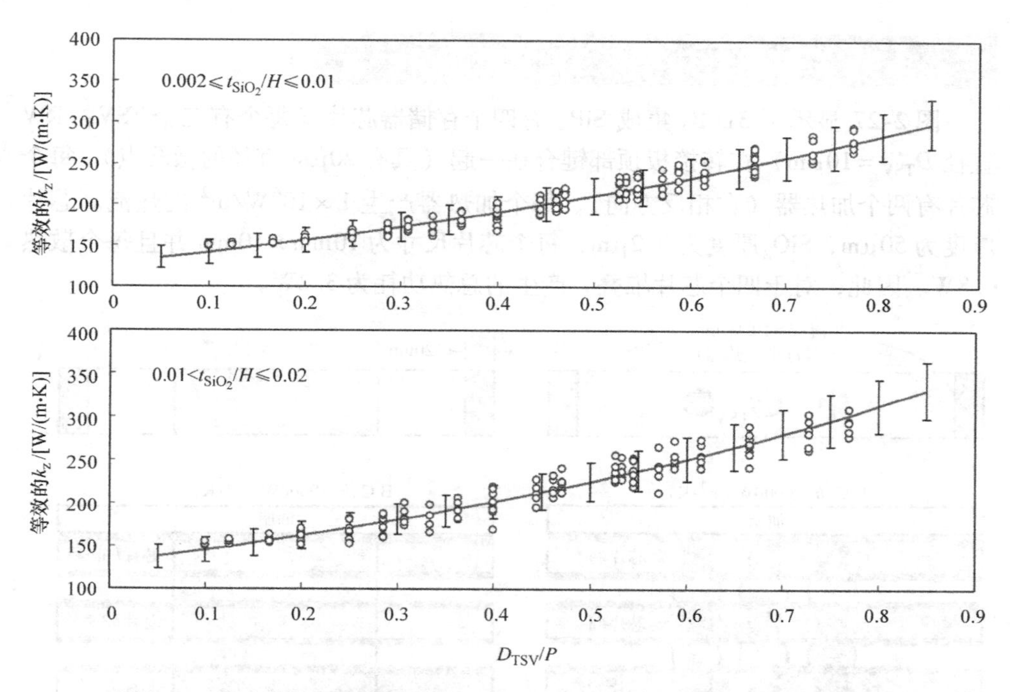

图 2-25　仿真数据（点）与等效 k_z 方程（曲线）的比较，误差条为 ±10%

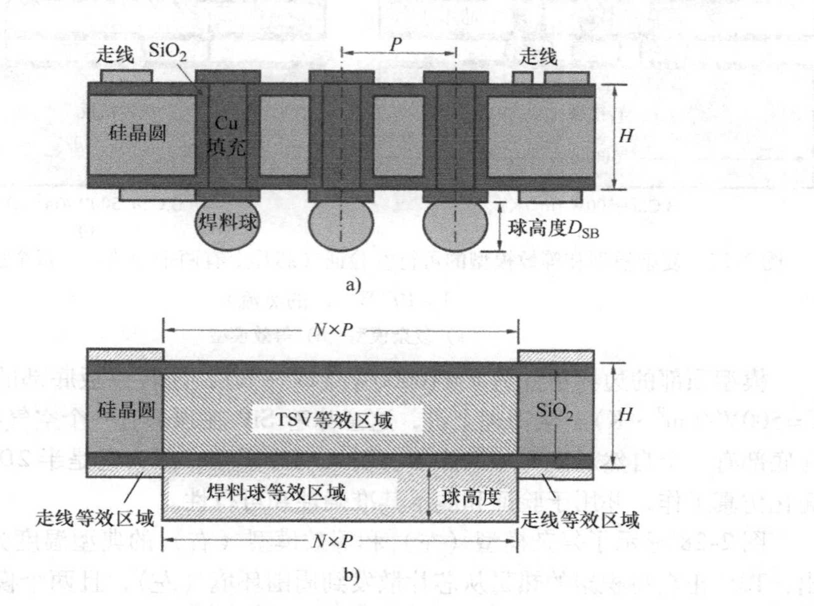

图 2-26　从复杂的模型转换到等效模型

a）复杂模型　b）等效模型

2.3.4 TSV 等效热导率方程的验证 ★★★

图 2-27 显示了 3D IC 集成 SiP。有四个存储器芯片（每个有三个 TSV，TSV 直径 $D_{\mathrm{TSV}}=10\mu\mathrm{m}$）在转接板顶部键合在一起（具有 20μm 直径的微凸点）。每个芯片有两个加热器（在相反方向），每个加热器产生 $1\times10^6\mathrm{W/m^2}$ 的热流。芯片厚度为 50μm，SiO_2厚度为 0.2μm，每个芯片尺寸为 10mm×10mm 并且每个散热 0.8W。因此，对于四个芯片堆叠，产生的总热功耗为 3.2W。

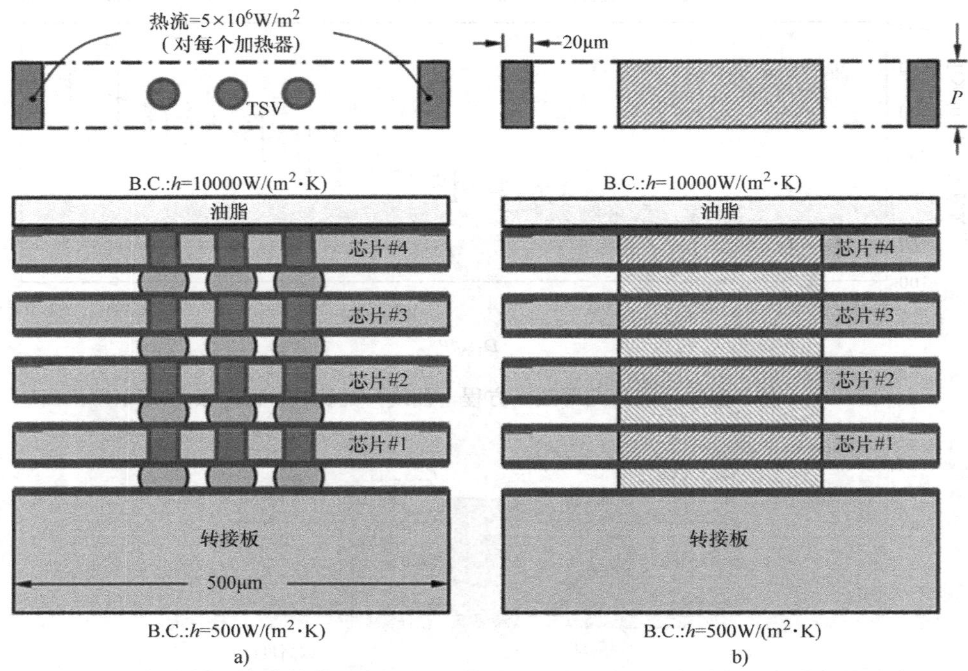

图 2-27 复杂模型和等效模型的可行性验证（芯片上有两个加热器，每个加热器产生 1×10^6 W/m² 的热流）

a）复杂模型 b）等效模型

模型顶部的边界条件为 $h=10000\mathrm{W/(m^2\cdot K)}$，而转接板底部的边界条件为 $h=500\mathrm{W/(m^2\cdot K)}$。从物理上讲，这意味着 SiP 在顶部有一个空气冷却散热器，在底部有一个自然对流冷却散热器。引入切片模型，因为它是半 2D 模型，可以简化仿真工作，并用于验证和演示其准确性和可行性。

图 2-28 显示了复杂模型（左）和等效模型（右）的典型温度分布。可以看出，TSV 正在将积聚的热量从芯片散发到周围环境（左），且两个模型内的热流也是不同的，然而，两个模型的加热器的温度完全相同。

图 2-29 显示了复杂模型和等效模型之间的加热器温度比较。可以看出：

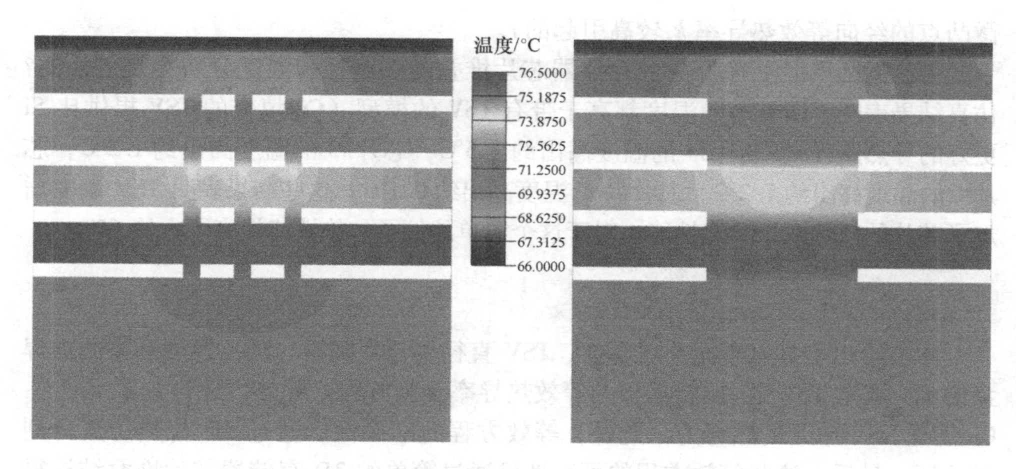

图 2-28　复杂模型（左）和等效模型（右）的典型温度分布（这里 D_{TSV}、t_{SiO_2}、H 和凸点直径分别为 10μm，0.2μm，50μm 和 20μm，边界条件和热的产生如图 2-27 所示）

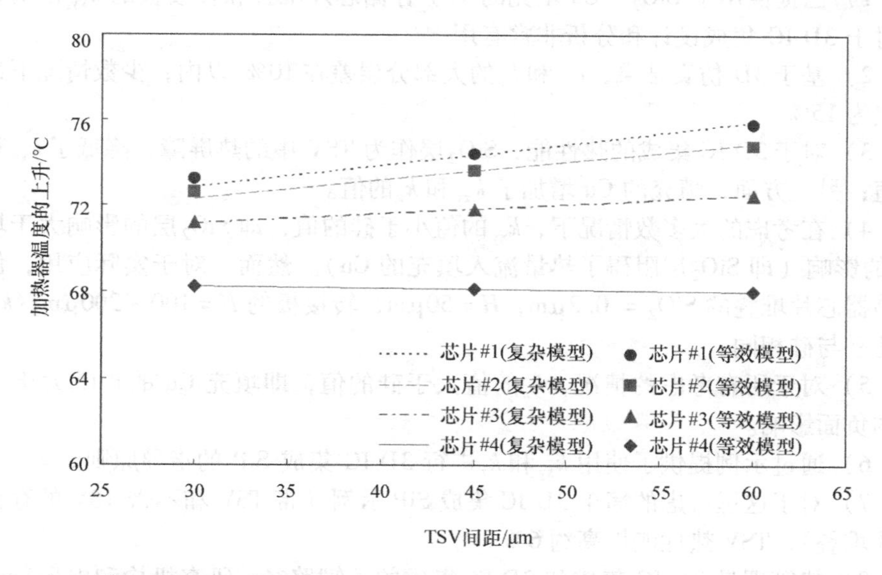

图 2-29　加热器温度的对比（D_{TSV}、t_{SiO_2}、H 和凸点直径分别为 10μm，50μm，0.2μm，20μm，环境温度为 35℃）

①对于所有 TSV 间距，两个模型预测的加热器温度几乎相同；②对于所有 TSV 间距，最低的加热器温度出现在芯片#4 顶部，而最高的加热器温度出现在底部芯片#1（这是因为热量的主要耗散路径是通过模型顶部到周围环境）；③除顶部芯片外，TSV 间距越小（TSV 排列更密集），加热器温度越低（这是由于 TSV 和

微凸点的经向等效热导率 k_z 较高引起的）。

带有微凸点但没有 TSV 的存储器芯片堆叠的热路径和温度分布会是怎样的？仿真结果表明，所有芯片温度都高于带有 TSV 的模型（Cu 填充的 TSV 提供比 Si 更好的导热路径）。芯片#4 的温度高出约 2.5℃，芯片#3 的温度高出约 1.2℃，芯片#2的温度高出约 1.2℃，芯片#1 的温度高出约 0.1℃。这些结果表明 TSV 确实增加了芯片的散热效果和热性能。对于这个简单的例子，热性能提高了大约 6%。

2.3.5 总结和建议 ★★★

本节给出了具有不同介质厚度、TSV 直径、TSV 间距、TSV 厚度和微凸点焊盘的 Cu 填充 TSV 芯片/转接板的等效热导率经验方程。此外，还讨论了 SiO_2－Cu 填充 TSV 单元的热行为。此外，等效方程的准确性已通过 3D 传热仿真得到了验证。最后，这些等效方程的可行性已通过简单的 3D 存储器芯片堆叠结构得到证明。一些重要的结果和建议总结如下：

1）已提供用于 SiO_2－Cu 填充的 TSV 存储芯片堆叠和转接板的 k_{xy} 和 k_z，它们对于 3D IC 集成设计和分析非常有用。

2）基于 3D 仿真结果，k_{xy} 和 k_z 的大部分误差在 10% 以内，少数情况下最大误差为 15%。

3）对于 3D IC 集成的热性能，SiO_2 层作为 TSV 中的热屏障，降低了 k_{xy} 和 k_z 的值；另一方面，填充的 Cu 增加了 k_{xy} 和 k_z 的值。

4）在考虑的大多数情况下，k_{xy} 的值小于硅的值，即 SiO_2 层的影响大于填充 Cu 的影响（即 SiO_2 层阻碍了热量流入填充的 Cu）。然而，对于实际应用，例如存储器芯片堆叠的 $SiO_2 = 0.2\mu m$，$H = 50\mu m$，转接板的 $H = 100 \sim 200\mu m$，k_{xy} 的值几乎与硅相同。

5）对于所有考虑的情况，k_z 的值大于硅的值，即填充 Cu 的贡献大于 SiO_2 层的负面影响。

6）通过示例提供了使用 k_{xy} 和 k_z 进行 3D IC 集成 SiP 的指导原则。

7）对于这里考虑的简单 3D IC 集成 SiP 示例（带 TSV 和不带 TSV 的存储器芯片堆叠），TSV 热性能提高约 6%。

8）热管理是 3D IC 集成和 3D Si 集成的关键路径，研究机构和电子行业应该：在这方面进行更多的创新研究并收集更多有用的数据，以及为 3D Si/IC 集成的广泛使用提供一些有效的热管理设计方法、工具指南和解决方案。

2.4 TSV 的机械建模和测试

大多数 TSV 采用电镀的 Cu 填充。Cu 的热膨胀系数（Thermal Coefficient of Expansion，TCE）为 17.5×10^{-6}/℃，周围 Si 的 TCE（热膨胀系数）为 2.5 ×

10^{-6}/℃。由于 Cu 和 Si 之间存在非常大的热膨胀失配（Thermal Expansion Mismatch，TEM），因此，当温度变化时，它们及其周围部件内部可能发生较大的应力和应变（变形）[26-52]。在 TSV 制造过程中，这种 TEM 可能导致 Cu 胀出（凸起）。使用 Cu 填充 TSV 的产品在环境工作条件下（如热冲击或循环），TEM 产生的应力可能影响器件中载流子（空穴和电子）的迁移率，甚至使器件、钝化、金属接触、金属层和 TSV 开裂。本节将介绍 TSV 的 Cu 胀出以及如何在制造过程中避免这种情况。还将提供热冲击循环下 TSV 的 Cu 凸起和 Cu 填充 TSV 的排除区（Keep-Out-Zone，KOZ），以及如何将 TEM 应力降至零。

2.4.1 Cu 填充 TSV 和周围 Si 之间的 TEM ★★★

2008 年 5 月，在本章参考文献［26，27］中报道了由 Cu 填充的 TSV 与其周围 Si 之间的 TEM 引起的 Cu 胀出。在较大的深宽比（TSV 厚度和直径）范围内，非线性热应力是由铜、硅和介质之间界面处的 TEM 引起的。图 2-30a 显示了用于有限元分析的 TSV 的简化图[26,27]。假设：①因为钽层（1kÅ）比介质层（1μm）薄得多，故其影响可以忽略不计；②再分布层很薄，因此可以忽略不计；③硅和二氧化硅的应力不会超出其弹性区；④铜会发生弹性形变，然后是塑性形变。

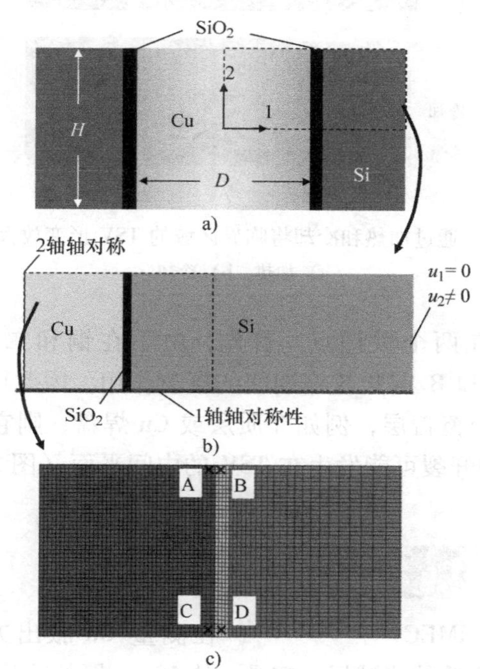

图 2-30　a）简化的 TSV 示意图　b）包括应用边界条件的 TSV 的四分之一模型　c）临界区域网格

四分之一的 TSV 是在轴对称仿真中建模的。使用的边界条件和临界界面的网格分别如图 2-30b 和 2-30c 所示。注意，方向 1 和 2 分别代表径向和轴向。在温度升高期间，铜的膨胀是硅的 5 倍以上，是二氧化硅的 10 倍以上。图 2-31a 和 b 显示了从 -40℃ 加热到 125℃ 和从 125℃ 冷却到 -40℃（放大 100 倍）所产生的形变。从图 2-31a 中可以看出，二氧化硅层发生高度应变，因为它被铜的轴向膨胀拖拽（铜想要从通孔向上胀出）并被铜的径向膨胀压缩。然而，这种形变在很大程度上不会转移到硅体上，因为硅比铜和二氧化硅硬得多。相反，在温度下降期间，在 A 点和 B 点表示的界面附近的材料上会产生高应变，这些点是潜在的失效位置。

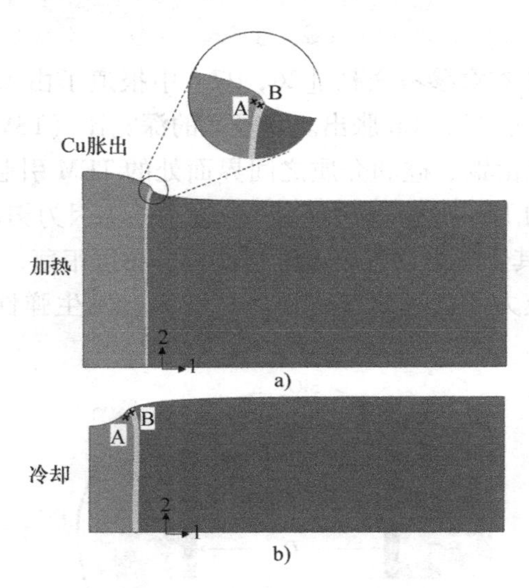

图 2-31 通过加热和冷却将临界区域的 TSV 形变放大 100 倍

a）加热 b）冷却

失效可能发生在两个关键点。首先，由于在铜和二氧化硅之间的界面（图 2-30c 中的 A 点和 B 点）收缩期间的撕裂作用，因此可能会发生失效。如果在 TSV 顶部有一个覆盖层，例如介质层或 Cu 焊盘，则它可能会被挤出。其次，铜或二氧化硅的开裂可能发生在 TSV 的中间平面（图 2-30c 中的 C 点和 D 点）。

2.4.2 制造中 Cu 胀出实验结果 ★★★

IME [36,37,38] 和 IMEC[28,32,33,35,39,44] 在测量 Cu 胀出方面做了很多工作。图 2-32显示了 IME 实验的测试板，它是一块 50μm 厚的硅片，具有直径 5μm Cu 填充的 10 × 10 TSV 阵列。在覆盖层 Cu 进行 CMP 之后，样品在氮气环境下在

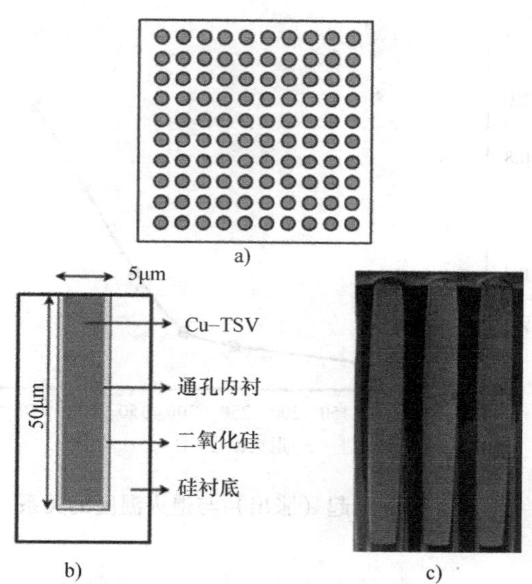

图 2-32　a）10μm 间距的 TSV（10×10）阵列的俯视图　b）TSV 截面的示意图　c）TSV 的横截面 SEM 图像

250～450℃的温度范围内进行退火，每个温度的持续时间为 30min。

典型的 Cu 胀出的 SEM（扫描电子显微镜）图像如图 2-33 所示。可以看出：①在退火温度为 300℃时 TSV 的边缘胀出；②在 350℃时 TSV 的中心胀出；③在 400℃和 450℃时 TSV 的边缘和中心胀出。用 AFM（原子力显微镜）测量的 Cu 胀出与退火温度的关系如图 2-34 所示，可以看出退火温度越高，Cu 胀出越大。因此，在 BEOL 加工之前未优化的 TSV 会带来潜在的良率问题，例如损坏（挤出）覆盖的介质层。

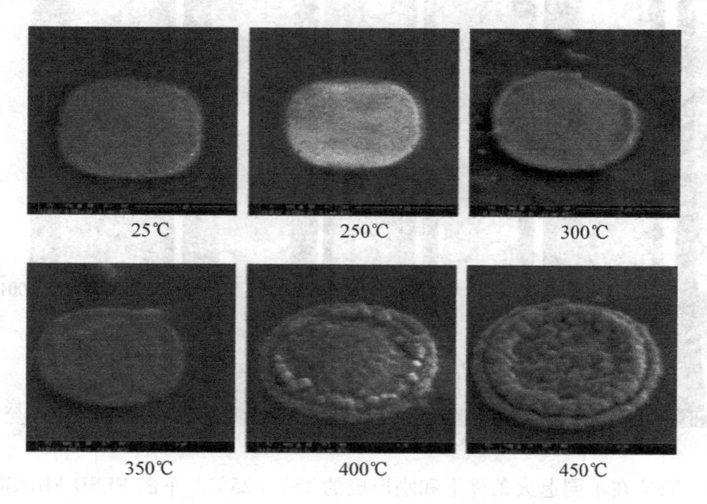

图 2-33　在不同退火条件和室温下 Cu 凸点的 SEM 图像对比

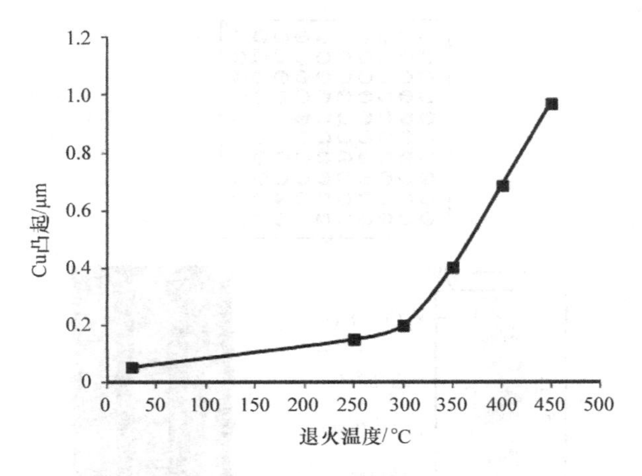

图 2-34 Cu 凸起（胀出）与退火温度的关系

图 2-35 显示了不同退火温度下 Cu 填充的 TSV 的微观结构。利用聚焦离子束（Focus Ion Beam，FIB）- SEM 和电子背散射衍射（Electron Backscatter Diffraction，EBSD）系统对 Cu 的晶粒取向和晶粒尺寸演变进行了表征。可以看出，晶粒尺寸分布均匀，呈现正常的晶粒生长模式。Cu 晶粒尺寸与温度的关系如图 2-36所示。可以看出，退火温度越高，Cu 晶粒生长得越大。

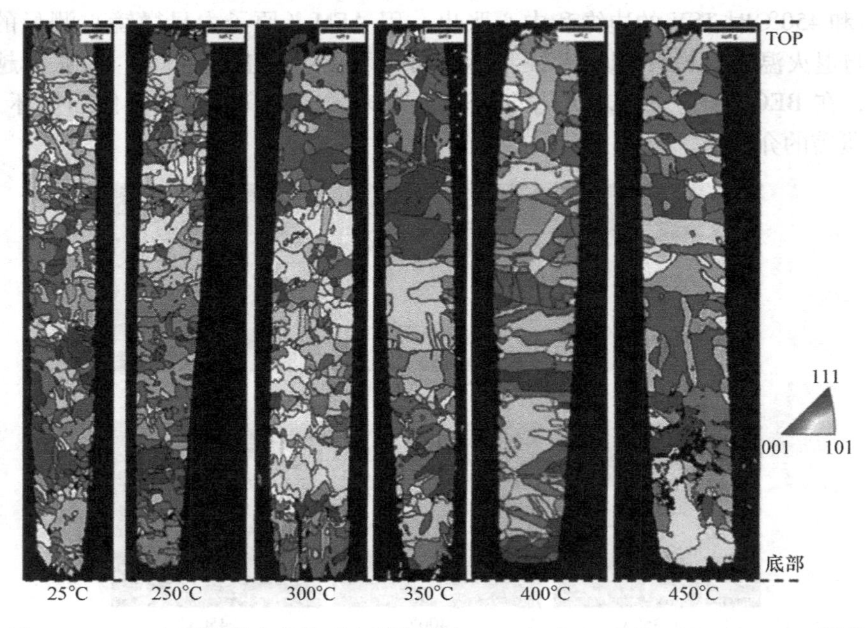

图 2-35 TSV 在不同退火条件下和刚形成的 TSV（25℃）下的 EBSD FIB/SEM 图像

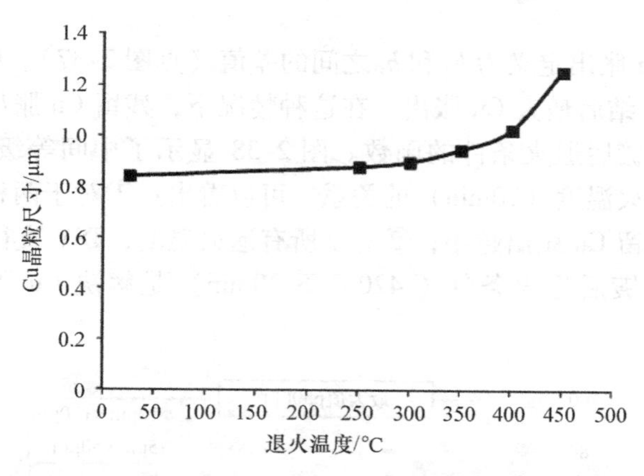

图 2-36　Cu 晶粒尺寸与退火温度的关系显示出晶粒随着温度升高而增大

图 2-37 显示了 IMEC [39] 使用的 Cu 胀出测量方法。与 IME 不同，IMEC 在覆盖层 Cu 的 CMP（化学 – 机械抛光）之前执行电镀后退火。Cu 填充的 TSV 顶部的 SiO_2 帽层旨在模拟 BEOL 层的存在。烧结（420℃下 20min）旨在模拟 IMEC BEOL 加工后最终退火步骤的热预算。使用了两组样品。第一组的直径和厚度为 5μm 和 50μm（5μm × 50μm）；而另一组为 10μm 和 100μm（10μm × 100μm）。退火条件见表 2-3，测量在氮气气氛中进行。

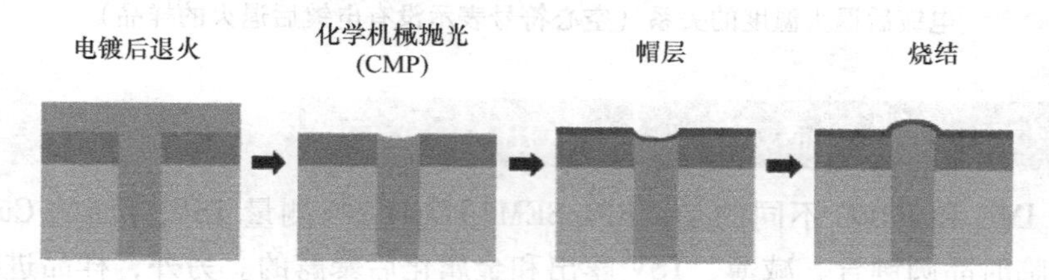

图 2-37　IMEC 的 Cu 胀出测量方法

表 2-3　用于 Cu 胀出实验的电镀后退火温度和时间

样品	镀后退火温度/℃	镀后退火时间/min
1	—	—
2	180	20
3	300	20
4	350	20
5	420	5
6	420	20
7	420	80
8	500	20

最大残留 Cu 胀出定义为 h_1 和 h_0 之间的差值（见图 2-37）。h_0 是烧结前最大 Cu 胀出，h_1 是烧结后最大 Cu 胀出。在这种情况下，残留 Cu 胀出，在固定烧结过程中是关于电镀后退火条件的函数。图 2-38 显示了中间等级的最大残留 Cu 胀出与电镀后退火温度（20min）的关系。可以看出：①对于两种 TSV 结构，退火温度越高，残留 Cu 胀出越小；②对于所有退火温度，TSV 直径越大，残留 Cu 胀出越大；③电镀后退火条件（420℃下 20min）是解决 Cu 胀出问题的最佳选择。

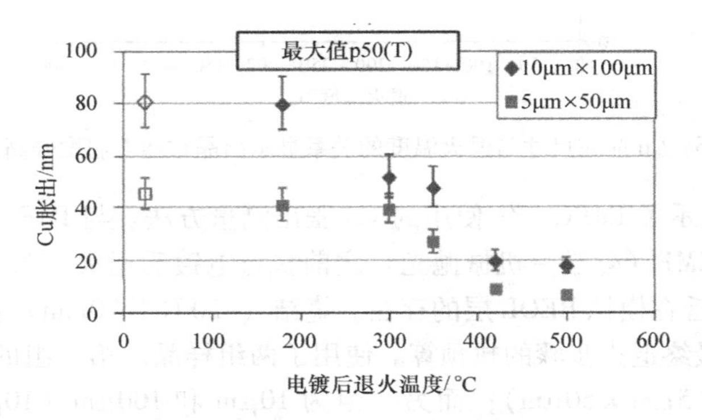

图 2-38　5μm×50μm 和 10μm×100μm TSV 在中间等级的最大残留 Cu 胀出（h_1-h_0）与电镀后退火温度的关系（空心符号表示没有电镀后退火的样品）

2.4.3　热冲击循环下的 Cu 胀出 ★★★

与 IME 和 IMEC 不同的是，RPI/SEMATECH [40] 测量 TSV 背面的 Cu 胀出，这是在临时晶圆键合、减薄、TSV 露出和金属化后暴露的。另外，样品进行室温和峰值温度之间的热冲击循环试验，升温/降温速率为 25℃/s，峰值温度下的停留时间为 150s，共 15 个循环。考虑了五个峰值温度（200℃，250℃，300℃，350℃和 400℃），即非常高的加速测试。测试板如图 2-39 所示，TSV 直径和厚度分别为 5.5μm 和 50μm。

图 2-40 显示了从室温到 250～400℃的不同峰值温度（在 200℃时没有可见的 Cu 胀出）所进行的 15 次热冲击循环测试后，Cu 胀出（从背面）的光学表面轮廓。测试后的平均 Cu 胀出如图 2-41 所示。从这两个图中可以看出，热冲击峰值温度越高，从 TSV 背面的 Cu 胀出越大。

在最严重的热冲击条件下（峰值温度为 400℃，循环 15 次）背面 Cu 胀出的横截面 SEM 图像如图 2-42 和 图 2-43 所示。可以看出：①TSV 内部有空洞；②TSV和背面 Cu 焊盘之间的界面有空洞；③TSV 与背面 Cu 焊盘之间的绝缘体的侧墙处有界面分层；④可见大的 Cu 胀出；⑤Cu TSV 内部有裂纹；⑥晶界处存在

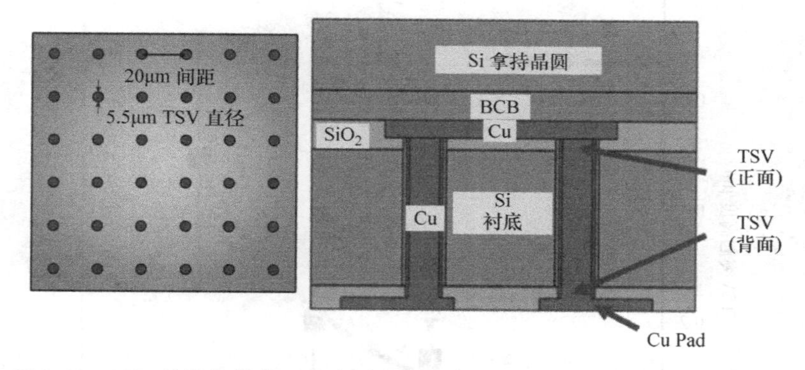

图 2-39　TSV 结构的横截面示意图，TSV 直径为 5.5μm，TSV 间距为 20μm

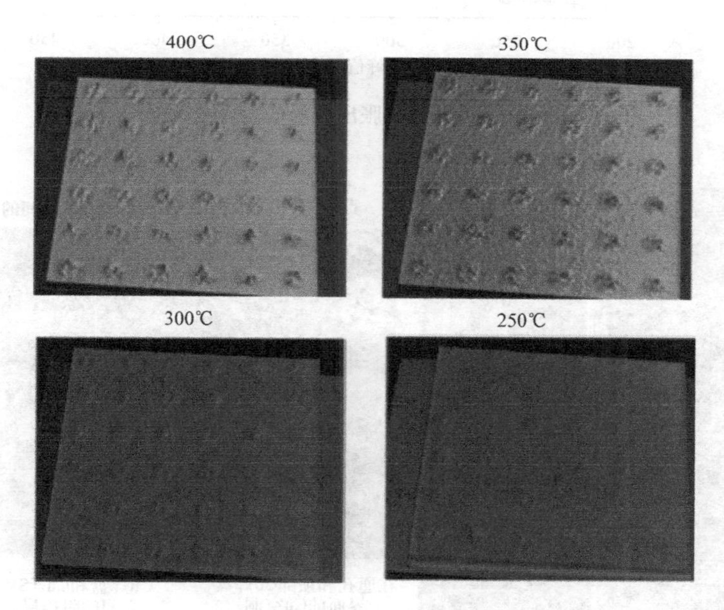

图 2-40　在峰值温度范围为 250～400℃的热冲击循环测试后，TSV 胀出的光学表面轮廓（在 200℃时看不到 Cu 胀出）

空洞。

在最严重的热冲击条件下，正面 Cu 胀出的横截面 SEM 图像如图 2-44 所示。可以看出：①正面 Cu 胀出非常小且不可见；②TSV 和 TSV－1 的正面 Cu 焊盘之间的界面处有分层；③在靠近 Cu 焊盘正面的 TSV 侧墙处出现分层；④在 TSV 和 Cu 焊盘正面之间存在 Cu 空洞。

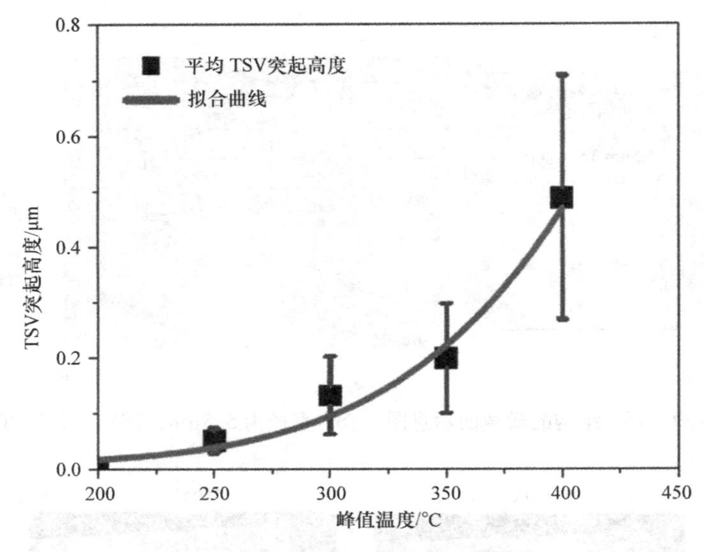

图 2-41　平均 TSV 胀出与峰值温度的关系

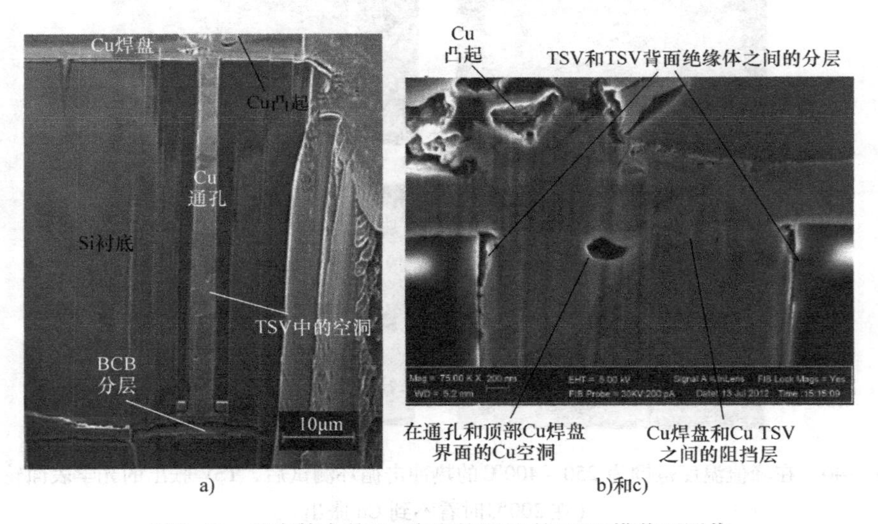

a)　　　　b)和c)

图 2-42　具有较大的 Cu 胀出的 TSV 的 SEM 横截面图像

a）TSV 内部的空洞　b）TSV 和背面 Cu 焊盘之间的界面处的空洞　c）在 TSV 和背面 Cu 焊盘之间的绝缘体之间的侧墙处的界面分层

2.4.4　Cu 填充的 TSV 排除区域 ★★★

正如 2.4.2 节中提到的，由于 Cu 填充的 TSV 和周围的 Si 之间的 TEM 可能存在非常大的应力，这种应力会导致 CMOS 器件中空穴和电子的迁移率发生变

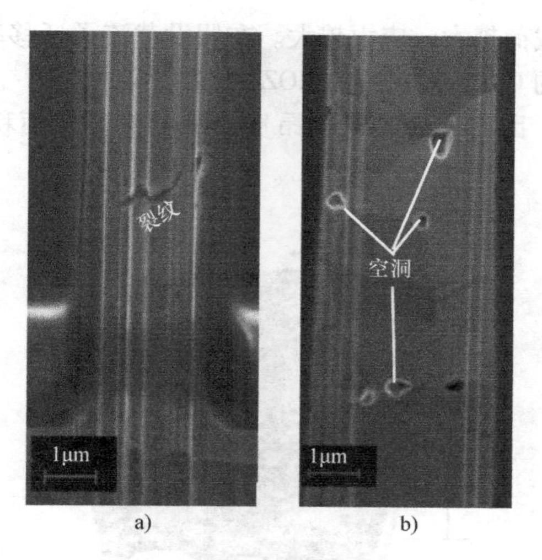

图 2-43　具有大 Cu 胀出的 TSV 的横截面 SEM 图像

a）Cu TSV 内的 Cu 裂纹　b）晶界处的空洞

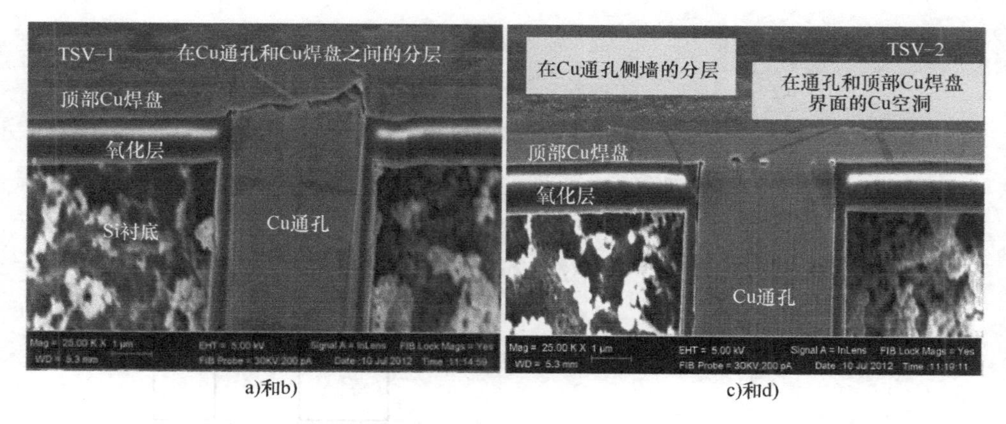

图 2-44　具有非常小 Cu 胀出的 TSV 的横截面 SEM 图像

a）Cu 胀出不可见　b）TSV 和 TSV－1 的正面 Cu 焊盘之间的界面处有分层　c）在靠近 Cu 焊盘正面的 TSV 侧墙处出现分层　d）在 TSV 和 Cu 焊盘正面之间存在空洞

化，从而导致电学性能的下降。KOZ 是每个 TSV 周围的区域，所有器件都必须远离该区域，以免受到 TSV TEM 应力的影响。

图 2-45 显示了 IMEC[28] 进行 KOZ 测量的试验样片（直径为 5μm，厚度为 24μm）。共有两组晶圆，一组晶圆在 250℃下 30s，另一组晶圆在 250℃下 30s＋420℃下 20min。通过使用 μ－拉曼方法，光谱测量结果如图 2-46 所示（应力与拉曼峰位移有关，如果硅中存在单轴或双轴应力，则拉曼频移与应力呈线性关系）。可以看出：①对于两种加载条件，由于应力集中，最大应力出现在 TSV 边

界并迅速消失，②载荷越大，应力越大。在假设载流子迁移率变化公差为5%的情况下，不同直径的Cu填充TSV的KOZ如图2-47所示[28]。可以看出，TSV直径越大，KOZ越大。因此，为了节省昂贵的硅器件芯片面积，TSV直径应越小越好。

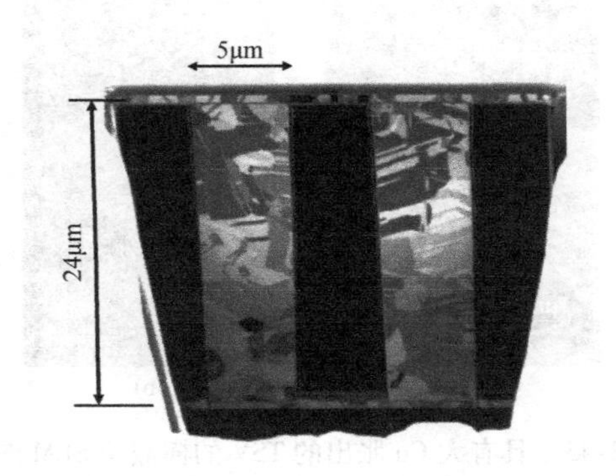

图2-45　TSV试验样片（直径为5μm，厚度为24μm）

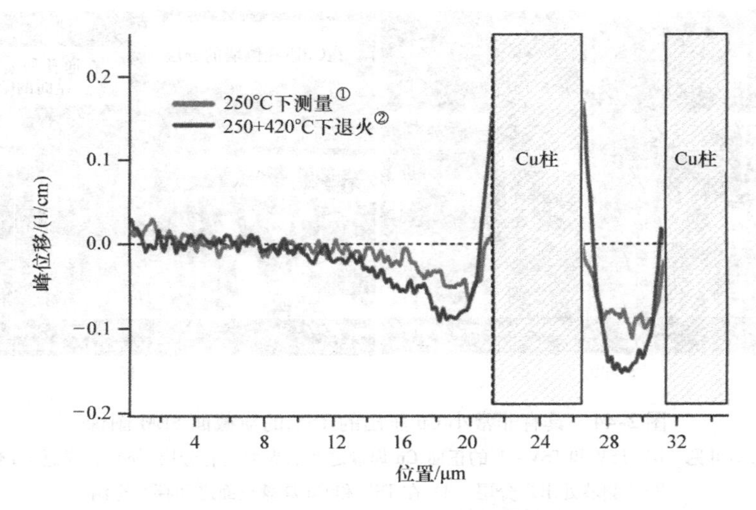

图2-46　两种加载条件下的μ拉曼光谱测量结果：
①250℃下30s，②250℃下30s+420℃下20min

如果在TSV周围制造气隙[44]，则TSV TEM应力可以降低到零，如图2-48和图2-49所示。从图2-49中可以看出，具有气隙的5μm直径TSV的周向应力减小到零。具有23μm深集成气隙的3μm直径和50μm深的Cu填充的TSV横截面FIB/SEM图像如图2-50所示。可以看出，气隙距离TSV为1μm。有关制造气隙的更多信息请阅读本章参考文献［44］。

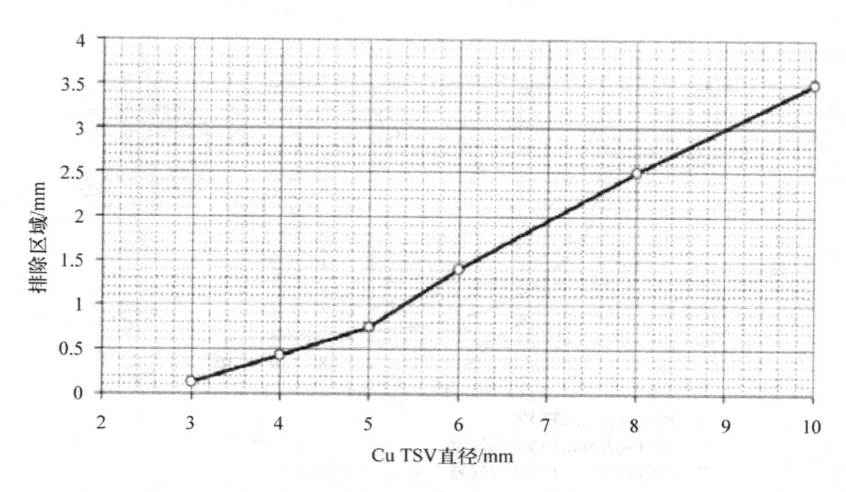

图 2-47　不同直径的 Cu 填充 TSV 的 KOZ，假设载流子迁移率变化容差为 5%

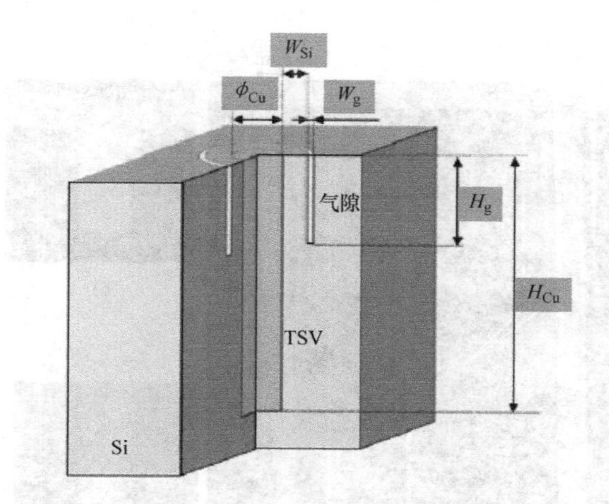

图 2-48　具有环形气隙的 TSV 示意图（ϕ_{Cu} = TSV 直径，W_{Si} = TSV 与气隙之间的距离，W_g = 气隙宽度，H_{Cu} = TSV 深度，H_g = 气隙深度）

2.4.5　总结和建议 ★★★

本节提出了 Cu 填充 TSV 的 Cu 胀出和 KOZ 问题及其解决方案，一些重要结果和建议总结如下：

1）退火温度越高，Cu 晶粒生长越大。

2）退火温度越高，残余 Cu 胀出越小。

3）在 CMP 前电镀 Cu 后退火条件（420℃下 20min）是最佳的。

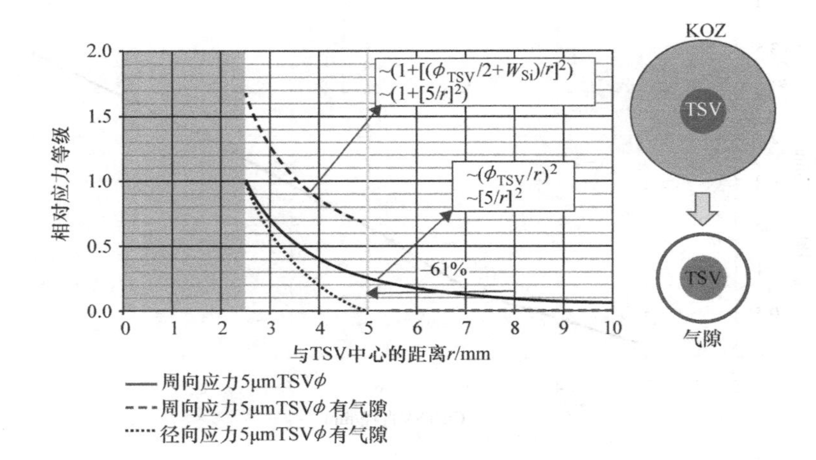

图 2-49 当在 5μm 直径的 TSV 周围添加气隙时，周向应力会降低

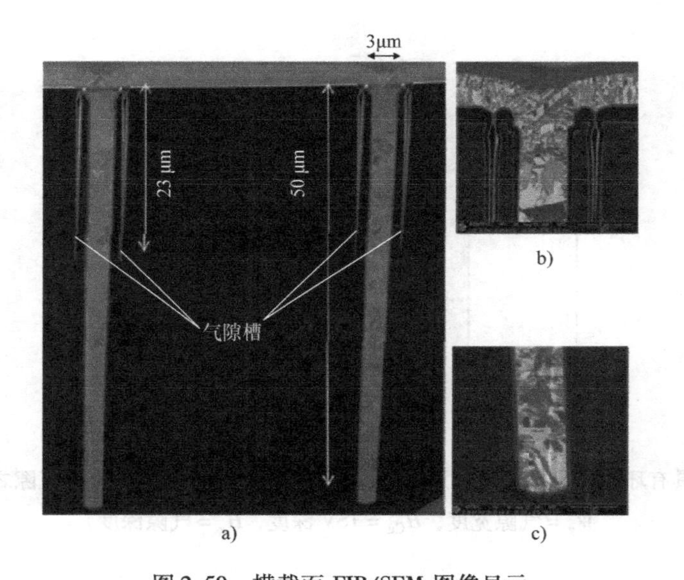

图 2-50 横截面 FIB/SEM 图像显示

a）具有 23μm 深气隙的 3μm 直径和 50μm 深的 TSV b）气隙闭合 c）TSV 底部

4）TSV 直径越大，KOZ 越大，即芯片尺寸越大。因此，建议 TSV 直径尽可能小。

5）TSV 周围的气隙可将 TEM 应力降低至零。

2.5 参考文献

[1] Ryu, C., J. Lee, H. Lee, K. Lee, T. O, and J. Kim, "High Frequency Electrical Model of Through Wafer Via for 3-D Stacked Chip Packaging," *Proceeding of Electron. Syst. Integration Technol. Conf.*, September, 2006, pp. 215–220.

[2] Savidis, I., and E. G. Friedman, "Electrical Modeling and Characterization of 3-D Vias," *Proc. IEEE Int. Symp. Circuits Syst.*, Seattle, WA, May 18–21, 2008, pp. 784–787.

[3] Bermond, C., L. Cadix, A. Farcy, T. Lacrevaz, P. Leduc, and B. Flechet, "High Frequency Characterization and Modeling of High Density TSV in 3-D Integrated Circuits," *Proc. 13th IEEE Workshop Signal Propagation Interconnects*, Strasbourg, France, May 12–15, 2009, pp. 1–4.

[4] Cadix, L., A. Farcy, C. Bermond, C. Fuchs, P. Leduc, M. Rousseau, M. Assous, et al., "Modelling of Through Silicon Via RF Performance and Impact on Signal Transmission in 3-D Integrated Circuits," *Proc. IEEE 3-D Syst. Integration Conf.*, San Francisco, CA, September 28–30, 2009, pp. 1–7.

[5] Han, K. J., and M. Swaminathan, "Polarization Mode Basis Functions for Modeling Insulator-Coated Through-Silicon Via (TSV) Interconnections," *Proceeding of Signal Propagate. Interconnects*, May 12–15, 2009, pp. 1–4.

[6] Cho, J., K. Yoon, J. Pak, J. Kim, J. Lee, H. Lee, K. Park, et al., "Guard Ring Effect for Through Silicon Via (TSV) Noise Coupling Reduction," *Proceedings of IEEE CPMT Symposium Japan*, August 2010, pp. 151–154.

[7] Kim, J. J. Pak, J. Cho, J. Lee, H. Lee, K. Park, and J. Kim, "Modeling and Analysis of Differential Signal Through Silicon Via (TSV) in 3D IC," *Proceedings of Japan CPMT Symposium*, 2000, pp. 1–4.

[8] Savidis, I., S. M. Alam, A. Jain, S. Pozder, R. E. Jones, and R. Chatterjee, "Electrical Modeling and Characterization of Through-Silicon Vias (TSVs) for 3-D Integrated Circuits," *Journal of Microelectronic*, 2010, pp. 9–16.

[9] Katti, G., M. Stucchi, K. De Meyer, and W. Dehaene, "Electrical Modeling and Characterization of Through Silicon Via for Three-Dimensional ICs," *IEEE Trans. Electron Devices*, Vol. 57, No. 1, Jan 2010, pp. 256–262.

[10] Kim, J., J. S. Pak, J. Cho, E. Song, J. Cho, H. Kim, T. Song, et al., "High-Frequency Scalable Electrical Model and Analysis of a Through Silicon Via (TSV)," *IEEE Transactions on Components, Packaging and Manufacturing Technology*, Vol. 1, No. 2, 2011, pp. 181–195.

[11] Kim, J., W. Lee, Y. Shim, J. Shim, K. Kim, J. S. Pak, and J. Kim, "Chip-Package Hierarchical Power Distribution Network Modeling and Analysis Based on a Segmentation Method," *IEEE Transactions on Advanced Packaging*, Vol. 33, No. 3, 2010, pp. 647–659.

[12] Pak, J., J. Cho, J. Kim, J. Lee, H., Lee, K. Park, and J. Kim, "Slow Wave and Dirlectric Quasi-TEM Modes of Metal-Insulator-Semiconductor (MIS) Structure Through Silicon Via (TSV) in Signal Propagation and Power Delivery in 3D Chip Package," *IEEE Proceedings of ECTC*, May 2011, pp. 667–672.

[13] Hung, J. F., J. H. Lau, P. Chen, S. Wu, S. Lai, M. Li, S. Sheu, et al., "Electrical Testing of Blind Through-Silicon Via (TSV) for 3D IC Integration," *IEEE/ECTC Proceedings*, San Diego, CA, May 2012, pp. 564–570.

[14] Hung, J. F., J. H. Lau, P. Chen, S. Wu, S. Hung, S. Lai, M. Li, et al., "Electrical Performance of Through-Silicon Vias (TSVs) for High-Frequency 3D IC Integration Applications," *Proceedings of the 45th IMAPS International Symposium on Microelectronics*, September 2012, pp. 1221–1228.

[15] Cheng, D. K., *Field and Wave Electromagnetics*, Addison-Wesley, New York, NY, 1989.

[16] Paul, C. R., *Introduction to Electromagnetic Compatibility*, Wiley, Hoboken, NJ, 2006.

[17] Hall, S. H., G. W. Hall, and J. A. McCall, *High-Speed Digital System Design*, Wiley, Hoboken, NJ, 2000.

[18] Lau, J. H., and G. Tang, "Thermal Management of 3D IC Integration with TSV (Through Silicon Via)," *IEEE Proceedings of ECTC*, San Diego, May 2009, pp. 635–640.

[19] Lau, J. H., G. Tang, G. Y. Y. Hoe, X. W. Zhang, C. T. Chong, P. Damaruganath, and K. Vaidyanathan, "Effects of TSV (Through Silicon Via) Interposer/Chip on the Thermal Performances of 3-D IC Packaging," *ASME Paper No. IPACK2009-89380*, July 2009.

[20] Hoe, Y., Y. Tang, D. Pinjala, T. Chai, J. H. Lau, X. Zhang, and V. Kripesh, "Effect of TSV Interposer on the Thermal Performance of FCBGA Package," *IEEE/EPTC Proceedings*, Singapore, December 2009, pp. 778–786.

[21] Chien, H. C., J. H. Lau, Y. Chao, R. Tain, M. Dai, S. T. Wu, W. Lo, et al., "Thermal Performance of 3D IC Integration with Through-Silicon Via (TSV)," *Proceedings of IMAPS International Conference*, Long Beach, CA, October 2011, pp. 25–32.

[22] Chien, H. C., Y. Chao, J. H. Lau, M. Dai, R. Tain, M. Dai, P. Tzeng, et al., "A Thermal Performance

Measurement Method for Blind Through Silicon Vias (TSVs) in a 300mm Wafer," *IEEE ECTC Proceedings*, Orlando, FL, June 2011, pp. 1204–1210.
[23] Chien, H. C., J. H. Lau, Y. Chao, M. Dai, R. Tain, L. Li, P. Su, et al., "Thermal Evaluation and Analyses of 3D IC Integration SiP with TSVs for Network System Applications," *IEEE/ECTC Proceedings*, San Diego, CA, May 2012, pp. 1866–1873.
[24] Chien, H. C., J. H. Lau, Y. Chao, R. Tain, M. Dai, S. T. Wu, W. Lo, et al., "Thermal Performance of 3D IC Integration with Through-Silicon Via (TSV)," *IMAPS Transactions, Journal of Microelectronic Packaging*, Vol. 9, 2012, pp. 97–103.
[25] Chien, H. C., J. H. Lau, T. Chao, M. Dai, and R. Tain, "Thermal Management of Moore's Law Chips on Both Sides of an Interposer for 3D IC integration SiP," *IEEE ICEP Proceedings*, Japan, April 2012, pp. 38–44.
[26] Selvanayagam, C., J. H. Lau, X. Zhang, S. Seah, K. Vaidyanathan, and T. Chai, "Nonlinear Thermal Stress/Strain Analysis of Copper Filled TSV (Through Silicon Via) and Their Flip-Chip Microbumps," *IEEE Proceedings of Electronic, Components & Technology Conference*, Orlando, FL, May 2008, pp. 1073–1081.
[27] Selvanayagam, C., J. H. Lau, X. Zhang, S. Seah, K. Vaidyanathan, and T. C. Chai, "Nonlinear Thermal Stress/Strain Analyses of Copper Filled TSV (Through Silicon Via) and Their Flip-Chip Microbumps," *IEEE Transactions on Advanced Packaging*, Vol. 32, No. 4, November 2009, pp. 720–728.
[28] Okoro, C., Y. Yang, B. Vandevelde, B. Swinnen, D. Vandepitte, B. Verlinden, and I. De Wolf, "Extraction of the Appropriate Material Property for Realistic Modeling of Through-Silicon-Vias using μ-Raman Spectroscopy," *Proceeding of IEEE International Interconnect Technology Conference*, June 2008, pp. 16–18.
[29] Liu, Xi, Q. Chen, P. Dixit, R. Chatterjee, R. Tummala, and S. K. Sitaraman, "Failure Mechanisms and Optimum Design for Electroplated Copper Through-Silicon Vias (TSV)," *Proceedings of IEEE/ECTC*, San Diego, CA, May 2009, pp. 624–629.
[30] Lu, K. H., X. Zhang, S.-K. Ryu, J. Im, R. Huang, and P. S. Ho, "Thermo-Mechanical Reliability of 3-D ICs containing Through Silicon Vias," *Proceedings of IEEE/ECTC*, San Diego, CA, May 2009, pp. 630–634.
[31] Chen, Z., X. Song, and S. Liu, "Thermo-Mechanical Characterization of Copper Filled and Polymer Filled TSVs Considering Nonlinear Material Behaviors," *Proceedings of IEEE/ECTC*, San Diego, CA, May 2009, pp. 1374–1380.
[32] Okoro, C., C. Huyghebaert, J. Van Olmen, R. Labie, K. Lambrinou, B. Vandevelde, E. Beyne, et al., "Elimination of the Axial Deformation Problem of Cu-TSV in 3D Integration," *Proceedings of 11th International workshop on stress-induced phenomena in metallization*, April 2010, pp. 214–220.
[33] Okoro, C., R. Labic, K. Vanstreels, A. Franquet, M. Gonzalez, B. Vandevelde, E. Beyne, et al., "Impact of the Electrodeposition Chemistry used for TSV Filling on the Microstructural and Thermo-Mechanical Response of Cu," *Journal of Materials Science*, February 2011, pp. 1–15.
[34] Lu, K. H., S.-K. Ryu, Q. Zhao, X. Zhang, J. Im, R. Huang, and P. S. Ho, "Thermal Stress Induced Delamination of Through Silicon Vias in 3-D Interconnects," *Proceedings of IEEE/ECTC*, Las Vegas, NV, May 2010, pp. 40–45.
[35] De Wolf, I., K. Croes, O. Varela Pedreira, R. Labie, A. Redolfi, M. Van De Peer, K. Vanstreels, et al., "Cu Pumping in TSVs: Effect of pre-CMP Thermal Budget," *Microelectronics Reliability*, Vol. 51, No. 9–11, 2011, pp. 1856–1859.
[36] Che, F., H. Li, X. Zhang, S. Gao, and K. Teo, "Wafer Level Warpage Modeling Methodology and Characterization of TSV Wafers," *IEEE ECTC Proceedings*, Orlando, FL, June 2011, pp. 1196–1203.
[37] Che, F., W. Putra, A. Heryanto, A. Trigg, S. Gao, and C. Gan, "Numerical and Experimental Study on Cu Protrusion of Cu-Filled Through-Silicon Vias (TSV)," Proceedings of *3rd IEEE International 3D System Integration Conference (3DIC)*, 2011, pp. P1-1-13.
[38] Heryanto, A., W. Putra, A. Trigg, S. Gao, W. Kwon, F. Che, X. Ang, et al., "Effect of Copper TSV Annealing on Via Protrusion for TSV Wafer Fabrication," *Journal of Electronic Materials*, Vol. 41, No. 9, 2012, pp. 2533–2542.
[39] De Messemaeker, J., O. V. Pedreira, B. Vandevelde, H. Philipsen, I. De Wolf, E. Beyne, and K. Croes, "Impact of Post-Plating Anneal and Through-Silicon Via Dimensions on Cu Pumping," *Proceedings of IEEE/ECTC*, Las Vegas, NV, May 2013, pp. 586–591.
[40] Zhang, D., K. Hummler, L. Smith, and J. Jian-Qiang Lu, "Backside TSV Protrusions Induced by Thermal Shock and Thermal Cycling," *Proceedings of IEEE/ECTC*, Las Vegas, NV, May 2013, pp. 1407–1413.
[41] Malta, D., C. Gregory, M. Lueck, D. Temple, M. Krause, F. Altmann, M. Petzold, et al., "Characterization of Thermo-Mechanical Stress and Reliability Issues for Cu-Filled TSVs," *IEEE ECTC Proceedings*, Orlando, FL, June 2011, pp. 1815–1821.
[42] Saettler, P., M. Boettcher, and K.-J. Wolter, "Characterization of the Annealing Behavior for Copper-

Filled TSVs," *Proceedings of IEEE/ECTC*, San Diego, CA, May 2012, pp. 619–624.

[43] McDonougth, C., B. Backes, W. Wang, R. Caramto, and E. Geer, "Thermal and Spatial Dependence of TSV-Induced Stress in Si," *Proceeding of IEEE International Interconnect Technology Conference*, 2011, pp. 1–3.

[44] Civale, Y., S. Van Huylenbroeck, A. Redolfi, W. Guo, K. B. Gavan, P. Jaenen, A. La Manna, et al., "Via-Middle Through-Silicon Via with Integrated Airgap to Zero TSV-Induced Stress Impact on Device Performance," *Proceedings of IEEE/ECTC*, Las Vegas, NV, May 2013, pp. 1420–1424.

[45] Okoro, C., P. Kabos, J. Obrzut, K. Hummler, and Y. Obeng, " Accelerated Stress Test Assement of Through-Silicon Via Using RF Signals," *IEEE Transactions on Electron Devices*, Vol. 60, No. 6, June 2013, pp. 2015–2021.

[46] Ryu, S., K. Lu, T. Jiang, J. Im, R. Huang, and P. Ho, "Effect of Thermal Stresses on Carrier Mobility and Keeo-Out Zone Around Through-Silicon Via for 3-D Integration," *IEEE Transactions on Device and Materials Reliability*, Vol. 12, No. 2, June 2012, pp. 255–262.

[47] Athikulwongse, K., A. Chakraborty, Jae-seok Yang, D. Pan, Sung Kyu Lim, "Stress-Driven 3D-IC Placement with TSV Keep-Out Zone and Regularity Study," *IEEE International Conference on Computer-Aided Design*, 2010, pp. 669–674.

[48] Moongon, J. J. Mitra, D. Pan, Sung Kyu Lim, "TSV Stress-Aware Full-Chip Mechanical Reliability Analysis and Optimization for 3-D IC," *IEEE Transactions on Computer-Aided Design of Integrated Circuits and Systems*, Vol. 31, No. 8, 2012, pp. 1194–1207.

[49] Mercha, A., G. Van der Plas, V. Moroz, I. De Wolf, P. Asimakopoulos, N. Minas, S. Domae, et al., "Comprehensive Analysis of The Impact of Single and Arrays of Through Silicon Vias Induced Stress on High-K/Metal Gate CMOS Performance," *Proceedings of IEEE/IEDM*, 2010, pp. 2.2.1–2.2.4.

[50] Lau, J. H., *Through-Silicon Vias for 3D Integration*, McGraw-Hill Book Company, New York, NY, 2013.

[51] Lau, J. H., *Reliability of ROHS-Compliant 2D and 3D IC Integration*, McGraw-Hill Book Company, New York, NY, 2011.

[52] Lau, J. H., C. K. Lee, C. S. Premachandran, and A. Yu, *Advanced MEMS Packaging*, McGraw-Hill Book Company, New York, NY, 2010.

第3章 »

用于薄晶圆拿持和应力测量的应力传感器

3.1 引　言

在半导体器件的制造、封装和测试过程中，应力的产生是一种不可避免的现象。了解这些应力数据对于工艺选择、器件可靠性和制造良率都非常重要。众所周知，压阻式应力传感器是测量半导体器件封装中应力的潜在器件[1-37]。Edwards 等人[1]使用 n 型压阻式应力传感器定性评估塑料封装中的应力状态。对于应力的定量测量，已经开发了各种校准方法来确定压阻系数[7,8-12]。

经校准的压阻式硅应力传感器已被广泛用于评估几个封装步骤，如芯片贴装、底部填充和封装[6,7,13]之后硅芯片表面的应力。报道的硅芯片和其他封装材料，例如环氧树脂材料和基板或电路板之间较大的热膨胀系数（Coefficient of Thermal Expansion，CTE）失配，在经过不同封装步骤后会在硅芯片表面产生 100~200MPa 的较大残余应力[6,7,13,18]。在本章中，出于实验目的，对压阻式应力传感器进行设计、制造和校准，利用该传感器可在晶圆减薄过程中测量详细的应力情况。此外，压阻式应力传感器将用于评估晶圆级封装工艺，如凸点下金属（Under Bump Metallury，UBM）制造、干膜工艺和焊料凸点制造之后器件晶圆中的应力。最后，将使用压阻式应力传感器确定跌落冲击测试期间嵌入式超薄芯片的应力。下面简要介绍晶圆上应力传感器的设计和制造。

3.2　压阻式应力传感器的设计和制造

本章参考文献［37-39］报道了在测试板中制造的应力传感器。由于存在 RDL（再分布层），在 TSV（硅通孔）转接板顶部和底部各有一层[37-39]，因此应力传感器嵌入转接板中，即转接板顶部 RDL 下方。

3.2.1　压阻式应力传感器的设计 ★★★

图 3-1 显示了系统封装中转接板[37-39]的布局，其中嵌入了作为应力传感器的压阻器件（圆圈标出）[37]。由于芯片在中间转接板的上方堆叠，因此位于外

围的测量焊盘通过顶部再分布层（Cu 金属线）连接到器件。图 3-2 显示了具有四个方向的应力传感器的详细布局，可通过测量注入 Si 区域形成的电阻来监测应力和翘曲。电阻（30μm×100μm，虚线区域）在每一侧通过体接触点（20μm×20μm，灰色小方块）与 Cu 金属线（TR1，顶部 RDL）连接。

图 3-1 和图 3-2 显示了 n 型应力传感器设计的位置和布局。传感器 R_1、R_2、R_3和 R_4沿 p 型（100）硅晶圆的［110］、［$\bar{1}$00］和［$\bar{1}$10］方向制造。传感器 R_1、R_2、R_3和 R_4的电阻约为 233Ω，所有传感器的方块电阻约为 70Ω。传感器的电阻取决于其尺寸，每个电阻尺寸为 30μm×100μm。

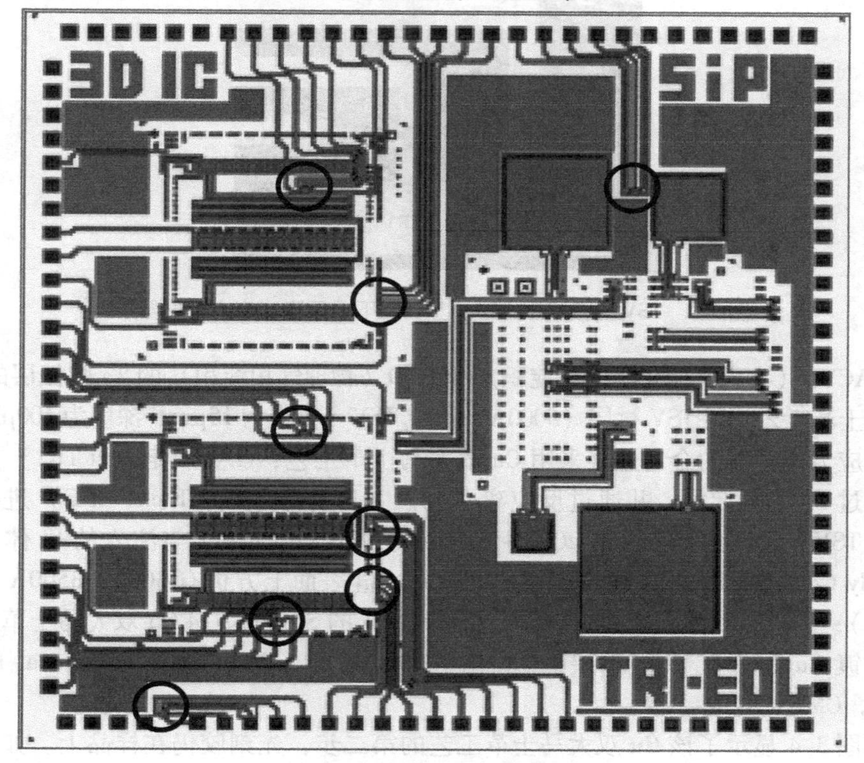

图 3-1　TSV 转接板上应力传感器的位置

3.2.2　应力传感器的制造 ★★★

图 3-3 显示了制造应力传感器的工艺流程。首先，对应力传感器区域上用于离子注入（P^+，40KeV，$1\times15cm^{-2}$）的介质层进行定义和刻蚀。注入后退火条件（用于掺杂剂活化）为 1100℃，N_2环境下 30s。去除用于注入的介质层后，通过等离子体增强化学气相淀积（Plasma Ehanced Chemical Vapor Deposition，PECVD），其淀积厚度为 4000Å 的新层间介质（Inter Layer - Dielectrics，ILD）。通

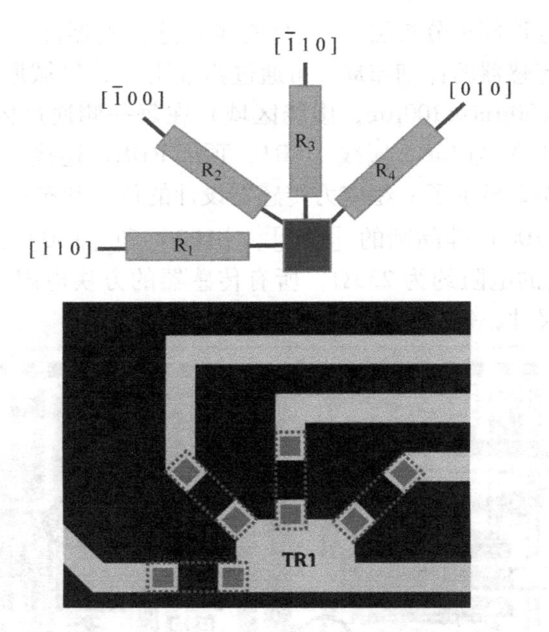

图 3-2　TSV 转接板中 RDL（TR1）下的压阻式应力传感器束

过 SACVD（次大气压化学气相淀积）和 PVD（物理气相淀积）的 Ta 阻挡层的 Cu 大马士革工艺，用 TSV 衬层（5000Å）形成 TSV（直径为 15μm，深度为 100μm）。

应力传感器的金属连接采用 Cu 双大马士革工艺：①金属走线（TR1）的介质通过 PECVD 淀积，并通过反应离子刻蚀（Reactive－Ion Etch，RIE）进行定义（TSV 的 Cu 表面上保留 2000～2500Å 电介质）；②用于与注入的 Si 体接触（Body Contact，BC）的介质层由 RIE 定义（硅表面上方仍有 3000～3500Å 的介质层）；③进行回刻以露出 TSV Cu 表面和注入的 Si 区域；④Cu 双大马士革工艺通过镀 Cu 和带有 Ti 阻挡层的 Cu 化学机械抛光（Chemical－Mechanical Polishing，CMP）完成。

图 3-4 显示了该 Cu 双大马士革工艺的第二步，光刻胶仍在样品上。如前所述，后续的回刻工艺应确保 BC 区到达 ILD 和 Si 衬底的界面（露出 Si 表面），而 TR1 区到达 TR1 介质和 TSV 衬里的界面（露出 TSV 的 Cu 表面）。

图 3-5 显示了 TR1＋BC 回刻后和 Cu 双大马士革的顶视图（OM 图像）。在每个应力传感器的两个体接触点之间观察到浅注入 Si 区域。使用高分辨率轮廓仪检查 TR1 和 BC 刻蚀后的刻蚀轮廓，如图 3-6 所示。扫描轮廓可以确保刻蚀在目标处停止，即 TR1 刻蚀在 TSV Cu 表面停止，BC 刻蚀在 Si 表面停止。图 3-7 显示了制造的应力传感器。

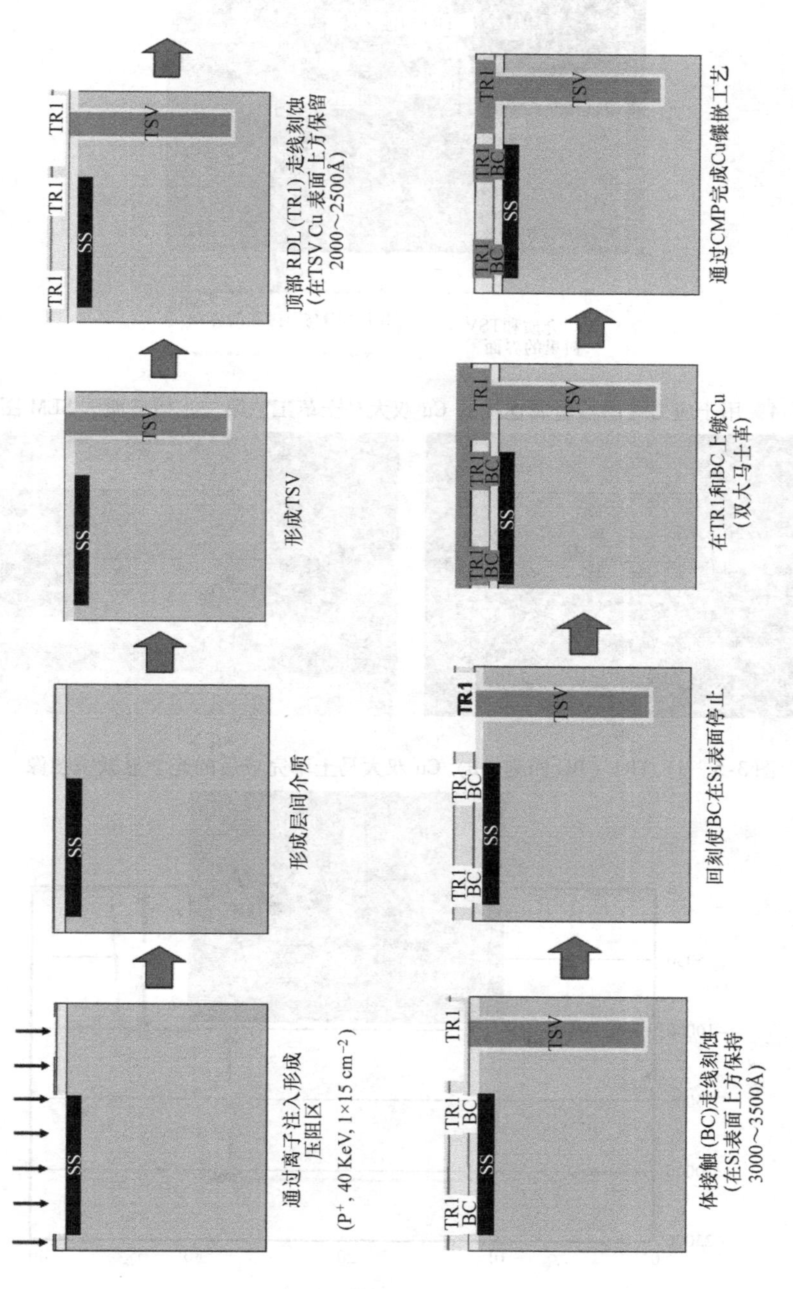

图 3-3　在 TSV 转接板中制造嵌入式应力传感器的工艺流程

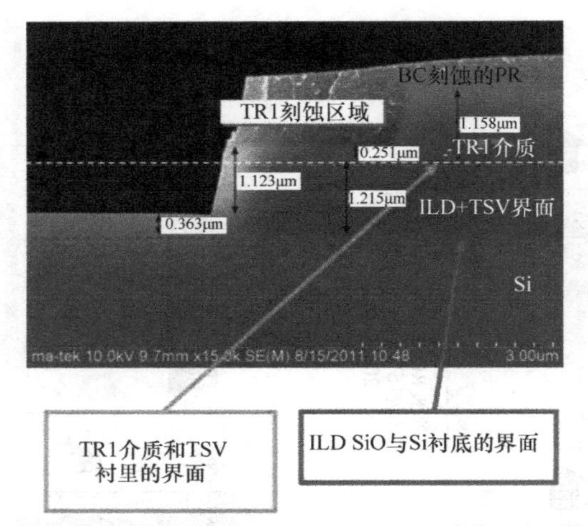

图 3-4　用于应力传感器金属连接的 Cu 双大马士革工艺第二步横截面的 SEM 图像

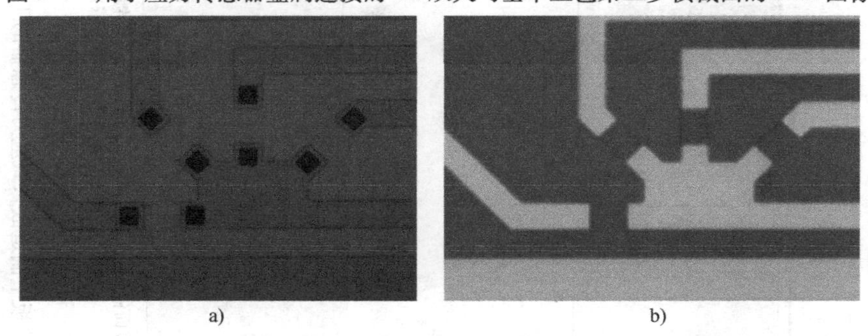

图 3-5　a）TR1 + BC 回刻　b）Cu 双大马士革完成后的光学显微镜图像

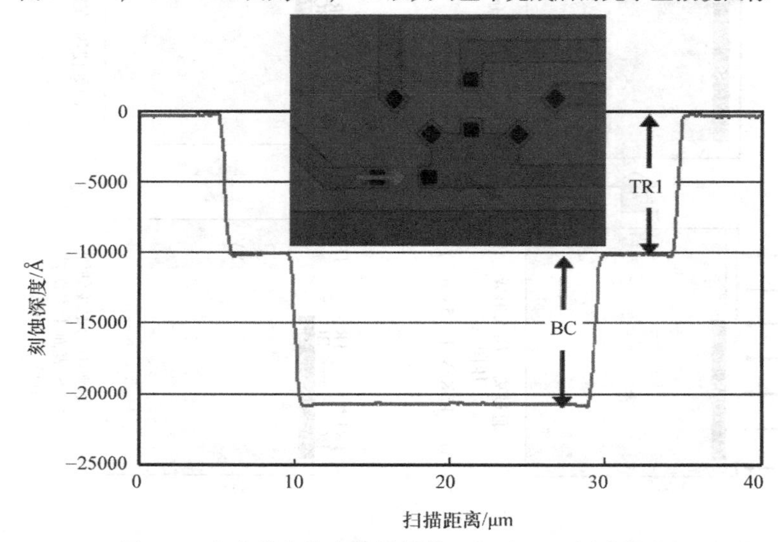

图 3-6　高分辨率轮廓仪测量的 TR1 和 BC 刻蚀轮廓

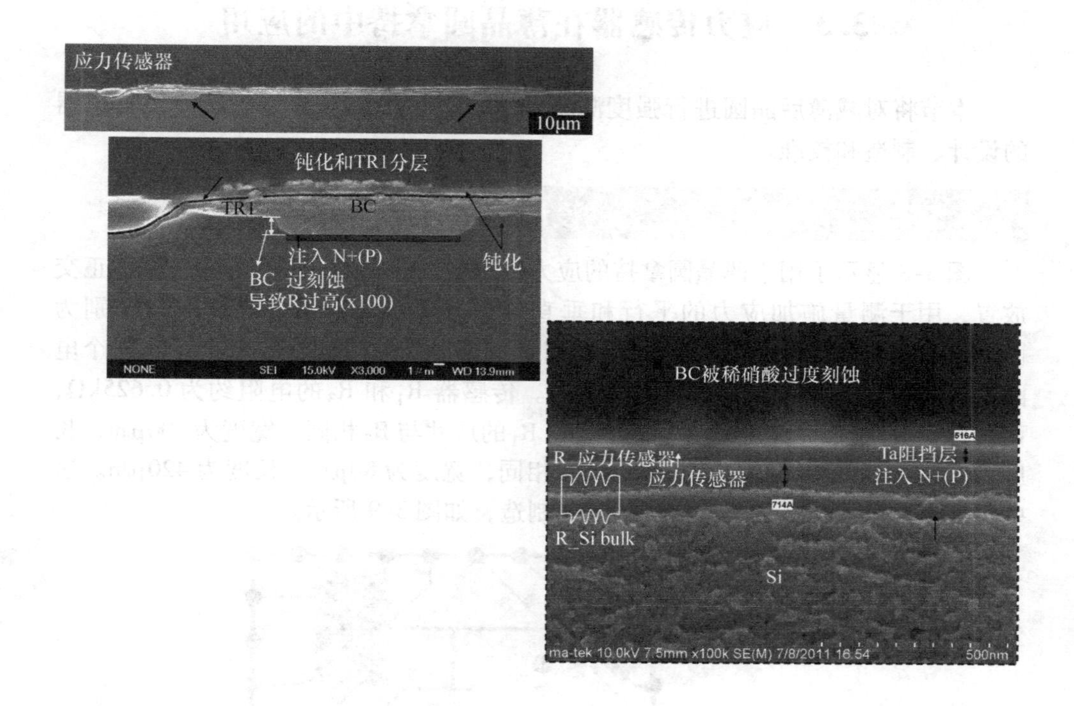

图 3-7　制造的应力传感器

3.2.3　总结和建议 ★★★

本节对压阻式应力传感器的设计和制造进行了介绍。一些重要结果和建议总结如下：

1）提出并讨论了在 TSV 转接板中制造嵌入式应力传感器的详细且可行的制造工艺。

2）OM 用于观察每个应力传感器两个体触点之间的浅注入 Si 区域。

3）HRP 用于检测（在 RDL 和体接触刻蚀之后）轮廓，以确保 RDL 刻蚀在 TSV 的 Cu 表面停止，而体接触刻蚀在 Si 表面停止。

4）SEM 已用于识别制造的应力传感器。

5）由于这里只涉及面内应力（σ_x 和 σ_y），因此只使用 R_1 和 R_3 的值。如果也涉及面外应力（σ_z），则还应使用 R_2 和 R_4 的值。

3.3 应力传感器在薄晶圆拿持中的应用

本节将对减薄后晶圆进行强度测量[9,10]，首先简要介绍压阻式应力传感器的设计、制造和校准。

3.3.1 压阻式应力传感器的设计、制造和校准 ★★★

图 3-8 显示了用于薄晶圆拿持的应力传感器设计布局。两个应力传感器正交放置，用于测量施加应力的平行和垂直分量，这两个电阻的晶体取向分别为［110］和［$\bar{1}$10］。另一对应力传感器相对于施加应力的轴旋转 135°，这两个电阻的晶体取向分别为［010］和［100］。传感器 R_1 和 R_3 的电阻约为 0.625kΩ，而传感器 R_2 和 R_4 的电阻约为 0.932kΩ。R_1 的尺寸与 R_3 相同，宽度为 100μm，长度为 350μm，而 R_2 的尺寸与 R_4 的尺寸相同，宽度为 80μm，长度为 420μm。这些传感器可采用 3.2.2 节中提到的工艺制造，如图 3-9 所示。

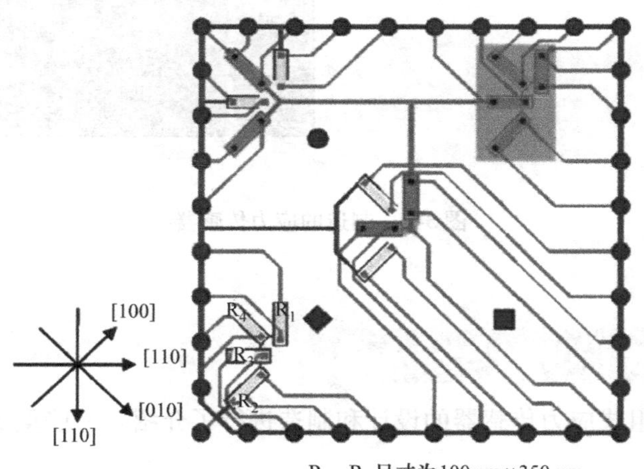

图 3-8　应力传感器的设计

传感器校准过程涉及使用已知应力测量传感器的电阻变化，然后使用压阻理论确定压阻系数[5,6,8]。根据压阻理论，如果在图 3-8 所示传感器束的［110］方向上施加均匀的单轴应力 σ_x，则压阻系数可通过以下公式确定：

$$\prod_{11} + \prod_{22} = \frac{1}{\sigma_x}\left(\frac{\Delta R_1}{R_{10}} + \frac{\Delta R_3}{R_{30}}\right) \tag{3-1}$$

$$\prod_{44} = \frac{1}{\sigma_x}\left(\frac{\Delta R_1}{R_{10}} - \frac{\Delta R_3}{R_{30}}\right) \tag{3-2}$$

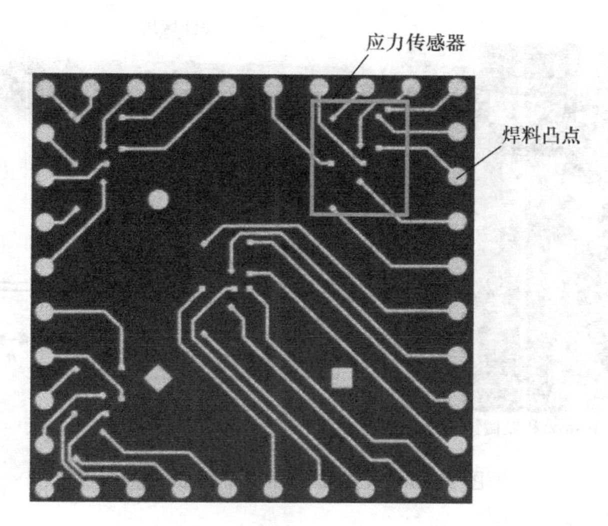

图 3-9　制造的应力传感器

式中，ΔR_i和 R_{i0}分别为应力引起的电阻变化和第 i 个传感器的初始电阻。已知压阻系数 $\pi_{11}+\pi_{12}$和 π_{44}，并考虑面内应力 $\sigma_z=0$ 的情况，压阻式传感器可以通过测量传感器电阻的变化并使用以下表达式来测量未知的残余面内应力分量[5,6,8]：

$$\sigma_x = \frac{\prod_{44}\left(\frac{\Delta R_1}{R_{10}}+\frac{\Delta R_3}{R_{30}}\right)+\left(\prod_{11}+\prod_{22}\right)\left(\frac{\Delta R_1}{R_{10}}-\frac{\Delta R_3}{R_{30}}\right)}{2\prod_{44}\left(\prod_{11}+\prod_{22}\right)} \tag{3-3}$$

$$\sigma_y = \frac{\prod_{44}\left(\frac{\Delta R_1}{R_{10}}+\frac{\Delta R_3}{R_{30}}\right)-\left(\prod_{11}+\prod_{22}\right)\left(\frac{\Delta R_1}{R_{10}}-\frac{\Delta R_3}{R_{30}}\right)}{2\prod_{44}\left(\prod_{11}+\prod_{22}\right)} \tag{3-4}$$

使用一条传感器芯片的 4PB（四点弯曲）[5,11-13]，以及使用传感器芯片的 4PB[14]、晶圆级真空卡盘[12]和静水压力[7]等不同方法，已用于校准压阻式应力传感器。在本研究中，使用一条传感器芯片的 4PB 方法用于校准，因为其设置简单且易于理解[7,11-13]。对于校准，将两个传感器晶圆切割成尺寸为 70mm × 10mm 的传感器条，如图 3-10 所示。每个传感器条包含两行 14 个传感器测试芯片，但是，校准过程中仅使用位于条中心的传感器束，以满足均匀单轴应力的条件。

使用 4PB 传感器条校准应力传感器需要一个 4PB 夹具和一台加载机，用于在传感器条上施加均匀的单轴载荷，一台显微镜观察探测压焊点，两个微探针探测传感器压焊点，以及一个万用表测量传感器电阻。因此，建立了一个简单的校

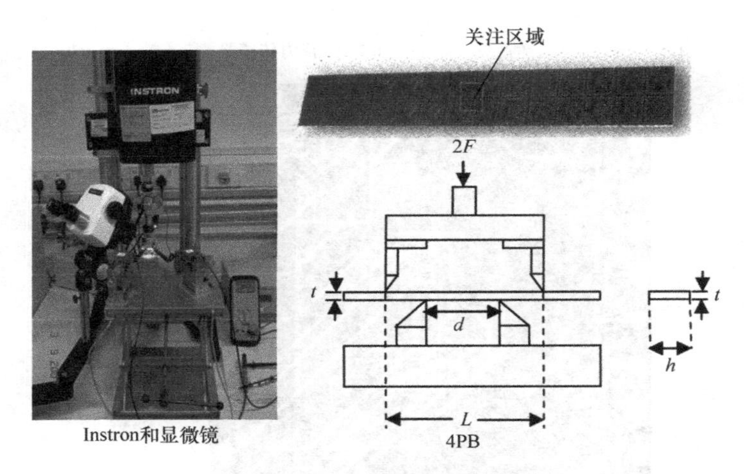

图 3-10　应力传感器校准测试装置

准装置，如图 3-10 所示，用于施加已知载荷和测量传感器电阻。使用带有 100N 载荷单元的 Instron 微测试仪将已知载荷施加到传感器条上。4PB 夹具的示意图见图 3-10。均匀单轴拉伸应力 σ，如图 3-11 所示，可以通过使用这种类型的 4PB 夹具施加在传感器平面上，施加的应力可根据施加的载荷 $2F$ 计算，考虑标准 4PB 理论[8,11]，表示如下：

$$\sigma = \frac{3F(L-d)}{t^2 h} \tag{3-5}$$

式中，L 为载荷跨度；d 为支撑跨度，它是传感器条的宽度；t 为传感器条的厚度。如果载荷引起的挠度不显著，且 t 和 h 与 d 和 L[11] 相比较小，则式（3-5）适用。因此在本研究中选取的 L、d、h 和 t 分别为 50mm、20mm、10mm 和 0.73mm。

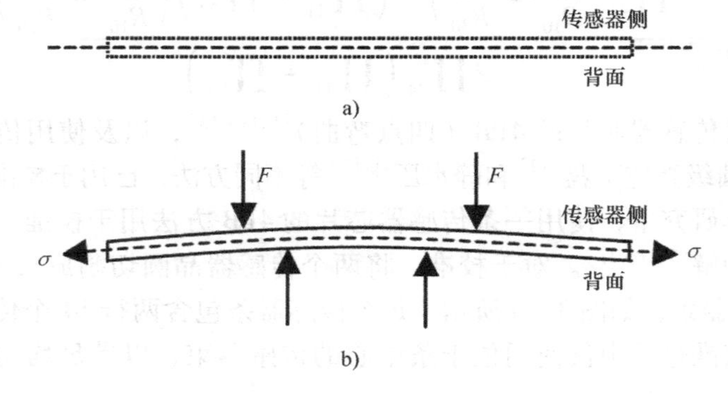

图 3-11　传感器条弯曲示意图

a）传感器平面的零应力状态　b）拉伸应力状态

在校准过程中，首先在不施加任何负载的情况下测量应力传感器的电阻。然后，使用 4PB 夹具和 Instron 微测试仪在传感器条上施加已知载荷（增量为 4 ~

24N)，并借助微探针和万用表测量应力传感器的相应电阻。考虑到读数的变化，从两个不同的晶圆上取至少 8 个传感器条来计算平均值。图 3-12 显示了传感器电阻与施加应力的函数关系。可以看出，n 型传感器的电阻随着外加应力的增加而减小。

为了从电阻与外加应力数据中确定压阻系数，根据式（3-1）和式（3-2）测量归一化电阻变化，即（$\Delta R_1/R_{10} \pm \Delta R_3/R_{30}$）与外加应力之间的曲线斜率，如图 3-13 所示。n 型传感器的压阻系数 $\pi_{11}+\pi_{12}$ 和 π_{44} 分别为 $-1.98\times10^{-4}\mathrm{MPa}^{-1}$

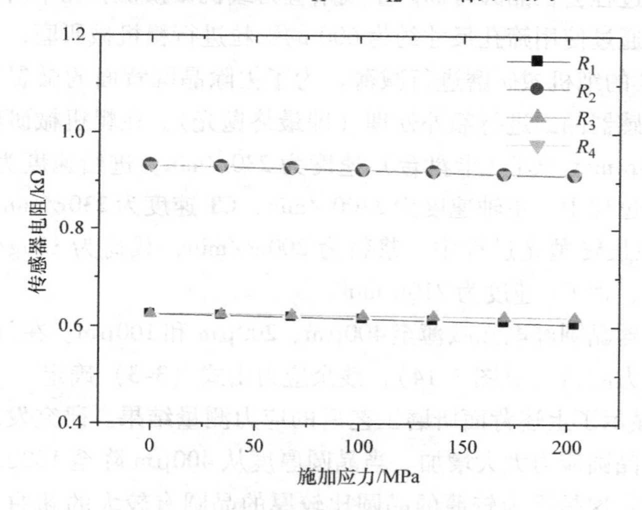

图 3-12　传感器电阻与施加应力的函数关系

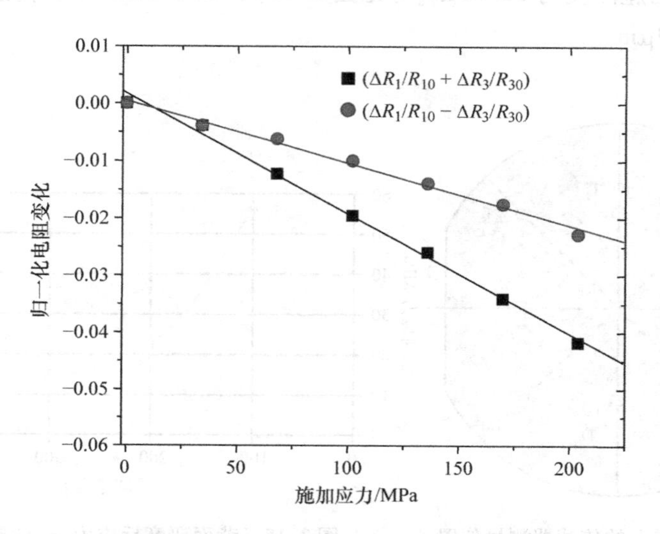

图 3-13　施加应力与传感器归一化电阻变化的函数关系

和 $-1.06\times10^{-4}\mathrm{MPa}^{-1}$。这些压阻系数值与先前报告的研究工作[2,15]一致。

一旦确定了 n 型应力传感器的压阻系数 $\pi_{11}+\pi_{12}$ 和 π_{44}，应力 σ_x 和 σ_y 可根据测量的电阻 ΔR_i 变化和初始电阻 R_{i0}，由式（3-3）和式（3-4）计算得出。在本章中，压阻式应力传感器将用于评估减薄（背面研磨）后晶圆中的应力。

3.3.2 硅片减薄后的应力测量 ★★★

晶圆变薄过程会在晶圆背面产生残余应力或机械损伤。在本研究中，应力传感器晶圆首先通过使用筛孔尺寸约为 600 的颗粒进行粗机械研磨，然后通过筛孔尺寸约为 2000 的细机械研磨进行减薄。为了去除晶圆背面的微裂纹，还需要对减薄的应力传感器晶圆进行额外处理（即最终抛光）。在粗机械研磨过程中，旋转速度为 3000r/min，CT（卡盘台）速度为 230r/min，进给速度为 180μm/min。在细机械研磨过程中，主轴速度为 3400r/min，CT 速度为 230r/min，进给速度为 12μm/min。在最终抛光过程中，浆料为 200cc/min，载荷为 150g/cm^3，垫块速度为 230r/min，而 CT 速度为 210r/min。

应力传感器晶圆经电弧减薄至 400μm、200μm 和 100μm。在每个晶圆上的 9 个位置进行应力测量（见图 3-14），残余应力由式（3-3）确定。

图 3-15 显示了上述背面研磨工艺后的应力测量结果。研究发现，随着晶圆厚度的减小，晶圆应力大大增加。当晶圆厚度从 400μm 降至 100μm 时，应力几乎增加了 7 倍。这是因为较薄的晶圆比较厚的晶圆有较大的翘曲。100μm 厚的传感器晶圆的翘曲度为 32.33μm（见图 3-16），而 200μm 厚的传感器晶圆的翘曲度为 24.39μm。

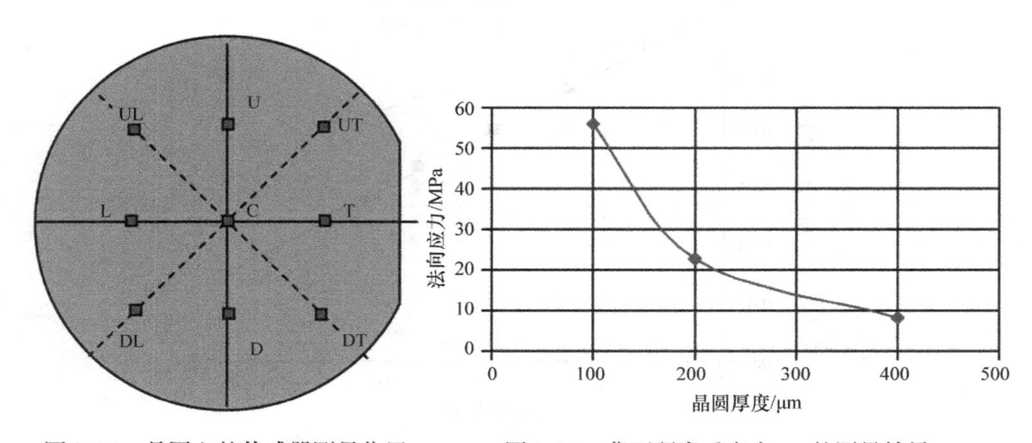

图 3-14　晶圆上的传感器测量位置

图 3-15　背面研磨后应力 σ_x 的测量结果

在本研究中，使用晶圆映射系统测量晶圆翘曲，并考虑到 33 点测量，如图 3-16所示，晶圆映射系统使用非接触红外干涉技术提供晶圆厚度和厚度变化图。测量翘曲的定义和概念如下：

1）最小值：61.21μm（见图 3-16），为晶圆中心表面与基准面的最小距离。

2）最大值：93.54μm（见图 3-16），为晶圆中心表面与基准面的最大距离。

3）翘曲：自由、无阻尼晶圆的中间表面与基准面的最大和最小距离之差 = 93.54μm − 61.21μm = 32.33μm。

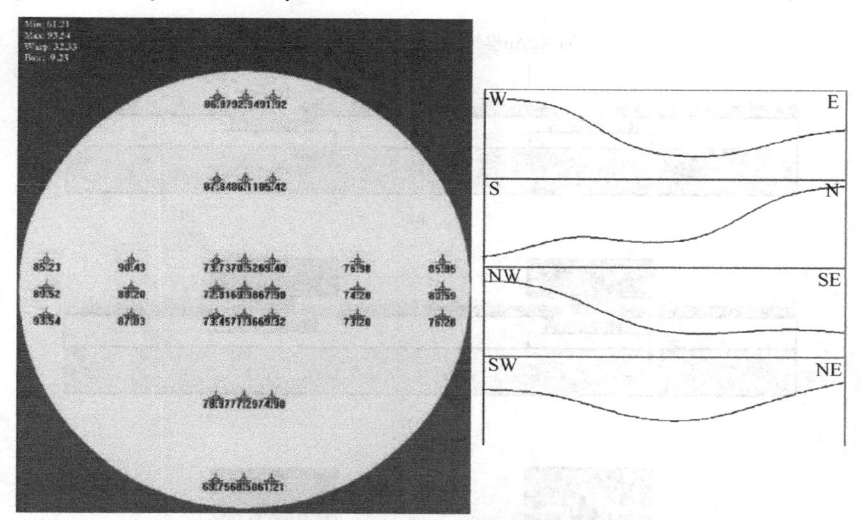

图 3-16 100μm 厚应力传感器晶圆在背面研磨后的翘曲数据和剖面图（最小值：61.21μm = 晶圆中间表面与基准面之间的最小距离；最大值：93.54μm = 晶圆中间表面与基准面之间的最大距离；翘曲 = 93.54μm − 61.21μm = 32.33μm）

3.3.3 总结和建议 ★★★

本节设计、制造和校准了压阻式应力传感器，可以在晶圆减薄过程中进行应力的详细测量。一些重要结果和建议总结如下[9,10]：

1）晶圆越薄，产生的残余应力越大。

2）当晶圆厚度从 400μm 降至 100μm 时，观察到的应力几乎增加了 7 倍。

3）晶圆越薄越容易损坏。

3.4 应力传感器在晶圆凸点制造中的应用

图 3-8 所示的设计、制造和校准的应力传感器用于测量晶圆凸点制造工艺中的应力，如晶圆的 UBM、干膜和焊料凸点制造[35,36]。

3.4.1 UBM 制造后的应力 ★★★

UBM 制造是在焊料凸点制造之前完成的常规工艺。在本研究中，测量 UBM 淀积后的应力，以了解 UBM 制造工艺对器件晶圆的机械影响。通过在 100 ~ 150℃的温度范围内溅射，在应力传感器装置的 Al 或 Cu 焊盘上制造由 Ti (1kÅ) /Ni (7kÅ) /Au (1kÅ) 层组成的薄 UBM，制造 UBM 的工艺步骤如图 3-17所示。

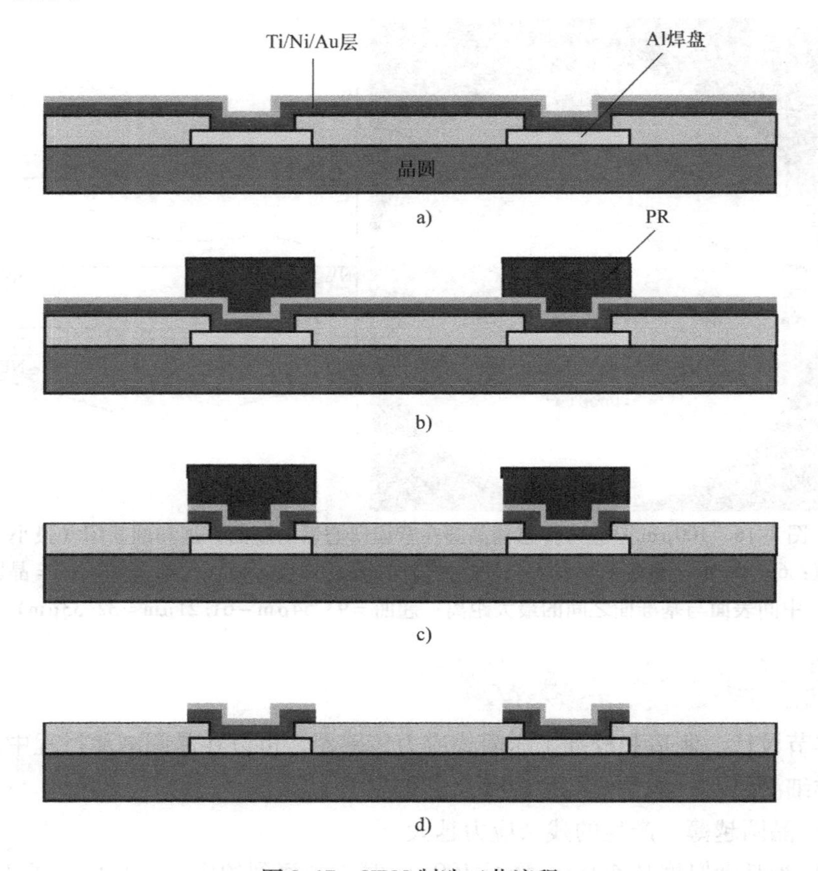

图 3-17 UBM 制造工艺流程

a) Ti/Ni/Au 沉积 b) 光刻胶涂层和图形化 c) Au/Ni/Ti 刻蚀 d) 光刻胶剥离

图 3-18 显示了 UBM 制造后应力传感器晶圆的光学图像。通过测量 UBM 制造工艺中应力传感器电阻的变化，计算了 UBM 制造后传感器器件晶圆中的残余应力。电阻测量在器件晶圆的 17 个位置上进行，如图 3-19 所示，然后使用式 (3-3)和式 (3-4) 确定了两个面内应力分量 (σ_x 和 σ_y)，如图 3-20 所示。

确定的应力平均值为 $\sigma_x = 11.2\text{MPa}$ 和 $\sigma_y = 17.3\text{MPa}$。这些应力值表明 UBM 制造在器件晶圆表面引入了拉伸应力，但是它们太小，故而不重要。

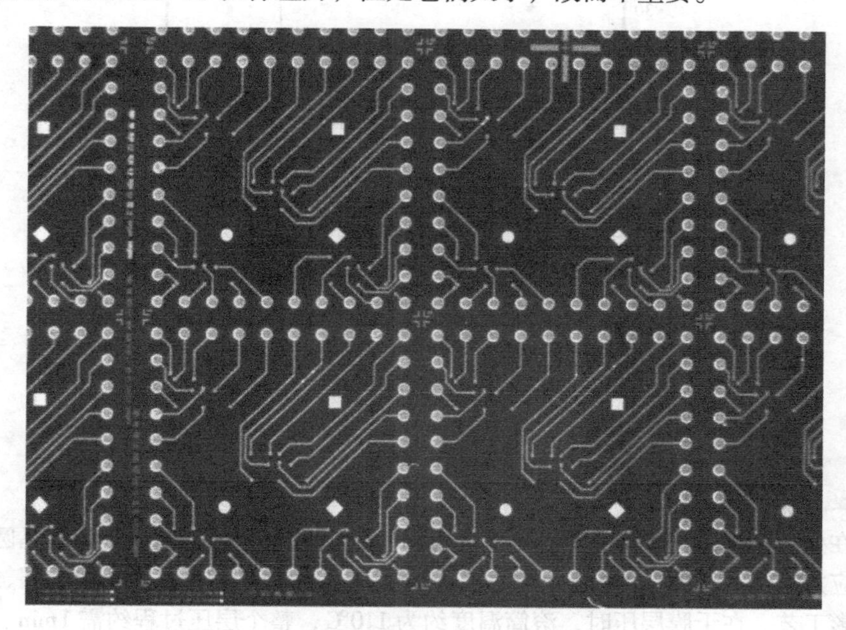

图 3-18　晶圆上应力传感器芯片（UBM 之后）的光学图像

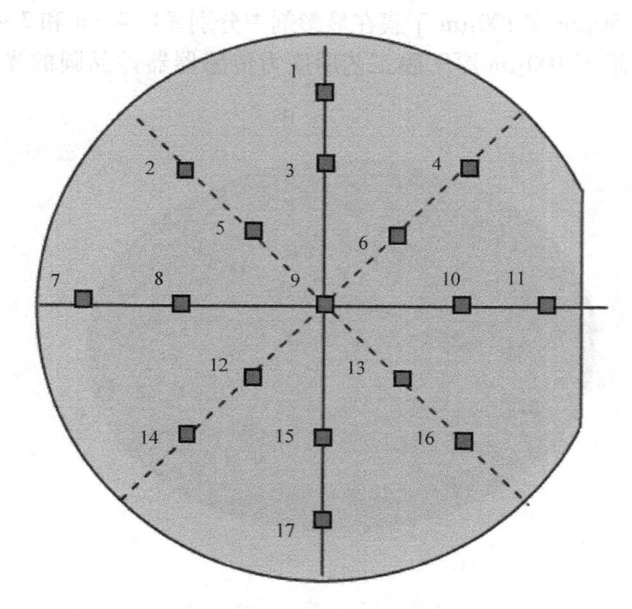

图 3-19　应力传感器晶圆上的应力测量位置

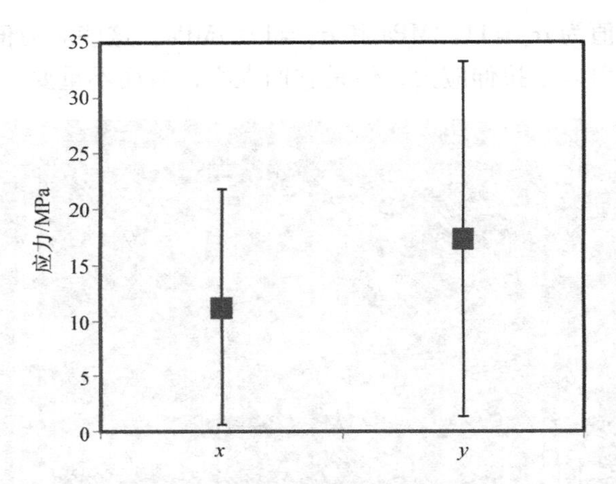

图 3-20　UBM 制造后立即测量的平面内应力（σ_x和 σ_y）

3.4.2　干膜工艺后的应力 ★★★

在处理两种不同厚度（50μm 和 100μm）的负胶干膜后，评估传感器晶圆中的残余应力。传感器晶圆的厚度约为 0.73mm。完整的干膜工艺包括干膜层压、曝光和显影工艺。在干膜层压时，滚筒温度约为 110℃，整个层压过程约需 1min。层压后，50μm 和 100μm 干膜分别暴露在 85mJ/cm^2 和 200mJ/cm^2 能量的紫外线下。经紫外线照射后，50μm 和 100μm 干膜在显影剂中分别显影 4min 和 7 ~ 8min。

图 3-21 显示了 100μm 厚干膜工艺后应力传感器器件晶圆的光学图像。通过

图 3-21　100μm 厚干膜工艺后应力传感器器件晶圆的光学图像

测量应力传感器电阻的变化来确定干膜工艺引起的传感器器件晶圆中的残余应力。如 3.4.1 节所述，在器件晶圆上的 17 个位置测定干膜工艺后传感器器件晶圆中的残余应力。图 3-22 显示了干膜工艺产生的残余应力值，作为干膜厚度的函数。可以看出，干膜工艺在器件晶圆表面产生压应力，压应力的大小随着干膜厚度的增加而增加。压缩应力的产生是由于在 110℃ 的高温下，低 CTE 硅晶圆上的高 CTE 干膜层压所致。

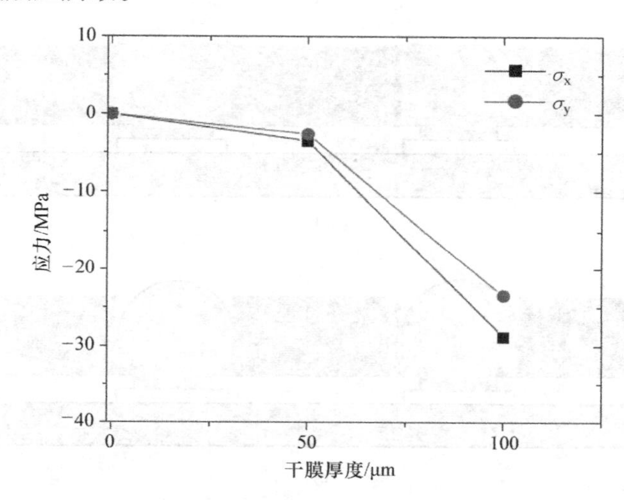

图 3-22　作为干膜厚度函数的平面内应力（σ_x 和 σ_y）

3.4.3　焊料凸点制造工艺后的应力 ★★★

干膜处理后，在应力传感器晶圆上进行焊料凸点制造，并测量因焊料凸点制造工艺而产生的残余应力。图 3-23 显示了焊料凸点制造涉及的工艺步骤。在 110℃ 温度下，在传感器晶圆上压一层 40μm 厚的干膜，然后对干膜进行图形化。图形化后，将 Sn1wt% Ag0.5wt% Cu（SAC 105）焊膏丝网印刷并在 260℃ 的峰值温度下回流 2min。最后，剥离干膜，露出焊料凸点。如 3.4.2 节所述，在器件晶圆的 17 个位置测量焊料凸点制造后传感器器件晶圆中的残余应力。测得的应力平均值为 $\sigma_x = 15.4\text{MPa}$ 和 $\sigma_y = 11.7\text{MPa}$，如图 3-24 所示。测得的应力值表明，焊料凸点在器件晶圆表面产生拉伸应力，最大值为 15.4MPa。

3.4.4　总结和建议 ★★★

下面对晶圆凸点工艺对芯片应力的影响进行介绍。一些重要结果和建议如下：

1）压阻式传感器晶圆上直径约 200μm 的 Ti（1kÅ）/Ni（7kÅ）/Au

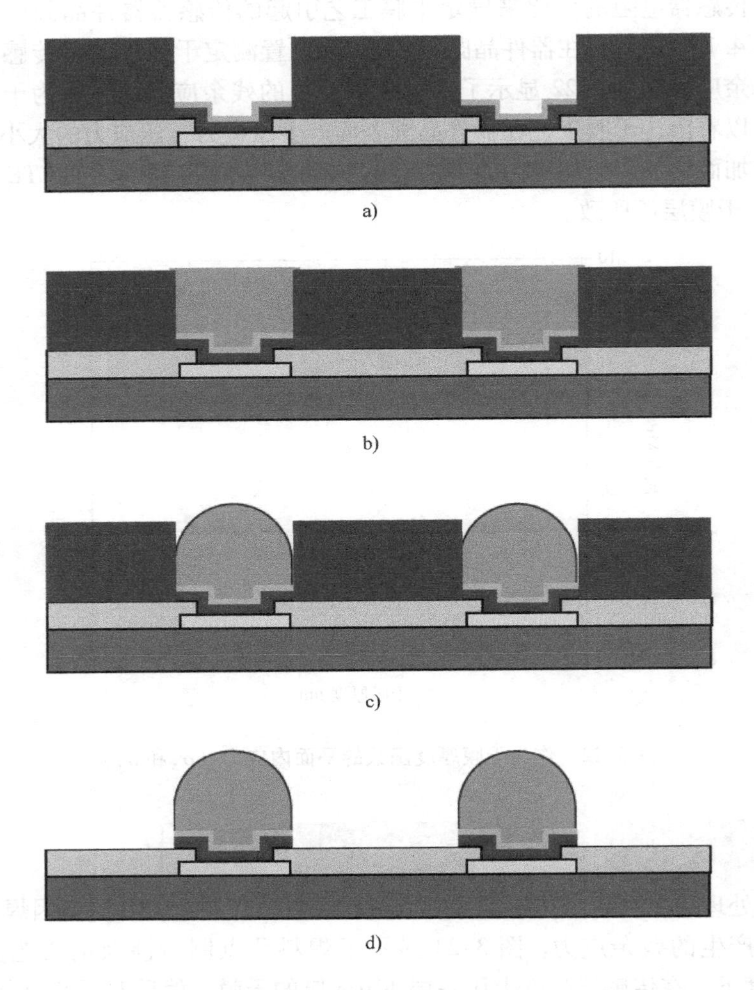

图 3-23 焊料凸点制造工艺
a）干膜层压和图形化 b）锡膏丝网印刷 c）回流 d）干膜剥离

（1kÅ）UBM 淀积仅产生少量拉伸应力（17.3MPa）。

2）干膜处理在传感器晶圆表面产生压应力，随着干膜厚度从 50μm 增加到 100μm，该值从 3.5MPa 增加到 28.8MPa。

3）传感器晶圆上厚约 40μm、直径 200μm 的 SAC 105 焊料淀积也仅产生少量拉伸应力（15.4MPa）。

4）由于晶圆凸点制造工艺产生的应力非常小，从现在起，晶圆凸点制造对芯片产生的应力可以忽略不计。

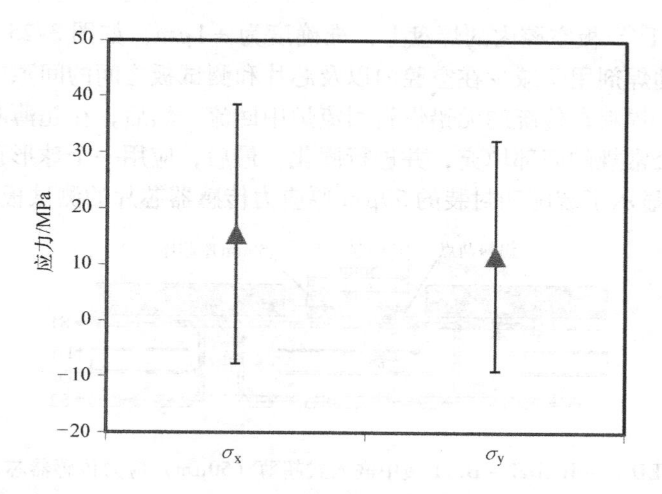

图 3-24　在焊料凸点之后立即测量的平面内应力（σ_x 和 σ_y）

3.5　应力传感器在嵌入式超薄芯片跌落试验中的应用

在跌落试验期间，硅芯片和有机基板之间存在挠曲差异。对于传统厚度的芯片，挠曲差异会使焊点/基板变形，最终导致其失效。然而，对于超薄硅芯片，芯片灵活性的提高可能会将失效模式从接头/基板失效转变为芯片开裂。本节旨在测量跌落试验期间薄芯片中的实时应力，以确定在处理非常薄的芯片时，芯片开裂是否是一种可能的风险[35,36]。

3.5.1　测试板和制造 ★★★

图 3-8 所示的设计、制造和校准的应力传感器芯片也用于芯片最后嵌入的有源原型的工艺开发：尺寸为 5mm 的方形芯片，带有一个外围 I/O（见图 3-8 和图 3-9）。作为互连，SAC 105 焊料使用直径为 200μm、高度为 40μm 的凸点。芯片是通过上述晶圆凸点工艺制造的。

传统的背面研磨方法包括将晶圆安装到背面研磨胶带上进行背面研磨。然后将减薄后的晶圆从背面研磨带转移到切割带。然而，这种通常的 50μm 厚晶圆背面研磨工艺会导致在减薄晶圆的背面研磨侧出现大量的晶圆开裂。由于晶圆大量开裂，故使用 DBG（研磨前切割）代替。在 DBG 中，首先将晶圆切割至 80μm 深，然后从晶圆背面研磨至 50μm。背面研磨至 50μm 后，将减薄的晶圆转移到热剥离胶带上。通过将热剥离胶带加热至 140℃，将单独的芯片从胶带上剥离。

使用倒装芯片机 FC150（SUSS MicroTec）将超薄传感器芯片放置在JEDEC－

JESD22 – B111[40]板空腔内的焊盘上，准确度为 ± 1μm，如图 3-25 和图 3-26 所示。非清洁助焊剂用于减少在空腔内以及芯片和测试板之间的间隙中可能存在的助焊剂残留。焊料在传统的无铅焊料回流炉中回流。然后，在超薄芯片和电路板之间进行一个常规的底部填充，并进行固化。最后，应用一个球形顶部并进行固化。图 3-26 显示了装配和封装的 50μm 厚应力传感器芯片的测试板。

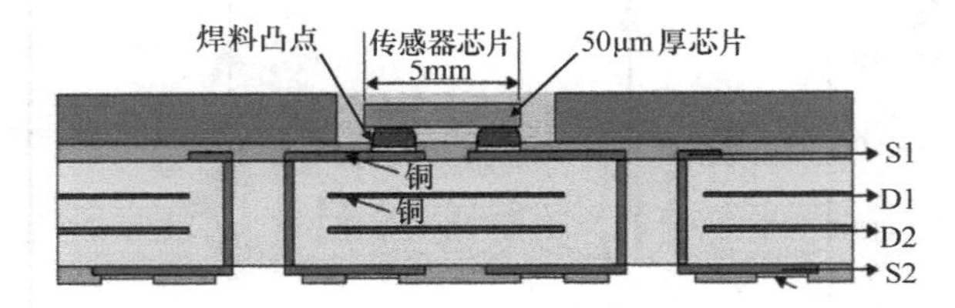

图 3-25　JEDEC – JESD22 – B111 板中嵌入式超薄（50μm）应力传感器芯片的横截面

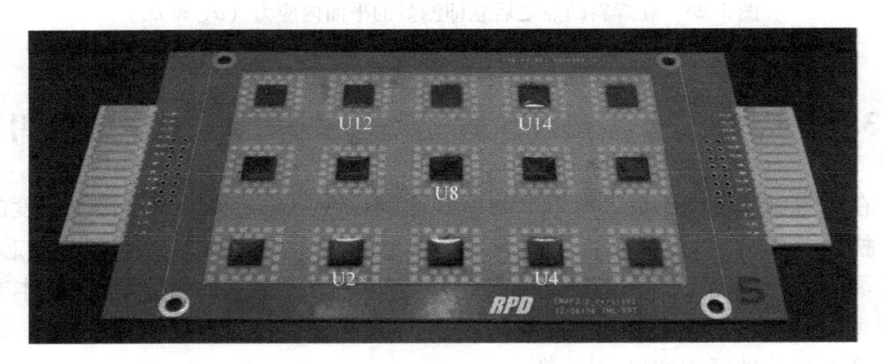

图 3-26　在 JEDEC – JESD22 – B111 板上组装超薄（50μm）应力传感器芯片

3.5.2　实验装置和流程 ★★★

本节中进行的跌落试验根据 JEDEC 标准 JESD22 – B111 进行。使用装有加速计的 Avexx 冲击测试仪，Avexx 系统的高度和压力会发生变化，直至连接到带有蜂蜡的升降台上的加速计检测到振幅为 1500g 而脉冲持续时间（宽度）为0.5ms 的半正弦冲击脉冲。图 3-27 显示了4 种不同测试板第 30 次跌落的加速时间曲线图，以表明测试的可重复性。

这些测试中使用的 JEDEC 测试板如图 3-26 所示。用于应力测量的电气连接和仪器如下：监测两个垂直的 n 型传感器（R_1 和 R_3），这些传感器与 Keithley 源表（型号为 2410）串联。Yokogawa 示波器（型号为 DL750）两个高分辨率的 16 位通道并联连接在每个电阻上，提供 5mA 的电流，并测量每个电阻上产生的电位差，使用欧姆定律将其转换为电阻。然后根据式（3-3）和式（3-4）中给出的

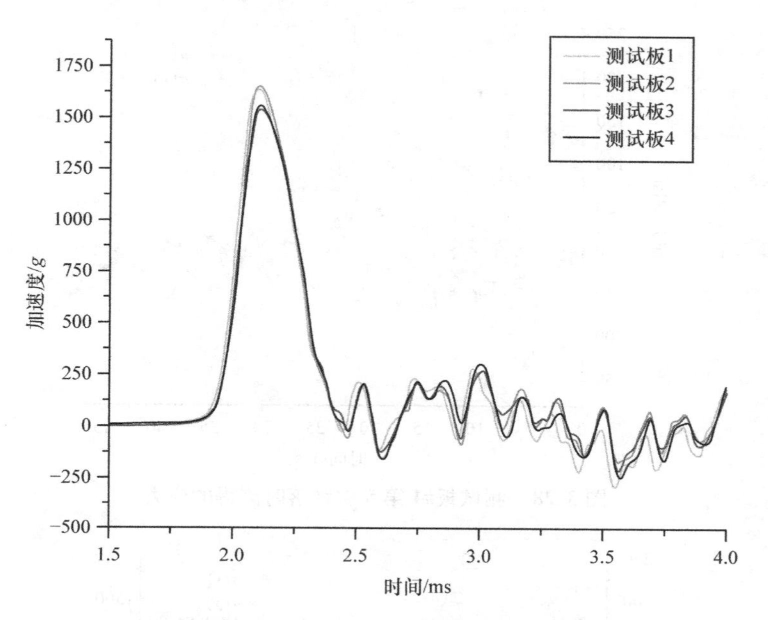

图 3-27 4 种不同测试板第 30 次跌落的加速度脉冲

现有压阻理论，使用电阻和初始电阻的变化来确定应力。测试板面朝下安装在测试仪上。随后，如图 3-26 所示，导线焊接到所有芯片的 5 个位置，即 U2、U4、U8、U12 和 U14 处。然后打开示波器并进行测试，在芯片 U8 位置的两个垂直传感器（R_1和 R_3）实时监测其中的应力，并保存每 5 次跌落的数据。每 5 次跌落后探测其余传感器，并记录电阻值。

3.5.3 原位应力测量结果 ★★★

对 4 块测试板成功地测量了跌落过程中芯片中的应力。假设试验开始时的应力为零。因此，测试开始时的电阻被视为传感器的初始电阻。第 5 次跌落期间板 4 中 x 和 y 方向的应力如图 3-28 和图 3-29 所示。最初，应力的值较高，然后由于阻尼而逐渐减小。因为测试板的弯曲被阻尼了，所以芯片中的应力也降低了。y 方向上的应力值较小，叠加在信号上的附加模式似乎使其变得复杂。由于这种模式也逐渐衰减，因此怀疑它与弯曲频率有关。

图 3-30 还显示了从第 5 次跌落和第 30 次跌落中获得的应力值的比较。在其中一块测试板中，最大应力值从第 5 次跌落到第 30 次跌落时有所增加，而在其他测试板中，最大应力值有所降低或略有变化。图 3-30 和表 3-1 显示了第 5 次跌落和第 30 次跌落中第一次弯曲循环期间的最大和最小应力。芯片在 U8 位置承受的最大应力为 305MPa，而最小压力为 −220MPa。

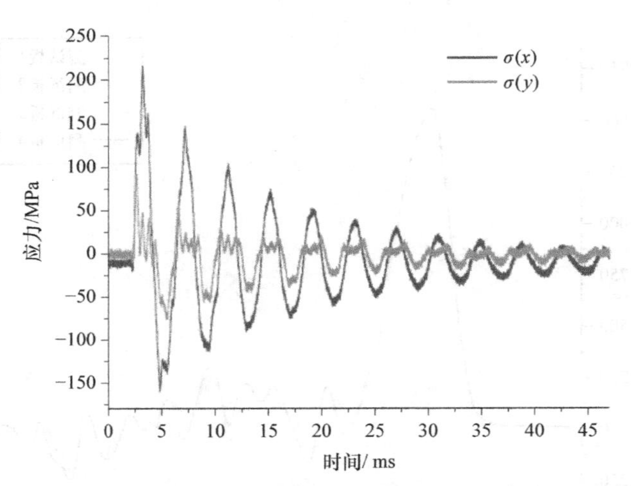

图 3-28　测试板#4 第 5 次跌落时测得的应力

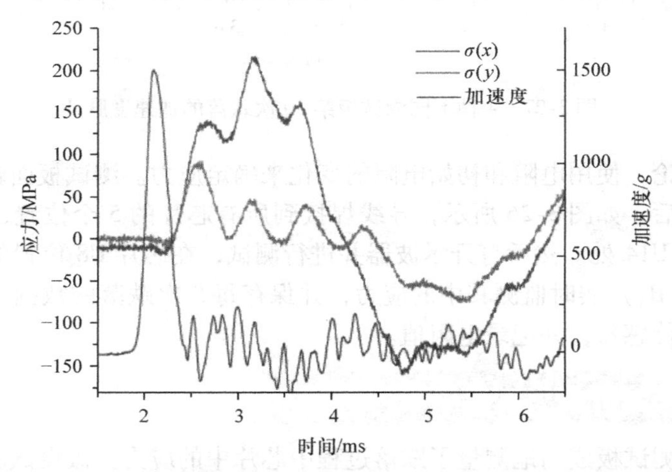

图 3-29　第 5 次跌落中测试板#4 第 1 次弯曲循环的应力

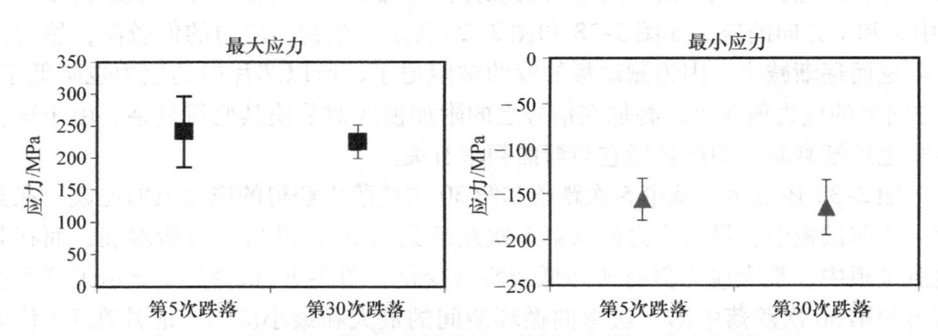

图 3-30　第 5 次和第 30 次跌落后 4 块测试板第 1 次弯曲循环的最大应力和最小应力

表 3-1　第 30 次跌落后 4 块测试板第 1 次弯曲循环的最大和最小应力

样品	第 5 次跌落		第 30 次跌落		第 5 次跌落		第 30 次跌落	
	最大/MPa	偏差	最大/MPa	偏差	最小/MPa	偏差	最小/MPa	偏差
测试板 1	199	44	220	6	-199	43	-170	5
测试板 2	251	8	191	35	-156	0	-220	55
测试板 3	305	62	279	53	-110	46	-106	59
测试板 4	217	26	214	12	-158	2	-162	3
平均值	243	35	226	27	-156	23	-165	31

3.5.4 可靠性测试 ★★★

可靠性测试在 4 块测试板上进行，共有 20 个传感器芯片。换言之，每个测试板在 5 个位置 U2、U4、U8、U12 和 U14 处共有 5 个传感器芯片（见图 3-26）。每个传感器芯片有 16 条链，每个测量链由传感器电阻、芯片上的走线、测试板上的走线和两个焊点组成。故障判据是事件检测器（即测量链）的电阻变化不得超过初始电阻的 20%（JED EC 标准 JESD22 - B111）。图 3-31 显示了测试板在开始、5 次跌落和 30 次跌落后的典型电阻值，未观察到此类失效。简而言之，嵌入式应力传感器样品通过了多达 30 次的跌落冲击测试（JESD22 - B111）。

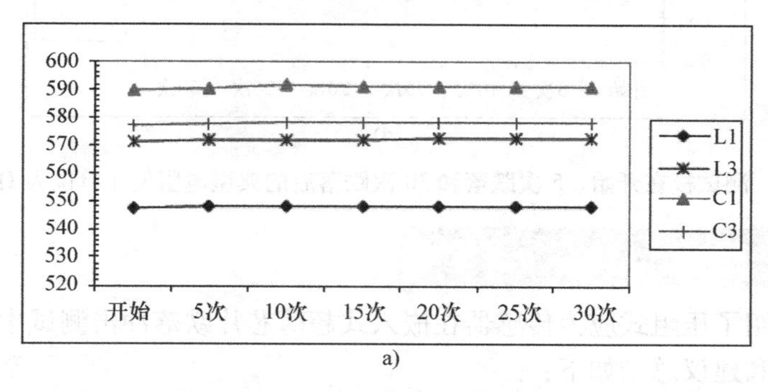

图 3-31　测试板在开始、5 次跌落和 30 次跌落后的典型电阻值（单位为 Ω）

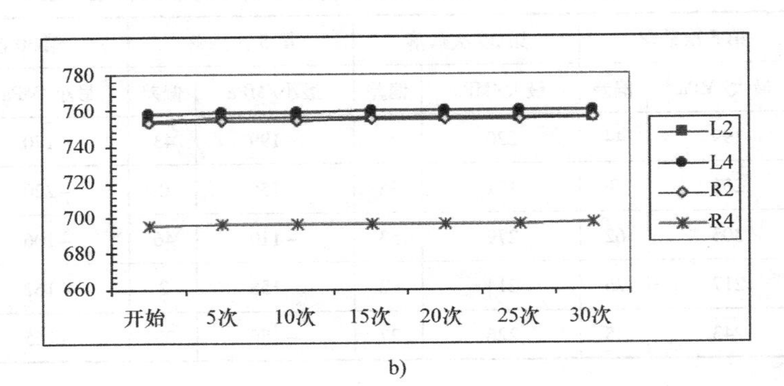

b)

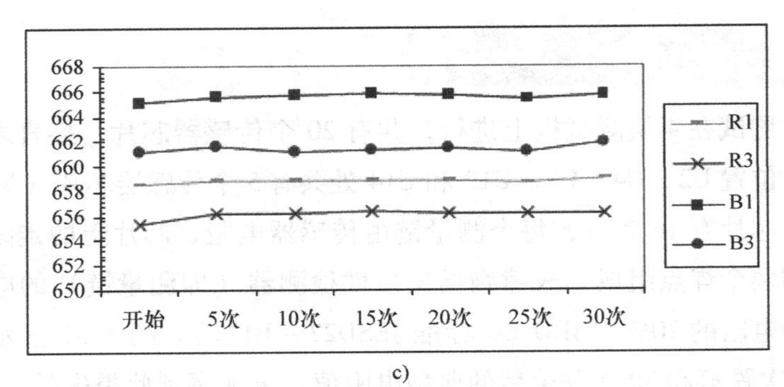

c)

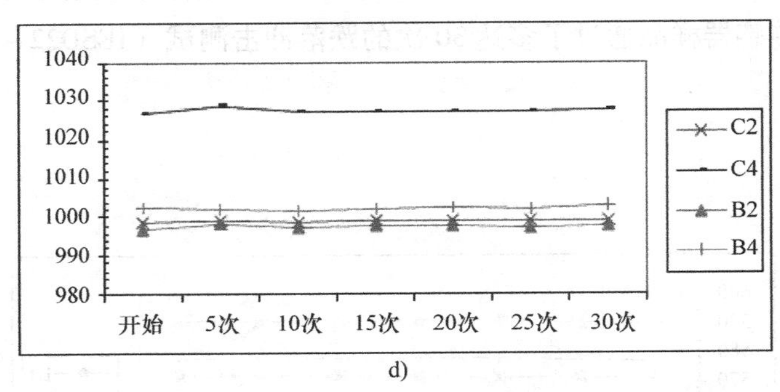

d)

图 3-31 测试板在开始、5 次跌落和 30 次跌落后的典型电阻值（单位为 Ω）（续）

3.5.5 总结和建议 ★★★

本节介绍了压阻式应力传感器在嵌入式超薄芯片跌落冲击测试中的应用。一些重要结果和建议总结如下：

1）带有压阻式应力传感器的嵌入式超薄（50μm）倒装芯片的实时表征表明，芯片在 U8 位置处承受的最大应力为 305MPa，而在 JESD22 - B111 跌落测试期间，最小应力为 - 220MPa。

2）所有嵌入式应力传感器样品均已通过最多达 30 次的跌落冲击测试（JESD22 - B111）。

3）强烈建议在如热循环测试期间使用压阻式应力传感器对器件进行实时表征。

3.6　参考文献

[1] Edwards, D. R., K. G. Heinen, S. K. Groothuis, and J. E. Martinez, "Shear Stress Evaluation of Plastic Packages," *IEEE Transactions on Components, Hybrid, and Manufacturing Technology*, Vol. 10, No. 4, December 1987, pp. 618–627.

[2] Miura, H., A. Nishimura, S. Kawai, and K. Nishi, "Development and Application of Stress-Sensing Test Chip for IC Plastic Packages," *Transactions of the Japan Society of Mechanical Engineers (Series A)*, Vol. 53, 1987, pp. 1826–1832.

[3] Miura, H., A. Nishimura, S. Kawai, and K. Nishi, "Residual Stress in Resin-Molded IC Chips," *Transactions of the Japan Society of Mechanical Engineers (Series A)*, Vol. 55, 1989, pp. 1763–1770.

[4] Miura, H., M. Kitano, A. Nishimura, and S. Kawai, "Thermal Stress Measurement in Silicon Chips Encapsulated in IC Plastic Packages under Thermal Cycling," *Journal of Electronic Packaging*, Vol. 115, No. 1, 1993, pp. 9–15.

[5] Bittle, D. A., J. C. Suhling, R. E. Beaty, R. C. Jaeger, and R. W. Johnson, "Piezoresistive Stress Sensors for Structural Analysis of Electronic Packages," *Journal of Electronic Packaging*, Vol. 113, No. 3, September 1991, pp. 203–215.

[6] Sweet, J. N., "Die Stress Measurement Using Piezoresistive Stress Sensor," in *Thermal Stress and Strain in Microelectronics Packaging*, J. H. Lau, Ed., Van Nostrand, New York, NY, 1993, pp. 221–268.

[7] Rahim, M. K., J. C. Suhling, D. S. Copeland, M. S. Islam, R. C. Jaeger, P. Lall, and R. W. Johnson, "Die Stress Characterization in Flip Chip on Laminate Assemblies," *IEEE Transactions on Components and Packaging Technologies*, Vol. 28, No. 3, September 2005, pp. 415–429.

[8] Lo, T. C. P., and P. C. H. Chan, "Design and Calibration of a 3-D Microstrain Gauge for In Situ on Chip Stress Measurements," in *Proceedings of the International Conference Semiconductors Electronics*, Penang, Malaysia, November 1996, pp. 252–255.

[9] Kumar, A., X. Zhang, Q. Zhang, M. Jong, G. Huang, V. Lee, V. Kripesh, et al., "Residual Stress Analysis in Thin Device Wafer Using Piezoresistive Stress Sensor," *IEEE Transactions on CPMT*, Vol. 1, No. 6, June 2011, pp. 841–851.

[10] Zhang, X., A. Kumar, Q. X. Zhang, Y. Y. Ong, S. W. Ho, C. H. Khong, V. Kripesh, et al., "Application of Piezoresistive Stress Sensors in Ultrathin Device Handling and Characterization," *Sensors and Actuators A: Physics*, Vol. 156, November 2009, pp. 2–7.

[11] Beaty, R. E., R. C. Jaeger, J. C. Suhling, R. W. Johnson, and R. D. Butler, "Evaluation of Piezoresistive Coefficient Variation in Silicon Stress Sensor Using a Four-Point Bending Test Fixture," *IEEE Transactions on Components, Hybrid, and Manufacturing Technology*, Vol. 15, No. 5, October 1992, pp. 904–914.

[12] Suhling, J. C., R. A. Cordes, Y. L. Kang, and R. C. Jaeger, "Wafer-Level Calibration of Stress Sensing Test Chips," in *Proceedings of the IEEE Electronic Components and Technology Conference*, June 1994, pp. 1058–1070.

[13] Suhling, J. C., and R. C. Jaeger, "Silicon Piezoresistive Stress Sensors and their Applications in Electronic Packaging," *IEEE Sensors Journal*, Vol. 1, No. 1, June 2001, pp. 14–30.

[14] Slattery, O., D. O. Mahoney, E. Sheehan, and F. Waldron, "Source of Variation in Piezoresistive Stress Sensor Measurements," *IEEE Transactions on Components, Packaging, and Manufacturing Technology*, Vol. 27, No. 1, March 2004, pp. 81–86.

[15] Zou, Y., J. C. Suhling, R. W. Johnson, R. C. Jaeger, and A. K. M. Mian, "In Situ Stress State Measurements during Chip-on-Board Assembly," *IEEE Transactions on Electronics Packaging Manufacturing*, Vol. 22, No. 1, January 1999, pp. 38–52.

[16] Lwo, B.-J., K.-F. Tseng, C.-H. Kao, T.-S. Chen, and J.-S. Su, "LFBGA Packaging Stress Measurement with Piezoresistive Sensors," in *Proceedings on the 4th International Symposium Electronic Materials

Packaging, December 2002, pp. 482–487.

[17] Rahim, M. K., J. Roberts, and J. C. Suhling, "Continuous In-Situ Die Stress Measurements during Thermal Cycling Accelerated Life Testing," in *Proceedings on the 57th Electronic Components Technology Conference*, Reno, NV, May 2007, pp. 1478–1489.

[18] Pustan, D., E. Rastiagaev, and J. Wilde, "In Situ Analysis Of The Stress Development during Fabrication Process of Micro-Assemblies," in *Proceedings on the 59th Electronic Components Technology Conference*, San Diego, CA, May 2009, pp. 117–124.

[19] Jaeger, R. C., J. C. Suhling, and R. Ramani, "Errors Associated with the Design, Calibration of Piezoresistive Stress Sensors in (100) Silicon," *IEEE Transactions on Components, Packaging, and Manufacturing Technology - Part B: Advanced Packaging*, Vol. 17(1), 1994, pp. 97–107.

[20] Palmer, D., D. Benson, D. Peterson, and J. Sweet, "IC Chip Stress During Plastic Package Molding", *Proceedings of IEEE/ECTC*, May 1998, pp. 1326–1331.

[21] Husstedt, H., U. Ausserlechner, and M. Kaltenbacher, "In-Situ Measurement of Curvature and Mechanical Stress of Packaged Silicon," in *Proceedings of the IEEE Sensors Conference*, Waikoloa, HI, November 2010, pp. 2563–2568.

[22] Husstedt, H., U. Ausserlechner, and M. Kaltenbacher, "In-Situ Analysis of Deformation and Mechanical Stress of Packaged Silicon Dies with an Array of Hall Plates," *IEEE Sensors J.*, Vol. 11, No. 11, November 2011, pp. 2993–3000.

[23] Lemke, B., R. Baskaran, S. Ganapathysubramanian, and O. Paul, "Stress Distribution under Electroless Nickel Bumps Extracted using Arrays of 7×7 Piezo-FETs," in *Proceedings of IEEE Sensors Conference*, Waikoloa, HI, November 2010, pp. 2573–2576.

[24] Lemke, B., R. Baskaran, S. Ganapathysubramanian, and O. Paul, "Experimental Determination of Stress Distributions under Electroless Nickel Bumps and Correlation to Numerical Models," *IEEE Sensors Journal*, Vol. 11, No. 11, November 2011, pp. 2711–2717.

[25] Niehoff, K., T. Schreier-Alt, F. Schindler-Saefkow, F. Ansorge, and H. Kittal, "Thermo-Mechanical Stress Analysis," in *Proceedings of the European Microelectronics and Packaging Conference and Exhibition*, Rimini, Italy, June 2009, pp. 1–5.

[26] Barlian, A., R. Narain, J. T. Li, C. E. Quance, A. C. Ho, V. Mukundan, and B. L. Pruitt, "Piezoresistive MEMS Underwater Shear Stress Sensors," in *Proc. Micro Electro Mech. Syst.*, Istanbul, Turkey, January 2006, pp. 626–629.

[27] Park, S.-J., J. C. Doll, N. Harjee, and B. L. Pruitt, "Optimization with Process Limits and Application Requirements for Force Sensors," in *Proceedings of IEEE Sensors Conference*, Waikoloa, HI, November 2010, pp. 1946–1949.

[28] Park, S.-J., J. C. Doll, and B. L. Pruitt, "Piezoresistive Cantilever Performance – Part I: Analytical Model for Sensitivity," *Journal of Microelectromechanical Systems*, Vol. 19, No. 1, February 2010, pp. 137–147.

[29] Park, S.-J., J. C. Doll, and B. L. Pruitt, "Piezoresistive Cantilever Performance – Part II: Optimization," *Journal of Microelectromechanical Systems*, Vol. 19, No. 1, February 2010, pp. 149–161.

[30] Gieschke, P., B. Sbierski, and O. Paul, "CMOS-Based Piezo-FET Stress Sensors in Wheatstone Bridge Configuration," in *Proceedings of IEEE Sensors Conference*, Limerick, Ireland, November 2011, pp. 93–96.

[31] Rowe, C. H., A. Donoso-Barrera, C. Renner, and S. Arscott, "Giant Room-Temperature Piezoresistive in a Metal-Silicon Hybrid Structure," *Physical Review Letters*, Vol. 100, No. 14, 2008, pp. 145501-1–145501-4.

[32] Gee, S. A., V. R. Akylas, and W. F. Bogert, "The Design and Calibration of a Semiconductor Strain Gauge Array," *Proceedings of IEEE International Conference Microelectronics Test Structures*, Vol. 1. February 1988, pp. 185–191.

[33] Zhong, Z. W., X. Zhang, B. H. Sim, E. H. Wong, P. S. Teo, and M. K. Iyer, "Calibration of a Piezoresistive Stress Sensor in [100] Silicon Test Chips," *Proceedings of the 4th Electronics Packaging and Technology Conference*, December 2002, pp. 323–326.

[34] Kumar, A., X. Zhang, Q. Zhang, M. Jong, G. Huang, V. Lee, V. Kripesh, C. Lee, J. H. Lau, D. Kwong, V. Sundaram, R. R. Tummula, and G. Meyer-Berg, "Residual Stress Analysis in Thin Device Wafer Using Piezoresistive Stress Sensor", *IEEE Transactions on CPMT*, Vol. 1, No. 6, June 2011, pp. 841–851.

[35] Zhang, X., R. Rajoo, C. S. Selvanayagam, A. Kumar, V. S. Rao, N. Khan, V. Kripesh, et al., "Application of Piezoresistive Stress Sensor in Wafer Bumping and Drop Impact Test of Embedded Ultra-Thin Device", *IEEE/ECTC Proceedings*, Orlando, FL, May 2011, pp. 1276–1282.

[36] Zhang, X., R. Rajoo, C. S. Selvanayagam, A. Kumar, V. Rao, N. Khan, V. Kripesh, et al., "Application of

Piezoresistive Stress Sensor in Wafer Bumping and Drop Impact Test of Embedded Ultrathin Device", *IEEE Transactions on CPMT*, Vol. 2, No. 16, June 2012, pp. 935–943.

[37] Tzeng, P., J. H. Lau, M. Dai, S. Wu, H. Chien, Y. Chao, C. Chen, et al., "Design, Fabrication, and Calibration of Stress Sensors Embedded in a TSV Interposer in a 300mm Wafer", *IEEE/ECTC Proceedings*, San Diego, CA, May 2012, pp. 1731–1737.

[38] Lau, J. H., C.-J. Zhan, P.-J. Tzeng, C.-K. Lee, M.-J. Dai, H.-C. Chien, Y.-L. Chao, et al., "Feasibility Study of a 3D IC Integration System-in-Packaging (SiP) from a 300mm Multi-Project Wafer (MPW)", *IMAPS Transactions, Journal of Microelectronic Packaging*, Vol. 8, No. 4, Fourth Quarter 2011, pp. 171–178.

[39] Zhan, C., P. Tzeng, J. H. Lau, M. Dai, H. Chien, C. Lee, S. Wu, et al., "Assembly Process and Reliability Assessment of TSV/RDL/IPD Interposer with Multi-Chip-Stacking for 3D IC Integration SiP", *IEEE/ECTC Proceedings*, San Diego, CA, May 2012, pp. 548–554.

[40] JESD22-B111, *Board Level Drop Test Method of Components for Handheld Electronic Products*, JEDEC Standard, July 2003.

第4章 封装基板技术

4.1 引 言

对于3D IC集成，无论是逻辑上的存储器立方、SoC上的存储（片上系统）逻辑-逻辑堆叠还是支撑芯片转接板，封装基板都是必需的。因为如果3D IC集成模块直接安装在PCB（印制电路板）上，由于Si芯片或Si转接板与FR-4环氧PCB之间的热膨胀失配，焊料接头会承受非常大的应力和应变，通常需要底部填充以确保焊料接头的可靠性。然而，即使使用可返工的底部填充，返工PCB的质量也会变差。因此，底部填充通常应用于芯片（或转接板）和封装基板之间，而不是封装基板和PCB之间。在这种情况下，当3D IC集成模块损坏时，重新焊接封装基板和PCB之间的焊料接头，并移除整个3D IC模块和基板。此外，封装基板有助于芯片或转接板的扇出电路，否则，需要密度非常高且昂贵的PCB。

在本章中，由于其成本比陶瓷基板低得多，因此仅考虑用于倒装芯片3D IC集成的带积层的有机封装基板。此外，基于移动和可穿戴产品的小尺寸要求，提出了无核心封装基板。最后，还将介绍具有积层的有机封装基板的最新进展。

4.2 用于倒装芯片3D IC集成的带有积层的封装基板

4.2.1 表面层压电路技术 ★★★

二十多年前，日本IBM在Yasu发明了表面薄层电路（Surface Laminar Circuit，SLC）或表面层压电路技术，如图4-1 [1-3]所示，它形成了当今非常流行的低成本带有积层的有机封装基板的基础，通过微通孔[4]垂直连接以支撑焊料凸点封装的倒装芯片。SLC技术有两部分：一是核心基板；二是信号走线的SLC。核心基板由普通玻璃环氧树脂面板制成，SLC层依次由光敏环氧树脂制成的介质层和镀铜导体平面构成，半加成技术和工艺流程如图4-2所示。

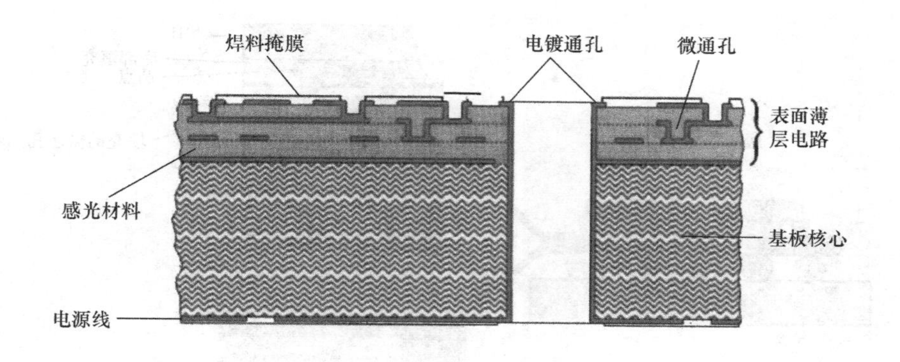

图4-1　SLC技术

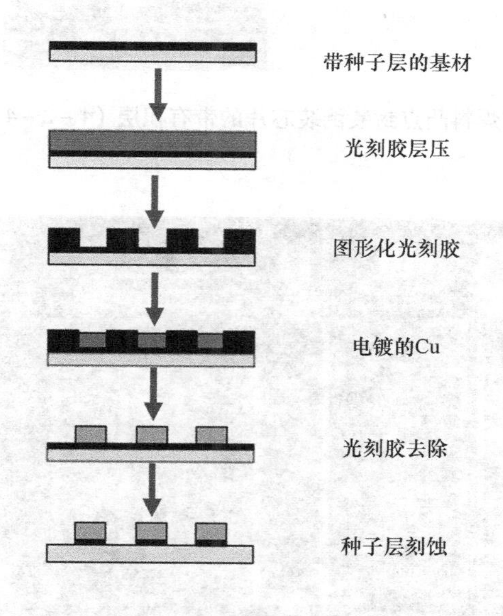

图4-2　传统的半加成工艺

图4-3显示了一个支撑焊料凸点封装的倒装芯片的积层封装基板。可以看出，基板核心通常是由两层（或4层）和电镀通孔（Plated Through Holes，PTH）构成，如图4-4所示。积层可以位于基板核心的顶部和底部，并通过微通孔连接。微通孔的直径不超过150μm。图4-3所示的积层封装基板称为4－2－4，第一个4表示在基板核心的顶部有4个积层，最后一个4表示在基板核心的底部有4个积层，中间的2表示核心有两层；另一方面，图4-4所示的封装基板称为3－4－3，这意味着顶部有3个积层，底部有3个积层，核心有4个层。

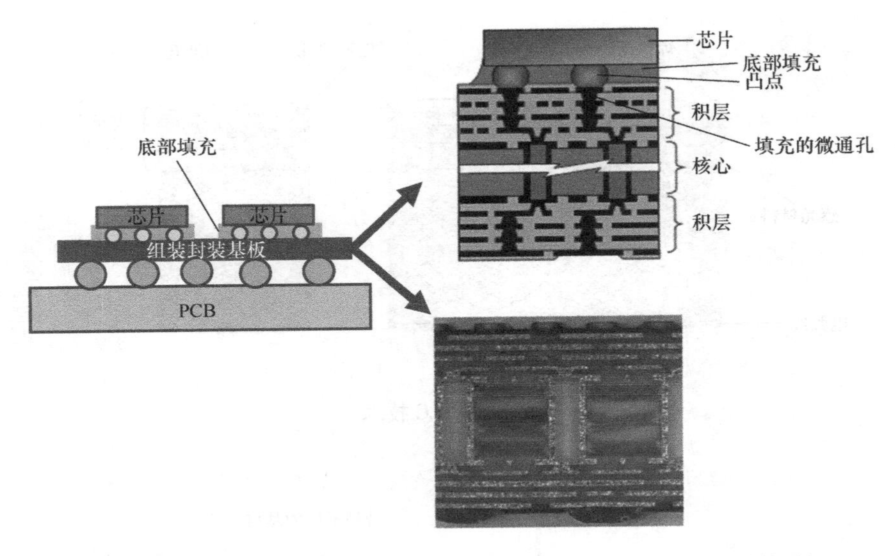

图 4-3　支撑焊料凸点封装倒装芯片的带有积层（4－2－4）的封装基板

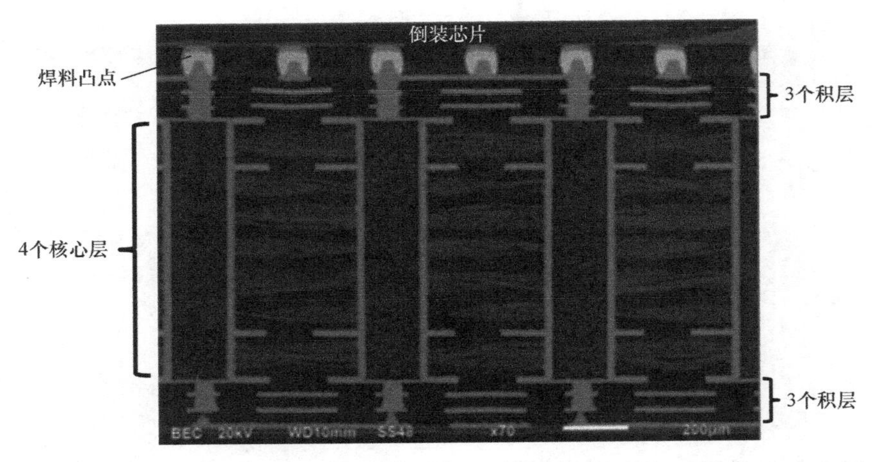

图 4-4　支撑焊料凸点封装倒装芯片的带有积层（3－4－3）的封装基板

4.2.2　带有积层的封装基板的发展趋势 ★★★

一般来说，具有 8 个积层（4－2－4）及 15μm 线宽和线间距的封装基板足以支撑大多数芯片。然而，在过去的几年中，由于高密度、高 I/O 和细间距的要求，如切割的 FPGA（现场可编程门阵列）和网络系统，需要更高的积层及更细的线宽和间距。例如，图 4-5 显示了 Altera/TSMC FPGA 的 6－2－6 封装衬基板[5]。具有积层的有机封装基板的路线图见表 4-1。

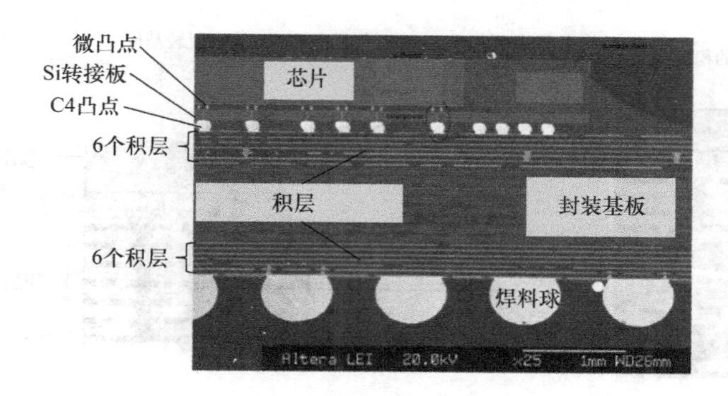

图4-5 Altera公司的支撑Si转接板和
焊料凸点封装倒装芯片的带有积层（6-2-6）的封装基板

表4-1 带有积层的有机封装基板路线图

	2014		2015	2016
	生产	样品		
积层结构	$6-n-6$	$8-n-8$	$8-n-8$	$8-n-8$
最小 L/S/μm	8/8	6/6	5/5	3/3
最小间距（面阵列）/μm	150	125	100	100

4.2.3 总结与建议 ★★★

一些重要的结果和建议总结如下：

1）对于3D IC集成，封装基板是必需的。

2）一般来说，封装基板具有8个积层（4-2-4）及15μm线宽和间距足以支撑大多数芯片。

3）提供了具有积层的封装基板的路线图。

4.3 无核心封装基板

4.3.1 无核心封装基板的优缺点 ★★★

图4-6所示为带积层的传统有机封装基板与无核心有机封装基板的比较。可以看出，其最大的区别是无核心封装基板没有核心，所有层都是积层[6-24]。

无核心封装基板的优缺点见表4-2。可以看出：①由于消除了核心，所以无核心基板的成本更低；②通过消除核心，可以获得更高的布线能力；③良好的高速传输特性，电学性能更好；④绝对较小的外形尺寸，另一方面，缺点是：①由

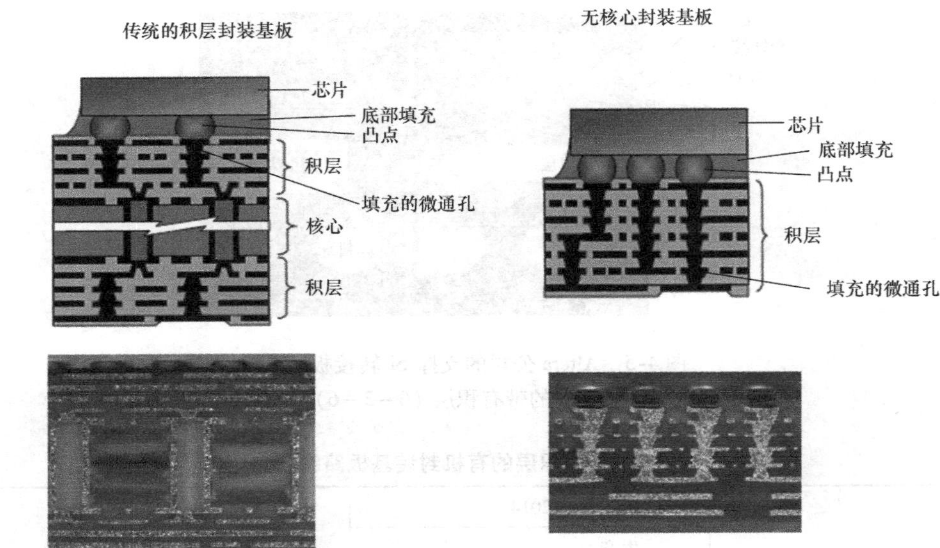

图 4-6　带积层基板与无核心基板的比较

于取消了核心，所以无核心基板的翘曲较大；②容易有层压板剥落；③基板刚性差，焊料接头良率差；④需要新制造的基础设施。2010 年，索尼为其 PlayStation 3 的单元处理器制造了第一个无核心封装基板，如图 4-7[6] 所示。

表 4-2　无核心封装基板的优缺点

优点	缺点
通过取消核心降低成本	更大的翘曲（因为较差的刚性）
更好的电学性能（良好的高速传输特性）	需要新的制造的基础设施
更高的布线能力（通过取消核心）	容易有层压板剥落
更小的外形尺寸	焊料接头良率差

4.3.2　采用无核心基板替代 Si 转接板 ★★★

2011 年，Shinko 也开始使用他们的直接激光和层压（Direct Laser and Lamination，DLL）工艺[7]制造 DLL3 无核心基板，如图 4-8 所示。无核心基板的特点是：①CO_2气体激光器用于盲微通孔的形成；②半加成工艺用于积层；③由于无核心层而增强的电学性能和较高的设计灵活性；④高布线密度和高性能 IC 封装；⑤可用的更薄的结构；⑥应用绿色材料；⑦整体封装支持，包括基板设计和制造；⑧在需要高密度布线的器件，如多处理器单元（Multiprocessor Units，MPU）和专用集成电路（Application Specific Integrated Circuit，ASIC），以及需要更薄结构的器件中，如图 4-9 所示。

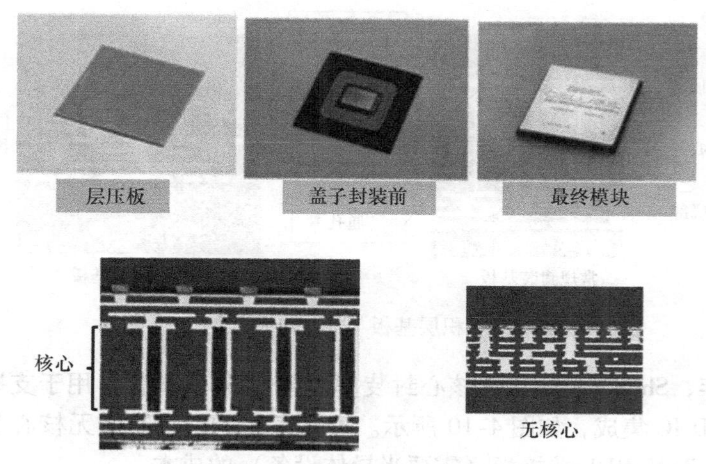

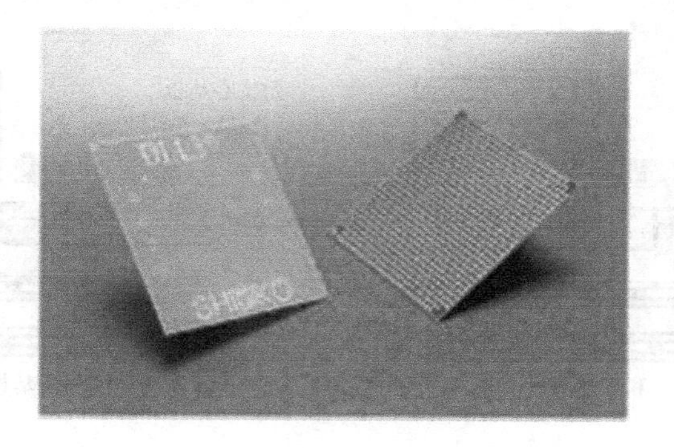

图 4-7　索尼 PlayStation 3 单元处理器的无核心封装基板

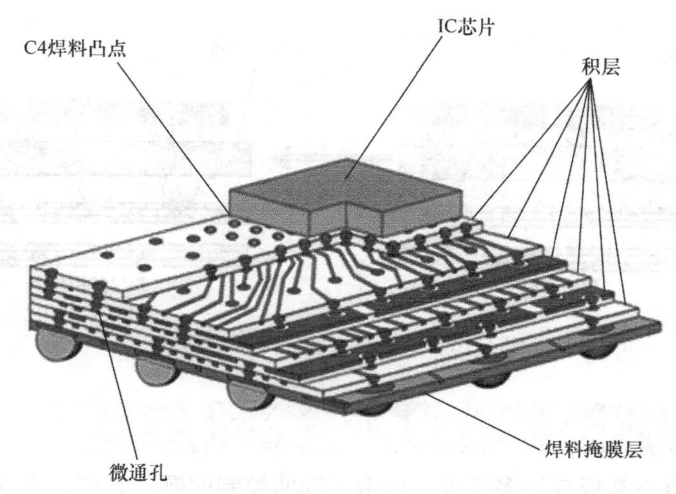

图 4-8　Shinko 公司的 DLL3 无核心基板

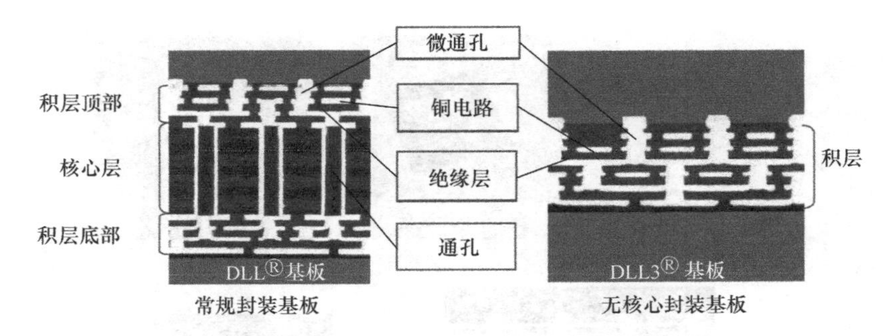

图 4-9　积层基板与无核心基板的比较

2012 年，Shinko 提出用无核心封装基板替代 Si 转接板，用于支撑高带宽存储器和 2.5D IC 集成，如图 4-10 所示。可以肯定的是，制造无核心基板的成本远低于制造 TSV/RDL 转接板（需要半导体设备）的成本。

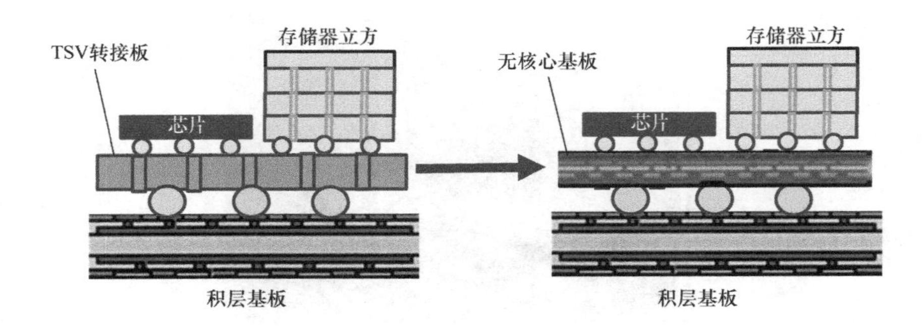

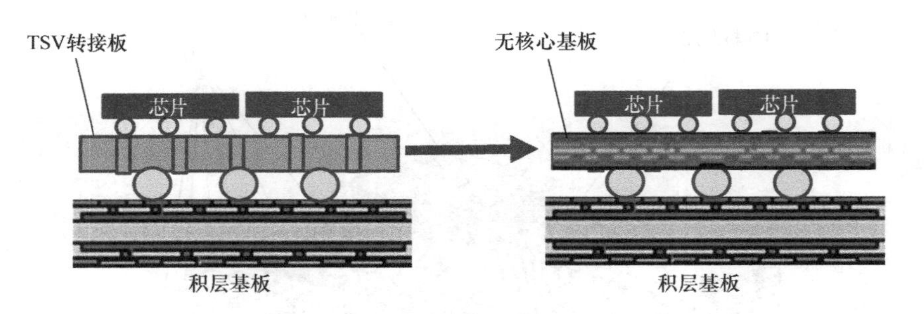

图 4-10　无核心基板替代 Si 转接板

4.3.3　无核心基板翘曲问题及解决方法 ★★★

尽管无核心基板有许多优点，但由于翘曲控制问题，它们并不受欢迎。影响翘曲的关键因素之一是基板材料的热膨胀系数（CTE）失配。因此，适当控制这

一因素将有助于减少无核心基板的翘曲问题。

Cu 的 CTE 为 $17.5\times10^{-6}/℃$，树脂的 CTE 为 $35\times10^{-6}/℃$。与 CTE 为$15\times10^{-6}/℃$半固化片的混合可减少 CTE 失配。图 4-11 为富士通公司提供的不同树脂和预浸料无芯基板组合的测试板，见表 4-3 和图 4-12。可以看出：①对于情况 1，均为预浸料；②对于情况 2，树脂层在基板的中部，预浸料层在基板的外层；③对于情况 3，预浸料层在基板的中部，树脂层在基板的外层；④对于情况 4，全部是树脂，测量结果[8,9] 如图 4-13 所示。由于树脂和预浸料的平衡和位置，情况 2 产生的结果最好（最小的翘曲）。

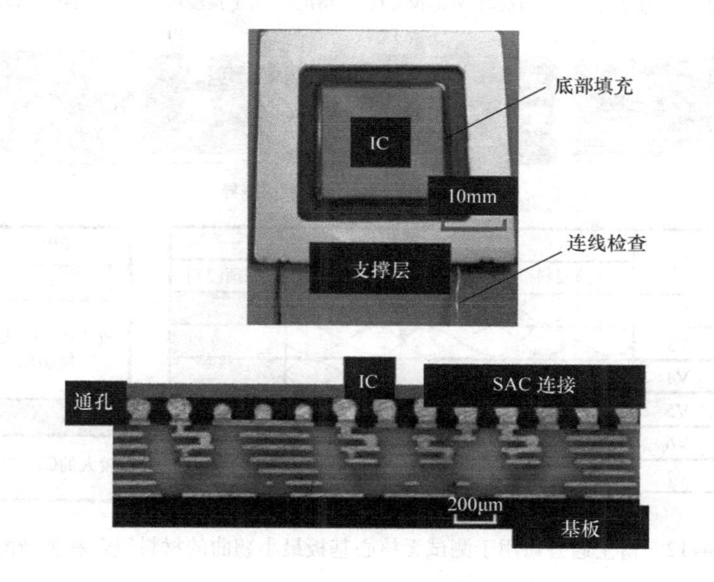

图 4-11　富士通公司用于无核心基板最小翘曲的测试板

表 4-3　富士通无芯基板测试矩阵

层	LEG1 全 PP	LEG2 外部 PP	LEG3 内部 PP	LEG4 无 PP
L1	Cu	Cu	Cu	Cu
V2	预浸料	预浸料	树脂	树脂
L2	Cu	Cu	Cu	Cu
V3	预浸料	预浸料	预浸料	树脂
L3	Cu	Cu	Cu	Cu
V4	预浸料	树脂	预浸料	树脂
L4	Cu	Cu	Cu	Cu
V5	预浸料	树脂	预浸料	树脂

（续）

层	LEG1 全 PP	LEG2 外部 PP	LEG3 内部 PP	LEG4 无 PP
L5	Cu	Cu	Cu	Cu
V6	预浸料	预浸料	预浸料	树脂
L6	Cu	Cu	Cu	Cu
V7	预浸料	预浸料	树脂	树脂
L7	Cu	Cu	Cu	Cu

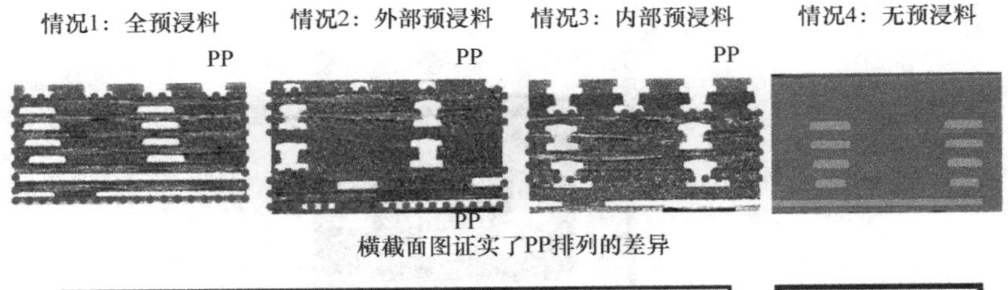

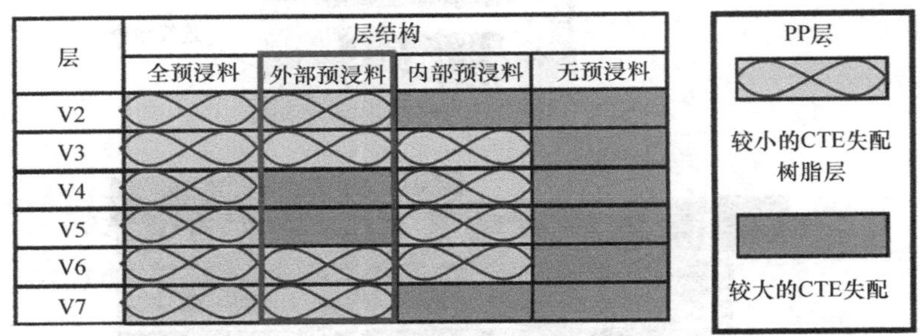

图 4-12　富士通公司用于测试无核心基板最小翘曲的材料组合和重新配置

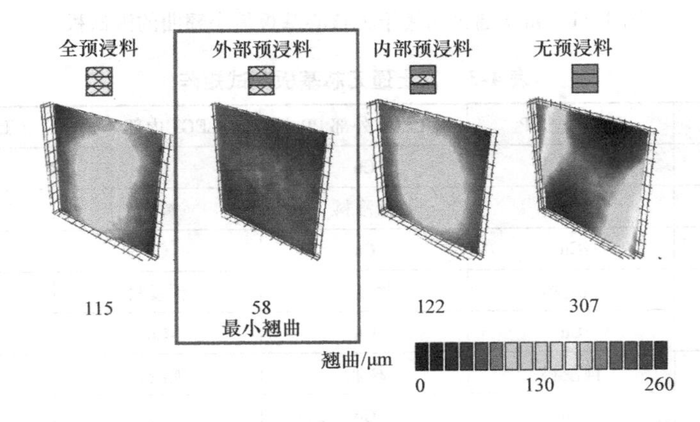

图 4-13　无核心基板材料各种组合和重新配置的翘曲测量结果

另一个影响翘曲的因素是封装组装。因此，一个合适的封装组装的翘曲校正控制将有助于改善无核心基板的翘曲问题。图 4-14 显示了用 Cu 支撑层进行翘曲控制的封装组装工艺。支撑层组装的一个控制参数是施加的压力，该压力必须足够大，以防止由于 Cu 支撑层和无核心基板之间的热膨胀失配而产生的变形（翘曲）。

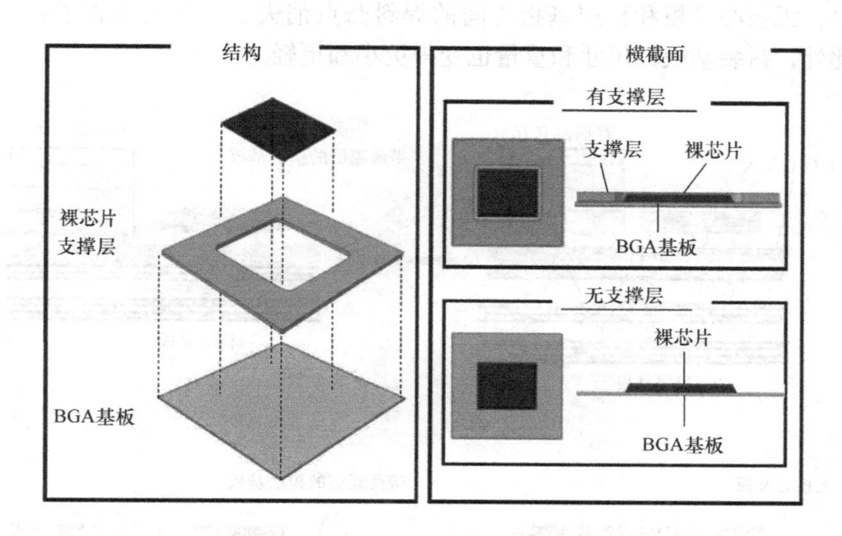

图 4-14　用 Cu 支撑层组装时的翘曲控制

4.3.4　总结与建议 ★★★

一些重要的结果和建议总结如下：

1）说明了无核心基板的优点和缺点。

2）由于成本原因，Si 转接板可以被高密度、高 I/O 和细间距应用的无核心基板替代。

3）通过选择和组合得到最小热膨胀失配的材料以实现无核心基板的翘曲控制。

4）提出了一种采用 Cu 支撑层的最佳封装组装工艺来控制无核心基板的翘曲。

4.4　具有积层的封装基板的最新进展

在过去的几年中，通过增加积层的数量，缩小金属线宽和间距的尺寸，以及减小焊盘的尺寸和间距，人们投入了巨大的努力来提高传统低成本积层有机封装基板的性能。较有前景的是 Shinko 公司的在一个积层封装基板上的薄膜 RDL。

4.4.1 封装基板积层顶部的薄膜层 ★★★

2013 年 10 月，Shinko 公司提出在封装基板的积层上用薄膜层取代无核心基板。这进一步降低了成本，从 TSV/RDL 转接板到有机无核心基板。从图 4-15 可以看出，无核心基板和积层基板之间的焊料凸点消失了，从而节省了巨大的成本。此外，封装基板的尺寸和重量也变得更小和更轻。

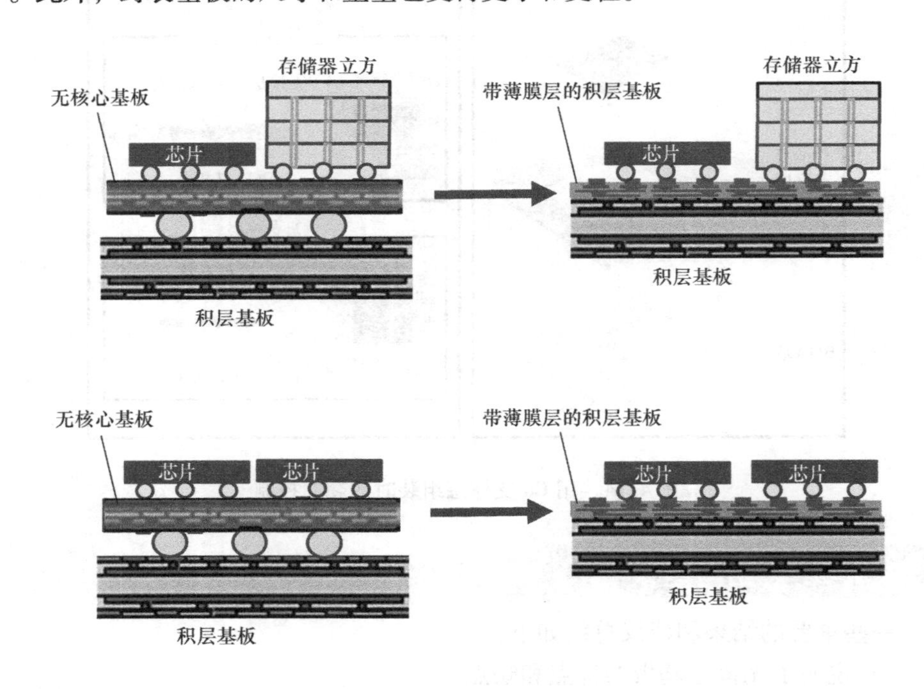

图 4-15　无芯衬底被叠加层上的薄膜层所取代

图 4-16 显示了用于高性能应用的 Shinko 公司的集成薄膜高密度的有机封装（integrated Thin－Film High Desity Organic Package，i－THOP）基板[10]。这是一个 4＋（2－2－3）测试板（图 4-16，左上和中），这意味着有一个两层金属核心，在底部（PCB）侧有 3 个积层金属层，在顶部（芯片）侧有两个积层金属层，而第一个数字“4”表示在顶部积层表面有 4 个薄膜 Cu RDL（图 4-16，左上和左中）。Cu RDL 的厚度、线宽和间距可缩小至 2μm（图 4-16，左下）。如图 4-16 右中所示，薄膜 Cu RDL 通过一个 10μm 的通孔垂直连接。表面 Cu 焊盘间距为 40μm（图 4-16，右上），而 Cu 焊盘直径为 25μm，高度为 10～12μm（图 4-16，右下）。图 4-17 显示了结构的关键厚度。

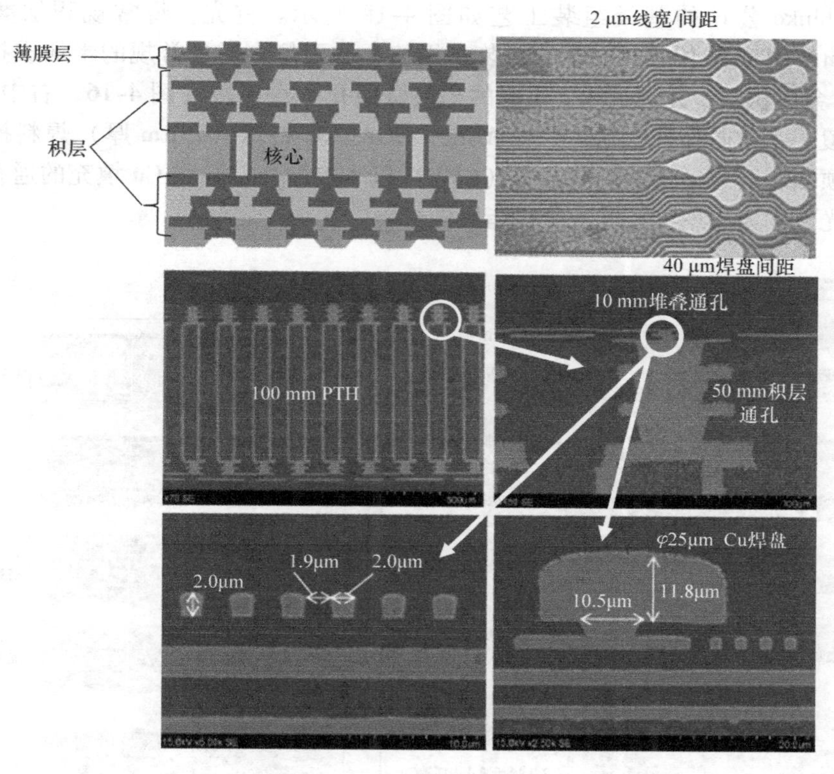

图 4-16 Shinko 公司积层封装基板测试板（TV）上的薄膜 RDL

（左上）4 +（2 – 2 – 3）TV 原理图；（右上）线宽和间距 2μm 的 RDL 和 40μm 焊盘间距；（左中）TV 横截面，厚度 0.8mm 时为 100μm PTH；（右中）积层通过微通孔（约 50μm）垂直连接，薄膜 RDL 通过 10μm 堆叠通孔垂直连接；（左下）线宽、间距和厚度约为 2μm RDL；（右下）25μm 直径的焊盘，间距为 40μm，焊盘厚度为 10 ~ 12μm

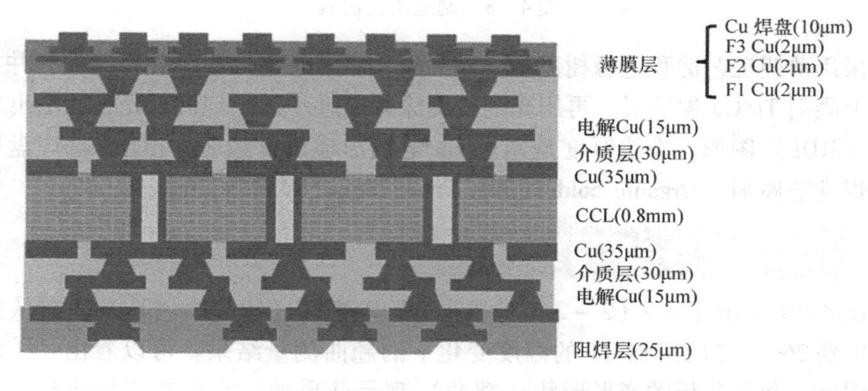

图 4-17 Shinko 公司的截面结构

Shinko 公司的基板组装工艺如图 4-18 所示。首先，将常规积层叠合在 0.8mm（PTH 为 100μm）厚的封装基板核心的两侧，通过常规的半加成技术形成 Cu 金属积层，并通过约 50μm 的积层微通孔垂直连接（图 4-16，右中）。背面涂覆用于球栅阵列（Ball Grid Array，BGA）焊料球（25μm 厚）焊料掩膜层后，顶侧表面通过化学机械抛光（CMP）以平整激光钻孔和 Cu 填充的通孔并使背面光滑，为应用细布线绝缘树脂层做准备。

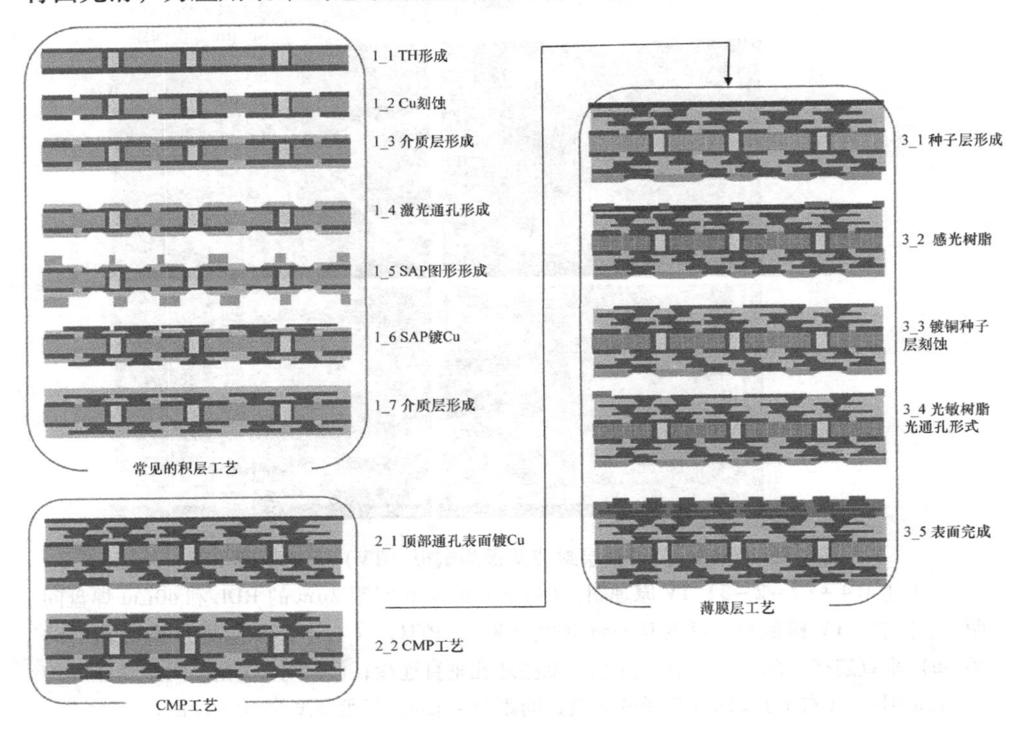

图 4-18 制造工艺流程

采用薄膜工艺淀积绝缘树脂层，然后采用常规工艺形成小直径通孔，并在树脂层上溅射 Ti/Cu 种子层。再用光刻胶旋涂并通过步进光刻机曝光，加工出 2μm 布线（RDL）图形，布线厚度是通过 Cu 电镀形成的。最后，顶层 Cu 焊盘用有机可焊性防腐剂（Organic Solderability Preservative，OSP）处理。

4.4.2 翘曲和合格结果 ★★★

图 4-19 显示了 4 +（2 − 2 − 3）i − THOP 基板（40mm × 40mm）在从室温（RT）到 260℃然后回到 RT 的温度变化下的翘曲测量结果。可以看出：①对于所有温度，封装基板的变形形状（翘曲）都是凸形的；②当基板加热到无铅温

度（260℃）时，翘曲仅增加到10μm；③整体而言，翘曲是稳定的。

还对i-THOP基板结构进行了合格性测试，见表4-4。前提条件：MSL（湿度敏感性等级）3A和回流（至260℃）3次；热循环（-55℃↔125℃）1000次；HAST（高加速应力测试）：130℃/85%RH/3.5V 150h。i-THOP基板通过测试，未观察到通孔分层。

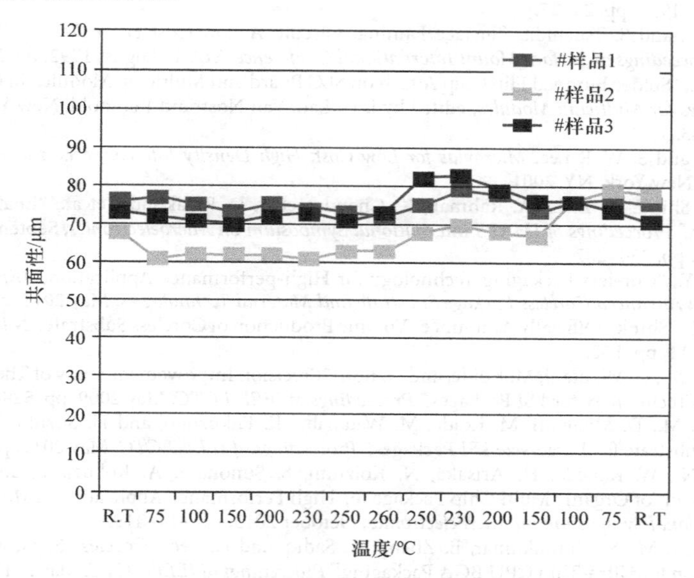

图4-19 投影波纹技术测量的翘曲

表4-4 积层封装基板顶部薄膜层的合格性测试条件

测试	条件
前提条件	MSL3A①并回流（260℃×3次）
TS	（-55℃↔125℃）1000次
HAS	130℃/85%RH/3.5V 150h

① MSL3A：HTS（125℃/24h）+THS（60℃/60%RH/40h）。

4.4.3 总结与建议 ★★★

一些重要的结果和建议总结如下[10,25,26]：

1）根据以上讨论的数据，基板/封装公司应该仿效Shinko公司的做法，使用CMP（执行平面化）和步进光刻（形成2μm或更小的RDL图形）技术将封装基板上的薄膜RDL商业化。

2）应该注意的是，必须有积层的封装基板。然而，Si转接板是额外的，会增加成本，并且会降低电学性能。因此尽量不要使用Si转接板，除非积层封装基板不足以支撑非常高的I/O、高密度和细间距芯片。

4.5 参考文献

[1] Tsukada, Y., S. Tsuchida, and Y. Mashimoto, "Surface Laminar Circuit Packaging," *Proceedings of IEEE/ECTC*, May 1992, pp. 22–27.

[2] Tsukada, Y., and S. Tsuchida, "Surface Laminar Circuit, A Low Cost High Density Printed Circuit Board," *Proceedings of Surface Mount International Conference*, Vol. 1, August 1992, pp. 537–542.

[3] Tsukada, Y., "Solder Bumped Flip Chip Attach on SLC Board and Multichip Module," in *Chip On Board Technologies for Multichip Modules*, edited by J. H. Lau, Van Nostrand Reinhold, New York, NY, 1994, pp. 410–443.

[4] Lau, J. H., and S. W. R Lee, *Microvias for Low Cost, High Density Interconnects*, McGraw-Hill Book Company, New York, NY, 2001.

[5] Xie, J., H. Shi, Y. Li, Z. Li, A. Rahman, K. Chandrasekar, D. Ratakonda, et al., "Enabling the 2.5D Integration," *Proceedings of IMAPS International Symposium on Microelectronics*, September 2012, San Diego, CA, pp. 254–267.

[6] Nishitani, Y., "Coreless Packaging Technology for High-performance Application," *IEEE/ECT/CMPT Seminar on Advanced Coreless Package Substrate and Material Technologies*, May 2012, pp. 1–23.

[7] Kimura, M., "Shinko Officially Announces Volume Production of Coreless Substrate," *Nikkei Electronics*, June 21, 2011, pp. 1–2.

[8] Kurashina, M., D. Mizutani, M. Koide, and N. Itoh, "Precision Improvement Study of Thermal Warpage Prediction Technology for LSI Packages," *Proceedings of IEEE/ECTC*, May 2009, pp. 529–534.

[9] Kurashina, M., D. Mizutani, M. Koide, M. Watanabe, K. Fukuzono, and H. Suzuki, "Low Warpage Coreless Substrate for Large-size LSI Packages," *Proceedings of IEEE/ECTC*, May 2012, pp. 1378–1383.

[10] Shimizu, N., W. Kaneda, H. Arisaka, N. Koizumi, S. Sunohara, A. Rokugawa, and T. Koyama, "Development of Organic Multi Chip Package for High Performance Application," *IMAPS Proceedings of International Symposium on Microelectronics*, October 2013, pp. 414–419.

[11] Manusharow, M., S. Muthukumar, E. Zheng, A. Sadiq, and C. Lee, "Coreless Substrate Technology Investigation for Ultra-Thin CPU BGA Packaging," *Proceedings of IEEE/ECTC*, May 2012, pp. 892–896.

[12] Koide, M., K. Fukuzono, H. Yoshimura, T. Sato, K. Abe, H. Fujisaki, "High-Performance Flip-Chip BGA Technology Based on Thin-Core and Coreless Package Substrate," *Proceedings of IEEE/ECTC*, May 2006, pp. 1869–1873.

[13] Kim, J., S. Lee, J. Lee, S. Jung, and C. Ryu, "Warpage Issues and Assembly Challenges Using Coreless Package Substrate," *Proceedings of IPC APEX EXPO*, Las Vegas, NV, 2012, pp. 1–13.

[14] Savic, J., P. Aria, J. Priest, N. Dugbartey, R. Pomerleau, B. Shanker, M. Nagar, et al., "Electrical Performance Assessment of Advanced Substrate Technologies for High Speed Networking Applications," *Proceedings of IEEE/ECTC*, May 2009, pp. 1193–1199.

[15] Kurashina, M., D. Mizutani, M. Koide, M. Watanabe, K. Fukuzono, N. Itoh, and H. Suzuki, "Low Warpage Coreless Substrate for IC Packages," *Transactions of the Japan Institute of Electronics Packaging*, Vol. 5, No. 1, 2012, pp. 55–62.

[16] Fujimoto, D., K. Yamada, N. Ogawa, H. Murai, H. Fukai, Y. Kaneko, and M. Kato, "New Fine Line Fabrication Technology on glass-cloth prepreg without insulation films for package substrate," *Proceedings of IEEE/ECTC*, May 2011, pp. 387–391.

[17] Sakuma, K., E. Blackshear, K. Tunga, C. Lian, S. Li, M. Interrante, O. Mantilla, et al., "Flip Chip Assembly Method Employing Differential Heating/Cooling for Large Dies with Coreless Substrates," *Proceedings of IEEE/ECTC*, Las Vegas, NV, May 2013, pp. 667–673.

[18] Wang, J., Y. Ding, L. Liao, P. Yang, Y. Lai, and A. Tseng, "Coreless Substrate for High Performance Flip Chip Packaging," *Proceedings of IEEE 11th International Conference on Electronic Packaging Technology & High Density Packaging*, August 2010, pp. 819–823.

[19] Kim, G., S. Lee, J. Yu, G. Jung, J. Kim, N. Karim, H. Yoo, et al., "Advanced Coreless Flip-chip BGA Package with High Dielectric Constant Thin Film Embedded Decoupling Capacitor," *Proceedings of IEEE/ECTC*, May 2011, pp. 595–600.

[20] Chang, D., Y. P. Wang, and C. S. Hsiao, "High Performance Coreless Flip-Chip BGA Packaging

Technology," *Proceedings of IEEE/ECTC*, May 2007, pp. 1765–1768.
[21] Sung, R., K. Chiang, Y. Wang, and C. Hsiao, "Comparative Analysis of Electrical Performance on Coreless and Standard Flip-Chip Substrate," *Proceedings of IEEE/ECTC*, May 2007, pp. 1921–1924.
[22] Lin, E., D. Chang, D. Jiang, Y. Wang, and C. Hsiao, "Advantage and challenge of coreless Flip-Chip BGA," *Proceedings of IEEE/IMPACT*, October 2007, pp. 346–349.
[23] Sun, Y., X. He, Z. Yu, L. Wan, "Development of Ultra-thin Low Warpage Coreless Substrate," *Proceedings of IEEE/ECTC*, May 2013, pp. 1846–1849.
[24] Nickerson, R., R. Olmedo, R. Mortensen, C. Chee, S. Goyal, A. Low, and C. Gealer, "Application of Coreless Substrate to Package on Package Architectures," Proceedings on IEEE/ECTC, May 2012, pp. 1368–1371.
[25] Lau, J. H., "The Future of Interposer for Semiconductor IC Packaging," *Chip Scale Review*, Vol. 18, No. 1, January–February, 2014, pp. 32–36.
[26] Lau, J. H., "The Role and Future of 2.5D IC Integration," *IPC APEX EXPO Proceedings*, March 2014, pp. 1–9.

第5章 »

微凸点：制造、组装和可靠性

5.1 引　　言

如前所述，3D IC 集成被定义为在三维空间使用 TSV 和焊料微凸点[1-75]，将任何遵循摩尔定律的 IC 薄芯片堆叠起来，以实现高性能、低功耗、宽存储带宽和小尺寸。因此，焊料微凸点是 3D IC 的重要实现技术之一。用于倒装芯片的普通焊料凸点（约 100μm）[76,77]对于 3D IC 集成应用来说尺寸太大了，需要更小的凸点（≤25μm），称为微凸点。

大多数微凸点由带/不带焊料帽层的 Cu 柱组成。Cu 柱电镀和 Sn（或 SnAg）焊料帽层是一种相对简单的工艺，已广泛用于形成低成本倒装芯片的互连。本章将介绍 Sn（或 SnAg）覆盖 Cu 柱（有/没有 Ni 阻挡层）的微凸点和化学镀镍/沉金（Electroless Nickel/Immersion Gold，ENIG）UBM 焊盘的制造，同时还将介绍微凸点的 TCB（热压键合）组装，最后讨论微焊点的可靠性数据。首先给出 25μm 间距的微凸点，然后是 20μm 间距的，最后是 15μm 间距的。

5.2 25μm 间距微凸点的制造、装配和可靠性

5.2.1 测试板 ★★★

图 5-1 示意性地显示了 Si 芯片堆叠在 Si 载体上[1-4]。由 Cu 柱和 Sn 焊料帽层组成的焊料微凸点制作在 Si 芯片上，ENIG UBM 焊盘制作在 Si 载体上。焊料微凸点和 ENIG 焊盘的间距均为 25μm，在 Si 载体上制备了相同间距（25μm）的 TSV（硅通孔）。在 Si 芯片与 Si 载体键合后，整个堆叠芯片可以用普通的焊料凸点连接到 BT（双马来酰亚胺三嗪）基板上。本研究的重点主要是证实焊料微凸点及 ENIG 焊盘的制造和 TCB 工艺。

图 5-2 显示了 Si 芯片/Si 载体上焊料微凸点/ENIG 焊盘的分布。微凸点/ENIG 焊盘的中心柱用于信号互连，而外围的微凸点/ENIG 焊盘用作伪凸点/焊

盘，用于键合工艺中的机械平衡以及提高微焊料接头的可靠性。在 Si 芯片/Si 载体上总共有超过 4000 个微凸点/ENIG 焊盘。

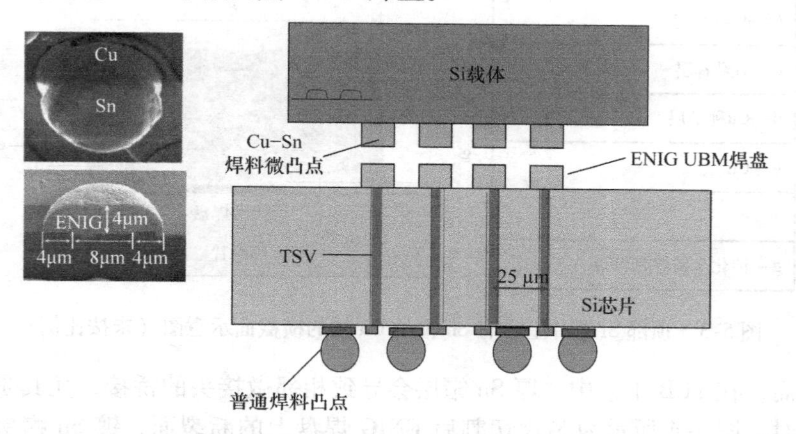

图 5-1　带 TSV 的 Si 载体上 Si 芯片的 3D 堆叠示意图

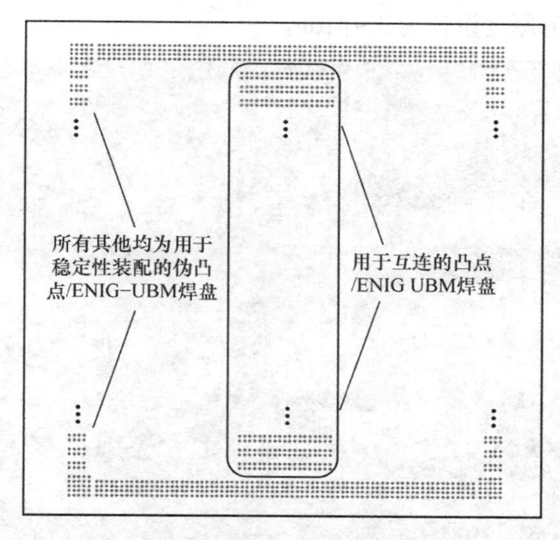

图 5-2　Si 芯片和 Si 载体上焊料微凸点和 ENIG 焊盘的分布（未按比例）

5.2.2　微凸点的结构 ★★★

图 5-3 显示了 Si 芯片上微凸点的结构。它由 Cu 柱和 Sn 焊料帽层组成，总厚度为 10μm。为了实现可靠的连接，Sn 帽层需要足够厚，以便在回流后，仍有纯 Sn 留下以用于后续的键合工艺。从后面的结果可以看出，经过一次回流后，IMC（金属间化合物）的厚度约为 1.5μm（见 5.2.4 节的图 5-10）。因此，Sn 帽层的厚度必须大于 1.5μm。

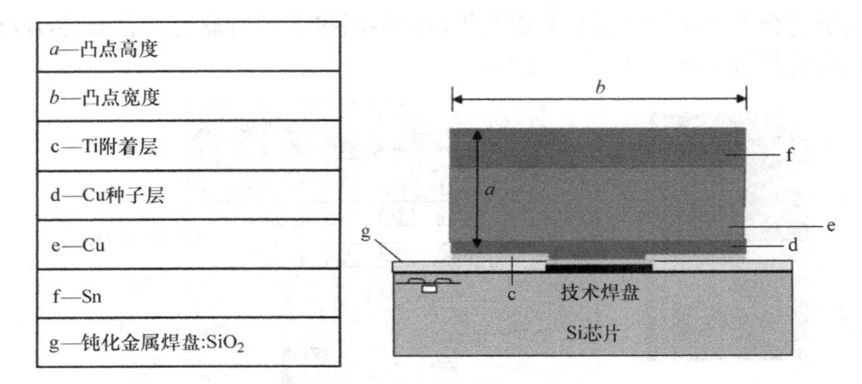

图 5-3 顶部 Si 芯片上带有 Sn 帽的 Cu 柱的横截面示意图（未按比例）

然而，在 TCB 工艺中，厚 Sn 帽层会导致相邻微接头的桥接，尤其是存在对准偏差时。图 5-4 所示为芯片切割后 ENIG 焊盘上的断裂面，镀 Sn 帽层的厚度为 8μm。可以清楚地看到，相邻的微接头是相互桥接的，为了避免桥接缺陷，本研究将 Sn 帽层的厚度设计为 3 ~ 4μm。

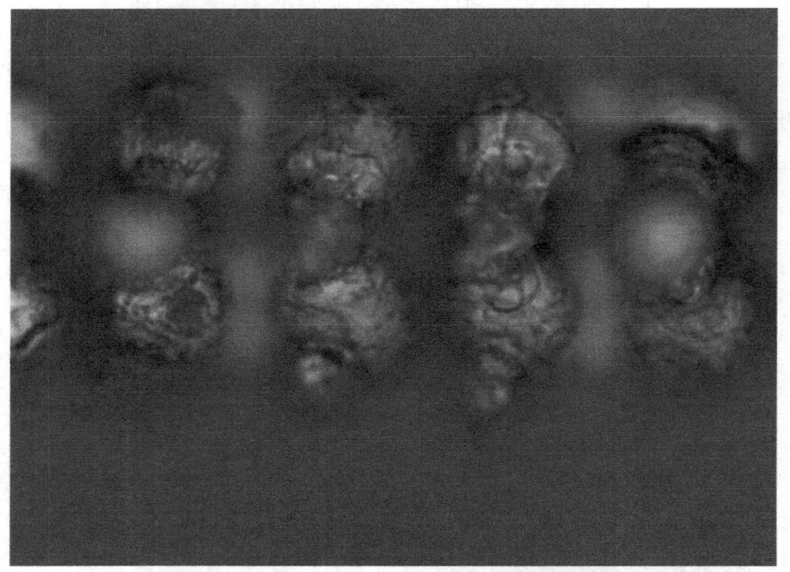

图 5-4 芯片切割测试后 ENIG 焊盘的断裂面，显示相邻微接头之间的焊料桥接，镀 Sn 焊料层厚度为 6 ~ 8μm

5.2.3 ENIG 焊盘的结构 ★★★

图 5-5 显示了 ENIG 焊盘的横截面示意图。对于间距非常细的金属焊盘，常用金属薄膜，如 TiCuNiAu 或 AlNiVCu，很难用传统的光刻和湿法刻蚀工艺形成

图形。这是因为湿法刻蚀工艺造成的侧蚀会损坏小的金属焊盘并降低凸点的剪切强度。ENIG是一种常用的无铅焊料键合的金属化层，它的优点是不需要任何物理气相淀积或光刻工艺步骤。因此，对高密度和多引脚数的IC封装而言，这是一种简单且低成本的工艺。

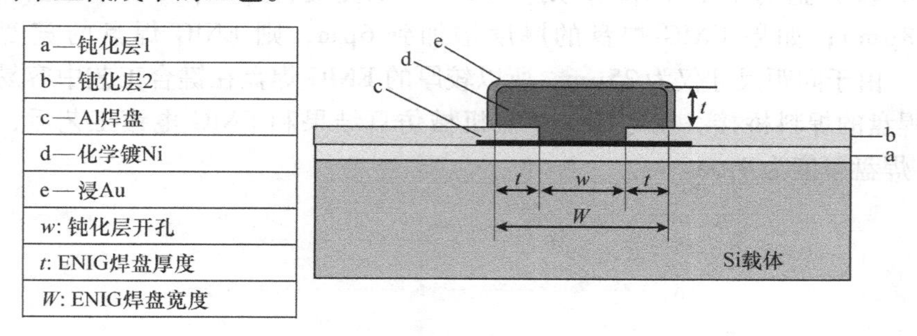

图5-5　Si载体上的ENIG焊盘的横截面示意图（未按比例）

为了确定优化ENIG焊盘的厚度，利用ANSYS软件进行热机械仿真，研究ENIG焊盘厚度对下方Al金属焊盘中应力的影响[34]。

图5-6显示了组装的全局有限元模型（组装的一半被建模）。Si芯片和Si载体的堆叠使用共晶焊料凸点（63Pb37Sn）安装在8层BT基板上。除了填充在TSV中的Cu外，所有材料的特性都假定为常数，Cu被模拟成弹塑性材料。假设在整个模型中温度变化是相同的，并假设在所有材料界面上都具有完美的附着力。为了研究温度加载条件（-55℃→125℃）下Al焊盘的应力效应，对不同厚度的ENIG焊盘进行仿真。

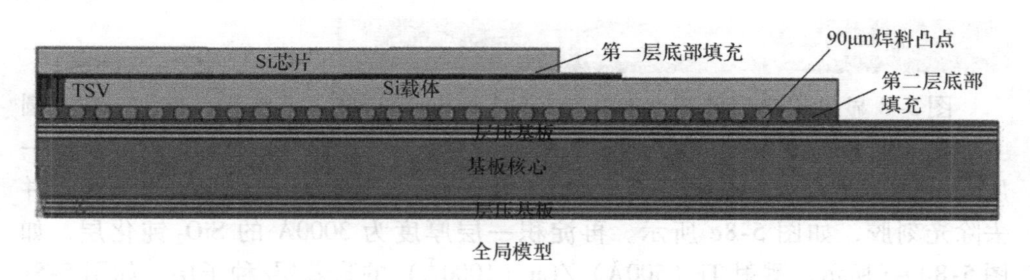

图5-6　安装在有机基板上的Si芯片和Si载体的有限元模型

图5-7给出了Al金属焊盘中最大剪切应力与ENIG焊盘厚度的关系。最大剪切应力τ_{xy}随ENIG焊盘厚度的增加而减小。这是因为当凸点高度增加时，芯片的弯曲模量减小，导致Al焊盘内的最大剪切应力变小。当ENIG焊盘厚度从2μm增加到4μm时，τ_{xy}降低5MPa/μm，而当ENIG焊盘厚度从4μm增加到10μm时，τ_{xy}仅降低1.7MPa/μm。因此，ENIG焊盘的厚度至少应大于4μm。

ENIG 焊盘的厚度也受制造工艺的限制，考虑到 ENIG 电镀的各向同性特征，ENIG 焊盘越厚，镀层越宽。假设 Al 焊盘的开口为 w，如图 5-5 所示，则 ENIG 焊盘的厚度 t 与 ENIG 焊盘的宽度 W 的关系可以描述为 $W = w + 2t$。因此，如果选择 ENIG 焊盘的厚度为 4μm，则 ENIG 焊盘的宽度将为 16μm（Al 焊盘 w 的开口为 8μm）；如果 ENIG 焊盘的厚度增加到 6μm，则 ENIG 焊盘的宽度将为 20μm。由于间距尺寸仅为 25μm，所以较厚的 ENIG 焊盘在键合工艺中容易造成相邻焊盘的焊料桥接。在考虑上述热机械仿真结果和 ENIG 电镀工艺后，目标 ENIG 焊盘厚度为 4μm。

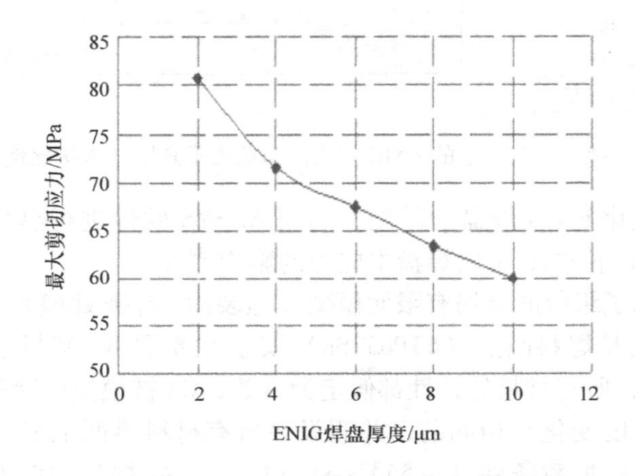

图 5-7　不同 ENIG 厚度下 Al 金属焊盘的最大剪切应力

5.2.4　25μm 间距微凸点的制造 ★★★

图 5-8 显示了在顶部芯片上制造 Cu 柱和 Sn 帽层的工艺流程。首先，在晶圆上淀积一层 SiO_2 钝化层和 1μm 厚的 Al 金属化层，如图 5-8a 所示。然后旋涂一层 2μm 厚的光刻胶并形成图形，如图 5-8b 所示。刻蚀 Al 膜以形成金属焊盘并去除光刻胶，如图 5-8c 所示。再淀积一层厚度为 3000Å 的 SiO_2 钝化层，如图 5-8d ~ f 所示。溅射 Ti（500Å）/Cu（1000Å）的附着层/种子层，如图 5-8g 所示。为了形成电镀模具，需要涂覆一层 10μm 厚的光刻胶，如图 5-8h 所示。依次在 Si 芯片上电镀 Cu 柱和 Sn 帽层，如图 5-8i 所示。镀 Cu 和镀 Sn 的电流密度均为 0.2A/cm^2。电镀是在室温下进行，镀 Cu 时间为 5min，镀 Sn 时间为 3min。电镀后，剥离光刻胶，Ti/Cu 附着层/种子层通过湿法刻蚀工艺进行刻蚀。

图 5-9 显示了带有 Sn 帽层的 Cu 柱的 SEM 照片。电镀后，进行回流以重塑微凸点，回流峰值温度为 265℃。图 5-10 所示为回流后微凸点的 SEM 照片，图 5-11所示为微凸点的 FIB（聚焦离子束）图像。能量弥散 X 射线结果表明，

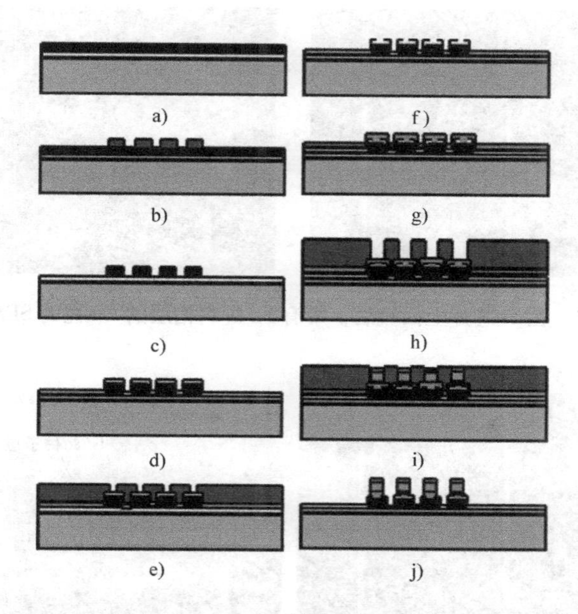

图 5-8　Si 芯片上 CuSn 焊料微凸点的制造工艺流程

a）SiO_2和 Al 淀积　b）光刻胶涂布和图形化　c）Al 刻蚀形成金属焊盘和光刻胶剥离　d）SiO_2淀积　e）光刻胶涂布和图形化　f）SiO_2刻蚀和光刻胶剥离　g）Ti/Cu 的附着层和种子层淀积　h）10μm 厚的光刻胶涂布和图形化作为电镀模具　i）依次镀 Cu/Sn　j）光刻胶剥离和 Ti/Cu 附着层/种子层回刻

经一次回流后形成的 IMC 包括 Cu_6Sn_5和 Cu_3Sn。在回流过程中，使用可水洗的助焊剂，回流后，用去离子水清洗晶圆以去除助焊剂残留。从图 5-11 还可以看出，回流后 IMC 的平均厚度约为 1.5μm。然而，剩余的 Sn 仍然足以键合 Si 芯片和 Si 载体。从可靠性结果（见 5.2.8 节）可以看出，大部分焊料微接头都通过了可靠性测试。

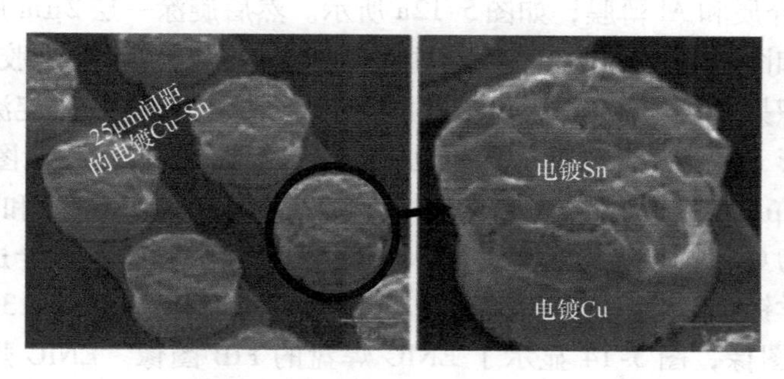

图 5-9　在 Si 晶圆上电镀的带 Sn 帽的 Cu 柱的 SEM 图像

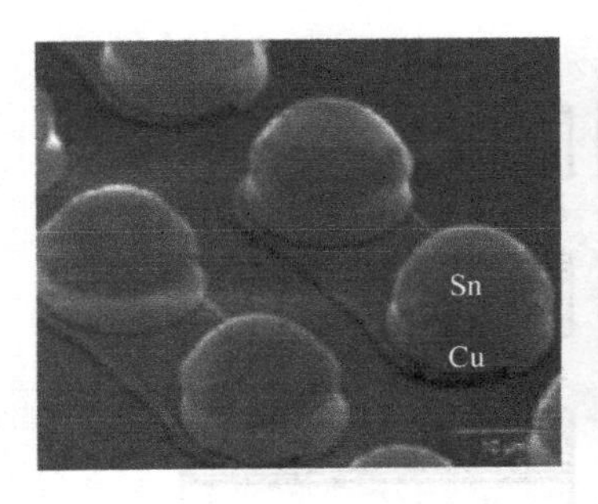

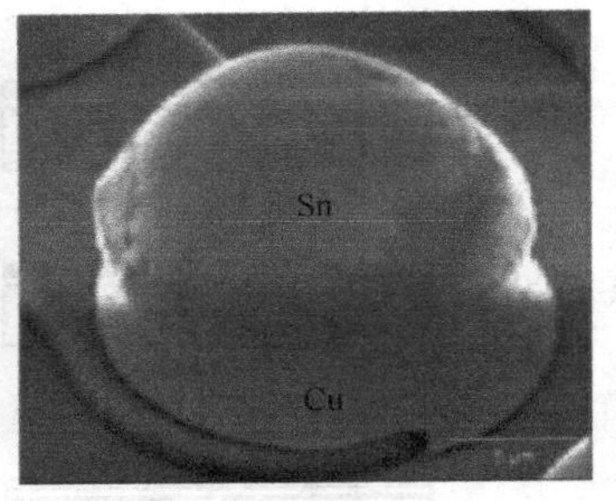

图 5-10　在 Si 芯片上回流后，带有 Sn 焊料帽层的 Cu 柱的 SEM 图像

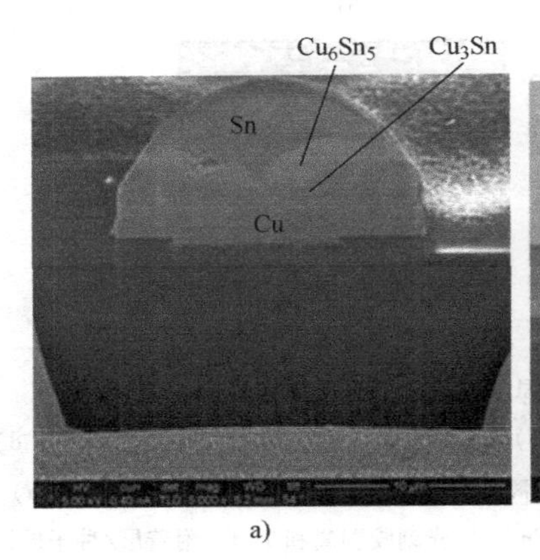

a)

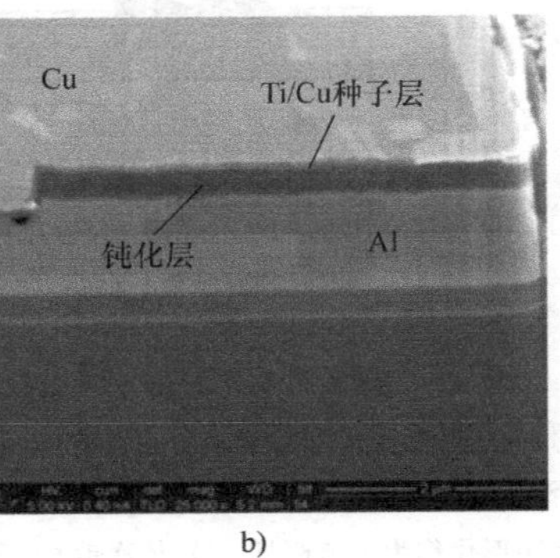

b)

图　5-11

a）Si 芯片上带有 Sn 焊料帽层的 Cu 柱的 FIB/SEM 图像　b）IMC、种子层和钝化层的放大视图

5.2.5　在 Si 载体上制造 ENIG 焊盘 ★★★

图 5-12 显示了制造 ENIG UBM 焊盘的工艺流程。首先，在晶圆顶部淀积一层 1μm 厚的介质和 Al 薄膜，如图 5-12a 所示。然后旋涂一层 2μm 厚的光刻胶并形成图形，如图 5-12b 所示。之后，对 Al 层进行刻蚀并剥离光刻胶，如图 5-12c 所示。再淀积另一层（3000Å）SiO_2介质层，如图 5-12d 所示。旋涂另一层光刻胶并形成图形，如图 5-12e 所示。刻蚀介质层以露出 Al 焊盘，如图 5-12f 所示，开口宽度为 8μm。最后，依次进行 P 含量为 7% 的化学镀 Ni－P 和沉 Au 镀。沉金层的厚度为 0.1μm，其目的是保护 Ni 层不被氧化，并改善键合过程中焊料的润湿性。化学镀 Ni 的温度为 90℃ ±5℃，如图 5-12g 所示。图 5-13 显示了 ENIG 焊盘的 SEM 图像，图 5-14 显示了 ENIG 焊盘的 FIB 图像。ENIG 焊盘的厚度为 4μm，而 ENIG 焊盘的直径为 16μm。

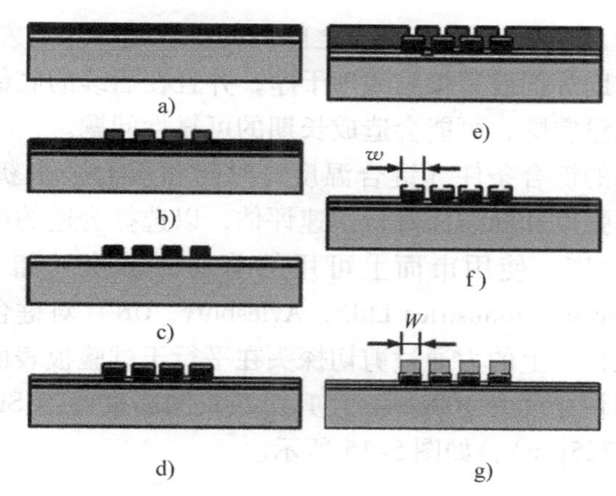

图 5-12　在 Si 载体上 ENIG 镀的工艺流程

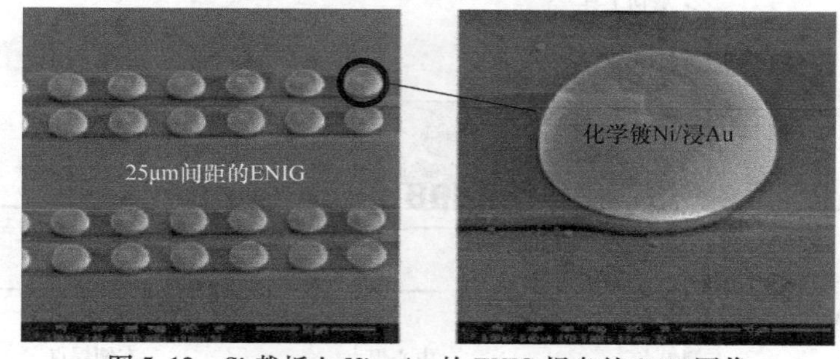

图 5-13　Si 载板上 Ni－Au 的 ENIG 焊盘的 SEM 图像

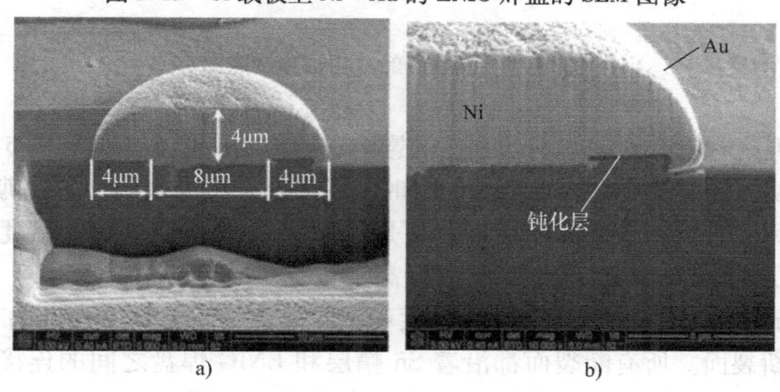

图　5-14

a）Si 载板上 ENIG 焊盘的 FIB/SEM 图像　b）Ni、Au 和钝化的放大视图

5.2.6　热压键合组装 ★★★

在 Si 芯片上制备带 Sn 帽层的 Cu 柱和 Si 载体上的 ENIG UBM 焊盘后，在 FC150 倒装芯片键合机上进行 Si 芯片和 Si 载体的 TCB。键合工艺是无焊剂的工

艺，因为在键合后，Si 芯片和 Si 载体之间的间隙只有 15μm 左右，如果使用助焊剂，则键合后的助焊剂残留很难清理干净，并且在后续的底部填充过程中，键合线内部会存在大量空隙，可能会造成长期的可靠性问题。

通过评估不同的键合条件（键合温度、时间和压力）来获得最佳的结合效果。通过检查剪切强度和断裂面进行快速评估，以选择合适的键合条件。为了评估微接头的剪切强度，使用市面上可用的剪切测试仪（如 Dage - SERIES - 4000 - T，Dage Precision Industries Ltd.，Aylesbury，UK）对键合的样品进行芯片剪切测试。施加在样品上的力通过剪切探头在平行于试验板表面的方向上提供剪切力。该评估的剪切速度为 100μm/s，剪切探头的高度距离 Si 载体表面 400μm（Si 芯片的厚度为 725μm），如图 5-15 所示。

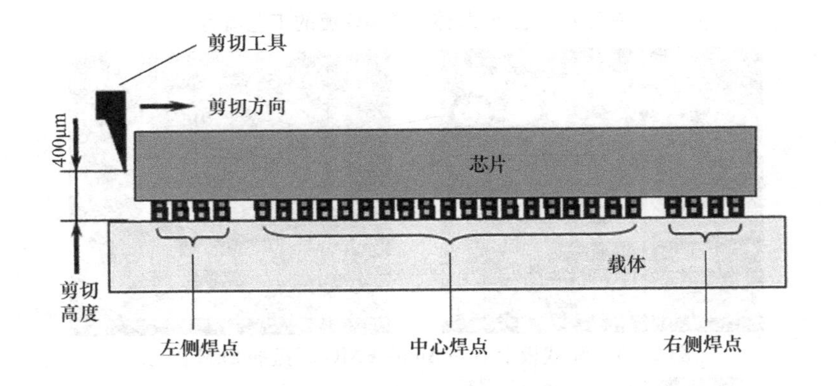

图 5-15　组装后的剪切试验示意图

键合温度和键合时间对剪切强度的影响进行评估。图 5-16a 和图 5-16b 显示了芯片剪切强度随不同键合温度和键合时间的变化。结果表明，芯片剪切强度随键合温度和键合时间的增加而增加。这是因为 IMC 厚度随着键合温度的升高和键合时间的延长而增加，从而导致更高的芯片剪切强度。图 5-17 显示了在 2.45mN 凸点键合压力、250℃键合温度和 20s 键合时间条件下接合的 Si 芯片和 Si 载体的断裂面。所有断裂面都沿着 Sn 帽层和 ENIG 焊盘之间的连接界面，这表明连接很弱。平均剪切强度为 3.1MPa，如图 5-16a 所示。

图 5-18 显示了在 2.45mN 凸点键合压力、300℃键合温度、60s 键合时间条件下的微接头的横截面。图 5-18a 显示了一排 19 个连接的焊点，图 5-18b 显示了第二个焊点的横截面。可以看到，在成功实现的连接界面的某些部分观察到的亚微米空隙很少。

如图 5-18b 所示，在键合后，在 Si 芯片和 Si 硅载体之间观察到大约 1μm 的错位。为了避免由于 Si 芯片或 Si 载体上的光刻图形偏移而导致的错位，在组装

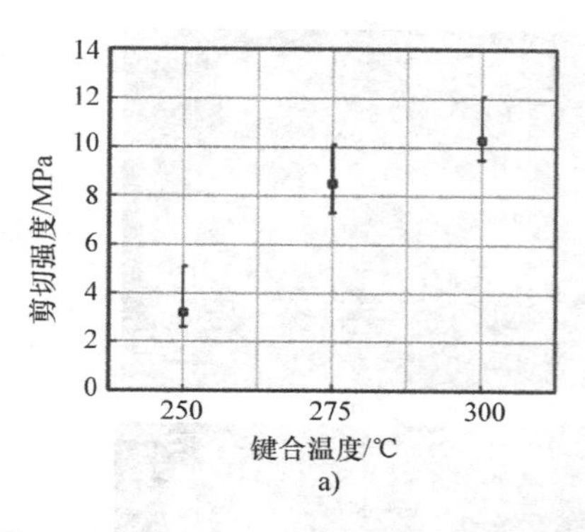

a)

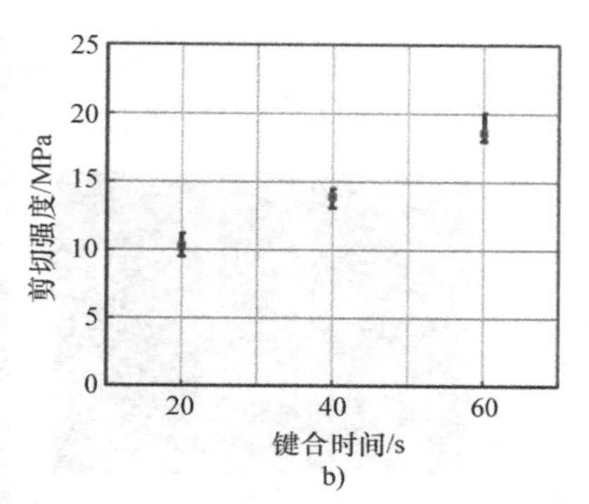

b)

图5-16　在2.45mN凸点键合压力下，键合温度和键合时间对芯片剪切强度的影响
a）键合温度的影响（20s键合时间）　b）键合时间的影响（300℃键合温度）

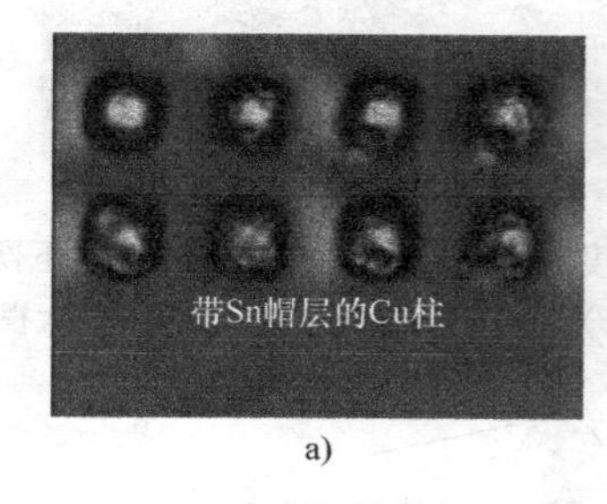

a)

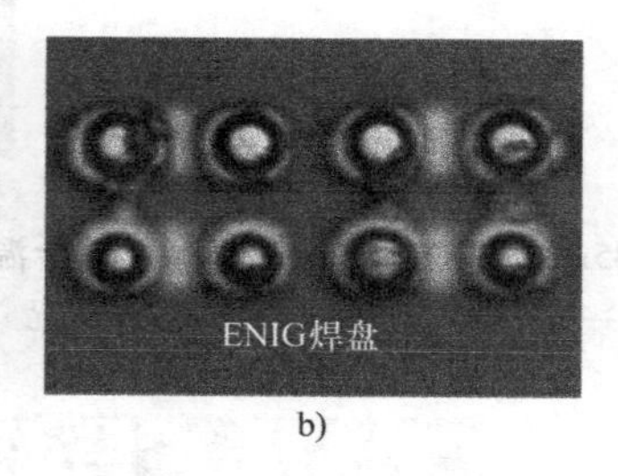

b)

图5-17　在2.45mN凸点键合压力、250℃键合温度和20s键合时间的键合条件下，芯片剪切测试后的断裂面
a）带有Sn帽层的Cu柱　b）ENIG焊盘

工艺中，通过将微凸点直接对准各自的ENIG焊盘来实现对准。因此，如图5-18b所示的错位主要是由键合工艺和FC150倒装芯片键合机的限制（±1μm键合后精度）造成的。这种错位可以通过在键合前对FC150倒装芯片键合机进行校准来减少。图5-19显示了在没有/有设备校准的情况下键合后的X射线照片。从照片上可以看出，校正后的FC150倒装芯片键合机可以减少错位；从照片中还可以系统地看到，对于不同的凸点位置，错位/对准是恒定的。为了补偿错位，可将焊料微凸点的尺寸设计得小于ENIG焊盘的尺寸。

图5-20～图5-22显示了剪切测试后的断裂面（箭头表示剪切方向）。用ENIG可以观察到足够的Sn润湿。如图5-15所示，对于左侧和中心的微接头，断裂面位于Sn帽层内部，靠近Sn帽层和ENIG焊盘之间的界面（沿图5-18b中所示的线AA′），而右侧的微接头主要沿ENIG焊盘的底部分开（沿图5-18b中所示的线BB′）。在剪切测试期间，微接头受到剪切和弯曲载荷的组合作用，导致了微接头的扭曲。不同位置的微接头的载荷不同，导致了不同的失效模式。

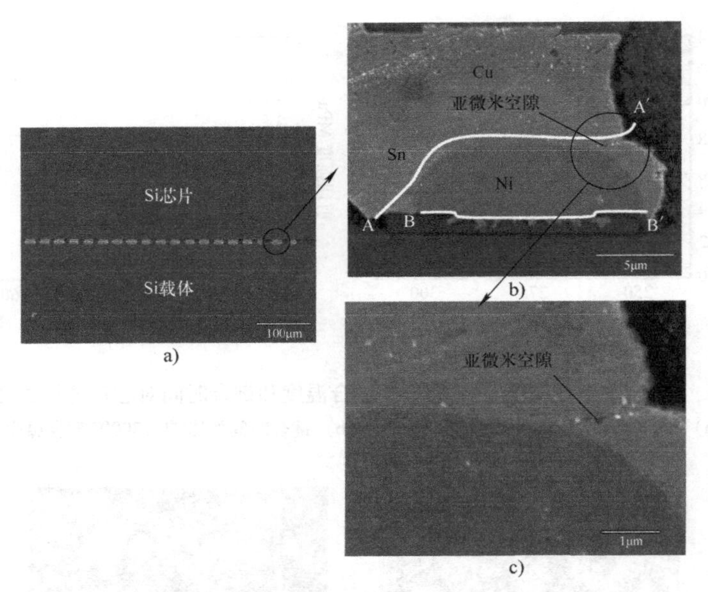

图 5-18　在 2.45mN 凸点键合压力、300℃键合温度和 60s 键合时间的键合条件下微接头的横截面
a）一排微接头　b）单个微接头的概况　c）在连接面处的亚微米空隙的放大视图

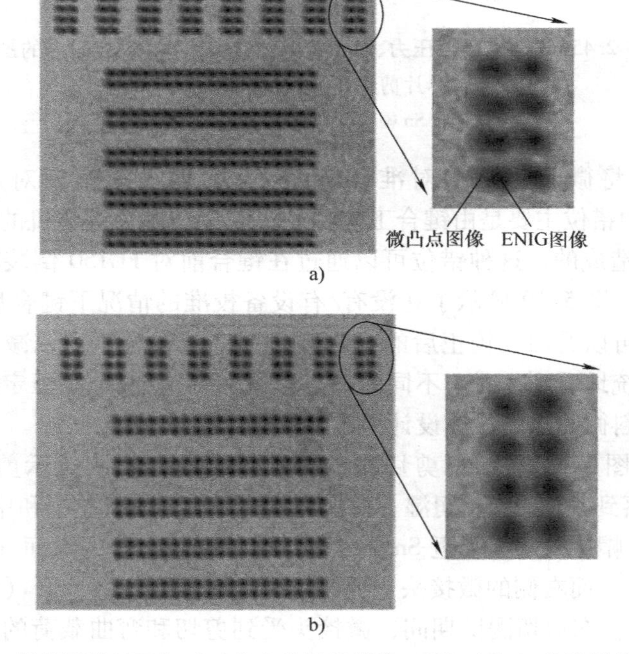

图 5-19　X 射线图像显示相对于凸点位置的错位/对准（从 Si 芯片侧拍摄的图像）
a）未校准的 FC150 的键合　b）与校准的 FC150 的键合

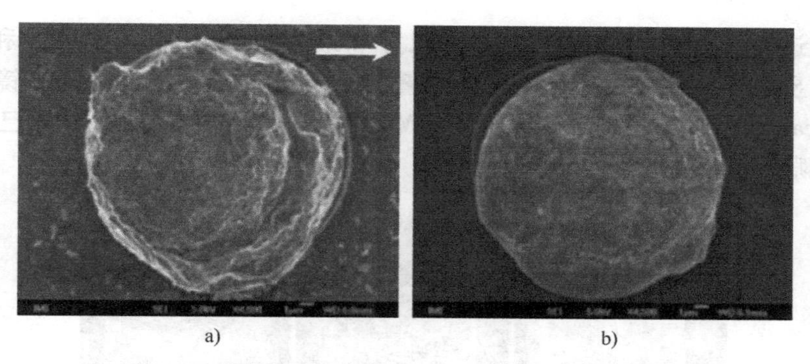

图5-20 在剪切后左侧微焊点（见图5-15）的断裂面
a）在Si芯片上 b）在Si载体上

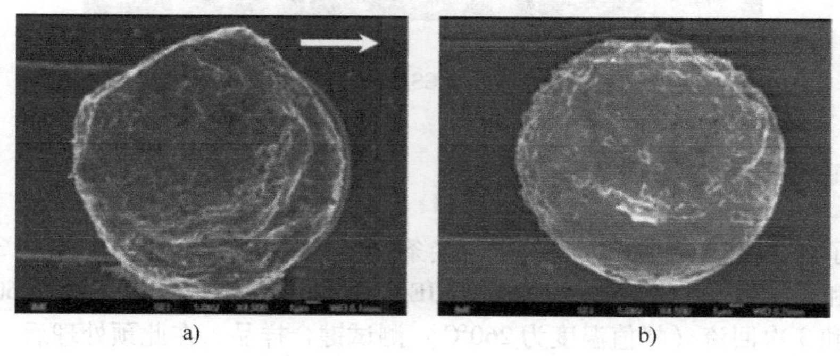

图5-21 在剪切后在中心的微焊点（见图5-15）的断裂面
a）在Si芯片上 b）在Si载体上

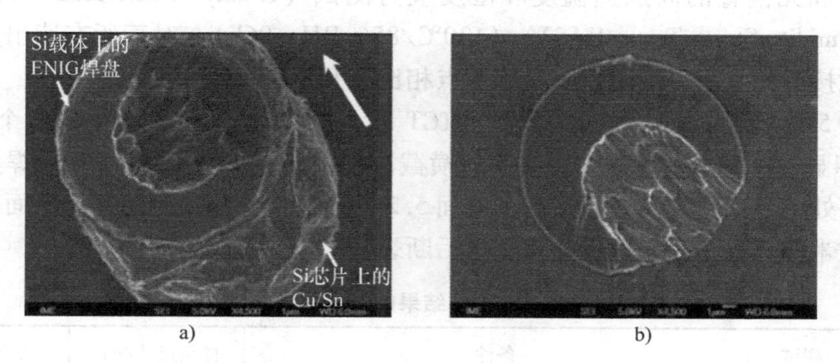

图5-22 在剪切后左侧微焊点（见图5-15）的断裂面
a）在Si芯片上 b）在Si载体上

5.2.7 底部填充的评估 ★★★

为了保护微接头，在键合线上填充毛细管型底部填充材料。考虑到键合线仅为10μm左右，因此必须使用细填充料尺寸的底部填充。在本研究中，对三个底部填充进行了评估，填充料的平均尺寸和最大尺寸分别小于 1μm 和 5μm。图 5-23显示了带有这些底部填充的堆叠芯片的 C 模式扫描声学显微镜（C - mode Scanning Acoustic Microscopy，CSAM）图像。从图像中可以看出，已经实现了无空隙的底部填充。

图 5-23　使用不同底部填充后的 CSAM 图像显示间隙中没有大的空隙

5.2.8　可靠性评估 ★★★

为了评估微接头的可靠性，在连接条件为 2.45mN 凸点键合压力、300℃ 键合温度和 60s 键合时间下，首先使用 JEDEC 3 级湿度敏感度（30℃/60% RH，192h）和 3 次回流（峰值温度为 260℃）测试键合样品。在此预处理后，进行额外的温度循环测试（Temprature Cycle Test，TCT）（ - 45℃ ↔ + 125℃，1000 次循环）和无偏置的高加速温度和湿度应力测试（Highly Accelerated Temprature and Humidity Stress Test，HAST）（130℃/85% RH，96h）。对于所有读出点，对一排微接头的电阻采用电阻与时间零点相比上升小于 10% 的通过标准。

表 5-1 列出了测试结果，对于 TCT 和 HAST，11 个样本中有 1 个失效。图 5-24显示了 HAST 后失效微接头的横截面图像。在 Sn 帽层与 ENIG 焊盘的接合界面处可以观察到明显断裂。如前面 5.2.6 节所述，沿初始的键合界面存在少量亚微米空隙，导致加速可靠性测试后断裂。

表 5-1　测试结果的可靠性评估

可靠性测试	条件	样品尺寸/mm	失效样品
MST - 3 级	30℃，60% RH，192h，3 × 260℃ 回流	22 × 22	0
HAST	130℃，85% RH，96h	11 × 11	1
TCT	- 40℃/ + 125℃，5min 停留/浴，梯度 15℃/min，1000 次循环	11 × 11	1

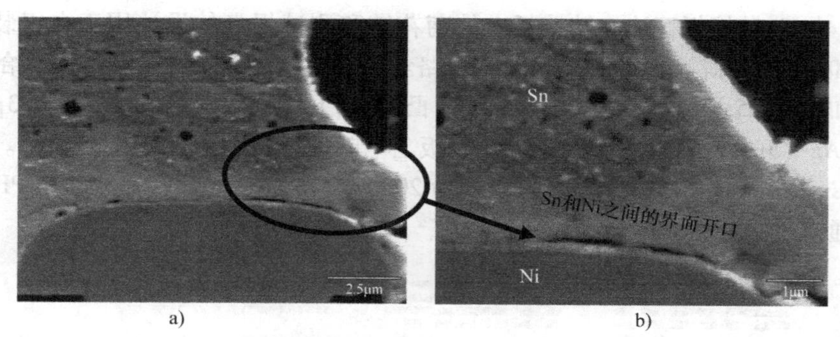

图5-24 失效样品的横截面微观结构分析，显示沿Sn/ENIG界面的开口或空隙

a）概述 b）放大视图

5.2.9 总结和建议 ★★★

本节报道了用于3D堆叠的细间距和高密度微凸点的进展情况。一些重要的结果和建议总结如下：

1）已成功开发出由Cu柱和Sn焊料帽层组成的25μm间距的微凸点。超细间距和高密度微凸点阵列可用于3D芯片堆叠。

2）当ENIG焊盘的厚度从2μm增加到4μm时，最大剪切应力τ_{xy}下降5MPa/μm，而当ENIG焊盘的厚度从4μm增加到10μm时，τ_{xy}仅下降1.7MPa/μm。厚的ENIG的电镀导致更宽的ENIG焊盘，这增加了相邻微接头之间焊料桥接的风险。

3）在2.45mN/凸点键合压力、300℃键合温度和60s键合时间的键合条件下，实现了平均芯片剪切强度为18.2MPa的良好接合。对于左侧和中心的微接头，剪切试验测试后，发现断裂面位于Sn焊帽内，靠近Sn焊帽和ENIG焊盘之间的界面；而对于右侧的微接头，断裂表面主要沿ENIG焊盘底部分离。

4）由于Si芯片与Si载体之间的间隙仅为10μm左右，因此本研究采用了细填充料尺寸的底部填充，并且实现了无明显间隙的良好填充。

5）可靠性测试结果显示，90%的样品可以通过TCT和HAST。在失效样品中，沿Sn帽层和ENIG焊盘之间的键合界面出现断裂。

5.3 20μm间距的微凸点制造、组装和可靠性

5.3.1 测试板 ★★★

图5-25显示了测试板的示意图[42]。有四种测试芯片（IC1、IC2、IC3和IC4）通过微凸点阵列3200I/O（IC1和IC3）和交错阵列3232I/O（IC2和IC4）

排列，与 Si 转接板互连。转接板上的菊花链和测试焊盘的设计用于在组装、预处理和 TCT 后探测电路的电学开路/短路。芯片和转接板规格在表 5-2 中给出。

如图 5-25 所示，在芯片上的微凸点和具有 Cu（5μm）、Ni（3μm）、Sn2.5Ag（5μm）焊料合金结构的转接板上电镀的微凸点的形成是相同的。为了减少 Cu 柱的侧蚀，Cu 种子层的厚度为 2000Å，在凸点电镀和光刻胶（PR）剥离后通过干法刻蚀去除。

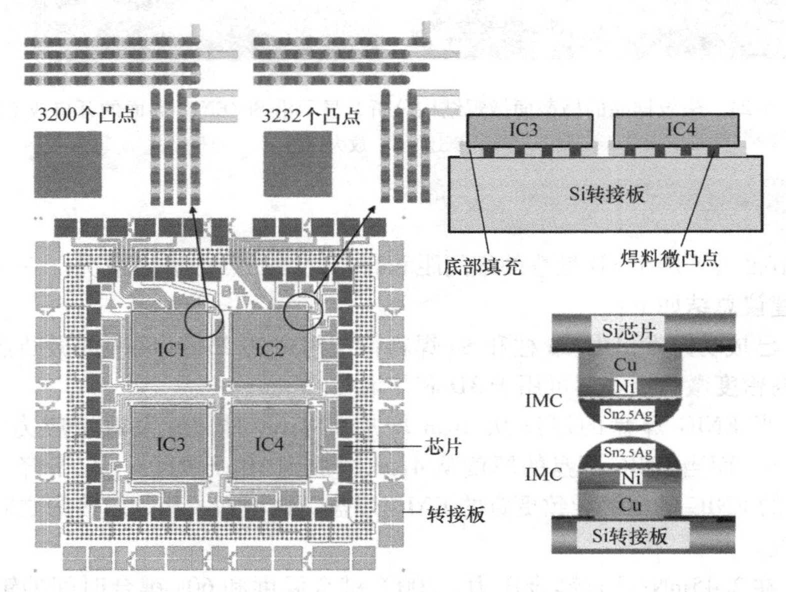

图 5-25　测试板的示意图（芯片和转接板具有相同的 Cu 柱、Ni 阻挡层和 Sn2.5Ag 焊料帽）

表 5-2　测试板规格

	芯片	转接板
尺寸/mm	4.6×4.6	20×20
厚度/μm	100	300
钝化开口/μm	6	6
凸点直径/μm	12	12
凸点高度/μm	13	13
凸点数	≥3200	≥12000

5.3.2　测试板装配 ★★★

装配工艺流程如图 5-26 所示。微凸点经过等离子体预处理以去除表面的氧化物和污染物，然后 4 个芯片通过 Toray 公司的 FC－3000WS 热压键合机在 280℃下持续 15s 完成与转接板的连接。随后，使用两种不同的底部填充材料来密封芯片和转接板之间的微间隙，然后分别在 150℃下固化 30min（以下称为底

部填充A）和165℃下固化120min（以下称为底部填充B）。这两种用于微间隙填充的毛细管型底部填充材料的特性列于表5-3中。最后，使用带有75MHz探头的扫描声学显微镜（SAM）来确定底部填充中的空隙。

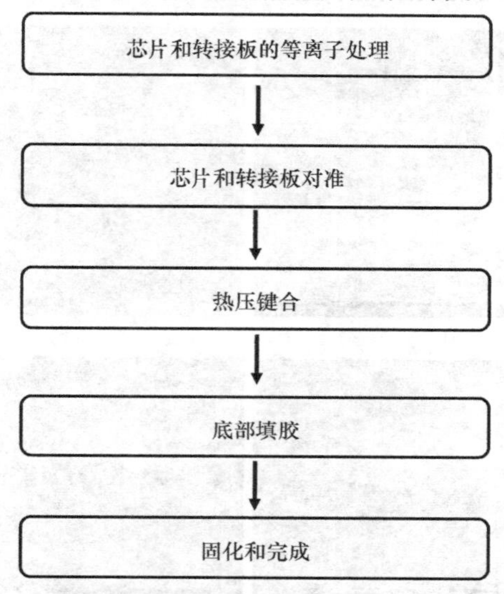

图5-26 装配工艺流程

表5-3 底部填充材料特性

项目	底部填充材料A	底部填充材料B
通过TMA的Tg/℃	135	117
25℃时的黏度	9Pa·s	12.3Pa·s
CTE/(ppm/℃)	$\alpha_1=42$，$\alpha_2=125$	$\alpha_1=38$，$\alpha_2=106$
填料含量（%）	50	60
填料尺寸/mm	0.3	0.5
模量/GPa	6.5	7.1

5.3.3 热压键合微接头的形成 ★★★

如图5-27a所示，传统的凸点制造条件（5000Å厚种子层）由于Cu柱的侧蚀，无法产生间距为20μm的微凸点。当溅射的Cu种子层厚度由5000Å减小到2000Å，并采用干法刻蚀去除种子层时，Cu柱的侧蚀改善到10%以内，如图5-27b所示。对比图5-27c和图5-27d所示的微接头，Cu柱的过度侧蚀更容易使微凸点变形，从而导致Cu柱在TCT后断裂，如图5-28所示。然而，将Cu种子层厚度降至2000Å并采用干法刻蚀代替化学蚀刻来改善侧蚀问题时，在改进的微凸点中不再发现这一缺陷。

由于芯片与转接板之间的间隙尺寸只有15μm左右，并且助焊剂残留物很难被水或有机溶剂去除，这可能导致底部填充内部形成空隙并降低微接头的可靠性，因此传统的带助焊剂的回流很少用于微凸点的组装。底部填充降低了微接头的可靠性，因此 TCB 是用微凸点堆叠芯片的最流行的方法。

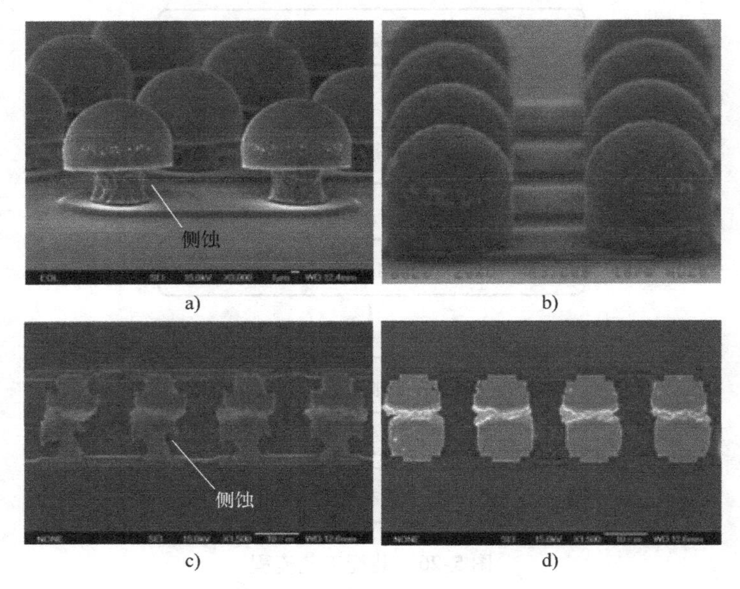

图 5-27 SEM 图像

a）带 Cu 柱侧蚀的微凸点 b）精制的微凸点 c）带 Cu 柱侧蚀的凸点接头 d）精制的微凸点接头

5.3.4 微间隙填充 ★★★

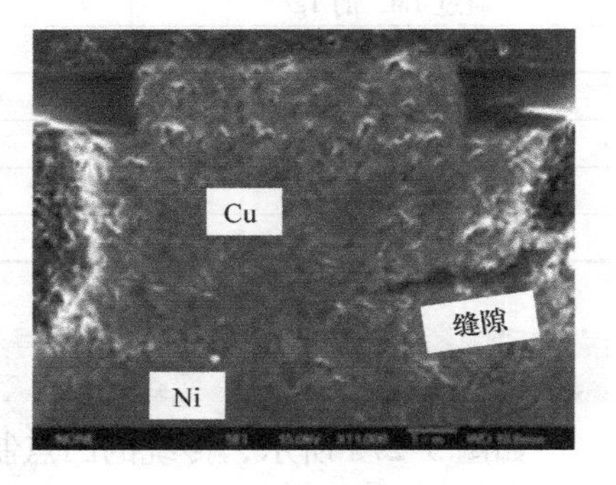

图 5-28 带 Cu 柱侧蚀的微焊点中 Cu 柱和 Ni 层之间的界面断裂

通过底部填充来填充微间隙并不容易。在超细间距互连的情况下，底部填充的流动性受黏度、填料尺寸和焊料凸点分布等因素的影响，会显著影响空隙的形成。此外，Si、TSV 中的 Cu、焊料合金和底部填充之间的局部 CTE 失配会导致高的局部应力场，如果存在缺陷，则可能会导致焊料互连的断裂。焊角开裂是另一个主要缺陷，可能导致底部填充和芯片钝化层之间的分层，而体开裂会引发焊点开裂和焊料桥接。因此，底部填充材料的选择对于提高 3D IC 集成结构微接头的寿命具有重要意义。

图 5-29a 和 b 显示了 TCT 前分别由底部填充 A 和底部填充 B 密封的微间隙 SAM 图像（见表 5-3）。从图中可以看出，底部填充 A 内不存在空隙等缺陷，底部填充 B 内存在空隙。

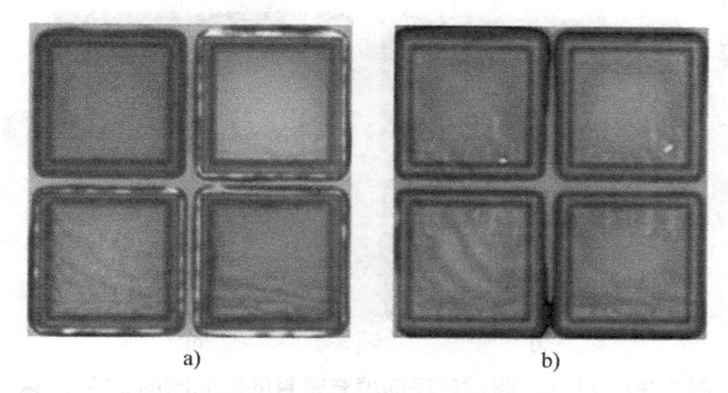

图 5-29　可靠性测试前底部填充密封的微间隙的 SAM 图像
a）底部填充 A　b）底部填充 B

5.3.5　可靠性测试 ★★★

表 5-4 给出了可靠性评估的测试项目和条件。所有样品均经过预处理测试（JESD22－A113D，LV3），筛选早期失效的样品，从中选取 72 个合格样品进行可靠性表征研究。温度循环测试（JESD22－A104B）在－55～125℃条件下进行，停留时间为 5min。定期测量电阻，当循环次数达到 3000 次时停止测试。

表 5-4　可靠性评估的测试项目和条件

项目	测试条件
预处理	烘烤（125℃，24h） 浸泡（30℃/60% RH，192h） 回流（260℃，3 次）
热循环测试	－55～125℃，3000 次循环，停留时间＝5min，升温速率＝15℃/min

这些测试的失效标准是比初始电阻值增加 20% 或更多。然后，对样品进行 SAM 评估，以检测微间隙内底部填充中的空隙。最后，将失效样品安装在环氧树脂中，用 SiC 纸进行研磨，并用 Al_2O_3 进行抛光。通过 SEM 观察样品的截面，了解微接头的形貌、IMC 的厚度以及芯片、底部填充和转接板之间的界面形貌。金属间相的化学组成由能量色散光谱仪（Energy Dispersive Spectrometer，EDS）鉴定。

图 5-30a 和 b 显示了 TCT 后分别由底部填充 A 和底部填充 B 密封的微间隙的 SAM 图像。可以看出，TCT 后，底部填充 A 内没有空隙和其他缺陷。然而，TCT 后底部填充 B 内的空隙没有扩大。根据表 5-3 中这两个底部填充材料的材料特性，底部填充 B 的空隙问题被认为是由于其较高的填料含量和较大的填料尺寸引起的，较高的黏度会降低底部填充材料 B 在点胶过程中的流动性，并最终使其内部形成空隙。

为了比较芯片侧和转接板侧 IMC 的生长动力学，其他组件分别在 100℃、125℃和 150℃下老化 100h、250h、500h、750h 和 1000h。然后用前面提到的相

图 5-30　可靠性测试后底部填充密封的微间隙的SAM图像
a）底部填充 A　b）底部填充 B

同方法进行横截面观察。最后，测量 IMC 厚度并取平均值，并利用 Arrhenius 方程获得生长动力学。

5.3.6　可靠性测试结果与讨论 ★★★

选择 TCT 来评估经过预处理测试后仍然存在的组件的可靠性，失效百分比与循环失效次数之间的关系如图 5-31 所示。在这两种情况下，底部填充和钝化

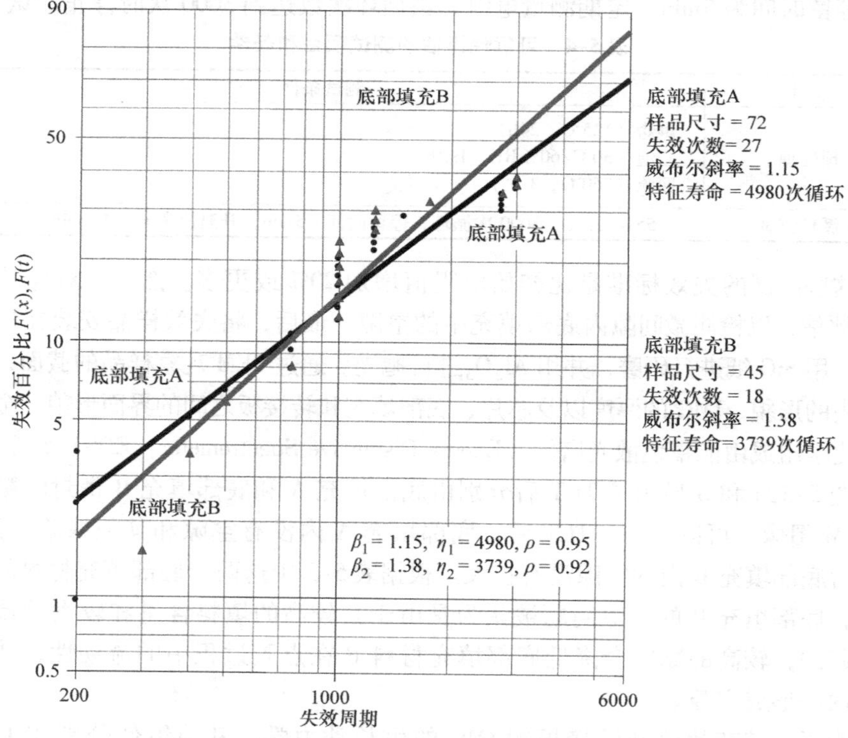

图 5-31　底部填充 A 和底部填充 B 的微接头寿命分布
（−55～125℃而失效标准 = 电阻无限变化）

层之间的界面都没有发现分层缺陷，这意味着这两个底部填充很好地保护了测试板，降低了应变和应力。因此，微接头失效中占主导地位的将是CTE失配引起的缺陷和应力/应变。

图5-31显示了底部填充A和底部填充B的微接头热循环结果。失效标准定义为电阻比初始电阻增加20%。可以看出，底部填充A的微接头的样品大小和失效次数分别为72和27，而底部填充B为45和18。对于这两种情况，样品的失效率都远远低于50%。TCT在3000次循环时停止。

底部填充A和B的威布尔斜率 h 和特征寿命 b 分别为1.15和4980次及1.38和3739次。平均失效时间 M（或平均寿命）可由 $h\Gamma(1+1/b)$ 确定，对于底部填充A和B，分别为 $M_A=4740$ 次和 $M_B=3416$ 次。与底部填充A和B的平均寿命对应的失效百分比可由 $1-\exp[-(x/h)^b]$ 确定，分别为60.9%和58.7%，见表5-5。

表5-5　底部填充A和B可靠性评估测试结果汇总

项目	样品尺寸	失效次数	威布尔斜率	特征寿命、周期（63.2%失效）	MTTF（平均寿命），周期	在MTTF失效（%）
底部填充A	72	27	1.15	4980	4740	60.9
底部填充B	45	18	1.38	3739	3416	58.7

寿命测试中最困难的任务之一就是从小样本量中得出关于总体的结论。根据有限的测试数据知识来比较两种产品的总体结论更加困难。如果发现一种产品优于另一种产品，那么对其人群也是如此有多大把握？在这里，使用一种简单的方法来确定一种产品的平均寿命是否优于其他产品，而无需关注实际差异是什么[74]。

$$P=\frac{1}{1+\dfrac{\log 1/q}{\log 1/(1-q)}}$$

其中

$$q=1-\frac{1}{\left[1+\left(\dfrac{t+4.05}{6.12}\right)\right]^{40/7}}$$

$$t=\frac{\sqrt{1+\sqrt{T}(\rho-1)}}{\rho\Omega_2+\Omega_1}$$

$$T=(r_A-1)(r_B-1)$$

$$\Omega_1 = \sqrt{\frac{\Gamma(1+2/b_B)}{\Gamma^2(1+1/b_B)} - 1}$$

$$\Omega_2 = \sqrt{\frac{\Gamma(1+2/b_A)}{\Gamma^2(1+1/b_A)} - 1}$$

$$\rho = \frac{M_A}{M_B}$$

在这些公式中，P 是置信水平；$M_A = 4740$ 次和 $M_B = 3416$ 次是底部填充 A 和 B 的样品平均寿命；$b_A = 1.15$ 和 $b_B = 1.38$ 是样品的威布尔斜率；$r_A = 27$ 和 $r_B = 18$ 是失效的数量（同样，它们远小于其样品量的 50%）；而 T 称为总自由度。经过简单计算，得到 $P = 51\%$。这意味着在 100 个样品中有 51 个底部填充 A 的微接头的平均寿命要优于底部填充 B 的，而另外 49 个样品无人知晓。但这个置信水平太低了，因此不能说底部填充 A 的微接头的平均寿命寿命比底部填充 B 的平均寿命好。充其量，我们只能说它们的平均寿命大致相同！

两种底部填充微凸点的早期失效归因于键合质量较差，一些微凸点在键合时没有连接，这可能是由于微凸点表面的氧化层太厚而不能被等离子体完全去除。

图 5-32 显示了经 TCT 3000 次循环后，底部填充 B 密封的存活微接头横截面图像，未发现断裂。另一方面，无论是底部填充 A 或底部填充 B，在金属间相与 Sn2.5Ag 焊料合金的界面处形成的断裂总是出现在顶部芯片处，如图 5-33 所示。这意味着该区域是 TCT 下微接头的薄弱点，可能是由芯片（100μm）和转接板（300μm）之间的厚度差异造成的。还有些缺陷也许是随着老化而形成的，下面将给出一个建议的失效机制。

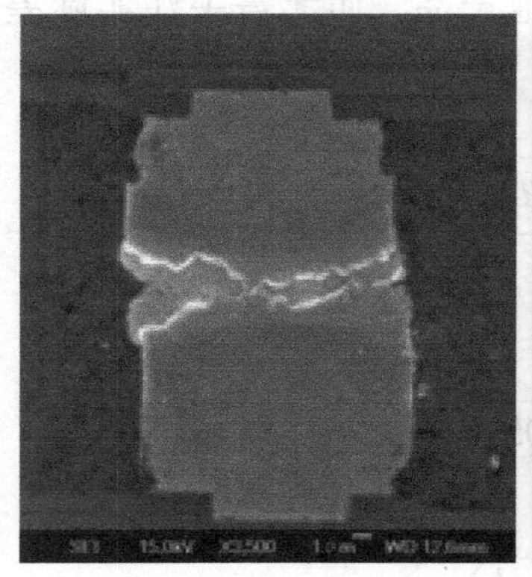

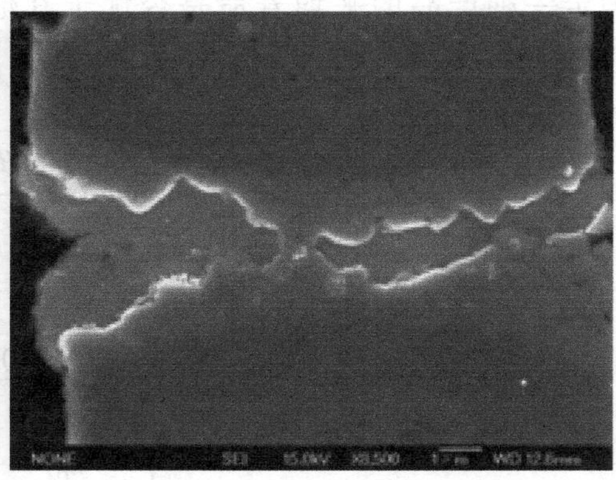

图 5-32　可靠性测试后由底部填充 B 密封的存活微接头的横截面 SEM 图像

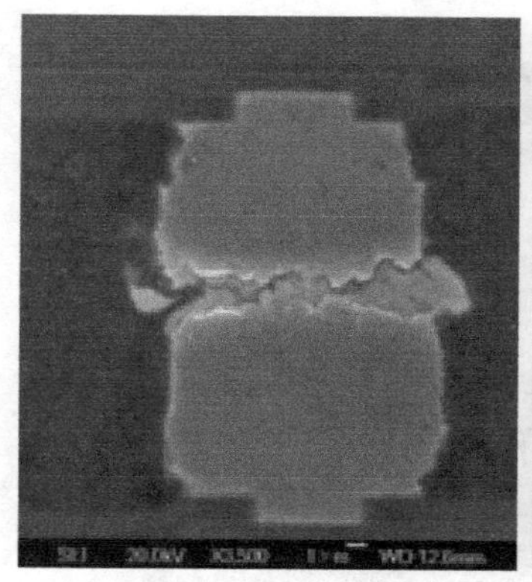

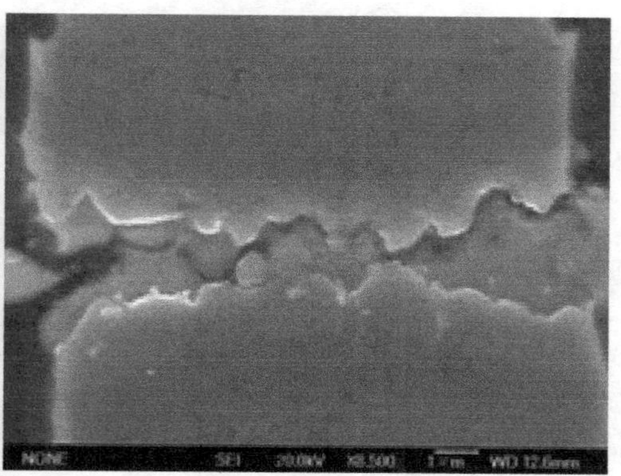

图5-33 可靠性测试后由底部填充B密封的失效微接头的横截面SEM图像

5.3.7 微接头的失效机理 ★★★

图5-34展示了作为键合的微接头的微观结构。在界面处形成的金属间相为Ni_3Sn_4。通常情况下，Ni作为扩散屏障来抑制Sn和Cu的反应，因为它是一种间隙溶质，并且因为它具有较小的活化能和10ppm的极低溶解度而被归类为Sn中的快速扩散剂[78]。在键合过程中，底部转接板保持在100℃，然后键合头将顶部芯片加热至280℃，使Sn2.5Ag焊料合金熔化形成微接头。键合温度促使大量的Ni原子溶解到熔化的焊料中，并很快使Sn基体饱和。由于Ni的密度高于Sn，因此所谓的重力偏析的驱动力[79,80]使Ni原子在靠近底部转接板的界面上积聚，形成更厚的Ni_3Sn_4。

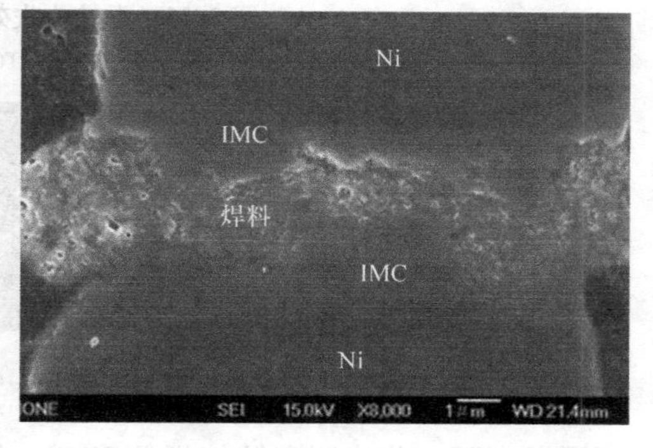

图5-34 键合后的微接头的横截面SEM图像

微接头的失效机制如图5-35所示。最初，芯片侧的Ni原子随着键合溶解到焊料合金中，并在转接板侧形成较厚的Ni_3Sn_4。因此，在TCT中加热时，由于通过Ni_3Sn_4层的Sn原子通量减少，从而抑制了该界面处的$3Ni+4Sn \rightarrow Ni_3Sn_4$反应[81]，芯片侧的界面反应将更加严重。然后，由于$3Ni+4Sn \rightarrow Ni_3Sn_4$和$Ag+3Sn \rightarrow Ag3Sn$的反应消耗了Sn，所以在Ni层与顶部芯片Sn2.5Ag焊料合金的界面处形成了一个Sn耗尽区，如图5-36所示。最终，裂纹沿界面传播，然后当底部填充的*Z*轴膨胀引起的应力作用在界面上时，微接头失效。

金属间化合物的厚度和生长是影响器件可靠性的重要因素。图5-37所示为

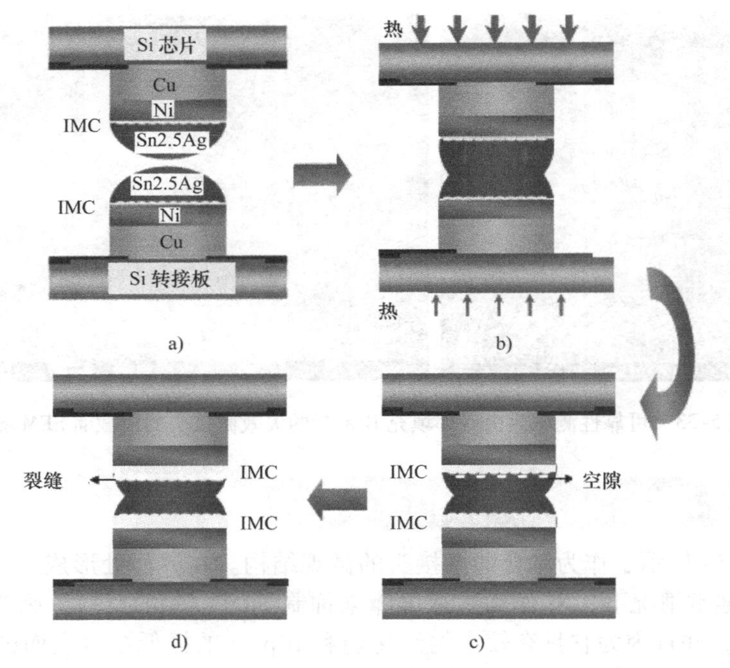

图 5-35　微接头失效机制示意图

a）键合前　b）键合　c）键合并经过 100 次 TCT 循环后　d）经过 3000 次 TCT 循环后

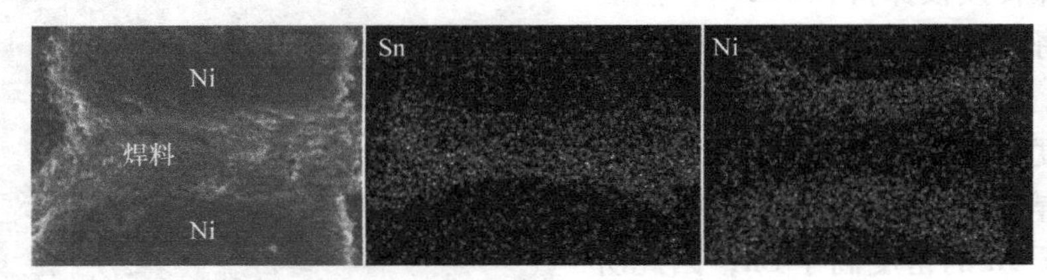

图 5-36　可靠性测试后微接头中 Sn 和 Ni 元素映射分析

在不同温度下，芯片侧和转接板侧 Ni_3Sn_4 的厚度与老化时间的关系。可以看出 Ni_3Sn_4 的生长遵循线性规律，但顶部芯片的 Ni_3Sn_4 的生长速率明显高于底部转接板的生长速率，这意味着 Ni_3Sn_4 在微接头中的生长被认为是受界面反应控制的，而不是扩散控制的。因此，受老化时间影响的 Ni_3Sn_4 的厚度 X 可以表示为 $X = Dt$，其中，D 是扩散系数；t 是老化时间。扩散系数由 Arrhenius 表达式给出，$D = D_0\exp(-Q/RT)$，其中，D_0 为扩散常数；Q 为活化能；R 为通用气体常数；T 为绝对温度。活化能由图 5-38 中 Arrhenius 曲线的斜率计算得到，Ni_3Sn_4 在顶部芯片和底部转接板生长的表观活化能分别为 84.8kJ/mol 和 33.2kJ/mol。

一般来说，Ni_3Sn_4 层的生长是受 Ni 在 Sn 中的扩散控制的[82]，但这两个数值说明，该体系中 Ni_3Sn_4 的生长主要由 Ni 层与 Ni_3Sn_4 界面处的 Sn 和 Ni 反应主

导，因为 Ni 原子在键合后使 Sn 基体饱和。进一步的证据如图 5-33 和图 5-34 所示，键合后 Ni 层的厚度在 2.4μm 左右，而 TCT 后 Ni 层的厚度下降到 1.8μm。Ni_3Sn_4在顶部芯片处生长较快，导致靠近界面处形成 Sn 耗尽区，并在 TCT 过程中引起断裂。

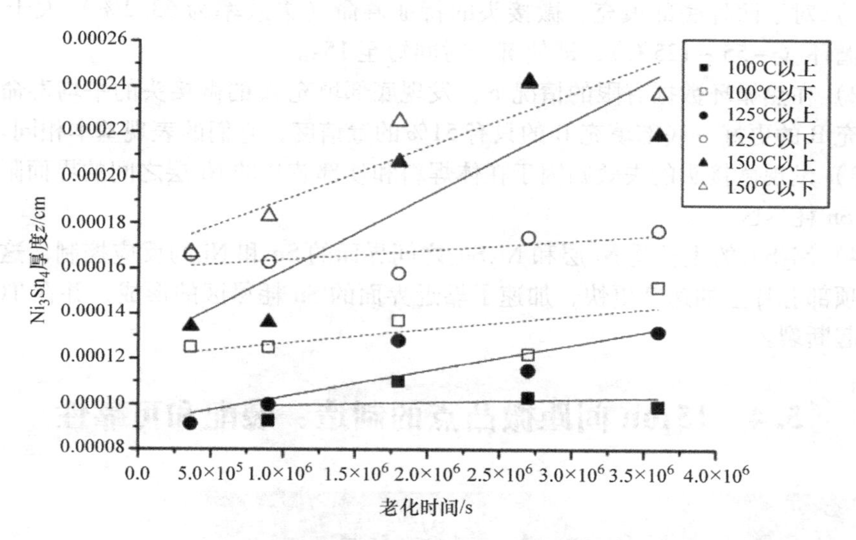

图 5-37　不同老化条件下 Ni_3Sn_4厚度与老化时间的关系

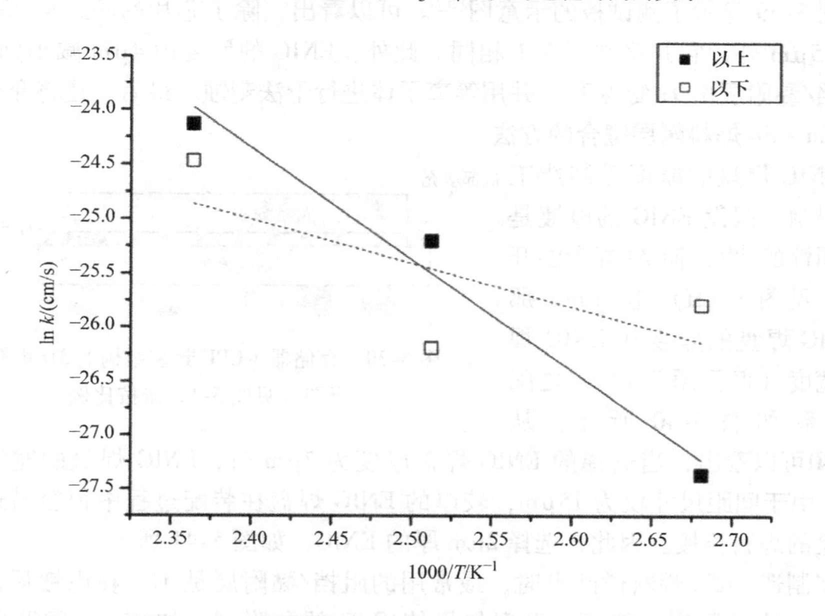

图 5-38　不同界面处 Ni_3Sn_4生长的 Arrhenius 曲线

5.3.8 总结与建议 ★★★

本节研究了3D IC集成热压键合微凸点的失效机理。一些重要的结果和建议总结如下[42]：

1）对于两种底部填充，微接头的特征寿命（失效率为63.2%）大于3700次热循环（-55~125℃），即使键合时间短至15s。

2）在热循环数据有限的情况下，发现底部填充A的微接头的平均寿命比底部填充B的更好，底部填充B的只有51%的置信度，它们的表现基本相同。

3）发现微接头的失效归因于在体焊料和顶部芯片的Ni层之间的界面附近形成了Sn耗尽区。

4）Ni_3Sn_4的生长受Ni层和Ni_3Sn_4之间界面的Sn和Ni的反应控制，这种生长在顶部芯片上的速度更快，加速了靠近界面的Sn耗尽区的形成，并在TCT期间引起断裂。

5.4 15μm间距微凸点的制造、装配和可靠性

5.4.1 测试板的微凸点和UBM焊盘 ★★★

图5-39显示了测试板的示意图[5]。可以看出，除了芯片的间距从25μm减小到15μm外，它几乎与图5-1相同。此外，ENIG的厚度由4μm减小到2μm，而阻挡/黏附层由Ti变为Ta，并用等离子体进行干法刻蚀。最后，还将介绍芯片与SnCu+Sn焊料帽层键合的方法。

ENIG焊盘的厚度受制造工艺的限制。假设ENIG的电镀是各向同性的[10]，而Al焊盘的开口（*w*见图5-12f）是4μm，那么ENIG焊盘的厚度和ENIG焊盘的宽度（*W*见图5-12g）之间的关系如图5-40所示。从图5-40可以看出，当选择的ENIG焊盘厚度为2μm时，ENIG焊盘的宽度将为8μm。由于间距尺寸仅为15μm，较厚的ENIG焊盘在装配过程中很容易造成相邻焊盘的焊料桥接。因此，选择2μm厚的ENIG，如图5-41所示。

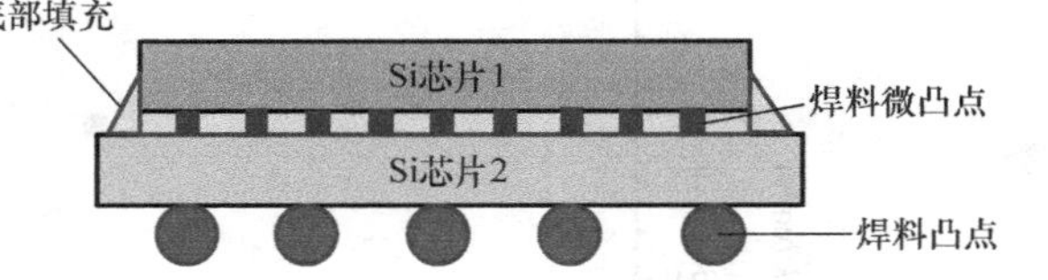

图5-39 存储器+CPU封装结构的3D堆叠示意图（见图5-1，未按比例）

在制造CuSn焊料微凸点时，最常用的阻挡/黏附层是Ti，在电镀后，用湿法刻蚀去除黏附层。然而，发现如果使用Ti的黏附层，如25μm间距的情况（5.2节）那样通过湿法刻蚀将其刻蚀掉，那么在湿法刻蚀后，大量的焊料微凸

点会同时丢失，如图 5-42a 所示。原因是使用湿法蚀刻工艺蚀刻 Ti 黏附层时会发生侧蚀，而由于凸点的直径仅为 8μm，因此大部分焊料微凸点都会脱落。为了解决这个问题，这里用 Ta 作为黏附层，然后用干法刻蚀工艺将其刻蚀掉。因此，它可以避免焊料微凸点的剥落，如图 5-42b 所示。图 5-43 显示了制造的 CuSn 微凸点和铝焊盘的 SEM 图像。电镀后，进行回流以重塑微凸点而获得均匀的凸点高度，回流温度为 265℃。

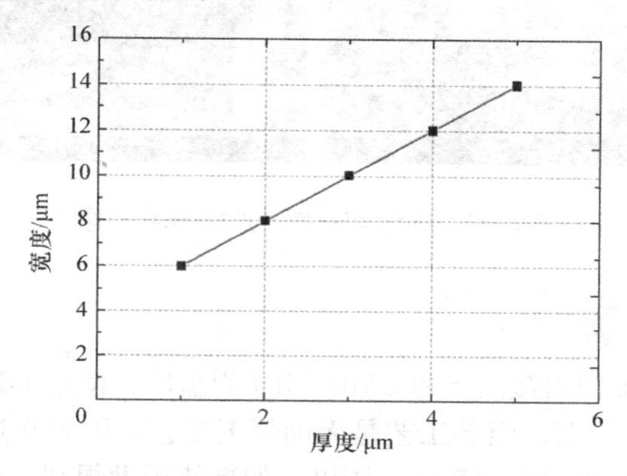

图 5-40　ENIG UBM 厚度与 ENIG UBM 宽度的关系（假设 ENIG 电镀是各向同性，Al 焊盘的开口为 4μm）

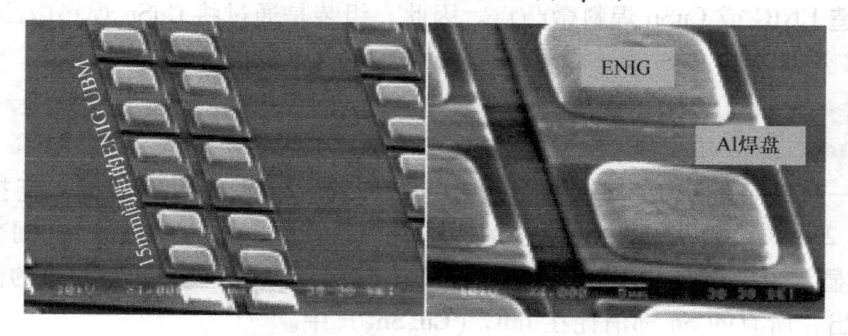

图 5-41　ENIG UBM 焊盘的 SEM 图像

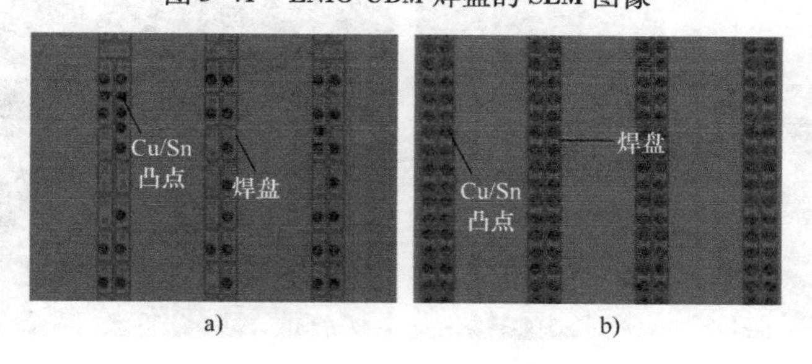

图 5-42　a）以 Ti 为种子层并采用湿法刻蚀去除的 Cu/Sn 焊料微凸点的制备结果；制造后遗失了大量微凸点　b）以 Ta 为种子层，采用干法刻蚀工艺刻蚀的 Cu/Sn 焊料微凸点的制备结果

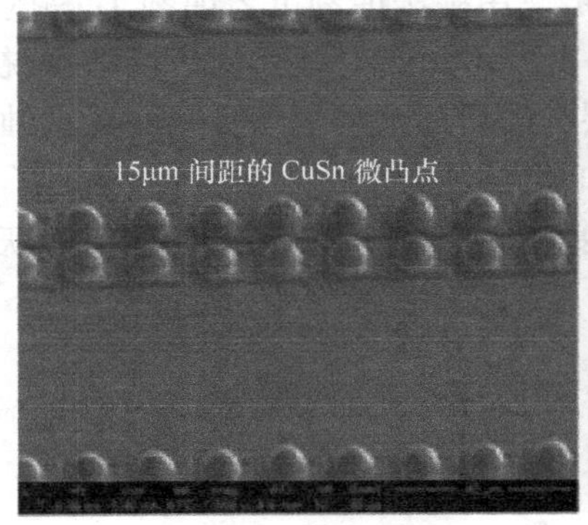

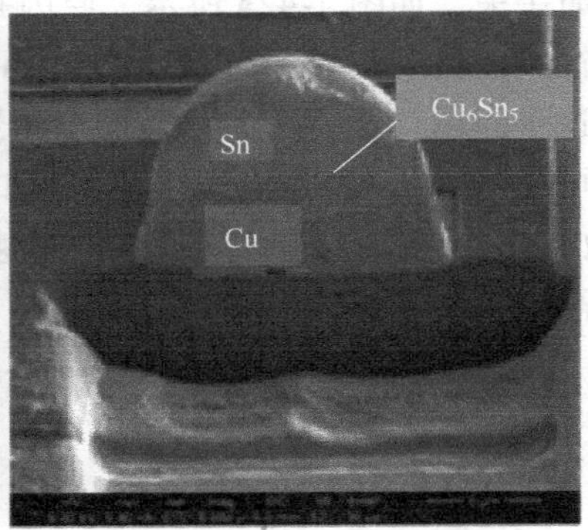

图 5-43 CuSn 焊料微凸点的 SEM 图像

5.4.2 组装 ★★★

在制造了 CuSn 焊料微凸点和 ENIG UBM 焊盘后，使用 FC150 倒装芯片键合机将 Si 芯片连接在一起。组装工艺是无助焊剂工艺，因为在连接后，Si 芯片与 Si 载体之间的间隙只有 10 ~ 15μm。所以，如果使用助焊剂，将很难清洗它，而且经过底部填充工艺后，间隙内部会形成很多空隙。如上所述，在 Si 芯片 2 上，可以制造 ENIG 或 CuSn 焊料微凸点。因此，组装是通过将 CuSn 焊料微凸点连接到 ENIG 焊盘或将 CuSn 焊料微凸点连接到 CuSn 焊料微凸点来完成的。

5.4.3 采用 CuSn 焊料微凸点与 ENIG 焊盘组装 ★★★

第一次组装是使用 CuSn 焊料微凸点和 ENIG UBM 焊盘完成的。连接条件：压力为 20MPa，底部基板温度为 300℃，上臂温度为 350℃，时间为 60s。图 5-44显示了采用 CuSn 焊料微凸点和 ENIG 焊盘连接在一起的微接头的横截面。可以看出，所有的 Sn 都消耗在 IMC（Cu_6Sn_5）中。

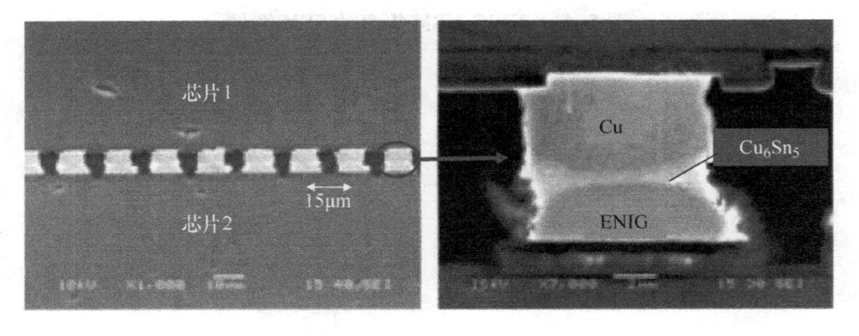

图 5-44 采用 CuSn 微凸点与 ENIG 焊盘连接的微接头的横截面

5.4.4 采用 CuSn 焊料微凸点的组装 ★★★

与 CuSn 焊料微凸点和 ENIG 焊盘组装时，Si 芯片和 Si 载体都必须保持高温，因此，连接必须通过芯片到芯片的组装——完成，现在组装是用 CuSn 焊料微凸点完成的。连接条件：压力为 10MPa，底部基板温度为室温，上臂温度为 350℃，时间为 30s。此步骤仅用于临时连接。之后，组装在回流炉中回流，最高温度为 265℃。图 5-45 显示了回流后微接头的横截面。发现还有一些 Sn 残留。在该方法中，Si 芯片 2 保持在室温。因此，可以进行芯片到晶圆的组装，即先在 FC150 上将 Si 芯片 1 与 Si 芯片 2 的晶圆进行预连接，然后在回流炉中同时进行批量回流。

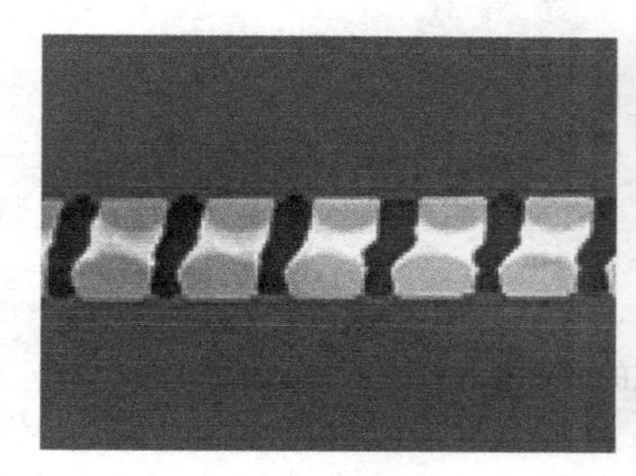
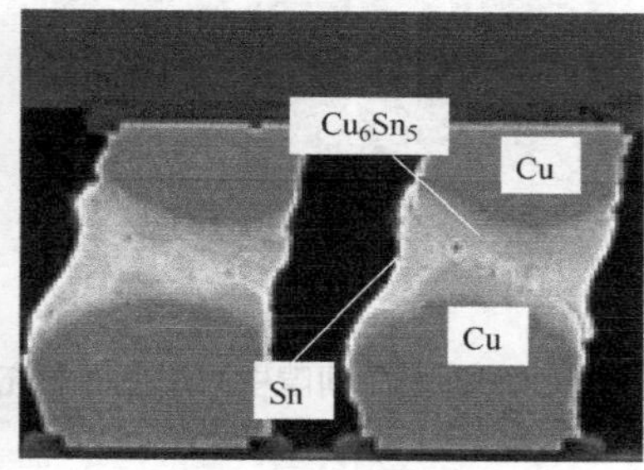

图 5-45 采用 CuSn 焊料微凸点连接的微接头的截面图

5.4.5 底部填充的评估 ★★★

如前所述，两个连接的 Si 芯片之间的间隙非常窄，因此，评价含 SiO_2 填料的底部填充的流动能力和孔隙形成具有重要意义。考虑到精细的芯片到芯片的间隙，故采用精细的填料尺寸来评价底部填充工艺。图 5-46 显示了底部填充样品的横截面图像。可以看出，使用含有极细填料的底部填充树脂可以实现没有任何空隙的良好填充，平均填料尺寸小于 0.6μm。

5.4.6 总结与建议 ★★★

本节报道了对 15μm 间距的焊料微凸点及其组装工艺的研究。细间距焊料微凸点可用于存储器芯片和微处理器芯片以及其他 3D IC 集成系统的封装堆叠。一些重要的结果和建议总结如下[5]：

1）对于直径为 8μm、间距为 15μm 的 Cu/Sn 焊料微凸点，如果总凸点高度（Cu + Sn）为 10μm，则 Sn 帽层厚度应大于 1.5μm 而小于 4μm。

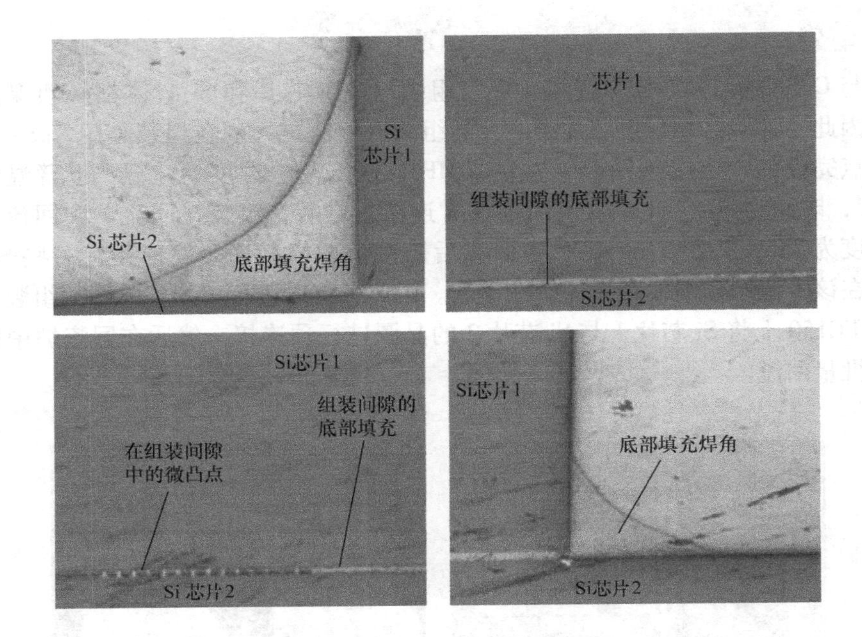

图 5-46 间隙中采用底部填充的两个芯片横截面的光学照片

2）发现当 Ti 作为黏附层时，在湿法刻蚀工艺中，由于侧蚀而丢失大量的凸点。因此，将黏附层变为 Ta 并采用干法刻蚀工艺进行刻蚀。

3）通过优化的键合条件（底部温度为 300℃，上部温度为 350℃，键合时间为 60s，键合压力为 20MPa），在 CuSn 微凸点与 ENIG UBM 焊盘之间可以实现良好的连接。

4）CuSn 焊料微凸点（而不是 ENIG UBM）的键合也产生了良好的结果。芯片先在 FC150 键合机上临时连接在一起（连接条件：压力为 10MPa，底部基板温度为 25℃，上臂温度为 350℃，时间为 30s），然后在回流炉中回流，峰值温度为 265℃。这种方法具有进行芯片到晶圆组装的潜力。

5.5 参考文献

[1] Yu, A., J. H. Lau, S. Ho, A. Kumar, W. Hnin, W. Lee, M. Jong, et al., "Fabrication of High Aspect Ratio TSV and Assembly with Fine-Pitch Low-Cost Solder Microbump for Si Interposer Technology with High-Density Interconnects," *IEEE Transactions on CPMT*, Vol. 1, No. 9, September 2011, pp. 1336–1344.

[2] Yu, A., J. H. Lau, Ho, S., Kumar, A., Yin, H., Ching, J., Kripesh, V., et al., "Three Dimensional Interconnects with High Aspect Ratio TSVs and Fine Pitch Solder Microbumps," *IEEE Proceedings of ECTC*, San Diego, CA, May 2009, pp. 350–354.

[3] Yu, A., A. Kumar, S. W. Ho, H. W. Yin, J. H. Lau, N. Su, et al., "Development of 25-μm-Pitch Microbumpsfor 3D Chip Stacking," *IEEE Transactions on CPMT*, Vol. 2, No. 11, November 2012, pp. 1777–1785.
[4] Yu, A., A. Kumar, S. Ho, H. Yin, J. H. Lau, J. Ching, V. Kripesh, et al., "Development of Fine Pitch Solder Microbumps for 3D Chip Stacking," *IEEE EPTC Proceedings*, Singapore, December 2008, pp. 387–392.
[5] Yu, A., J. H. Lau, S. W. Ho, A. Kumar, W. Y. Hnin, D.-Q. Yu, M. C. Jong, et al., "Study of 15μm Pitch Solder Microbumps for 3D IC Integration," *Proceedings of IEEE/ECTC*, May 2009, pp. 6–10.
[6] Lim, S., V. Rao, W. Hnin, W. Ching, V. Kripesh, C. Lee, J. H. Lau, et al., "Process Development and Reliability of Microbumps," *IEEE Transactions on CPMT*, Vol. 33, No. 4, December 2010, pp. 747–753.
[7] Selvanayagam, C., J. H. Lau, X. Zhang, S. Seah, K. Vaidyanathan, and T. C. Chai, "Nonlinear Thermal Stress/Strain Analyses of Copper Filled TSV (Through Silicon Via) and Their Flip-Chip Microbumps," *IEEE Transactions on Advanced Packaging*, Vol. 32, No. 4, November 2009, pp. 720–728.
[8] Lee, C. K., T. C. Chang, Y. Huang, H. Fu, J. H. Huang, Z. Hsiao, J. H. Lau, et al., "Characterization and Reliability Assessment of Solder Microbumps and Assembly for 3D IC Integration," *IEEE ECTC Proceedings*, Orlando, FL, June 2011, pp. 1468–1474.
[9] Lee, C. K., T. C. Chang, J. H. Lau, Y. Huang, H. Fu, J. Huang, Z. Hsiao, et al., "Wafer Bumping, Assembly, and Reliability of Fine-Pitch Lead-Free Micro Solder Joints for 3-D IC Integration," *IEEE Transactions on CPMT*, Vol. 2, No. 8, August 2012, pp. 1229–1238.
[10] Lee, C., C. Zhan, J. H. Lau, Y. Huang, H. Fu, J. Huang, Z. Hsiao, et al., "Wafer Bumping, Assembly, and Reliability Assessment of μbumps," *IEEE/ECTC Proceedings*, San Diego, CA, May 2012, pp. 636–640.
[11] Lau, J. H., P.-J. Tzeng, C.-K. Lee, C.-J. Zhan, M.-J. Dai, L. Li, C.-T. Ko, et al., "Wafer Bumping and Characterizations of Fine-Pitch Lead-Free Solder Microbumps on 12" (300mm) wafer for 3D IC Integration," *Proceedings of IMAPS International Conference*, Long Beach, CA, October 2011, pp. 650–656.
[12] Selvanayagam, C., J. H. Lau, X. Zhang, S. Seah, K. Vaidyanathan, and T. Chai, "Nonlinear Thermal Stress/Strain Analysis of Copper Filled TSV (Through Silicon Via) and Their Flip-Chip Microbumps," *IEEE Proceedings of Electronic, Components & Technology Conference*, Orlando, FL, May 27-30, 2008, pp. 1073–1081.
[13] Lim, S., V. Rao, H. Yin, W. Ching, V. Kripesh, C. Lee, J. H. Lau, et al., "Process Development and Reliability of Microbumps," *IEEE/EPTC Proceedings*, Singapore, December 2008, pp. 367–372.
[14] Agarwal, R., W. Zhang, P. Limaye, R. Labie, B. Dimcic, A. Phommahaxay, and P. Soussan, "Cu/Sn Microbumps Interconnect for 3D TSV Chip Stacking," *IEEE Proceedings of ECTC*, June 2010, Las Vegas, NV, pp. 858–863.
[15] Liu, X., Q. Chen, V. Sundaram, M. Simmons-Matthews, K. Wachtler, R. Tummala, and S. Sitaraman, "Thermo-Mechanical Behavior of Through Silicon Vias in a 3D Integrated Package with Inter-Chip Microbumps," *IEEE ECTC Proceedings*, Orlando, FL, June 2011, pp. 1190–1195.
[16] Vos, J., A. Jourdain, M. Erismis, W. Zhang, K. De Munck, A. La Manna, D. Tezcan, et al., "High Density 20μm Pitch CuSn Microbump Process for High-End 3D Applications," *IEEE ECTC Proceedings*, Orlando, FL, June 2011, pp. 27–31.
[17] Selvanayagam, C., J. H. Lau, X. Zhang, S. Seah, K. Vaidyanathan, and T. C. Chai, "Nonlinear Thermal Stress/Strain Analyses of Copper Filled TSV (Through Silicon Via) and Their Flip-Chip Microbumps," *IEEE Transactions on Advanced Packaging*, Vol. 32, No. 4, November 2009, pp. 720–728.
[18] Zhang, X., R. Rajoo, C. S. Selvanayagam, A. Kumar, V. Rao, N. Khan, J. H. Lau, et al., "Application of Piezoresistive Stress Sensor in Wafer Bumping and Drop Impact Test of Embedded Ultrathin Device," *IEEE Transactions on CPMT*, Vol. 2, No. 16, June 2012, pp. 935–943.
[19] Hubbard, R., and B.-S. Lee, "Low Warpage and Improved 2.5/3Dic Process Capability with a Low Stress Polyimide Dielectric Microbump Lithography for 3D Stacking Applications," *Proceedings of International Wafer Level Packaging Conference*, San Jose, November 2013, S12_P2_1–7.
[20] Jaenen, P., J. Slabbekoorn, A. Miller, W. W. Flack, M. Ranjan, G. Kenyon, R. Hsieh, et al., "Microbump Lithography for 3D Stacking Applications," *Proceedings of International Wafer Level Packaging Conference*, San Jose, November 2013, S12_P3_1–8.
[21] Wang, Y., T. Jiang, J. Im, P. S. Ho, S.-H. Chae, R. Dunne, Y. Takahashi, et al., "Effect of Intermetallic Formation on Electromigration Reliability of TSV-Microbump Joints in 3D Interconnect," *Proceedings of IEEE/ECTC*, San Diego, CA, May 2012, pp. 319–325.
[22] Lim, S., L. Ding, M.-B. Yu, M. Z. Ding, S. D. Velez and V. S. Rao, "Process Integration of Solder bumps and Cu Pillar Microbumps on 2.5D Fine Pitch TSV Interposer," *Proceedings of IEEE/EPTC*, Singapore, December 2013, pp. 429–434.

[23] Chen, Z., B. Talebanpour, Z. Huang, P. Kumar and I. Dutta, "Effect of Processing on the Microstructure and Fracture of Solder Microbumps in 3D Packages," *Proceedings of IEEE/EPTC*, Singapore, December 2013, pp. 539–542.

[24] Ito, Y., T. Fukushima, K.-W. Lee, T. Tanaka, and M. Koyanagi, Flux-Assisted Self-Assembly with Microbump Bonding for 3D Heterogeneous Integration," *Proceedings of IEEE/ECTC*, Las Vegas, NV, May 2013, pp. 891–896.

[25] Wang, Y., S.-H. Chae, J. Im, and P. S. Ho, "Kinetics Study of Intermetallic Growth and its Reliability Implications in Pb-Free, Sn-Based Microbumps in 3D Integration," *Proceedings of IEEE/ECTC*, Las Vegas, NV, May 2013, pp. 1953–1958.

[26] Murugesan, M., H. Kobayashi, H. Shimamoto, F. Yamada, T. Fukushima, J. Bea, K. Lee, et al. "Minimizing the Local Deformation Induced Around Cu-TSVs and CuSn/InAu-Microbumps in High-Density 3D-LSIs," *Proceedings of IEEE/IEDM*, San Francisco, December 2012, pp. 28.6.1–28.6.4.

[27] Huffman, A., M. Lueck, C. Bower, and D. Temple, "Effects of Assembly Process Parameters on the Structure and Thermal Stability of Sn-Capped Cu Bump Bonds," *Proceedings of the 57th Electronic Components and Technology Conference*, Reno, NV, May–June 2007, pp. 1589–1596.

[28] Dimcic, B., R. Labie, W. Zhang, I. De Wolf, and B. Verlinden, "Influence of the Processing Method on the Amount and Development of Voids in Miniaturized Interconnections," *Proceedings of the 3rd Electronic System-Integration Technology Conference*, Berlin, Germany, September 2010, pp. 1216–1222.

[29] Wright, S. L., R. Polastre, H. Gan, L. P. Buchwalter, R. Horton, P. S. Andry, E. Sprogis, et al., "Characterization of Micro-Bump C4 Interconnects for Si-Carrier SOP Applications," *Proceedings of the 56th Electronic Components and Technology Conference*, San Diego, CA, May–June 2006, pp. 633–640.

[30] Gan, H., S. L. Wright, R. Polastre, L. P. Buchwalter, R. Horton, P. S. Andry, C. Patel, et al., "Ph-Free Micro Joints (50 Mm Pitch) for the Next Generation Micro-Systems: The Fabrication, Assembly and Characterization," *Proceedinds of the 56th Electronic Components and Technology Conference*, San Diego, CA, May–June 2006, pp. 1210–1215.

[31] Yokomine, K., N. Shimizu, Y. Miyamoto, Y. Iwata, D. Love, and K. Newman, "Development of Electroless Ni/Au Plated Build-Up Filp Chip Package with Highly Reliable Solder Joints," *Proceedings of the 51st Electronic Components and Technology Conference*, Orlando, FL, May–June 2001, pp. 1384–1392.

[32] Iwasaki, T., M. Watanabe, S. Baba, Y. Hatanaka, S. Idaka, Y. Yokoyama, and M. Kimura, "Development of 30 Micron Pitch Bump Interconnections for COC-FCBGA," *Proceedings of the 56th Electronic Components and Technology Conference*, San Diego, CA, May–June 2006, pp. 1216–1222.

[33] Ruhmer, K., E. Laine, K. O'Donnell, J. Kostetsky, K. Hauck, D. Manessis, A. Ostmann, et al., "Alternative UBM for Lead Free Solder Bumping using C4NP," *Proceedings of the 57th Electronic Components and Technology Conference*, Reno, NV, May–June 2007, pp. 15–21.

[34] Khong, C. H., A. Yu, X. Zhang, V. Kripesh, D. Pinjala, D.-L. Kwong, S. Chen, et al., "Sub-Modeling Technique for Thermo-Mechanical Simulation of Solder Microbumps Assembly in 3D Chip Stacking," *Proceedings of the 11th Electronic Packaging Technology Conference*, Singapore, December 2009, pp. 591–595.

[35] Sakuma, K., K. Toriyama, H. Noma, K. Sueoka, N. Unami, J. Mizuno, S. Shoji, et al., "Fluxless Bonding for Fine-Pitch and Low-Volume Solder 3-D Interconnections," *Proceedings of the 61st Electronic and Component Technology Conference*, May–June 2011, pp. 7–13.

[36] Zhan, C.-J., J.-Y. Juang, Y.-M. Lin, Y.-W. Huang, K.-S. Kao, T.-F. Yang, J. H. Lau, et al., "Development of Fluxless Chip-On-Wafer Bonding Process for 3DIC Chip Stacking with 30 μm Pitch Lead-Free Solder Micro Bumps and Reliability Characterization," *Proceedings of the 61st Electronic and Component Technology Conference*, May–June 2011, pp. 14–21.

[37] Hwang, J., J. Kim, W. Kwon, U. Kang, T. Cho, and S. Kang,"Fine Pitch Chip Interconnection Technology For 3D Integration ," *Electronic Components and Technology Conference (ECTC)*, 2010, pp. 1399–1403.

[38] Chen, H. Y., and C. Chen, "Kinetic Study of Eutectic Sn-3.5Ag and Electroplated Ni Metallization in Flip-Chip Solder Joints," Proceedings of *Electronic Materials and Packaging*, 2008, pp. 262–267.

[39] Huang, S., T. Chang, R. Cheng, J. Chang, C. Fan, C. Zhan, J. H. Lau, et al., "Failure Mechanism of 20 μm Pitch Micro Joint Within a Chip Stacking Architecture," *IEEE ECTC Proceedings*, Orlando, FL, June 2011, pp. 886–892.

[40] Sakuma, K., P. S. Andry, B. Dang, J. Maria, C. K. Tsang, C. Patel, S. L. Wright, et al., "3D Chip Stacking Technology with Low-Volume Lead-Free Interconnections," *57th Proceedings of Electronic Components and Technology Conference*, 2007, pp. 627–632.

[41] Juang, J. Y., S. Huang, C. Zhan, Y. Lin, Y. Huang, C. Fan, S. Chung, et al., "Effect of Metal Finishing Fabricated by Electro and Electro-less Plating Process on Reliability Performance of 30μm-Pitch Solder

Micro Bump Interconnection," *IEEE/ECTC Proceedings*, Las Vegas, NA, May 2013, pp. 653–659.

[42] Huang, S., C. Zhan, Y. Huang, Y. Lin, C. Fan, S. Chung, J. H. Lau, et al., "Effects of UBM Structure/Material on the Reliability Performance of 3D Chip Stacking with 30μm-pitch Solder Micro Bump Interconnections," *IEEE/ECTC Proceedings*, San Diego, CA, May 2012, pp. 1287–1292.

[43] Lin, Y., C. Zhan, K. Kao, C. Fan, S. Chung, Y. Huang, J. H. Lau, et al., "Low Temperature Bonding using Non-Conductive Adhesive for 3D Chip Stacking with 30μm-Pitch Micro Solder Bump Interconnections," *IEEE/ECTC Proceedings*, San Diego, CA, May 2012, pp. 1656–1661.

[44] Kuo, K. H., J. Lee, S. Chen, F. L. Chien, R. Lee, and J. H. Lau, "Electromigration Performance of Printed Sn0.7Cu Bumps with Immersion Tin Surface Finishing for Flip Chip Applications," *IEEE/ECTC Proceedings*, San Diego, CA, May 2012, pp. 698–702.

[45] Lin, Y., C. Zhan, J. Juang, J. H. Lau, T. Chen, R. Lo, M. Kao, et al., "Electromigration in Ni/Sn Intermetallic Micro Bump Joint for 3D IC Chip Stacking," *IEEE ECTC Proceedings*, Orlando, FL, June 2011, pp. 351–357.

[46] Vempati, S. R., S. Nandar, C. Khong, Y. Lim, K. Vaidyanathan, J. H. Lau, B. P. Liew, et al., "Development of 3-D Silicon Die Stacked Package Using Flip Chip Technology with Micro Bump Interconnects," *IEEE Proceedings of ECTC*, San Diego, CA, May 2009, pp. 980–987.

[47] Yu, D., T. Chai, M. Thew, Y. Ong, S. Vempati, W. Leong, and J. H. Lau, "Electromigration Study of 50 μm Pitch Micro Solder Bumps using Four-Point Kelvin Structure," *IEEE/ECTC Proceedings*, San Diego, CA, May 2009, pp. 930–935.

[48] Choi, K., K. Sung, H. Bae, J. Moon, and Y. Eom, "Bumping and Stacking Processes for 3D IC using Fluxfree Polymer," *IEEE ECTC Proceedings*, Orlando, FL, June 2011, pp. 1746–1751.

[49] Au, K., J. Beleran, Y. Yang, Y. Zhang, S. Kriangsak, P. Wilson, Y. Drake, et al., "Thru Silicon Via Stacking & Numerical Characterization for Multi-Die Interconnections using Full Array & Very Fine Pitch Micro C4 Bumps," *IEEE ECTC Proceedings*, Orlando, FL, June 2011, pp. 296–303.

[50] Lin, T., R. Wang, M. Chen, C. Chiu, S. Chen, T. Yeh, L. Lin, et al., "Electromigration Study of Micro Bumps at Si/Si Interface in 3DIC Package for 28nm Technology and Beyond," *IEEE ECTC Proceedings*, Orlando, FL, June 2011, pp. 346–350.

[51] Wei, C., C. Yu, C. Tung, R. Huang, C. Hsieh, C. Chiu, H. Hsiao, et al., "Comparison of the Electromigration Behaviors Between Micro-bumps and C4 Solder Bumps," *IEEE ECTC Proceedings*, Orlando, FL, June 2011, pp. 706–710.

[52] Meinshausen, L., K. Weide-Zaage, and M. Petzold, "Electro- and Thermomigration in Micro Bump Interconnects for 3D Integration," *IEEE ECTC Proceedings*, Orlando, FL, June 2011, pp. 1444–1451.

[53] Zhang, W., B. Dimcic, P. Limaye, A. Manna, P. Soussan, and E. Beyne, "Ni/Cu/Sn Bumping Scheme for Fine-Pitch Micro-Bump Connections," *IEEE ECTC Proceedings*, Orlando, FL, June 2011, pp. 109–113.

[54] Shigetou, A., T. Itoh, K. Sawada, and T. Suga, "Bumpless Interconnect of 6-um pitch Cu Electrodes at Room Temperature," *IEEE Proceedings of ECTC*, Lake Buena Vista, FL, May 27–30, 2008, pp. 1405–1409.

[55] Shigetou, A., T. Itoh, M. Matsuo, N. Hayasaka, K. Okumura, and T. Suga, "Bumpless Interconnect Through Ultrafine Cu Electrodes by Mans of Surface-Activated Bonding (SAB) Method," *IEEE Transaction on Advanced Packaging*, Vol. 29, No. 2, May 2006, p. 226.

[56] Ko. C., Z. C. Hsiao, P. S. Chen, J. H. Huang, H. C. Fu, Y. J. Huang, C. W. Chiang, et al.—ITRI; Y. J. Chang and K. N. Chen, "Structural Design, Process, and Reliability of a Wafer-Level 3D Integration Scheme with Cu TSVs based on Micro-Bump/Adhesive Hybrid Wafer Bonding," *Proceedings of IEEE/ECTC*, San Diego, CA, May 2012, pp. 1–7

[57] Banijamali, B., S. Ramalingam, H. Liu, and M. Kim, "Outstanding and Innovative Reliability Study of 3D TSV Interposer and Fine Pitch Solder Micro-Bumps," *Proceedings of IEEE/ECTC*, San Diego, CA, May 2012, pp. 309–314.

[58] You, H.-Y., Y. Hwang, J.-W. Pyun, Y.-G. Ryu, and H.-S. Kim, "Chip Package Interaction in Micro Bump and TSV Structure," *Proceedings of IEEE/ECTC*, San Diego, CA, May 2012, pp. 315–318.

[59] Choi, Y., J. Shin, and K.-W. Paik, "3D-TSV Vertical Interconnection Method using Cu/SnAg Double Bumps and B-Stage Non-Conductive Adhesives (NCAs)," *Proceedings of IEEE/ECTC*, San Diego, CA, May 2012, pp. 1077–1080.

[60] Park, Y.-S., J.-W. Shin, Y.-W. Choi, and K.-W. Paik, "Study on the Intermetallic Growth of Fine-Pitch Cu Pillar/SnAg Solder Bump for 3D-TSV Interconnection," *Proceedings of IEEE/ECTC*, San Diego, CA, May 2012, pp. 2053–2056.

[61] Sorono, D. V., S. R. Vempati, L. Bu, S. C. Chong, C. T. W. Liang, and S. W. Wei, "Simultaneous Molding and Under-filling for Void Free Process to Encapsulate Fine Pitch Micro Bump Interconnections of

Chip-to-Wafer (C2W) Bonding in Wafer Level Packaging," *Proceedings of IEEE/EPTC*, Singapore, December 2013, pp. 72–77.

[62] Rao, V. S., S. C. Chong, C. Zhaohui, J. L. Aw, E. W. L. Ching, H. Gilho, and D. M. Fernandez, "Development of Bonding Process for High Density Fine Pitch Micro Bump Interconnections with Wafer Level Underfill for 3D Applications," *Proceedings of IEEE/EPTC*, Singapore, December 2013, pp. 548–553.

[63] Son, H.-Y., S.-K. Noh, H.-H. Jung, W.-S. Lee, J.-S. Oh, and N.-S. Kim, "Reliability Studies on Micro-Bumps for 3-D TSV Integration," *Proceedings of IEEE/ECTC*, Las Vegas, NV, May 2013, pp. 29–34.

[64] Yeh, C.-L., Y.-Y. Yeh, J.-C. Kao, T. H. Wang, C.-C. Lee, and H.-M. Tong, " "Micro-Bump Bondability Design Guidelines for High Throughput 2.5D/3D IC Assemblies," *Proceedings of IEEE/ECTC*, Las Vegas, NV, May 2013, pp. 897–903.

[65] Shin, J.-W., Y.-W. Choi, Y. S. Kim, U. B. Kang, Y. K. Jee, and K.-W. Paik, "Effect of NCFs with Zn-Nanoparticles on the Interfacial Reactions of 40 um Pitch Cu Pillar/Sn-Ag Bump for TSV Interconnection," *Proceedings of IEEE/ECTC*, Las Vegas, NV, May 2013, pp. 1024–1030.

[66] De Vos, J., L. Bogaerts, T. Buisson, C. Gerets, G. Jamieson, K. Vandersmissen, A. La Manna, et al., "Key Elements for Sub-50μm Pitch Micro Bump Processes," *Proceedings of IEEE/ECTC*, Las Vegas, NV, May 2013, pp. 1122–1126.

[67] Bertheau, J., P. Bleuet, R. Pantel, J. Charbonnier, F. Hodaj, P. Coudrain, and N. Hotellier, "Microstructural and Morphological Characterization of SnAgCu Micro-Bumps for Integration in 3D Interconnects," *Proceedings of IEEE/ECTC*, Las Vegas, NV, May 2013, pp. 1127–1132.

[68] Shuto, T., K. Iwanabe, L. J. Qiu, and T. Asano, "Room-Temperature High-Density Interconnection Using Ultrasonic Bonding of Cone Bump for Heterogeneous Integration," *Proceedings of IEEE/ECTC*, Las Vegas, NV, May 2013, pp. 1141–1145.

[69] Park, Y.-B., S.-H. Kim, J.-J. Park, J.-B. Kim, H.-Y. Son, K.-W. Han, J.-S. Oh, et al., "Current Density Effects on the Electrical Reliability of Ultra-Fine-Pitch Micro-Bump for TSV Integration," *Proceedings of IEEE/ECTC*, Las Vegas, NV, May 2013, pp. 1988–1993.

[70] Coudrain, P., D. Henry, A. Berthelot, J. Charbonnier, S. Verrun, R. Franiatte, N. Bouzaida, et al., "3D Integration of CMOS Image Sensor with Coprocessor Using TSV Last and Micro-Bumps Technologies," *Proceedings of IEEE/ECTC*, Las Vegas, NV, May 2013, pp. 674–682.

[71] La Manna, A., K. Rebibis, J. De Vos, L. Bogaerts, C. Gerets, and E. Beyne, "Small Pitch Micro-Bumping and Experimental Investigation Under Filling 3D Stacking," *Proceedings of the IMAPS International Symposium on Microelectronics*, San Diego, CA, September 2012, pp. 535–541.

[72] Asgari, R., "Challenges in 3D Inspection of Micro Bumps Used in 3D Packaging," *Proceedings of the IMAPS International Symposium on Microelectronics*, September 2012, San Diego, CA, pp. 542–547.

[73] Lau, J. H., *Through Silicon Via (TSV) for 3D Integration*, McGraw-Hill Book Company, New York, 2013.

[74] Lau, J. H., *Reliability of RoHS Compliant 2D & 3D IC Interconnects*, McGraw-Hill Book Company, New York, 2011.

[75] Lau, J. H., C. K. Lee, C. S. Premachandran, and Yu Aibin, *Advanced MEMS Packaging*, McGraw-Hill Book Company, New York, 2010.

[76] Lau, J. H., *Flip Chip Technology*, McGraw-Hill Book Company, New York, 1995.

[77] Lau, J. H., *Low-Cost Flip Chip Technology for WLCSP*, McGraw-Hill Book Company, New York, 2000.

[78] Lloyd, J. R., N. A. Connelly, X. He, K. J. Ryan, and B.H. Wood, "Fast Diffusers in a Thermal Gradient (Solder Ball)," *Microelectronics Reliability*, Vol. 50, 2010, pp. 1355–1358.

[79] Spivak, A., "Gravity Segregation in Two-Phase Displacement Processes," *SPE Journal*, Vol. 14, No. 6, 1974, pp. 619–632.

[80] Shabestari, S. G., and J. E. Gruzleski, "Gravity Segregation of Complex Intermetallic Compounds in Liquid Al-Si Alloys," *Metallurgical and Materials Transaction A*, Vol. 26, 1995, pp. 999–1006.

[81] Shen, J., Y. C. Chan, and S. Y. Liu, "Growth Mechanism of Ni_3Sn_4 in a Sn/Ni Liquid/Solid Interfacial Reaction," *Acta Materialia*, Vol. 57, 2009, pp. 5196–5206.

[82] Gur, D., and M. Bamberger, "Formation and Growth of Ni_3Sn_4 Intermediate Phase in the Ni-Sn System," *Journal of Materials Science*, Vol. 35, 2000, pp. 4601–4606.

第6章 »

3D Si集成

6.1 引言

如前所述，3D 集成包括 3D IC 封装、3D IC 集成和 3D Si 集成，它们是不同的。通常，TSV 将 3D IC 封装与 3D IC/Si 集成分开，因为后两者使用 TSV 而 3D IC 封装不使用。本章将介绍 3D 集成的起源，此外，还将讨论 3D Si 集成的演变、挑战和前景。首先将简要提及电子工业。3D IC 集成将在第 7 和 8 章中讨论，而 3D IC 封装将在第 14 章讨论。第 9 ~13 章分别讨论 3D IC 集成系统的热管理、嵌入式 3D 混合集成、3D LED 和 IC 集成、3D MEMS 和 IC 集成、CMOS 图像传感器和 IC 的 3D 集成。关键的可行技术，如 TSV、薄晶圆强化和拿持、封装基板、微焊料凸点制造、组装和可靠性已在第 2 ~5 章中进行了讨论。

6.2 电子工业

电子工业自 1996 年以来一直是最大的产业，到 2015 年底很可能达到 1.5 万亿美元[1-3]。电子工业最重要的发明可以说是晶体管（1947 年），如图 6-1 所示。它为约翰 · 巴丁、沃尔特 · 布拉顿和威廉 · 肖克利赢得了 1956 年的诺贝尔物理学奖。今天，发现一个拥有超过 25 亿个晶体管的芯片并不罕见。

1958 年 Jack Kilby 发明了硅集成电路（IC），这使他获得了 2000 年诺贝尔物理学奖，而六个月后 Robert Noyce（他没有与 Jack Kilby 分享诺贝尔奖，因为他于 1990 年去世）也发明了 IC，这激发了一代又一代的 IC 集成[2]，如图 6-2 所示。Kilby 采用的衬底由锗制成，而 Noyce 采用的衬底由硅制成。今天，超过 90% 的晶体管生产在硅衬底上。

Gordon Moore 在 1965 年提出的 IC 上的晶体管数量每 24 个月将增加一倍（以实现最低成本和创新）的趋势（也称为摩尔定律）[4]一直是过去 60 年来推动微电子行业发展的最强大驱动力，如图 6-3 所示。

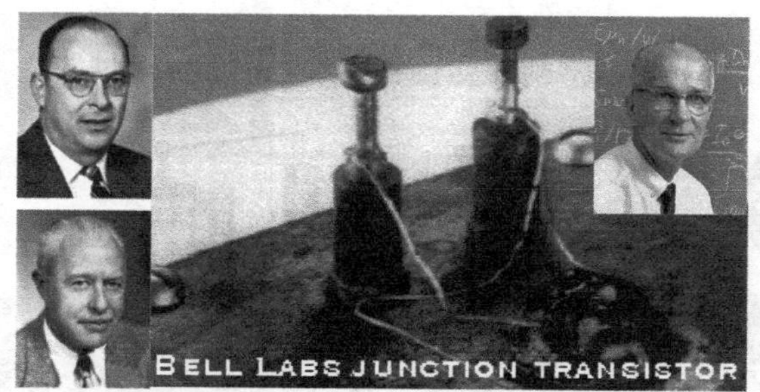

Bardeen(1947年)(左上)、Brattain(左下)和 Shockley(右上)发明的晶体管为他们赢得了 1956 年的诺贝尔物理学奖，预示着智能手机、平板电脑、可穿戴设备和计算机的发展即将到来

图 6-1 贝尔实验室结型晶体管及 John Bardeen、Walter Brattain 和 William Shockley

1958 年，德州仪器的 Jack Kilby(左)发明了硅集成电路(这使他获得了 2000 年诺贝尔物理学奖)，六个月后又由仙童半导体的 Robert Noyce (右)发明(他没有获得诺贝尔奖，是因为他于1990年去世了)，这激发了一代又一代的集成电路的发展

图 6-2 （左）德州仪器的 Jack Kilby 发明的硅集成电路
（右）仙童半导体的 Robert Noyce 设计的集成电路

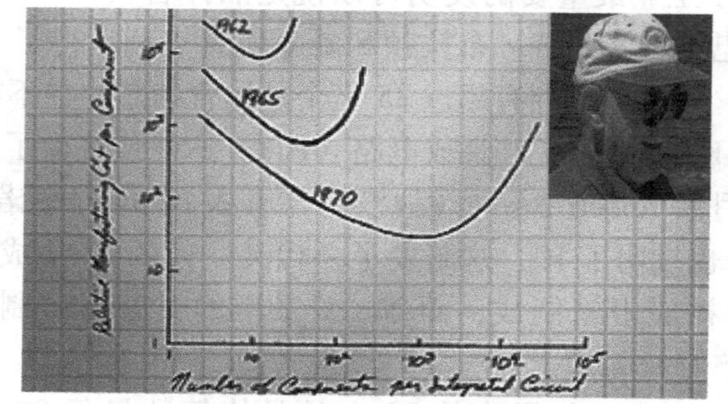

Gordon Moore 于 1965 年提出的IC上的晶体管数量每24个月将(用于成本和创新)增加1倍的提议(也称为摩尔定律)一直是过去 60 年来微电子行业发展的最强大驱动力

图 6-3 摩尔定律由戈登摩尔于 1965 年提出

6.3　摩尔定律和超越摩尔定律

摩尔定律强调单芯片上所有功能的光刻按比例缩小和集成（2D），可能通过片上系统（SoC）实现，如图 6-4 所示。另一方面，所有这些功能的集成都可以通过 3D 集成来实现[1-3,5-50]，例如 3D IC 封装、3D IC 集成和 3D Si 集成，如图 6-4和图 6-5 所示。由于 3D IC 封装是一项成熟的技术，并且不使用 TSV，因此不在本章中介绍。3D IC 集成和 3D Si 集成显示在图 6-4 和图 6-5 的右侧，而一些是超越摩尔定律的。

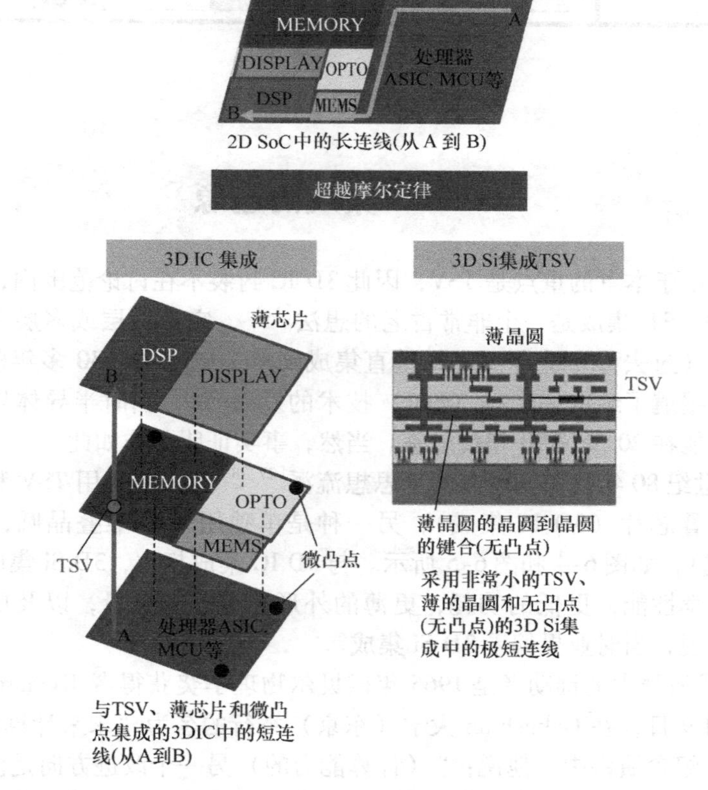

图 6-4　摩尔定律与超越摩尔定律

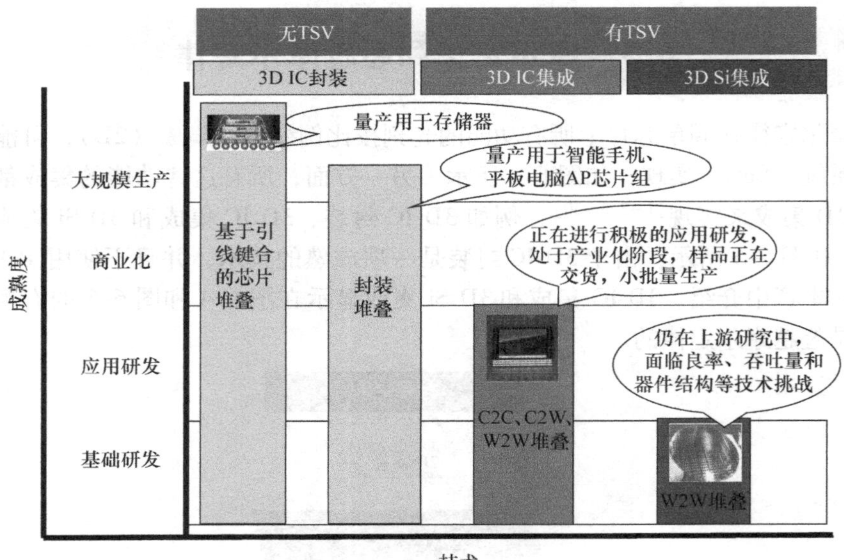

图 6-5　3D 技术的成熟度

6.4　3D 集成的起源

同样，由于本章的重点是 TSV，因此 3D IC 封装不在讨论范围内，将仅在第 14 章中讨论。3D 集成是一个非常古老的想法[1,2]，它由两层或多层有源电子元件通过 TSV（过去称为垂直互连）垂直集成到单个电路中。30 多年前 Gat 和他的同事首次报道了绝缘体上硅（SOI）技术的发展[51]，当时半导体界人士认为摩尔定律可能在 20 世纪 90 年代触礁。当然，事实证明并非如此。

在 20 世纪 80 年代初期，有两种思想流派[27,28]。一种是用 TSV 和倒装芯片焊料凸点堆叠芯片（3D IC 集成），另一种是单独用 TSV 堆叠晶圆，即无凸点（3D Si 集成），如图 6-4 和图 6-5 所示。与 3D IC 集成相比，3D Si 集成的优势在于更好的电学性能，更低的功耗，更薄的外形，更轻的重量，以及更高的吞吐量。总的来说，当时业界偏爱 3D Si 集成。

3D 集成最强大的推动者是 1965 年诺贝尔物理学奖获得者 Richard Feynman。1985 年 8 月 9 日，在 Gakushuin 大学（东京）举行的名为“未来计算机”的 Yoshio Nishina 纪念演讲中，他说：“（计算能力的）另一个改进方向是使物理机器三维化，而不是在全部芯片的表面。这可以分阶段完成，而不是一次性完成——你可以有几个层，然后随着时间的推移添加更多层。” Feynman 不仅告诉我们要使用 3D，而且在 30 多年前就教我们如何去做。即使在今天，许多寻求 3D 集成

研究基金的人仍然喜欢引用他 1985 年在东京的演讲。

6.5　3D Si 集成的概述与展望

20 世纪 80 年代初期，日本通产省（MITII）资助并指导了 3D Si 集成项目的 3D 研究委员会，他们的路线图如图 6-6[27] 所示。其中指出：①功能模型已在堆叠的双或三层有源层中制造，展示了未来 3D 结构的概念；②在 1990 年前将开发出堆叠有源层的基础技术；③利用这项技术，预计在 1990 年至 2000 年间，可以在 3D 单芯片中设计和实现各种电路，如高封装密度存储器、高速逻辑或图像处理器，但这项技术未在项目规定的时间范围内实现。

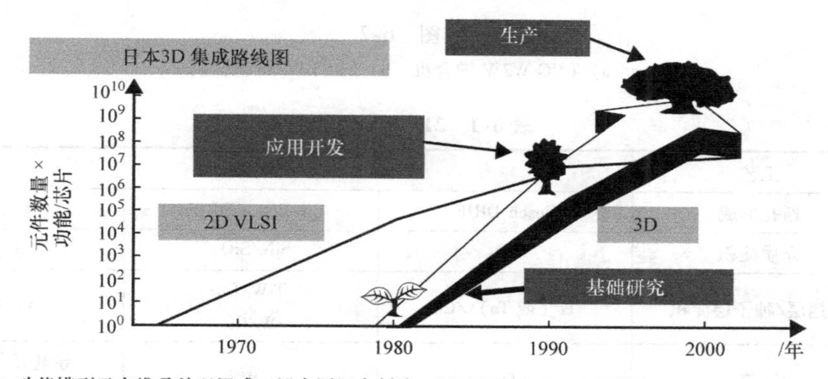

◆ 功能模型已在堆叠的双层或三层有源层中制造，展示了未来 3D IC 的概念

◆ 在1990年之前将开发出堆叠有源层的基础技术

◆ 借助这项技术，预计在 1990 年至 2000 年间，可以在单个芯片中设计和实现各种电路，例如高封装密度存储器、高速逻辑或图像处理器

图 6-6　日本 MITI 3D Si 集成路线图

6.5.1　3D Si 集成的键合方法 ★★★

基本上，晶圆对晶圆（W2W）是进行 3D Si 集成键合操作的最常用方法，而良率是一个大问题（例如，一些坏芯片被迫键合在好芯片上）。晶圆和热管理之间没有（或极小的）间隙也是一个巨大的问题。此外，对 3D Si 集成的表面清洁度、表面平整度和洁净室等级等键合条件的要求非常高。一些最常见的 W2W 键合机如图 6-7 所示。

3D Si 集成有许多不同的 W2W 键合方法，基本上分为两组，见表 6-1 所示。一组在焊盘/走线之间有中间层，另一组什么都没有。本节的重点是 Cu－Cu 键合和氧化物－氧化物键合，这两种键合在晶圆上的焊盘/走线之间没有任何东西，因此被称为直接键合。

a)

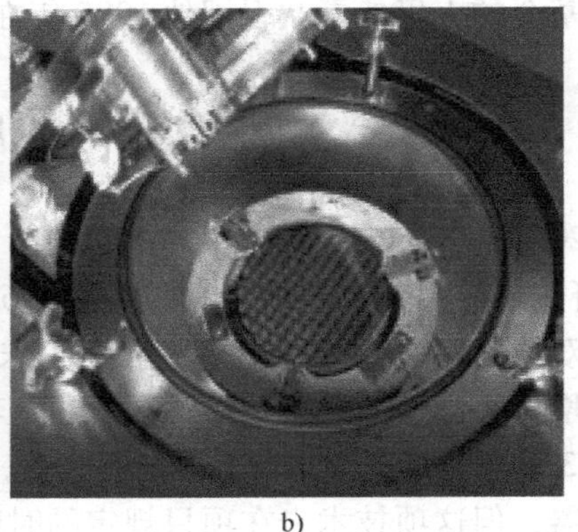
b)

图 6-7
a）EVG W2W 键合机 b）SUSS W2W 键合机

表 6-1 3D 集成工艺步骤

工艺	方法/选择		
通孔形成	Bosch DRIE	非 Bosch DRIE	激光
介质淀积	SiO_2	SiN/SiO_2	聚合物
阻挡层/种子层淀积	Ti（或 Ta）/Cu	TiW/Cu W/Cu	W/W
通孔填充	Cu	W	导电聚合物， CNT，焊料等
残留去除	CMP	CMP（两步）	
TSV 露出	湿法刻蚀	干法刻蚀	
TSV 工艺	键合前的 TSV， 键合后的 TSV，	先通孔，中通孔	后通孔（前或背侧）
薄晶圆拿持	支撑晶圆（载体）	无载体	在堆叠上面
堆叠	C2C	C2W	W2W
微互连	焊料凸点	Cu 柱 + 焊料	Au/Cu 柱
键合	自然回流，热压	直接键合	直接键合（中间层）

具有中间层的键合方法，例如，基于苯并环丁烯（BCB）的聚合物，来自瞬态液相（TLP）键合的焊料金属间化合物（IMC），以及通过热压缩的焊料统称为间接键合，不在本节中考虑。为什么？原因是：①无论是聚合物还是焊料，都会增加很多工艺步骤和材料，从而大大增加成本；②额外的工艺步骤和材料增加了可靠性问题；③它们太“脏”，无法在半导体晶圆厂中操作；④以中间聚合物黏附层显示在后键合工艺和器件工作期间存在对黏附剂层可靠性的担忧，以及

保持对准精度存在巨大挑战，尤其是对于两个以上的堆叠。

6.5.2 Cu - Cu（W2W）键合 ★★★

Cu - Cu 键合焊盘的优点是提供比任何其他接头低得多的电阻率、更高的密度和更低的电迁移。另一方面，为了减少形成强烈影响键合可靠性的自然氧化物的趋势，Cu - Cu 键合通常在高温（约 400℃）和压力下进行，工艺时间长（60 ~ 120min），这对吞吐量和器件可靠性不利。

图 6-8 显示了键合温度对键合界面黏附能的影响（临界界面黏附能也称为界面处的临界能量释放率，如果最大界面黏附能大于临界界面黏附能，就会发生界面分层）。可以看出，键合温度越高，临界界面黏附能 G_c 越高，即键合（接头）越强。此外，如图 6-8 所示，温度越高，由于通过两个界面层激活的相互扩散，界面和原始键界面之间的接缝趋向于消失的可能性越小，这就是 Cu - Cu 键合需要高温的主要原因[26]。

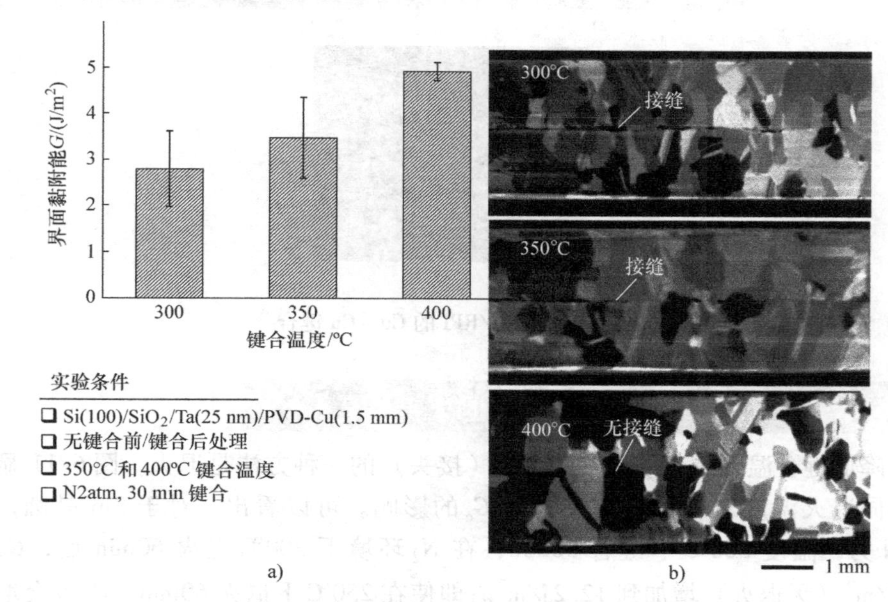

图 6-8 键合温度对键合界面特性的影响

a）界面黏附能 b）微观结构的 SEM 图像

图 6-9a 示意性地显示了以面对面方法键合的两个器件层的 IBM/RPI 键合结构，而图 6-9b 显示了一个使用面对背方法的键合结构[29-31]。典型的 Cu - Cu 互连如图 6-10 所示，其显示了一个高质量的键合界面。在键合之前，Cu 互连（焊盘）使用标准 BEOL 大马士革工艺制造，然后进行氧化物 CMP 处理（氧化物修补），使氧化物层的表面比 Cu 表面低 40nm，键合温度上升到 400℃。

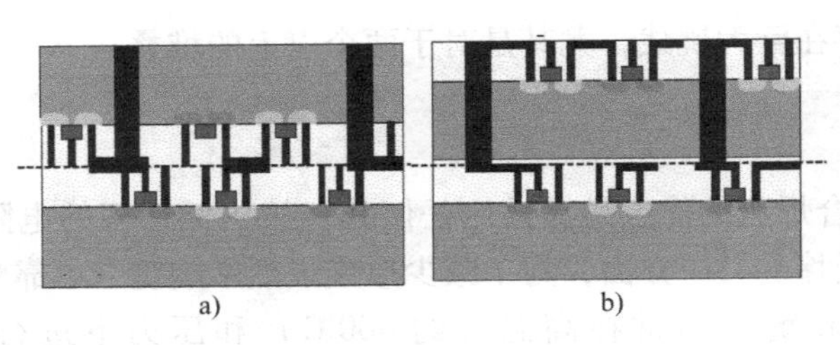

图 6-9 面对面和面对背的 W2W 键合

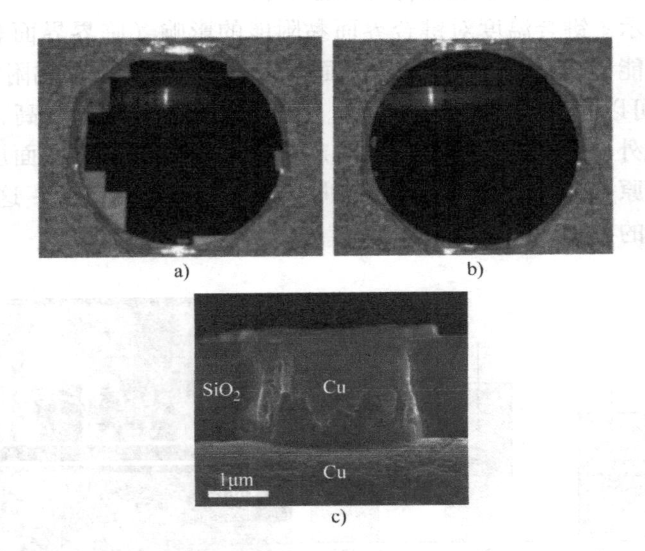

图 6-10 IBM/RPI 的 Cu - Cu 键合

6.5.3 Cu - Cu（W2W）后退火键合 ★★★

降低键合温度并获得高质量键合（接头）的一种方法是退火。图 6-11 显示了不同退火温度对临界界面黏附能 G_c 的影响。可以看出，对于 8in 晶圆，在 25kN 力，温度 300℃ 下键合 30min，在 N_2 环境下 300℃ 退火 60min 后，G_c 从 2.8J/m^2（无退火）增加到 12.2J/m^2。即使在 250℃ 下退火 60min，G_c 也会增加到 8.9J/m^2。但是，太低的退火温度无济于事，例如 200℃，如图 6-11 所示。

6.5.4 Cu - Cu（W2W）常温键合 ★★★

常温下的 Cu - Cu（W2W）键合可实现最高的吞吐量和最少的器件可靠性问题以及非常低的成本。然而，室温键合的缺点是对以下方面有严格要求：①焊盘/走线/晶圆平面化；②表面处理以确保光滑的亲水表面以实现高质量键合。图 6-12a 示意性地显示了 NIMS/AIST/东芝/东京大学在室温下键合的两个器件层

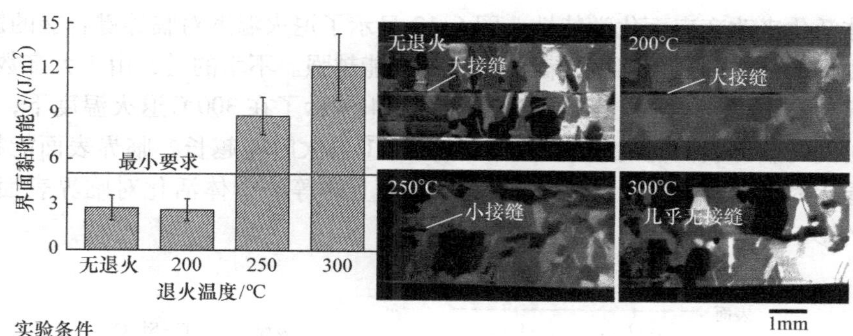

图 6-11　Cu－Cu 键合后退火温度对键合界面特性的影响

a）界面黏附能　b）微观结构的 SEM 图像

的键合结构[32－38]。图 6-12b 显示了高温储存测试后无凸点电极（焊盘）之间界面的典型横截面扫描电子显微镜（SEM）图像。可以看出，即使在 150℃下暴露 1000h 后，表面之间仍能保持紧密黏合[32－38]。

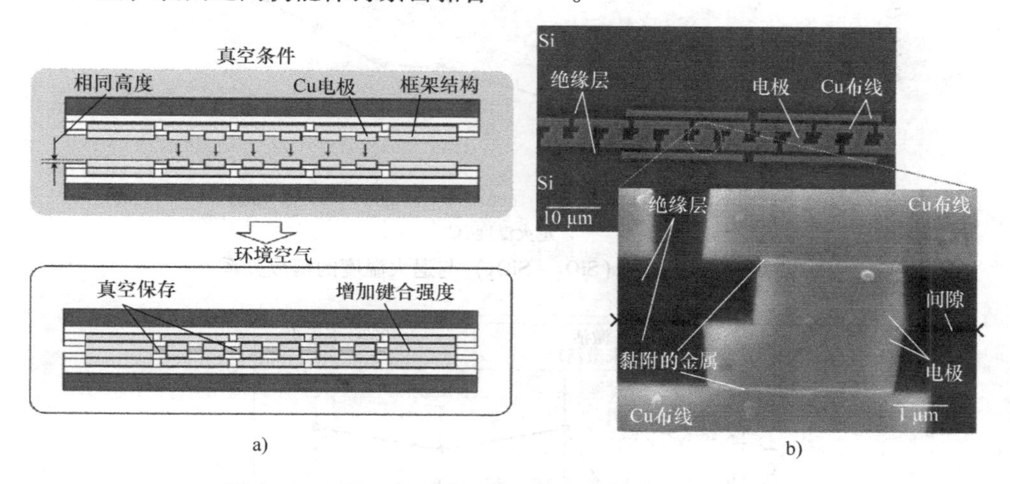

图 6-12　NIMS/AIST/Toshiba/东京大学的 Cu－Cu 键合

6.5.5　SiO_2－SiO_2（W2W）键合　★★★

SiO_2－SiO_2（W2W）键合通常需要三个步骤，即预键合、键合和后键合。预键合在室温下进行，消除了晶圆对准中的跳动误差，从而导致更高的键合后对准精度。为了实现共价键（接头），键合温度非常高（约 400℃）。为了在较低的退火（键合后）温度（200～400℃）下实现强的化学键（接头），必须通过等

离子体活化来改变表面化学特性。图 6-13 显示了退火温度对临界键合能的影响。正如预期的那样，退火温度越高，临界键合能越强。不幸的是，由于大多数器件的最高允许温度，400℃是最常用的。图 6-14 显示了在 300℃退火温度下，温度退火时间对临界表面能的影响。可以看出：①退火时间越长，临界表面能越大；②1h退火时间绰绰有余；③键合前表面化学上的等离子体活化对临界表面能有很大的影响。

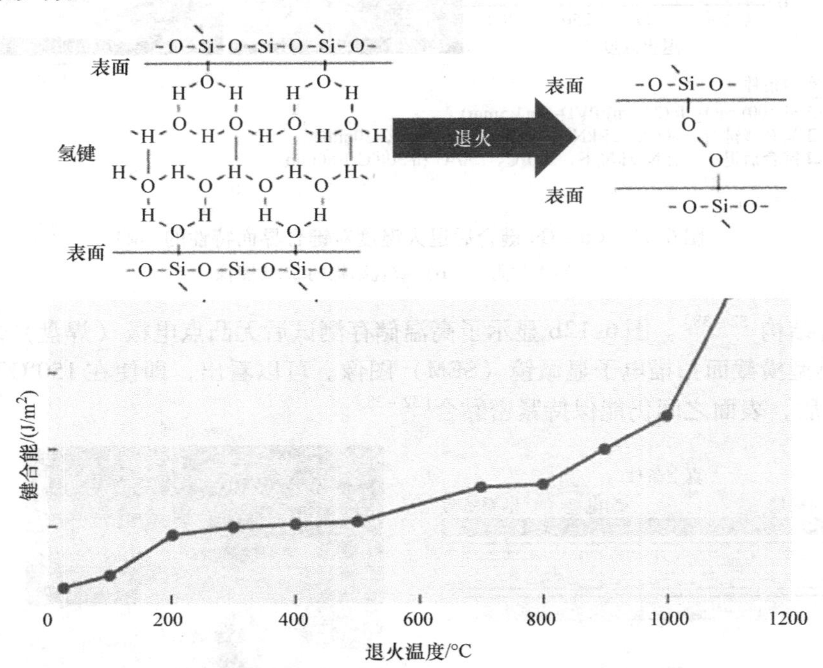

图 6-13　键合能（SiO_2-SiO_2）与退火温度的函数关系

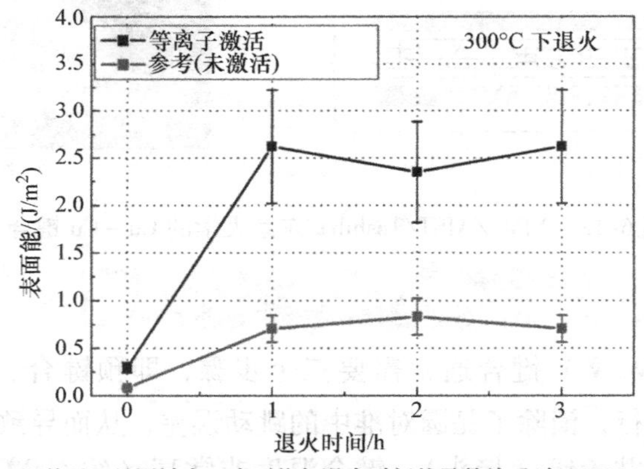

图 6-14　300℃下表面能与热退火时间的函数关系（SiO_2-SiO_2）

图 6-15 示意性地显示了 MIT 在 275℃下键合的三个器件层的氧化物 - 氧化物键合结构[39-45]。可以看出：①两个完成的电路晶圆（层 1 和层 2）进行平面化、对齐，并面对面键合在一起；②拿持硅的湿法刻蚀暴露出上部晶圆的掩埋氧化物（Buried Oxide BOX）；③3D 通孔通过 BOX 进行图形化和刻蚀，淀积的氧化物暴露出两层中的金属触点；④淀积 Ti/TiN 衬垫和 1mm 钨（W）以填充 3D 通孔（较大直径为 1.5mm）并电连接两层；⑤然后可以将第三层的面与第 2 阶（层）的 BOX（背面）键合，并形成 3D 通孔。图 6-16 显示了三层 3D（环形振荡器）结构的典型横截面。可以看出：各层通过 W 转接头键合和互连，传统的层间连接位于底部两层，以及 3D 通孔位于晶体管之间的隔离（场）区域。已经创建并演示了一些功能性 3D 结构/电路[39-45]。

MIT的3D Si 集成组装工艺:

1) 将两个完成的电路晶圆进行平面化、对齐、面对面键合；
2) 去除拿持硅胶；
3) 通过淀积的埋氧(BOX)和场氧刻蚀3D通孔；
4) 形成钨转接头以连接两层电路；
5) 转移第 3 层后，通过BOX刻蚀键合焊盘以进行测试和封装

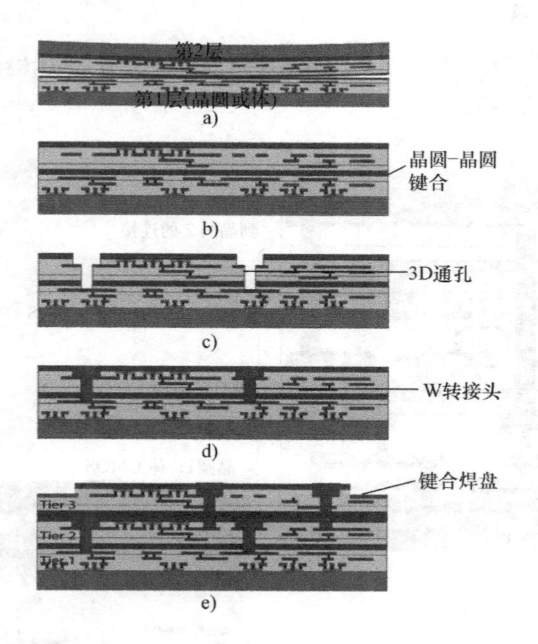

图 6-15　MIT 的 SiO_2 - SiO_2组装工艺

图 6-17 示意性地显示了 Leti/Freescale/STMicroelectronics 在低于 400℃下键合的两个器件层的介质到介质的键合结构[46-48]。可以看出：①首先在 200mm 的体晶圆和 SOI 晶圆上形成金属层，接下来，将这些晶圆面对面键合，然后将 SOI 晶圆的体硅去除至 BOX 层；②形成层间通孔（Interstrata Vias，ISV），使上层与下层接触；③在 SOI 晶圆背面的顶部形成金属层。ISV 的典型横截面如图 6-17[46-48]所示，可以看出该 ISV（约 1.5mm）接触良好。

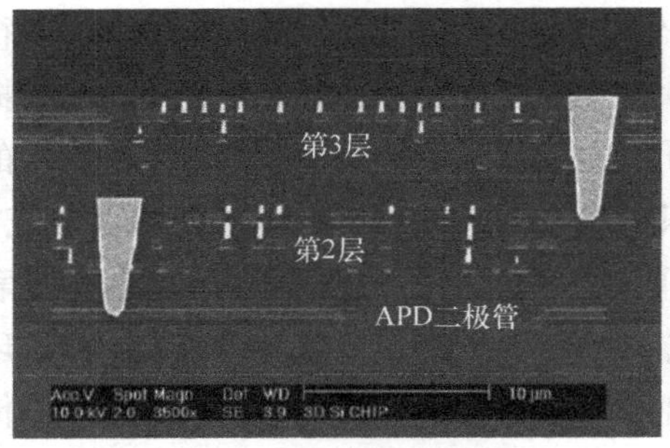

各层通过钨转接头键合和互连；传统的层间连接出现于第2层和第3层，它们是FDSOI层；注意，3D 通孔位于晶体管之间的隔离（场）区域

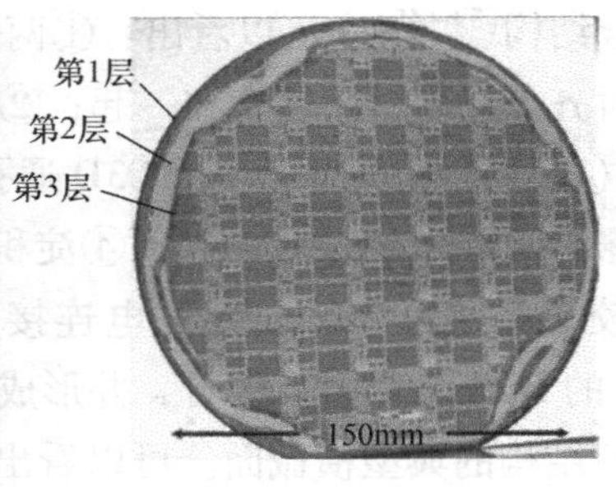

通过 BOX 可以看到第3层的金属图形；第2层和第1层在晶圆边缘可见，由于非平面表面，两层没有键合在一起

图 6-16　MIT 的 SiO_2-SiO_2 键合结果

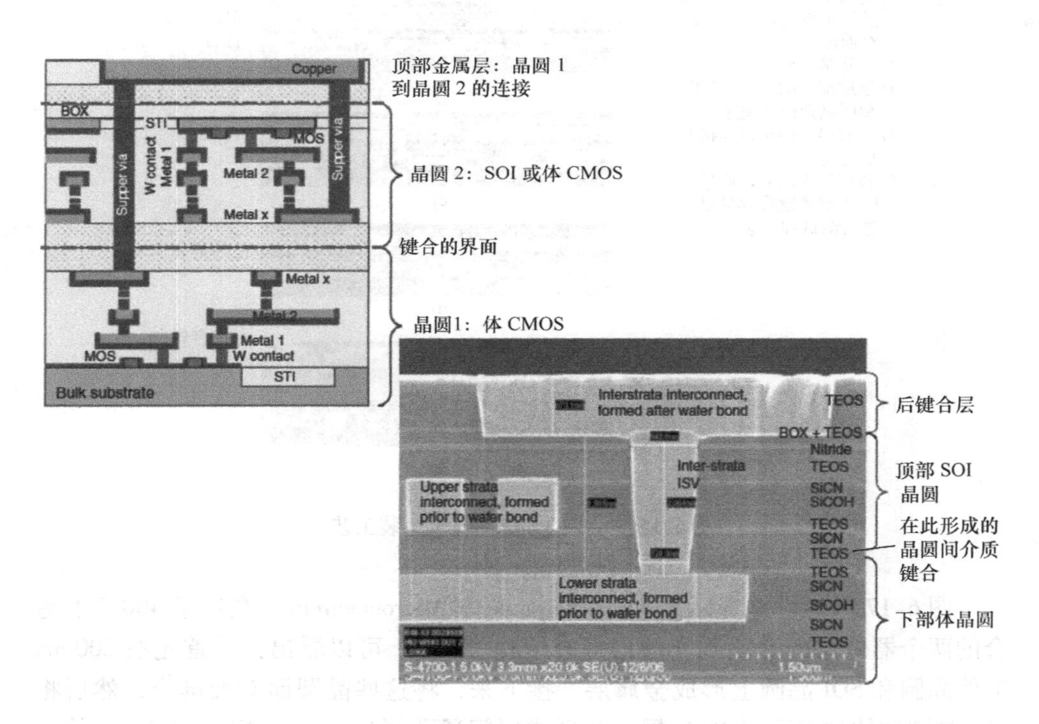

图 6-17　Leti/Freescale/STMicroelectronics 的 SiO_2-SiO_2 键合

6.5.6　W2W 键合的一些注意事项 ★★★

值得注意和强调的是，本书中的 3D Si 集成是无凸点/无黏合剂的，在 Cu – Cu 键合前制造 TSV，在 SiO_2 – SiO_2键合后制造 TSV，TSV 直径非常小（通常为 2mm），因此深宽比非常高，并且 TSV 通常通过化学气相淀积填充钨。此外，对于异构系统，由于芯片尺寸和引脚不同，故 W2W 键合非常困难。在这种情况下，C2W 是一种提高良率的方法。

最近在 3D 集成界提到了 W2W 混合键合。基本上，W2W 混合键合是同时进行金属（如 Cu – Cu）和介质（如 SiO_2 – SiO_2）键合的。

6.6　3D Si 集成技术面临的挑战

在使用 3D Si 集成技术制造产品之前，仍有大量工作要做，还应在以下领域进行更多的研究和开发工作：

1）降低成本；
2）热管理；
3）通孔形成；
4）薄晶圆拿持；
5）设计；
6）工艺参数优化；
7）键合环境；
8）W2W 键合对齐；
9）晶圆变形；
10）晶圆弓（翘曲）；
11）检验检测；
12）接触性能；
13）接触完整性；
14）接触可靠性；
15）制造良率；
16）制造吞吐量；
17）以经济高效、系统化和可靠的方式将 3D Si 集成模块封装到下一级互连。

6.7　3D Si 集成 EDA 工具面临的挑战

除了技术问题之外，作为 3D Si 集成[49]的灵魂的电子设计自动化（Electronic Design Automation，EDA）还远未准备好，迫切需要一个用于 3D Si 集成的生态系统（例如，标准和基础设施）。然后，EDA 可以按照以下指南编写设计、仿真、分析和验证、制造准备和测试软件：

1）从高级描述到布局生成/优化的设计自动化。

2）验证全部专用于 3D 集成。

3）解决第 3 维度，而不是像封装凸点（无凸点）。

4）解决真正的第 3 维，包括分区、平面规划、自动放置和布线。

5）全 3 维提取、全 3D DRC（设计规则检查）、3D LVS（布局与原理图），所有层都在同一个数据库中。

6）3D Si 集成必须被视为分布在多个层中的完整系统，而不仅仅是一堆预定义的芯片。

在接下来的 10 年中，除了非常小众的应用外，该行业将很难利用 3D Si 集成技术来大批量生产产品。但是，应该指出并强调 3D Si 集成是与摩尔定律竞争的正确方法，业界应该努力做到这一点。

6.8 总结和建议

一些重要的结果和建议总结如下：

1）在半导体行业，3D Si 集成是与摩尔定律竞争的正确途径。

2）提供了一系列针对 3D Si 集成的技术挑战（用于研发）。

3）已针对 3D Si 集成提出了开发 EDA 的简单指南。

4）半导体行业应努力实现大批量的 3D Si 集成。图 6-18 示意性地显示了图 1-19所示的宽 I/O 存储器（或逻辑 - 逻辑堆叠）的组装过程。存储器晶圆（不带 TSV）与带有 TSV 的逻辑晶圆进行面对面的 Cu - Cu 键合。然后，背面研磨逻辑晶圆、Si 干法刻蚀、低温 SiN/SiO_2和 CMP（Cu 露出）。接着是焊接晶圆凸点和切割，然后放在封装基板上。图 6-19 示意性地显示了图 1-20 所示的宽 I/O DRAM 或 HMC 的组装过程。首先，Cu - Cu 将 DRAM 晶圆与逻辑晶圆面对面键合，然后对 DRAM 晶圆和 Cu 进行背面研磨。接着是在 DRAM 晶圆顶部的 Cu - Cu 键合另一个 DRAM 晶圆（面对背）。然后，背面研磨和 Cu 露出。重复这些过程直到堆叠最后一个 DRAM 晶圆（无 TSV）。最后是背面研磨和底部逻辑晶圆的 Cu 露出、焊料焊接晶圆凸点、切割并将单个堆叠模块（宽 I/O DRAM 或 HMC）连接到封装基板。对于这两种情况，器件、金属触点、金属层和 TSV 应由代工厂制造。但是，W2W 键合、背面研磨、Cu 露出、焊料凸点、切割、组装和测试应由 OSAT 完成。

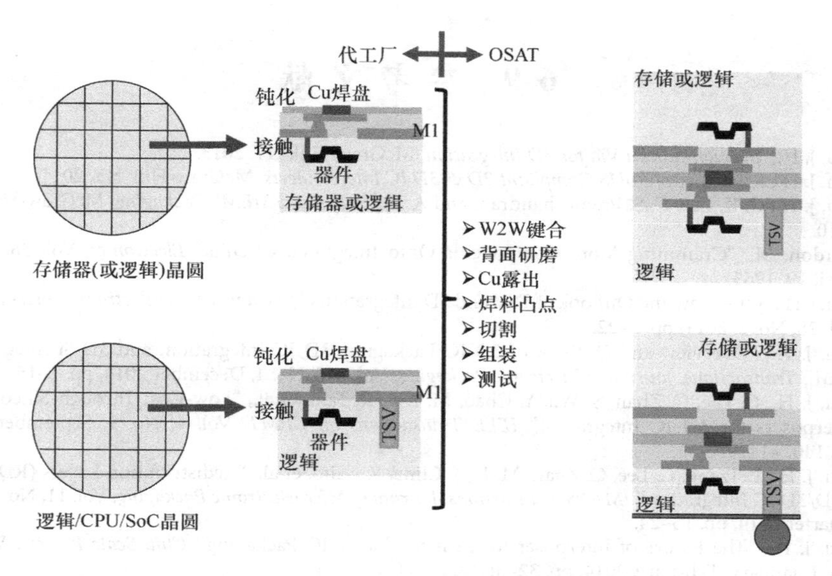

图 6-18 宽 I/O 存储器（或逻辑 - 逻辑堆叠）的 3D Si 集成组装工艺

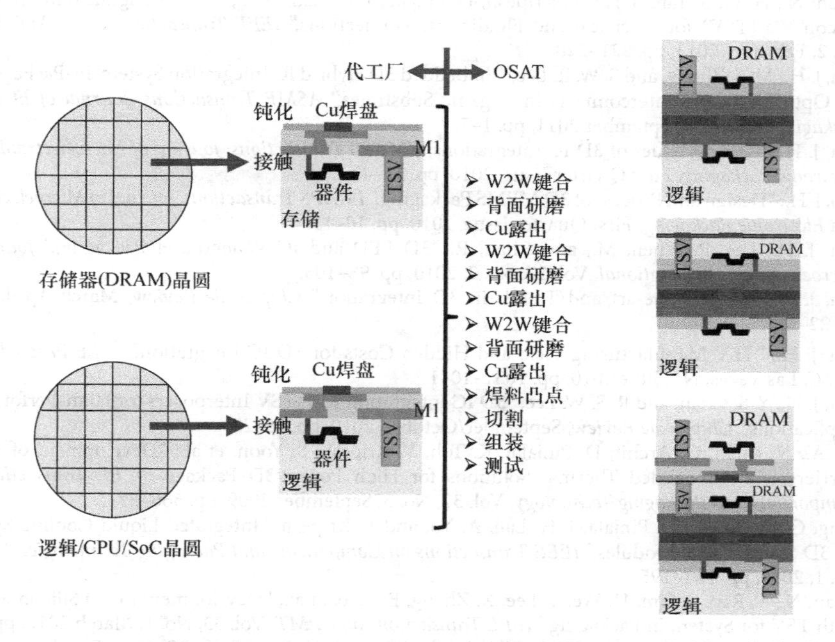

图 6-19 宽 I/O DRAM（或 HMC）的 3D Si 集成组装工艺

6.9 参考文献

[1] Lau, J. H., *Through-Silicon Via for 3D Integration*, McGraw-Hill, NY, 2013.
[2] Lau, J. H., *Reliability of RoHS Compliant 2D & 3D IC Interconnects*, McGraw-Hill, NY, 2011.
[3] Lau, J. H., C. K. Lee, C. S. Premachandran, and A. Yu, *Advanced MEMS Packaging*, McGraw-Hill, NY, 2010.
[4] Gordon, M., "Cramming More Components Onto Integrated Circuits," *Electronics*, Vol. 38, No. 8, April 19, 1965.
[5] Lau, J. H., "Overview and Outlook of TSV and 3D Integrations," *Journal of Microelectronics International*, Vol. 28, No. 2, 2011, pp. 8–22.
[6] Lau, J. H., "Overview and Outlook of 3D IC Packaging, 3D IC Integration, and 3D Si Integration," *ASME Transactions, Journal of Electronic Packaging*, Vol. 136, No. 4, December 2014, pp. 1–15.
[7] Lau, J. H., C. Lee, C. Zhan, S. Wu, Y. Chao, M. Dai, R. Tain, et al., "Low-Cost Through-Silicon Hole Interposers for 3D IC Integration," *IEEE Transactions on CPMT*, Vol. 4, No. 9, September 2014, pp. 1407–1419.
[8] Lau, J. H., P. Tzeng, C. Lee, C. Zhan, M. Li, J. Cline, K. Saito, et al., "Redistribution Layers (RDLs) for 2.5D/3D IC Integration," *IMAPS Transactions, Journal of Microelectronic Packaging*, Vol. 11, No. 1, First Quarter 2014, pp. 16–24.
[9] Lau, J. H., "The Future of Interposer for Semiconductor IC Packaging," *Chip Scale Review*, Vol. 18, No. 1, January–February, 2014, pp. 32–36.
[10] Hsieh, M. C., S. T. Wu, C. J. Wu, and J. H. Lau, "Energy Release Rate Estimation for Through Silicon Vias in 3D Integration," *IEEE Transactions on CPMT*, Vol. 4, No. 1, January 2014, pp. 57–65.
[11] Lau, J. H., "Supply Chains for High-Volume Manufacturing of 3D IC Integration," *Chip Scale Review*, Vol. 17, No. 1, January–February 2013, pp. 33–39.
[12] Khan, N., H. Li, S. Tan, S. Ho, V. Kripesh, D. Pinjala, J. H. Lau, et al., "3D Packaging With Through-Silicon Via (TSV) for Electrical and Fluidic Interconnections," *IEEE Transactions on CPMT*, Vol. 3, No. 2, February 2013, pp. 221–228.
[13] Lau, J. H., M. S. Zhang, and S. W. R. Lee, "Embedded 3D Hybrid IC Integration System-in-Package (SiP) for Opto-Electronic Interconnects in Organic Substrates," *ASME Transactions, Journal of Electronic Packaging*, Vol. 133, September 2011, pp. 1–7.
[14] Lau, J. H., "Critical Issues of 3D IC Integrations," *IMAPS Transactions, Journal of Microelectronics and Electronic Packaging*, First Quarter Issue, 2010, pp. 35–43.
[15] Lau, J. H., "Design and Process of 3D MEMS Packaging," *IMAPS Transactions, Journal of Microelectronics and Electronic Packaging*, First Quarter Issue, 2010, pp. 10–15.
[16] Lau, J. H., Lee, R., Yuen, M., and Chan, P., "3D LED and IC Wafer Level Packaging," *Journal of Microelectronics International*, Vol. 27, No. 2, 2010, pp. 98–105.
[17] Lau, J. H., "State-of-the-art and Trends in 3D Integration," *Chip Scale Review*, March/April, 2010, pp. 22–28.
[18] Lau, J. H., "TSV Manufacturing Yield and Hidden Costs for 3D IC Integration," *IEEE Proceedings of ECTC*, Las Vegas, NV, June 2010, pp. 1031–1041.
[19] Lau, J. H., Y. S. Chan, and R. S. W. Lee, "3D IC Integration with TSV Interposers for High-Performance Applications," *Chip Scale Review*, September/October, 2010, pp. 26–29.
[20] Yu, A., N. Khan, G. Archit, D. Pinjalal, K. Toh, V. Kripesh, S. Yoon, et al., "Development of Silicon Carriers with Embedded Thermal Solutions for High Power 3D Package," *IEEE Transactions on Components and Packaging Technology*, Vol. 32, No. 3, September 2009, pp. 566–571.
[21] Tang, G., O. Navas, D. Pinjala, J. H. Lau, A. Yu, and V. Kripesh, "Integrated Liquid Cooling Systems for 3D Stacked TSV Modules," *IEEE Transactions on Components and Packaging Technologies*, Vol. 33, No. 1, 2010, pp. 184–195.
[22] Khan, N., V. Rao, S. Lim, H. We, V. Lee, X. Zhang, E. Liao, et al., "Development of 3D Silicon Module With TSV for System in Packaging," *IEEE Transactions on CPMT*, Vol. 33, No. 1, March 2010, pp. 3–9.
[23] Lim, S., V. Rao, W. Hnin, W. Ching, V. Kripesh, C. Lee, J. H. Lau, et al., "Process Development and Reliability of Microbumps," *IEEE Transactions on CPMT*, Vol. 33, No. 4, December 2010, pp. 747–753.

[24] Selvanayagam, C., J. H. Lau, X. Zhang, S. Seah, K. Vaidyanathan, and T. Chai, "Nonlinear Thermal Stress/Strain Analysis of Copper Filled TSV (Through Silicon Via) and Their Flip-Chip Microbumps," *IEEE Transactions on Advanced Packaging*, Vol. 32, No. 4, November 2009, pp. 720–728.
[25] Lau, J. H., and Tang, G., "Thermal Management of 3D IC Integration with TSV (Through Silicon Via)," *IEEE Proceedings of ECTC*, San Diego, May 2009, pp. 635–640.
[26] Kim, B., T. Matthias, M. Wimplinger, P. Kettner, and P. Lindner, "Comparison of Enabling Wafer Bonding Techniques for TSV Integration," *ASME Paper No. IMECE2010-400002.*
[27] Akasaka, Y., "Three-dimensional IC Trends," *Proceedings of the IEEE*, Vol. 74, No. 12, December 1986, pp. 1703–1714.
[28] Akasaka, Y., and Nishimura, T., "Concept and Basic Technologies for 3D IC Structure," *IEEE Proceedings of International Electron Devices Meetings*, Vol. 32, 1986, pp. 488–491.
[29] Chen, K., S. Lee, P. Andry, C. Tsang, A. Topop, Y. Lin, J. Lu, et al., "Structure, Design and Process Control for Cu Bonded Interconnects in 3D Integrated Circuits," *IEEE Proceedings of International Electron Devices Meeting*, (IEDM 2006), San Francisco, CA, December 11–13, 2006, pp. 367–370.
[30] Liu, F., R. Yu, A. Young, J. Doyle, X. Wang, L. Shi, K. Chen, et al., "A 300-Wafer-Level Three-Dimensional Integration Scheme Using Tungsten Through-Silicon Via and Hyprid Cu-Adhesive Bonding," *IEEE Proceedings of IEDM*, December 2008, pp. 1–4.
[31] Yu, R., F. Liu, R. Polastre, K. Chen, X. Liu, L. Shi, E. Perfecto, et al., "Reliability of a 300-mm Compatible 3DI Technology Base on Hybrid Cu-adhesive Wafer Bonding," *Proceedings of Symposium on VLSI Technology Digest of Technical Papers*, 2009, pp. 170–171.
[32] Shigetou, A., T. Itoh, K. Sawada, and T. Suga, "Bumpless Interconnect of 6–um pitch Cu Electrodes at Room Temperature," In *IEEE Proceedings of ECTC*, Lake Buena Vista, FL, May 27–30, 2008, pp. 1405–1409.
[33] Tsukamoto, K., E. Higurashi, and T. Suga, "Evaluation of Surface Microroughness for Surface Activated Bonding," *Proceedings of IEEE CPMT Symposium Japan*, August 2010, pp. 147–150.
[34] Kondou, R., C. Wang, and T. Suga, "Room-temperature Si-Si and Si-SiN wafer bonding," *Proceedings of IEEE CPMT Symposium Japan*, August 2010, pp. 161–164.
[35] Shigetou, A., T. Itoh, M. Matsuo, N. Hayasaka, K. Okumura, and T. Suga, "Bumpless Interconnect Through Ultrafine Cu Electrodes by Mans of Surface-Activated Bonding (SAB) Method," *IEEE Transaction on Advanced Packaging*, Vol. 29, No. 2, May 2006, p. 226.
[36] Wang, C., and T. Suga, "A Novel Moire Fringe Assisted Method for Nanoprecision Alignment in Wafer Bonding," In *IEEE Proceedings of ECTC*, San Diego, CA, May 25–29, 2009, pp. 872–878.
[37] Wang, C., and T. Suga, "Moire Method for Nanoprecision Wafer-to-Wafer Alignment: Theory, Simulation and Application," *IEEE Proceedings of Int. Conference on Electronic Packaging Technology & High Density Packaging*, August 2009, pp. 219–224.
[38] Higurashi, E., D. Chino, T. Suga, and R. Sawada, "Au-Au Surface-Activated Bonding and Its Application to Optical Microsensors with 3D Structure," *IEEE Journal of Selected Topic in Quantum Electronics*, Vol. 15, No. 5, September/October 2009, pp. 1500–1505.
[39] Burns, J., B. Aull, C. Chen, C. Chen, C. Keast, J. Knecht, V. Suntharalingam, et al., "A Wafer-Scale 3D Circuit Integration Technology," *IEEE Transactions on Electron Devices*, Vol. 53, No. 10, October 2006, pp. 2507–2516.
[40] Chen, C., K. Warner, D. Yost, J. Knecht, V. Suntharalingam, C. Chen, J. Burns, et al., "Sealing Three-Dimensional SOI Integrated-Circuit Technology," *IEEE Proceedings of Int. SOI Conference*, 2007, pp. 87–88.
[41] Chen, C., C. Chen, D. Yost, J. Knecht, P. Wyatt, J. Burns, K. Warner, et al., "Three-dimensional integration of silicon-on-insulator RF amplifier," *Electronics Letters*, Vol. 44, No. 12, June 2008, pp. 1–2.
[42] Chen, C., C. Chen, D. Yost, J. Knecht, P. Wyatt, J. Burns, K. Warner, et al., "Wafer-Scale 3D Integration of Silicon-on-Insulator RF Amplifiers," *IEEE Proceedings of Silicon Monolithic IC in RF Systems*, 2009, pp. 1–4.
[43] Chen, C., C. Chen, P. Wyatt, P. Gouker, J. Burns, J. Knecht, D. Yost, et al., "Effects of Through-BOX Vias on SOI MOSFETs," *IEEE Proceedings of VLSI Technology, Systems and Applications*, 2008, pp. 1–2.
[44] Chen, C., C. Chen, J. Burns, D. Yost, K. Warner, J. Knecht, D. Shibles, et al., "Thermal Effects of Three Dimensional Integrated Circuit Stacks," *IEEE Proceedings of Int. SOI Conference*, 2007, pp. 91–92.
[45] Aull, B., J. Burns, C. Chen, B. Felton, H. Hanson, C. Keast, J. Knecht, et al., "Laser Radar Imager Based on 3D Integration of Geiger-Mode Avalanche Photodiodes with Two SOI Timing Circuit Layers," *IEEE Proceedings of Int. Solid-State Circuits Conference*, 2006, p. 16.9.
[46] Chatterjee, R., M. Fayolle, P. Leduc, S. Pozder, B. Jones, E. Acosta, B. Charlet, et al., "Three dimensional

chip stacking using a wafer-to-wfer integration," *IEEE Proceedings of IITC*, 2007, pp. 81–83.
[47] Ledus, P., F. Crecy, M. Fayolle, M. Fayolle, B. Charlet, T. Enot, M. Zussy, et al., "Challenges for 3D IC integration: bonding quality and thermal management," *IEEE Proceedings of IITC*, 2007, pp. 210–212.
[48] Poupon, G., N. Sillon, D. Henry, C. Gillot, A. Mathewson, L. Cioccio, B. Charlet, et al., "System on Wafer: A New Silicon Concept in Sip," *Proceedings of the IEEE*, Vol. 97, No. 1, January 2009, pp. 60–69.
[49] Lau, J. H., "Heart and Soul of 3D IC Integration," posted at 3D InCites on June 29, 2010, http://www.semineedle.com/posting/34277.
[50] Lau, J. H., "Who Invented the TSV and When?" posted at 3D InCites on April 24, 2010, http://www.semineedle.com/posting/31171.
[51] Gat, A., L. Gerzberg, J. Gibbons, T. Mages, J. Peng, and J. Hong, "CW Laser of Polyerystalline Silicon: Crystalline Structure and Electrical Properties," *Applied Physics Letter*, Vol. 33, No. 8, October 1978, pp. 775–778.

第7章 2.5D/3D IC集成

7.1 引　　言

与3D Si集成（见图7-1左侧）不同，3D IC集成（见图7-1右侧）被定义为采用TSV（硅通孔）和微凸点[1-63]在三维空间堆叠的任何符合摩尔定律的薄IC芯片，以实现高性能和密度、低功耗、高带宽、小尺寸和重量。对于3D IC集成，微焊料凸点（见第5章）在集成结构内随处可见。

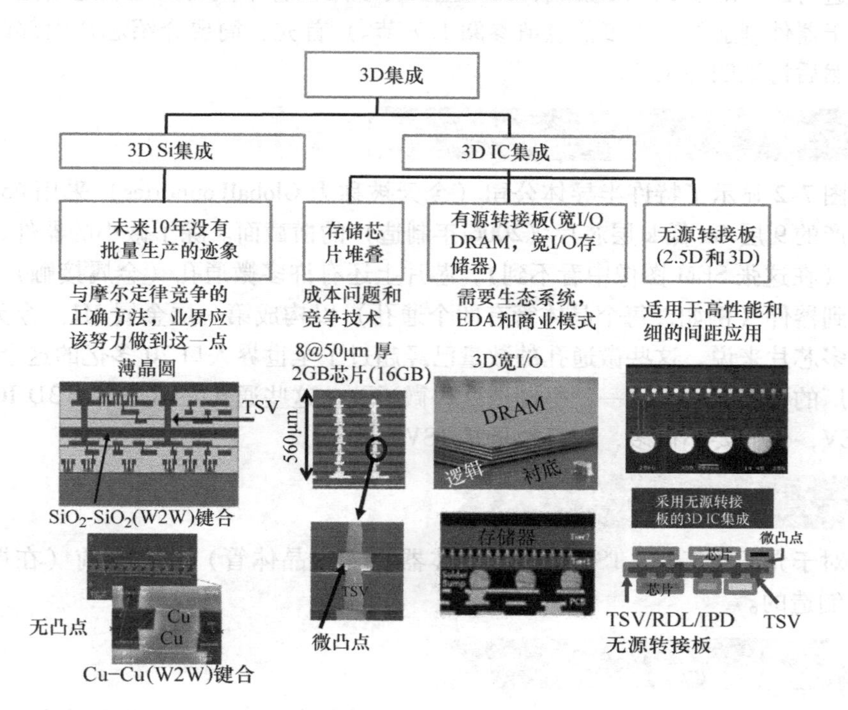

图7-1　3D Si集成和3D IC集成

今天不像35年前，如今大多数人喜欢3D IC集成，因为它比3D Si集成更容易制造。然而需要再次强调的是，3D Si 集成是与摩尔定律竞争的正确途径。业界应该努力开发6.6 节中提到的技术、6.7 节中提到的 EDA 和6.8 节中提到的组装工艺。）

如图 7-1 所示，有两种不同类型的转接板。一种是使用有源器件，如晶体管、TSV 和 RDL，称为有源转接板，例如，SoC/逻辑（带 TSV），以支撑/控制宽 I/O 存储器和宽 I/O DRAM（动态随机存取存储器）。另一种是采用 TSV 和 RDL（再分配层），但没有有源器件，称为无源转接板（也称为 2.5D IC 集成），例如，一个带 TSV 和 RDL 的伪硅片来支撑芯片（没有 TSV）。它们都可以使用 IPD（集成的无源器件）来提高电学性能。本章将讨论 3D IC 集成和 2.5D IC 集成。

7.2 3D IC 集成的 TSV 工艺

如前所述，对于 3D Si 集成，TSV 是在 Cu – Cu 键合之前和 SiO_2 – SiO_2 键合之后进行的。对于 3D IC 集成，TSV 至少可以用四种不同的工艺制造（这个定义是基于器件制造的，更多信息请参阅 1.7 节。）首先，简要介绍芯片内部的微通孔，然后讨论四种工艺。

7.2.1 芯片上的微通孔 ★★★

图 7-2 显示了特许半导体公司（今天被称为 GlobalFoundries）采用 65nm 工艺生产的 9 层 Cu 低 k 层芯片（2006 年制造）的横截面。除了微小的器件，如晶体管（在这张 SEM 图像中看不到），芯片上还有许多微通孔（金属接触）。它们连接到器件（例如，每个晶体管有四个通孔）以构成第一层金属 M1。今天，对于许多芯片来说，这些微通孔的数量已经超过了全世界人口 70 多亿的这个数目。代工厂的核心竞争力之一就是制造这些微通孔。这些通孔并不是用于 3D IC 集成的 TSV，他们要小得多，而且数量是 TSV 的数倍。

7.2.2 先通孔工艺 ★★★

对于先通孔工艺，TSV 是在半导体器件（如晶体管）植入之前（在裸晶圆上）制造的。

7.2.3 中通孔工艺 ★★★

对于中通孔工艺，TSV 是在器件和金属接触制造之后，金属层之前制造的，如图 7-3 所示。图 7-4 显示了通过中通孔工艺[40] 制造的 TSV 横截面的 SEM 图像。

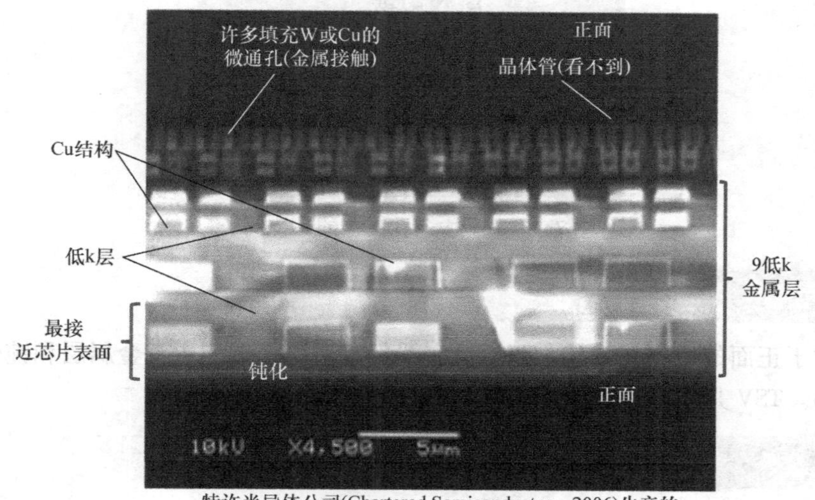

图 7-2　芯片（不是 TSV）中的微通孔（金属触点）

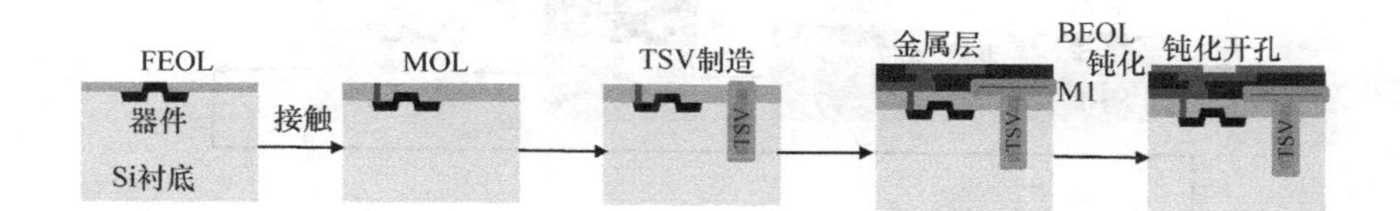

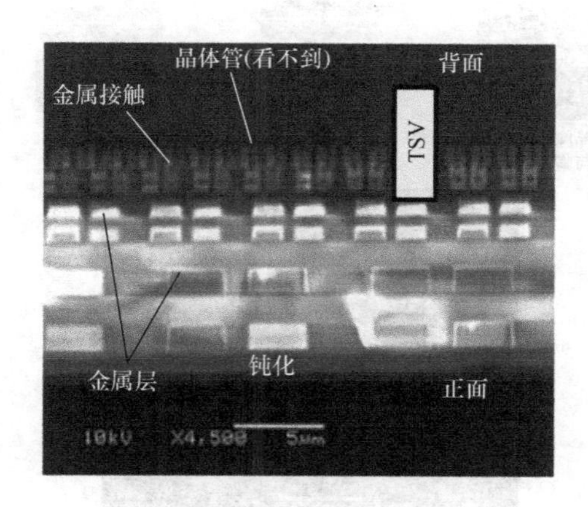

图 7-3　TSV 中通孔工艺

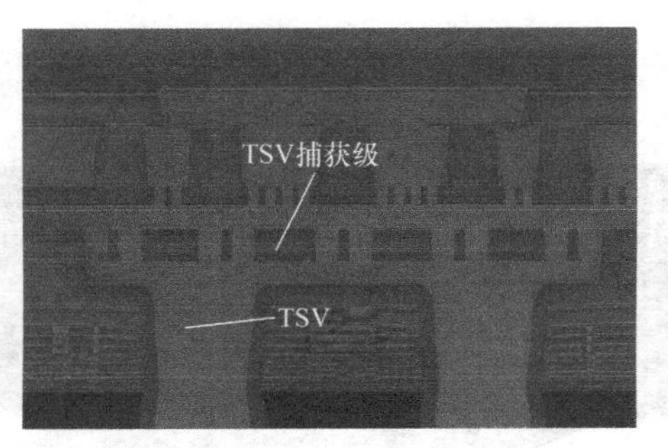

图 7-4 TSV 中通孔工艺的一个例子

7.2.4 正面后通孔工艺 ★★★

对于正面的后通孔工艺，TSV 是在器件和金属接触、所有金属层和钝化之后制造的。TSV 是从晶圆的正面制造的。

7.2.5 背面后通孔工艺 ★★★

对于背面的后通孔工艺，TSV 是在器件和金属接触、所有金属层和钝化之后制造的。TSV 是从晶圆的背面制造的，如图 7-5 所示。图 7-6 显示了从背面工艺[41]的后通孔制造的 TSV 横截面的 SEM 图像。

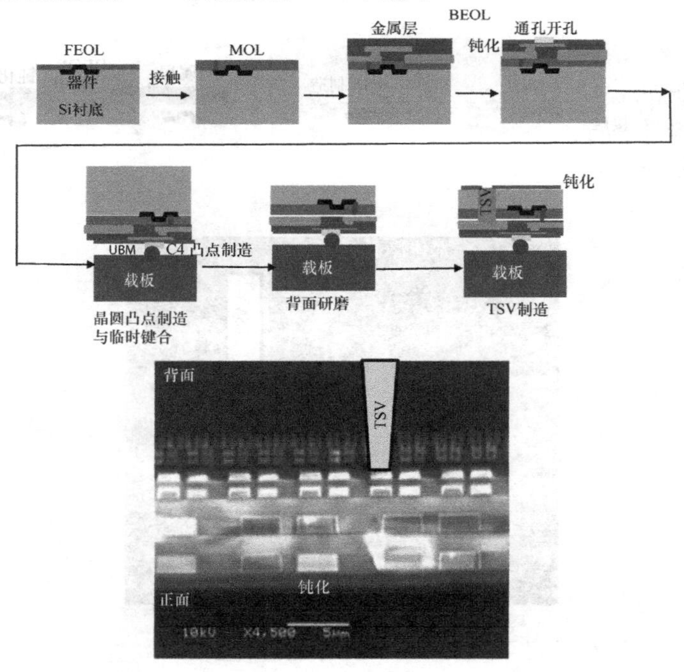

图 7-5 TSV 后通孔工艺（从背面）

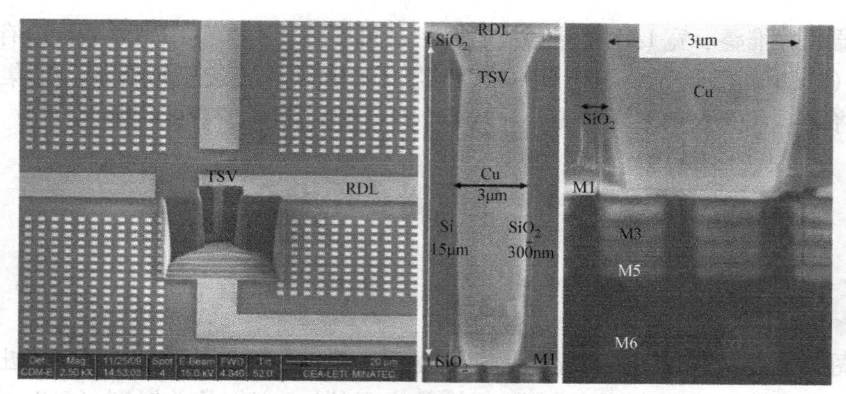

图 7-6 TSV 后通孔（从背面）工艺的一个例子

7.2.6 总结与建议 ★★★

如 1.7 节中讨论的那样，一些重要的结果和建议总结如下：

1）对于器件晶圆和大批量生产，TSV 应通过中通孔工艺和代工厂生产。

2）对于器件晶圆和大批量生产，制造 TSV 的成本不应超过制造（≤32nm）器件晶圆成本的 4%。

3）对于无器件晶圆，只需在伪 Si 晶圆上制造 TSV 即可。

7.3 3D IC 集成的潜在应用

图 7-1 右侧显示 3D IC 集成基本上由三组组成，即存储器芯片堆叠、有源转接板和无源转接板。3D IC 集成的潜在应用如图 7-7 所示，基本上分为四组，即

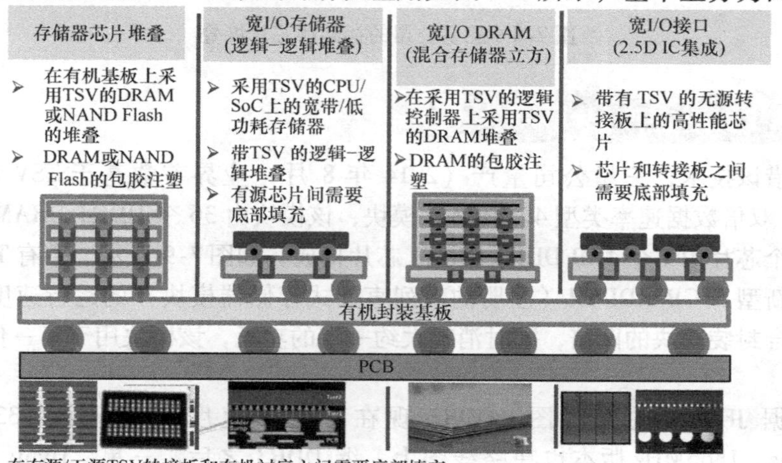

图 7-7 3D IC 集成的潜在应用

存储器芯片堆叠、宽I/O存储器或逻辑-逻辑堆叠、宽I/O DRAM或混合存储器立方（Hybrid Memory Cube，HMC）和宽I/O接口（转接板或2.5D IC集成）。这些将是本章的重点。同时简要介绍宽I/O 2和高带宽存储器（HBM）。

7.4 存储器芯片堆叠

7.4.1 芯片 ★★★

图7-7最左侧和图7-8显示了存储器芯片堆叠的最简单示例。可以看出，即使是8个芯片（三星公司在2006年堆叠实现的），它们的总厚度（560μm）仍小于普通芯片厚度（720μm）。这些芯片可以是少于100I/O（准确地说是78）的DRAM或NADA Flash。

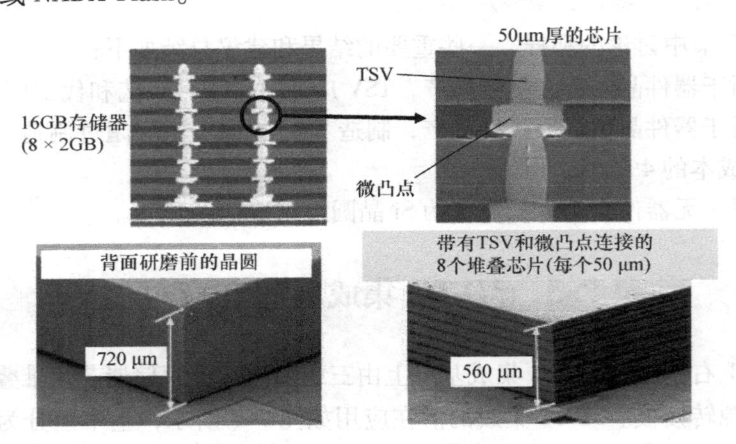

图7-8 三星公司的存储器芯片堆叠

7.4.2 潜在产品 ★★★

凭借该技术，三星公司量产（2014年8月）业界首款基于TSV的64GB DDR4（双倍数据速率类型4）DRAM模块，该模块由36个DDR4 DRAM芯片组成，每个芯片由4个4GB DDR4 DRAM芯片构成，如图7-9所示。带有TSV和微凸点的新型64GB RDIMM（注册的双列直插式存储器模块）的运行速度是使用引线键合封装模块的两倍，同时消耗大约一半的功耗，该模块用于下一代服务器应用。

根据JEDEC的路线图，DDR3现在有两个速度等级，即1333MHz和1600MHz，1866MHz版本也在路线图上。继DDR3之后，三星、Hynix、Micron等公司正在开发基于下一代接口DDR4的单片器件。首批DDR4 DRAM将采用

注册的双列直插存储器模块(RDIMM)

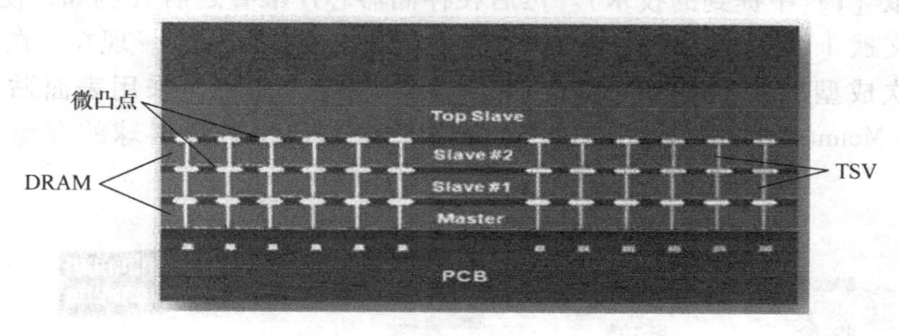

服务器群

图 7-9　三星公司用于服务器应用的采用 TSV 的 DDR4 RDIMM

4GB 密度和 2xnm 工艺。根据 JEDEC 的路线图，这些器件将分别在 2133MHz 和 2400MHz 下运行，预计将于 2015 年交付，3200MHz 和 16GB 版本将于 2020 年发布。基于 1.2V 技术和 16 单元架构，预计 DDR4 将比 DDR3 减少 30% ~40% 的功耗。DDR4 还具有 VDDQ DQ 终止、用于 x4 器件的 50 万页大小、新的 RAS 和使用通用连接器的 SODIMM 上纠错功能。

为什么要将 TSV 应用到下一代服务器？如图 7-9 所示，在服务器群系统中，微处理器过去常常消耗大量能量。然而，DRAM 现在也有责任，因为存储器占用了服务器功耗的 30% 以上。TSV 可以降低功耗，节约能源，提供绿色环境。

为什么不在智能手机和平板电脑等大批量消费品中使用 TSV 来堆叠存储器芯片？不幸的是，这是由于成本问题和竞争技术，如图 1-4 所示的引线键合。

7.4.3 组装工艺 ★★★

存储器芯片堆叠的组装工艺如图7-10所示。在制造TSV之后（例如，使用第2章参考文献［1］中提到的技术），执行微焊料晶圆凸点制造（例如，使用第5章参考文献［1］中提到的技术）和薄晶圆拿持和切割（例如，使用第5章参考文献［1］中提到的技术）。然后在存储器芯片堆叠之后（例如，使用第8章参考文献［1］中所示的技术），将它们组装在有机基板上。现在，在存储器芯片二次成型后，在基板的底部进行焊料球安装。最后，采用表面贴装技术（Surface Mount Technology，SMT）在PCB上组装出带有焊料球的存储器堆叠模块。

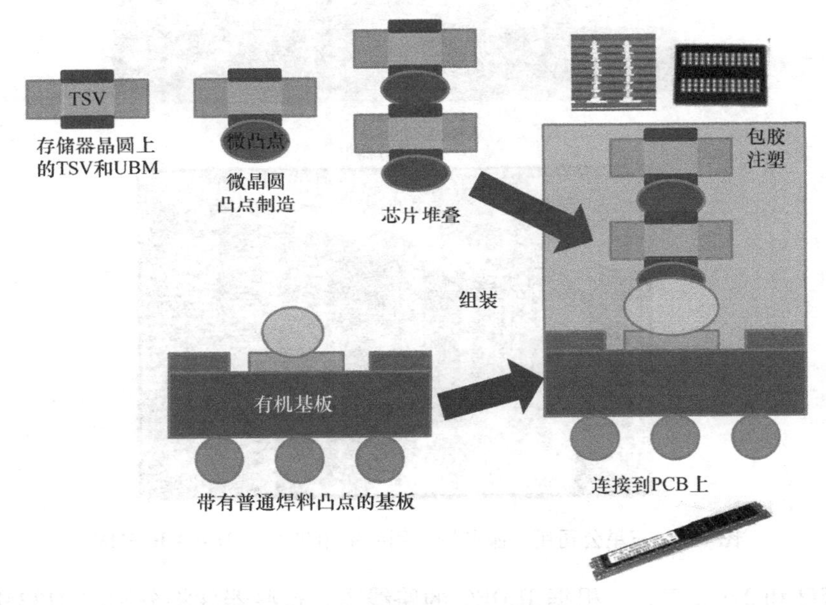

图7-10 存储器芯片堆叠的组装工艺

7.5 宽I/O存储器或逻辑–逻辑堆叠

7.5.1 芯片 ★★★

图7-7的左二显示了一个宽I/O存储器。它由一个低功耗和宽带宽的存储器组成，通常具有超过数千个接口引脚。该存储器由带有TSV的CPU/逻辑或SoC（片上系统）支持。需要注意的是，这个存储器芯片与7.4节中的存储器芯片有很大不同，通常有超过1000个I/O。

7.5.2　潜在产品 ★★★

图 7-11 显示了 Intel 的一项技术路线图[64]，其中显示了直接连接在 CPU/逻辑/SoC 顶部的存储器芯片可以获得最佳带宽和最佳电学性能。图 7-12 示意性地显示了一个可能的结构[22]。由于移动产品的需要，三星公司通过中通孔工艺制造并发布了带有 TSV 的样品，如图 7-13 所示。从图 7-13 可以看出，与采用 LP-DDR2 存储器技术（无 TSV）的 3D IC FC－PoP（倒装芯片叠层封装）相比，采用 TSV 和宽 I/O 存储器的功耗（44mW）仅为没采用 TSV 的 FC－PoP（176mW）的 1/4。

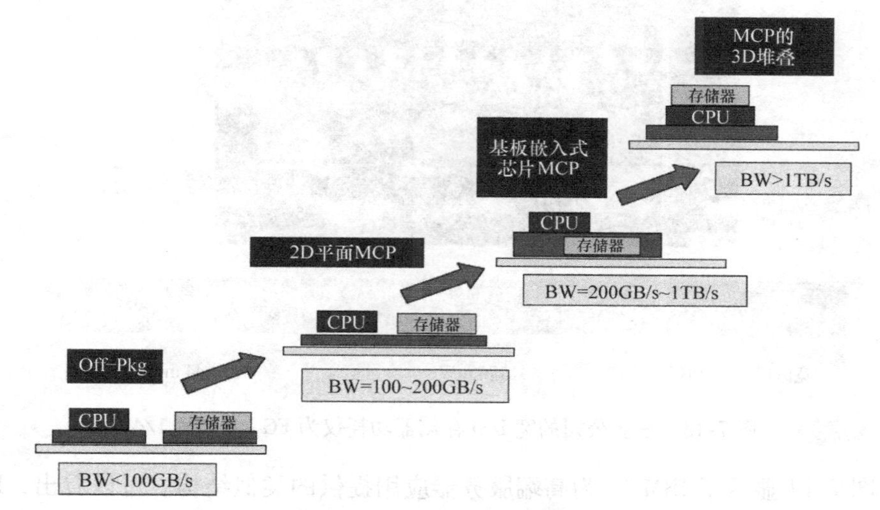

图 7-11　Intel 高密度、高性能和宽 I/O 封装结构

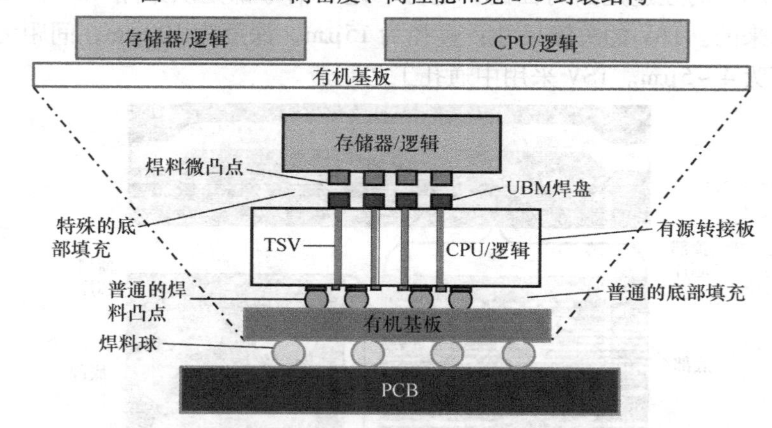

图 7-12　低功耗和更宽的带宽存储器（数千个接口引脚）正好在采用 TSV 的 SoC/逻辑的顶部（宽 I/O 存储器的一个例子）

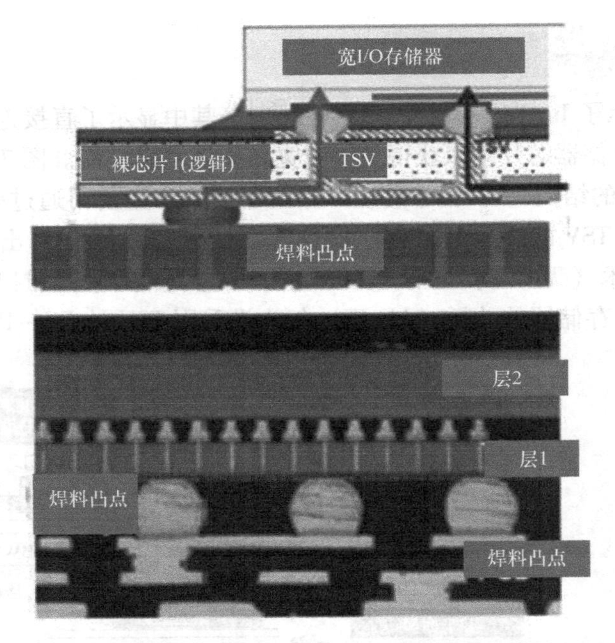

	采用LPDDR2的传统3D IC封装(FC-PoP)	采用宽I/O存储器的TSV-SiP
宽I/O存储器功耗	176 mW	44 mW

图 7-13　三星公司的宽 I/O 存储器功耗仅为 FC－PoP 的 1/4

图 7-14 显示了 IBM[40] 为高端服务器应用提供的类似结构。可以看出，IBM 的芯片对芯片的互连是面对面的，电源、地和信号都是从采用 TSV 的底部芯片的背面出来的。TSV 的关键尺寸：直径为 15μm，深度为 100μm，间距为 50μm，环形铜环为 4～5μm。TSV 采用中通孔工艺制造。

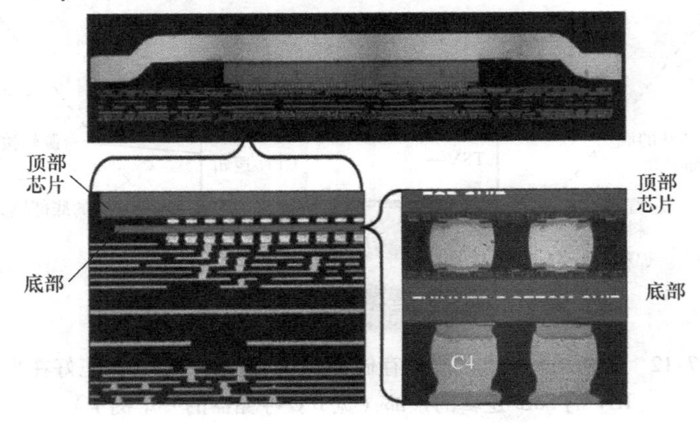

图 7-14　IBM 采用 TSV 中通孔工艺制造的宽 I/O[45]

宽 I/O 存储器是否已投入量产？答案是没有。供应链基础设施，包括行业标准、供应链商业模式和有竞争力的价格还没有准备好。此外，可以使用更便宜的解决方案，如面对面和芯片到芯片互连（不使用 TSV），即使它们的性能不如采用 TSV 的解决方案。更多信息请阅读第14 章。

7.5.3 组装工艺 ★★★

图 7-15 显示了图 7-13 所示三星公司产品结构的组装工艺。基本上，有三个关键任务：①晶圆厂工艺，例如 TSV 制造、金属化和晶圆上 C4（可控的塌陷芯片连接）凸点的制造，以及载板晶圆的临时键合；②晶圆厂后工艺，如 TSV Cu 露出和微凸点制造；③封装组装，例如存储器芯片上的晶圆微凸点制造，C2W（芯片到晶圆）键合、底部填充、键合剥离、切割和倒装芯片组装两次（一次在存储器芯片和 SoC 之间采用微凸点，另一次在 SoC 和有机基板之间采用 C4 凸点）。有趣的是，三星的 SoC 不像 IBM 的 SoC 那样与存储器芯片面对面。

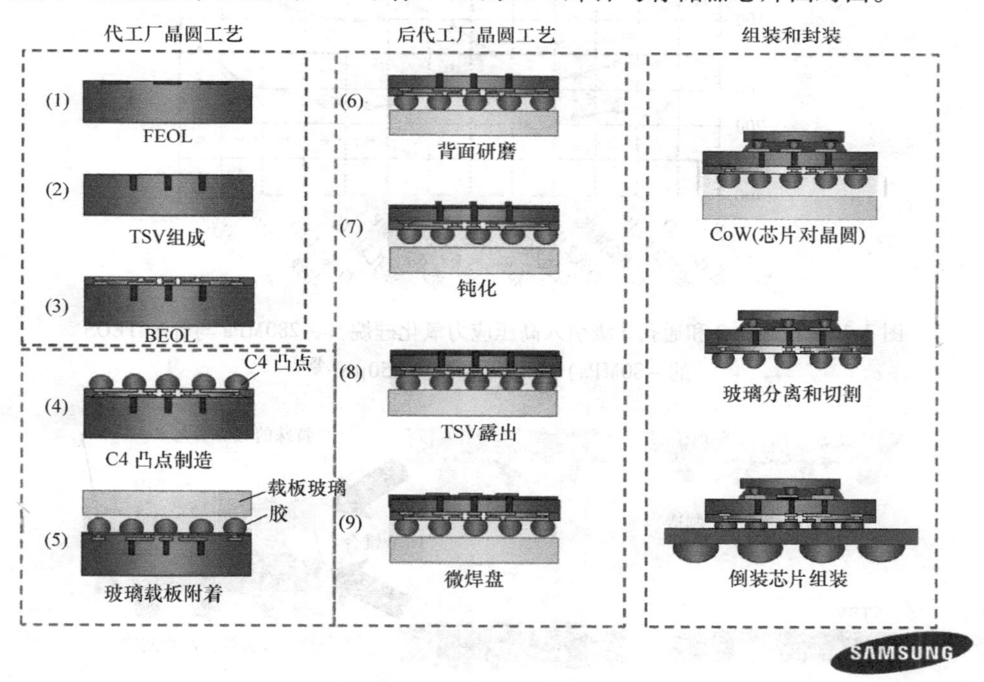

图 7-15　制造三星宽 I/O 存储器的工艺步骤如图 7-13 所示

类似于三星公司的中通孔工艺，IBM 在 FEOL 之后通过 DRIE[40] 制造 TSV。然后用 PECVD 制备共形氧化层，PVD 制备阻挡层和种子层，电镀 Cu 用于填充通孔，以及 CMP 用于去除多余的铜。淀积用于接触层金属的介质，然后按惯例

定义顶层金属层。IBM 使用了一种与节点无关（中通孔）的 TSV，该 TSV 与器件芯片的上部金属层接触（使用 90nm 到 32nm 的 HKMG 工艺制造）。通过这种方法，TSV 在接触层以下有 3～9 个金属层，并且必须处理 k 值范围从 4.1 降至 2.4 的介质，以及体和 SOI 晶圆。制造带 TSV 的晶圆时，翘曲一直是一个大问题。IBM 刚刚完成 M3 时，翘曲达到了 250，如图 7-16 所示。IBM 的解决方案是使用一种压缩氧化物在通孔 2 和通孔 3 级期间将晶圆拉平。IBM 使用玻璃作为其薄晶圆拿持的支撑晶圆。在 Cu 露出后，IBM 在形成和定义 RDL 之前淀积并图形化保护性的氧化物/氮化物。他们做了一些热循环测试，到目前为止结果很好。最后，将焊料球附着在有机基板的底部，然后在 PCB 上进行 SMT 组装，如图 7-17所示。

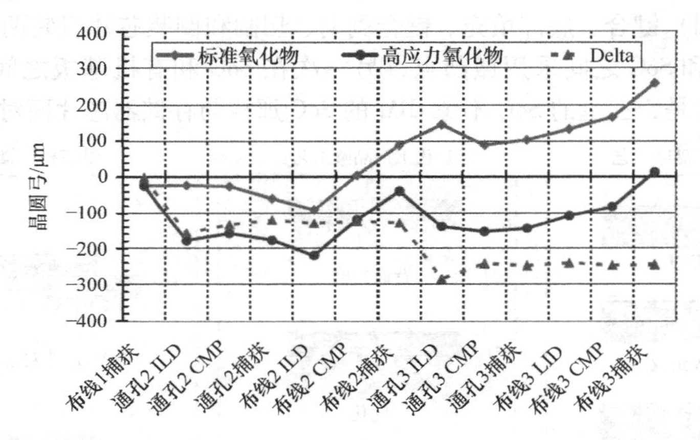

图 7-16　在通孔 2 和通孔 3 级引入高压应力氧化硅烷（－280MPa 与标准 TEOS 的－80MPa）可使弓形减少 250μm[45]

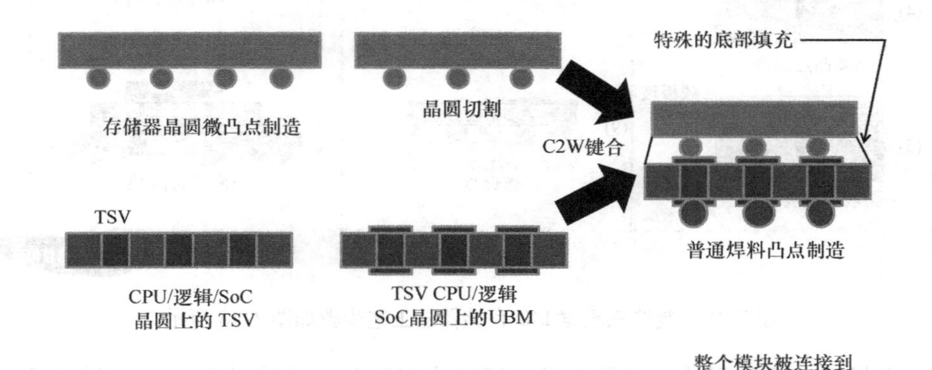

图 7-17　典型的宽 I/O 存储器的组装工艺

7.6　宽 I/O DRAM 或混合存储器立方

7.6.1　芯片 ★★★

图 7-7 中右二显示了一个宽 I/O DRAM。三星公司至少 5 年来就该主题发表了许多论文，例如本章参考文献［48］，最近在 2011 年 2 月旧金山的 IEEE ISSCC 上，他们展示了第一个采用 TSV（见图 7-18 ~ 图 7-20）[49] 的主逻辑芯片上的两个 DRAM 样品。对于这个 DRAM，接口引脚的数目大约是 1000 个。JEDEC（JESD229）将其设为 1200，如图 7-21 所示。请注意，三星公司样品的 TSV 笼面积几乎是 DRAM 芯片尺寸的 15%。TSV 技术与 PoP 技术（无 TSV）相比，尺寸可减小 35%，功耗可减小 50%，带宽可增加 8 倍，如图 7-22 所示。同样，这些 DRAM 接口引脚的标准是 1200，这比 7.4 节中提到的存储器芯片堆叠要多出许多倍。

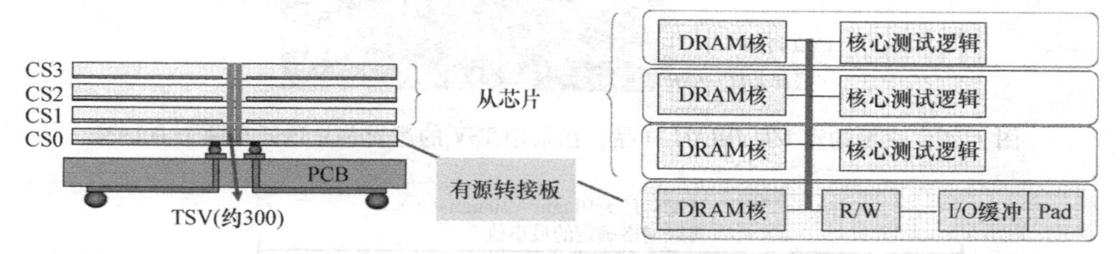

图 7-18　三星公司的带存储器立方的宽 I/O DRAM 和采用 TSV 的 SoC/逻辑主芯片

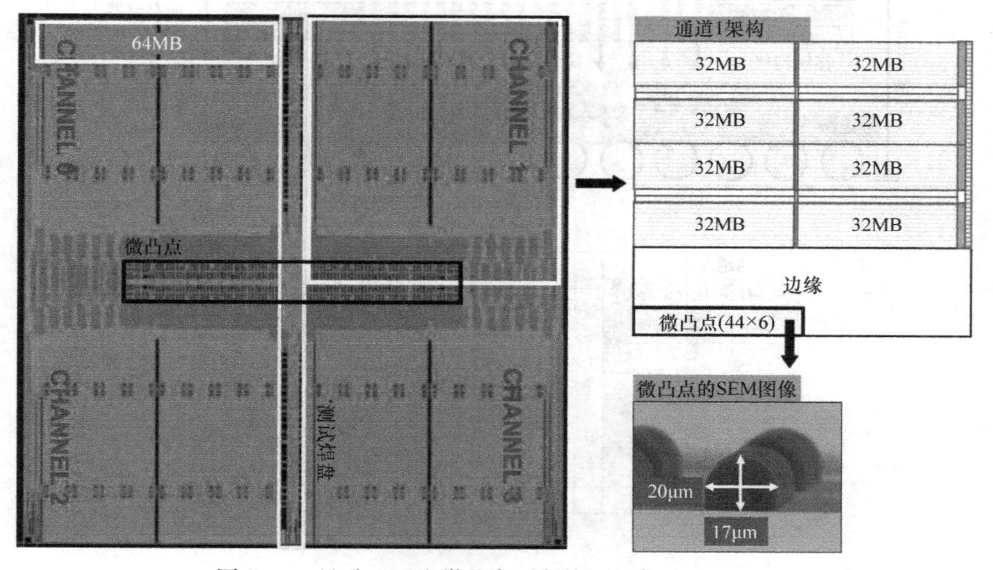

图 7-19　显示 TSV 和微凸点面积的三星宽 I/O DRAM

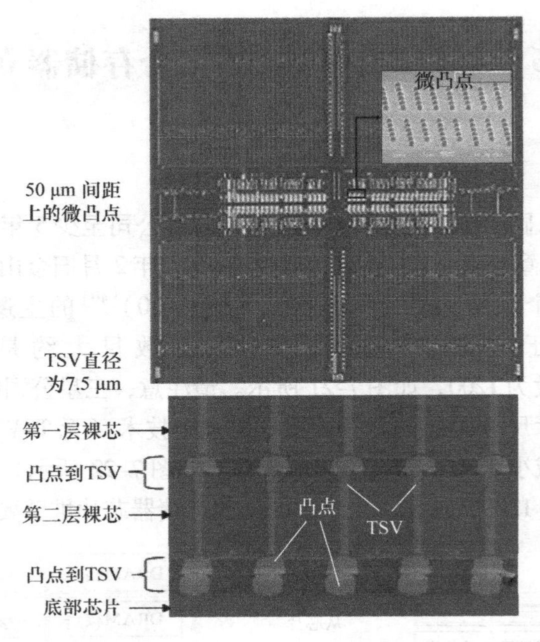

图 7-20　三星的宽 I/O DRAM 样品，在采用 TSV 的逻辑芯片顶部有两个 DRAM

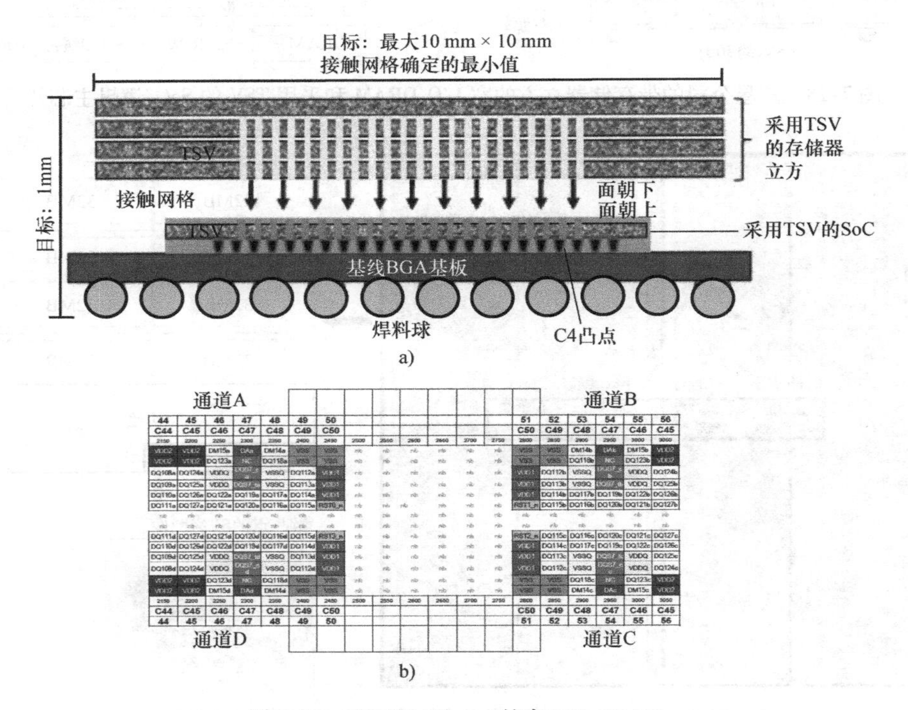

图 7-21　JEDEC/Micron 的宽 I/O DRAM

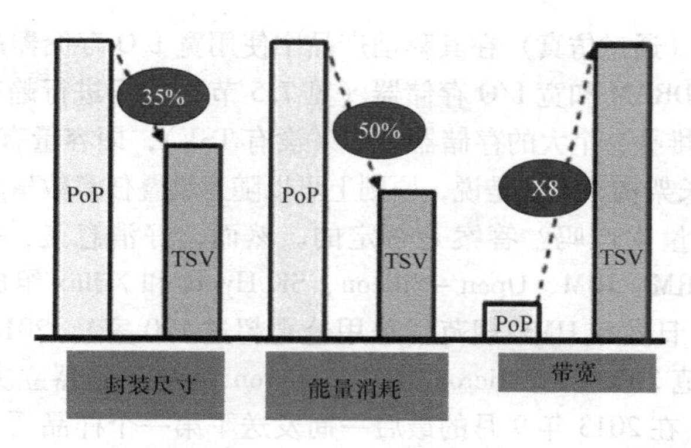

图 7-22 三星的宽 I/O（与 PoP 相比）导致尺寸减小 35%，功耗降低 50%，而带宽增加 8 倍

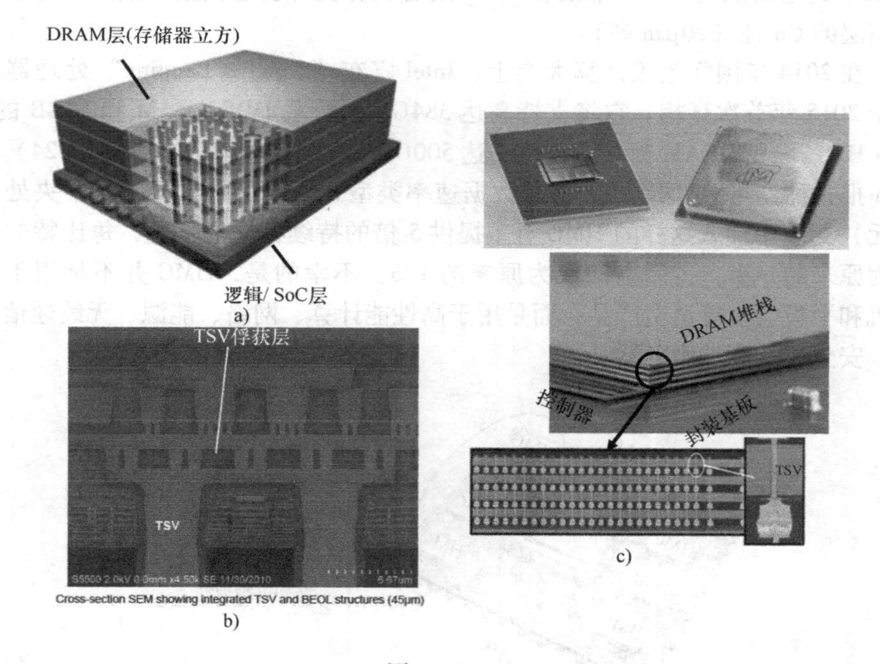

图 7-23

a）混合存储器立方 b）IBM 将制造 SoC/逻辑芯片 c）Micron 将制造存储器立方

7.6.2 潜在产品 ★★★

采用 TSV 的宽 I/O DRAM 非常适合移动产品，如智能手机和平板电脑以及游戏，因为它们对带宽和密度的渴望。如 1.5.4 节所示[1]，如果 TSV 以 x512 位数据速率通过 4（DDR3－1600）DRAM 堆叠，则可以有一个 102GB 的总存储器带宽。

一直致力于（通过仿真）在其移动产品中使用宽 I/O 存储器的人们正在重新思考并在宽 I/O DRAM 和宽 I/O 存储器（见 7.5 节）之间进行趋势转换，因为后者只能在 SoC 上堆叠一个大的存储器芯片（没有 TSV），即容量有限。不像宽 I/O DRAM，它是增长架构，也就是说，原则上可以随意堆叠任意数量的 DRAM。

现在是大批量生产吗？答案是否定的。然而，好消息是：①Micron、Samsung、Altera、ARM、IBM、Open－Silicon、SK Hynix 和 Xilinx 组成了 HMC 财团；②2013 年 4 月 2 日发布 HMC 规范（采用公司超过 120 家），2014 年 11 月 26 日修订（HMC 规范 2.0）；③Micron/IBM（Micron 负责存储器立方，IBM 负责逻辑，见图 7-23）在 2013 年 9 月的最后一周发送了第一个样品（见图 7-23）。它是一个 HMC，由 4 个 DRAM 组成，每个 DRAM 都采用 >2000 TSV 堆叠在一个采用 TSV 的逻辑控制器上。然后将 HMC 附着在有机封装基板上。微凸点是带有焊料帽层的 Cu 柱（20μm 高）。

在 2014 年国际超级计算大会上，Intel 宣布“Knights Landing”处理器单元将于 2015 年首次亮相。它将支持高达 384GB 的板载 DDR4 RAM 和 16GB 的 Micron HMC 堆叠 DRAM 封装，提供高达 500GB/s 的存储器带宽（见图 7-24）。Micron 报告称，与 GDDR5（图形双数据速率类型 5）相比，在 CPU（中央处理器单元）封装中加入这样的 HMC 有望提供 5 倍的持续存储器带宽，每比特的能量仅为原来的一半，占用空间仅为原来的 1/3。不幸的是，HMC 并不是用于智能手机和平板电脑等消费产品，而是用于高性能计算、网络、能源、无线通信、交通、安全以及高端服务器。

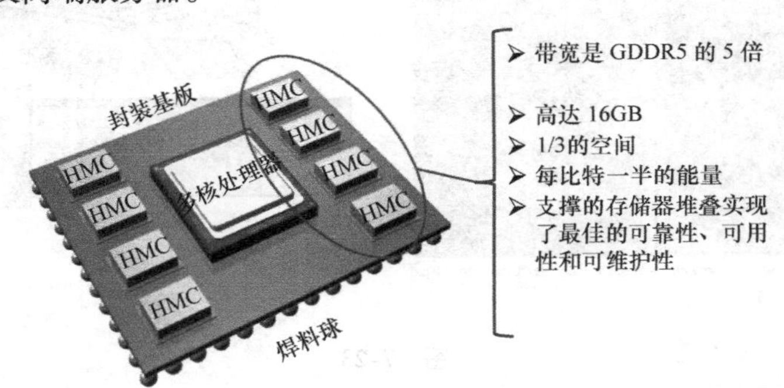

图 7-24　Intel 的带有 Micron HMC 的 Knights Landing 处理器单元

7.6.3　组装工艺 ★★★

宽 I/O DRAM 的组装工艺（见图 7-25）与图 7-10 和图 7-17（概念和原理图）非常相似。第 2～9 章中提到的所有关键的实现技术[1]，如通孔形成，介质淀积、阻挡层和种子层淀积、通孔填充、CMP、TSV 露出、薄晶圆拿持、金属

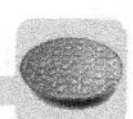

化、UBM（凸点下冶金）、微焊料晶圆凸点制造和组装、C2C（芯片到芯片）和C2W 键合、热管理等，可用于制造宽 I/O DRAM 或 HMC 产品。

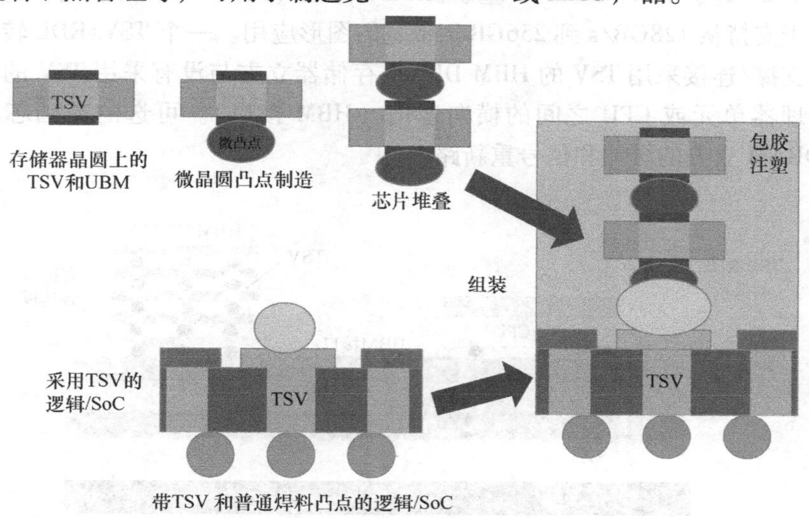

图 7-25　典型宽 I/O DRAM 的组装工艺

7.7　宽 I/O 2 和高带宽存储器

图 7-26 示意性地显示了 JEDEC 标准（JESD229 - 2）提供的宽 I/O 2。如图 7-26所示，DRAM 上的微凸点被划分为 4 个象限，信号水平和垂直镜像分配，其中还显示了面阵列的凸点间距（40μm）。每个象限的尺寸为 2880μm × 200μm，

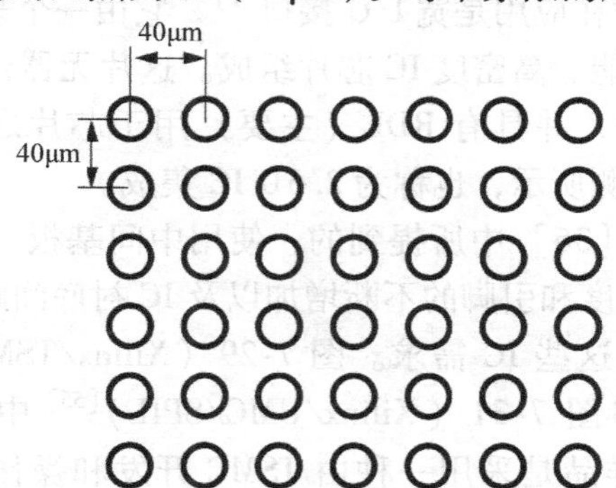

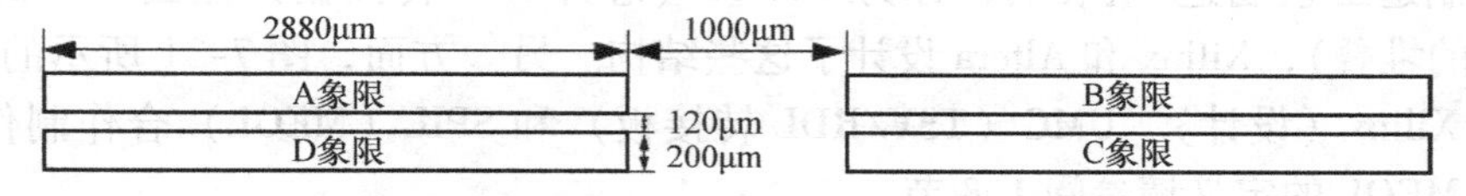

图 7-26　宽 I/O 2，在 x 和 y 方向 TSV 的间距为 40μm

在 x 方向（1000μm）和 y 方向（120μm）的象限之间有一个空间。

图 7-27 显示了 Hynix/AMD 基于 JEDEC 标准（JESD235）开发的 HBM 系统。它适用于支持从 128GB/s 到 256GB/s 带宽的图形应用。一个 TSV/RDL 转接板主要用于支撑/连接采用 TSV 的 HBM DRAM 存储器立方与没有采用 TSV 的 SoC 如图形处理器单元或 CPU 之间的横向通信（HBM 接口）。可选的基础芯片用于 HBM DRAM 立方的缓冲和信号重新路由。

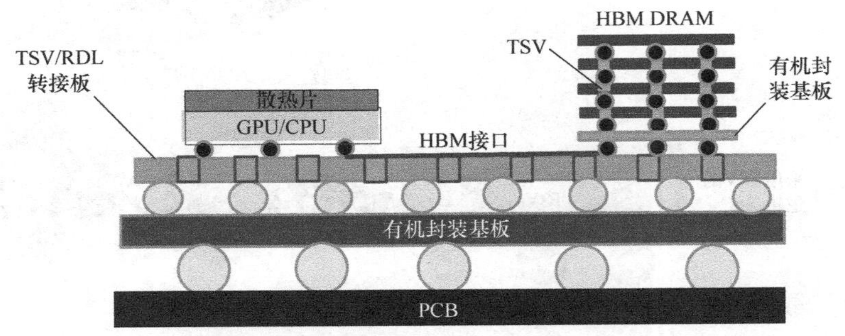

图 7-27　高带宽存储器，DRAM 存储器立方通过 HBM 接口连接到 CPU 或 GPU

7.8　宽 I/O 接口（2.5D IC 集成）

3D IC 集成的一个潜在应用是宽 I/O 接口[1]，它由一个采用 TSV 的无器件硅片和没采用 TSV 的高性能、高密度 IC 芯片组成。这片无器件硅片（也称为无源转接板）用于支撑芯片，并具有 RDL（主要）用于芯片之间的横向通信，如图 7-28和图 7-7 的最右侧所示，也称为 2.5D IC 集成。

正如本章参考文献［36］中所提到的，使用中间基板（无源转接板）的关键原因之一是由于 IC 密度和引脚的不断增加以及 IC 衬底间距和尺寸的缩小，传统的封装基板无法支撑这些 IC 需求。图 7-29（Xilinx/TSMC）[50-52]、图 7-30（Altera/TSMC）[53-54] 和图 7-31（Xilinx/UMC/SPIL）[55] 中显示了一些示例。图 7-29和图 7-30 中的样品是采用一种由 TSMC 开发和操作的一站式（垂直集成）制造工艺制造/组装的，称为 CoWoS（芯片－（转接板）晶圆－（封装）基板的堆叠），Xilinx 和 Altera 设计了这些结构。另一方面，图 7-31 所示的样品是由 Xilinx（设计）、UMC（TSV/RDL 转接板）和 SPIL（MEOL）合作制作的。有关 MEOL 的定义请参阅 1.8 节。

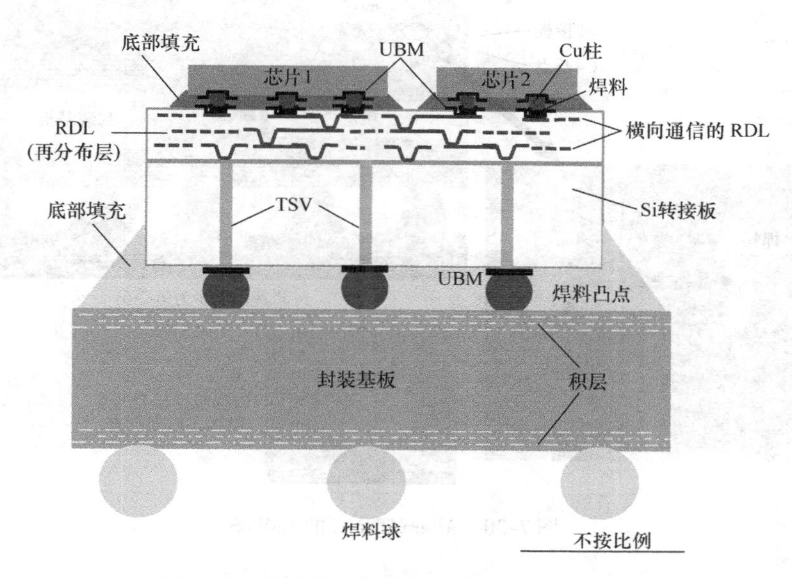

图 7-28　封装基板上的 TSV/RDL 无源转接板

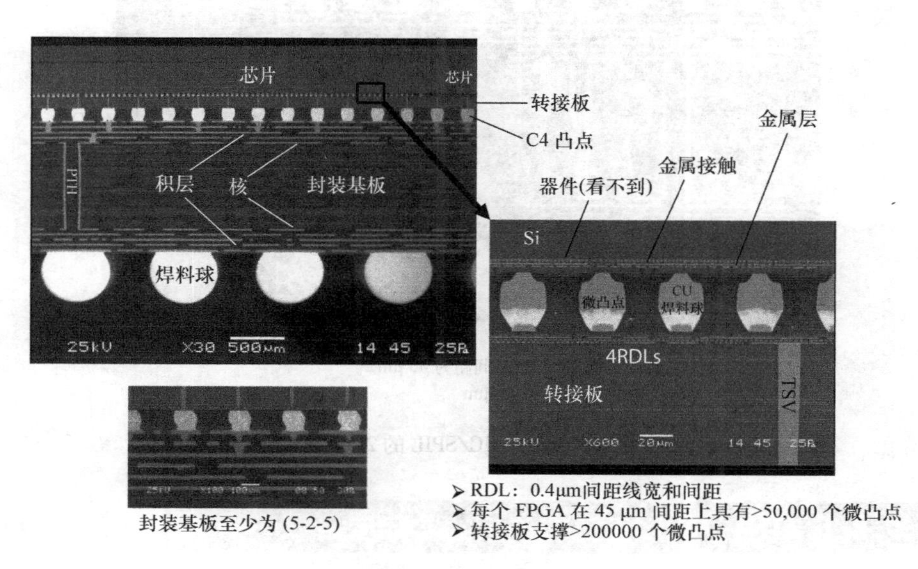

图 7-29　Xilinx/TSMC 的 CoWoS

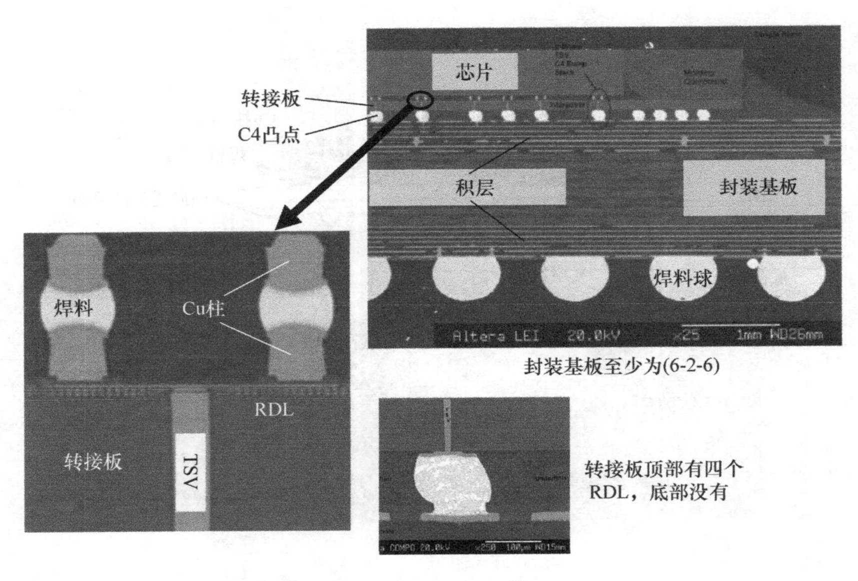

图 7-30　Altera/TSMC 的 CoWoS

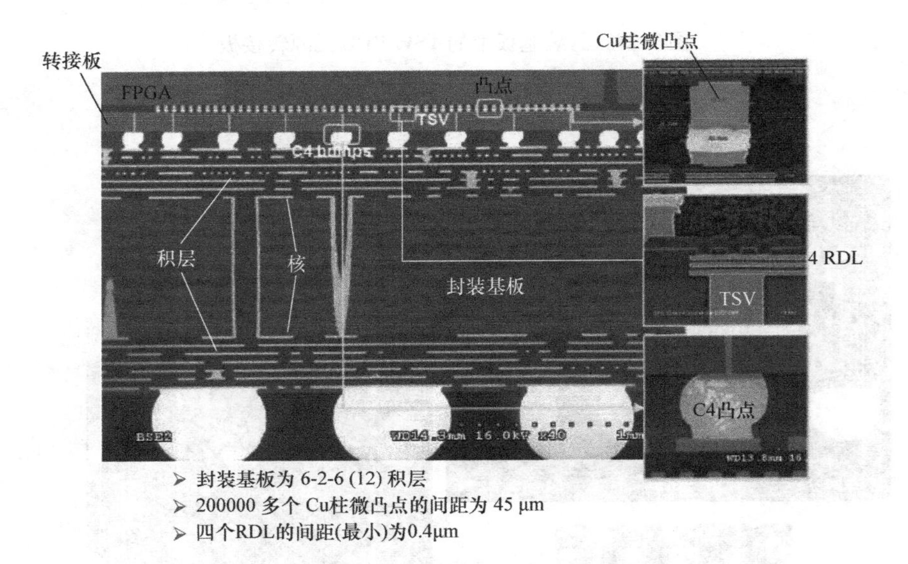

图 7-31　Xilinx/UMC/SPIL 的 2.5D IC 集成

7.8.1　TSV/RDL 无源转接板的实际应用 ★★★

在所有这些样品中，从图 7-29 ~ 图 7-31 可以看出，即使封装基板上有 12 个积层（6 - 2 - 6），它仍然不足以支撑四个 28nm FPGA 芯片。此外，还需要一

个具有四个顶部 RDL（三个 Cu 大马士革层和一个铝层）的 TSV（10μm 直径）硅转接板（100μm 深）。为什么？如图 7-32 所示，为了获得更好的器件制造良率（节省成本），由 TSMC 的 28nm 工艺技术制成的一个非常大的 SoC 被切割成四个较小的 FPGA 芯片。FPGA 芯片之间的 10000 + 个横向互连主要通过转接板的 0.4μm 间距（最小）RDL 连接。RDL 和钝化层的最小厚度约为 1μm。每个 FPGA 有超过 50000 个带有焊料帽层微凸点（转接板上 200000 + 微凸点）的 Cu 柱，间距为 45μm，如图 7-29 ~ 图 7-31 所示。因此，无源 TSV/RDL 转接板适用于极细间距、高 I/O、高性能和高密度半导体 IC 应用。

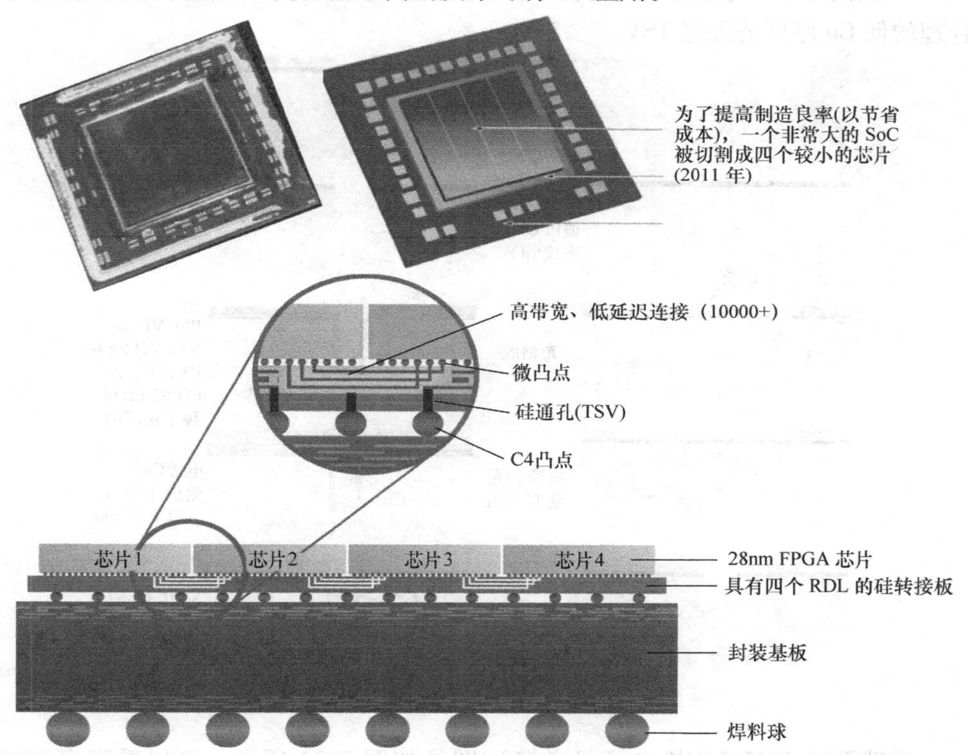

图 7-32 采用 TSMC 的 28nm 工艺技术制造的一个非常大的 SoC 被切割成四个较小的 FPGA 芯片，芯片的横向通信主要由转接板顶部的四个 RDL 执行

7.8.2 转接板的制造 ★★★

转接板的制造包括两个关键任务，即 TSV 的制造和 RDL 的制造。

7.8.3 TSV 的制造 ★★★

TSV 的制造工艺如图 7-33 所示，该工艺从通过热氧化或等离子体增强化学气相淀积（Plasma Enhanced Chemical Vapor Deposition，PECVD）形成 SiN_x/SiO_x 绝缘层开始，如图 7-33 所示。经过光刻胶和 TSV 光刻后，通过 Bosch 型深反应离子刻蚀（Deep Reaction Ion Etch，DRIE）[56] 将 TSV 刻蚀到 Si 衬底，形成高深宽比（10.5）的通孔结构。然后，通过亚大气化学气相淀积（Subatmosphere Chemical Vapor Deposition，SACVD）、Ta 阻挡层和物理气相沉积（Physical Vapor Deposition，PVD）[57] 对蚀刻的 TSV 结构进行 SiO_x 衬垫处理，镀铜填充 TSV 结构。最终的盲 TSV 的顶部开孔直径约为 10μm，深度约为 105μm，深宽比为 10.5。在如此高深宽比的通孔结构中，采用自下而上的电镀机制来确保场区具有合理的低 Cu 厚度的无缝 TSV。

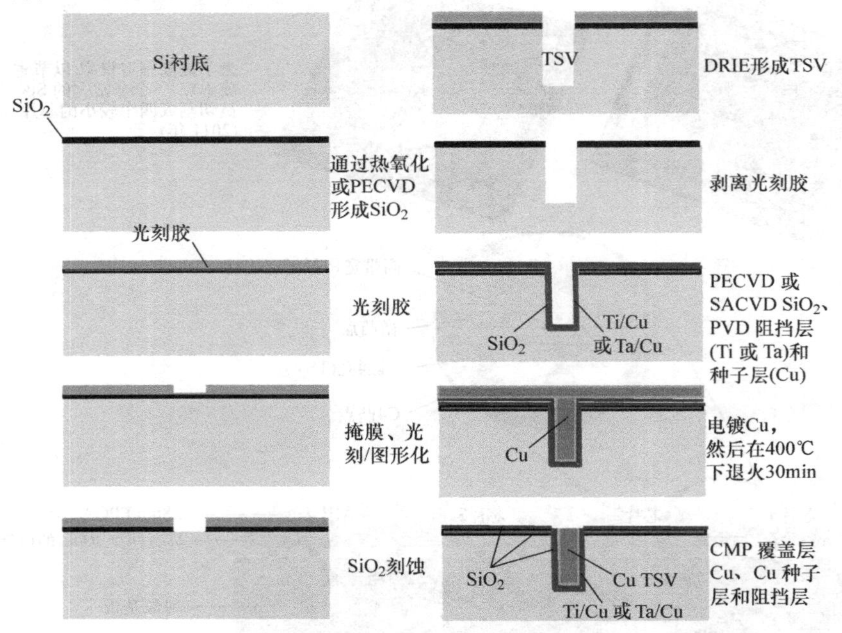

图 7-33　TSV 制造工艺流程

横截面的 SEM（扫描电子显微镜）图像如图 7-34 所示，可以看到底部的 TSV 直径略有减小，这是蚀刻工艺中所预期的。场区 Cu 的厚度 <5μm，电镀后在 400℃ 下进行 30min 退火。为了完成 TSV 工艺，通过 CMP（化学 - 机械抛光）[58] 去除场区多余的 Cu。

7.8.4 RDL 的制造 ★★★

至少有两种方法可以制造 RDL[4]。第一种方法是使用聚合物，如聚酰亚胺（PI）PWDC 1000（道康宁）、苯并环丁烯（BCB）环烯 4024 - 40（陶氏化学）、聚苯并双恶唑（PBO）HD - 8930（高清微系统）和氟化芳香族 AL - X 2010（朝

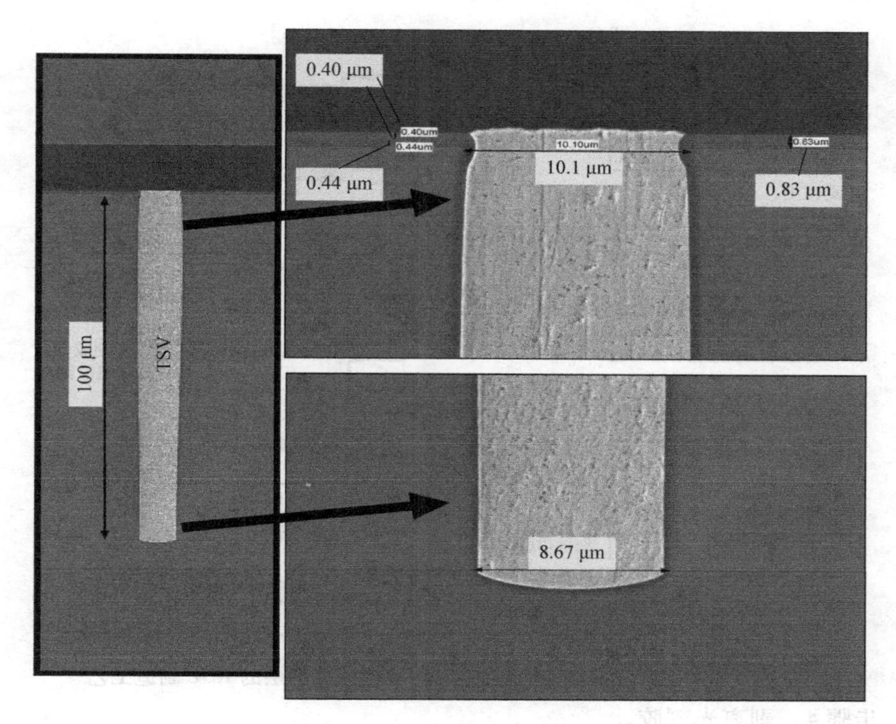

图 7-34 TSV 横截面的 SEM 图像

日玻璃公司）制造钝化层，而电镀（如 Cu）制造金属层。这种方法已被 OSAT（外包半导体组装和测试）用于制造 RDL（不使用半导体设备），用于晶圆级（扇入）芯片规模封装[65,66]、嵌入式晶圆级（扇出）球栅阵列封装[67]和（扇出）再分布芯片封装[68]。第二种方法是 Cu 大马士革方法，主要是从传统的半导体后道工艺改进而来制造 Cu 金属 RDL，如图 7-29 ~ 图 7-31 所示。一般来说，采用 Cu 大马士革方法可以得到更薄的结构（介质层和 Cu RDL）、更细的间距、更小的线宽和间距。首先介绍聚合物/镀 Cu 方法，然后介绍 Cu 大马士革方法。

7.8.5 RDL 的制造——聚合物/电镀 Cu 方法 ★★★

继续图 7-33 中的晶圆，使用聚合物的 RDL 的制造工艺如图 7-35 所示，步骤如下（也包括 UBM）：

步骤 1：在晶圆上旋涂聚合物，如 PI 或 BCB，固化 1h。这将形成 4 ~ 7μm 厚的层。

步骤 2：涂光刻胶和掩膜，然后使用光刻技术（对准和曝光）在 PI 或 BCB 上开通孔。

步骤 3：刻蚀 PI 或 BCB。

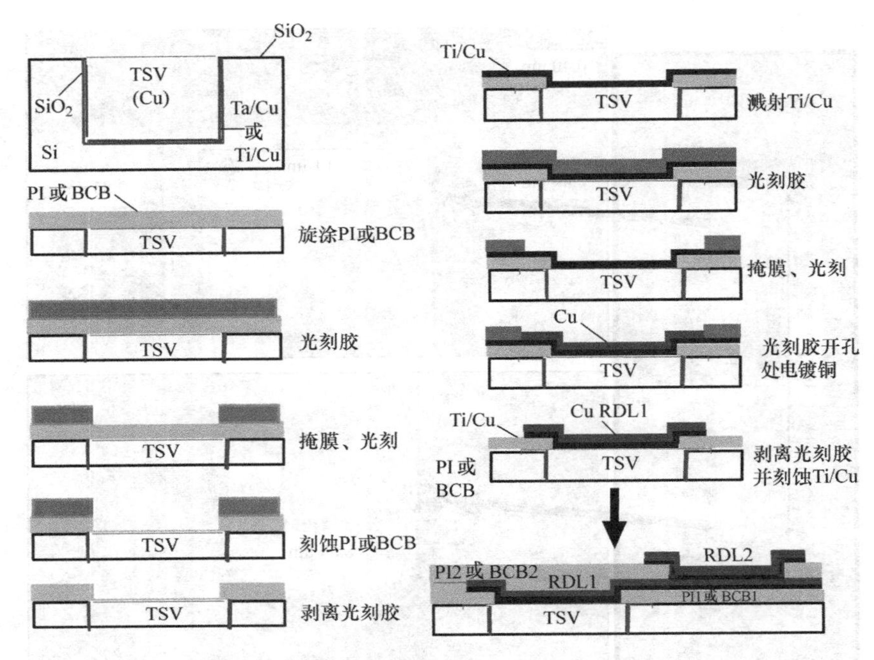

图7-35　采用聚合物作为钝化层和镀Cu作为金属层的RDL制造工艺

步骤4：剥离光刻胶。

步骤5：在整个晶圆片上溅射Ti和Cu。

步骤6：涂光刻胶和掩膜，然后使用光刻技术在再分布走线位置开孔。

步骤7：在光刻胶开孔处电镀Cu。

步骤8：剥离光刻胶。

步骤9：完成Ti/Cu和RDL1的刻蚀。

步骤10：对RDL2重复步骤1~9，以此类推。

步骤11：重复步骤1（对于UBM）。

步骤12：涂光刻胶和掩膜，然后使用光刻技术（对准和曝光）在PI或BCB上为所需的凸点焊盘上开通孔，并覆盖再分布的走线。

步骤13：在PI或BCB上刻蚀所需的通孔。

步骤14：剥离光刻胶。

步骤15：在整个晶圆片上溅射Ti和Cu。

步骤16：涂光刻胶和掩膜，然后使用光刻技术在凸点焊盘上开通孔，以露出UBM区域。

步骤17：电镀铜。

步骤18：剥离光刻胶。

步骤19：刻蚀掉Ti/Cu。

步骤20：化学镀 Ni 和浸 Au。UBM 完成。

图7-36[59]显示了采用聚合物（例如 BCB）作为钝化层和镀 Cu 作为金属层的 RDL 的典型横截面。可以看出，钝化层 BCB1 和 BCB2 的厚度为 6 ~ 7μm，RDL 约为 4μm。

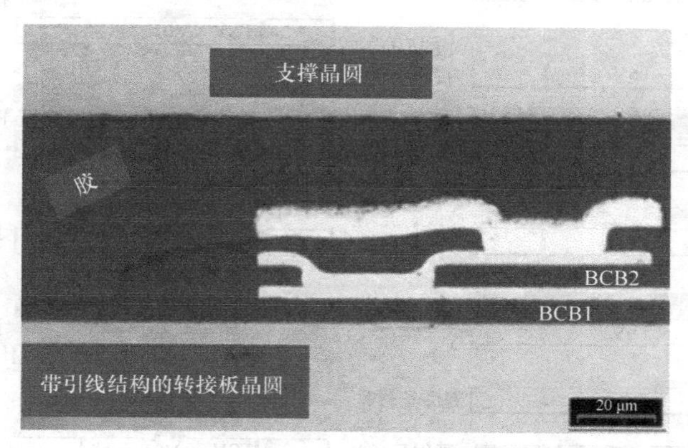

图7-36　IZM 的采用 BCB 聚合物 RDL

7.8.6　RDL 的制造——Cu 大马士革方法 ★★★

另一种制造 RDL 的方法是 Cu 大马士革工艺。如果从图 7-33 中的晶圆开始，用 Cu 大马士革技术制造 RDL 的工艺主要是基于半导体后端工艺。详情如图 7-37所示，步骤如下[4]：

步骤1：PECVD 淀积 SiO_2层。

步骤2：涂光刻胶和掩膜，然后使用光刻技术（对准和曝光）在 SiO_2上开通孔。

步骤3：RIE（反应性离子刻蚀）SiO_2。

步骤4：剥离光刻胶。

步骤5：在整个晶圆上溅射 Ti 和 Cu 并电镀 Cu。

步骤6：对 Cu 和 Ti/Cu 进行 CMP。V01 完成（通孔使 TSV 连接到 RDL1）。

步骤7：重复步骤 1。

步骤8：涂光刻胶和掩膜，然后用光刻技术在再分布走线位置开孔。

步骤9：重复步骤 3。

步骤10：重复步骤 4。

步骤11：重复步骤 5。

步骤12：CMP Cu 和 Ti/Cu。RDL1 完成。

步骤13：重复步骤 1 ~ 6 以完成 V12（通孔将 RDL1 连接到 RDL2）。

步骤14：重复步骤 7 ~ 12 以完成 RDL2 和任何其他层。

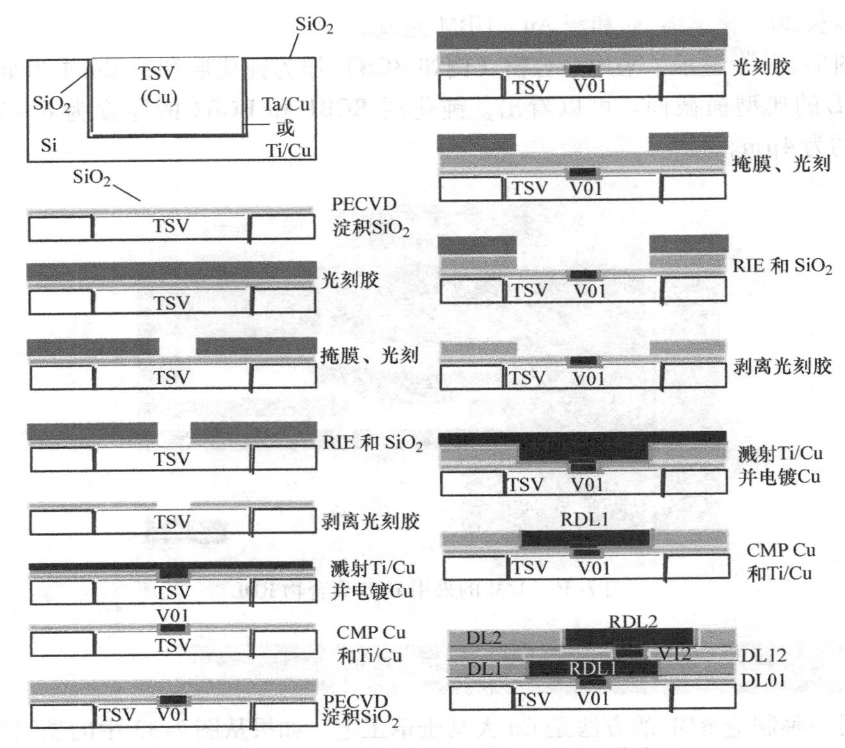

图 7-37 Cu 大马士革方法制造 RDL 的工艺流程

步骤 15：（UBM）重复步骤 1。

步骤 16：涂光刻胶和掩膜，然后使用光刻技术（对准并曝光）在 SiO_2上为所需的凸点焊盘开通孔，并覆盖再分布的走线。

步骤 17：在 SiO_2上刻蚀所需的通孔。

步骤 18：剥离光刻胶。

步骤 19：在整个晶圆上溅射 Ti 和 Cu。

步骤 20：涂光刻胶和掩膜，然后使用光刻技术在凸点焊盘上开通孔，以露出 UBM 区域。

步骤 21：电镀 Cu。

步骤 22：剥离光刻胶。

步骤 23：腐蚀掉 Ti/Cu。

步骤 24：化学镀 Ni 和浸 Au。UBM 完成。

应该注意的是，RDL 也可以用双 Cu 大马士革方法制造，如图 7-38[4] 所示。用 Cu 大马士革技术制备的 RDL 横截面的 SEM 图像如图 7-39 和图 7-40 所示。最小 RDL 线宽为 3μm。RDL1 和 RDL2 的厚度为 2.6μm，RDL3 的厚度为 1.3μm。RDL 之间的钝化层厚度为 1μm。

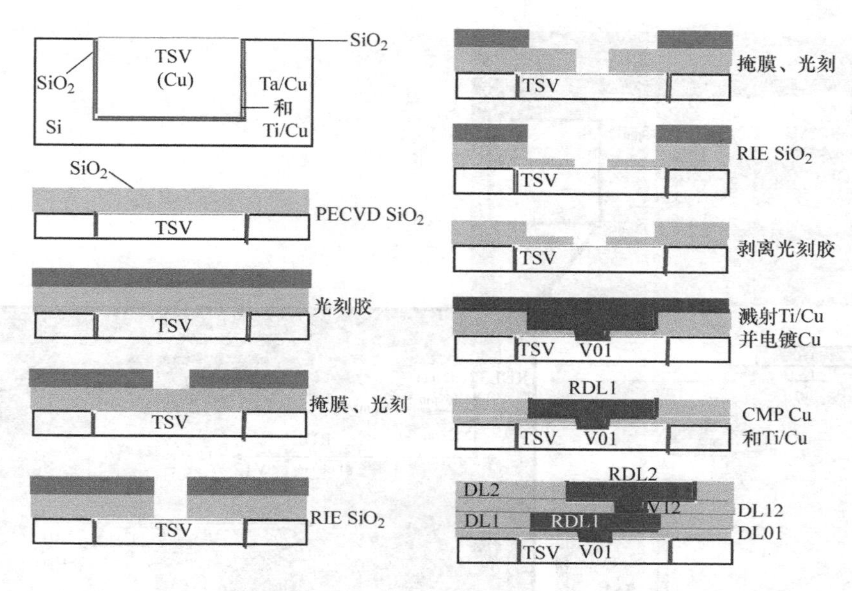

图 7-38 采用双 Cu 大马士革方法制造 RDL 的工艺流程

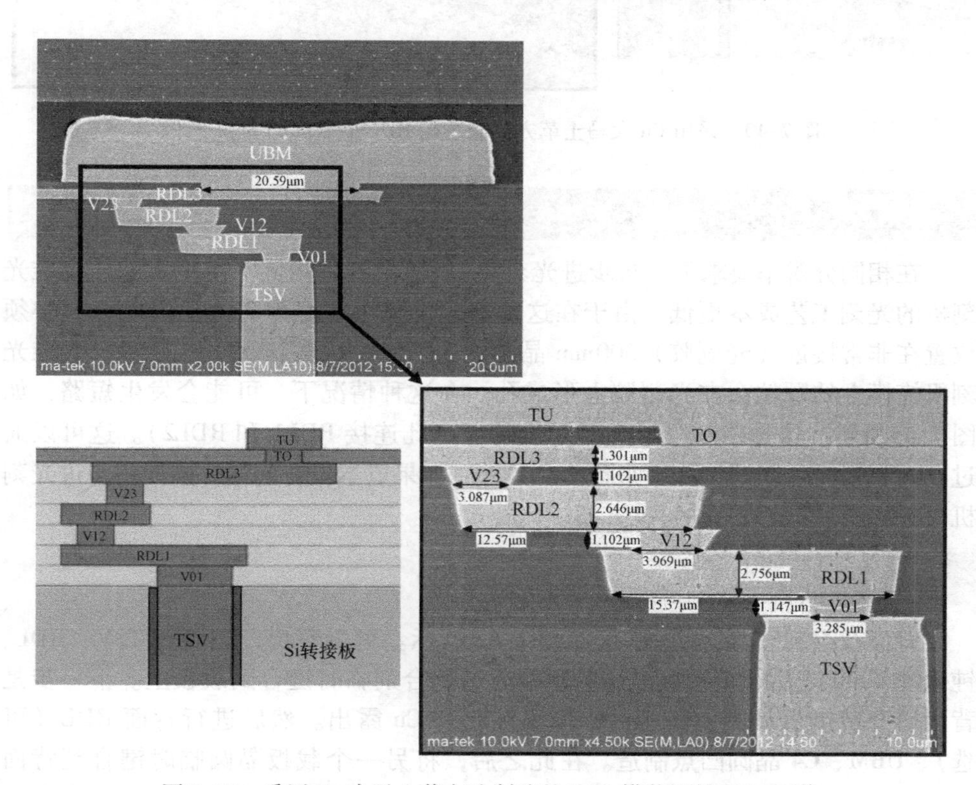

图 7-39 采用 Cu 大马士革方法制造的 RDL 横截面的 SEM 图像

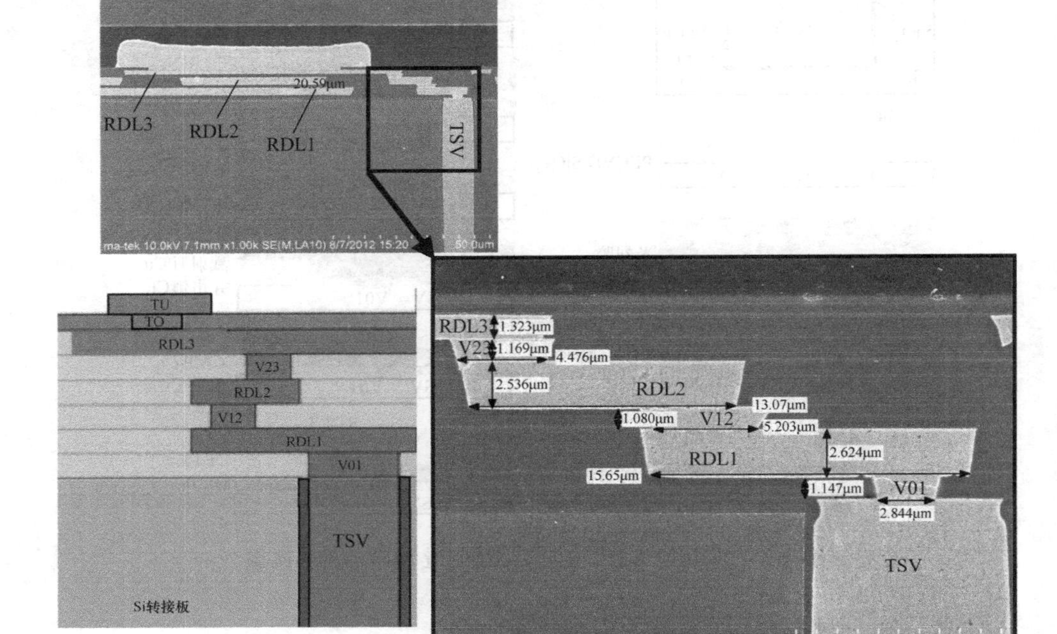

图 7-40　采用 Cu 大马士革方法制造的 RDL 横截面的 SEM 图像

7.8.7　Cu 大马士革方法中接触式对准光刻机的注意事项 ★★★

在相同分辨率要求下，与步进光刻机/扫描光刻机相比，使用接触式对准光刻机的光刻工艺成本更低。由于在这种情况下最小线宽为 3μm，因此掩模必须放置在非常接近（光刻胶）300mm 晶圆的表面。在少数情况下，接触式对准光刻机掩模上的颗粒会在光刻胶上形成孔。在这种情况下，可能会发生短路，如图 7-41所示，这是在制造 V12 时发生的（通孔连接 RDL1 和 RDL2）。这可以通过在两次曝光之间清洗掩膜来预防。另外，如果成本没有问题，则使用步进光刻机/扫描光刻机是另一种解决方案。

7.8.8　背面加工和组装 ★★★

背面及组装[47]的工艺流程如图 7-42 所示。可以看出，在制造 TSV、RDL、钝化和 UBM 之后，转接板晶圆的顶部通过黏合剂临时键合到载板上。下一步是背面研磨转接板晶圆、Si 刻蚀、低温钝化和 Cu 露出。然后进行背面 RDL（可选）、UBM、C4 晶圆凸点制造。在此之后，将另一个载板晶圆临时键合到背面（采用焊料凸点），并将第一个载板晶圆剥离。接下来是晶圆上的芯片键合和底

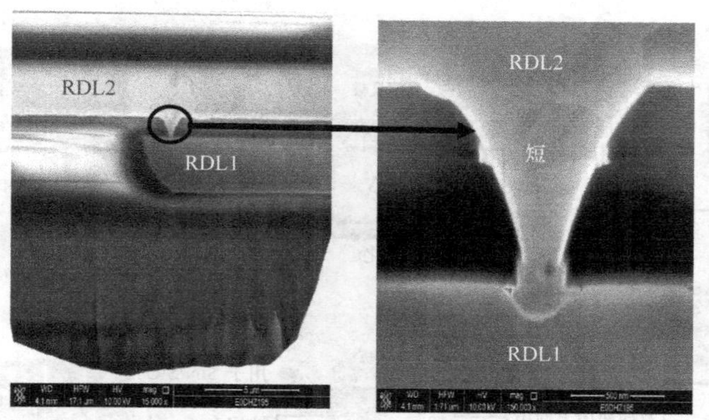

图 7-41　SEM/FIB 显示了 RDL1 和 RDL2 之间的短路，RDL1 和 RDL2 之间的钝化层厚度 < 1 μm

部填充。在整个（芯片上）转接板晶圆完成后，下一步是将第二个载板晶圆剥离，并将带有芯片的薄转接板晶圆转移到切割胶带上进行切割。带有芯片的单个 TSV/RDL 转接板通过自然回流连接封装基板上，然后进行底部填充。

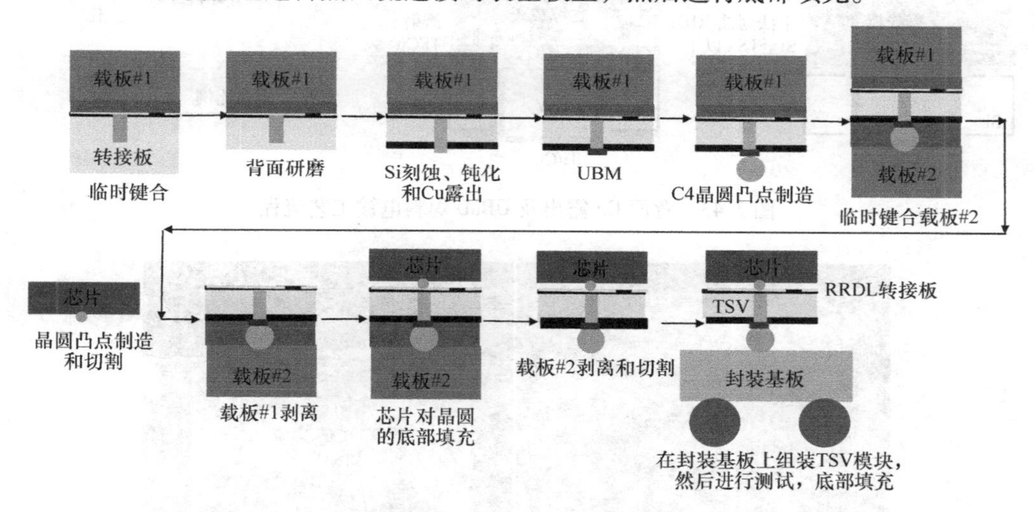

图 7-42　2.5D/3D IC 集成的传统工艺流程（封装基板上的转接板晶圆上的芯片）

图 7-43 显示了 Cu 露出的更多细节。在支撑载板临时键合后，将晶圆背面研磨至高出 TSV 几 μm，干法刻蚀（RIE）Si 至 TSV 以下几 μm，并进行 SiN/SiO_2 低温钝化。然后进行 SiN/SiO_2 的 CMP 抛光和阻挡层和 Cu 种子层抛光。Cu 露出完成，如图 7-44[4] 所示。

7.8.9　总结和建议 ★★★

本节介绍了两种不同方法制造 RDL 的材料和工艺，即聚合物（如 BCB）进行钝化和镀 Cu 来制备金属层，以及半导体后端工艺 Cu 大马士革方法。本节还

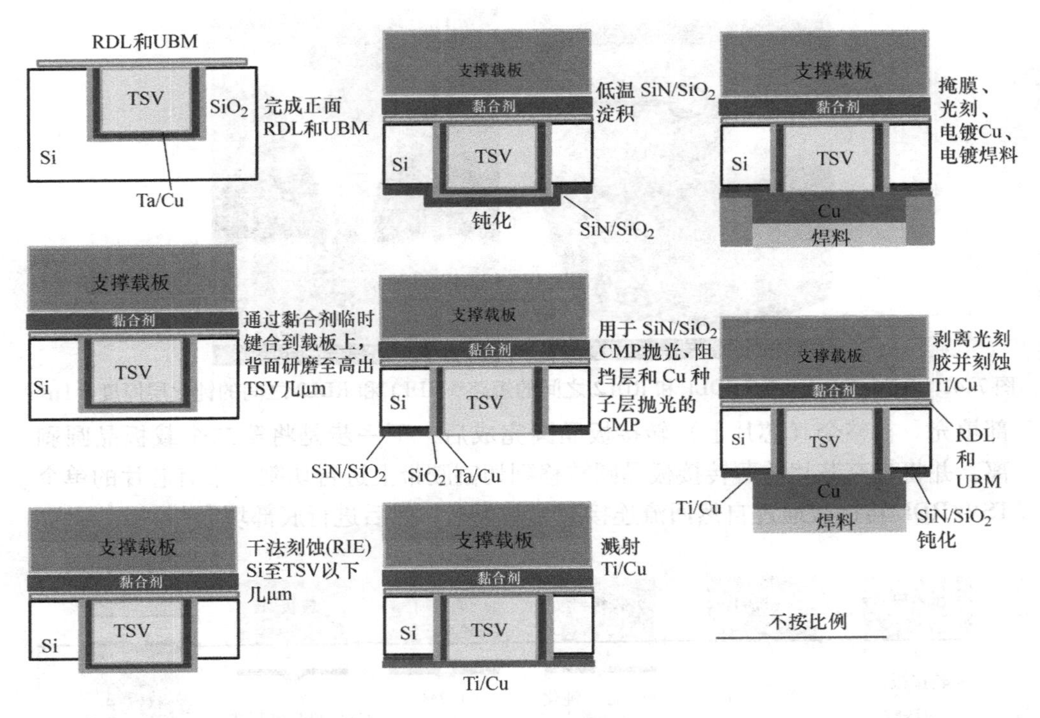

图 7-43　背面 Cu 露出及 UBM/焊料电镀工艺流程

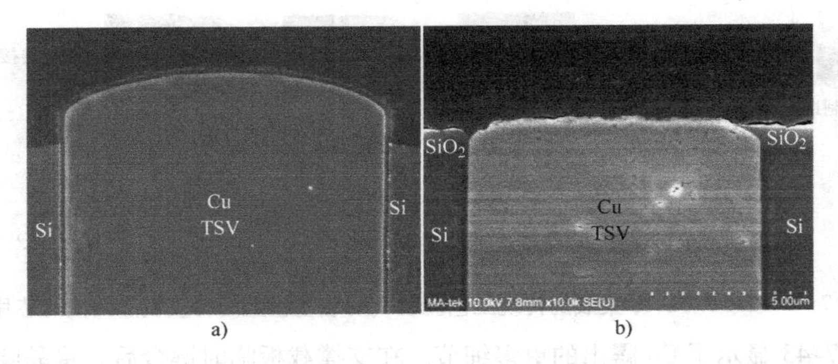

图 7-44　TSV Cu 露出，低温 SiN/SiO_2 淀积，并去除（CMP）的隔离层、阻挡层和种子层
a）Si 干法刻蚀前　b）Si 干法刻蚀后

描述了 TSV、UBM 以及转接板的 Cu 露出的制造。一些重要的结果和建议总结如下：

1）聚合物法制造的 RDL 通常较厚。钝化层厚度为 6 ~ 7μm，而 Cu 金属层厚度为 3 ~ 4μm。

2）Cu 大马士革方法制造的 RDLl 更薄。钝化层和 Cu 金属层厚度约为 1μm。

3）使用步进光刻机/扫描光刻机的光刻可以达到亚微米线宽和线间距。然而，对于几 μm 的应用，接触式对准光刻机将在相同分辨率要求下提供低成本的工艺。为了防止 RDL 之间的短路（不允许在光刻胶上出现孔洞，从而在通孔的制造过程中进行钝化），必须从掩膜上清除所有的颗粒。

7.9　薄晶圆拿持

3D IC 集成对当今半导体行业如此有吸引力的关键原因之一是因为它使用薄芯片/转接板。例如，存储器芯片厚度为 50μm 或更薄，无源转接板厚度为 100μm 或更薄，有源转接板厚度为 200μm 或更薄。

使晶圆变薄并不是什么大问题，因为大多数背磨机都可以将晶圆磨薄至 5μm。然而，在所有半导体制造和封装组装工艺中拿持薄 TSV/RDL 晶圆却是困难的。通常，TSV/RDL 芯片/转接板晶圆在背面研磨之前用黏合剂临时键合在支撑（载板）晶圆上，以暴露 Cu TSV（Cu 露出）并使晶圆变薄。然后经过金属化、钝化、UBM 和晶圆凸点制造等制造工艺。在所有这些完成后，从支撑晶圆上去除薄 TSV/RDL 晶圆（剥离）会带来另一个巨大挑战，如晶圆破碎和黏合剂残留[1-25]，这将导致更高的良率损失。

在本节中，采用了一种不同的路线，即使用散热晶圆作为支撑载板。当制造过程完成后，散热片仍保留在薄 TSV/RDL 转接板上。在这种情况下，消除了临时键合和键合剥离工艺，实现了一种简单且低成本的薄晶圆拿持方法。本节还将介绍 TI 和 TSMC 用聚合物或模塑化合物的薄晶圆拿持方法[60-62]。首先讨论常规的薄晶圆拿持方法。

7.9.1　常规的薄晶圆拿持方法 ★★★

如前所述，图 7-42 显示了常规的薄晶圆拿持方法。TSV、RDL、钝化和 UBM 制造完成后，TSV/RDL（有源或无源）转接板晶圆通过黏合剂临时键合到支撑载板上。然后，背面研磨 TSV/RDL 转接板晶圆、Si 刻蚀、低温钝化和 Cu 露出。接着是背面 RDL（可选）、UBM 和普通 C4 晶圆凸点制造。再将另一个载板晶圆临时键合到背面（用焊料凸点），并将第一个载板晶圆剥离。接着是晶圆上的芯片键合（通过芯片微凸点连接到转接板上）和底部填充。完成整个转接板晶圆后，剥离第二个载板晶圆，将带有芯片的薄 TSV/RDL 转接板晶圆转移到切割胶带上进行切割。

目前，可用的黏合材料有 3M 公司提供的 LC 系列和 LTHC（光热转换）层，Brewer Science 的 HT-10.10 和 ZoneBOND，TOK 的 TZNR-A 系列和 WSP 系列，DOW 的 XP-BCB，Dow Corning 的 WL-40XX 和 WL-30XX，Du Pont 的 HD-

3007 和 HD-7010，以及 Thin Materials 的 TMAT。支撑载板晶圆材料为玻璃和硅。临时键合和剥离设备有 TOK 提供的用于键合的 TWM12000 和用于剥离的 TWR12000，EVG 提供的用于键合的 850TB 和用于剥离的 850DB，SUSS 提供的用于临时键合和剥离的 XBS300。剥离方法有机械剥离、溶剂释放、机械剥离与溶剂释放结合、热滑动、激光照射。

7.9.2 TI 的 TSV-WCSP 集成工艺 ★★★

图 7-45 显示了 TI 的[60] TSV 晶圆级芯片规模封装（Wafer-level Chip Scale Package，WCSP）集成工艺流程。直到 Cu 露出和 UBM，工艺流程与常规工艺流程完全相同，如图 7-42 所示。然后，TI 执行晶圆上芯片键合和底部填充，而不是晶圆凸点制造。其次是对整个晶圆进行包胶注塑并剥离载板。再后进行 UBM、晶圆凸点制造和切割。单独的 TSV 模块附着在封装基板上并进行底部填充。在这种情况下，如图 7-42 所示，消除了第二组临时键合和剥离。

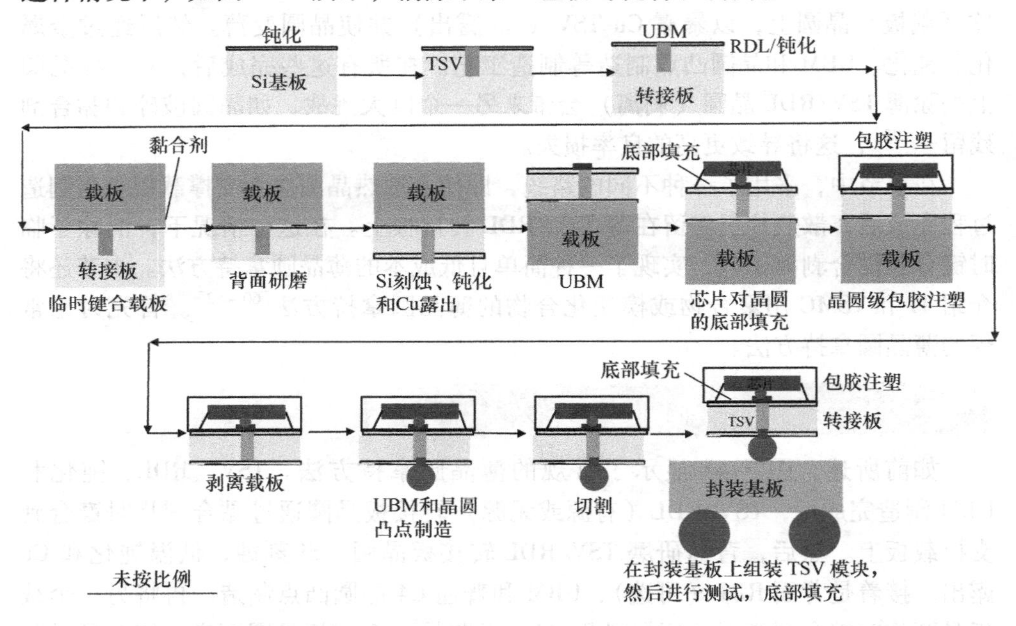

图 7-45　TI 的 TSV-WCSP 集成工艺流程

7.9.3 TSMC 的聚合物薄晶圆拿持 ★★★

与 TI 相反，TSMC 在制造 TSV、顶部 RDL 和 UBM 之后，紧接着进行晶圆上芯片键合[61]，如图 7-46 所示。接下来是底部填充、包胶注塑整个晶圆、去除芯片上成型的部分、临时键合载板、背面研磨、低温钝化、Cu 露出、UBM 和晶圆

凸点制造。然后，剥离载板，并将 TSV 模块转移到切割胶带上进行切割。单个 TSV 模块附着在封装基板上并进行底部填充。同样，如图 7-42 所示的第二组临时键合和剥离也被消除了。

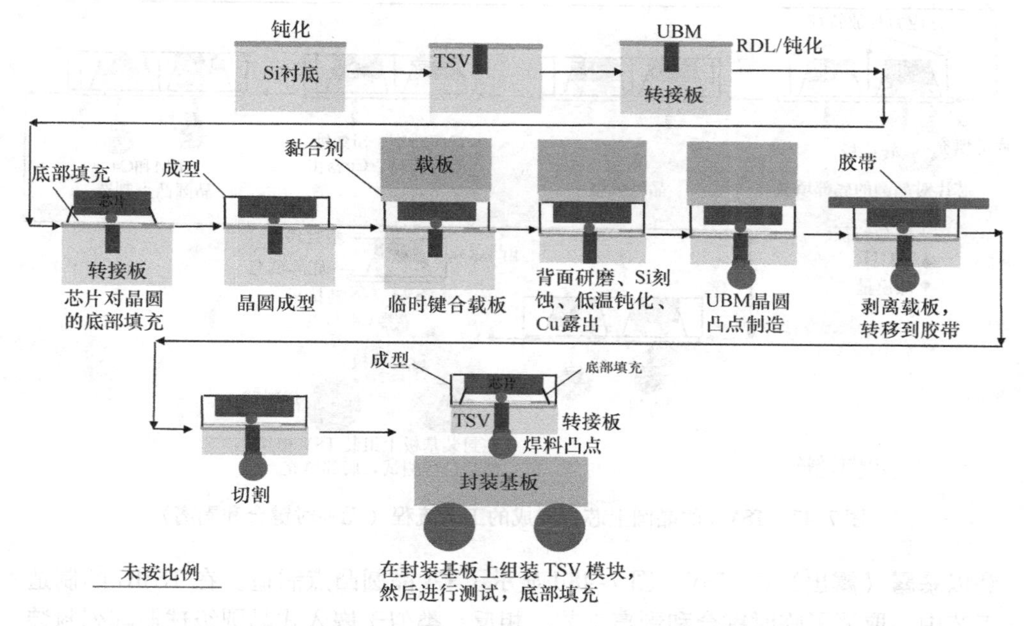

图 7-46 TSMC 的晶圆上芯片集成的工艺流程

7.9.4 TSMC 无临时键合和剥离的薄晶圆拿持 ★★★

与图 7-42 所示的常规薄晶圆拿持方法相反，图 7-47 显示了 TSMC 在转接板上使用成型芯片进行薄晶圆拿持的方法[62]。在制造 TSV、RDL、钝化和 UBM 之后，将带微凸点的芯片键合在 TSV/RDL 全厚度（ >700μm）转接板晶圆上，再进行底部填充。然后，在转接板晶圆的顶部用塑封料和应力消除功能对芯片进行包胶注塑，以减少晶圆翘曲，同时背面研磨以露出 Cu TSV。接下来是 UBM、C4 晶圆凸点制造、切割，并通过自然回流和底部填充将单个 TSV/RDL 转接板与芯片和塑封料连接到封装基板上。

图 7-48 显示了 TSMC 方法的更多细节。在图 7-48a 中，带微凸点的芯片被键合在全厚度 TSV/RDL 转接板晶圆上。底部填充用于将芯片键合到转接板上，以确保微凸点的可靠性。应力释放“坝”（墙）形成在转接板上部的芯片之间。应力释放墙的材料应具有高 CTE 和低模量。在图 7-48b 中，进行了压缩成型，现在塑封料覆盖了芯片和应力释放特征。然后，可以固化塑封料和应力释放特征。图 7-48c 显示了塑封料的顶部研磨以暴露芯片的背面，以及硅基板的背面研

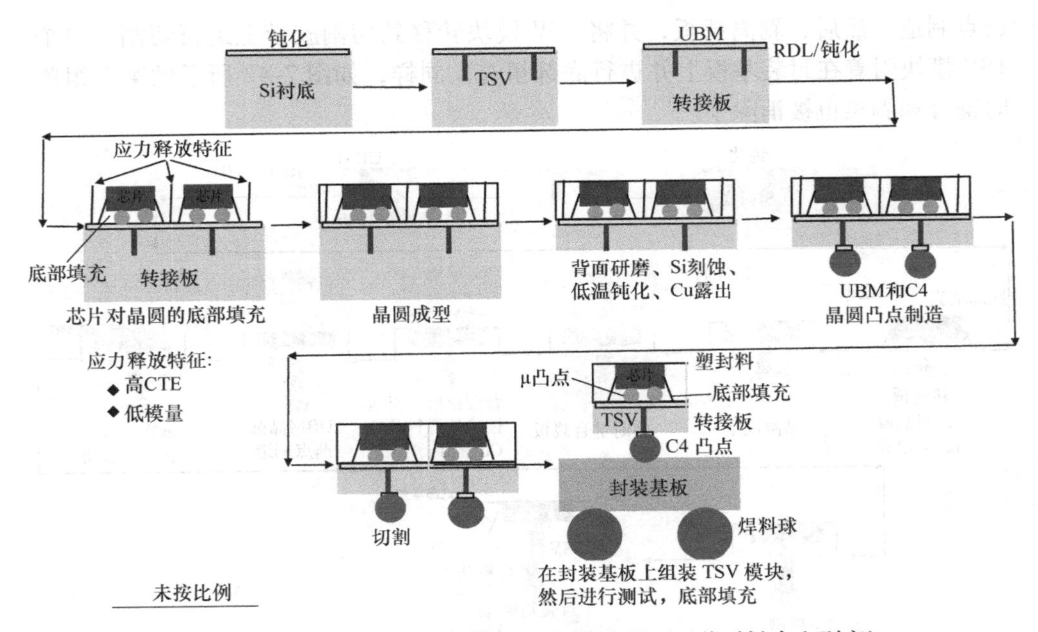

图 7-47 TSMC 的晶圆上芯片集成的工艺流程（无临时键合和剥离）

磨以暴露（露出）Cu TSV。图 7-48d 显示了 C4 晶圆凸点制造。在 TSMC 的制造工艺中，取消了临时键合和剥离工艺。相反，类似于嵌入式晶圆级球栅阵列封装（embedded Wafer - Level Package，eWLP）[47]，使用塑封料作为一种刚性材料，此外，他们还使用应力释放特征来增加塑封料的刚度，以抵抗翘曲。

7.9.5 带有散热晶圆的薄晶圆拿持 ★★★

图 7-49 显示了建议的采用低 CTE 和高导热系数散热晶圆的薄晶圆拿持工艺流程[63]。在制造 TSV、RDL、钝化和 UBM 后，将带微凸点的芯片键合在 TSV/RDL 全厚度（>700μm）转接板晶圆上，然后进行底部填充，如图 7-50a 所示。用高温稳定的 TIM（热界面材料）将散热晶圆连接到所有芯片的背面，如图 7-50b所示。背面研磨 TSV/RDL 转接板和 Cu 露出，暴露 Cu 的 TSV，如图 7-50c所示。最后进行 UBM 和 C4 晶圆凸点制造，如图 7-50d 所示，并进行切割。带有芯片和散热器的单个薄 TSV/RDL 转接板通过自然回流连接到封装基板上，然后进行底部填充。

7.9.6 总结与建议 ★★★

本节讨论了常规的薄晶圆拿持方法，如黏合材料、支撑载板、临时键合和剥离设备以及剥离方法，还介绍和讨论了 TI 和 TSMC 的薄晶圆拿持方法。提出了

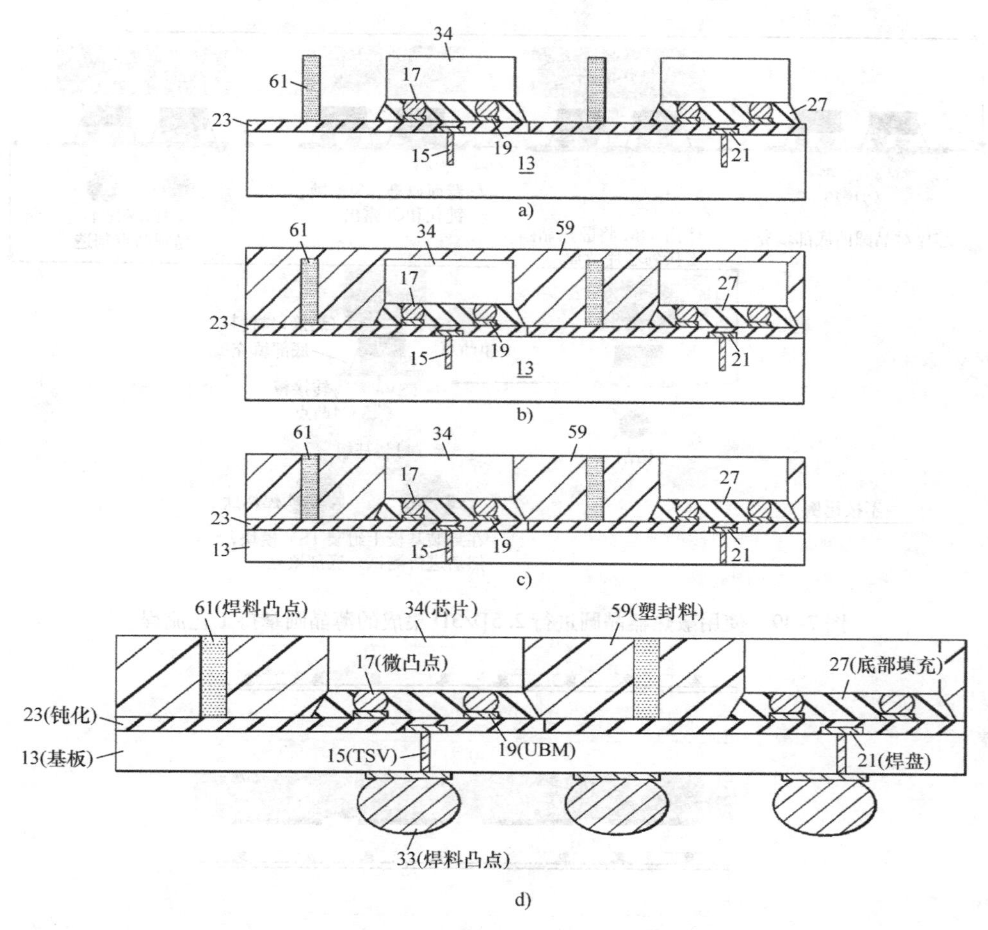

图7-48 TSMC在转接板晶圆上实现的成型芯片（没有临时键合和剥离）

一种新的带有散热器晶圆的薄晶圆拿持方法，并介绍了工艺流程。一些重要的研究结果总结如下：

1）提议在TSV/RDL转接板晶圆顶部将散热器晶圆键合到芯片背面，以进行薄晶圆拿持，可以省去常规的临时键合和剥离工艺。

2）在新方案中，使用的工艺步骤更少（节省成本），良率损失的概率也更小（节省成本）。

3）一举两得，散热晶圆可被视为（用作）制造过程中的支撑载板，以及操作过程中芯片的热管理工具（散热器）。

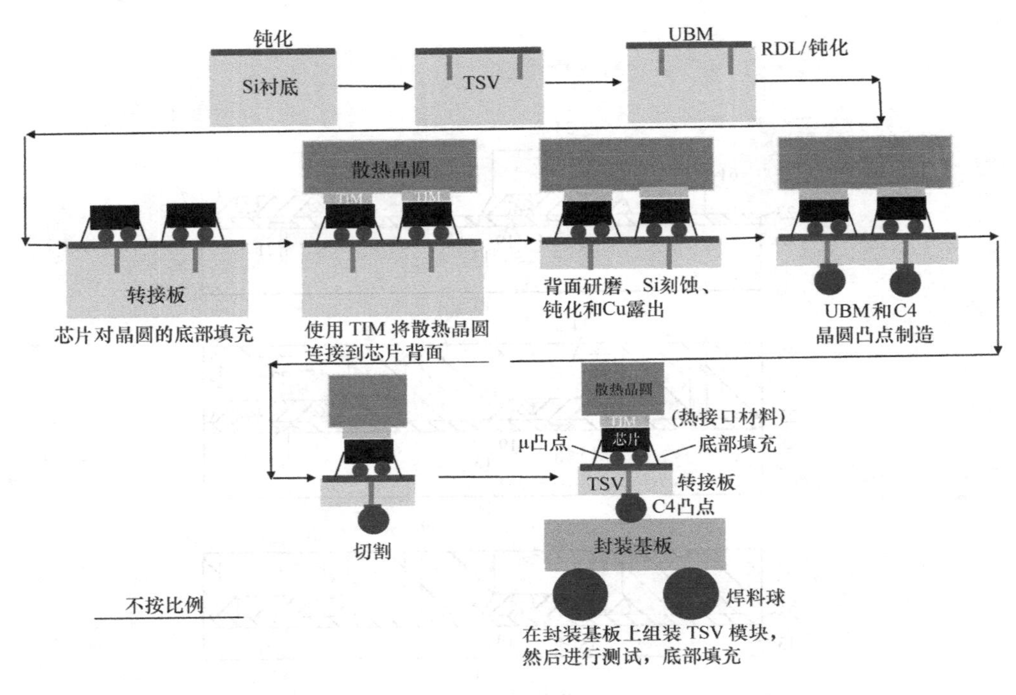

图 7-49　使用散热器晶圆进行 2.5D/3D 集成的薄晶圆拿持工艺流程

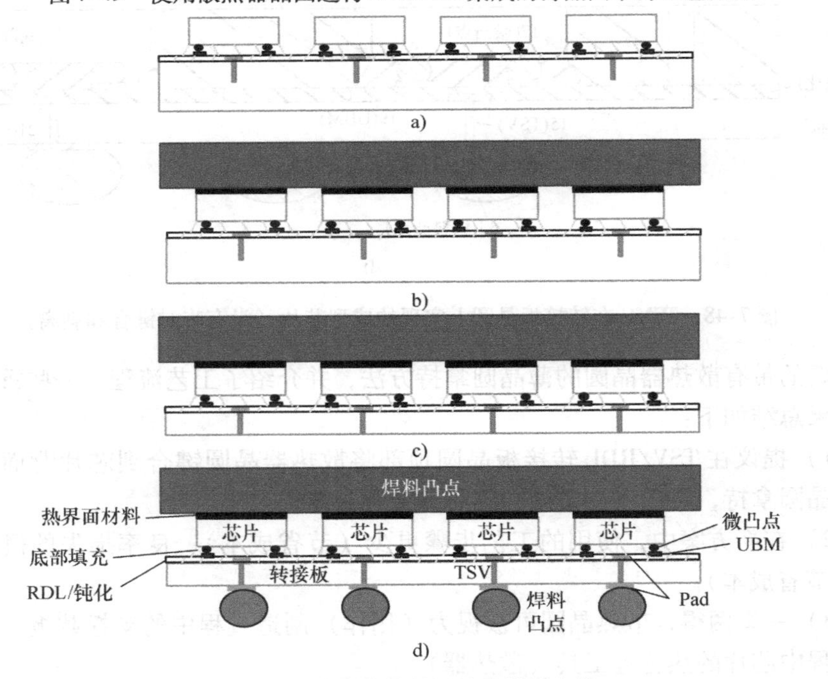

图 7-50　使用散热晶圆的薄晶圆拿持

7.10 参考文献

[1] Lau, J. H., *Through Silicon Via (TSV) for 3D Integration*, McGraw-Hill, New York, 2013.
[2] Lau, J. H., *Reliability of RoHS compliant 2D & 3D IC Interconnects*, McGraw-Hill, New York, 2011.
[3] Lau, J. H., C. K. Lee, C. S. Premachandran, and Y. Aibin, *Advanced MEMS Packaging*, McGraw-Hill, New York, 2010.
[4] Lau, J. H., P. Tzeng, C. Lee, C. Zhan, M. Li, J. Cline, K. Saito, et al., "Redistribution Layers (RDLs) for 2.5D/3D IC Integration," *IMAPS Transactions, Journal of Microelectronic Packaging*, Vol. 11, No. 1, First Quarter 2014, pp. 16–24.
[5] Lau, J. H., "The Future of Interposer for Semiconductor IC Packaging," *Chip Scale Review*, Vol. 18, No. 1, January–February, 2014, pp. 32–36.
[6] Hsieh, M. C., S. T. Wu, C. J. Wu, and J. H. Lau, "Energy Release Rate Estimation for Through Silicon Vias in 3-D Integration," *IEEE Transactions on CPMT*, Vol. 4, No. 1, January 2014, pp. 57–65.
[7] Lau, J. H., "Supply Chains for High-Volume Manufacturing of 3D IC Integration," *Chip Scale Review*, Vol. 17, No. 1, January–February 2013, pp. 33–39.
[8] Khan, N., H. Li, S. Tan, S. Ho, V. Kripesh, D. Pinjala, J. H. Lau, et al., "3-D Packaging With Through-Silicon Via (TSV) for Electrical and Fluidic Interconnections," *IEEE Transactions on CPMT*, Vol. 3, No. 2, February 2013, pp. 221–228.
[9] Lau, J. H., and G. Y. Tang, "Effects of TSVs (through-silicon vias) on thermal performances of 3D IC integration system-in-package (SiP)," *Journal of Microelectronics Reliability*, Vol. 52, No. 11, November 2012, pp. 2660–2669.
[10] Lau, J. H., "Recent Advances and New Trends in Nanotechnology and 3D Integration for Semiconductor Industry," *The Electrochemical Society, ECS Transactions*, Vol. 44, No. 1, 2012, pp. 805–825.
[11] Chien, H. C., J. H. Lau, Y. Chao, R. Tain, M. Dai, S. T. Wu, W. Lo, et al., "Thermal Performance of 3D IC Integration with Through-Silicon Via (TSV)," *IMAPS Transactions, Journal of Microelectronic Packaging*, Vol. 9, 2012, pp. 97–103.
[12] Chen, J. C., J. H. Lau, P. J. Tzeng, S. Chen, C. Wu, C. Chen, H. Yu, et al., "Effects of Slurry in Cu Chemical Mechanical Polishing (CMP) of TSVs for 3-D IC Integration," *IEEE Transactions on CPMT*, Vol. 2, No. 6, June 2012, pp. 956–963.
[13] Lee, C. K., T. C. Chang, J. H. Lau, Y. Huang, H. Fu, J. Huang, Z. Hsiao, et al., "Wafer Bumping, Assembly, and Reliability of Fine-Pitch Lead-Free Micro Solder Joints for 3-D IC Integration," *IEEE Transactions on CPMT*, Vol. 2, No. 8, August 2012, pp. 1229–1238.
[14] Sekhar, V. N., L. Shen, A. Kumar, T. C. Chai, X. Zhang, C. S. Premchandran, J. H. Lau, et al., "Study on the Effect of Wafer Back Grinding Process on Nanomechanical Behavior of Multilayered Low-k Stack," *IEEE Transactions on CPMT*, Vol. 2, No. 1, January 2012, pp. 3–12.
[15] Zhang, X., R. Rajoo, C. S. Selvanayagam, A. Kumar, V. Rao, N. Khan, J. H. Lau, et al., "Application of Piezoresistive Stress Sensor in Wafer Bumping and Drop Impact Test of Embedded Ultrathin Device," *IEEE Transactions on CPMT*, Vol. 2, No. 16, June 2012, pp. 935–943.
[16] Wu, C., S. Chen, P. Tzeng, J. H. Lau, Y. Hsu, J. Chen, Y. Hsin, et al., "Oxide Liner, Barrier and Seed Layers, and Cu-Plating of Blind Through Silicon Vias (TSVs) on 300 mm Wafers for 3D IC Integration," *IMAPS Transactions, Journal of Microelectronic Packaging*, Vol. 9, No. 1, First Quarter 2012, pp. 31–36.
[17] Lau, J. H., M. S. Zhang, and S. W. R. Lee, "Embedded 3D Hybrid IC Integration System-in-Package (SiP) for Opto-Electronic Interconnects in Organic Substrates," *ASME Transactions, Journal of Electronic Packaging*, Vol. 133, September 2011, pp. 1–7.
[18] Chai, T. C., X. Zhang, J. H. Lau, C. S. Selvanayagam, D. Pinjala, Y. Hoe, Y. Ong, et al., "Development of Large Die Fine-Pitch Cu/low-*k* FCBGA Package with through Silicon via (TSV) Interposer," *IEEE Transactions on CPMT*, Vol. 1, No. 5, May 2011, pp. 660–672.
[19] Lau, J. H., "TSV Interposers: The Most Cost-Effective Integrator for 3D IC Integration," *Chip Scale Review*, Vol. 15, No. 5, September/October 2011, pp. 23–27.
[20] Sharma, G., V. Rao, A. Kumar, Y. Lim, K. Houe, S. Lim, J. H. Lau, et al., "Design and Development of Multi-Die Laterally Placed and Vertically Stacked Embedded Micro-Wafer-Level Packages," *IEEE Transactions on CPMT*, Vol. 1, No. 5, May 2011, pp. 52–59.

[21] Kumar, A., X. Zhang, Q. Zhang, M. Jong, G. Huang, V. Lee, J. H. Lau, et al., "Residual Stress Analysis in Thin Device Wafer Using Piezoresistive Stress Sensor," *IEEE Transactions on CPMT*, Vol. 1, No. 6, June 2011, pp. 841–851.

[22] Yu, A., J. H. Lau, S. Ho, A. Kumar, W. Hnin, W. Lee, M. Jong, et al., "Fabrication of High Aspect Ratio TSV and Assembly with Fine-Pitch Low-Cost Solder Microbump for Si Interposer Technology with High-Density Interconnects," *IEEE Transactions on CPMT*, Vol. 1, No. 9, September 2011, pp. 1336–1344.

[23] Lau, J. H., "Overview and Outlook of TSV and 3D Integrations," *Journal of Microelectronics International*, V.28, No. 2, 2011, pp. 8–22.

[24] Lau, J. H., C.-J. Zhan, P.-J. Tzeng, C.-K. Lee, M.-J. Dai, H.-C. Chien, Y.-L. Chao, W. Li, et al., "Feasibility Study of a 3D IC Integration System-in-Packaging (SiP) from a 300mm Multi-Project Wafer (MPW)," *IMAPS Transactions, Journal of Microelectronic Packaging*, Vol. 8, No. 4, Fourth Quarter 2011, pp. 171–178.

[25] Sheu, S., Z. Lin, J. Hung, J. H. Lau, P. Chen, S. Wu, K. Su, et al., "An Electrical Testing Method for Blind Through Silicon Vias (TSVs) for 3D IC Integration," *IMAPS Transactions, Journal of Microelectronic Packaging*, Vol. 8, No. 4, Fourth Quarter 2011, pp. 140–145.

[26] Lau, J. H., "Critical Issues of 3D IC Integrations," IMAPS Transactions, *Journal of Microelectronics and Electronic Packaging*, First Quarter Issue, 2010, pp. 35–43.

[27] Lau, J. H., Y. S. Chan, and R. S. W. Lee, "3D IC Integration with TSV Interposers for High-Performance Applications," Chip Scale Review, Vol. 14, No. 5, September/October 2010, pp. 26–29.

[28] Lau, J. H., "Design and Process of 3D MEMS Packaging," IMAPS Transactions, *Journal of Microelectronics and Electronic Packaging*, First Quarter Issue, 2010, pp. 10–15.

[29] Lau, J. H., Lee, R., Yuen, M., and Chan, P., "3D LED and IC Wafer Level Packaging," *Journal of Microelectronics International*, Vol. 27, Issue 2, 2010, pp. 98–105.

[30] Lau, J. H., "State-of-the-art and Trends in 3D Integration," *Chip Scale Review*, Vol. 14, No. 2, March/April, 2010, pp. 22–28.

[31] Tang, G. Y., S. Tan, N. Khan, D. Pinjala, J. H. Lau, A. Yu, V. Kripesh, et al., "Integrated Liquid Cooling Systems for 3-D Stacked TSV Modules," *IEEE Transactions on CPMT*, Vol. 33, No. 1, March 2010, pp. 184–195.

[32] Khan, N., V. Rao, S. Lim, H. We, V. Lee, X. Zhang, J. H. Lau, et al., "Development of 3-D Silicon Module With TSV for System in Packaging," *IEEE Transactions on CPMT*, Vol. 33, No. 1, March 2010, pp. 3–9.

[33] Lim, S., V. Rao, W. Hnin, W. Ching, V. Kripesh, C. Lee, J. H. Lau, et al., "Process Development and Reliability of Microbumps," *IEEE Transactions on CPMT*, Vol. 33, No. 4, December 2010, pp. 747–753.

[34] Lee, C., A. Yu, L. Yan, H. Wang, J. Han, Q. Zhang, et al., "Characterization of Intermediate In/Ag Layers of Low Temperature Fluxless Solder Based Wafer Bonding for MEMS Packaging," *Journal of Sensors and Actuators A*, Vol. 154, 2009, pp. 85–91.

[35] Yu, A., N. Khan, G. Archit, D. Pinjala, K. Toh, V. Kripesh, J. H. Lau, et al., "Fabrication of Silicon Carriers With TSV Electrical Interconnections and Embedded Thermal Solutions for High Power 3-D Packages," *IEEE Transactions on CPMT*, Vol. 32, No. 3, September 2009, pp. 566–571.

[36] Selvanayagam, C., J. H. Lau, X. Zhang, S. Seah, K. Vaidyanathan, and T. C. Chai, "Nonlinear Thermal Stress/Strain Analyses of Copper Filled TSV (Through Silicon Via) and Their Flip-Chip Microbumps," *IEEE Transactions on Advanced Packaging*, Vol. 32, No. 4, November 2009, pp. 720–728.

[37] Zhang, X., A. Kumar, Q. X. Zhang, Y. Y. Ong, S. W. Ho, C. H. Khong, J. H. Lau, et al., "Application of Piezoresistive Stress Sensors in Ultra-Thin Device Handling and Characterization," *Journal of Sensors & Actuators: A. Physical*, Vol. 156, November 2009, pp. 2–7.

[38] Lau, J. H., "Overview and Outlook of 3D IC Packaging, 3D IC Integration, and 3D Si Integration," *ASME Transactions, Journal of Electronic Packaging*, December 2014, Vol. 136, No. 4, pp. 1–15.

[39] Lau, J. H., C. Lee, C. Zhan, S. Wu, Y. Chao, M. Dai, R. Tain, et al., "Low-Cost Through-Silicon Hole Interposers for 3D IC Integration," *IEEE Transactions on CPMT*, Vol. 4, No. 9, September 2014, pp. 1407–1419.

[40] Farooq, M. G., T. L. Graves-Abe, W. F. Landers, C. Kothandaraman, B. A. Himmel, P. S. Andry, C. K. Tsang, et al., "3D Copper TSV Integration, Testing and Reliability," *Proceedings of IEEE/IEDM*, Washington, DC, December 2011, pp. 7.1.1–7.1.4.

[41] Chaabouni, H., M. Rousseau, P. Ldeus, A. Farcy, R. El Farhane, A. Thuaire, G. Haury, et al., "Investigation on TSV impact on 65nm CMOS devices and circuits," *Proceedings of IEEE/IEDM*, San Francisco, CA, December 2010, pp. 35.1.1–35.1.4.

[42] Xu, C., and K. Banerjee, "Compact Capacitance and Capacitive Coupling-Noise Modeling of Through-Oxide Vias in FDSOI Based Ultra-High Density 3-D ICs," *Proceedings of IEEE/IEDM*, Washington, DC,

December 2011, pp. 34.8.1–34.8.4.

[43] Arnaud, F., S. Colquhoun, A. L. Mareau, S. Kohler, S. Jeannot, F. Hasbani, R. Paulin, et al., "Technology-Circuit Convergence for Full-SOC Platform in 28 nm and Beyond," *Proceedings of IEEE/IEDM*, Washington, DC, December 2011, pp. 15.7.1–15.7.4.

[44] Batude, P., M. Vinet, B. Previtali, C. Tabone, C. Xu, J. Mazurier, O. Weber, et al., "Advances, Challenges and Opportunities in 3D CMOS Sequential Integration," *Proceedings of IEEE/IEDM*, Washington, DC, December 2011, pp. 7.3.1–7.3.4.

[45] Lee, K.-W., Y. Ohara, K. Kiyoyama, S. Konno, Y. Sato, S. Watanabe, A. Yabata, et al., "Characterization of Chip-Level Hetero-integration Technology for High-Speed, Highly Parallel 3D-stacked Image Processing System," *Proceedings of IEEE/IEDM*, San Francisco, CA, December 2012, pp. 33.2.1–33.2.4.

[46] Xu, Z., and J. J.-Q. Lu, "Hybrid Modeling and Analysis of Different Through-Silicon-Via (TSV)-Based 3D Power Distribution Networks," *Proceedings of IEEE/IEDM*, San Francisco, CA, December 2012, pp. 30.6.1–30.6.4.

[47] Tzeng, P. J., J. H. Lau, C. Zhan, Y. Hsin, P. Chang, Y. Chang, J. Chen, et al., "Process Integration of 3D Si Interposer with Double-Sided Active Chip Attachments," *IEEE/ECTC Proceedings*, Las Vegas, NA, May 2013, pp. 86–93.

[48] Kang, U., H. Chung, S. Heo, D. Park, H. Lee, J. Kim, S. Ahn, et al., "8 Gb 3-D DDR3 DRAM Using Through-Silicon-Via Technology," *IEEE Journal of Solid-State Circuits*, Vol. 45, No. 1, January 2010, pp. 111–119.

[49] Kim, J., C. Oh, H. Lee, D. Lee, H. Hwang, S. Hwang, B. Na, et al., "A 1.2V 12.8GB/s 2Gb Mobile Wide-I/O DRAM with 4x128 I/Os Using TSV-Based Stacking," *Proceedings of IEEE/ISSCC*, San Francisco, CA, February 2011, pp. 496–498.

[50] Banijamali, B., S. Ramalingam, K. Nagarajan, and R. Chaware, "Advanced Reliability Study of TSV Interposers and Interconnects for the 28nm Technology FPGA," *Proceedings of IEEE/ECTC*, Orlando, FL, June 2011, pp. 285–290.

[51] Chaware, R., K. Nagarajan, and S. Ramalingam, "Assembly and Reliability Challenges in 3D Integration of 28nm FPGA Die on a Large High Density 65nm Passive Interposer," *Proceedings of IEEE/ECTC*, San Diego, CA, May 2012, pp. 279–283.

[52] Banijamali, B., S. Ramalingam, H. Liu, and M. Kim, "Outstanding and Innovative Reliability Study of 3D TSV Interposer and Fine Pitch Solder Micro-bumps," *Proceedings of IEEE/ECTC*, San Diego, CA, May 2012, pp. 309–314.

[53] Xie, J., H. Shi, Y. Li, Z. Li, A. Rahman, K. Chandrasekar, D. Ratakonda, et al., "Enabling the 2.5D Integration," *Proceedings of IMAPS International Symposium on Microelectronics*, San Diego, CA, September 2012, pp. 254–267.

[54] Li, Z., H. Shi, J. Xie, and A. Rahman, "Development of an Optimized Power Delivery System for 3D IC Integration with TSV Silicon Interposer," *Proceedings of IEEE/ECTC*, San Diego, CA, May 2012, pp. 678–682.

[55] Kwon, W., M. Kim, J. Chang, S. Ramalingam, L. Madden, G. Tsai, S. Tseng, et al., "Enabling a Manufacturable 3D Technologies and Ecosystem using 28nm FPGA with Stack Silicon Interconnect Technology," *IMAPS Proceedings of International Symposium on Microelectronics*, Orlando, FL, October 2013, pp. 217–222.

[56] Hsin, Y. C., C. Chen, J. H. Lau, P. Tzeng, S. Shen, Y. Hsu, S. Chen, et al., "Effects of Etch Rate on Scallop of Through-Silicon Vias (TSVs) in 200mm and 300mm Wafers," *Proceedings of IEEE/ECTC*, Orlando, FL, May 2011, pp. 1130–1135.

[57] Wu, C., S. Chen, P. Tzeng, J. H. Lau, Y. Hsu, J. Chen, Y. Hsin, et al., "Oxide Liner, Barrier and Seed Layers, and Cu-Plating of Blind Through Silicon Vias (TSVs) on 300mm Wafers for 3D IC Integration," *IMAPS Transactions, Journal of Microelectronic Packaging*, Vol. 9, No. 1, First Quarter 2012, pp. 31–36.

[58] Chen, J. C., J. H. Lau, P. J. Tzeng, S. Chen, C. Wu, C. Chen, H. Yu, et al., "Effects of Slurry in Cu Chemical Mechanical Polishing (CMP) of TSVs for 3-D IC Integration," *IEEE Transactions on CPMT*, Vol. 2, No. 6, June 2012, pp. 956–963.

[59] Zoschke, K., J. Wolf, C. Lopper, I. Kuna, N. Jürgensen, V. Glaw, K. Samulewicz, et al., "TSV based Silicon Interposer Technology for Wafer Level Fabrication of 3D SiP Modules," *Proceedings of IEEE/ECTC*, Orlando, Florida, May 2011, pp. 836–842.

[60] Dunne, R., Y. Takahashi, K. Mawatari, M. Matsuura, T. Bonifield, P. Steinmann, and D. Stepniak, "Development of a Stacked WCSP Package Platform using TSV (Through Silicon Via) Technology,"

IEEE proceedings of ECTC, San Diego, CA, May 2012, pp. 1062–1067.
[61] Lin, J. C., H. Chang, and S. T. Lin, "Chip-on-Wafer Structures and Method for Forming the Same," *US Patent Publication No. 2013/0134559 A1*, Publication Date: May 30, 2013.
[62] Wang, C., C. Wu, S. Lu, and J. Lin, "Apparatus and Methods for Molding Die on Wafer Interposers," *US Patent Publication No. 2013/0075937 A1*, Publication Date: March 28, 2013.
[63] Lau, J. H., H. C. Chien, S. Wu, Y. Chao, W. Lo, and M. Kao, "Thin-Wafer Handling with a Heat-Spreader Wafer," *Proceedings of IMAPS International Symposium on Microelectronics*, Orlando, FL, September 2013, pp. 389–396.
[64] Hu, G., H. Kalyanam, S. Krishnamoorthy, and L. Polka, "Package Technology to Address the Memory Bandwidth Challenge for Tera-Scale Computing," *INTEL Technology Journal*, Vol. 11, 2007, pp. 197–206.
[65] Lau, J. H., C. Ouyang, and R. Lee, "A Novel and Reliable Wafer-Level Chip Scale Package (WLCSP)," *Proceedings of Chip Scale International Conference*, San Jose, CA, September 1999, pp. H1–H9.
[66] Lau, J. H., R. Lee, C. Chang, and C. Chen, "Solder Joint Reliability of Wafer Level Chip Scale Packages (WLCSP): A Time-Temperature-Dependent Creep Analysis," *ASME Paper No. 99-IMECE/EEP-5*, November 1999.
[67] Brunnbauer, M., E. Furgut, G. Beer, T. Meyer, H. Hedler, J. Belonio, E. Nomura, et al., "An Embedded Device Technology Based on a Molded Reconfigured Wafer," *Proceedings of IEEE/ECTC*, San Diego, CA, May 2006, pp. 547–551.
[68] Keser, B., C. Amrine, T. Duong, O. Fay, S. Hayes, G. Leal, W. Lytle, et al., "The Redistributed Chip Package: A Breakthrough for Advanced Packaging," *Proceedings of IEEE/ECTC*, Reno, NV, May 2007, pp. 286–291.

第8章 »

采用无源转接板的3D IC集成

8.1 引 言

第7章讨论了采用转接板的2.5D IC集成，本章的重点是采用转接板的3D IC集成。重点放在采用双面芯片贴附的转接板，两侧带有芯片的转接板，以及用于3D IC集成的低成本转接板。首先简要介绍采用TSV/RDL无源转接板的3D IC集成的优势。

8.2 采用TSV/RDL转接板的3D IC集成

3D IC集成的应用之一是无源转接板，也称为2.5D IC集成，如第7章所述。一般来说，它由一块带有TSV（硅通孔）、RDL（再分布层）和/或IPD（集成无源器件）的无器件硅组成，支撑一个或多个高性能、高密度和没有TSV的细间距芯片[1-12]。这在图8-1的上图中示意性地显示出来。可以看出，TSV/RDL转接板在其上表面上支撑并列的芯片#1和芯片#2。另一种设计如图8-1中的下图所示。可以看出，转接板在其顶部和底部支撑这两个芯片。在这种情况下，转接板的尺寸可以更小（或者可以在相同尺寸的转接板上放置更多的芯片），并且由于芯片到芯片的互连是面对面的而不是并列的，因此电学性能会更好[13-26,33-35]。此外，它是一个真正的采用无源转接板的3D IC集成，这将是本章的重点。

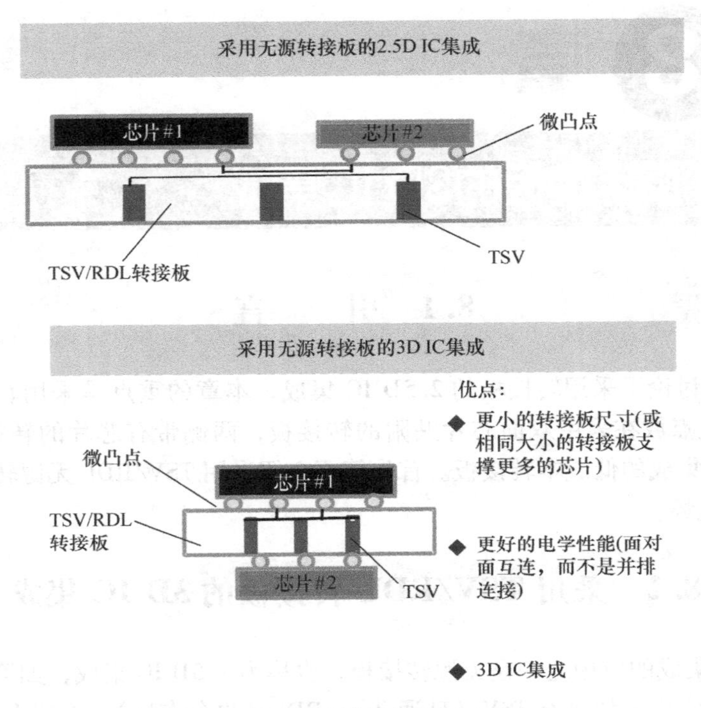

图 8-1　采用无源转接板的 3D IC 集成

8.3　双面贴附芯片的 TSV/RDL 转接板

8.3.1　结构 ★★★

图 8-2 显示了正在考虑的采用双面转接板的 3D IC 集成的示意图。图 8-3 显示了转接板的布局。可以看出，图 8-3a 左侧是顶部两个芯片的焊盘，图 8-3b 右侧是底部芯片和有机封装基板的焊盘。封装基板的尺寸为 35mm × 35mm × 970μm。在芯片和转接板以及转接板和封装基板之间使用底部填充。TSV 的直径为 10μm，间距为 150μm。芯片和转接板之间以及转接板和封装基板之间的焊料凸点直径为 90μm，间距为 125μm。封装基板和 PCB 之间的焊料球直径为 600μm，间距为 1000μm。表 8-1 总结了采用双面支撑芯片的 TSV 转接板的 3D IC 集成模块的几何结构[16-20]。

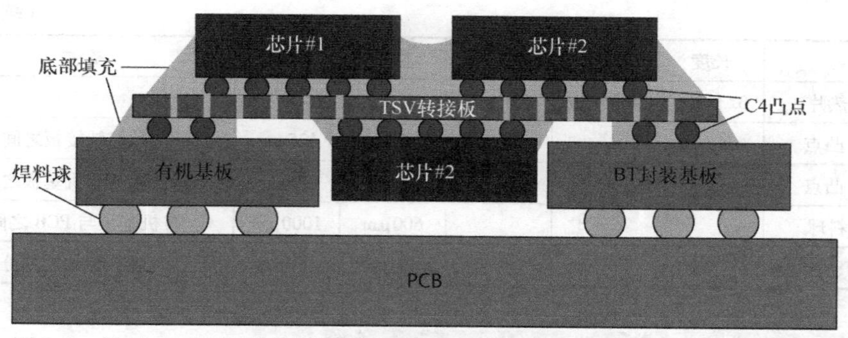

图 8-2　用于 3D IC 集成的转接板示意图（顶部有两个芯片，底部有一个芯片）

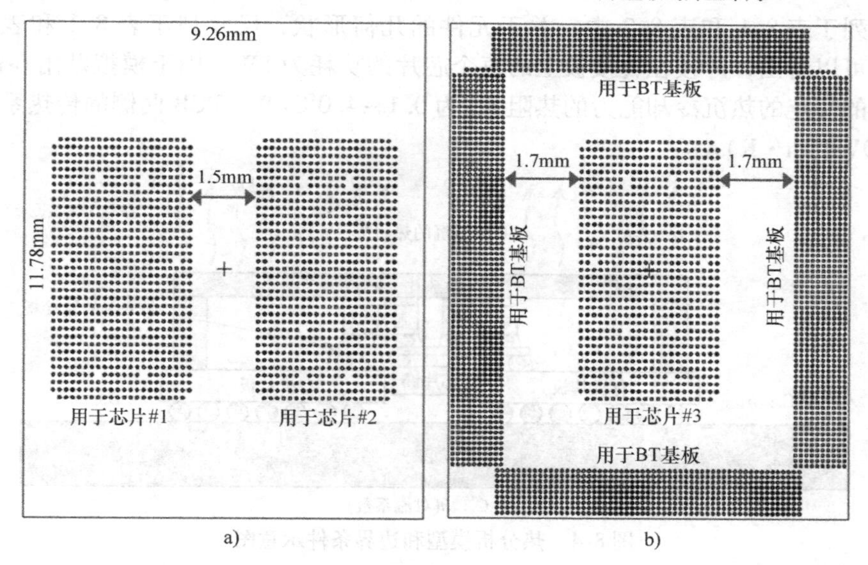

图　8-3

a）用于顶部两个芯片的焊盘布局　b）转接板底部芯片和有机封装基板的焊盘布局

表 8-1　3D IC 集成模块的几何参数

	长度	宽度	高度	直径	间距	备注
芯片#1 ~ #3	6.5mm	3.8mm	850μm			3 个芯片大小相同
转接板	11.9mm	9.4mm	100μm			
有机基板	35mm	35mm	970μm			
空腔	5.74mm	8.46mm				空腔位于有机基板中
PCB	60mm	60mm	1600μm			

（续）

	长度	宽度	高度	直径	间距	备注
散热片	3.35mm	3.35mm	500μm			
C4 凸点				90μm	125μm	芯片与转接板之间
C4 凸点				75μm	125μm	转接板与有机基板之间
焊料球				600μm	1000μm	有机基板与 PCB 之间
TSV				10μm	150μm	在转接板中的规则分布

8.3.2 热分析——边界条件 ★★★

3D IC 集成模块热分析的边界条件如图 8-4 所示。热载荷条件以及边界条件分别列于表 8-1 和表 8-2 中。关于元件的几何形状，尺寸列于表 8-1 和表 8-2 中。可以看出，焊接在转接板上的每个芯片的功耗为 5W；用于模拟贴附在散热片上的假定的热沉冷却能力的热阻 R_{ca} 为 0.1～4.0℃/W；PCB 两侧的传热系数 h 为 20W/(m·K)。

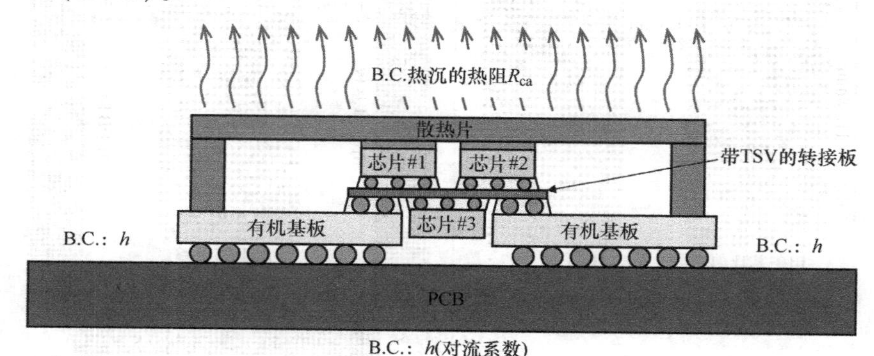

图 8-4　热分析模型和边界条件示意图

表 8-2　分析中使用的热载荷和边界条件

热载荷	每个芯片 5W（#1、#2、#3）
边界条件	热沉的热阻 R_{ca}：参数研究时可调 对流系数 h：PCB 两侧 20W/(m^2·K) 其他表面被视为绝热表面

8.3.3 热分析——TSV 的等效模型 ★★★

通过第 2 章中的等效方程式（2-19）和式（2-20）建立等效模型，可进行 2.5D/3D IC 集成的设计和分析。该等效模型用于代替真实细节的 TSV 模型，以简化热仿真。在转换中，TSV、焊料凸点和焊料球的阵列可以由许多具有等效热

导率的耦合等效区域代替，如图 8-5 所示。特别地，转接板上的 SiO_2层必须保留在等效模型中，以确保准确性。例如，直径为 10μm、侧壁 SiO_2厚度为 0.2μm、高度（厚度）为 100μm、间距为 50μm 的 2×2 TSV 阵列可以转换为面积为 100μm×100μm、k_{xy}为 144.56W/(m·K)、k_z为 156.34W/(m·K) 等效区域。

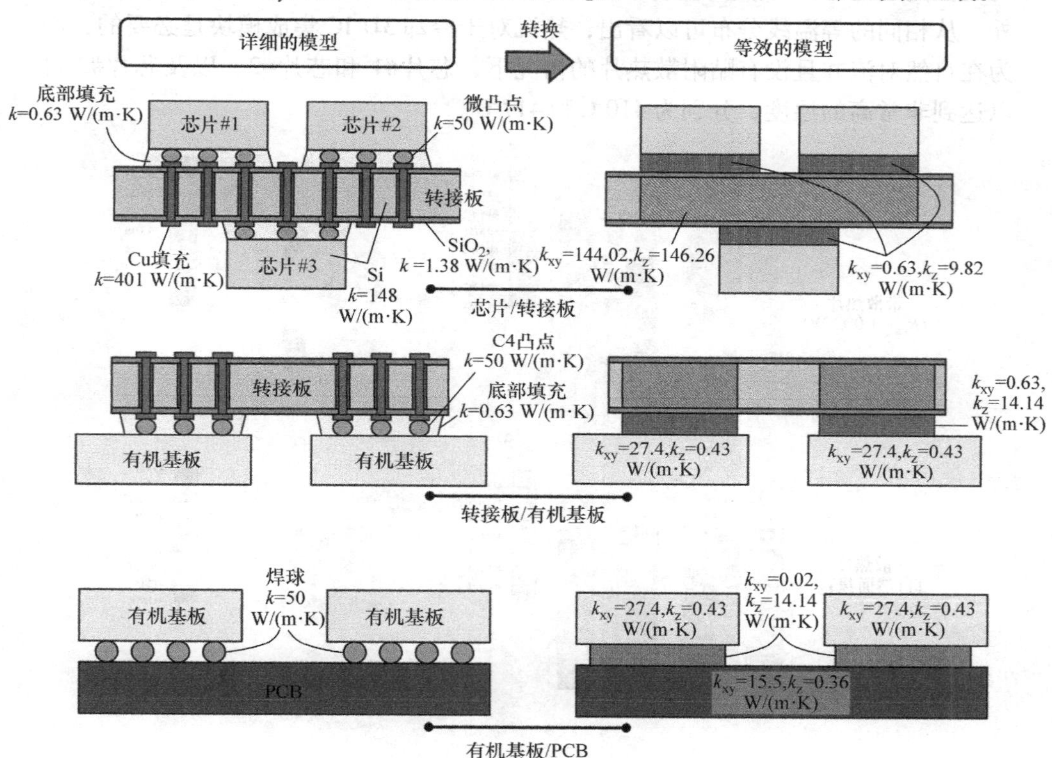

图 8-5　模型转换规则和每个等效区域计算的热导率

8.3.4　热分析——焊料凸点/底部填充的等效模型 ★★★

焊料凸点和焊料球的等效热导率应通过热阻的并联和串联关系确定。由于分隔和间距较大，所以使用底部填充材料的凸点阵列在 $x-y$ 方向上的等效热导率应接近底部填充材料的等效热导率。出于同样的原因，对于一个没有底部填充的焊料球阵列，其等效 k_{xy}应该非常小，几乎等于零。图 8-5 显示了模型转换规则和每个等效区域计算的热导率。

8.3.5　热分析结果 ★★★

图 8-6 显示了每个芯片的等温线俯视图（应用的边界条件为在散热片上 $R_{ca}=1.0$℃/W），而图 8-7 显示了 3D IC 集成模块的 3D 温度分布。从这些等温

线分布可以看出，芯片#1 和芯片#2 的温度分布相当不均匀，而芯片#3 的温度分布则不然。芯片#1 和芯片#2 的最大温差约为4.7℃（63.2℃降至58.5℃），芯片#3 的最大温差约为0.4℃（70.6℃降至70.2℃）。因此，芯片#1 和#2 的温度不均匀性问题比芯片#3 更严重，该问题可能会损害芯片的质量和可靠性性能。此外，从相同的等温线分布可以看出，热沉对于冷却3D IC 集成模块是必要的，因为在自然对流并且没有贴附散热片的情况下，芯片#1 和芯片#2，以及芯片#3 可以达到非常高的温度，分别为410℃和417℃。

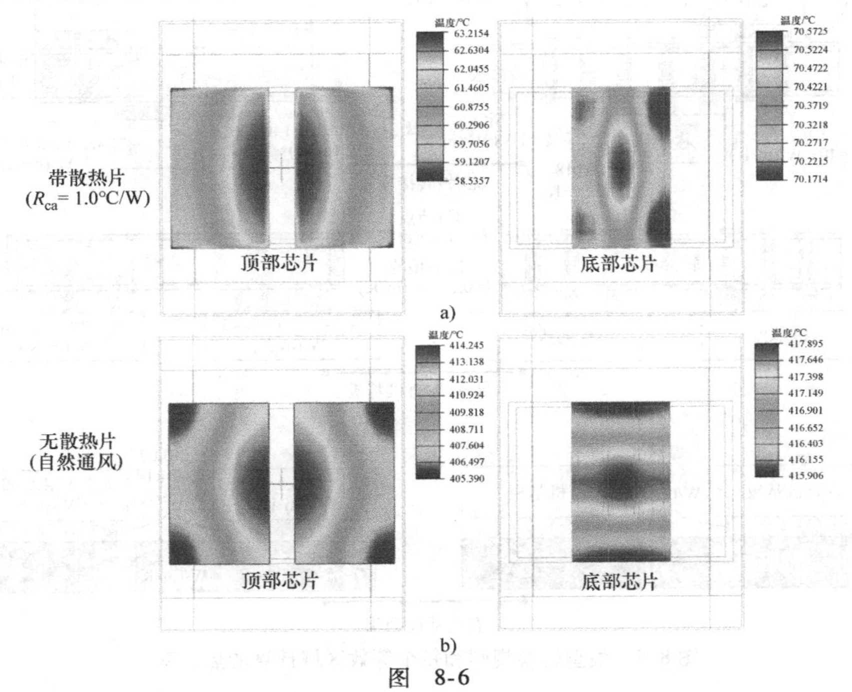

图 8-6

a）芯片#1、#2、#3 的温度分布（R_{ca} =1.0℃/W） b）芯片#1、#2、#3 的温度分布（无散热片，自然通风）（四个温度显示的刻度不同）

图8-8 显示了芯片平均温度与散热片/热沉冷却能力（R_{ca}）之间的关系。这个图有助于选择一个合适的热沉贴附在散热片上。例如，如果芯片的温度规格为100℃，则冷却能力 R_{ca}小于3.7℃/W 的热沉对于冷却3D IC 集成模块至关重要。另一方面，如果芯片的温度必须在60℃以下，那么就必须选择一个 R_{ca} 小于0.3℃/W 的非常强大的热沉。

图8-8 显示了3D IC 集成结构的严重热问题。问题是安装在转接板底部的芯片总是比安装在转接板顶部的芯片更热。这是因为转接板顶部的芯片可以与主冷却机构，即散热片和热沉直接接触，但安装在转接板底部的芯片不能。芯片平均温度差为9.0℃。芯片#3 的温度较高是不可避免的，因为散热片在散发芯片产生

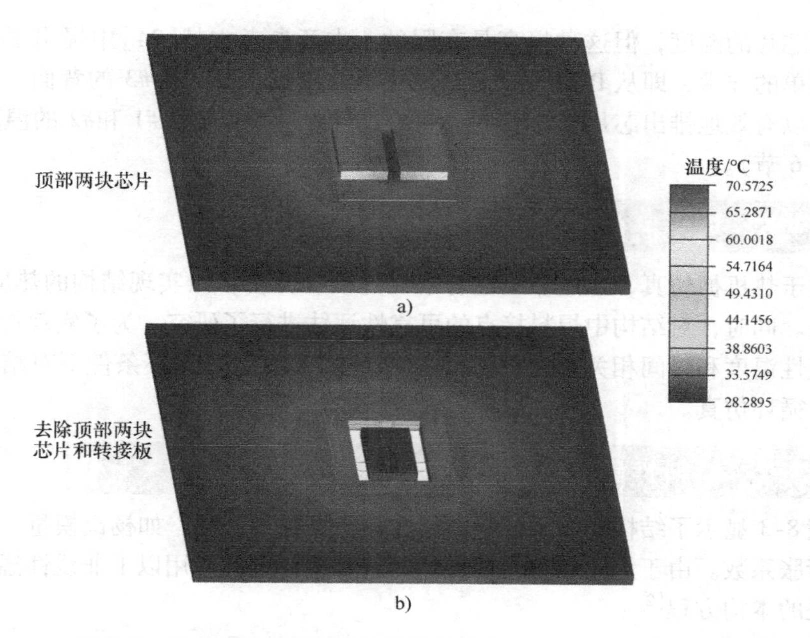

图 8-7　集成了有机基板、转接板的芯片#1、#2、#3 的等温线

a）芯片#3 被屏蔽　b）转接板和芯片#1 和#2 看不到

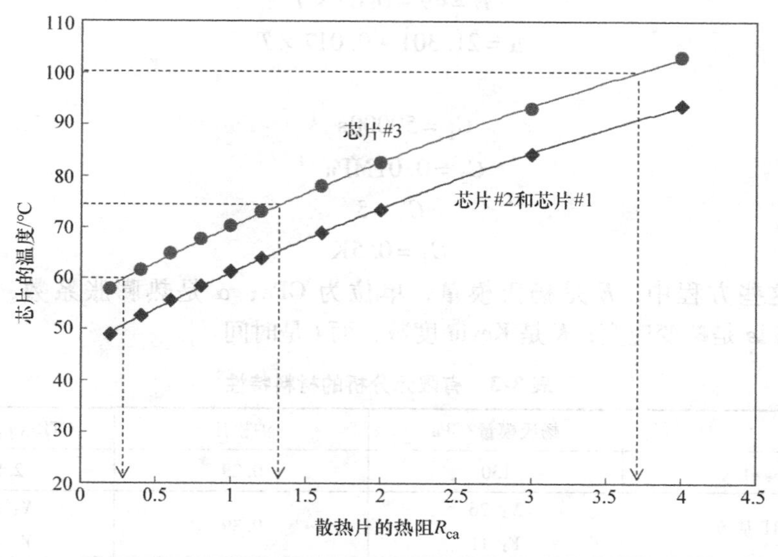

图 8-8　芯片的平均温度与散热片的冷却能力之间的相关性

的热量方面起着主要作用，而芯片#1 和#2 的温度阻碍了从芯片#3 向散热片的散热。若不改变 3D IC 集成模块的结构，则很难解决这一严重问题。加厚散热片可

以降低芯片的温度，但这种提高是有限的。本章参考文献[24]中提出了一种有用且简单的技术，即从 PCB 侧插入金属热沉并直接接触芯片#3 的背面。插入的热沉可以有效地排出芯片#3 的热量，也有助于显著降低芯片#1 和#2 的温度（请参见9.6节）。

8.3.6 热机械分析——边界条件 ★★★

对于热机械仿真，通过非线性有限元建模和分析，以实现结构的热应力/应变分布。同时，对结构中焊料接点的可靠性评估进行了研究。为了实现焊料接点的非线性温度和时间相关蠕变行为，在 -25 ~ 125℃ 的热循环条件下对结构进行了5次循环仿真。

8.3.7 材料性能的热机械分析——材料特性 ★★★

表8-3显示了结构中所用材料的所有热机械材料特性，如杨氏模量、泊松比和热膨胀系数。由于无铅焊料与温度和时间相关，因此使用以下非线性温度和时间相关的本构方程[2]：

$$\frac{\mathrm{d}\varepsilon}{\mathrm{d}t}=C_1[\sinh(C_2\sigma)]^{C_3}\exp\left(-\frac{C_4}{T}\right)$$

$$E=49-0.07\times T$$

$$\alpha=21.301+0.017\times T$$

式中

$$C_1=50000\mathrm{s}^{-1}$$

$$C_2=0.01\mathrm{MPa}^{-1}$$

$$C_3=5$$

$$C_4=0.5\mathrm{K}$$

在这些方程中，E 是杨氏模量，单位为 GPa；α 是热膨胀系数，单位为 ppm/℃；ε 是蠕变应变；K 是 Kevin 度数，而 t 是时间。

表8-3 有限元分析的材料特性

	杨氏模量/GPa	泊松比	CTE/(ppm/K)
硅	130	0.28	2.8
BT 基板	*X*：26 *Y*：11	0.39	*X*：15 *Y*：52
FR4	*X*：22 *Y*：10	0.28	*X*：18 *Y*：70
底部填充	9.07	0.3	40.75

（续）

	杨氏模量/GPa	泊松比	CTE/(ppm/K)
焊料合金	与温度相关	0.35	与温度相关
电镀的 Cu	70	0.34	18
Cu 低 k 焊盘	8	0.3	10
SiO_2	70	0.16	0.6
IMC（Cu_6Sn_5）	125	0.3	18.2
镍	131	0.3	13.4

在热机械分析中仅执行 2D 有限元建模。由于结构是对称的，因此仅对结构的一半进行建模。对称轴为 *y* 轴，并应用适当的位移和旋转边界条件。温度循环条件如图 8-9 所示，即 −25℃↔125℃之间 60min 循环，在 25℃时无应力。

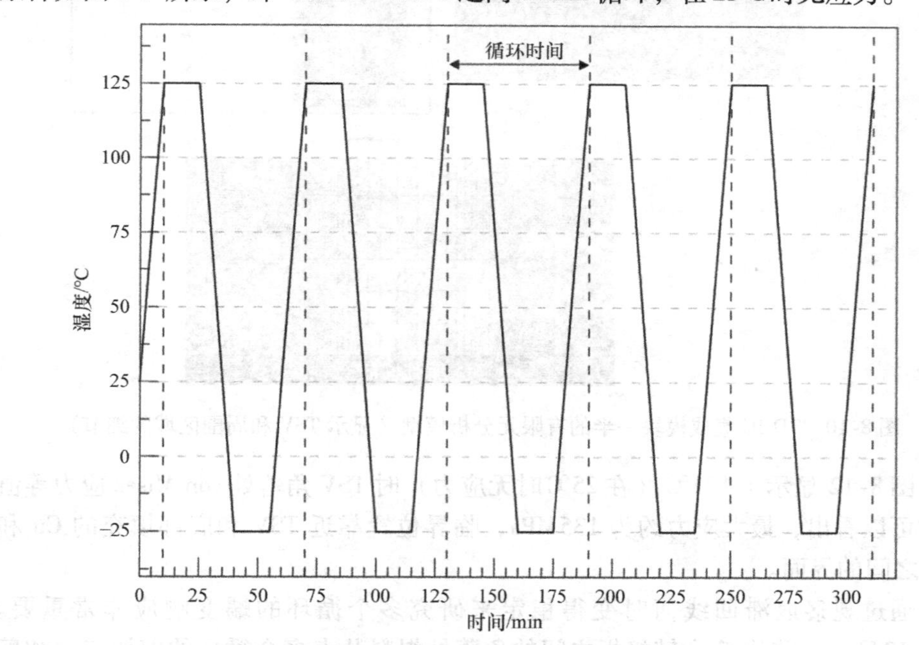

图 8-9　热循环边界条件（−25℃↔125℃）

8.3.8　热机械分析结果 ★★★

ANSYS Mechanical R14 的 2D 单元（PLANE182）用于构建半有限元模型，如图 8-10 和图 8-11 所示。可以看出对称轴是 *y* 轴。转接板和周围区域中 TSV 的详细建模如图 8-10 所示。芯片和转接板之间、转接板和封装基板之间的焊料凸点以及封装基板和 PCB 之间的焊料球的详细建模如图 8-11 所示。整个模型承受

图 8-9 所示的热循环载荷，结果见下一节。

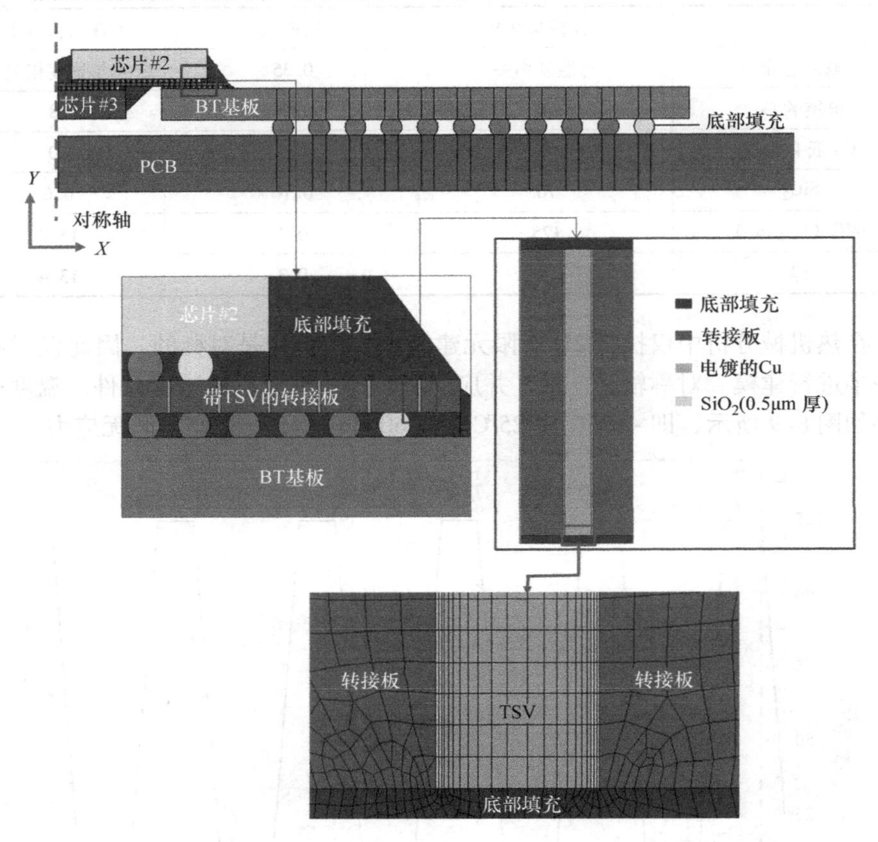

图 8-10　3D IC 集成模块一半的有限元分析模型（显示 TSV 和周围区域的细节）

图 8-12 显示了 125℃（在 25℃时无应力）时 TSV 角落处 von Mises 应力等值线。可以看出，最大应力约为 135MPa，临界位置靠近 TSV 和底部填充的 Cu 和 SiO_2之间的界面。

通过观察迟滞回线何时变得稳定来研究多个循环的蠕变响应非常重要。图 8-13显示了芯片#2 和转接板之间的角落处焊料凸点多个循环的剪切应力和剪切蠕变应变迟滞回线。可以看出，在第三个循环后，剪切蠕变应变与剪切应力循环相当稳定。事实上，对于那些焊料凸点，它们的迟滞回线在第一次循环后就稳定了。图 8-13 显示了芯片#2 和转接板之间角落处焊料凸点的蠕变应变能密度历史。可以看出，芯片#2 和转接板之间角落处焊料凸点每个周期的蠕变应变能密度为 0. 0107MPa。这个量级太小，无法在以下环境条件下产生焊点热疲劳可靠性问题[2]：−25℃↔125℃，60min 循环。底部填充可以提供帮助，对于其他焊料接点位置的蠕变响应，请参见本章参考文献[18]。

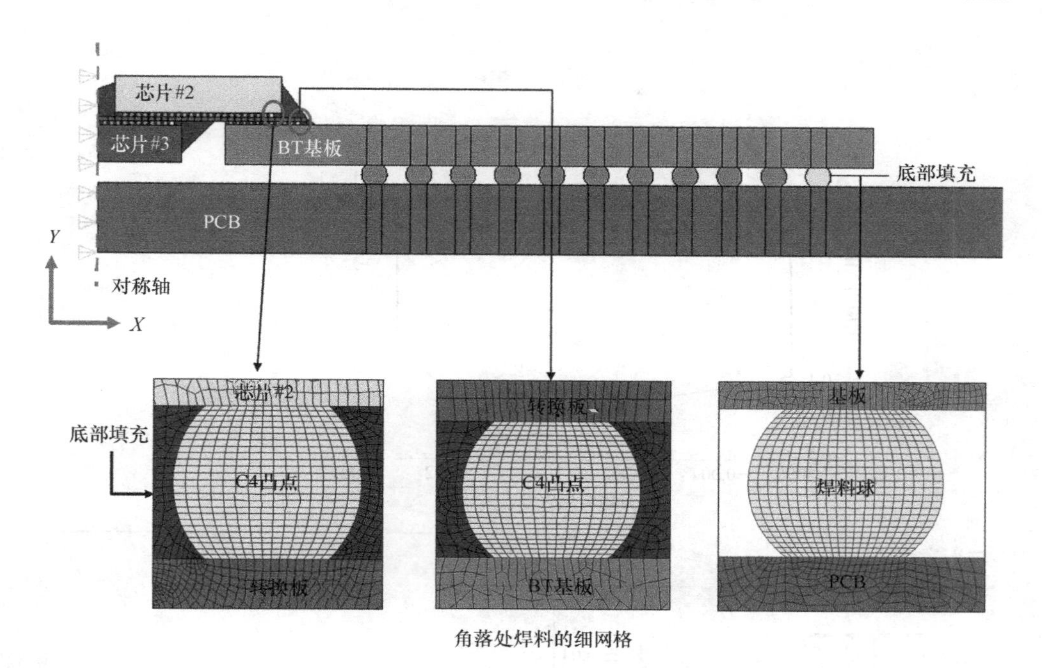

图 8-11　3D IC 集成模块一半的有限元分析模型（显示芯片#2 与转接板、转接板与封装基板之间的焊料凸点细节，以及封装基板与 PCB 之间的焊料球）（未按比例）

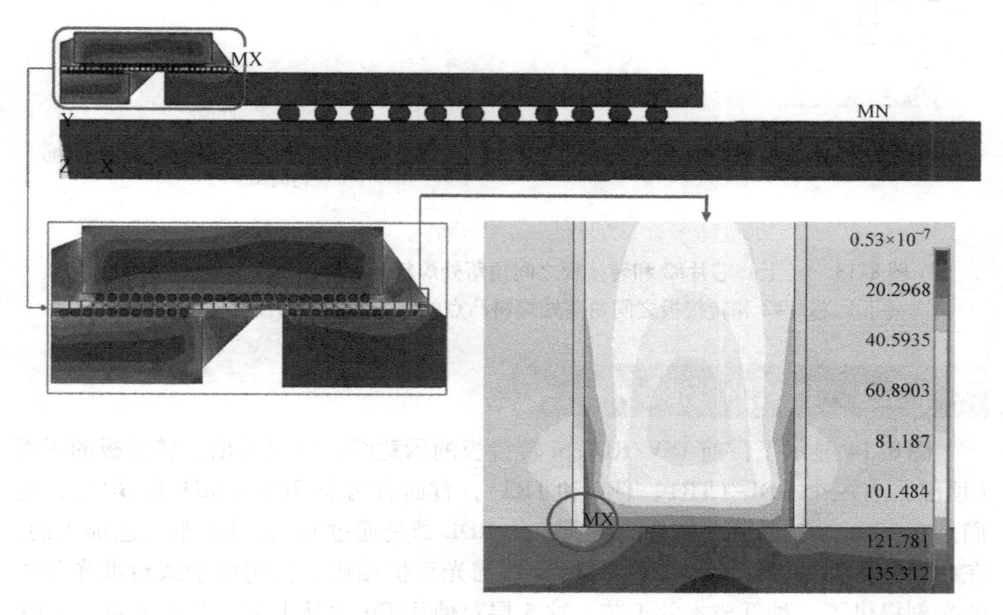

图 8-12　125℃时作用于 TSV 的最大应力（25℃时无应力）

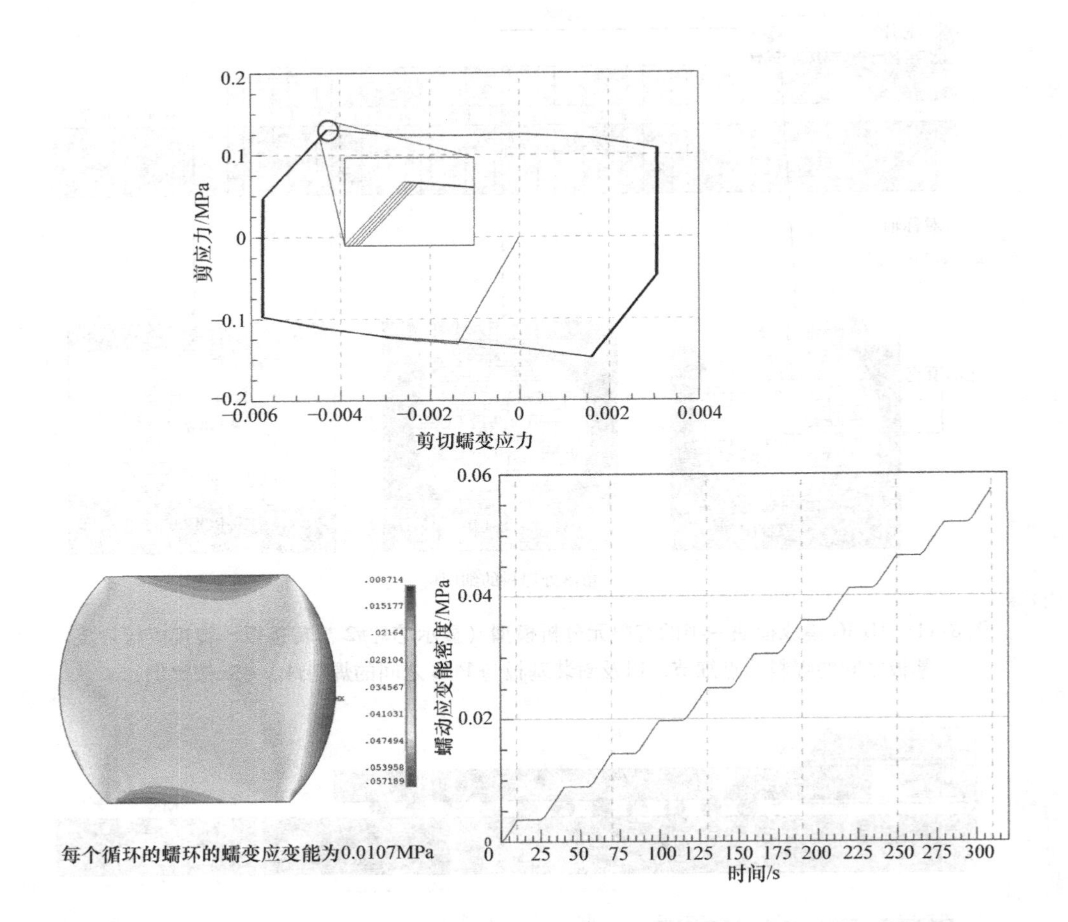

图 8-13　（上）芯片#2 和转接板之间角落处焊料凸点的迟滞回线（5 个周期）
（下）芯片#2 和转接板之间角落处焊料凸点的蠕变应变能密度与时间的关系

8.3.9　TSV 的制造 ★★★

图 8-14 显示了目前 TSV/RDL Si 转接板的示意图。可以看出，转接板的正面（顶部）有三个 RDL（TR1、TR2 和 TR3），背面有两个 RDL（BR1 和 BR2），它们是在 300mm 硅晶圆上制造的。所有的 RDL 都是通过 Cu 大马士革工艺加工的。在相同分辨率要求下，与步进光刻机/扫描光刻机相比，使用接触式对准光刻机的光刻提供了一种低成本的工艺。这 5 层对使用 Cu 大马士革工艺制造背面 RDL 提出了挑战。表 8-4 列出了该 TSV/RDL 转接板的制造工艺流程。

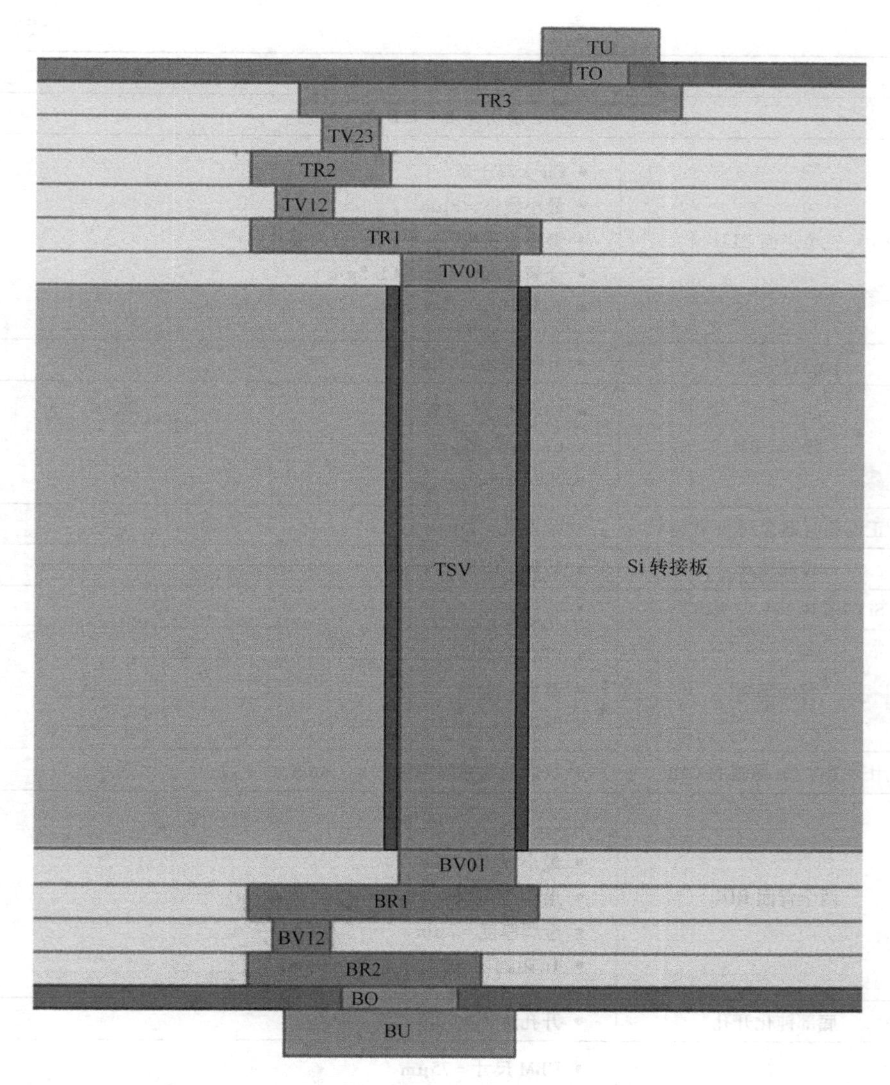

图 8-14　顶部有三个 RDL，底部有两个 RDL 的 TSV/RDL 转接板横截面示意图

表 8-4　TSV/RDL 转接板的制造工艺流程

工艺阶段	
层间介质（ILD）	
TSV	• TSV 直径 = 10μm • TSV 深度 = 105μm • TSV SiO 衬垫（SACVD） = 0.5μm（顶部） • Ta 阻挡层 = 0.08μm（顶部）

（续）

工艺阶段	
层间介质（ILD）	
三个正面 RLD	• Cu 大马士革 • 最小线宽 =3μm • 最小通孔直径 =3μm • 金属厚度 =2μm 和 1.5μm • Ta 阻挡层 =0.05μm
顶部钝化开孔	• 开孔直径 =60μm
顶部 UBM	• UBM 尺寸 =75μm • Cu 厚度 =5μm • NiPdAu =2μm
正面临时键合到 Si 载体	• 胶厚度 =25μm
背面减薄	• 研磨 + CMP
Si 凹槽和 TSV 背面露出	• 干法刻蚀
背面隔离	• PECVD SiO • 温度 <200℃ • 厚度 =1μm
用于 TSV Cu 暴露的 CMP	• 场区的背面隔离保持 >0.8μm
两个背面 RDL	• Cu 双大马士革 • 最小线宽 =5μm • 最小通孔直径 =5μm • 金属厚度 =2μm • Ta 阻挡层 =0.05μm
底部钝化开孔	• 开孔直径 =60μm
底部 UBM	• UBM 尺寸 =75μm • Cu 厚度 =5μm • NiPdAu =2μm

该工艺从 PECVD 形成的 SiN_x/SiO_x 绝缘层开始。TSV 光刻后，通过 Bosch 型 DRIE 将 TSV 刻蚀到硅衬底，形成高深宽比的通孔结构。然后刻蚀的 TSV 结构通过 SACVD 形成 SiO_x 衬垫、PVD 形成 Ta 阻挡层和 Cu 种子层。电镀 Cu 用于填充 TSV 结构。最终的盲 TSV 的顶部开口直径约为 10μm，深度约为 105μm，深宽比为 10.5。在如此高深宽比的通孔结构中，采用自下而上的电镀机制来确保在场区无缝隙的 TSV 具有合理的小的 Cu 厚度。SEM 横截面图像如图 8-15 所示。可

以看出，底部 TSV 的直径略有减小，这从刻蚀工艺的角度来看是意料之中的，场区 Cu 厚度小于 5μm。退火（400℃，30min）后，为了完成 TSV 工艺，通过 CMP（化学和机械抛光）去除场区多余的铜。

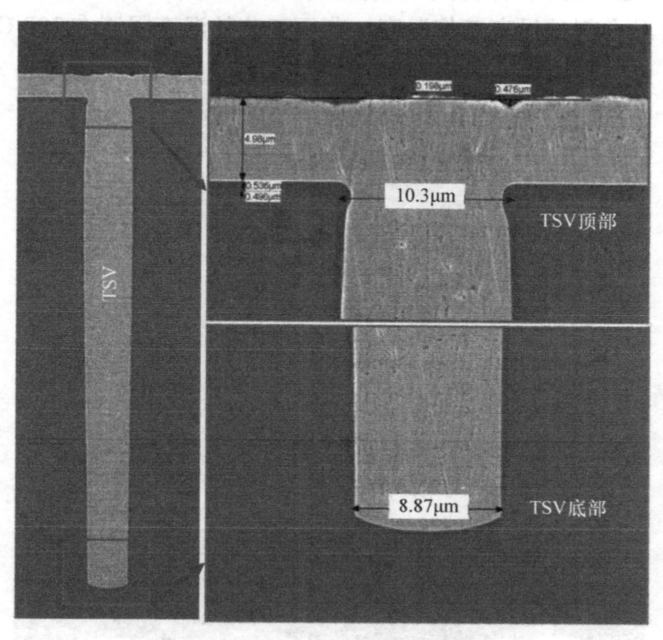

图 8-15 TSV 的 SEM 横截面图像

8.3.10 采用顶部 RDL 的转接板的制造 ★★★

在 TSV 形成后，Si 转接板晶圆的正面通过三个 RDL 工艺，使用 Cu 大马士革工艺，主要是从传统的 Cu BEOL 工艺改进而来。这些 RDL 层的 CD（临界尺寸）为 3μm，受接触对准光刻机分辨率的限制。三个 RDL 层依次构建，然后是用于倒装芯片焊料凸点贴附的正面 UBM 焊盘。UBM 由 Cu UBM 焊盘和 NiPdAu 表面处理组成，这为有源芯片和转接板之间的底部填充提供了空间，还降低了键合失效的可能性。图 8-16 显示了正面层（TSV、三个正面 RDL 和顶部 UBM）的 SEM 横截面图像。图 8-17 显示了转接板的俯视图，如俯视图所示，互连区域是指用于两个有源芯片贴附的区域，而该区域的其余部分是为无源测试结构设计的。

8.3.11 顶部带 RDL Cu 填充的转接板的 TSV 露出 ★★★

在正面工艺完成后，晶圆减薄从临时键合工艺开始。在 Si 转接板晶圆背面接地和抛光之前，Si 转接板晶圆临时键合到 Si 载体上，在 TSV 暴露之前停止。

在背面研磨/抛光工艺后，剩余 Si 衬底在整个晶圆上厚度分布非常均匀，剖面分布如图 8-18 所示。然后对晶圆背面进行干法刻蚀以露出 TSV，并使 Si 表面形成凹槽。在 CMP 之前淀积隔离介质，以露出 TSV 背面 Cu 表面来连接背面 RDL。考虑临时键合黏合剂的最高工作温度，背面工艺的温度限制在 200℃以下。

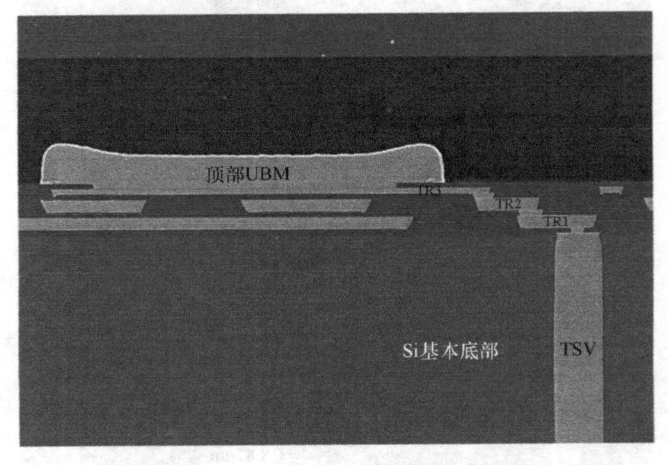

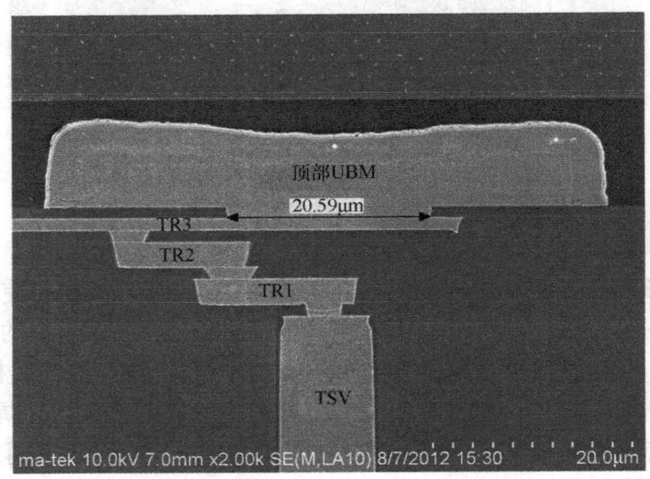

图 8-16　转接板顶部的 SEM 横截面图像（TSV、RDL：TR1、TR2、TR3 和顶部 UBM）

8.3.12　采用底部 RDL 的转接板的制造 ★★★

由于考虑到接触对准光刻机的掩膜对准能力以及正面加工和临时键合工艺产生的晶圆翘曲，背面 RDL 的最小 CD 放宽至 5μm。此外，为了减少工艺导致减薄的晶圆的开裂或剥落，背面 RDL 工艺采用 Cu 双大马士革工艺（采用 ECD 和

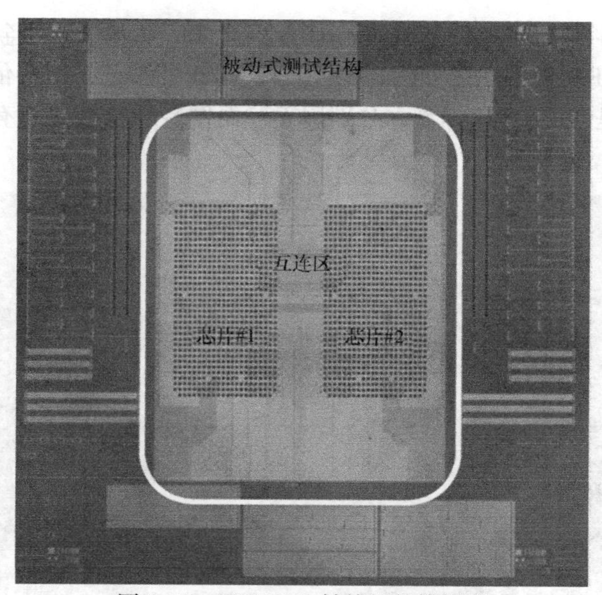

图 8-17　TSV/RDL 转接板的俯视图

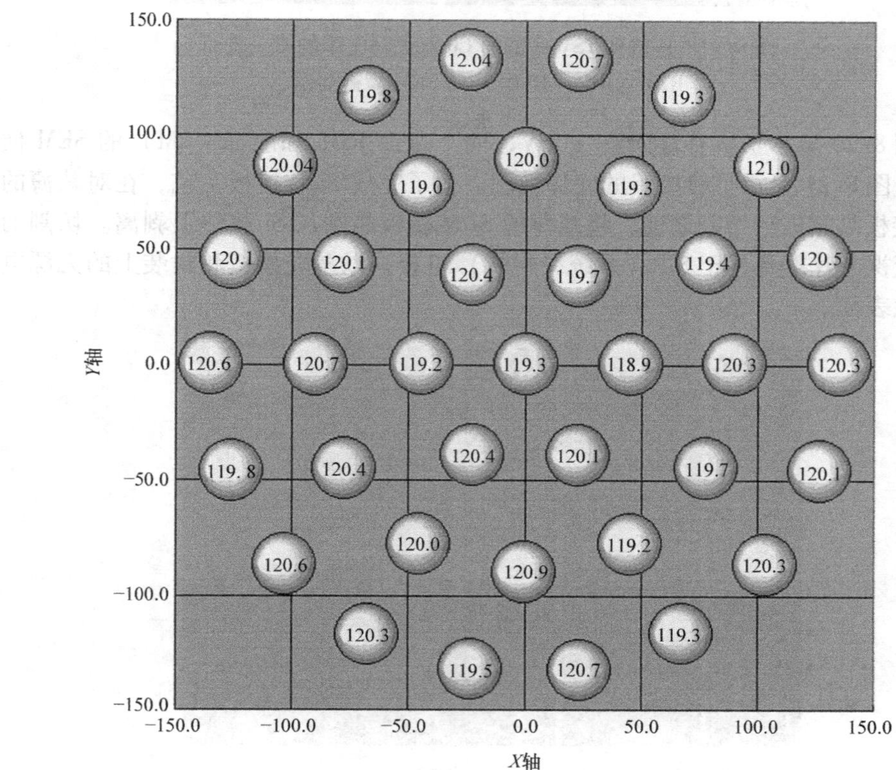

图 8-18　背面研磨后 Si 衬底剩余厚度的映射

CMP 形成 RDL + 通孔）。第一个背面 RDL/通孔 Cu 双大马士革金属化（连接到 TSV 背面）的 SEM 横截面图如图 8-19 所示。与正面工艺类似，依次完成两个背面 RDL，然后是背面 UBM 焊盘，分别用于背面倒装芯片贴附和有机基板的焊料凸点。

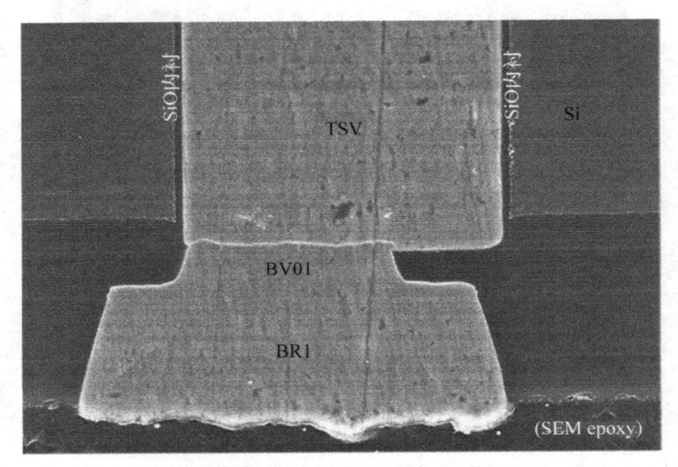

图 8-19　连接到 TSV 底部的 Cu 双大马士革的第一背面 RDL（BR1 + BV01）的 SEM 横截面图

图 8-20 显示了所有背面层（TSV、两个背面 RDL 和底部 UBM）的 SEM 横截面，图 8-21 显示了转接板的底部视图。为了完成 Si 转接板工艺，在对减薄的 Si 转接板晶圆进行切割之前，将减薄的 Si 转接板晶圆从 Si 载体上剥离。切割的转接板裸芯片准备用于 SiP（系统级封装）组装，以及转接板和封装上的无源电学特性表征。

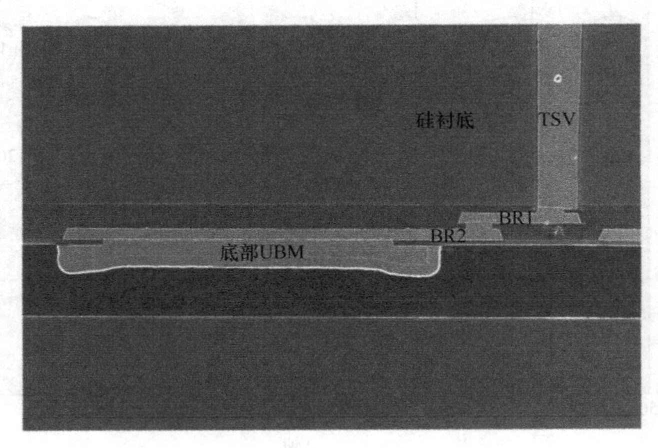

图 8-20　转接板背面的 SEM 横截面图像（TSV、RDL：BR1、BR2 和底部 UBM）

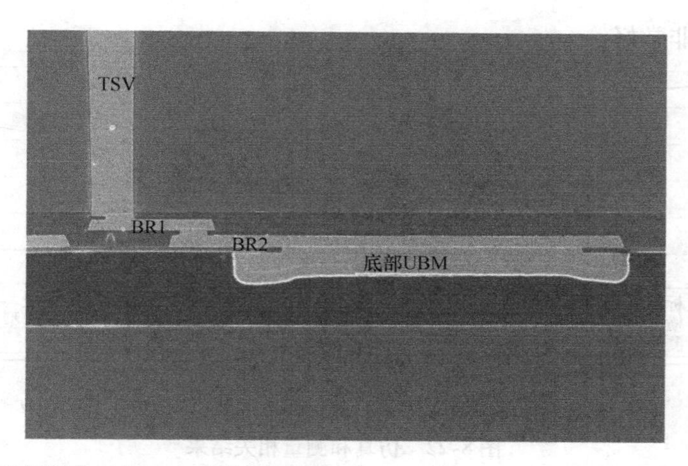

图 8-20　转接板背面的 SEM 横截面图像（TSV、RDL：BR1、BR2 和底部 UBM）（续）

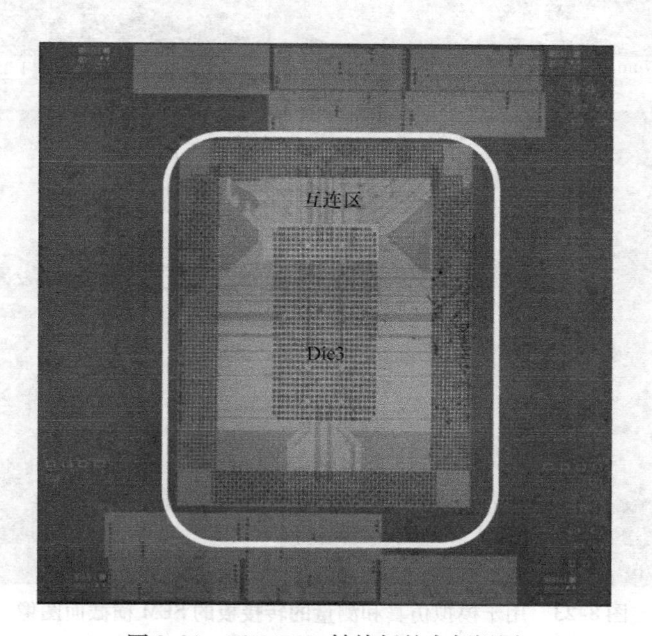

图 8-21　TSV/RDL 转接板的底部视图

8.3.13　转接板的无源电学特性表征 ★★★

制造的转接板的各种微带线、带状线和共面波导线的测量和建模结果已在本章参考文献[20]中进行了报道。图 8-22 显示了三种不同情况下的电学性能（插入损耗和回波损耗）。使用标称设计尺寸时，测量结果与 3D 场解算器建模结果之间存在差异。然而，当使用实际制造尺寸时（见图 8-23），模型和测量结果之间的相关性非常好。

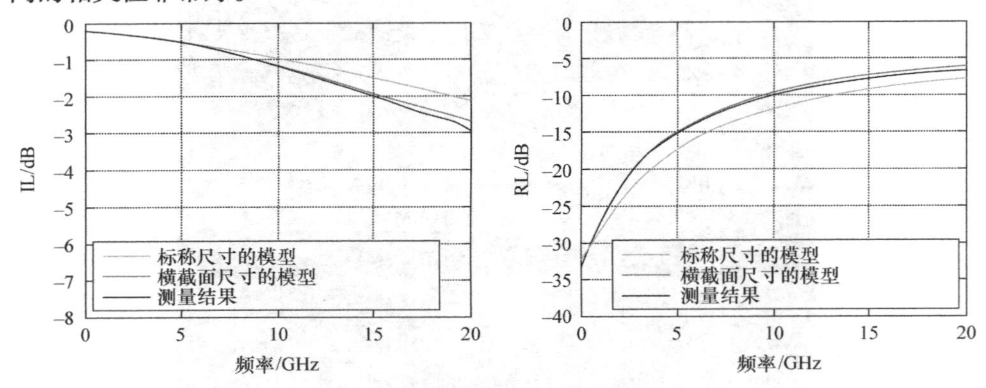

图 8-22　仿真和测量相关结果

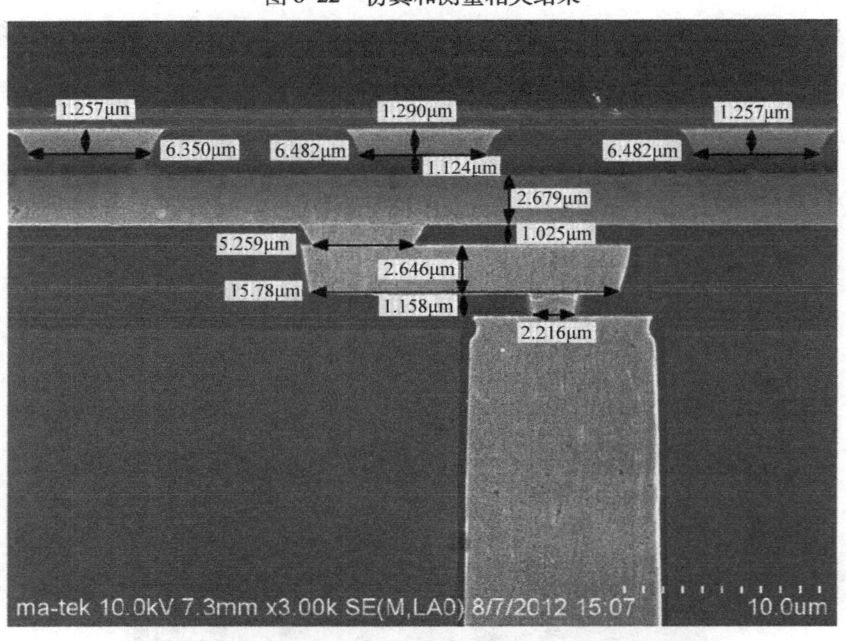

图 8-23　用于模拟仿真和测量的转接板的 SEM 横截面图像

8.3.14　最终组装 ★★★

图 8-24 示意性地显示了最终模块组件的工艺流程。首先，将背面芯片贴附到转接板上，然后自然回流焊料，进行底部填充并固化；将转接板连接在有机封装基板的顶部，并自然回流，进行底部填充并固化；将两个顶部芯片贴附到转接板顶部，自然回流焊料，应用和固化底部填充。最后，将焊料球安装在封装基板的底部并进行回流，如图 8-24 的步骤 7）和 8）所示。

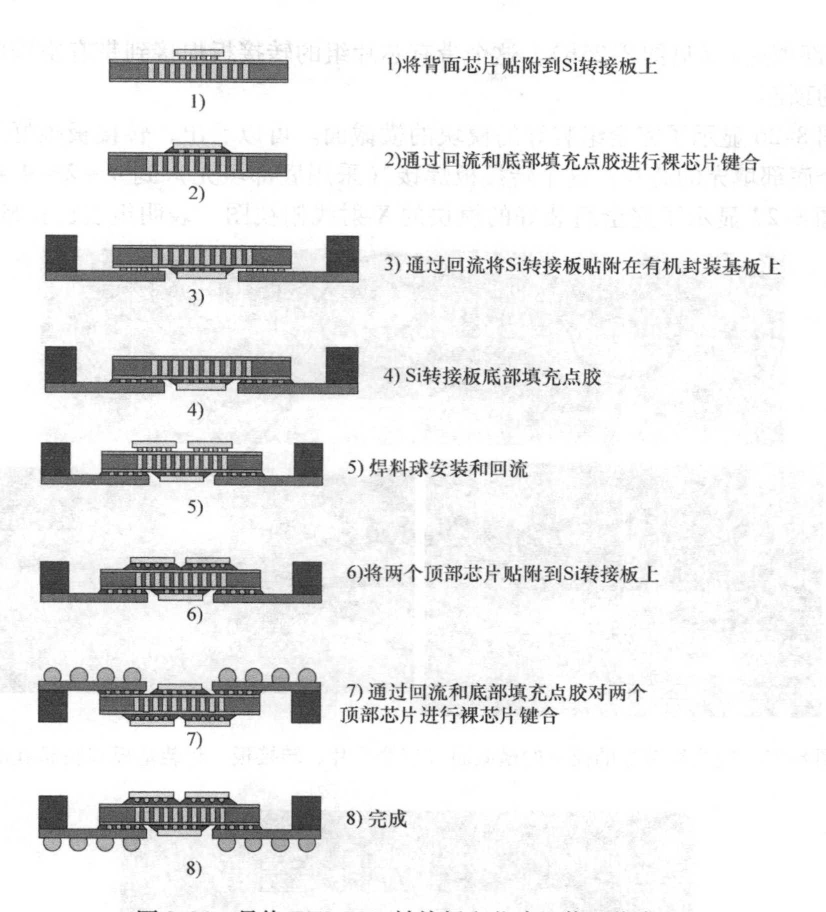

图 8-24 最终 TSV/RDL 转接板和芯片组装工艺流程

图 8-25 显示了一个组装好的封装，它由一个无源 TSV/RDL 转接板组成，支撑顶部的两个有源芯片（带底部填充）（见图 8-25a）和底部的一个有源芯片

a) b)

图 8-25 完全组装好的 3D IC 集成模块

a）顶部显示两个芯片 b）底部显示一个芯片

（带底部填充）（见图 8-25b）。这个带有芯片组的转接板焊接到带有空腔的封装基板的顶部。

图 8-26 显示了完全组装好的模块的横截面。可以看出，转接板很好地支撑了三个底部填充的芯片。这个转接板焊接（采用底部填充）到 4－2－4 封装基板。图 8-27 显示了完全组装好的模块的 X 射线俯视图，表明组装已正确完成。

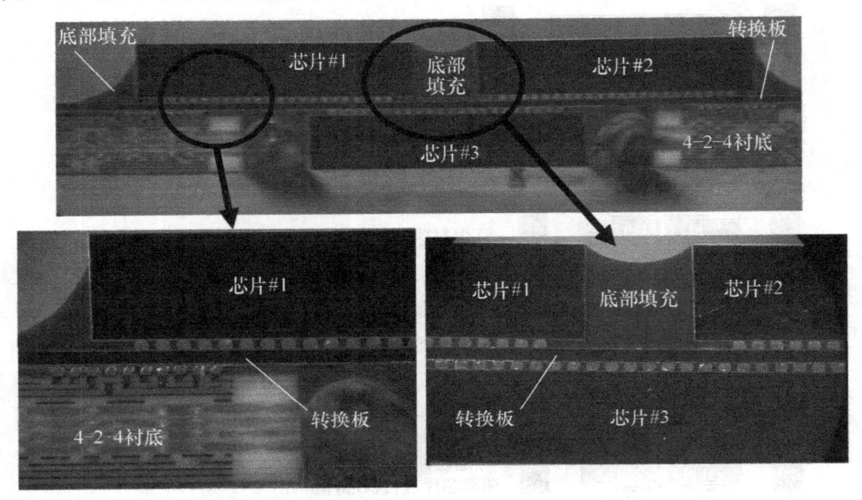

图 8-26　完全组装好的模块的横截面（三个芯片、转接板、封装基板和底部填充）

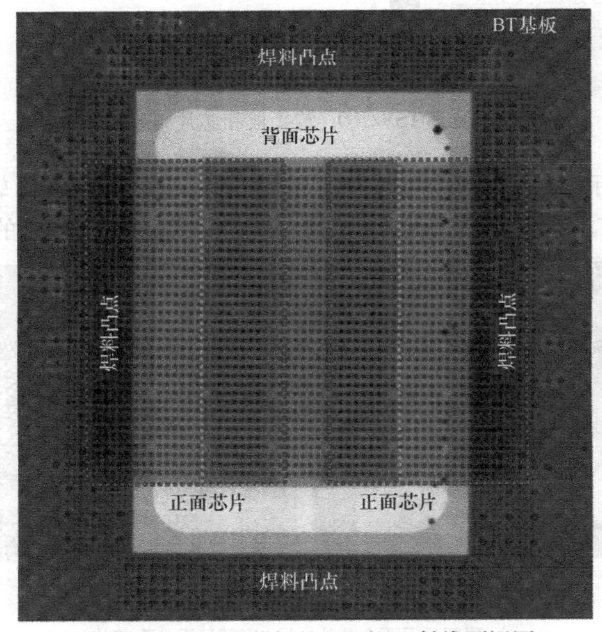

图 8-27　完全组装好的 SiP 的 X 射线顶视图

可以看出，正面的两个裸芯片（未减薄）和背面的一个裸芯片完全对齐，在转接板背面的外围区域有焊料凸点（将转接板连接到封装 BT 基板）。

8.3.15　总结和建议 ★★★

一些重要结果和建议总结如下[16-20]：

1）提供了具有 SiO_2和 Cu 填充的 TSV 的等效热导率。

2）介绍并讨论了目前 3D IC 集成模块使用等效热导率的示例。

3）给出了芯片平均温度与应用到 3D IC 集成模块的散热片/热沉冷却能力（R_{ca}）之间的关系，还给出了使用这些关系的实例。

4）TSV 中 125℃时的最大应力（135MPa）（25℃时无应力）出现在 TSV 角落处，位置位于 SiO_2、Cu 和底部填充之间的界面处。

5）每个循环的最大蠕变应变能密度出现在芯片#2 和转接板、芯片#3 和转接板、转接板和封装基板之间焊料凸点的角落处，其大小分别为 0.0107MPa、0.0117MPa 和 0.0125MPa。这些值太小，不存在焊料接头热疲劳问题。底部填充是有帮助的。

6）封装基板和 PCB 之间的焊料球每次循环的最大蠕变应变能密度出现在焊料球角落处，大小为 0.071MPa。同样，该值太小，不存在焊料球热疲劳问题。

7）无源转接板上有 5 个 RDL，正面 3 个 RDL，背面 2 个 RDL。

8）出于对工艺成本的考虑，接触对准光刻机已用于所有光刻工艺。然而，使用接触对准光刻机的晶圆翘曲导致光刻困难是一个要关注的问题。

9）在转接板两侧使用接触对准光刻机的 RDL 工艺是从典型的 CMOS BEOL Cu 大马士革工艺技术改进而来的。

10）考虑到正面工艺和临时键合引起减薄的晶圆翘曲，放宽了背面工艺的最小 CD。

11）SEM 横截面图像显示，所有双面布线层（RDL）和通孔均已正确制造。此外，还实现了无空隙 Cu 填充 TSV。

12）对于最终组装，芯片已成功贴附到转接板并进行了底部填充。多芯片转接板模块也已贴附到有机封装基板上。横截面和 X 射线结果表明，在双面 TSV/RDL 转接板上采用有源裸芯片的完全组装模块已正确完成。

13）无源测试结构的电学 VNA 测试与 3D 场解算器建模结果非常吻合。

14）可靠性热循环试验是该项目的下一阶段工作。

8.4 两侧带有芯片的 TSV 转接板

8.4.1 结构 ★★★

3D IC SiP（系统封装）有一个转接板，支撑其顶部的一个 CPU（中央处理器单元）或 ASIC（专用 IC）芯片，和底部的两个存储器芯片，如图 8-28 所示[21-26]。TSV 均匀地嵌入转接板中，其直径为 25μm，深度为 150μm，间距为 150μm；TSV 侧壁上的介质层（SiO_2）厚度为 0.5μm。转接板通过普通凸点贴附到 BT 基板，BT 基板通过焊料球贴附到 PCB。通过一层薄薄的导热油脂在 CPU/ASIC 背面贴附一个铜散热片，用作冷却模块。

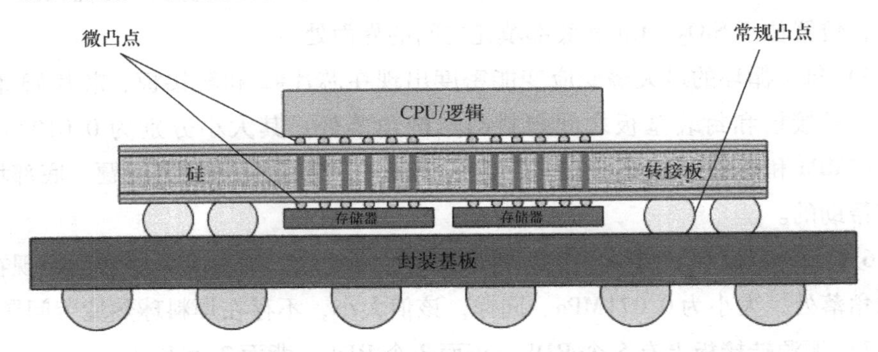

图 8-28 采用 TSV/RDL 无源转接板的 3D IC 集成示意图

图 8-29 显示了详细分析的结构，表 8-5 列出了结构的维度特性。可以看出，转接板为 28mm × 28mm × 150μm，CPU/ASIC 为 22mm × 18mm × 400μm，DRAM 为 10mm × 10mm × 100μm。封装基板为 40mm × 40mm × 950μm，印制电路板为

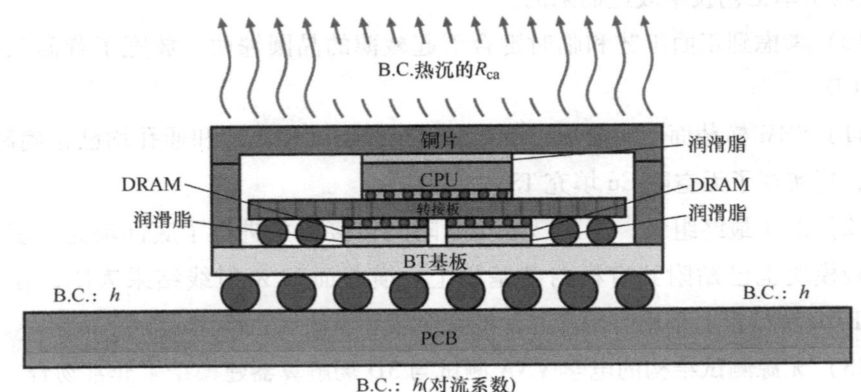

图 8-29 用于分析的结构和边界条件示意图

114.3mm×101.6mm×1600μm。所有芯片和转接板之间的微焊料凸点直径为25μm，间距为250μm。普通焊料凸点的直径为150μm，间距为250μm。焊料球直径为600μm，间距为1000μm。

表 8-5　分析的 3D IC 集成结构的尺寸

芯片和基板					
	数量	厚度/μm	长度/mm	宽度/mm	功耗/W
CPU	1	400	22	18	75
DRAM	2	100	10	10	8（=4+4）
转接板	1	150	28	28	0
BT 基板	1	950	40	40	0
PCB	1	1600	114.3	101.6	0
TSV，凸点和焊料球					
	直径/μm	间隔/μm	分布		注
TSV	25	150	均匀		在转接板
微凸点	12	250	均匀		在 CPU 和转接板之间
微凸点	12	250	均匀		在 DRAM 和转接板之间
普通凸点	150	250	2 组(28mm×6.7mm)芯片两端		在转接板和 BT 基板之间
焊料球	600	1000	均匀		在 BT 基板和 PCB 之间

8.4.2　热分析——材料特性 ★★★

表 8-6 列出了材料的热性能。对于油脂、硅和铜，由于材料均匀，其横向热导率 k_z 和面内方向热导率 k_{xy} 相等。对于 BT 基板和 PCB，假设它们是层压材料，其中有机材料内部有几个高导电（Cu）层，因此它们的 k_{xy} 明显高于 k_z。对于转接板、微凸点、普通凸点和焊料球，各向异性导热系数可通过在转接板区域使用式（2-19）和式（2-20）计算，并对微凸点、普通凸点和焊料球区域使用热阻串联/并联关联，见 8.3.3 节和 8.3.4 节。微凸点区等效的 k_{xy} 和 k_z 几乎相同，等于底部填充材料的值，因为它们的间距太大而尺寸太小。

表 8-6　分析的 3D IC 集成结构的热材料特性

	k_{xy}(W/m·K)	k_z	厚度/μm	注
油脂	2.5	2.5	38	在 DRAM 和 BT 基板之间
油脂	2.5	2.5	12.5	在 CPU 和散热片之间
硅	148	148	—	
铜	401	401	—	

（续）

	k_{xy}(W/m·K)	k_z	厚度/μm	注
转接板	142.8	151.2	150	计算的等效特性
BT 基板	13.4	0.21	950	
PCB	56.9	0.36	1600	
微凸点	0.63	0.63	12	计算的等效特性
普通凸点	0.63	14.12	150	计算的等效特性
焊料球	0.05	14.12	600	计算的等效特性

8.4.3 热分析——边界条件 ★★★

本节所分析的3D IC SiP是为网络系统设计的，应将其放置在机柜中，因此，假设环境温度为55℃。PCB表面的边界条件各不相同，在绝热（最坏情况）、混合自然对流（弱气流）和强制对流（强气流）条件下模拟PCB时，边界条件应分别为$h=0$、10W/(m^2·K)和50W/(m^2·K)。对于散热片，使用热阻R_{ca}代替冷却模块来简化仿真。R_{ca}在0.001～1.0℃/W之间变化，以模拟由不同冷却模块冷却的散热片：超低R_{ca}（≤0.3℃/W）表示两相流或单相流的液体冷却模块；中等R_{ca}（约0.2～0.8℃/W）表示带有工作风扇的热沉；而一个更大的R_{ca}（≥0.6℃/W）指无风扇的热沉。ASIC的功耗为75W；每个存储器的功耗为4W；SiP的总功耗为83W。在本节中，使用Icepak 12.1.6作为仿真工具，使用有限体积法解决热传导问题。

8.4.4 热分析——结果与讨论 ★★★

图8-30显示了在散热片顶部$R_{ca}=0.6$℃/W和PCB表面$h=10$W/(m^2·K)

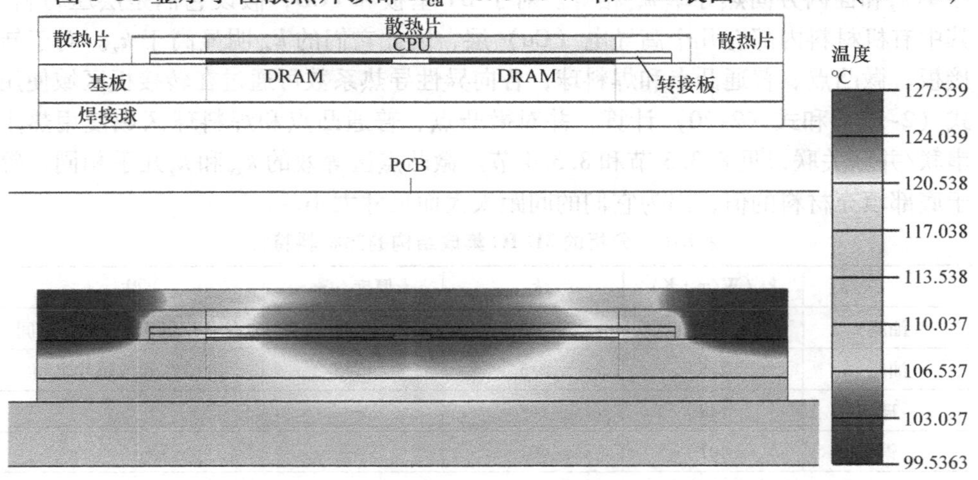

图8-30　分析的采用无源转接板的3D IC集成的典型横截面温度分布

的边界条件下，SiP 的横截面温度分布。R_{ca} = 0.6℃/W 的条件意味着有一个带耦合风扇的热沉来冷却散热片；h = 10W/(m^2 · K) 表示 PCB 表面吹过的气流较弱。ASIC 和每个 DRAM 的产生的功耗分别为 75W 和 4W，在环境温度为 55℃ 的情况下，温度分别为 118℃ 和 122℃。

图 8-31 显示了 ASIC 和 DRAM 的芯片温度分布，SiP 处于散热片顶部 R_{ca} = 0.4℃/W 和 PCB 两面 h = 10W/(m^2 · K) 的边界条件下。可以看出，ASIC 芯片和 DRAM 芯片的温度分布并不均匀。ASIC 的最高和最低温度分别为 107.5℃ 和 89.5℃，DRAM 的最高和最低温度分别为 107.5℃ 和 99.5℃。ASIC 和 DRAM 芯片的平均温度分别为 101℃ 和 104℃。

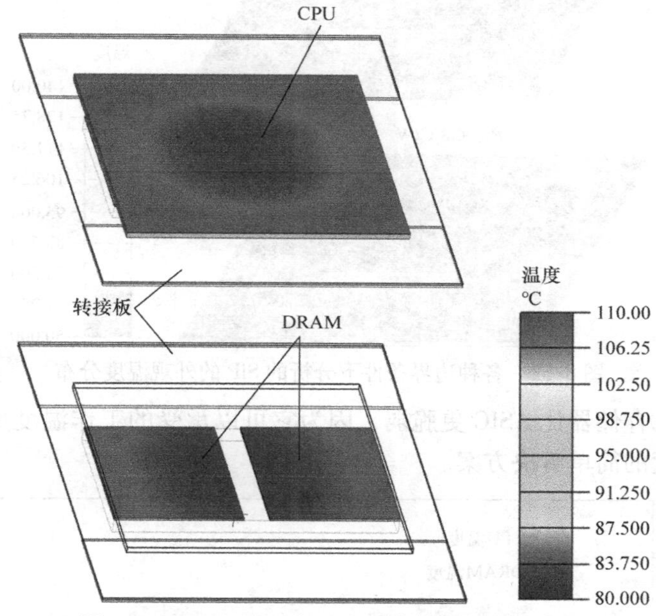

图 8-31　CPU/ASIC 和 DRAM 存储器的温度分布

为了研究冷却模块的各种性能引起的热效应，采用的散热片的热阻 R_{ca} 在 0.001 ~ 1.0℃/W 之间变化，PCB 表面的边界条件为 h = 10W/(m^2 · K)。图 8-32 显示了 SiP 的外观温度分布，较高的热阻 R_{ca} 导致较高的系统温度。图 8-33 是 R_{ca} 和芯片平均温度之间的相关性。通过相关性可以看出，如果 ASIC 或 DRAM 的工作温度必须低于 100℃，则贴附在散热片上的热模块的冷却能力必须小于 0.3℃/W。此外，如果芯片温度必须低于 80℃，则应选择冷却能力小于0.1℃/W 的热模块。

图 8-33 显示，即使产生的热量少得多，存储器的温度也略高于 ASIC 温度。这对于3D IC SiP 热管理是一个大问题，意味着：①存储器的温度与 ASIC 的温度

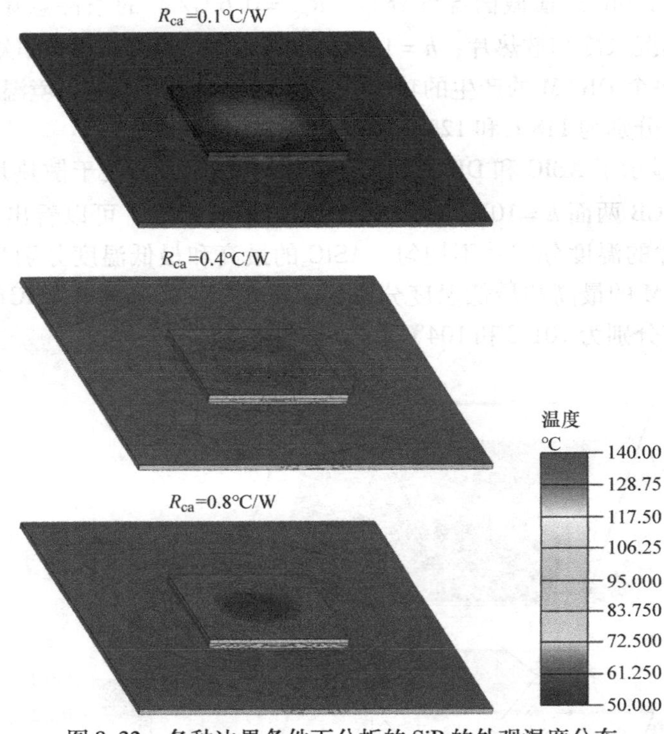

图 8-32　各种边界条件下分析的 SiP 的外观温度分布

密切相关；②存储器比 ASIC 更脆弱，因为它可以承受的工作温度更低，并且没有降低其温度的简单解决方案。

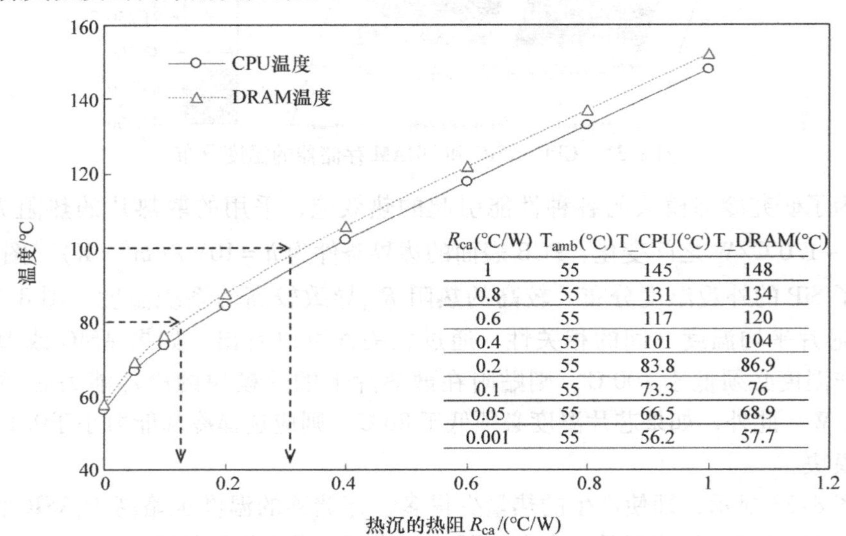

R_{ca}(°C/W)	T_{amb}(°C)	T_CPU(°C)	T_DRAM(°C)
1	55	145	148
0.8	55	131	134
0.6	55	117	120
0.4	55	101	104
0.2	55	83.8	86.9
0.1	55	73.3	76
0.05	55	66.5	68.9
0.001	55	56.2	57.7

图 8-33　R_{ca} 和芯片平均温度之间的相关性

仿真说明了在这样的3D IC SiP 中存储器和 ASIC 之间的热连接。在这里，假设两个存储器都不会产生热量；ASIC 仍然产生 75W 的热量；边界条件为 R_{ca} = 0.4℃/W 和 h = 10W/(m^2 · K)。结果表明，ASIC 平均温度从最初的 101℃降至 97.8℃，而存储器平均温度仍然很高，接近于 ASIC 温度 97.6℃。由于温度叠加效应可知，存储器的总温升是其自身温升与 ASIC 芯片发热引起的温升之和。因此，除非存储器远离 ASIC，或者从存储器到 PCB 的散热路径足够顺畅，否则存储器不可避免地会有一个高且不可降低的温度。将一个 Cu 热沉贴附到存储器芯片的背面可能会有所帮助，如第 9 章所示。

8.4.5　热机械分析——材料特性 ★★★

表 8-3 中给出了结构中使用的材料的所有材料属性，例如杨氏模量、泊松比和 CTE。Cu_6Sn_5的材料特性源自本章参考文献［27］，Ni 的材料特性源自本章参考文献［28］，Cu 低 k 的材料特性源自本章参考文献［29］。无铅焊料的方程与 8.3.7 节中的方程相同。

8.4.6　热机械分析——边界条件 ★★★

该结构具有对称性，因此仅对结构的一半进行建模，如图 8-34 和图 8-35 所

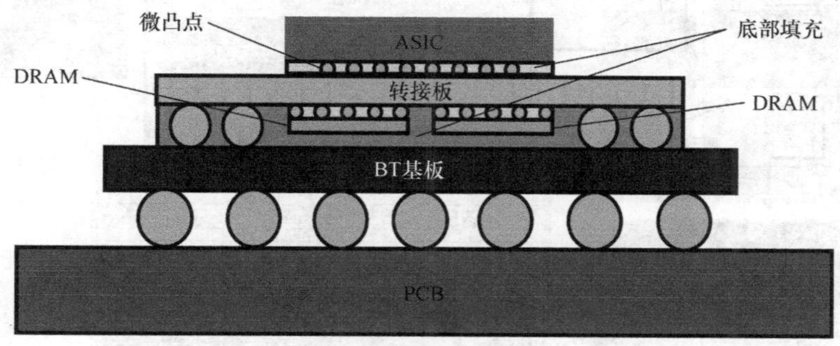

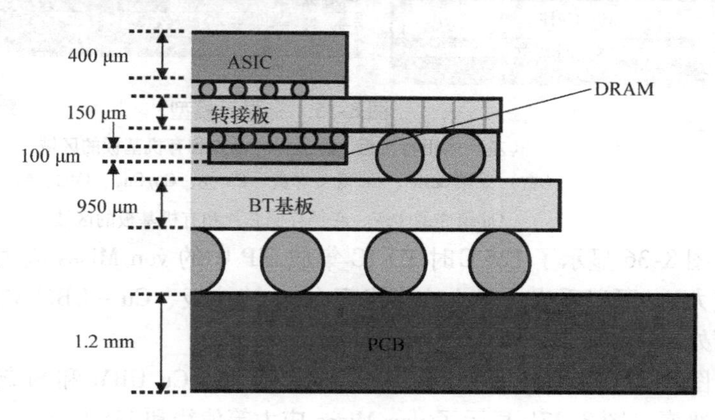

图 8-34　3D IC 集成 SiP 示意图

示。对称轴为 y 轴，并应用了适当的位移边界条件。温度循环条件如图 8-9 所示，即 -40℃↔125℃，循环 40min，在 25℃时无应力。

8.4.7 热机械分析——结果与讨论 ★★★

ANSYS Multi Physics v. 13.1 已用于构建如图 8-35 所示的半有限元模型。可以看出，对称轴是 y 轴。转接板、普通焊料凸点和有机（BT）基板如图 8-35 的右侧所示。ASIC 芯片、Cu 低 k 焊盘、微焊料凸点（Cu_6Sn_5）、转接板和 DRAM 芯片如图 8-35 所示，其中详细说明了横截面和网格划分。整个模型承受如图 8-9所示的热载荷，结果见下一节。

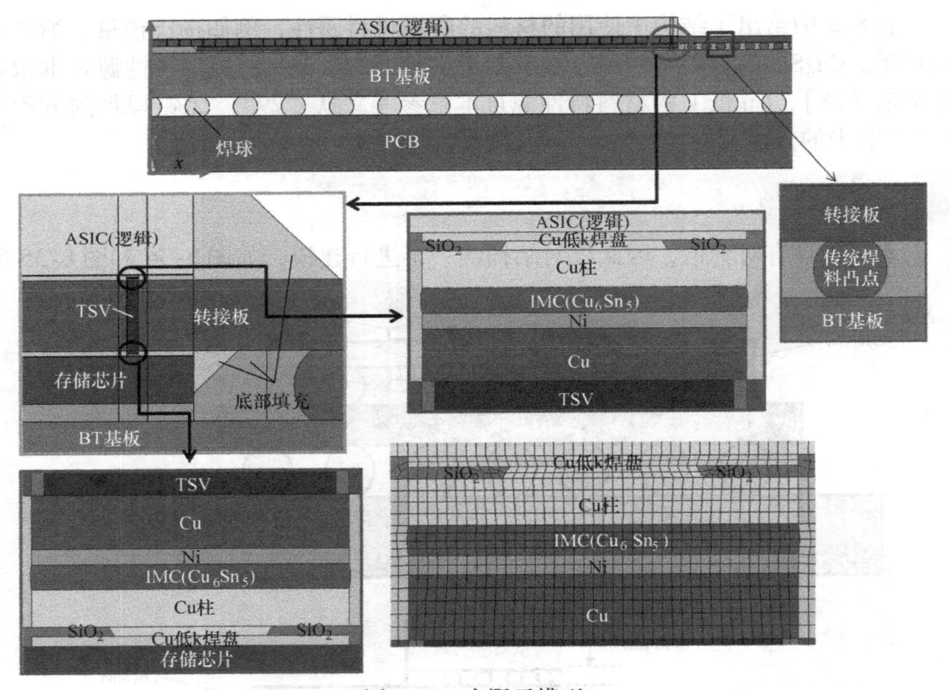

图 8-35　有限元模型

（左）采用转接板、普通焊料凸点和有机基板的区域

（右）采用 ASIC、Cu 低 k 焊盘、Cu 柱、Cu_6Sn_5、IMC、Ni、Cu 填充的 TSV、底部存储芯片和有机基板的区域

图 8-36 显示了 125℃时 3D IC 集成 SiP 中的 von Mises 应力等值线（25℃时无应力）。可以看出，最大应力出现在 Si 转接板、Cu - UBM 和 Cu - TSV 之间的界面处。

图 8-37a 突出显示了 Cu TSV、转接板上的 Cu UBM 和 Si 转接板之间界面的关键要素。图 8-37b 显示了 von Mises 应力等值线和 125℃（无应力 =25℃）时的

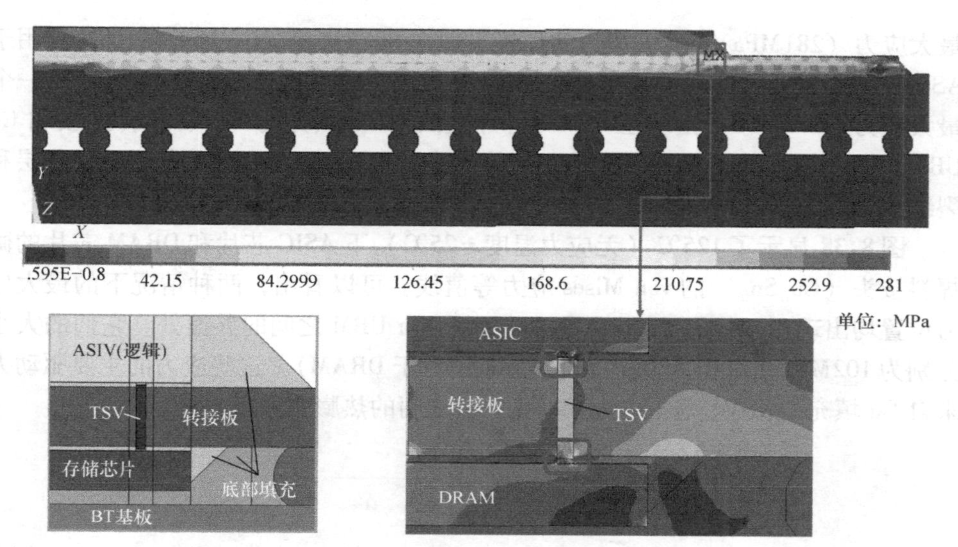

图 8-36　125℃（参考温度 = 25℃）下的 von Mises 应力等值线，最大应力出现在 Si 转接板、转接板上的 Cu – UBM 和 Cu 填充的 TSV 之间的界面处

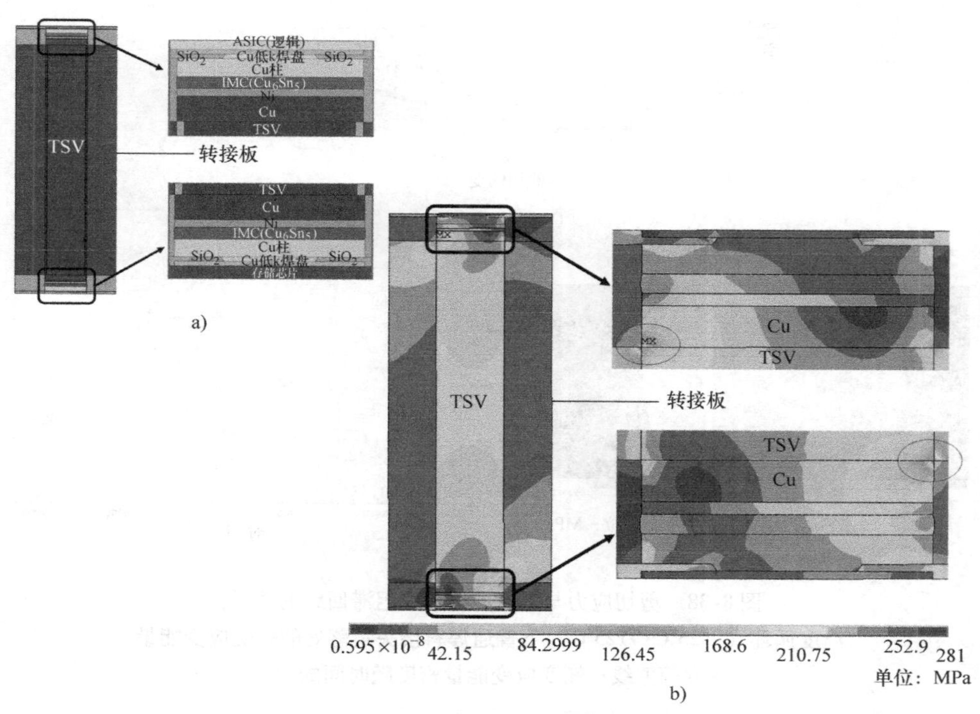

图 8-37　125℃（参考温度 = 25℃）下的 von Mises 应力等值线，最大应力（281MPa）出现在 Si 转接板、Cu 填充的 TSV、ASIC 芯片转接板上的 Cu UBM 和 Cu 填充的 TSV 之间的界面处，第二个最大应力（271MPa）出现在 DRAM 芯片的界面处

最大应力（281MPa）。最大应力的位置出现在 Si 转接板、Cu 填充的 TSV 和用于 ASIC 芯片的微凸点的 Cu UBM 之间的界面处（图 8-37b 顶部的等值线）。另一个最大应力（271MPa）出现在 DRAM 芯片微凸点 Cu 填充的 TSV、Si 转接板和 Cu UBM 之间的界面处（图 8-37b 的底部等值线）。这些界面是潜在失效（如分层和裂缝）位置。

图 8-38 显示了 125℃（无应力温度 =25℃）下 ASIC 芯片和 DRAM 芯片的微焊料接头（Cu_6Sn_5）的 von Mises 应力等值线。可以看出，两种情况下的最大应力位置均出现在 Cu_6Sn_5 和 Ni 以及 Cu_6Sn_5 和 Cu UBM 之间的界面处。它们的大小分别为 102MPa（对于 ASIC）和 125MPa（对于 DRAM）。这些应力的主要驱动力来自 Cu 填充的 TSV、Si 转接板和 Cu TSV 之间的热膨胀失配。

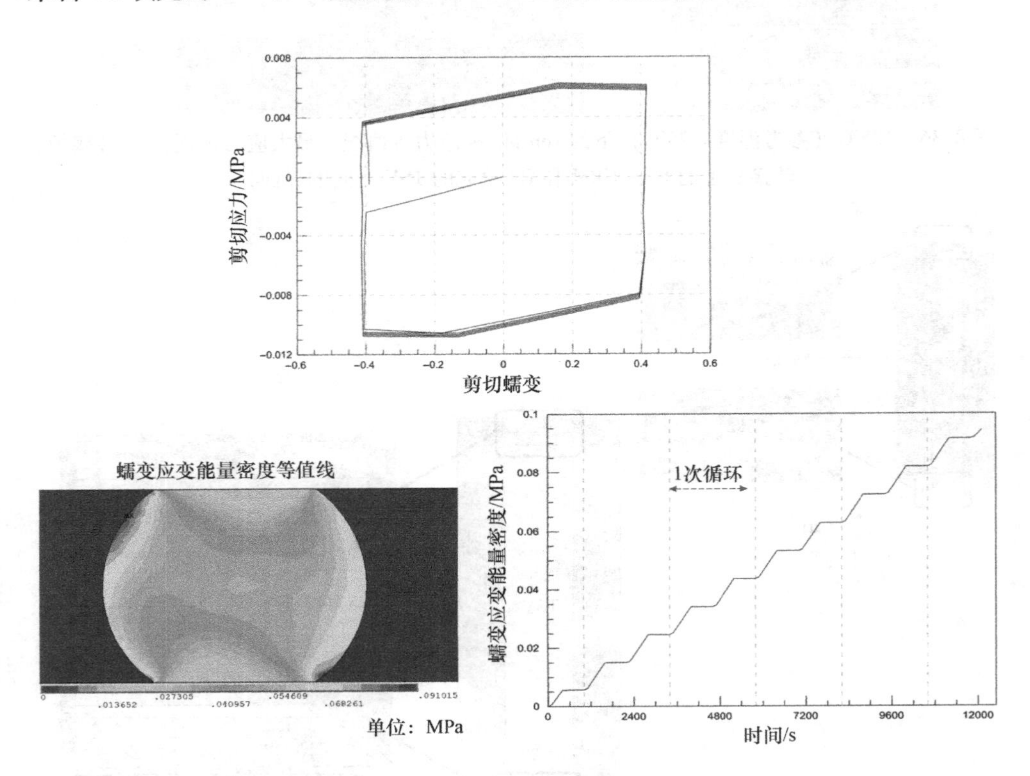

图 8-38　剪切应力与蠕变剪切应变迟滞回线的关系；温度循环（−25℃↔125℃）下普通焊料接头角落处的蠕变应变能量密度等值线；蠕变应变能量密度随时间的关系

在温度循环（−40～125℃）下，作用在 Si 转接板和有机（BT）基板之间普通焊料接头角落处的最大蠕变应变能量密度随时间的关系如图 8-38 所示，其

中还提供了 von Mises 应力等值线。图 8-38 中还显示了剪切应力与蠕变剪切应变迟滞回线的关系，这表明蠕变响应在第二个循环后趋于稳定。可以看出，每个循环的蠕变应变能量密度为 0.018MPa，远小于 0.1MPa，因此对大多数环境条件应该是可靠的，底部填充是有帮助的。关于其他位置的应力和蠕变应变能量密度，请见本章参考文献［23］。表 8-7 总结了 3D IC 集成 SiP 关键元件每个循环的最大应力和蠕变应变能量密度。

表 8-7　3D IC 集成结构一些关键元件的最大应力和蠕变应变能量总结

	最大 von Mises 应力在 125℃下/MPa	每个循环蠕变应变能量密度/MPa
ASIC 和 TSV 转接板之间的微凸点	在 Cu 低 k 焊盘：60	
	在 Cu_6Sn_5：102	
	在 μ 凸点的界面处，Cu 填充的 TSV 和 Si 转接板：281	
存储器和 TSV 转接板之间的微凸点	在 Cu 低 k 焊盘：74	
	在 Cu_6Sn_5：125	
	在 μ 凸点的界面处，Cu 填充的 TSV 和 Si 转接板：271	
普通焊料凸点	0.3	0.018
焊料球	0.25	0.007

8.4.8　转接板制造 ★★★

如图 8-39 所示，转接板由 12″（300mm）晶圆制成。使用 RDL 层制造转接板的制造步骤如下：通孔由 DRIE[30] 形成，SiO_2 由 SACVD 制造[31]，阻挡层（Ta）和 Cu 种子层由 PVD 制成[31]。通孔通过电镀 Cu[31] 填充，覆盖层 Cu 通过 CMP 抛光[32]。图 8-40 显示了带有 SiO_2 层的 Cu 填充的 TSV 横截面的 SEM 图像。可以看出，填充 Cu 的 TSV 中没有空隙。此外，晶圆上表面的 SiO_2 衬垫厚度为 0.883μm，靠近上表面的拐角处为 0.814μm，TSV 中间侧壁为 0.504μm，TSV 底部上拐角处为 0.46μm，TSV 底部下拐角处为 0.437μm，TSV 底部为 0.405μm。

RDL 层和连接通孔采用 Cu 大马士革工艺制造。顶部 UBM（TU）的尺寸为 25μm。它由 Ti 阻挡层 = 0.1μm、Cu = 5μm 和 NiPdAu = 2μm 组成。图 8-41 显示了微凸点区域附近 TSV 转接板（具有正面金属化和 UBM）横截面的 SEM 图像，TU 的尺寸为 25μm。

在正面金属化之后，TSV/RDL 转接板用 30μm 黏合剂临时键合到 Si 载体上。然后，对 TSV 晶圆进行背面研磨 + CMP、干法 Si 刻蚀、低温（<200℃）SiN PECVD（1μm），以及 CMP 以露出 Cu TSV[32]。背面钝化开口和通孔也采用 Cu 大马士革工艺制造。背面凸点冶金（BU）的尺寸为 25μm，Ti 阻挡层 = 0.1μm，Cu = 5μm，NiPdAu = 2μm。

图 8-39　制造的带有 RDL 层的 TSV 转接板晶圆

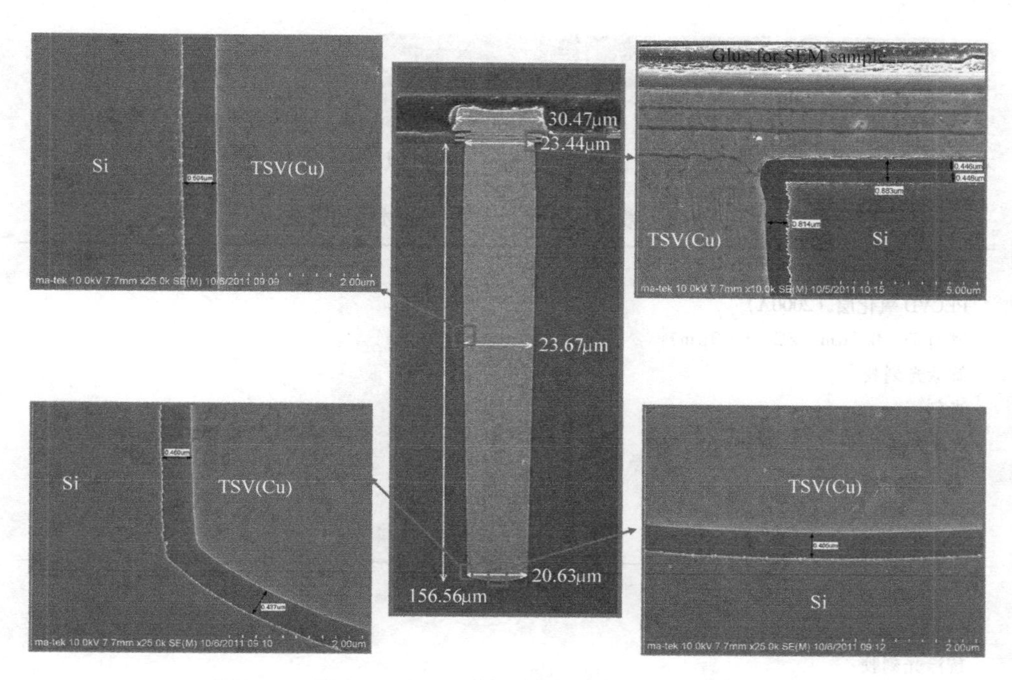

图 8-40　填充 Cu 和 SiO_2衬里的 TSV 的 SEM 横截面图像

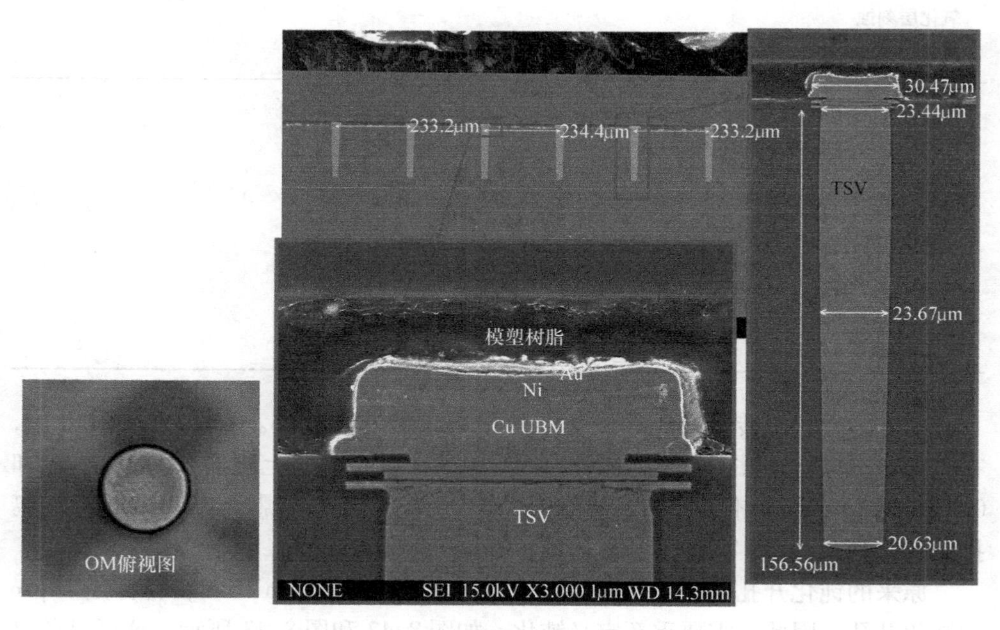

图 8-41　正面金属化（靠近微凸点区域），TU 尺寸 = 25μm

8.4.9 微凸点晶圆的凸点制造 ★★★

300mm 晶圆芯片上微凸点的晶圆凸点制造材料和工艺见表 8-8。可以看出，有三个关键任务，即对准标记、钝化重新开孔，以及晶圆凸点制造。

表 8-8 微凸点晶圆凸点制造的材料和工艺

1. 用于对准标记 PECVD 氧化层（2000Å） 溅射 Ti（0.1μm）/Cu（0.3μm） 旋涂光刻胶 光刻 显影 镀 Cu 用于对准标记 剥离 种子层刻蚀（Ti 和 Cu）
2. 用于钝化重新开孔 PECVD 氧化层（3000Å） 旋涂光刻胶 光刻（TO = 20μm） 显影 氧化层刻蚀 剥离
3. 用于凸点制造 溅射 Ti（0.1μm）/Cu（0.3μm） 旋涂光刻胶 光刻（TU = 25μm） 显影 镀 Cu（4μm）/Sn（5μm） 剥离 种子层刻蚀（Ti 和 Cu）

对准标记对于转接板上的倒装芯片最终组装非常重要。它从 PECVD 开始，在 300mm 晶圆上生长氧化层（2000Å）；然后在整个晶圆上溅射 0.1μm 的 Ti 和 0.3μm 的 Cu；再对准标记后旋转涂层、光刻胶、光刻、显影和镀 Cu；最后剥离抗蚀剂并刻蚀 Cu 和 Ti 种子层。

原来的钝化开孔对于微焊料凸点来说太大，对于 25μm UBM，目标是 20μm 的钝化开孔；因此，需要重新定义钝化，如图 8-42 和图 8-43 所示。这可以通过 PECVD 生长氧化层（3000Å）来完成。然后，进行旋涂光刻胶、光刻（开孔 =

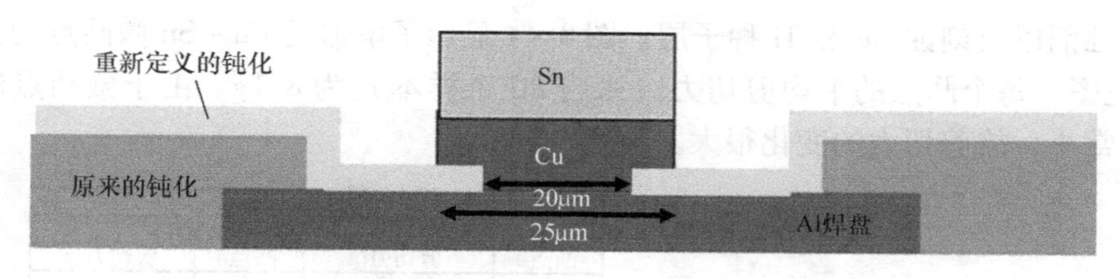

图 8-42　原来的钝化开孔和目标重新定义的钝化开孔示意图

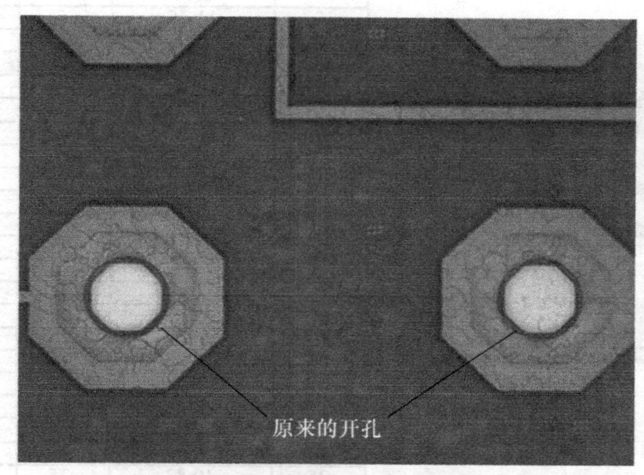

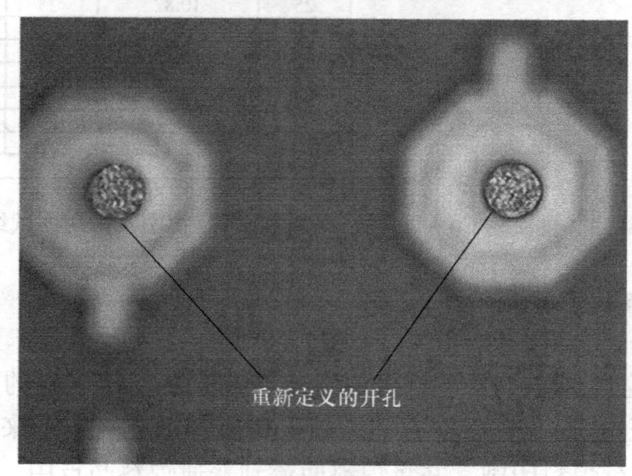

图 8-43　（上）原来的钝化开孔
（下）重新定义的开孔和 Cu－Sn 凸点

20μm）、显影、氧化物刻蚀和剥离。

微晶圆凸点工艺从溅射 Ti（0.1μm）和 Cu（0.3μm）开始。然后，进行旋涂光刻胶、光刻（UBM 开孔＝25μm）、显影、镀 Cu（4μm）、镀 Sn（5μm）、剥离抗蚀剂以及刻蚀 Cu 和 Ti 种子层。图 8-44 显示了电镀的 Cu－Sn 微凸点的典型 3D 视图。每个凸点的平均剪切力（来自 80 个样本）为 8.1g。由于微凸点的尺寸非常小，故剪切力的变化很大。

剪切测试结果			
样本1		样本2	
凸点#	剪切力/g	凸点#	剪切力/g
1	4.99	1	7.15
2	3.69	2	6.9
3	3.39	3	7.82
4	3.44	4	9.6
5	11.25	5	9.6
6	7.5	6	8.41
7	6.17	7	9.22
8	10.45	8	6.9
9	2.94	9	8.81
10	10.25	10	7.14
11	12.13	11	8.45
12	5.74	12	10.28
13	7.14	13	9.32
14	10.75	14	2.99
15	4.32	15	10.21
16	4.42	16	9.23
17	7.98	17	9.43
18	12.17	18	10.28
19	8.92	19	9.95
20	10.79	20	7.66
21	7.49	21	8.92
22	6.09	22	4.49
23	10.63	23	4.63
24	9.33	24	9.17
25	10.82	25	9.11
26	10.92	26	5.97
27	10.62	27	8.43
28	11.29	28	6.48
29	10.68	29	10.37
30	5.64	30	10.01
Ave.	8.1		8.2
Ave.	8.1		

图 8-44　电镀的 Cu－Sn 微凸点的典型 3D 视图及剪切测试结果

8.4.10　最终组装 ★★★

图 8-45 示意性地显示了最终模块组装。首先，在转接板的顶部执行较大的芯片 TCB（热压键合），然后在它们之间采用底部填充。接下来，在转接板背面使用微型模具进行焊料印刷，并将焊料回流到普通焊料凸点中。转接板背面 TCB 一个较小芯片，并在它们之间采用底部填充。另外，转接板背面 TCB 的另一个较小芯片，并在它们之间采用底部填充。最后，翻转模块并在有机基板上回流普通焊料凸点，如图 8-45 所示。图 8-46 显示了一个组装好的封装，它由一个无源转接板组成，支撑其顶部（采用底部填充）的一个大芯片和底部（采用底部填充）的两个较小的芯片。这个带有芯片组的转接板贴附在有机基板上。

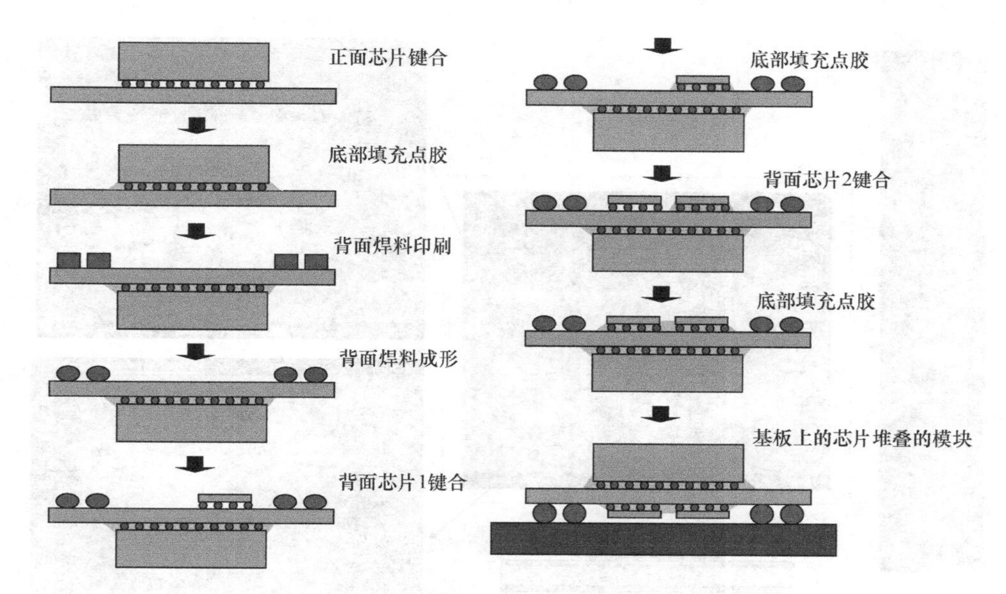

图 8-45　最终模块的组装工艺流程

图 8-46　最终的组装，转接板顶部的较大芯片（采用底部填充）和底部的两个较小芯片（采用底部填充），该模块位于有机基板上

3D IC 集成 SiP 组装的横截面的 SEM 图像如图 8-47 所示。可以看出，在无源转接板的顶部有一个更大更厚的芯片，而在其底部有一个更小更薄的芯片。顶部芯片和转接板之间的微焊料接头也被放大并显示在图 8-47 中。可以看出，转接板上的 UBM 为 Cu 和 Ni；焊料变成 IMC（金属间化合物），Cu_6Sn_5；以及来自较大芯片的 Cu UBM。类似地，采用 TSV 的转接板和较小芯片之间的微焊料接头被放大并显示在图 8-47 中。

3D IC 集成模块的 3D X 射线图像如图 8-48 所示。可以看出，在较大的芯片

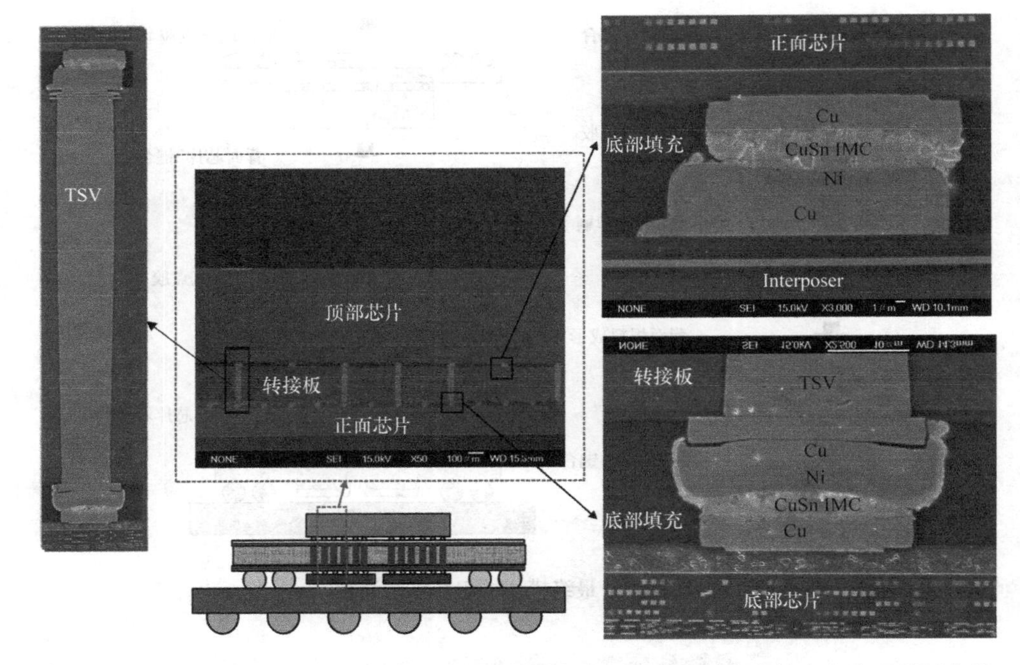

图 8-47 转接板顶部支撑较大芯片（采用底部填充）和底部支撑两个较小芯片（采用底部填充）的 SEM 横截面图，顶部芯片和转接板之间以及底部芯片和转接板之间的微焊料接头

（U1）、较小的芯片（U2）和转接板之间的 TSV 和微焊点；转接板和较大的芯片（U1）；较小的芯片（U2）、较大的芯片（U1）和转接板。

8.4.11 总结和建议 ★★★

本节演示了 3D IC 集成 SiP 的可行性。这个 SiP 的核心是采用双面布线层的 TSV 转接板。这个转接板用于支撑顶部的一个非常大的芯片以及其底部的两个较小的芯片。一些重要结果和建议总结如下[21-26]：

1）使用等效模型，可以快速有效地获得大量仿真数据，以验证概念、分析结构和修改热设计。

2）在本研究中，提供了 SiO_2填充的 Cu TSV 转接板的可靠各向异性热导率，并将其用于 3D IC 集成 SiP。

3）在 3D IC SiP 中，贴附在封装顶部的附加冷却模块可以控制转接板上芯片的温度，但对转接板下芯片的温度影响较小。因为附加冷却模块通常是 SiP 封装冷却的主要解决方案；所以，建议将功耗较大的芯片置于转接板顶部，以解决其热问题。

4）SiP 中转接板下方的芯片存在严重的热问题。也就是说，由于温度叠加

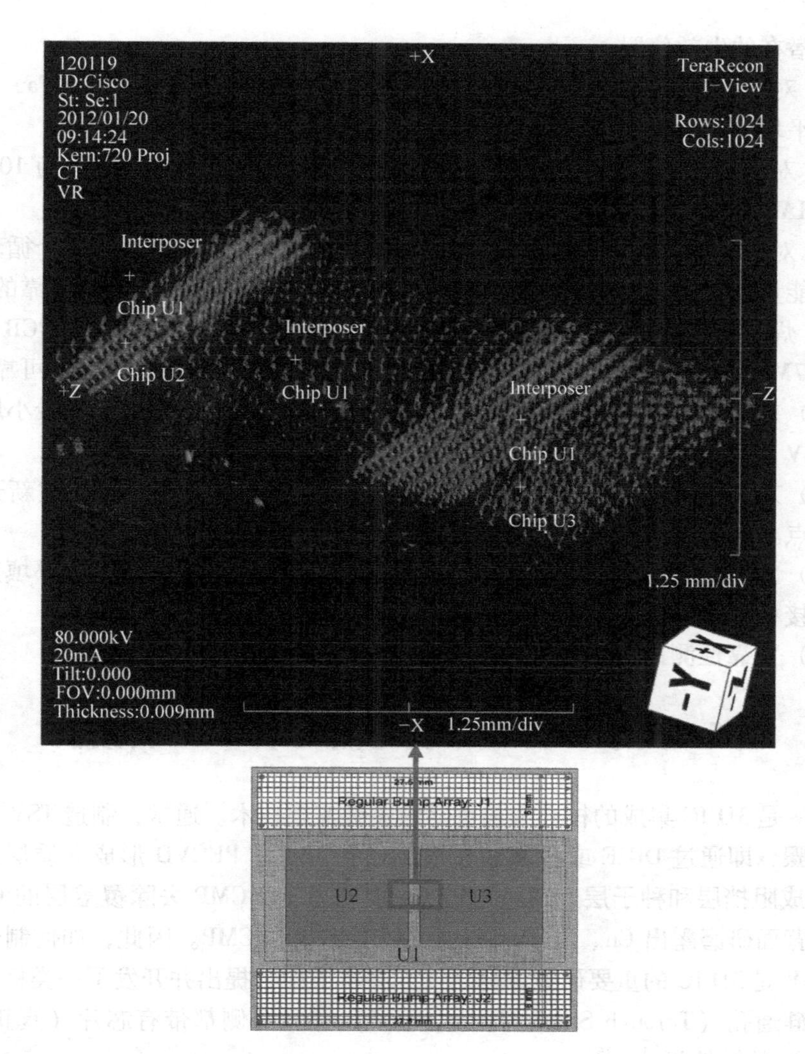

图 8-48　采用无源转接板的 3D IC 集成 SiP 的 3D X 射线图像

效应，以及从芯片通过 PCB 到环境的散热路径很差，它们的温度很高且无法降低。通常，转接板下芯片产生的热量只有 <10% 可以通过这个路径消散。一种可行的设计是将冷却模块贴附到顶部芯片的背面，并将热沉贴附到底部芯片的背面，如本章参考文献[24]所述。在这种情况下，有机基板的中心将有一个空腔。

5）应力的驱动力是由于 Cu 填充的 TSV、Si 转接板和 Cu UBM 之间的热膨胀失配引起的。对于 ASIC 芯片的微凸点，最大应力（271MPa）出现在 Cu 填充的 TSV、Si 转接板和 Cu UBM 之间的界面处。第二个最大应力（271MPa）出现在 DRAM 芯片微凸点的 Cu 填充的 TSV、Si 转接板和 Cu UBM 之间的界面处。这些界面是潜在的失效位置。

6）对于底部填充，ASIC 芯片 Cu 低 k 焊盘处的最大应力为 60MPa，DRAM 芯片的平均压力为 74MPa，这些都是可以接受的。

7）对于底部填充，ASIC 芯片微焊点（Cu_6Sn_5）处的最大应力为 102MPa，对于 DRAM 芯片，最大应力为 125MPa。同样，这些都是可以接受的。

8）对于底部填充，普通焊点（Si 转接板和有机基板之间）的每个循环的蠕变应变能量密度仅为 0.018MPa。因此，它在大多数环境条件下都是可靠的。

9）焊点（球）每个循环的蠕变应变能量密度（在有机基板和 PCB 之间）为 0.007MPa。因此，即使没有底部填充，它在大多数环境条件下也是可靠的。

10）对于转接板，实现了无空隙的 Cu 填充的 TSV。SiO_2衬垫的最小厚度出现在 TSV 底部，等于 0.405μm。所有双面布线层和通孔也已正确制造。

11）对于晶圆芯片上的微凸点，已正确制造了对准标记、钝化重新开孔和晶圆凸点。确定的微焊料凸点的平均剪切力为每个凸点 81g。

12）对于最终的封装组装，芯片已成功 TCB 到转接板并进行底部填充。多芯片转接板模块也贴附在有机基板上。

13）可靠性测试应该是本项目的下一阶段工作。

8.5 用于 3D IC 集成的低成本 TSH 转接板

TSV 是 3D IC 集成的核心和最重要的关键实现技术。通常，制造 TSV 有六个关键步骤，即通过 DRIE 或激光钻孔形成通孔，通过 PECVD 形成介质层，通过 PVD 形成阻挡层和种子层，通过电镀 Cu 填充通孔，CMP 去除覆盖层的 Cu，以及通过背面研磨露出 Cu、Si 干法刻蚀、低温钝化和 CMP。因此，如何制造低成本的 TSV 是 3D IC 的重要研究课题之一。在本节中，提出并开发了一类极低成本的采用硅通孔（Through Silicon Holes，TSH）并且两侧都带有芯片（真正的 3D IC 集成）的转接板[33-35]。

8.5.1 新设计 ★★★

图 8-49 示意性地显示了采用 TSH 转接板的 SiP，转接板支撑其顶部和底部的一些芯片。TSH 转接板的主要特点是孔中没有金属化。因此，不需要介质层、阻挡层和种子层、通孔填充、用于去除覆盖铜的 CMP 以及 Cu 露出。与 TSV 转接板相比，TSH 转接板只需在一片硅晶圆上打孔（通过激光或 DRIE）。和 TSV 转接板一样，TSH 转接板也需要 RDL。

TSH 转接板可用于支撑顶部和底部的芯片。孔可以让底部芯片的信号通过铜柱和焊料传输到顶部芯片（反之亦然）。同一侧的芯片可以通过 TSH 转接板的

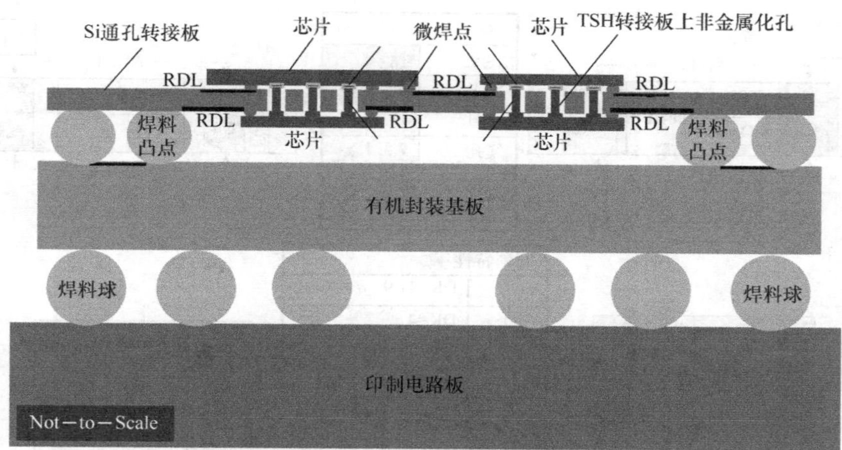

图 8-49　SiP 由 TSH 转接板组成，转接板支撑顶部带有 Cu 柱的芯片以及底部带有焊料凸点的芯片

RDL 相互通信。物理上，顶部芯片和底部芯片通过铜柱和微焊点连接。此外，所有芯片的外围都焊接到 TSH 转接板上，以实现结构完整性，从而抵抗冲击和热条件。此外，TSH 转接板底侧的外围有贴附到封装基板的普通焊料凸点。

在本节中，制作了一个非常简单的测试板以证明采用 TSH 转接板技术的 SiP 的可行性。并将介绍带 Cu 柱的顶部芯片、带焊料凸点的底部芯片和 TSH 转接板的设计、材料和工艺。还将提供由芯片、转接板、封装基板和 PCB 组成的 SiP 测试板的最终组装。为了验证 SiP 结构的完整性，将进行冲击和热循环测试。首先简要介绍提出的结构的电学仿真以及与 TSV 结构的比较结果。

8.5.2　电学仿真 ★★★

图 8-50 显示了仿真的 TSV 和 TSH 的材料、几何形状和尺寸。可以看出，采用了 3D 轴对称结构，有限元代码为 ANSYS－HFSS 而仿真频率高达 20GHz。两个转接板的厚度相同（100μm）。考虑了两种不同的间距，一种是 100μm，另一种是 200μm。TSV 的直径为 15μm，而考虑的两种不同的 SiO_2 厚度为 0.2μm 和 0.5μm。考虑了两种不同尺寸的气孔，即 7.5μm 和 15μm。

通孔间距分别为 100μm 和 200μm 的仿真结果如图 8-51 和图 8-52 所示。可以看出：①对于两个间距，TSH 中考虑的两种气孔尺寸的 S21 差异非常小；这在不影响电学性能的情况下为机械设计提供了更大的自由度；②对于两个间距，TSH 的 S21 比 TSV 好得多，这意味着 TSH 在高频信号传输方面的插入损耗比 TSV 小得多。因此，正如预期的那样，新设计的 TSH 的电学性能优于传统 TSV。

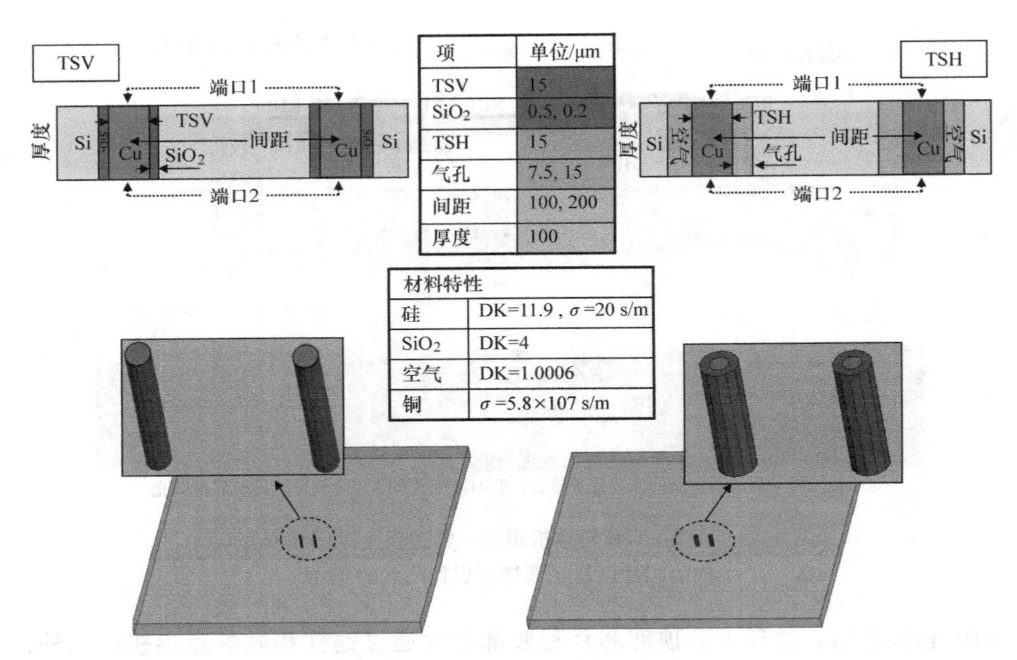

图 8-50　TSV 和 TSH 转接板的电学仿真结构

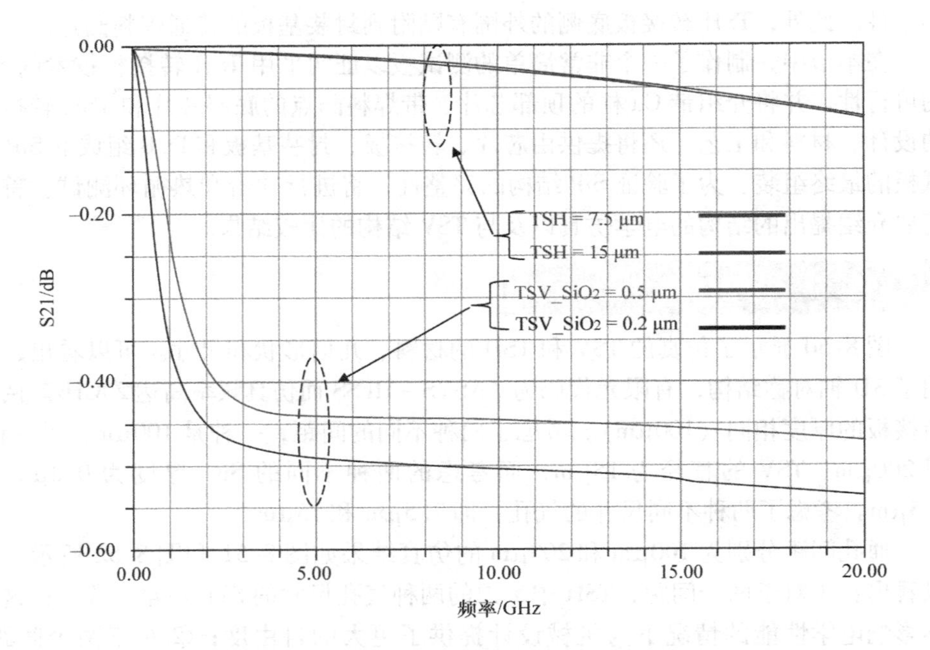

图 8-51　TSH 和 TSV 转接板的 S21（间距 = 100μm）

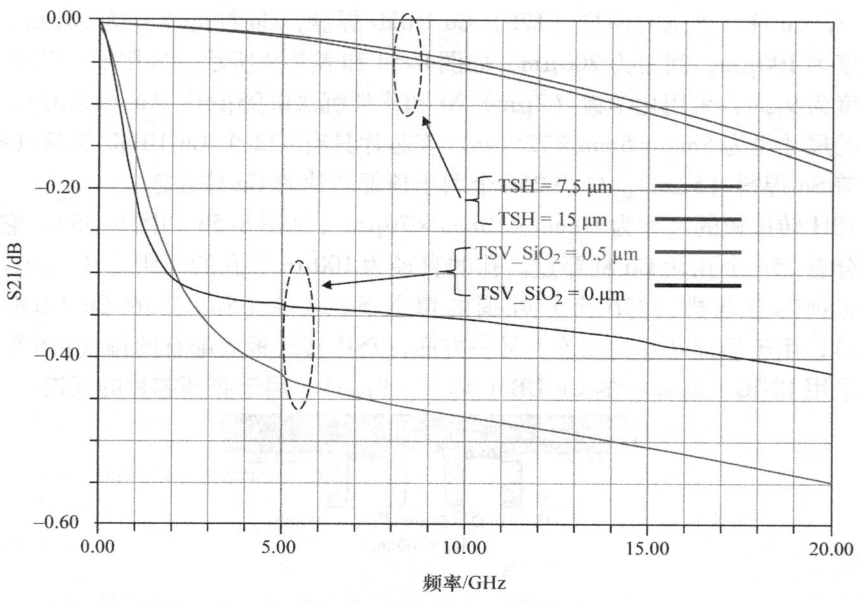

图 8-52　TSH 和 TSV 转接板的 S21（间距 = 200μm）

8.5.3　测试板 ★★★

测试板如图 8-53 所示。可以看出，它由一个 TSH 转接板组成，支撑一个带 Cu 柱的顶部芯片和一个带 UBM 和焊料的底部芯片。转接板模块连接至封装基板，然后贴附到 PCB。

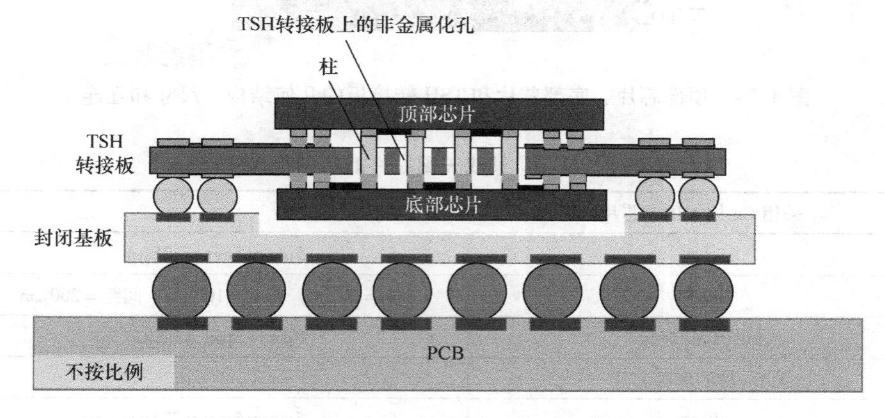

图 8-53　SiP 测试板，它由 TSH 转接板上的一个带 Cu 柱的顶部芯片和一个带焊料凸点的底部芯片组成

顶部芯片的尺寸为 5mm × 5mm × 725μm。该芯片的中心部分有（16 × 16 =

256）个 Cu 柱，外围有两排（176）Cu UBM/焊盘，Cu 柱的直径为 50μm。它们的高度为 100μm，间距为 200μm，如图 8-54 和表 8-9 所示。外围 Cu UBM/焊盘的厚度为 9μm，采用化学镀（2μm）Ni 和化学沉（0.05μm）Au（ENIG）。底部芯片的尺寸也为 5mm×5mm×725μm。该芯片具有 432 个 Cu UBM/焊盘（4μm）并覆盖 Sn 焊料（5μm）。中央 256 个用于顶部芯片的 Cu 柱互连。

TSH 转接板的尺寸为 10mm×10mm×70μm（见图 8-54 和图 8-55）。它的中心部分有 256 个孔让 Cu 柱穿过。孔的直径为 100μm，孔的间距为 200μm。TSH 转接板顶部有两排（176 个）外围的覆盖 Sn 焊料（5μm）的 Cu UBM/焊盘（4μm），用于顶部芯片的互连。另一方面，TSH 转接板底部有两排（176 个）外围的采用 ENIG（2μm）的 Cu UBM/焊盘（9μm），用于底部芯片的互连。

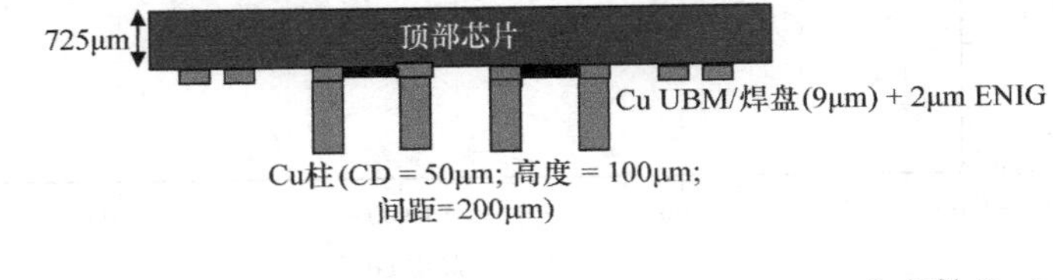

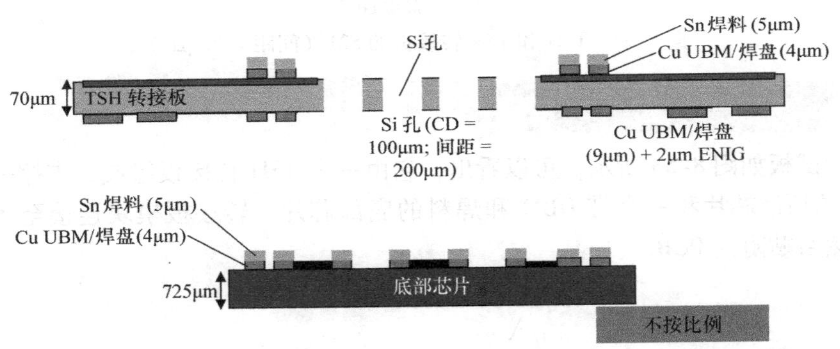

图 8-54 顶部芯片、底部芯片和 TSH 转接板的几何结构、尺寸和互连

表 8-9 3D IC 集成关键原件的结构及尺寸

采用 Cu 柱的顶部芯片	
尺寸	5mm×5mm×725μm
Cu 柱	CD=50μm；高度=100μm；间距=200μm
Cu UBM/焊盘	9μm+2μm（ENIG）
无 Cu 柱的底部芯片	
尺寸	5mm×5mm×725μm
Cu UBM/焊盘	4μm
Sn 焊料	5μm
TSH 转接板	

（续）

尺寸	10mm×10mm×70μm
TSH	CD=100μm；间距=200μm；深度=70μm
顶部：Cu UBM/焊盘和 Sn 焊料	4μm（Cu）和 5μm（Sn）
底部：Cu UBM/焊盘	9μm+2μm（ENIG）
封装基板（空腔）	15mm×15mm×1.6mm（6mm×6mm×0.5mm）
PCB	132mm×77mm×1.6mm

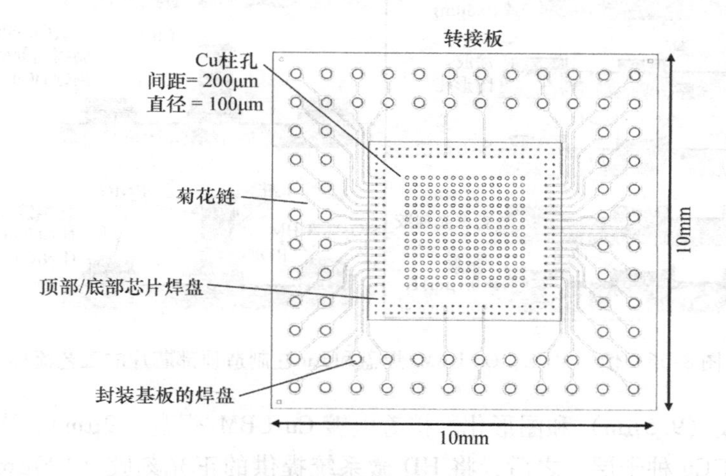

图 8-55　TSH 转接板的布局

有机封装基板的尺寸为 15mm×15mm×1.6mm。基板顶部有一个用于底部芯片的空腔（6mm×6mm×0.5mm）。PCB（印制电路板）的尺寸为 132mm×77mm×1.6mm，这是 JEDEC（JESD22-B111）规范的标准尺寸[36]。

8.5.4　带 UBM/焊盘和 Cu 柱的顶部芯片 ★★★

图 8-56 显示了制造带 Cu 柱的顶部芯片的工艺流程。由于这不是一个器件芯片，而是一个硅片，因此将首先制造 RDL（菊花链）。采用 Novellus（现为 Lam Research）提供的 PECVD，在 200℃下将 SiO_2淀积在 Si 晶圆上。然后，用 MRC 机器溅射（0.1μm）Ti 和（0.3μm）Cu。接着旋涂光刻胶，并使用光刻技术（对准和曝光）形成掩模图形，电镀 Cu（2μm）RDL。然后，剥离光刻胶并刻蚀掉 TiCu，用 PECVD 法在整个晶圆上淀积 SiO_2（0.5μm）。再次，进行旋涂光刻胶和图形化，并通过 RIE 干法刻蚀 SiO_2。最后剥离光刻胶，现在就可以进行晶圆凸点制造了。

首先，溅射种子层，（0.1μm）Ti 和（0.3μm）Cu。然后，对所有 432 个焊

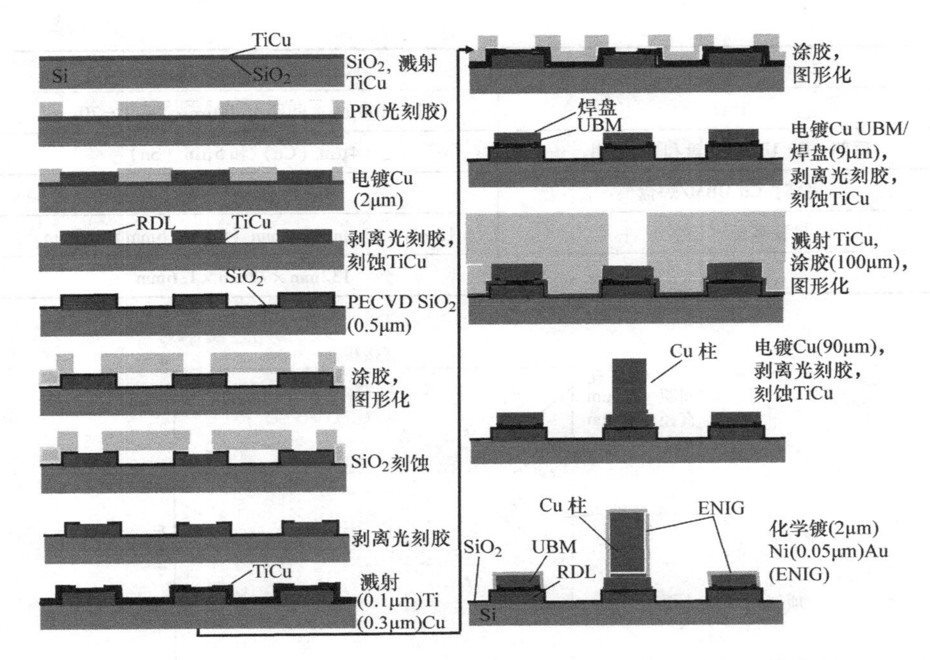

图 8-56 使用 RDL、Cu UBM/焊盘和 Cu 柱制造顶部芯片的工艺流程

盘进行涂胶（9.5μm）和图形化。接着电镀 Cu UBM/焊盘（9μm），剥离光刻胶并刻蚀掉 TiCu 种子层。之后，将 HD 微系统提供的正光刻胶（100μm）层压在整个晶圆上，仅对中央的 256 个焊盘进行图形化，再使用 Semitool（现为 Applied Materials）在室温下镀 Cu（90μm）。晶圆的上表面通过 DISCO 的飞切变得平整，随后剥离光刻胶并刻蚀种子层 TiCu。最后，化学镀 Ni（2μm）和化学沉 Au（0.05μm）。图 8-57 显示了顶部芯片上的 Cu 柱、Cu UBM/焊盘和 Cu RDL（菊花链）的 SEM（扫描电子显微镜）图像。Cu 柱顶部的较小直径（45μm）是因为干膜光刻胶顶部的开孔较小。

8.5.5 带有 UBM/焊盘/焊料的底部芯片 ★★★

使用 UBM/焊盘和焊料制造底部芯片的工艺流程如图 8-58 所示。可以看出，制造 Cu RDL 的工艺与顶部芯片的相同。对于大多数晶圆凸点工艺，除了光刻胶厚度和焊料外，它们都是相同的。在对所有（432 个）焊盘进行涂胶（9.5μm）和图形化后，接着电镀 Cu UBM/焊盘（4μm）和电镀 Sn 焊料（5μm），剥离光刻胶并刻蚀掉 TiCu 种子层。图 8-58 显示了底部芯片上 RDL、Cu UBM/焊盘和 Sn 焊料帽的照片。

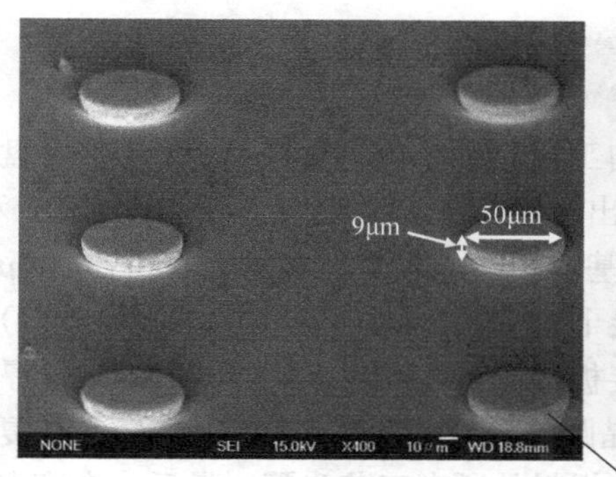

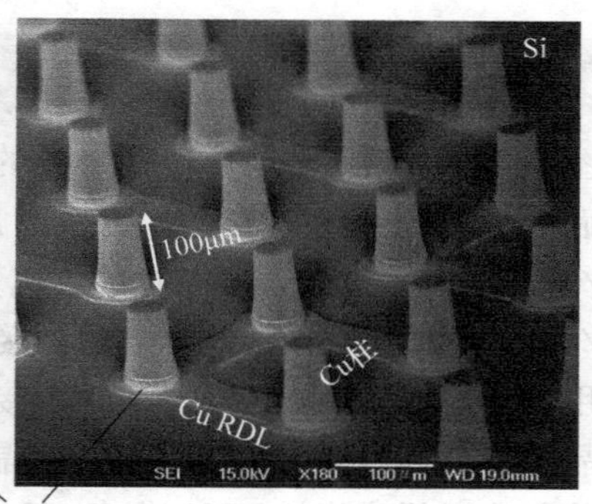

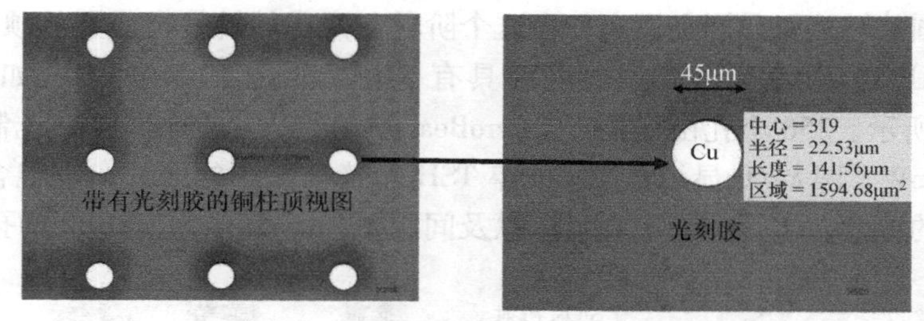

图 8-57　芯片上 Cu UBM/焊盘和 Cu 柱的 SEM 图像

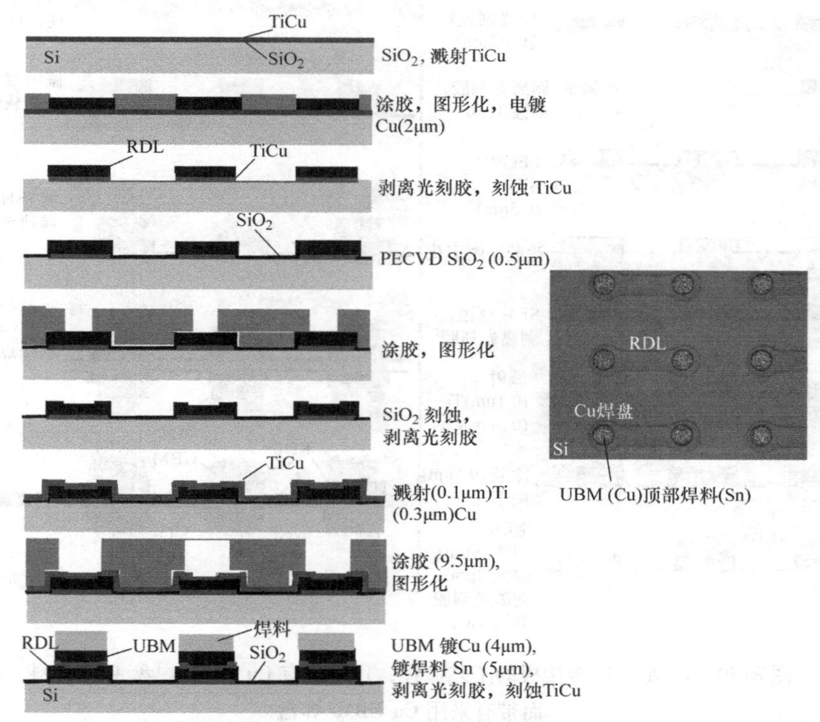

图 8-58　使用 RDL 和 Cu UBM/焊盘 + Sn 焊料制造底部芯片的工艺流程

8.5.6 TSH 转接板制造 ★★★

图 8-59 显示了制造 TSH 转接板的工艺流程，其顶部为 Cu UBM/焊盘 + Sn 焊料而底部为 Cu UBM/焊盘。可以看出，将首先制造转接板底部的 RDL 和 Cu UBM/焊盘，其工艺与顶部芯片的工艺基本相同。除了剥离光刻胶和刻蚀 9μm 厚 UBM/焊盘的种子层（TiCu）之后，接下来是 ENIG（2μmNi - 0.05μmAu）。然后，用黏合剂将采用 UBM/焊盘的转接板晶圆的底部临时键合到 750μm 厚的硅支撑晶圆（载体）上。然后将转接板晶圆的顶部减薄至 70μm。之后，重复前面提到的制造底部芯片的 UBM/焊盘 + Sn 焊料的所有工艺步骤。最后，在室温下将载体晶圆从转接板晶圆上剥离。在这个阶段，完成的转接板晶圆的顶部具有 176 个外围 UBM/焊盘 + Sn 焊料，底部具有 176 个外围 UBM/焊盘，如图 8-54 和图 8-55所示。256 个孔由西门子 MicroBeam 3205 采用紫外激光钻孔制造，功率为 3400mW。图 8-60 显示了 70μm 厚 TSH 转接板晶圆的照片，它包含 RDL、封装基板的焊盘、芯片的外围焊盘，以及间距 200μm 直径为 100μm 的孔。

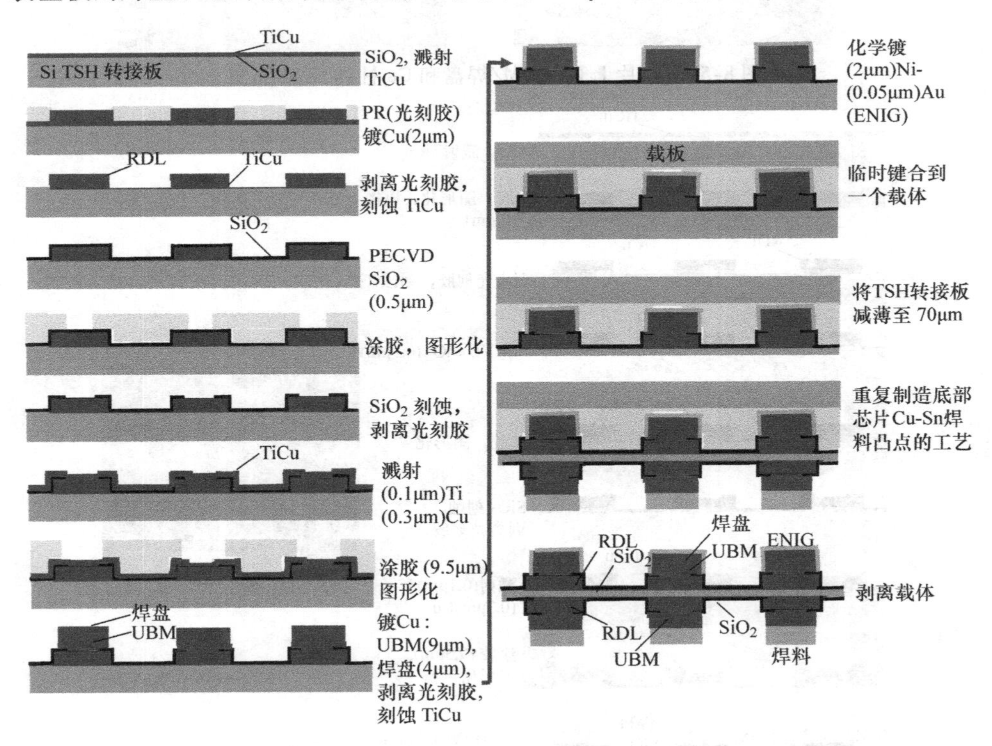

图 8-59 制造 TSH 转接板的工艺流程，顶部带有 Cu UBM/焊盘 + Sn 焊料而带有采用 Cu UBM/焊盘

转接板晶圆

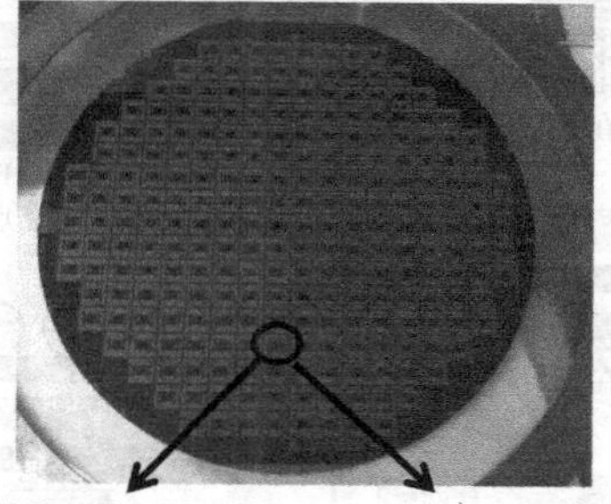

RDL、封装基板的焊盘和芯片的外围焊盘

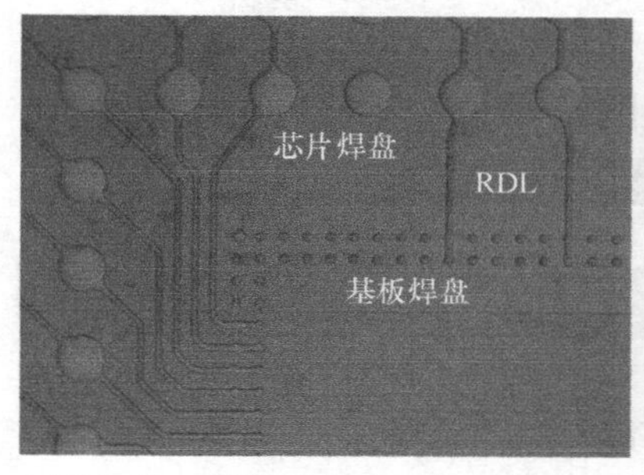

转接板晶圆上激光钻孔的TSH

图 8-60 带激光钻孔（右）和 RDL 以及芯片焊盘（左）的 TSH 转接板晶圆

8.5.7 最终组装 ★★★

图 8-61 显示了带有 TSH 转接板的测试板的 SiP 最终组装的工艺流程。首先，将带有 176 个外围 UBM/焊盘的顶部芯片与 TSH 转接板顶部的外围 UBM/焊盘 + Sn 料进行 TC（热压）键合（使用 SuSS FC－150 键合机）。Cu 柱穿过 TSH 转接板上的孔，TC 键合条件如图 8-62 所示。可以看出，最大键合力为 1600g，卡盘的最高温度为 150℃，头部的最高温度为 250℃，以及循环时间为 120s。

然后，将底部芯片上的所有 432 个 UBM/焊盘 + Sn 焊料 TC 键合到 TSH 转接板底部的 256 个中央 Cu 柱和 176 个外围 UBM/焊盘的顶端。除了键合力降低到 800g 外，键合条件与顶部芯片的键合条件基本相同。接着在 TSH 转接板底部安装焊料（Sn3wt% Ag0. 5wt% Cu）凸点（直径 350μm）。然后，沿顶部芯片的两个相邻侧分配具有 50% 填充料含量（平均填充料尺寸 = 0. 3μm，最大填充料尺寸 = 1μm）的毛细管型底部填充。底部填充后，填充顶部芯片和 TSH 转接板之间的间隙，流过 TSH 转接板的孔，以及填充底部芯片和 TSH 转接板之间的间隙，然后在 150℃ 下固化 30min。

整个 TSH 转接板模块通过标准无铅温度曲线在封装基板上进行焊料回流，最高温度为 240℃。为了提高焊料接头可靠性，在 TSH 转接板和有机封装基板之间应用底部填充。接着是将焊料（Sn3wt% Ag0. 5wt% Cu）球（直径 450μm）安

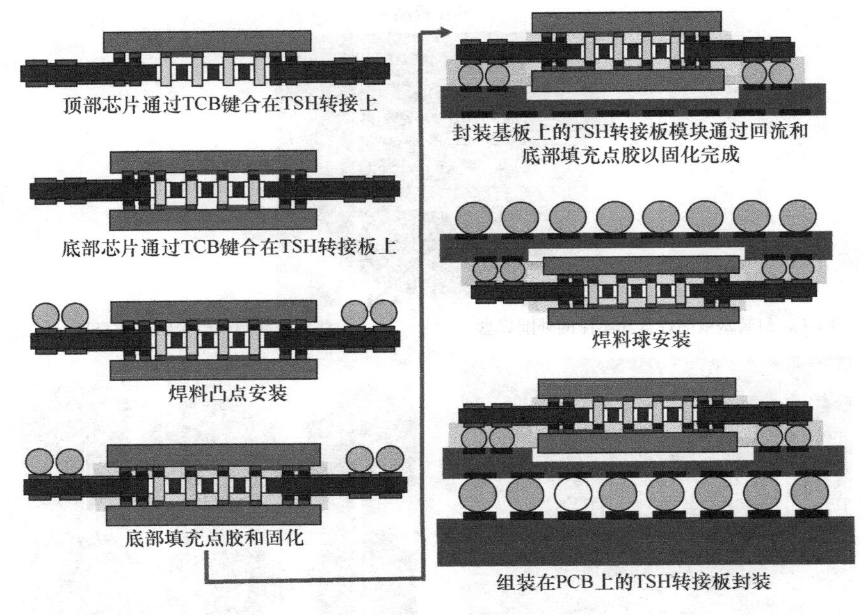

图 8-61　SiP 最终组装的工艺流程

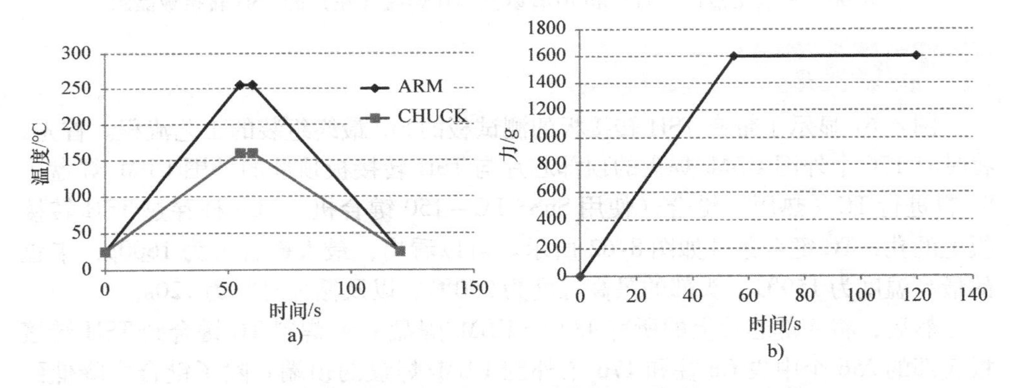

图 8-62　将顶部芯片键合到 TSH 转接板顶部的 TCB 条件

a）温度　b）力

装在封装基板的底部。最后，整个 SiP 封装在 PCB 上进行焊料回流，采用与刚才提到的相同的无铅回流温度曲线。最终组装的 SiP 测试板如图 8-63 所示。可以看出，PCB 支撑封装基板，封装基板支撑 TSH 转接板，转接板支撑顶部芯片。底部芯片被 TSH 转接板阻挡，无法看到。

图 8-64 显示了最终组装的 SiP 的 X 射线图像。可以看出，Cu 柱未接触 TSH 的侧壁，Cu 柱几乎位于 TSH 的中心。图 8-65 显示了 SiP 横截面的 SEM 图像，包

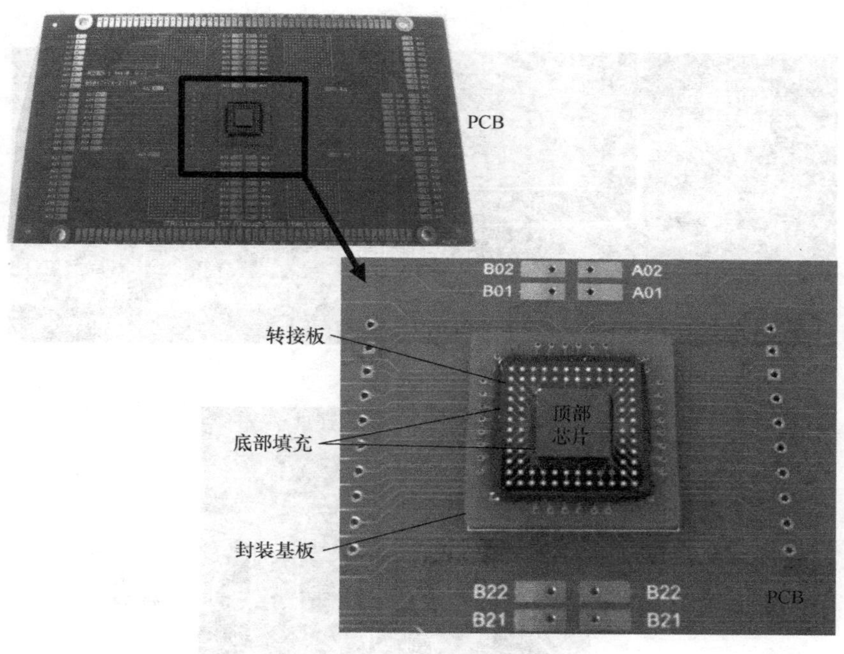

图 8-63　最终组装的 SiP

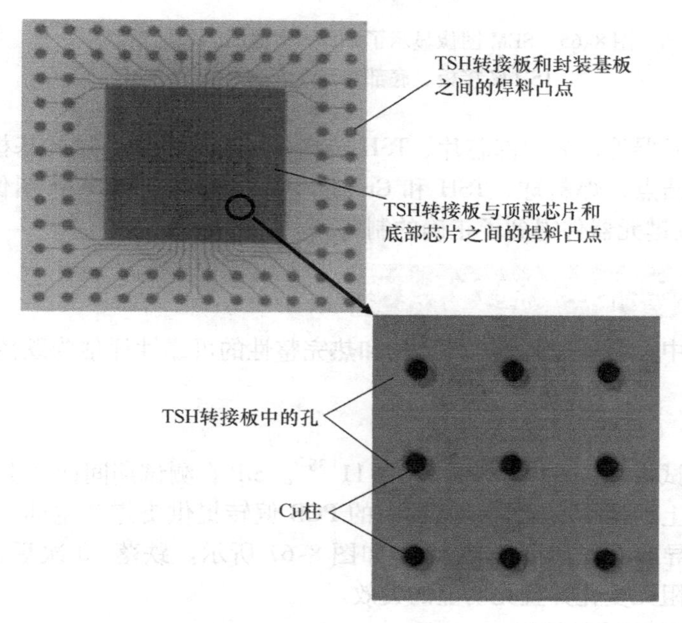

图 8-64　X 射线图像显示了 SiP 的 Cu 柱和 TSH 的位置，SiP 由顶部芯片、TSH 转接板、底部芯片、封装基板和 PCB 组成

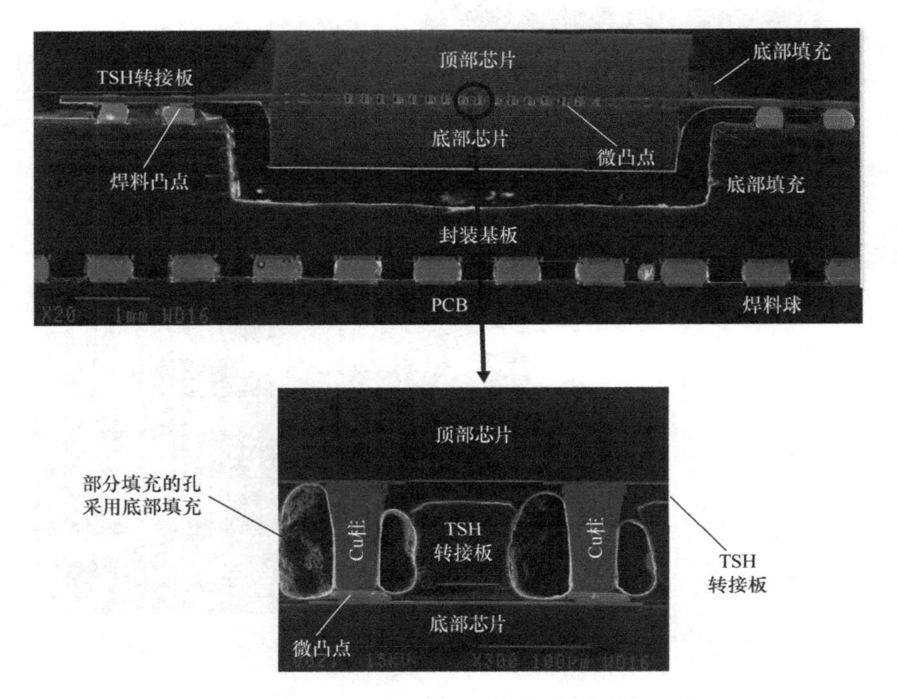

图 8-65 SEM 图像显示了 SiP 的横截面，包括顶部芯片、TSH 转接板、底部芯片、封装基板和 PCB

括所有关键元器件，如顶部芯片、TSH 转接板、底部芯片、封装基板、PCB、微凸点、焊料凸点、焊料球、TSH 和 Cu 柱。通过 X 射线和 SEM 图像可以看出，SiP 结构的关键元器件得到了正确的制备。

8.5.8 可靠性评估 ★★★

在本节中，验证组装 SiP 的结构和热完整性的可靠性评估为跌落测试和热循环测试。

1. 冲击（跌落）测试及结果

跌落测试板和设置基于 JESD－B111[36]。SiP 在测试期间面朝上，如图 8-66 所示，夹具上的四个支架为碰撞期间的 PCB 偏转提供支撑和空间。跌落高度为 460mm，这导致的加速度 = 1500g，如图 8-67 所示。跌落 10 次后，没有失效，即菊花链电阻无变化并且无明显的失效。

2. 热循环测试及结果

热循环测试条件为：－55℃↔125℃，1h 循环（15min 上升和下降，停留 15min）。图 8-68 显示了测试结果的 Weibull 图，可以看出，对于中值（50%）

图 8-66　SiP 装置的跌落试验

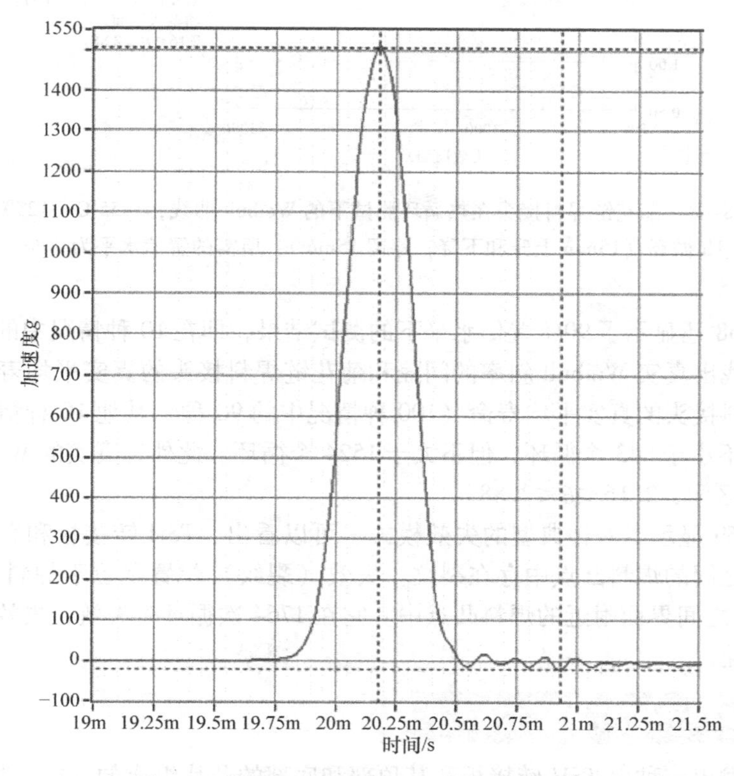

图 8-67　根据 JESD22 – B111 的跌落测试曲线

秩，Weibull 斜率为 2. 52，而样品特征寿命（63. 2% 失效）为 1175 个循环（对于给定的测试条件，如果特征寿命大于1000 个周期，则认为是可接受的）。菊花链焊料接头的样品平均寿命定义为平均失效时间(MTTF) = $1175\Gamma(1+1/2.52)$ = 1036 个周期，其中 Γ 是 Grammar 函数。该平均寿命发生在 $F(1036)=1-\exp[-(1036/1175)2.52]=0.52$ 时，即 52% 的失效。

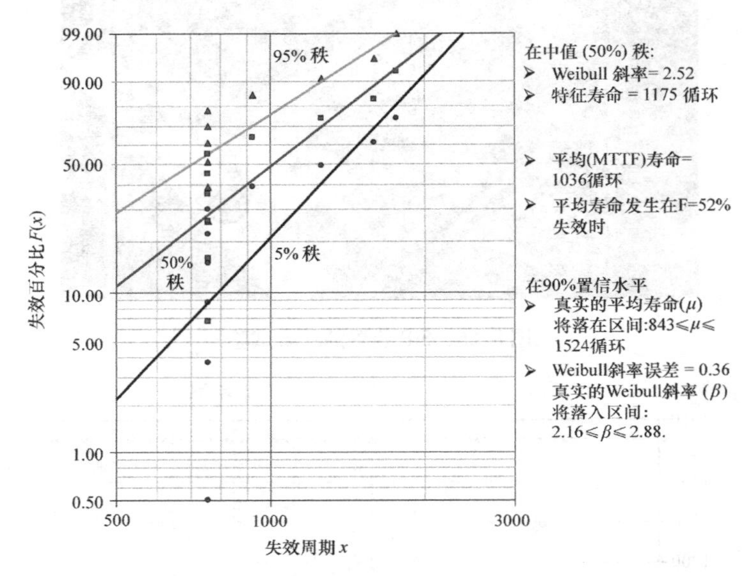

图 8-68　菊花链焊料接头在热循环测试下的 Weibull 曲线，-55℃↔125℃，1h 循环（15min 上升和下降，停留 15min），所需的置信水平为 90%

图 8-68 还显示了 90% 置信水平下的测试结果，即在 10 种情况中的 9 种情况下，希望找出真实 Weibull 斜率的间隔和菊花链焊料接头的真实平均寿命。可以看出，焊料接头的真实平均寿命（100 种情况中的 90 种，其他 10 种情况，无人知晓）将不小于 843 个循环，但不大于 1524 个循环。此外，真实的 Weibull 斜率（β）落入区间：$2.16\leqslant\beta\leqslant2.88$。

图 8-69 显示了一种典型的失效模式。可以看出，TSH 转接板和有机封装基板的焊盘之间的焊料凸点中存在裂纹。失效（裂纹）位置是位于焊料与 TSH 转接板 UBM 之间界面附近的焊料凸点中。它在 1764 次循环时失效，失效标准为无限电阻变化。

8. 5. 9　总结和建议 ★★★

已开发出一种由 TSH 转接板和其顶部和底部的芯片组成的 SiP，进行跌落和热循环测试，以证明 SiP 结构的完整性。一些重要的研究结果和建议总结

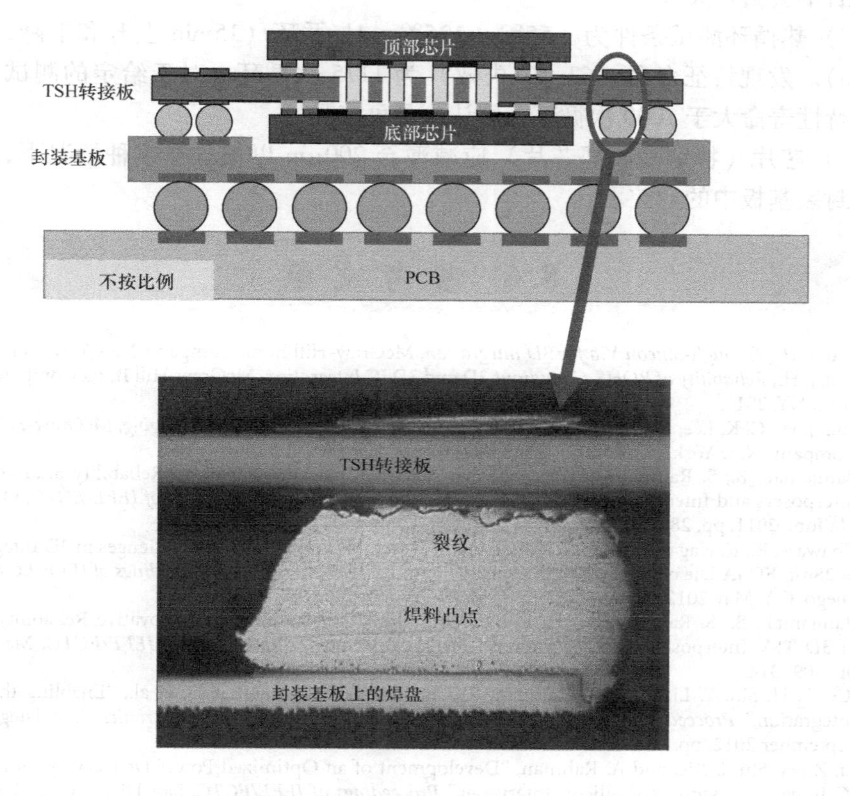

图 8-69　热循环测试导致的失效（焊料接头开裂）模式

如下[33-35]：

1）TSH 转接板的电学性能优于 TSV 转接板。

2）正确制造的 RDL（菊花链）顶部芯片中心部分由 256 个 100μm Cu 柱 + 2μmENIG，外围有 176 个 9μm UBM/焊盘 +2μm ENIG。

3）正确制造了采用 432 个 4μm UBM/焊盘 +5μm Sn 焊料的 RDL（菊花链）底部芯片。

4）正确制造的 RDL（菊花链）TSH 转接板具有 256 个中心孔（激光钻孔），其顶部外围有 176 个 4μm UBM/焊盘 +5μm Sn 焊料，以及底部外围有 176 个 9μm UBM/焊盘 +2μm ENIG。

5）顶部芯片、底部芯片、TSH 转接板、封装基板和 PCB 的最终组装也已正确完成。SEM 和 X 射线图像证实了这些。

6）SiP 的结构完整性已通过跌落测试得到验证。根据 JEDEC 规范，在 10 次跌落后不会出现失效。

7）热循环测试条件为 -55℃↔125℃，1h 循环（15min 上升和下降，停留 15min）。发现特征寿命（63.2% 失效）为 1175 次循环。对于给定的测试条件，如果特性寿命大于 1000 次循环，则认为是可接受的。

8）芯片（特别是底部芯片）应减薄至 200μm 以下。在这种情况下，就不需要封装基板中的空腔了。

8.6 参考文献

[1] Lau, J. H., *Through-Silicon Via for 3D Integration*, McGraw-Hill Book Company, New York, NY, 2013.
[2] Lau, J. H., *Reliability of ROHS-Compliant 2D and 3D IC Integration*, McGraw-Hill Book Company, New York, NY, 2011.
[3] Lau, J. H., C. K. Lee, C. S. Premachandran, and A. Yu, *Advanced MEMS Packaging*, McGraw-Hill Book Company, New York, NY, 2010.
[4] Banijamali, B., S. Ramalingam, K. Nagarajan, and R. Chaware, "Advanced Reliability Study of TSV Interposers and Interconnects for the 28nm Technology FPGA," *Proceedings of IEEE/ECTC*, Orlando, FL, June 2011, pp. 285–290.
[5] Chaware, R., K. Nagarajan, and S. Ramalingam, "Assembly and Reliability Challenges in 3D Integration of 28nm FPGA Die on a Large High Density 65nm Passive Interposer," *Proceedings of IEEE/ECTC*, San Diego, CA, May 2012, pp. 279–283.
[6] Banijamali, B., S. Ramalingam, H. Liu and M. Kim, "Outstanding and Innovative Reliability Study of 3D TSV Interposer and Fine Pitch Solder Micro-bumps," *Proceedings of IEEE/ECTC*, May 2012, pp. 309–314.
[7] Xie, J., H. Shi, Y. Li, Z. Li, A. Rahman, K. Chandrasekar, D. Ratakonda, et al., "Enabling the 2.5D Integration," *Proceedings of IMAPS International Symposium on Microelectronics*, San Diego, CA, September 2012, pp. 254–267.
[8] Li, Z., H. Shi, J. Xie, and A. Rahman, "Development of an Optimized Power Delivery System for 3D IC Integration with TSV Silicon Interposer," *Proceedings of IEEE/ECTC*, San Diego, CA, May 2012, pp. 678–682.
[9] Banijamali, B., C. Chiu, C. Hsieh, T. Lin, C. Hu, S. Hou, S. Ramalingam, et al., "Reliability Evaluation of a CoWoS-enabled 3D IC Package," *Proceedings of IEEE/ECTC*, May 2013, pp. 35–40.
[10] Lin, L., T.-C. Yeh, J.-L. Wu, G. Lu, T.-F. Tsai, L. Chen, and A.-T. Xu, "Reliability Characterization of Chip-on-Wafer-on-Substrate (CoWoS) 3D IC Integration Technology," *Proceedings of IEEE/ECTC*, Las Vegas, NV, May 2013, pp. 366–371.
[11] Chuang, Y.-L., C.-S. Yuan, J.-J. Chen, C.-F. Chen, C.-S. Yang, W.-P. Changchien, C. C.C. Liu, et al., "Unified Methodology for Heterogeneous Integration with CoWoS Technology," *Proceedings of IEEE/ECTC*, San Diego, CA, May 2013, pp. 852–859.
[12] Kwon, W., M. Kim, J. Chang, S. Ramalingam, L. Madden, G. Tsai, S. Tseng, et al., "Enabling a Manufacturable 3D Technologies and Ecosystem using 28nm FPGA with Stack Silicon Interconnect Technology," *IMAPS Proceedings of International Symposium on Microelectronics*, October 2013, pp. 217–222.
[13] Lau, J. H., S. Lee, M. Yuen, J. Wu, C. Lo, H. Fan, and H. Chen, "Apparatus having thermal-enhanced and cost-effective 3D IC integration structure with through silicon via interposer". *US Patent No: 8,604,603*, Date of Patent: December 10, 2013, Filed on February 20, 2009.
[14] Lau, J. H., Y. S. Chan, S. W. R. Lee, "Thermal-Enhanced and Cost-Effective 3D IC Integration with TSV Interposers for High-Performance Applications," *ASME Paper no. IMECE2010-40975*.
[15] Lau, J. H., Y. S. Chan, and R. S. W. Lee, "3D IC Integration with TSV Interposers for High-Performance Applications," *Chip Scale Review*, Vol. 14, No. 5, September/October2010, pp. 26–29.
[16] Lau, J. H., P. Tzeng, C. Lee, C. Zhan, M. Li, J. Cline, K. Saito, et al., "Redistribution Layers (RDLs) for 2.5D/3D IC Integration," *IMAPS Transactions, Journal of Microelectronic Packaging*, Vol. 11, No. 1, First Quarter 2014, pp. 16–24.

[17] Lau, J. H., P. Tzeng, C. Lee, C. Zhan, M. Li, J. Cline, K. Saito, et al., "(Redistribution Layers (RDLs) for 2.5D/3D IC Integration," *Proceedings of the 46th IMAPS International Symposium on Microelectronics*, Orlando, FL, October 2013, pp. 434–441.

[18] Wu, S. T., H. Chien, J. H. Lau, M. Li, J. Cline, and M. Ji, "Thermal and Mechanical Design and Analysis of 3D IC Interposer with Double-Sided Active Chips," *IEEE/ECTC Proceedings*, Las Vegas, NA, May 2013, pp. 1471–1479.

[19] Tzeng, P. J., J. H. Lau, C. Zhan, Y. Hsin, P. Chang, Y. Chang, J. Chen, et al., "Process Integration of 3D Si Interposer with Double-Sided Active Chip Attachments," *IEEE/ECTC Proceedings*, Las Vegas, NA, May 2013, pp. 86–93.

[20] Ji, M., M. Li, J. Cline, D. Seeker, K. Cai, J. H. Lau, P. Tzeng, et al., "3D Si Interposer Design and Electrical Performance Study," *Proceedings of DesignCon*, Santa Clara, CA, January 2013, pp. 1–23.

[21] Li, L., P. Su, J. Xue, M. Brillhart, J. H. Lau, P. Tzeng, C. Lee, et al., "Addressing Bandwidth Challenges in Next Generation High Performance Network Systems with 3D IC Integration," *IEEE ECTC Proceedings*, San Diego, CA, May 2012, pp. 1040–1046.

[22] Lau, J. H., P. Tzeng, C. Zhan, C. Lee, M. Dai, J. Chen, Y. Hsin, et al., " Large Size Silicon Interposer and 3D IC Integration for System-in-Packaging (SiP)," *Proceedings of the 45th IMAPS International Symposium on Microelectronics*, September 2012, pp. 1209–1214.

[23] Wu, S. T., J. H. Lau, H. Chien, Y. Chao, R. Tain, L. Li, P. Su, et al., "Thermal Stress and Creep Strain Analyses of a 3D IC Integration SiP with Passive Interposer for Network System Application," *Proceedings of the 45th IMAPS International Symposium on Microelectronics*, September 2012, pp. 1038–1045.

[24] Chien, H., J. H. Lau, T. Chao, M. Dai, and R. Tain, "Thermal Management of Moore's Law Chips on Both sides of an Interposer for 3D IC integration SiP," *IEEE ICEP Proceedings*, Japan, April 2012, pp. 38–44.

[25] Chien, H., J. H. Lau, T. Chao, M. Dai, R. Tain, L. Li, P. Su, et al., "Thermal Evaluation and Analyses of 3D IC Integration SiP with TSVs for Network System Applications," *IEEE/ECTC Proceedings*, San Diego, CA, May 2012, pp. 1866–1873.

[26] Lau, J. H., P.-J. Tzeng, C.-K. Lee, C.-J. Zhan, M.-J. Dai, L. Li, C.-T. Ko, et al., "Wafer Bumping and Characterizations of Fine-Pitch Lead-Free Solder Microbumps on 12" (300mm) wafer for 3D IC Integration," *Proceedings of IMAPS International Conference*, Long Beach, CA, October 2011, pp. 650–656.

[27] Tsai, I., E. Wu, S. F. Yen, and T. H. Chuang, "Mechanical Properties of Intermetallic Compounds on Lead-Free Solder by Moire' Techniques," *Journal of Electronic Materials*, Vol. 35, 2006, pp.1566–1570.

[28] Kim, S., and S. Kang, "Sensitivity of Electroplating Conditions on Young's Modulus of Thin Film," *Journal of Applied Physics*, Vol. 47, No. 9, 2008, pp. 7314–7316.

[29] Zhang, X., J. H. Lau, C. S. Premachandran, S. Chong, L. Wai, V. Lee, T. C. Chai, et al., "Development of a Cu/Low-*k* Stack Die Fine Pitch Ball Grid Array (FBGA) Package for System in Package Applications," *IEEE Transactions on CPMT*, Vol. 1, no. 3, March 2011, pp. 299–309.

[30] Hsin, Y. C., C. Chen, J. H. Lau, P. Tzeng, S. Shen, Y. Hsu, S. Chen, et al., "Effects of Etch Rate on Scallop of Through-Silicon Vias (TSVs) in 200mm and 300mm Wafers," *IEEE ECTC Proceedings*, Orlando, Florida, June 2011, pp. 1130–1135.

[31] Wu, C., S. Chen, P. Tzeng, J. H. Lau, Y. Hsu, J. Chen, Y. Hsin, et al., "Oxide Liner, Barrier and Seed Layers, and Cu-Plating of Blind Through Silicon Vias (TSVs) on 300mm Wafers for 3D IC Integration," *IMAPS Transactions, Journal of Microelectronic Packaging*, Vol. 9, No. 1, First Quarter 2012, pp. 31–36.

[32] Chen, J. C., J. H. Lau, P. J. Tzeng, S. Chen, C. Wu, C. Chen, H. Yu, et al., "Effects of Slurry in Cu Chemical Mechanical Polishing (CMP) of TSVs for 3–D IC Integration," *IEEE Transactions on CPMT*, Vol. 2, No. 6, June 2012, pp. 956–963.

[33] Lau, J. H., C. Lee, C. Zhan, S. Wu, Y. Chao, M. Dai, R. Tain, et al., "Through-Silicon Hole Interposers for 3D IC Integration," *IEEE Transactions on CPMT*, Vol. 4, no. 9, September 2014, pp. 1407–1418.

[34] Wu, S., J. H. Lau, H. Chien, J. Hung, M. Dai, Y. Chao, R. Tain, et al., "Ultra Low-Cost Through-Silicon Holes (TSHs) Interposers for 3D IC Integration SiPs," *IEEE ECTC Proceedings*, San Diego, CA, May 2012, pp. 1618–1624.

[35] Wu, S. H., J. H. Lau, H.-C. Chien, R.-M. Tain, M.-J. Dai, and Y.-L. Chao, "Chip Stacking Structure and Fabricating Method of the Chip Stacking Structure," *US Patent No.: 8,519,524*, Date of Patent: August 27, 2013, Filed on August 16, 2012.

[36] JESD22–B111, *Board Level Drop Test Method of Components for Handheld Electronic Products*, JEDEC Standard, July 2003.

第9章 2.5D/3D IC集成的热管理

9.1 引　　言

2.5D/3D IC 集成的关键问题之一是其热管理。这是因为：①3D 电路增加了单位表面积产生的总功耗；②如果没有提供适当和充分的冷却，则 3D 堆叠中的芯片可能会过热；③3D 堆叠之间的空间对于冷却通道来说可能太小（即没有空气流动的间隙）；④薄芯片可能会在芯片上的热点处造成极端条件。因此，2.5D/3D IC 集成的广泛使用迫切需要低成本和有效的热管理解决方案，这也是本章的重点，尤其强调一种低成本（采用裸芯片）和高热性能的 2.5D/3D IC 集成 SiP 的设计。本章还将介绍这种新设计的一些特殊情况，此外，还将讨论 2.5D IC 集成和 3D IC 集成之间的热性能。最后，将介绍一个用于 3D 堆叠 TSV 模块的集成液体冷却系统。

9.2 设计理念

本节目标是为 SiP 应用设计一个通用的热增强、电声、机械完整性和经济高效的 2.5D/3D IC 集成系统。换言之，这个设计采用 TSV/RDL/IPD（硅通孔/再分布层/集成的无源器件）转接板解决 2.5D/3D IC 集成的电子封装问题，用于高功率、高性能、多引脚数、超细间距和小体积的应用。为了实现这些目标，这个设计通过采用具有出色热管理的 3D SiP 形式的 TSV 转接板进行芯片间互连。避免在有源器件芯片上“挖”孔（TSV），即使用代工厂生产的任何 Moore 芯片，并使用 RDL/TSV 转接板执行再分布（芯片扇出的多引脚输出和超细间距电路）和大部分任务，然后连接到具有更少引脚和更宽间距的下一级互连（如封装基板）。

9.3 新设计

本节所建议的设计是一个采用高功耗和低功耗芯片的2.5D/3D IC 集成系统，由标准塑料球栅阵列（Plastic Ball Grid Array，PBGA）封装中的 TSV/RDL/IPD 转接板支撑，用于高性能、低成本、有效的热管理和高可靠性应用，如图9-1 所示[1-3]。整个系统由具有高密度 TSV、RDL 的硅转接板组成，用于连接具有不同间距、尺寸、位置和 IPD 焊盘的各种芯片，以增强电学性能。用于 PCB 组装的采用标准（尺寸和间距）焊料球的简单有机基板支撑 RDL/TSV 转接板。所有高功耗芯片，如 MPU（微处理器单元）、GPU（图形处理器单元）、ASIC（专用IC）、DSP（数字信号处理器）、MCU（微控制器单元）、RF（射频），高功耗存储器芯片以倒装芯片形式位于 RDL/TSV 转接板的顶部，因此这些芯片的背面可以通过热界面材料（TIM）贴附到散热片上。在这种情况下，来自所有高功耗芯片的大部分热量都可以通过散热片（如果必要，则可以使用热沉）散失。所有低功耗芯片，如 MEMS（微机电系统）、MOEMS（微光机电系统）、CMOS 图像传感器和存储器芯片都位于 RDL/TSV 转接板的底部，采用倒装芯片或引线键合形式。

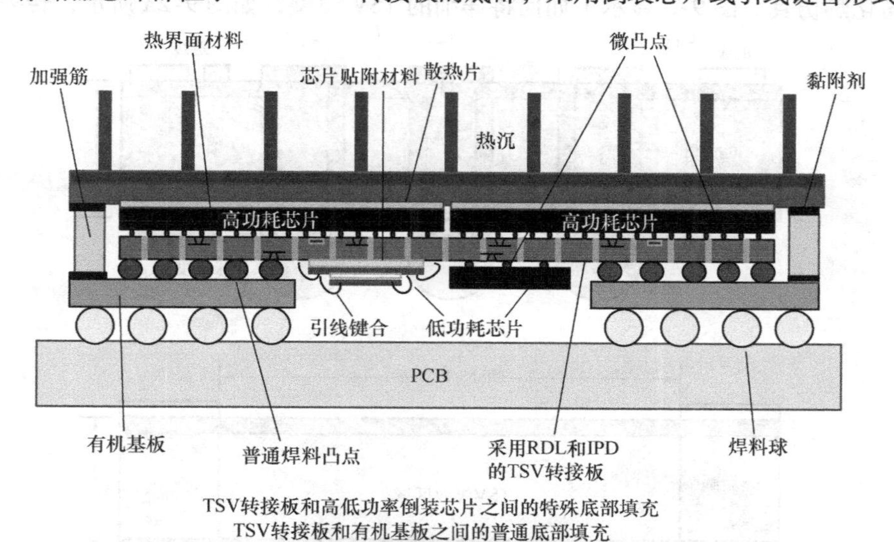

图9-1 采用硅通孔转接板的具有热增强且具有成本效益的3D IC 集成结构
美国专利号8604603；专利日期：2013 年12 月10 日；于2009 年2 月20 日提交

连接有机基板和散热片的环形加强筋用于为带 RDL/TSV 转接板的 2.5D/3D IC 集成提供足够的间隔，并支撑带或不带热沉的散热片。在 RDL/TSV 转接板和高、低功耗倒装芯片之间，以及 RDL/TSV 转接板和有机基板之间，最有可能需要底部填充密封剂。但是，2.5D/3D IC 集成模块和 PCB 之间不需要底部填充。对于不喜欢在 PCB 上有底部填充的系统公司来说，这是一个非常重要的特性。对于引线键合芯片，可能需要密封剂。

建议的 2.5D/3D IC 集成 SiP 的出现对 IDM（集成的器件制造商）、OEM（原始设备制造）和 EMS（电子制造服务）非常有吸引力。首先，它是一个标准的 PBGA 封装，并且已经在电子行业使用了 20 多年[4,5]。这个封装不仅在热管理方面有效[6-12]，而且其焊料接头非常可靠[13-16]。因此，结合封装内部 RDL/TSV 转接板上方/下方的高功耗和低功耗芯片的正确设计，可以实现并制造既经济高效又具有高的电学性能和热性能的 SiP。

9.4 热分析的等效模型

通过建立等效模型，第 2 章中的等效方程式（2-19）和式（2-20）可用于 2.5D/3D IC SiP 的设计和分析。这个等效模型用于代替真实细节的 TSV 模型，以简化热仿真。图 9-2 显示了如何将详细的 TSV 模型，如图 9-2a 所示，转换为

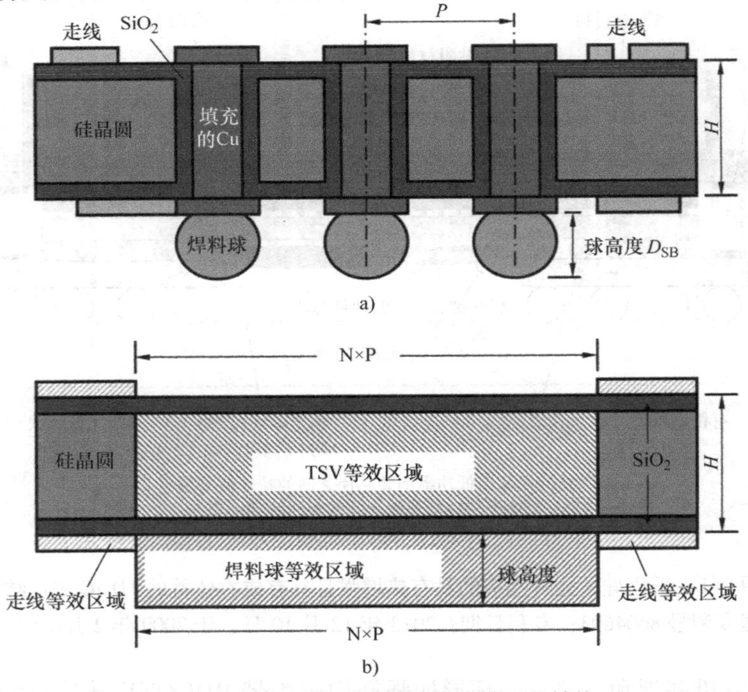

图 9-2　从详细模型到简单等效模型的转换
a）详细模型　b）简单模型

等效模型，如图9-2b所示。等效模型将一组TSV视为一个等效区域（块），用计算出的等效 k_{xy} 和 k_z。通过使用常见的热阻（串联/并联）计算，将焊料球（或凸点）和走线转换为其他等效区域[17-21]。

9.5 顶部带芯片/散热片以及底部带芯片的转接板

9.5.1 结构 ★★★

图9-3显示了两面都有芯片的TSV转接板。这是新的通用设计（见图9-1）的一个简化形式，即没有存储器芯片组和有机基板的空腔。结构尺寸、材料特性和热边界条件分别见表9-1、表9-2和图9-4。从表9-1可以看出，芯片#2的尺寸为20mm×20mm，芯片#1的尺寸为12mm×12mm。TSV转接板的尺寸为30mm×30mm×100μm。芯片#1的背面有一个散热片。

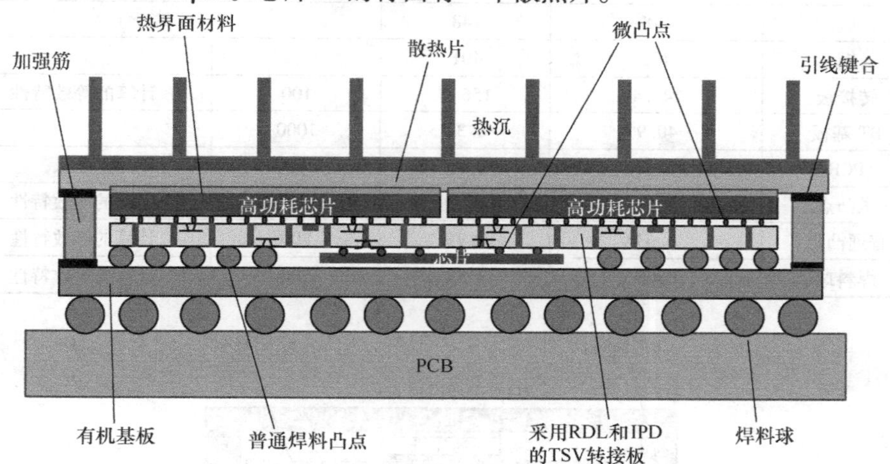

图9-3 顶部和底部带有芯片的TSV转接板

表9-1 分析结构的尺寸

芯片和基板					
	数量	厚度/μm	长度/mm	宽度/mm	功耗/W
芯片#1	1	150	12	12	75
芯片#2	1	150	20	20	15
转接板	1	100	30	30	0
BT基板	1	1000	40	40	0
PCB	1	2000	60	60	0

（续）

芯片和基板					
	数量	厚度/μm	长度/mm	宽度/mm	功耗/W
TSV，凸点和焊料球					
	直径/μm	间距/μm	分布	注	
TSV	20	100	均匀	在转接板上	
微凸点	12	250	均匀	在芯片#1 和转接板之间	
微凸点	12	250	均匀	在芯片#2 和转接板之间	
普通凸点	200	750	围绕转接板边缘	在转接板和 BT 基板之间	
焊料球	600	2000	均匀	在 BT 基板和 PCB 之间	

表 9-2　分析结构的热材料特性

	k_{xy}/[W/(m·K)]	k_z	厚度/μm	注
油脂	1	1	50	芯片#1 和散热片之间
硅	148	148		
铜	401	401		
转接板	141.4	156.3	100	计算的等效特性
BT 基板	40.9	0.38	1000	
PCB	27.4	0.35	2000	
微凸点	0.63	0.63	12	计算的等效特性
普通凸点	0.63	2.79	200	计算的等效特性
焊料球	0.05	3.53	600	计算的等效特性

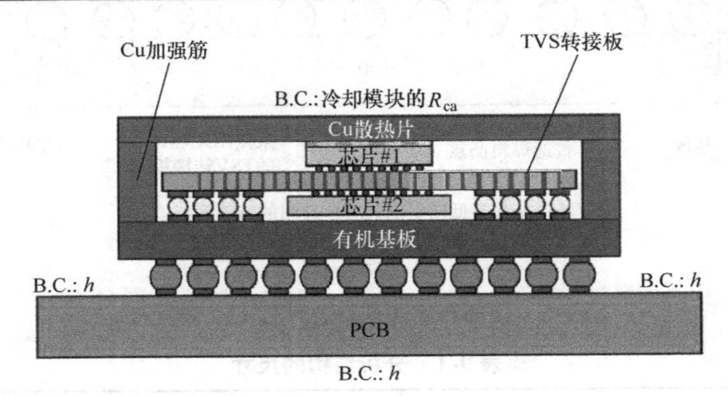

图 9-4　顶部和底部带有芯片的 TSV 转接板：边界条件

9.5.2　材料特性 ★★★

对于油脂、硅和铜，由于其均匀的特性，横平面方向（k_z）和面内方向（k_{xy}）的热导率相等（见表 9-2）。对于双马来酰亚胺三氮烯（BT）基板和

PCB，假设它们是层压材料，其中层压内部有几个高导电（Cu）层，因此它们的k_{xy}明显高于k_z，见表9-2所示。对于转接板、微凸点、普通凸点和焊料球，各向异性热导率可以采用式（2-19）和式（2-20）来计算转接板区域，以及使用热阻串联/并联相关性来计算微凸点、普通凸点和焊料球区域。微凸点区域的等效k_{xy}和k_z几乎相同并且等于底部填充材料的值[$k=0.63$W/(m·K)]，因为它们的间距太大而尺寸太小。

9.5.3 边界条件 ★★★

假设环境温度为20℃，PCB顶部和底部的边界条件为$h=10$W/(m^2·K)，这是为了模拟自然对流条件。对于散热片，使用热阻R_{ca}代替冷却模块来简化仿真。假设R_{ca}为0.3℃/W，以模拟由带风扇或液体冷却模块的非常好的热沉来冷却的散热片。芯片#1的功耗为75W，芯片#2的功耗为15W。SiP的总功耗为90W。Icepak 12.1.6是使用有限体积法解决热传导问题的仿真工具。

9.5.4 仿真结果 ★★★

SiP的边界条件是散热片顶部的$R_{ca}=0.3$℃/W和PCB两侧的$h=10$W/(m·K)。每个芯片的功耗见表9-1。图9-5显示了所分析的SiP的横截面

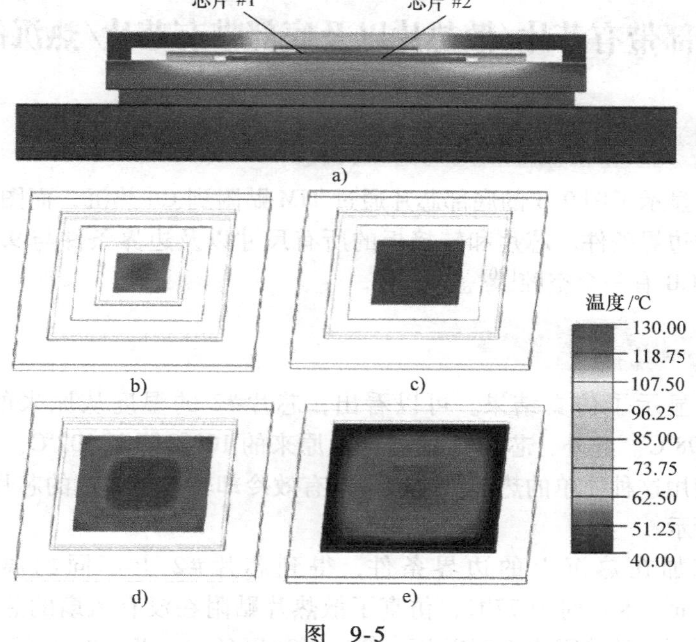

图 9-5

a）分析结构的横截面 b）芯片#1 c）芯片#2

d）转接板 e）有机基板的等温线分布

温度分布。在环境温度为20℃的情况下，芯片#1和芯片#2的平均温度分别为109℃和121℃，如图9-6所示。值得注意的是，即使是芯片#2也有较低的发热量；然而，它的温度仍然高于芯片#1的温度。这是因为芯片#1的背面有一个散热片可以将热量传导出去。因此，需要一种降低芯片#2温度的方法。

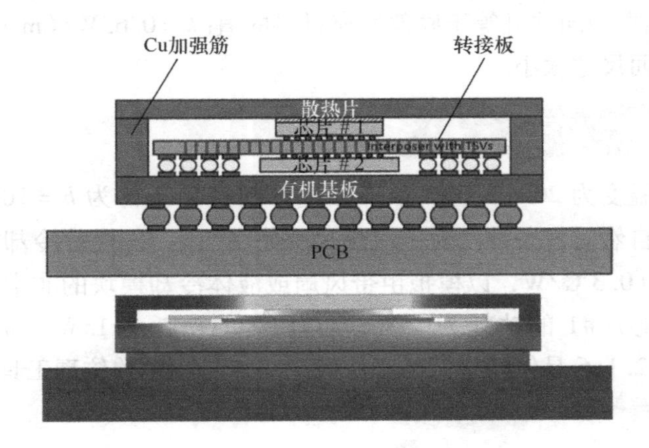

图9-6　芯片#1（109℃）和芯片#2（121℃）的平均温度

9.6　顶部带有芯片/散热片以及底部带有芯片/热沉的转接板

9.6.1　结构与边界条件 ★★★

图9-7显示了图9-3的底部芯片通过TIM贴附到Cu热沉，而图9-8显示了用于分析的边界条件。芯片和转接板的所有尺寸以及边界条件与9.5节中的相同，除了PCB有一个空腔[20]。

9.6.2　仿真结果 ★★★

图9-9显示了仿真结果。可以看出，芯片#2的温度从原来的（9.5节）121℃降至98℃。此外，芯片#1的温度从原来的109℃降至102℃。这一结果表明，通过使用这种简单的热沉结构，可以有效冷却转接板底部的芯片，如图9-7和图9-8所示。

改变施加在热沉上的边界条件，得到芯片#2上不同的温度：①$h=156.25\mathrm{W/(m^2\cdot K)}$时为77℃，仿真了散热片贴附在没有风扇的热沉上，从散热片底部到环境的热阻为4.0℃/W；②$h=625\mathrm{W/(m^2\cdot K)}$时为52.2℃，仿真

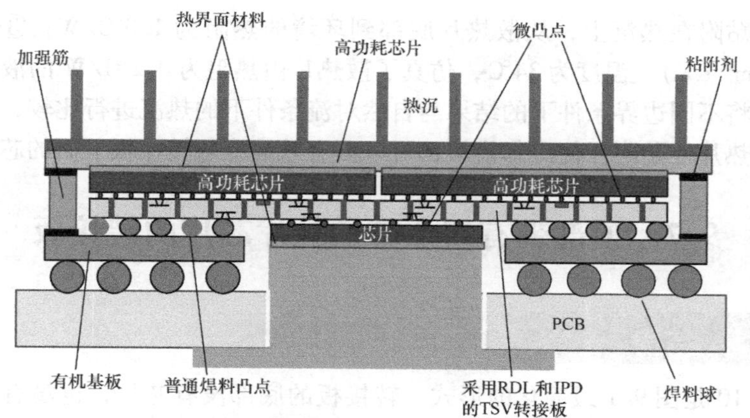

TSV 转接板和高低功率倒装芯片之间的特殊底部填充

TSV转接板和有机基板之间的普通底部填充

图 9-7　图 9-3 的底部芯片贴附到热沉

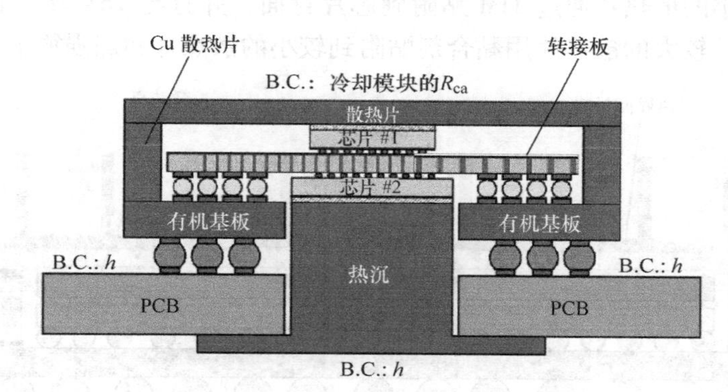

图 9-8　图 9-4 的底部芯片贴附到热沉上：边界条件

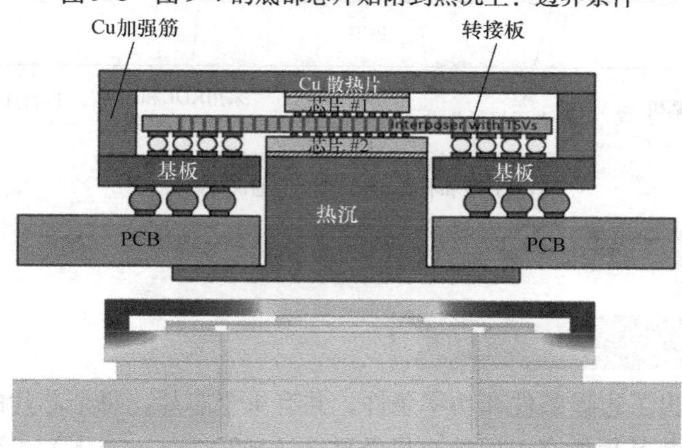

图 9-9　芯片#1（102℃）和芯片#2（98℃）的平均温度（芯片#2 底部有热沉）

了散热片贴附在热沉上，从散热片底部到环境的热阻为1.0℃/W；③对于 $h=3125W/(m^2 \cdot K)$，温度为34℃，仿真了散热片由热阻为0.2℃/W的液体冷却模块冷却。将不同边界条件下的结果与自然对流条件下的热沉进行比较，可以确定通过在散热片上贴附任何冷却模块，可以更有效地冷却转接板下面的芯片。

9.7 顶部带有四个带散热片芯片的转接板

9.7.1 结构 ★★★

图9-10是图9-1最简化的形式，转接板的底部没有芯片，也没有有机基板的空腔。本节的目的是（通过仿真）说明，对于这个系统而言，散热片是必要的。图9-11显示了用于分析的系统带散热片和不带散热片。图9-11a中有两个散热片，较小的散热片通过TIM贴附到芯片背面，并且与TSV转接板具有相同的水平尺寸。较大的散热片用黏合剂贴附到较小的散热片和加强筋上。

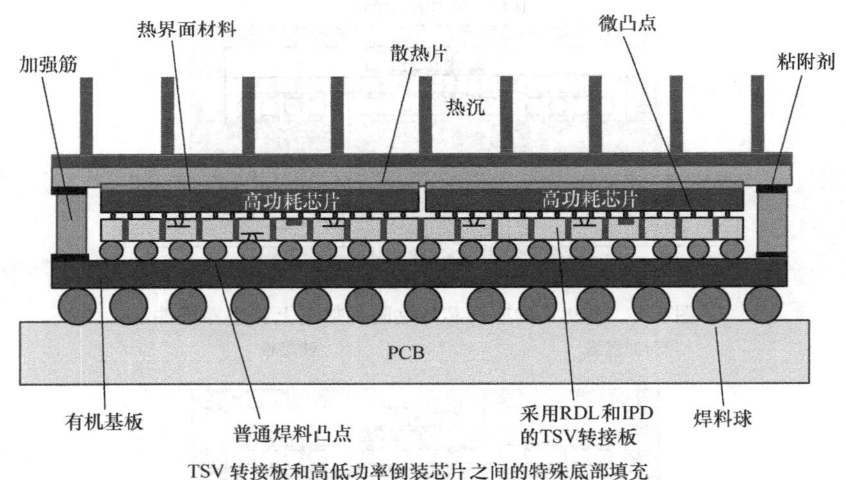

图9-10 仅顶部带有芯片的TSV转接板

9.7.2 边界条件 ★★★

表9-3列出了边界条件和功率条件，共有4个芯片，每个芯片的功耗为5W。PCB和有机封装基板所有表面的边界条件为 $h=20W/(m^2 \cdot K)$（这意味着基板和PCB通过典型的自然对流冷却）。对于应用于较大散热片和芯片顶部的边界条件，如图9-11a和图9-11b所示，对流系数 h 可调以进行参数研究。调制的系数

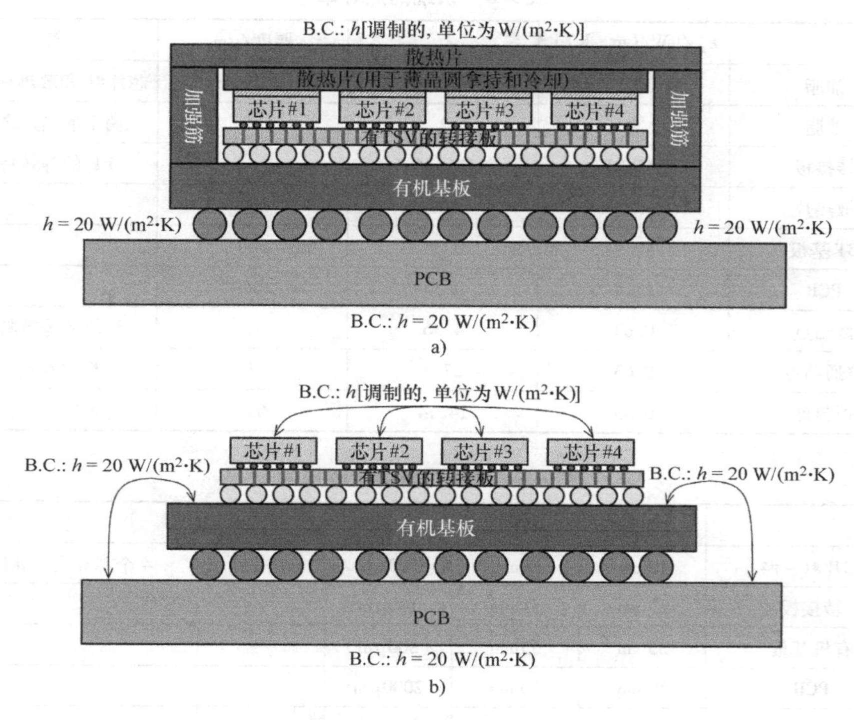

图 9-11 仅顶部带有芯片的 TSV 转接板：边界条件

h 取决于热阻 R_{ca}，其值从 0.2℃/W 变化到 4.0℃/W；h 可通过公式 $h = 1/R_{ca} \cdot A$ 计算；这里，A 表示散热片面积（或芯片面积）。通常，液体冷却的冷却能力为 $R_{ca} < 0.3$℃/W。对于有源热沉，$0.3 < R_{ca} < 1.0$；对于无源热沉，$1.0 < R_{ca}$。

表 9-4 列出了用于分析的系统尺寸。在进行仿真时，用等效模型替代详细的系统，以进行简化。从详细的 TSV 系统到等效模型的转换已在 9.5 节中进行了描述和演示。表 9-5 显示了 TSV/焊料凸点/焊料球结构的材料特性和计算出的等效热特性。

表 9-3 功率负载和边界条件

功率负载条件	每个芯片 5W（#1 ~ #4，总计 20W）
边界条件	热沉的热阻（R_{ca}）：可调参数研究 PCB 和有机基板两侧的对流系数 $h = 20W/(m^2 \cdot K)$ 其他表面被认为是绝热的

表 9-4 系统的热导率

	k_{xy}/[W/(m·K)]	k_z	厚度/μm	注
油脂	2	2	50	芯片#1 和散热片之间
油脂	2	2	50	两个散热片之间
转接板	147.27	146.46	—	计算的等效特性
散热片	401	401	200	
BT 基板	40.9	0.38	800	
PCB	27.4	0.35	2000	
微凸点	0.63	4.36	15	计算的等效特性
普通凸点	0.63	27.3	150	计算的等效特性
焊料球	0.05	14.14	600	计算的等效特性

表 9-5 用于分析的系统尺寸

	长度	宽度	高度	直径	注
芯片#1～#4	12mm	7mm	500μm	—	4 个芯片大小相同
转接板	25mm	31mm	100μm	—	
有机基板	35mm	35mm	800μm	—	
PCB	50mm	50mm	2000μm	—	
散热片（用于薄晶圆拿持和冷却）	25mm	31mm	700μm	—	
散热片（用于冷却）	35mm	35mm	300μm	—	
TSV	间距 = 250μm			10μm	
微凸点	间距 = 45μm			15μm	芯片和转接板之间
普通凸点	间距 = 180μm			150μm	转接板和有机基板之间
焊料球	间距 = 1000μm			600μm	有机基板和 PCB 之间

9.7.3 仿真结果 ★★★

图 9-12 显示了在散热片和芯片上施加边界条件（R_{ca} = 2.0℃/W）的两个分析系统的温度分布。可以看出，不带散热片的系统的平均芯片温度（约 105℃）远高于带散热片的系统的平均芯片温度（约 57℃）。因此，对于这种结构和边界条件，通常需要一个散热片。

图 9-13 显示了芯片温度和施加的 R_{ca} 之间的相关性。同样，不带散热片的系统的平均芯片温度比带散热片的系统的平均芯片温度高近 2.5 倍。此外，从图 9-13可以看出，如果芯片温度必须冷却到 75℃以下（环境温度为 20℃），则

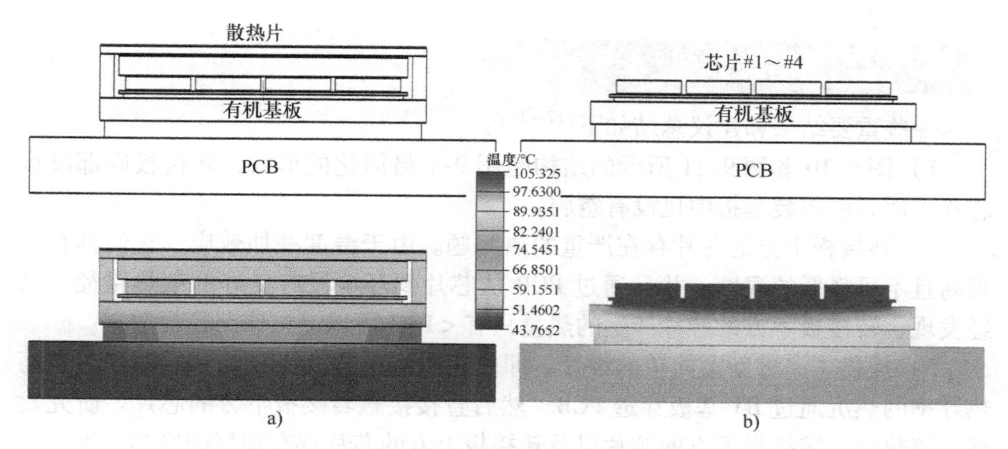

图 9-12　顶部带有芯片的 TSV 转接板的等温线分布

a）带散热片　b）不带散热片

不带散热片的系统应该使用有源热沉（通常带风扇），其冷却能力R_{ca} <1.2℃/W。另一方面，带散热片的系统应该只使用无源热沉（通过自然对流冷却的小热沉），其冷却能力 R_{ca} <3.3℃/W。

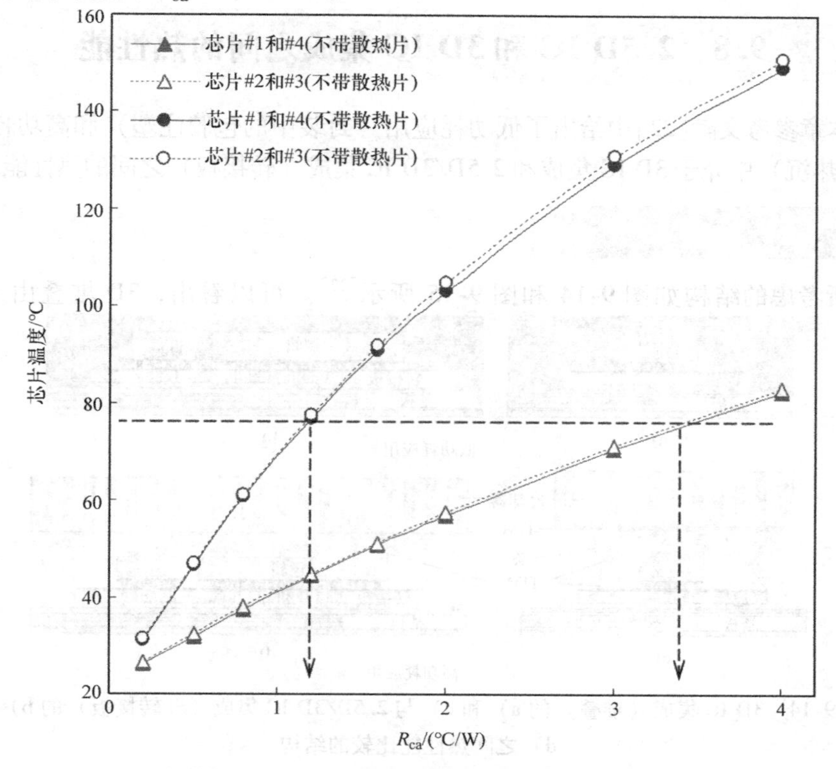

图 9-13　芯片平均温度与散热片热阻的关系

9.7.4 总结和建议 ★★★

一些重要结果和建议总结如下[17-21]：

1）图9-10和图9-11所示的结构是图9-1最简化的形式，转接板底部没有芯片，而有机封装基板中也没有空腔。

2）转接板下方的芯片存在严重的热问题。由于温度叠加效应，它们具有相当高且不可降低的温度，并且通过PCB从芯片到环境没有良好的散热路径。已经发现，转接板下方的芯片产生的热量只有<10%可以通过该路径耗散。

3）提供了一种新颖简单的设计，即使用热沉来解决主要的热问题。具有高热导率的热沉通过BT基板穿透PCB，然后直接接触转接板下方的芯片。研究发现，该热沉对转接板下方的芯片以及转接板上方的芯片都有很好的冷却效果。

4）与散热片上原来的冷却模块结合，热沉设计与另一个强大的冷却模块可以非常有效地冷却SiP封装内的所有芯片。换句话说，新颖的冷却设计可以帮助这种SiP封装具有更高的功耗，这意味着设计更高芯片密度或更紧凑的封装，又或者更高系统性能的3D IC SiP成为可能。

9.8 2.5D IC和3D IC集成之间的热性能

本章参考文献[22]中给出了低功耗应用（封装中的包胶注塑）和高功耗应用（盖和热沉）中介于3D IC集成和2.5D/3D IC集成（转接板）之间的热性能。

9.8.1 结构 ★★★

所考虑的结构如图9-14和图9-15所示[22]。可以看出，3D堆叠由serdes

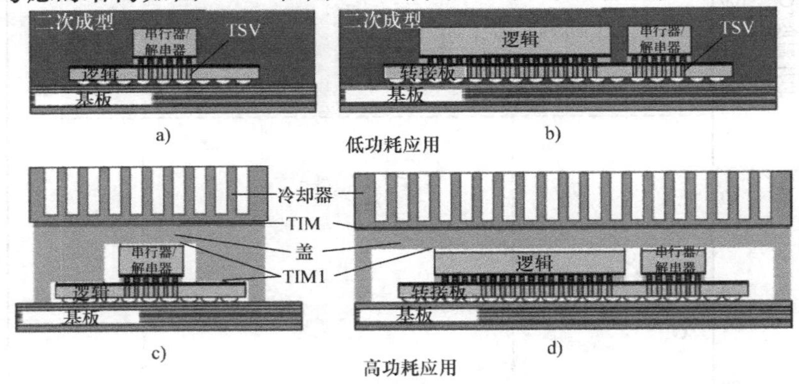

图9-14 3D IC集成（堆叠）的a）和c）与2.5D/3D IC集成（Si转接板）的b）和d）之间热性能比较的结构

a）和b）用于低功耗应用 c）和d）用于高功耗应用

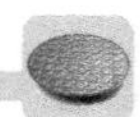

（串行器/解串器）芯片（裸芯片 2）组成，该芯片位于带有 TSV 的逻辑芯片（裸芯片 1）顶部。另一方面，Si 转接板（2.5D）由 serdes 芯片和逻辑芯片组成，它们是无 TSV 的，并且并排在 TSV 转接板上。这两种结构都位于封装基板和 PCB 上。serdes 芯片和逻辑芯片的尺寸分别为 2mm × 10mm 和 10mm × 10mm，见表 9-6，其中还提供了其他关键元器件的尺寸。

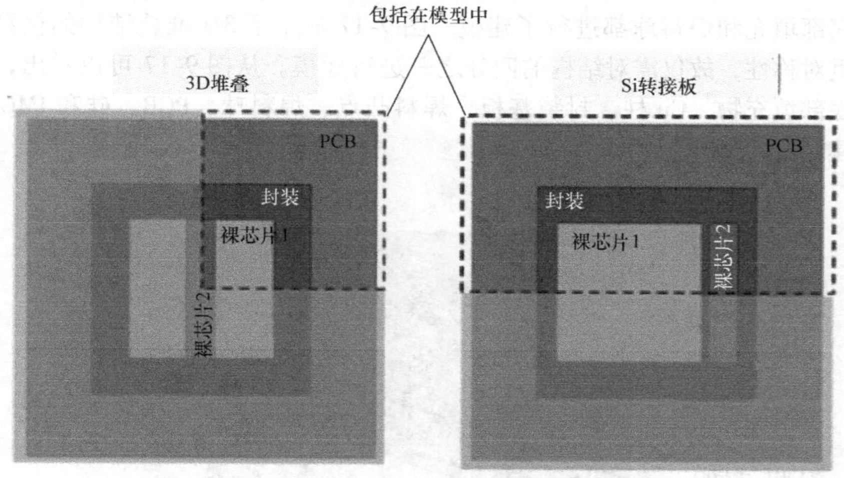

图 9-15　双对称（结构的 1/4）用于 3D 堆叠（左），而对称（结构的 1/2）用于 Si 转接板（右）

表 9-6　分析结构的热材料特性

组成部分	参数	3D 堆叠	Si 转接板
裸芯片 1（逻辑芯片）	• 尺寸 • 厚度 • 方向	10mm × 10mm 25μm 面朝上	10mm × 10mm 500μm 面朝下
裸芯片 2（serdes 芯片）	• 尺寸 • 厚度 • 方向	10mm × 2mm 300μm 面朝下	10mm × 2mm 300μm 面朝下
封装层压板	• 尺寸 • 厚度 • k_{xy}/k_z	15mm × 15mm 0.5mm 15/2W/(m · K)	15mm × 15mm 0.5mm 15/2W/(m · K)
PCB	• 尺寸 • 厚度 • k_{xy}/k_z	20cm × 20cm 1.6mm 16/0.67W/(m · K)	20cm × 20cm 1.6mm 16/0.67W/(m · K)
冷却假设	• 对流 PCB • 热沉顶部 1. 低功耗 2. 高功耗	*htc* 8W/(m^2 · K) *htc* 8 W/(m^2 · K) R_{th}0.25K/W	*htc* 8W/(m^2 · K) *htc* 8W/(m^2 · K) R_{th}0.25K/W

9.8.2 有限元模型 ★★★

图9-16和图9-17显示了热性能分析的有限元模型[22]。图9-16显示了Si转接板结构的模型。由于对称性，仅需对结构的一半进行建模。从图9-16可以看出，对芯片、层压基板、BEOL的关键元器件、焊料凸点、PCB、微凸点、Cu柱、底部填充和焊料球都进行了建模。图9-17显示了3D堆叠结构的模型。由于双重对称性，故仅需对结构的四分之一进行建模。从图9-17可以看出，对芯片、底部填充物、Cu柱、封装基板、焊料凸点、焊料球、PCB、硅和IMC都进行了建模。

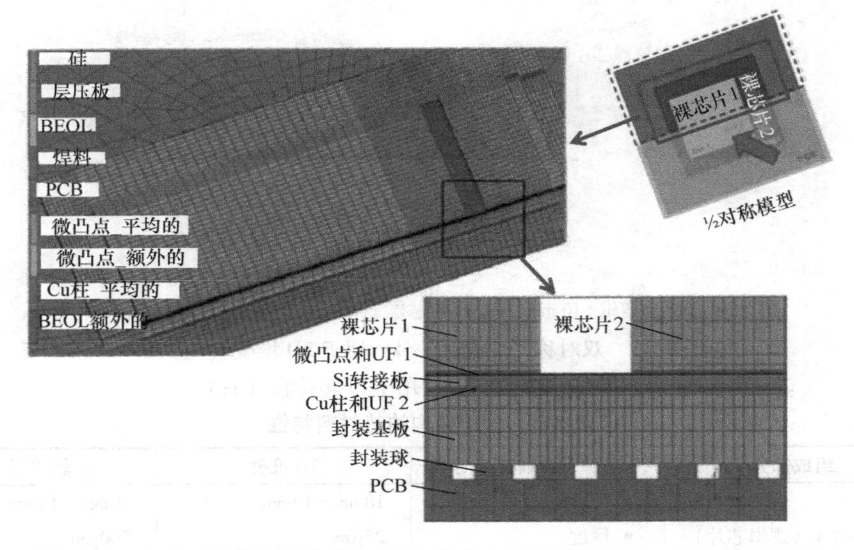

图9-16 半个硅转接板结构的有限元模型（为了便于查看，未显示塑封料）

9.8.3 材料特性和边界条件 ★★★

除了与温度有关的Si（芯片和转接板）外，所有材料特性都假定为常数（见表9-6）[23]。Si（k）的热导率等于$k_o[T(k)/300K]-1.65$，其中$k_o=148W/(m\cdot K)$是室温下的热导率。

环境温度为25℃。假设均匀功耗为逻辑芯片和serdes芯片有源区的热流。在低功率应用中，对流边界条件应用于PCB的顶部和底部以及封装的侧面和顶部，使用$8W/(m^2\cdot K)$的传热系数。假设逻辑和serdes的功耗耗散分别为2W和200mW。在高功耗应用的情况下，应用于盖的对流边界条件表示TIM2和高性能热沉。这个边界条件采用$10000W/(m^2\cdot K)$的等效对流传热系数。这对应于

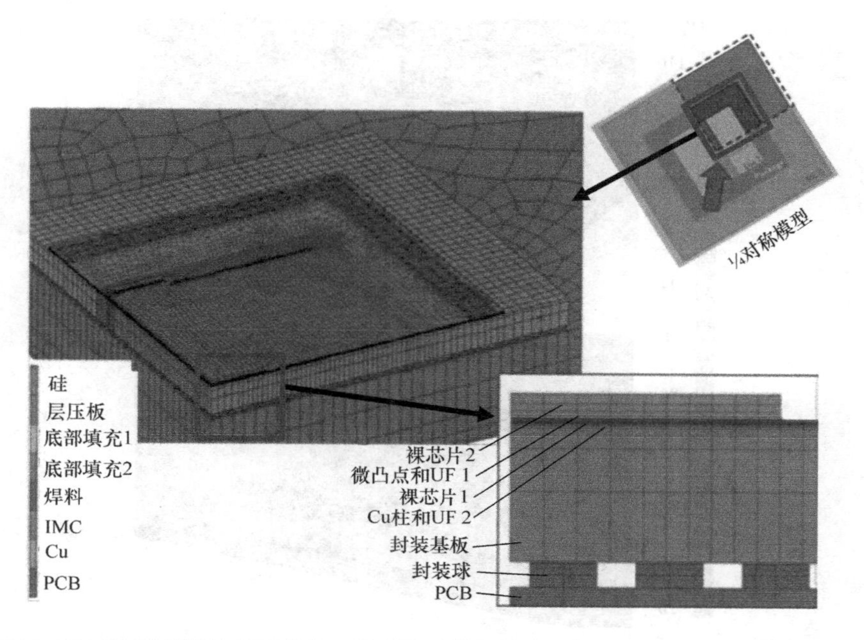

图 9-17　3D 堆叠结构的四分之一的有限元模型（为了便于查看，未显示塑封料）

TIM2 和高性能热沉组合的热阻 0.4K/W（而热沉只有 0.25K/W），见表 9-6。假设逻辑和 serdes 的功耗耗散分别为 50W 和 4W。

9.8.4　低功率应用的仿真结果 ★★★

图 9-18 显示了 3D 堆叠结构（顶部）和 Si 转接板结构（底部）中的等温线。这些是由于逻辑和 serdes 的低功耗耗散分别为 2W 和 200mW。假设环境温度为 25℃，可以看出：Si 转接板结构的逻辑（TL）中的最高温度（90℃）小于 3D 堆叠结构中的最高温度（109.6℃），并且 Si 转接板结构的 serdes（TS）中的最高温度（88.9℃）小于 3D 堆叠结构中的最高温度（110℃）。这是因为大约 90% 的芯片中产生的热量都被 PCB 带走（即主要的热路径从芯片向下到达 PCB[23]），而 Si 转接板结构与 PCB 之间具有更大的传导面积。

9.8.5　高功率应用的仿真结果 ★★★

图 9-19 显示了 3D 堆叠结构（顶部）和 Si 转接板结构（底部）中的等温线。逻辑和 serdes 的高功耗耗散分别为 50W 和 4W。假设环境温度为 25℃。可以看出：Si 转接板结构的逻辑中的最高温度 T_L（85.7℃）小于 3D 堆叠结构中的最高温度（106.1℃），并且 Si 转接板结构的 serdes 中的最高温度 T_S（81.1℃）小于 3D 堆叠结构中的最高温度（86.4℃）。这是因为在芯片中产生的大约 95% 的

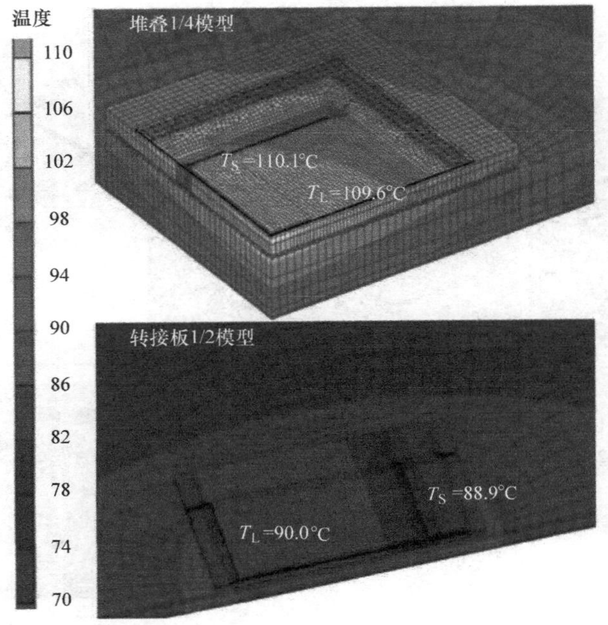

图 9-18 低功耗情况下 3D 堆叠（顶部）和 Si 转接板（底部）的等温线分布（℃）：逻辑芯片为 2W 而 serdes 芯片为 200mW

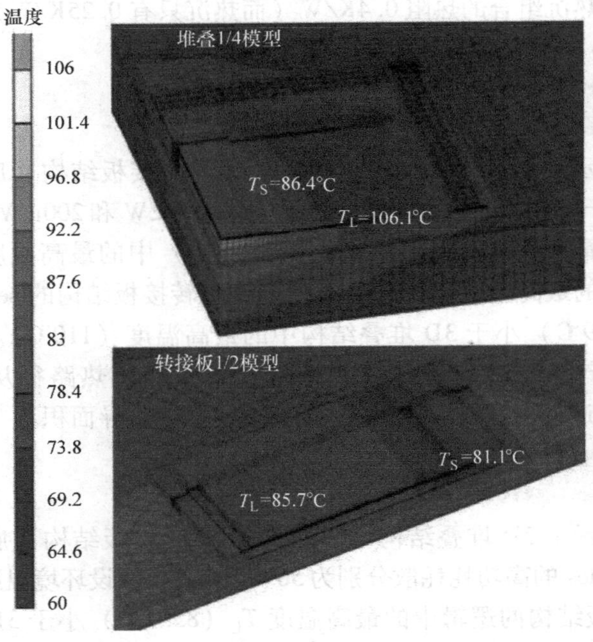

图 9-19 高功耗情况下 3D 堆叠（顶部）和 Si 转接板（底部）的等温线分布（℃）：逻辑芯片为 50W 而 serdes 芯片为 4W

热量被盖、TIM 和热沉（即主要的热路径从芯片向上到盖和热沉）带走，而 Si 转接板结构与盖和热沉之间具有更大的传导面积。关于芯片之间的耦合效应，请阅读本章参考文献[22]了解更多信息。

9.8.6 总结和建议 ★★★

一些重要结果和建议总结如下：

1）由于 Si 转接板结构的传导面积大于 3D 堆叠结构，因此 Si 转接板的热性能优于 3D 堆叠结构。

2）对于低功率应用，Si 转接板上的 serdes 芯片的最高温度比 3D 堆叠的最高温度低 24%。

3）对于高功率应用，Si 转接板上的逻辑芯片的最高温度比 3D 堆叠的最高温度低 24%。

9.9 带有嵌入式微通道的 TSV 转接板的热管理系统

在本节中将设计并制造一个热管理系统[24-33]，测量该系统中不同流体互连的压降，并与分析结果进行比较。

9.9.1 结构 ★★★

图 9-20 示意性地显示了所考虑的结构。它由两个芯片（芯片 1 和芯片 2）、两个 TSV 转接板（载板 1 和载板 2）、Si 垫片、适配器、垫片、微型泵、热交换

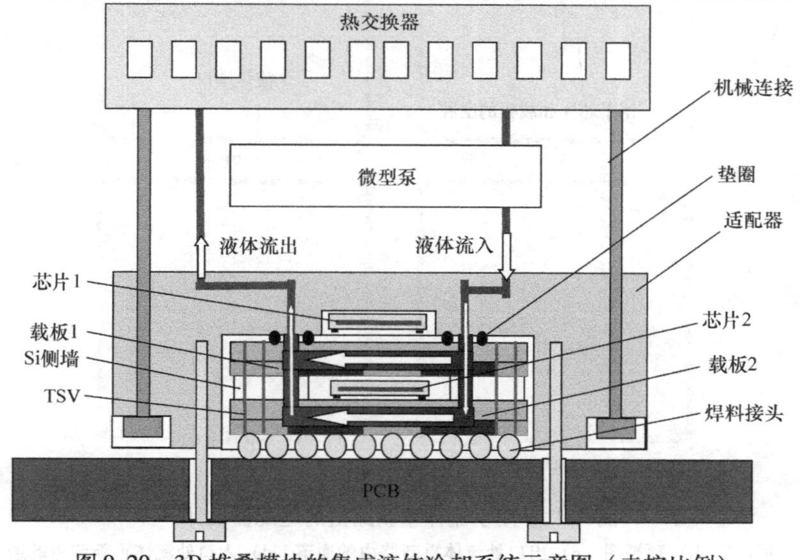

图 9-20 3D 堆叠模块的集成液体冷却系统示意图（未按比例）

器和 PCB 组成。两个芯片具有相同尺寸（10mm × 10mm）并且散热功率为 100W。两种载体具有相同的尺寸（15mm × 15mm），并且具有垂直嵌入和堆叠的流体微通道。Si 垫片组装在这两个载体之间并支撑这些载体。适配器（50mm × 50mm）用于连接载体中的微通道和泵的微型端口，将泵出口的流量分流至微通道载体的入口。外部热交换器（50mm × 50mm）用于环境/冷板的散热。微型泵（50mm × 50mm）为商用泵，最大工作压力为 2bar，驱动冷却剂的最大流速为 500mL/min。系统是如何工作的？加热的流体通过泵从堆叠芯片模块排出到热交换器，热流体在交换器中冷却，冷却后的流体再流回模块。

9.9.2 适配器 ★★★

图 9-21 示意性地显示了适配器设计的仰视图、俯视图、出口处流体重新路由的通道，以及入口处流体重新路由的通道。在适配器底部，加工深度为 1.5mm 的空腔以容纳芯片和载体，并与载体形成流体连接，如图 9-21 所示。在适配器的顶部，制造了一个流入端口将流体从小型泵输送至载体，而另一个流出端口将流体从载体输送到热交换器。这两个端口都用四分之一英寸的丝锥固定，用于软管连接和流体密封。适配器和载体之间的流体接口使用橡胶垫圈密封。图 9-22 所示为制造的适配器的仰视图和俯视图。

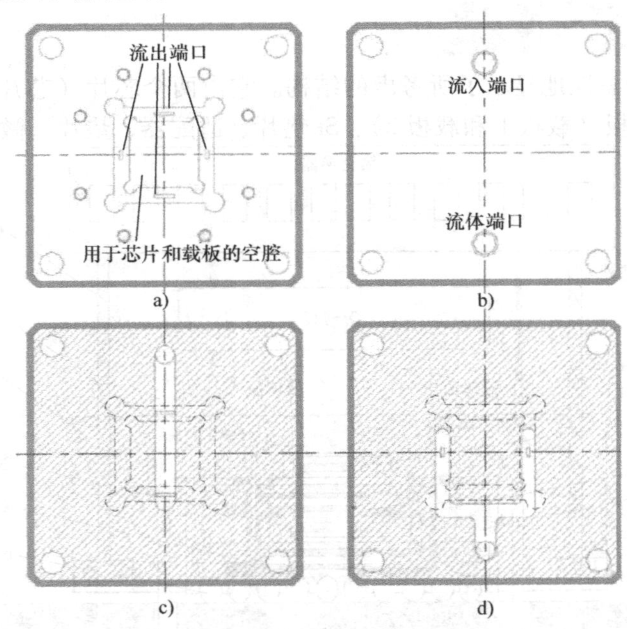

图 9-21　用于流体重新路由的适配器设计

a）仰视图　b）顶视图　c）出口处流体重新路由的通道　d）入口处流体重新路由的通道

a)

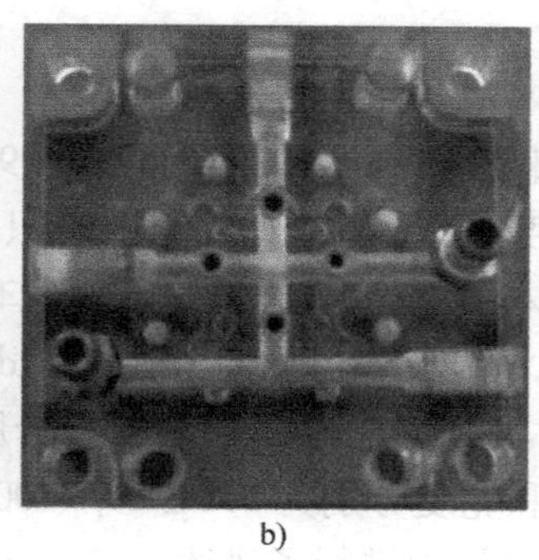

b)

图 9-22　制造的适配器图像

a）仰视图　b）俯视图

9.9.3　热交换器 ★★★

为了有效地将封装中的热量散发到环境中，在集成的系统上安装了优化的热交换器。图 9-23a 所示为具有平行板鳍和单程流动的有效热交换器（50mm × 50mm）。鳍尺寸为宽度 1mm，高度 10mm，长度 30mm。热交换器采用线切割技术加工而成，采用铝材料制成，具有高热导率和重量轻的特点，入口和出口都用四分之一英寸的丝锥固定，用于软管连接和流体密封。组装好的热交换器如图 9-23b所示。

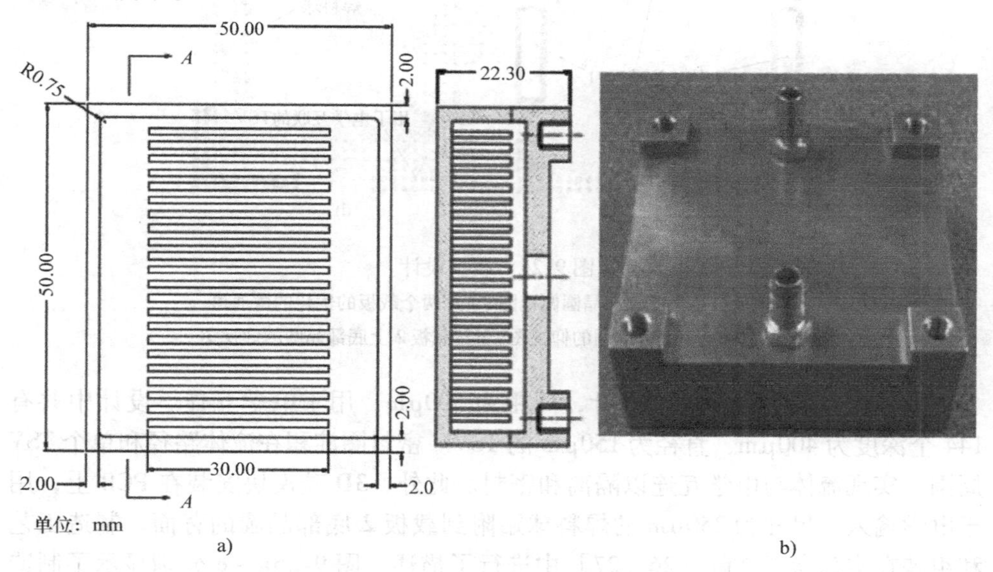

a)　b)

图　9-23

a）热交换器设计　b）优化的热交换器的制造样品

9.9.4 载板 ★★★

建议的载板的流体路径设计如图 9-24 所示，其中显示了硅晶圆的示意图。从流体的角度来看，载板 1 和载板 2 只能从其底部的晶圆区分。对于载板 1，底部有两个流体入口端口和两个流体出口端口（见图 9-24c），而载板 2 没有这些入口和出口，只有焊料球（见图 9-24d）。优化的微通道覆盖面积为 10.5mm × 10.5mm，并具有特定的图形，以减少压降并最大限度地减少芯片温度的变化。通道的深度和宽度分别为 350μm 和 100μm。微通道设计优化的详细研究在本章参考文献［28］中进行了描述。

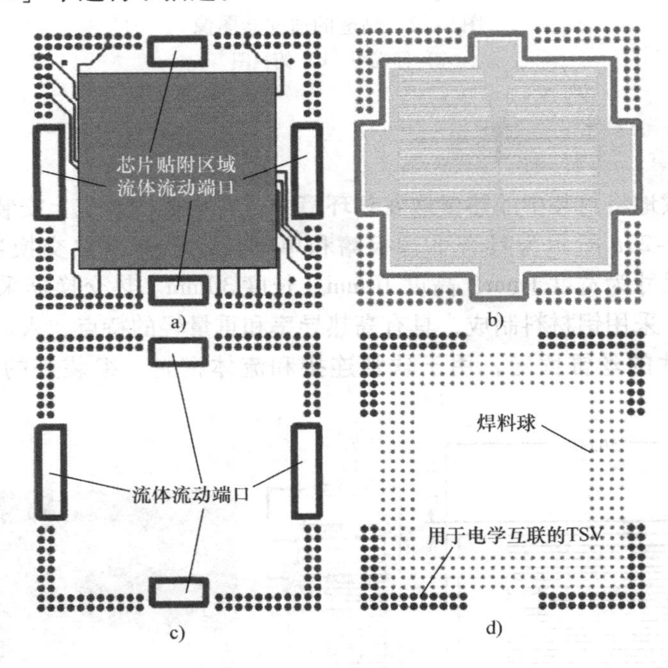

图 9-24　载板设计

a）两个载板的顶部晶圆俯视图　b）两个载板的优化的微通道

c）载板 1 上底部晶圆的仰视图　d）载板 2 上底部晶圆的仰视图

此外，TSV 沿载板外围设计，间距为 500μm，用于电学互连。设计中共有 144 个深度为 400μm，直径为 150μm 的 TSV。密封圈淀积在流体路径和单个 TSV 周围，实现流体与电学互连以隔离和密封。此外，3D 硅模块安装在 PCB 上，用于电学输入。尺寸为 250μm 的焊料球贴附到载板 2 底部晶圆的背面。制造工艺和组装在本章参考文献［26，27］中进行了描述。图 9-25a ~ c 分别显示了制造载板的优化的微通道、载板 1 和载板 2 的上表面，以及载板 2 的下表面的光学图

像。图 9-25d 显示了 TSV 和微通道的 SEM 图像。载板两侧的图形提供电学互连和重新路由。

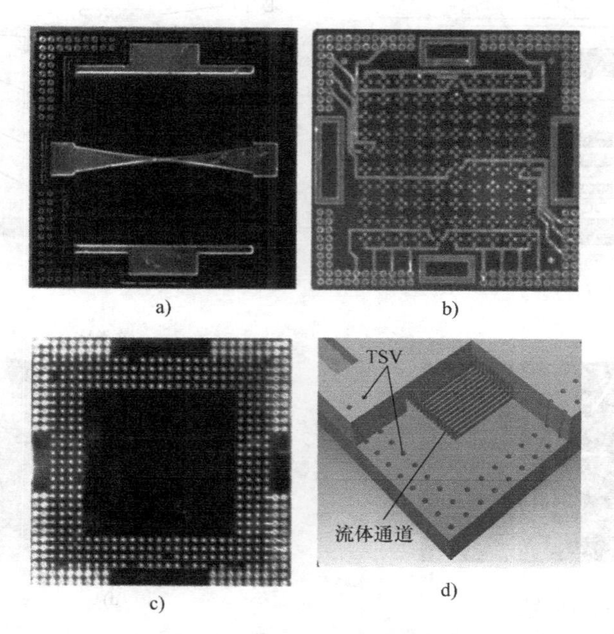

a)　b)　c)　d)

图 9-25　制造载板的光学图像

a）优化的微通道　b）载板 1 和载板 2 的上表面

c）载板 2 的下表面　d）载板的横截面

9.9.5　系统集成 ★★★

在系统各个部件制造完成后，进行系统集成。集成的系统封装为 50mm × 50mm。图 9-26a 显示了冷却系统的集成工艺示意图。首先，将尺寸为 10mm × 10mm 的热测试芯片贴附到载板上。其次，两个这样的载板垂直堆叠，在它们之间有一个硅垫片来容纳芯片和支撑载体。然后，使用尺寸为 250μm 的焊料球将组装好的载板安装在 PCB 上（见图 9-26b 和 c）。同时，适配器、微型泵和热交换器使用机械支架进行机械组装。适配器、微型泵和热交换器之间的流体互连使用柔性管形成。最后，将模块部分和适配器部分组装在一起（见图 9-26d），适配器和模块之间的界面通过激光切割加工的橡胶垫圈实现流体密封。

9.9.6　压降的理论分析 ★★★

忽略管件和管道的微小压降，总压降 ΔP_{total}是冷却系统中主要部分压降的总和，即适配器中的压降 ΔP_a、微通道载体中的压降 ΔP_c和外部热交换器中的压降

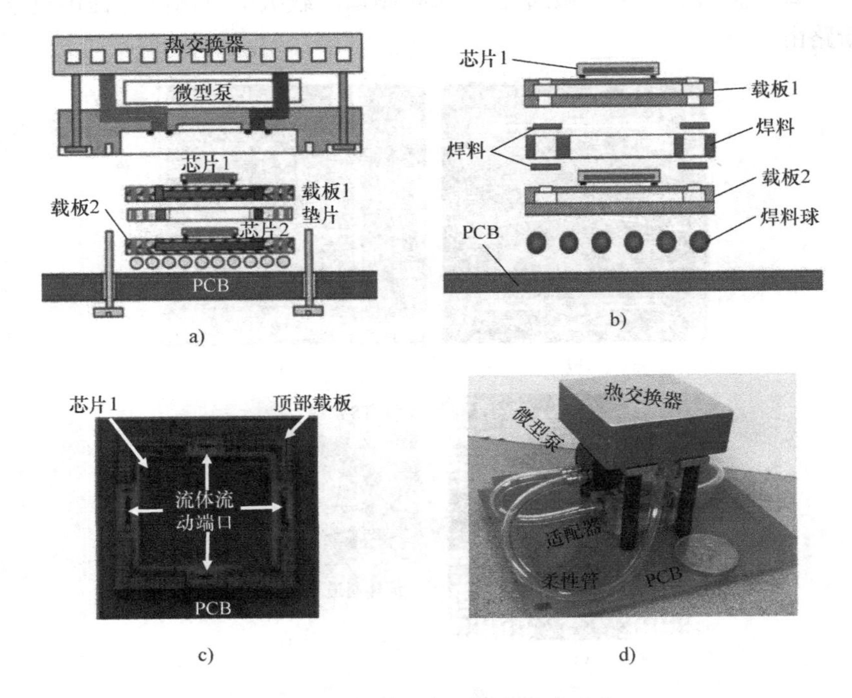

图 9-26　液体冷却系统的集成工艺

a）系统示意图　b）载板和芯片的示意图　c）组装模块的图像　d）集成的冷却系统的图像

ΔP_{he}，可以表示为

$$\Delta P_{total} = \Delta P_a + \Delta P_c + \Delta P_{he} \tag{9-1}$$

一般来说，每个部分的压降 ΔP 主要由不同的分量组成，即入口收缩压降 ΔP_{in}、通道中的摩擦压降 ΔP_{ch}、出口膨胀压降 ΔP_{out}，可以表示为

$$\Delta P = \Delta P_{in} + \Delta P_{ch} + \Delta P_{out} \tag{9-2}$$

根据 Cengel 和 Cimbala[34]，直通道中的压降可通过以下公式估算：

$$\Delta P_{ch} = f\frac{\rho u^2}{2}\left(\frac{L}{D_h}\right) \tag{9-3}$$

$$u = \frac{Q}{A} \tag{9-4}$$

式中，L、D_h、ρ 和 u 分别为流动方向上的通道长度、通道水力直径、液体冷却剂质量密度和通道中的流动平均速度。Q 和 A 分别表示流量和流体通道的横截面积。摩擦系数 f 可通过结合形成的流动 f_{dev} 和充分形成的流动 f_{fdev} 的摩擦系数计算得出，并可表示为

$$f = f_{\mathrm{dev}} + f_{\mathrm{fdev}} = \frac{K(\infty)}{4[L/(D_{\mathrm{h}}R_{\mathrm{e}})]} + \frac{96/R_{\mathrm{e}}}{\left(1+\frac{1}{\alpha}\right)^2\left\{1-\frac{192}{\pi^5\alpha}\sum_{n=1,3,5}^{\infty}\left[\frac{\tanh\left(\frac{n\pi\alpha}{2}\right)}{n^5}\right]\right\}} \tag{9-5}$$

式中，$K(\infty)$是常数值 Hagenbach 因子（实际上是一个压降系数）；$R_{\mathrm{e}}=\rho u D_{\mathrm{h}}/\mu$是 Reynolds 数；$\mu$ 是冷却剂的黏度。常数值 Hagenbach 因子是通道的纵横比（$0<\alpha<1$）的函数，由式（9-6）给出

$$K(\infty) = 0.6796 + 1.2197\alpha + 3.3089\alpha^2 - 9.5921\alpha^3 + 8.9089\alpha^4 - 2.9959\alpha^5 \tag{9-6}$$

通道的入口收缩和出口膨胀压降由以下方程式估算：

$$\Delta P_{\mathrm{in}} = K_{\mathrm{in}}\frac{\rho u^2}{2} \tag{9-7}$$

$$\Delta P_{\mathrm{out}} = K_{\mathrm{out}}\frac{\rho u^2}{2} \tag{9-8}$$

式中，K_{in}是突变入口的压降系数；K_{out}是突变出口的压降系数[34]。这些压降系数是根据广泛适用于圆管的实验值确定的。在两个压降系数中，K_{out}是最容易识别的，并且等于1。对于到大的储液器的任何突变出口（即从微通道到大的冷却液储液器），出口的几何形状对压降系数没有影响。入口的压降系数 K_{in} 在很大程度上取决于入口区域的几何形状。通常，对于锐边入口（即90°角），$K_{\mathrm{in}}=0.5$；对于圆形的入口（定义为 $r/D_{\mathrm{h}}>0.2$），$K_{\mathrm{in}}=0.03$；对于稍圆的入口（定义为 $r/D_{\mathrm{h}}>0.1$），$K_{\mathrm{in}}=0.12$[34]。在本节中，不同部分的 r/D_{h}实际值是未知的，每个部分的比例肯定不同。因此，使用 $K_{\mathrm{in}}=0.5$ 的压降系数作为考虑最坏情况下的估值。

为了估算系统中每个部分的压降，首先使用式（9-5）和式（9-6）计算每个部分流体通道的摩擦系数。然后，各部分流体通道中的压降可通过式（9-3）和式（9-4）获得。同时，各部件入口和出口处的压降损失也将通过使用式（9-7）和式（9-8）计算。因此，每个部件和整个系统的压降可分别通过使用式（9-1）和式（9-2）进行估算。估计的压降与实验测量值的比较将在后面的章节中讨论。

9.9.7 实验过程 ★★★

加工了一个试验台进行液压测试。图 9-27a 显示了整个系统的液压表征试验装置示意图，图 9-27b 显示了测试部分的特写。变速齿轮泵用于提供压差。使用带有 10μm 筛孔滤芯的过滤器（在泵之后）去除悬浮在液体中的颗粒。两个可变面积流量计并联以测量流量，工厂提供在流量范围内的不确定度的 2.5% 以内。

流量计在内部进行校准，以实现2%以内的测量误差。流量计的内部校准也是通过收集相应测量时间内的液体体积来进行的。测试部分的压降是用带数字显示的压阻式压力传感器测量的。全量程内的不确定度估计在0.2%以内。

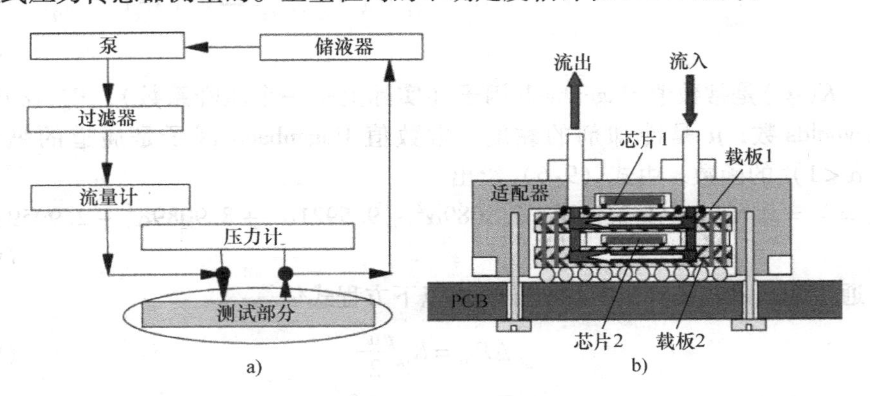

图9-27　实验装置示意图

a）实验系统　b）测试部分

在测试部分，将具有优化微通道几何形状的载板放入测试适配器中以连接到管道。去离子水用作冷却剂。试验在0.08～0.4L/min的不同流速下进行。

首先，系统在最大压力条件下（流速为400mL/min）运行10min进行泄漏测试，相应的载板中最大压降为9×10^4Pa。在此期间未观察到泄漏，这表明目前该冷却系统流体通道的密封技术运行良好。之后测量由于适配器和载板引起的总压降。因此，在将载板从适配器上移开的情况下测量仅由适配器引起的压降，之后从测量的总压降中减去适配器压降来得到载板的压降。此外，通过用热交换器替换适配器和载板，单独测量热交换器的压降。

9.9.8　结果和讨论 ★★★

图9-28～图9-30分别比较了系统中适配器、载板和热交换器中总压降与流量之间的分析预测值以及实验测量值。图9-28～图9-30分别位于适配器、托架和热交换器中。这些图中绘制的预测值是通过式（9-2）～式(9-8）获得的。可以看出，在该系统考虑的所有主要部件中，实验测得的压降与预测值相当吻合。预测结果略低于测量值（5%～25%）。预测中较低的压降可归因于忽略部件中的弯曲和流动路径中的粗糙表面，以及假设具有均匀长度的通道以代替载板中具有不均匀长度的通道。此外，实验结果显示出比分析结果更强的抛物线行为，这可能是由于弯曲和收缩压降的影响造成的。

仔细观察图9-28～图9-30，可以看出采用嵌入式微通道的载板是系统压降的主要贡献者，约占系统压降的87%。而适配器和热交换器仅分别占系统压降

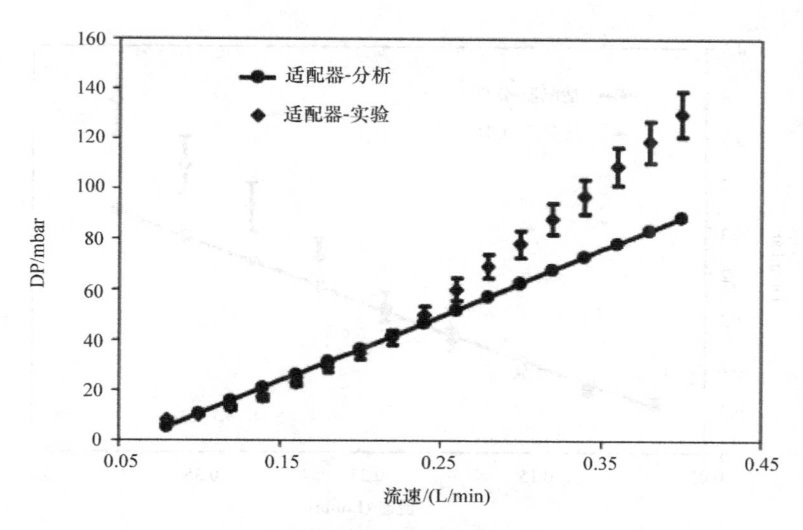

图 9-28　适配器中的压降与流速的关系

的 12.5% 和 0.5% 左右。载板、适配器和外部换热器的系统压降比例如图 9-31 所示。系统压降的这种分布表明该系统的液压设计是有效的，适配器和外部热交换器中的压降已降低到合理的水平。

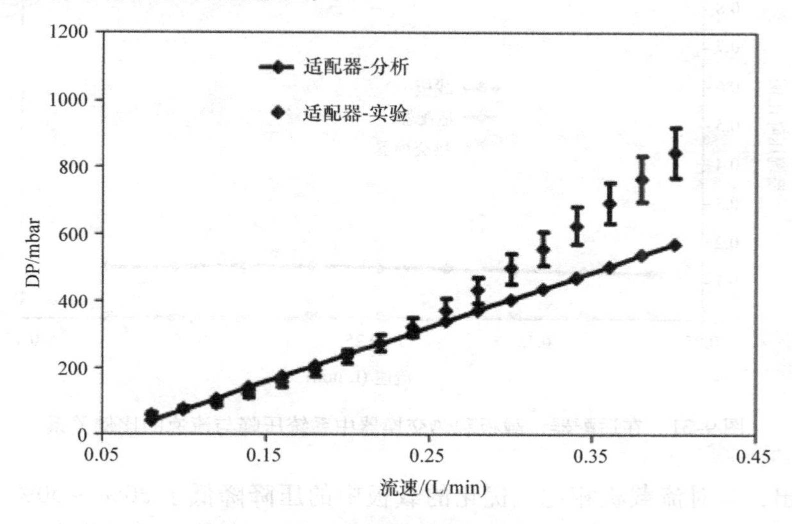

图 9-29　载板中压降与流速的关系

此外，还测量了传统单入口/出口载板的压降，以评估本章提出的优化双入口/出口载板的液压特性改善情况。在这些实验中，优化的载板和传统载板的尺寸保持不变。图 9-32 显示了优化的载板与传统载板中测得的压降比较。从图中

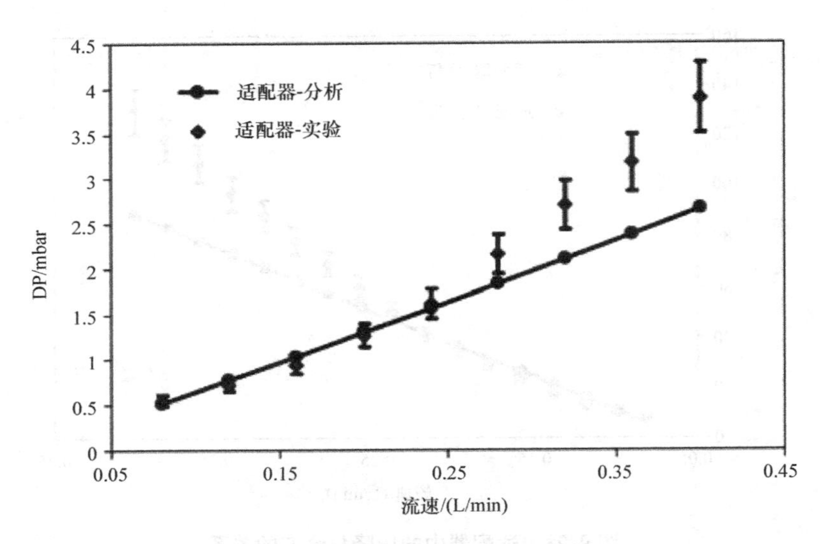

图 9-30　热交换器中压降与流速的关系

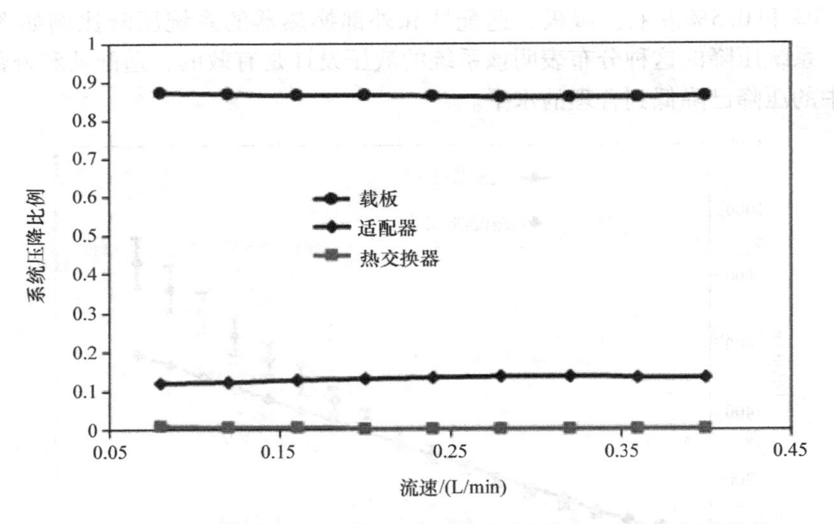

图 9-31　在适配器、载板和热交换器中系统压降与流速的比例关系

可以看出，与对流载板相比，优化的载板中的压降降低了 30% ~50%。同时，对优化的载板和传统载板的冷却系统的热性能进行了仿真，并对仿真结果进行了比较。仿真结果表明，优化后的载板热阻与传统载板热阻基本一致。当每个载板中的流速为 230mL/min 且每个芯片的功耗为 100W 时，两个载板的热阻约为 0.18℃/W。然而，优化的载板的芯片温度变化为 8.1℃，远低于传统载板的 14.1℃。

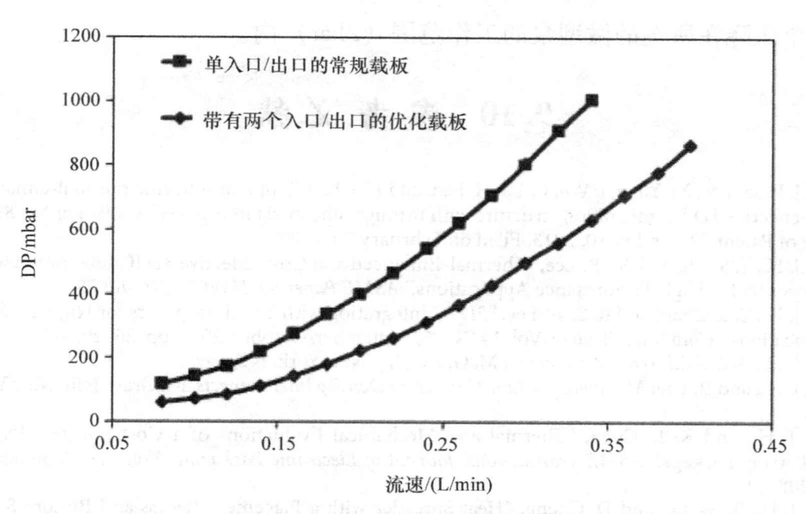

图 9-32 优化的载板（两个入口/出口）与传统载板（单个入口/出口）中测得的压降与流速的比较

9.9.9 总结和建议 ★★★

已经开发了用于 3D 堆叠模块的集成的液体冷却系统中的流体互连。本章讨论了不同部分的密封技术，同时分析了系统各部分的压降。设计并制造了优化的流体互连，可将压降降至最低，符合流体互连的设计和分析。开发了一种表征集成的冷却系统流动和传热特性的实验方法，并测量了该系统中不同流体互连的压降。一些重要结果总结如下[24 33]：

1）针对 3D 硅模块开发的集成冷却解决方案具有以下主要特点：①消除热界面材料和扩散热阻的瓶颈；②形成连接硅微通道的流体互连；③消除了外部流体回路；④可扩展到多个 3D 堆叠。

2）对于单个载板，在高流速（400mL/min）下未观察到泄漏。载板中的最大压降为 9×10^4Pa，这表明该冷却系统中流体路径的现有密封技术效果良好。

3）实验结果表明，优化后的载板与相同尺寸的对流载板相比，压降降低了 30% ~50%。

4）仿真结果表明，优化的载板的热阻与传统载板的热阻一致。两种载板的热阻约为 0.18℃/W。然而，优化载体的结温变化为 8.1℃/W，远低于传统载板的 14.1℃/W。

5）适配器和热交换器中的压降仅约为系统总压降的 13%，表明适配器和热交换器设计合理。

6）在最大流速（400mL/min）下，集成的冷却系统中的总压降约为 1.2bar，并且这个压降在所选的微型泵的工作范围（2bar）内。

9.10 参考文献

[1] Lau, J. H., S. Lee, M. Yuen, J. Wu, C. Lo, H. Fan, and H. Chen, "Apparatus having thermal-enhanced and cost-effective 3D IC integration structure with through silicon via interposer," *US Patent No: 8,604,603*, Date of Patent: December 10, 2013, Filed on February 20, 2009.

[2] Lau, J. H., Y. S. Chan, S. W. R. Lee, "Thermal-Enhanced and Cost-Effective 3D IC Integration with TSV Interposers for High-Performance Applications," *ASME Paper no. IMECE2010-40975*.

[3] Lau, J. H., Y. S. Chan, and R. S. W. Lee, "3D IC Integration with TSV Interposers for High-Performance Applications," *Chip Scale Review*, Vol. 14, No. 5, September/October, 2010, pp. 26–29.

[4] Lau, J. H., *Ball Grid Array Technology*, McGraw-Hill, New York, NY, 1995.

[5] Lau, J. H., and R. Lee, *Microvias for Low Cost, High Density Interconnects*, McGraw-Hill, New York, NY, 2001.

[6] Lau, J. H., and K. L. Chen, "Thermal and Mechanical Evaluations of a Cost-Effective Plastic Ball Grid Array Package," *ASME Transactions, Journal of Electronic Packaging*, Vol. 119, September 1997, pp. 208–212.

[7] Lau, J. H., T. Tseng, and D. Cheng, "Heat Spreader with a Placement Recess and Bottom Saw-Teeth for Connection to Ground planes on a This Two-Side Single-Core BGA Substrate," *US Patent No. 6,057,601*, Date of Patent: May 2, 2000, Filed on November 27, 1998.

[8] Lau, J. H., and T. Chen, "Cooling Assessment and Distribution of Heat Dissipation of A Cavity Down Plastic Ball Grid Array Package—NuBGA," *IMAPS Transactions, International Journal of Microelectronics & Electronic Packaging*, Vol. 21, No. 1, 1998, pp. 20–28.

[9] Lau, J. H., and T. Chou, "Electrical Design of a Cost-Effective Thermal Enhanced Plastic Ball Grid Array Package—NuBGA," *IEEE Transactions on CPMT, Part B*, Vol. 21, No. 1, February 1998, pp. 35–42.

[10] Lau, J. H., T. Chen, and R. Lee, "Effect of Heat Spreader Sizes on the Thermal Performance of Large Cavity-Down Plastic Ball Grid Array Packages," *ASME Transactions, Journal of Electronic Packaging*, Vol. 121, No. 4, 1999, pp. 242–248.

[11] Lau, J. H., "Design, Manufacturing, and Testing of a Novel Plastic Ball Grid Array Package," *Journal of Electronics Manufacturing*, Vol. 9, No. 4, December 1999, pp. 283–291.

[12] Lau, J. H., and T. Chen, "Low-Cost Thermal and Electrical Enhanced Plastic Ball Grid Array Package—NuBGA," *Microelectronics International*, 1999.

[13] Lau, J. H., "Solder Joint Reliability of Flip Chip and Plastic Ball Grid Array Assemblies Under Thermal, Mechanical, and Vibration Conditions," *IEEE Transactions on CPMT, Part B*, Vol. 19, No. 4, November 1996, pp. 728–735.

[14] Lau, J. H., with R. Lee, "Design for Plastic Ball Grid Array Solder Joint Reliability," *Journal of the Institute of Interconnection Technology*, Vol. 23, No. 2, January 1997, pp. 11–13.

[15] Lau, J. H., with W. Jung, and Y. Pao, "Nonlinear Analysis of Full-Matrix and Perimeter Plastic Ball Grid Array Solder Joints," *ASME Transactions, Journal of Electronic Packaging*, Vol. 119, September 1997, pp. 163–170.

[16] Lau, J. H., and R. Lee, "Solder Joint Reliability of Cavity-Down Plastic Ball Grid Array Assemblies," *Journal of Soldering & Surface Mount Technology*, Vol. 10, No. 1, February 1998, pp. 26–31.

[17] Chien, H. C., J. H. Lau, Y. Chao, R. Tain, M. Dai, S. T. Wu, W. Lo, et al., "Thermal Performance of 3D IC Integration with Through-Silicon Via (TSV)," *IMAPS Transactions, Journal of Microelectronic Packaging*, Vol. 9, 2012, pp. 97–103.

[18] Chien, H. C., J. H. Lau, Y. Chao, R. Tain, M. Dai, S. T. Wu, W. Lo, et al., "Thermal Performance of 3D IC Integration with Through-Silicon Via (TSV)," *Proceedings of IMAPS International Conference*, Long Beach, CA, October 2011, pp. 25–32.

[19] Lau, J. H., H. C. Chien, S. T. Wu, Y. L. Chao, W. C. Lo, and M. J. Kao, "Thin-Wafer Handling with a Heat-Spreader Wafer for 2.5D/3D IC Integration," *Proceedings of the 46th IMAPS International Symposium on Microelectronics*, Orlando, FL, October 2013, pp. 389–396.

[20] Chien, H., J. H. Lau, T. Chao, M. Dai, and R. Tain, "Thermal Management of Moore's Law Chips on Both sides of an Interposer for 3D IC integration SiP," *IEEE ICEP Proceedings*, Japan, April 2012, pp. 38–44.

[21] Chien, H., J. H. Lau, Y. Chao, M. Dai, and R. Tain, "Thermal Evaluation and Analyses of 3D IC Integration SiP with TSVs for Network System Applications," *IEEE ECTC Proceedings*, San Diego, CA, May 2012, pp. 1866–1873.
[22] Oprins, H., B. Vandevelde, M. Badaroglu, M. Gonzalez, G. Van der Plas, and E. Beyne, "Numerical Comparison of the Thermal Performance of 3D Stacking and Si Interposer Base Packaging Concepts," *Proceedings of IEEE/ECTC*, Las Vegas, NV, May 2013, pp. 2183–2188.
[23] Palankovski, V., and S. Selberherr, "Thermal Models for Semiconductor Device Simulations", *The Third European Conference on High Temperature Electronics*, July 1999, pp. 25–28.
[24] Tang, G. Y., S. Tan, N. Khan, D. Pinjala, J. H. Lau, A. Yu, V. Kripesh, et al., "Integrated Liquid Cooling Systems for 3-D Stacked TSV Modules," *IEEE Transactions on CPMT*, Vol. 33, No. 1, March 2010, pp. 184–195.
[25] Tang, G., T. Pin, N. Khan, D. Pinjala, J. H. Lau, A. Yu, V. Kripesh, et al., "Fluidic Interconnects in Integrated Liquid Cooling Systems for 3-D Stacked TSV Modules", *IEEE/EPTC Proceedings*, Singapore, December 2008, pp. 552–558.
[26] Yu, A., N. Khan, G. Archit, D. Pinjala, K. Toh, V. Kripesh, J. H. Lau, et al., "Fabrication of Silicon Carriers With TSV Electrical Interconnections and Embedded Thermal Solutions for High Power 3-D Packages," *IEEE Transactions on CPMT*, Vol. 32, No. 3, September 2009, pp. 566–571.
[27] Yu, A., N. Khan, G. Archit, D. Pinjalal, K. Toh, V. Kripesh, J. H. Lau, et al., "Fabrication of Silicon Carriers with TSV Electrical Interconnection and Embedded Thermal Solutions for High Power 3-D Package," *IEEE/ECTC Proceeding*, Orlando, FL, May 2008, pp. 24–28.
[28] Tan, S. P., K. C. Toh, N. Khan, G. Y. Tang, D. Pinjala, V. Kripesh, and J. H. Lau, "Thermal and Hydraulic Design and Characterization of a Liquid-Cooled 3D Silicon Module," *IEEE/EPTC Proceedings*, Singapore, December 2008, pp. 350–354.
[29] Khan, N., L. Yu, P. Tan, S. Ho, N. Su, H. Wai, J. H. Lau, et al., "3D Packaging with Through Silicon Via (TSV) for Electrical and Fluidic Interconnections," *IEEE Proceedings of ECTC*, San Diego, CA, May 2009, pp. 1153–1158.
[30] Khan, N., H. Li, S. Tan, S. Ho, V. Kripesh, D. Pinjala, J. H. Lau, et al., "3-D Packaging With Through-Silicon Via (TSV) for Electrical and Fluidic Interconnections," *IEEE Transactions on CPMT*, Vol. 3, No. 2, February 2013, pp. 221–228.
[31] Lau, J. H., and G. Y. Tang, "Effects of TSVs (through-silicon vias) on thermal performances of 3D IC integration system-in-package (SiP)," *Journal of Microelectronics Reliability*, Vo. 52, No. 11, November 2012, pp. 2660–2669.
[32] Lau, J. H., and Tang, G., "Thermal Management of 3D IC Integration with TSV (Through Silicon Via)," *IEEE Proceedings of ECTC*, San Diego, May 2009, pp. 635–640.
[33] Hoe, Y., Y. Tang, D. Pinjala, T. Chai, J. H. Lau, X. Zhang, and V. Kripesh, "Effect of TSV Interposer on the Thermal Performance of FCBGA Package," *IEEE/EPTC Proceedings*, Singapore, December 2009, pp. 778–786.
[34] Cengel, Y. A., and J. M. Cimbala, *Fluid Mechanics—Fundamentals and Applications*. McGraw-Hill, New York, NY, 2006.

第10章 »

嵌入式3D混合集成

10.1 引言

本章设计并描述嵌入PCB或有机层压基板中的低成本（裸芯片）和高性能（光、电、热和机械）的光电系统。该系统由带嵌入式光学聚合物波导的刚性PCB（或基板）、嵌入式垂直腔面发射激光器（Vertical Cavity Surface Emitted Laser，VCSEL）、嵌入式驱动芯片、嵌入式串行器、嵌入式光电二极管检测器、嵌入式互阻抗放大器（Transimpedance Amplifier，TIA）、嵌入式解串器、嵌入式热沉和散热片组成。

裸VCSEL、驱动芯片和串行器芯片是3D堆叠的，然后贴附到PCB中嵌入式光学聚合物波导的一端。类似地，裸光电二极管检测器、TIA芯片和解串器芯片是3D堆叠的，贴附到另一端。驱动器或串行器以及TIA或解串器芯片的背面贴附到带或不带散热片的热沉上。这种新颖的结构设计为具有光学器件的低成本、高性能半导体电路提供了潜在的解决方案，以实现用于芯片间光互连应用的宽带宽和薄型光电封装。光学、热管理和机械性能通过基于光学理论、传热理论和连续介质力学的仿真得到验证。

首先讨论几个旧的设计（2D系统）。这些是FR4 PCB上使用光波导的高频数据链路和嵌入式板级光互连。最后，介绍一种具有应力消除间隙的半嵌入式TSV转接板的设计。

10.2 光电子产品的发展趋势

如今光电子行业发展的主要趋势是使产品更智能、更轻、更小、更薄、更短和更快，同时使其更友好、更多功能、更强大、更可靠、更坚固、更创新、更具创意和更经济[1,2]。随着产品微型化和紧凑化趋势的持续发展，更加人性化、功能更加多样化的创新产品的推出将促进市场的增长[1,2]。有助于实现这些产品设计目标的关键技术之一是在光学PCB上安装裸芯片[3,4]。更好的做法是在电路

板上堆叠一些芯片（三维），以提高性能并节省更多成本和空间[5]。为了制造超薄和超轻的产品，例如手机，需要在光 PCB 中嵌入波导[6-8]和芯片，这是本章的重点。

随着集成电路（IC）技术的进步，互连的速度和复杂性都大大增加。随着每个芯片的器件数量、每个板载芯片数量、调制速度和集成度的不断增加，电学互连面临着基本的瓶颈，例如速度、数据速率和功耗。

光互连是解决板级互连电传输线带宽限制的一种有吸引力的解决方案。然而，在商用 PCB 中实现光波导对材料和工艺提出了严格的限制，例如低传输损耗、高热稳定性和低制造成本。目前，聚合物基波导因其低成本、适合大规模生产、高热稳定性和低光损耗而成为光互连最流行的选择[3-32]。光学 PCB 中使用的波导的典型损耗取决于制造工艺、材料及其横截面积，范围为 0.05 ~ 0.6dB/cm。根据制造工艺和材料的不同，聚合物性能的热稳定性可以超过 260℃，这对于无铅组装工艺来说是足够的[33]。

VCSEL 是一种专用激光二极管，其作为光互连应用的光源越来越受欢迎。与在半导体平面内发射红外辐射的老式边缘发光二极管不同，VCSEL 在垂直于半导体平面方向产生一束近似圆形的对称激光束，具有低阈值电流和小输出光束发散角。这些器件可以构建在制造的晶圆表面上，并在晶圆上测试其光学和电学特性，且具有将大型 2D 发射极阵列和有源器件（例如 CMOS 驱动器）与传统技术相结合的优点。然而，当 VCSEL 与光学 PCB 集成时，由于其表面发射特性，它需要一个平面外 45°反射镜将光信号耦合到聚合物波导，表面照明光电探测器也会遇到这个问题。聚合物光波导通常采用多模设计，由于成本低且与 PCB 工艺兼容，因此具有较大的孔径。

光电器件的速度、数据速率、功率和尺寸通常随所用光的波长而变化。当今 2D 光子模块的复杂性受到其衬底尺寸和连接大量电连接的困难的限制。通过发展多层互连，IC 的密度可以大大提高。由于裸芯片之间需要更少的连接，因此将获得更好的性能。当垂直集成而不是横向集成时，一些器件实际上可以变得更小。垂直堆叠还允许每个晶圆上有更多的芯片。将不同材料的器件完全集成到单个基板（如光学 PCB）上将大大降低成本和劳动力，材料/几何形状的新颖组合可能会生产出远优于平面加工的器件。通过 3D 架构，可以在封装设计、互连布线和封装放置方面提供额外的灵活性。这些因素有可能彻底改变 3D 混合模块的生产和使用方式。

10.3　旧设计——PCB 上使用光波导的高频数据互连

图 10-1 显示了在 FR4 PCB 上使用多模聚合物波导的简单的低成本 OECB（光/电路板）[3,4]。与本章参考文献[31, 34]类似，该 OECB 的设计仅使用 45°

端波导在光学器件和波导之间直接耦合和解耦光信号。45°反射镜采用准分子激光工艺在多模波导上形成，在回流温度下具有温度稳定性。使用黏合剂将光波导贴附到 FR4 PCB 中的切割通道上，以形成一个完全平面的电路。这允许使用精密的倒装芯片技术将激光二极管和光电二极管直接组装在波导的输入和输出上方，从而提供良好的对准精度。这有助于提高电路的机械可靠性，并将组装要求降至最低。

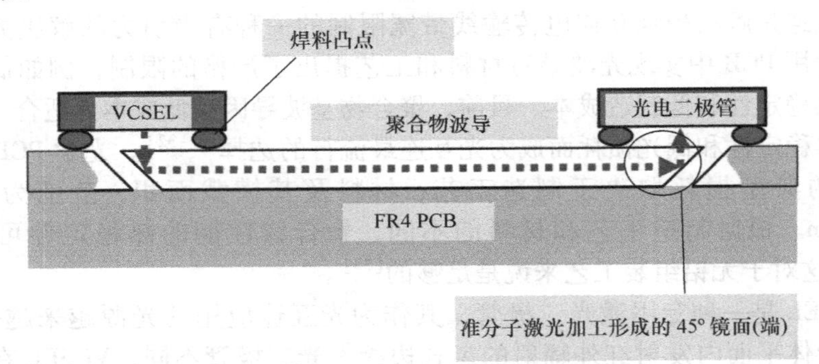

图 10-1　集成的平面光波导 PCB 的截止侧视图

高频电子电路的设计[3]使用来自 Maxim Integrated Products 的 2. 5Gbit/s 组件，具有 1.7GHz 的 -3dB 带宽。VCSEL 和 PIN 是从 U. L. M Photonics 采购的倒装芯片器件。VCSEL 具有 6GHz 的 3dB 调制带宽，典型的相对强度噪声为 -130dB/Hz，输出功率为 1mW。该光电二极管具有 5GHz 的 3dB 调制带宽、0.5A/W 的响应度、0. 4pF 的电容和 70μm 的有源区直径。初步测试结果表明，在 FR4 上设计的这种简单的 OECB，在不使用任何子模块或微透镜的情况下，可以在 82mm 的距离上实现 1. 25Gbit/s 的传输速度。

10. 3. 1　聚合物光波导 ★★★

波导的横截面积是决定总耦合效率和插入损耗的重要参数[35,36]，必须对其进行优化以平衡输入和输出耦合效率之间的折中。较大的横截面积有助于增加输入偏移容差，从而提高输入耦合效率。然而，它降低了输出偏移容差，从而降低了输出耦合效率。为了克服这个折中，使用输入横截面积逐渐向输出减小的锥形波导[37]。经测量，这种波导的传播损耗为 0. 1dB/cm，表明锥形剖面不会造成显著损耗。目前，大多数光波导设计为在多模模式下工作，以获得更好的输入耦合效率且易于制造。模间色散并不重要，因为传输距离很短，通常模块上的芯片间距小于 10mm，而板上的模块间距小于 50mm[38]。

如图 10-2 所示，该 OECB 的光波导设计为在多模模式下工作，具有 50μm 的恒定核心高度和 70μm 的宽度。对发散角为 18°且光电二极管检测区域直径为

70μm 的 VCSEL 光束分布的横截面区域进行了优化。波导的形状不是锥形的，因为这将导致对波导的设计进行修改，并针对不同长度的波导进行构建。纤芯和包层的折射率分别为 1.5622 和 1.5544，材料为 Mitsui Chemicals 公司专有的。波导被设计成从顶部耦合光信号。上包层厚度为 10μm，下包层厚度为 25μm。45°端波导管的两个边缘暴露在外，因此外部材料为空气，当光信号在其两端定向 45°时，会产生内部全反射。通过这种方式，无需任何额外的光学元件即可在两端实现所需的面外反射。

聚合物波导的组装主要包括以下步骤：首先在 PCB 上制作一个 100μm 的 U 形槽，在该槽内可以精确安装先前单独制作和切割的聚合物波导。通过 FR4 PCB 上的 VCSEL 和光电二极管焊盘确定切割通道位置，并且未使用特殊标记。聚合物波导使用黏合剂贴附到 PCB 上。然后，使用 Mitsui Chemicals 公司专有的准分子激光加工技术将波导两端切割成 45°，以形成镜面，如图 10-2 所示。不包含光学镜面涂层，使用的准分子激光器具有方形光束点区域。方形光束用于确保反射镜的表面平坦，这是实现良好内部全反射所必需的。在这个制造工艺中，根据光电子器件的焊盘在所需位置准确地切割非常关键，如图 10-3 所示。45°镜面的位置由 VCSEL 和光电二极管的焊盘确定。通过这种制造工艺，镜面中心与两个焊盘中心的典型偏差约为 3.5μm。由于波导的宽度为 70μm，因此可以认为这是一种非常好的对准方式。

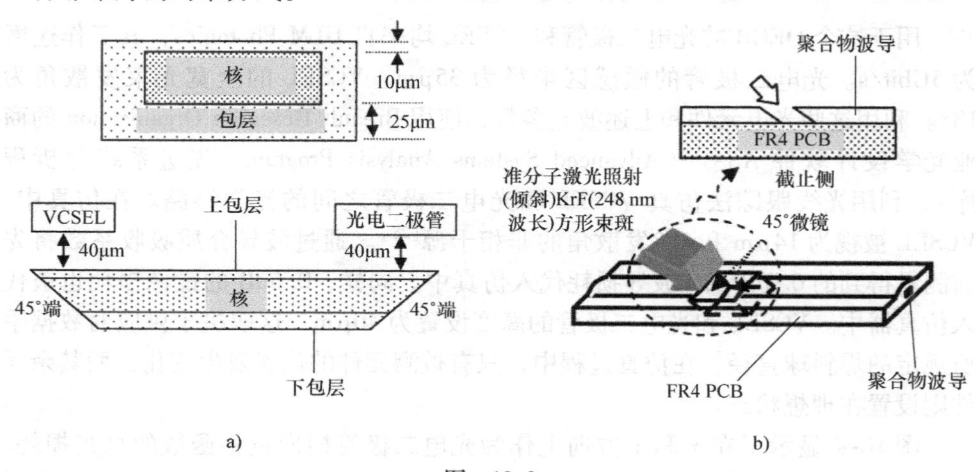

图　10-2

a）波导横截面图和侧视图　b）准分子激光制作 45°微镜

嵌入式波导及其平面外 45°反射镜构成一个完整的平面 IC。这允许所需的 VCSEL 和光电二极管以倒装芯片方式键合到 PCB 中，如图 10-1 所示。在组装各种部件之前，首先对制造的 45°端光波导进行特性表征。波长为 850nm 的光源通过单模光纤耦合到波导，并使用广域光电二极管测量输出。使用回切法测得的波

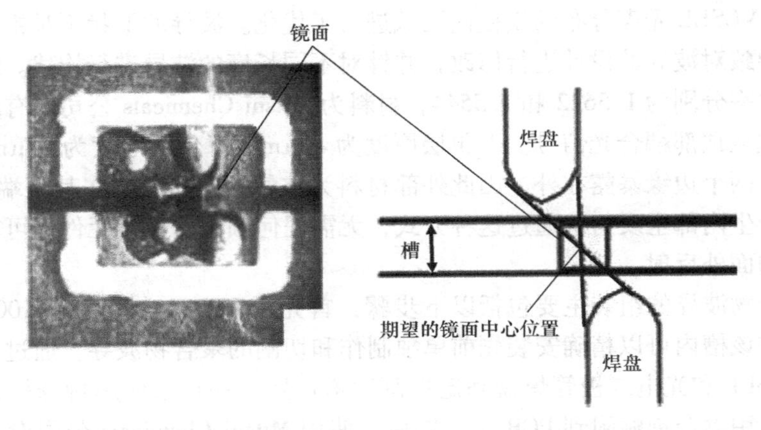

图 10-3　聚合物波导上制造的 45°微镜俯视图，其位置参考光电器件的焊盘

导损耗范围为 0.1 ~ 0.3dB/cm。

使用准分子激光工艺制造的平面外 45°反射镜或镜面的表面粗糙度约为 60nm，这给出了 0.6dB 的平均测量光学反射损耗。测量 82mm 长、两侧 45°端光波导的总光损耗小于 4dB。

10.3.2　仿真——光耦合模型★★★

用于这个 OECB 的光电二极管和 VCSEL 均来自 ULM Photonics，其工作速度为 5Gbit/s。光电二极管的敏感区半径为 35μm。VCSEL 的全宽光束发散角为 18°。利用这些光电元件和上述波导参数，使用 Breault Research Organization 的商业光学设计软件 ASAP（Advanced Systems Analysis Program，先进系统分析程序），利用光线跟踪法仿真 VCSEL 和光电二极管之间的光学链路。在仿真中，VCSEL 被视为 14μm 和 18°发散角的非相干源[28]。通过波导介质吸收系数将先前测量得到的 0.3dB/cm 波导损耗代入仿真中。同样，0.6dB 的镜像损耗也被代入仿真器中。VCSEL 和光电二极管的高度设置为 40μm，这取决于供应商数据手册规定的焊料球直径。在仿真过程中，只有被测元件的位置发生变化，而其余元件则设置在理想状态。

图 10-4 显示了在 x 和 y 方向上作为光电二极管横向偏移函数的总光损耗。仿真结果表明，在理想条件下，总光损耗约为 3.6db。对于 x 轴，正负方向的损耗对称增加。对于 y 轴，与正方向相比，负方向的偏移程度较高时，损耗以稍高的速度增加，这是由于波导端接在负方向。x 轴和 y 轴的总光损耗对光电二极管的偏移非常敏感。这是因为光电二极管有源区的直径为 70μm，与波导输出信号约为 60μm × 76μm 的矩形光斑尺寸相当，如图 10-5 所示。

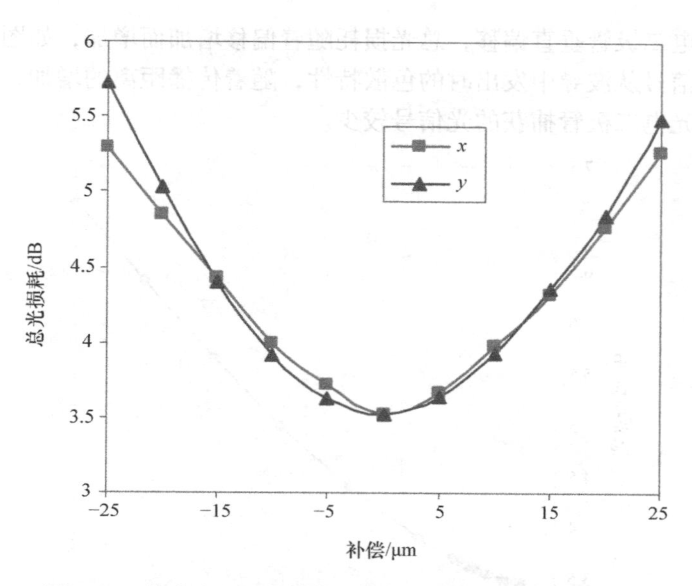

图 10-4 作为光电二极管横向偏移函数的总光损耗的仿真

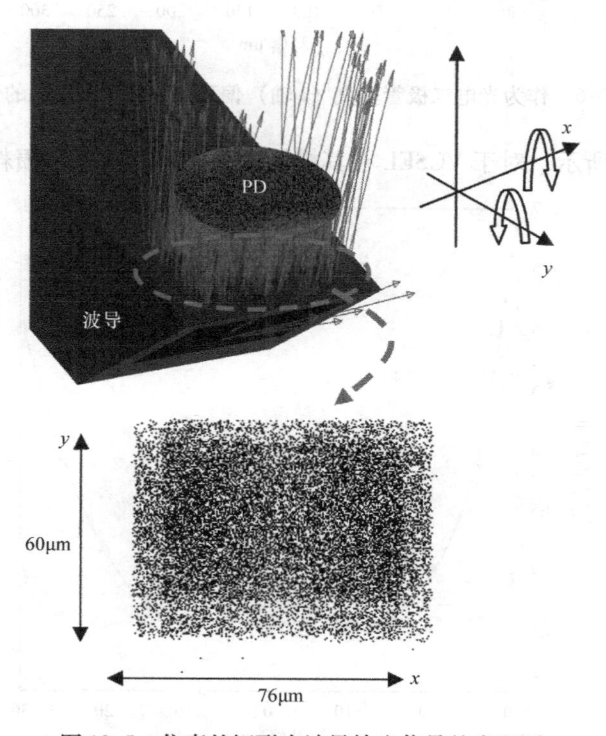

图 10-5 仿真的矩形光波导输出信号的光斑图

对于光电二极管垂直偏移，总光损耗随着偏移增加而增加，如图 10-6 所示。这是由于光信号从波导中发出时的色散特性，随着传播距离的增加，光斑尺寸增大，这导致光电二极管捕获的光信号较少。

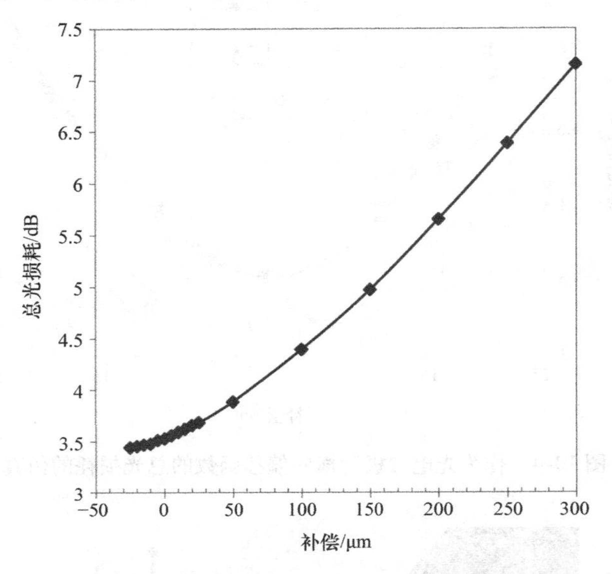

图 10-6　作为光电二极管垂直（z 轴）偏移函数的总光损耗的仿真

如图 10-7 所示，对于 VCSEL 在其横轴上的偏移，在光学损耗不增加的情况

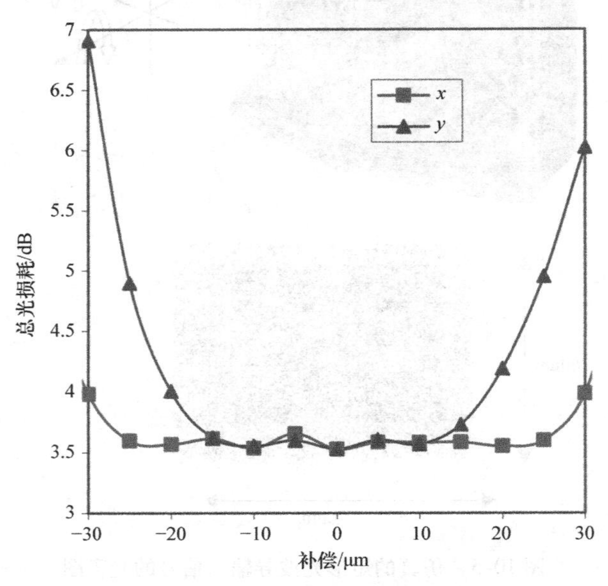

图 10-7　作为 VCSEL 横向偏移函数的总光损耗的仿真

下，y 轴的偏移容差为 ±15μm，而 x 轴的偏移容差为 ±25μm。这主要是由于与 VCSEL 波束宽度相比，波导的输入孔径较大，光斑宽度约为 24μm，如图 10-8 所示。

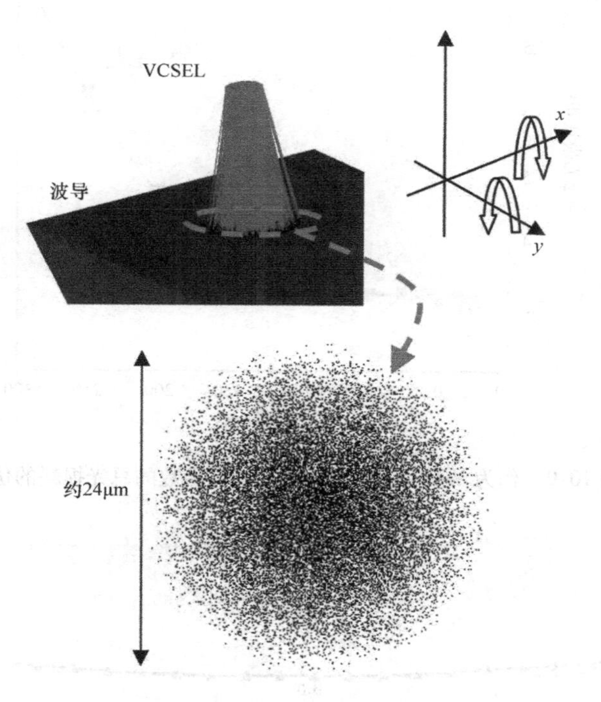

图 10-8　波导表面 VCSEL 的光斑尺寸的仿真

类似地，对于 VCSEL 垂直偏移，当偏移增加至 100μm 时，光损耗不会增加，如图 10-9 所示。这也是由波导的大输入孔径造成的。上述仿真的光损耗表明，光电二极管的对准更为关键。

在倒装芯片组装工艺之后，焊料凸点可能不会给出恒定的高度，这将导致 VCSEL 和光电二极管相对于波导顶面不在一个平面。对这种非平面性的影响进行仿真。在仿真过程中，光电二极管在其中心位置绕 x 轴和 y 轴倾斜，而 VCSEL 位于其理想位置。轴的倾斜如图 10-5 所示。图 10-10 显示了作为不同倾斜角度和轴函数的总耦合损耗的仿真结果。结果表明，光电二极管沿 x 轴和 y 轴的倾斜对总耦合效率影响不大。这是因为由于倾斜，光电二极管的有源面积相对于光信号的最大变化仅小于 2%。

类似地，VCSEL 随后在其中心位置绕 x 轴和 y 轴倾斜，而光电二极管则位于其理想位置。旋转轴如图 10-8 所示。图 10-11 中的仿真结果表明，VCSEL 的倾斜会增加总耦合损耗。对于 ±4°的倾斜角误差，总耦合损耗增加约 0.6dB。如果

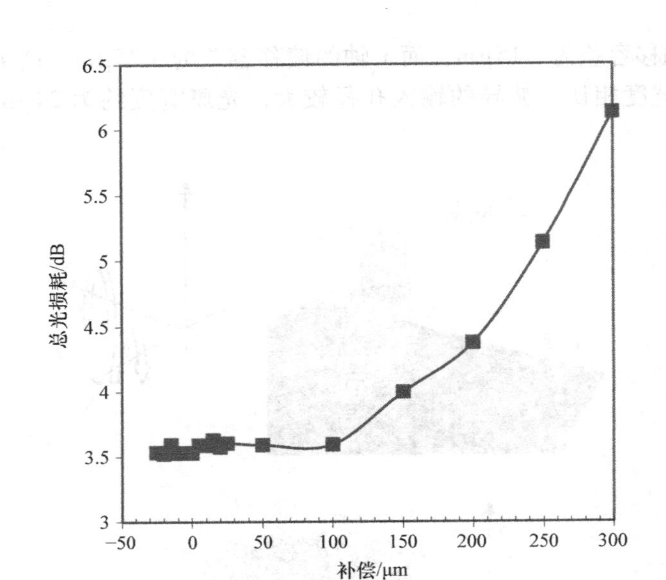

图 10-9　作为 VCSEL 垂直（z 轴）偏移函数的总光损耗的仿真

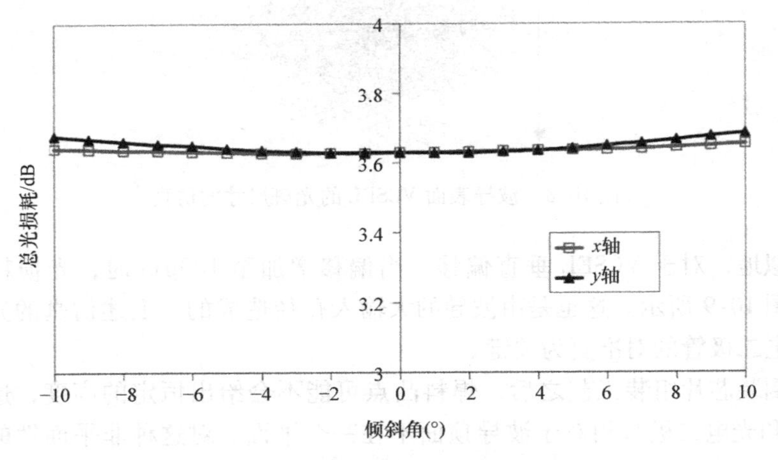

图 10-10　相对于 x 轴和 y 轴上的光电二极管旋转误差的总耦合损耗的仿真

光电元件与波导之间的距离较大，则倾斜误差通常会对耦合损耗产生较大的影响。当倾斜角误差为正时，y 轴倾斜引起的轻微非对称响应是由于光信号到达波导反射镜的边缘。

另一个光学设计造成的问题是由于制造过程中 45°反射镜的倾斜角误差而产生的额外耦合损耗。总耦合损耗分别作为 VCSEL 端（TX）和光电二极管端（RX）的 45°反射镜倾斜角误差的函数进行仿真。图 10-12 显示了总光损耗与倾

斜误差的关系。结果表明，当 VCSEL 端 45°反射镜的倾斜误差为 ±4°时，总耦合损耗有 2.8dB 的额外损耗，而当光电二极管端 45°反射镜的倾斜误差为 ±4°时，总耦合损耗有 1.5dB 的额外损耗。

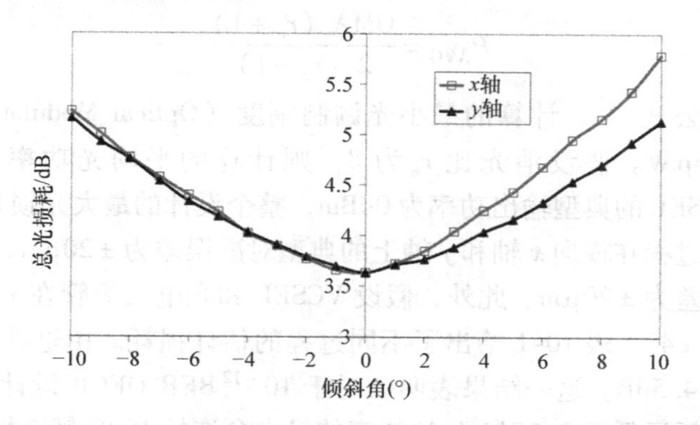

图 10-11 仿真了在 x 轴和 y 轴上不同 VCSEL 倾斜角度下的总耦合损耗

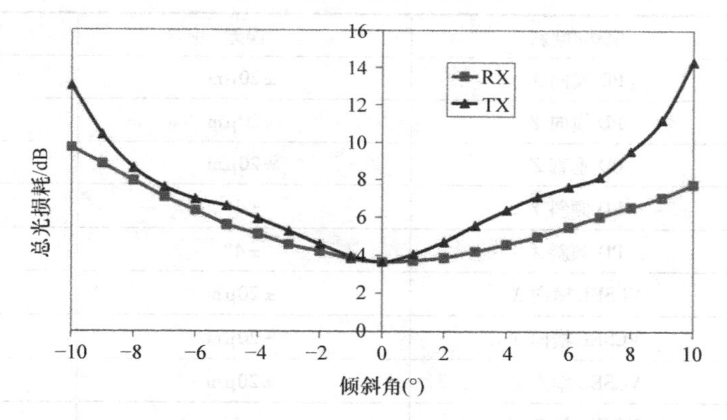

图 10-12 作为 VCSEL 端（TX）和光电二极管端（RX）波导 45°反射器倾斜误差的函数的总耦合损耗的仿真

10.3.3 仿真——系统连接设计 ★★★

OECB 设计的运行速度为 2.5Gbit/s，误码率（Bit Error Rate，BER）为 10 ~ 12，使用商用的元件和 IC。TIA MAX3271 和限幅放大器（Limiting Amplifier，LA）MAX3272 均来自 MAXIM。TIA 的典型输入参考 RMS 噪声电流 i_n 为 0.495μA，跨阻增益 Z_{TIA} 为 2.8kΩ。LA 的输入灵敏度为 15mVpp。对于 10 ~ 12 的 BER，需要 14.1 的输入信噪比（Signal Noise Rate，SNR）[39]。光电二极管的典型响应度 ρ 为 0.5A/W。

$$\mathrm{OMA}=\frac{i_n\mathrm{SNR}+\left(\frac{V_{\mathrm{TH}}}{Z_{\mathrm{TIA}}}\right)}{\rho}$$

$$P_{\mathrm{AVG}}=\frac{\mathrm{OMA}\ (r_e+1)}{2\ (r_e-1)}$$

使用上述公式[39]，计算的最小光调制幅度（Optical Modulation Amplitude，OMA）为24.6μW。假设消光比 r_e 为8，则计算的平均光功率为15.8μW或 -18dBm。VCSEL的典型输出功率为0dBm，整个设计的最大光损耗为18dB。

假设组装过程在横向 x 轴和 y 轴上的典型对准误差为±20μm，在垂直 z 轴上的典型对准误差为±20μm。此外，假设VCSEL和光电二极管在 y 轴和 x 轴上的倾斜误差均为±4°。表10-1给出了不同过程的估计损耗。由这些偏移计算的均方根误差约为4.5dB。这一结果表明，对于 10^{-12} BER OECB设计，典型组装误差导致的光损耗远低于2.5Gbit/s比特率的最大允许的18dB耦合损耗。

表10-1　各种偏差和倾斜误差造成的损耗的仿真结果

	偏移/倾斜	误差	损耗/dB
1	PD横向 X	±20μm	4.8
2	PD横向 Y	±20μm	5
3	PD垂直 Z	±20μm	4.8
4	PD倾斜 Y	±4°	3.7
5	PD倾斜 X	±4°	3.7
6	VCSEL横向 X	±20μm	3.6
7	VCSEL横向 Y	±20μm	4.2
8	VCSEL垂直 Z	±20μm	3.6
9	VCSEL倾斜 Y	±4°	4.2
10	VCSEL倾斜 X	±4°	4
11	PD 45°镜面倾斜	±4°	5.1
12	VCSEL 45°镜面倾斜	±4°	6.4

10.3.4　OECB组装 ★★★

首先将波导手动组装到OECB的凹槽中，以形成一个完整的平面电路。然后使用准分子激光工艺在波导的两端形成45°反射镜，如10.3.1节所述。为了确保所有元器件都可以使用标准的商业组装工艺进行组装，首先将裸芯片TIA封装到陶瓷SOIC（小轮廓IC）-16中，与塑料封装相比，它具有优越的高频性能。然后将封装的TIA和所有其他电学元件组装到OECB中。

VCSEL和光电二极管采用倒装芯片工艺组装在FR4 PCB上。VCSEL和光电二极管在各自的焊盘上都预淀积直径为60μm的AuSn焊料凸点。组装后，光电有源区与波导顶面之间的距离约为40μm。为了获得最大的机械稳定性，每个光电元件上的4个焊料凸点用于组装，如图10-13和图10-14所示。两个标准光电元件都为1×2的阵列，然而，只有一个元件用于这种单通道通信。在组装过程中，发现由于PCB制造不准确而存在一些固有的偏移。设计的VCSEL和光电二极管的焊盘尺寸均为100μm，但制造的PCB焊盘尺寸减小到52~67μm。这导致了一些组装困难和对准误差。

对于VCSEL，即使PCB中的焊盘尺寸小得多，组装也不会受到太大影响，并且可以获得良好的组装精度，如图10-14a所示。另一方面，具有较大焊盘间距的光电二极管无法以良好的精度组装，如图10-13a所示。为了克服这个问题，光电二极管必须以轻微的横向倾斜角进行组装。

如图10-13a和图10-14a所示，由于从X射线照片上看不到参考平面外45°镜面，因此无法测量偏移量。此外，PCB上的光电二极管有源区和焊盘是不可见的。然而，采用如图10-14a所示的波导和VCSEL发射区域，在x轴上的组装精度估计约为±5μm。

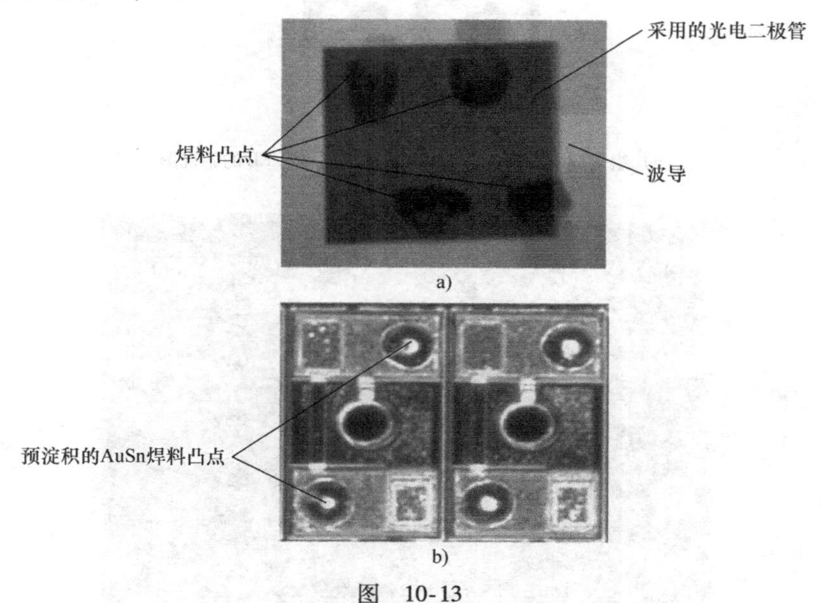

图 10-13

a）组装的光电二极管的X射线图像 b）光电二极管的俯视图

10.3.5 OECB的测量结果 ★★★

组装的OECB如图10-15所示，使用Anritsu数据分析仪进行测量以生成

PRBS NRZ，而采用 Tektronix 数字采样示波器以捕获输出信号。在 1.25Gbit/s 下的测量结果显示了一个大的眼图，如图 10-16a 所示。为了进一步研究 OECB 的性能，将传输速率增加到 2.5Gbit/s。然而，如图 10-16b 所示，在 2.5Gbit/s 下测得的眼图噪声很大，无法传输任何数据。

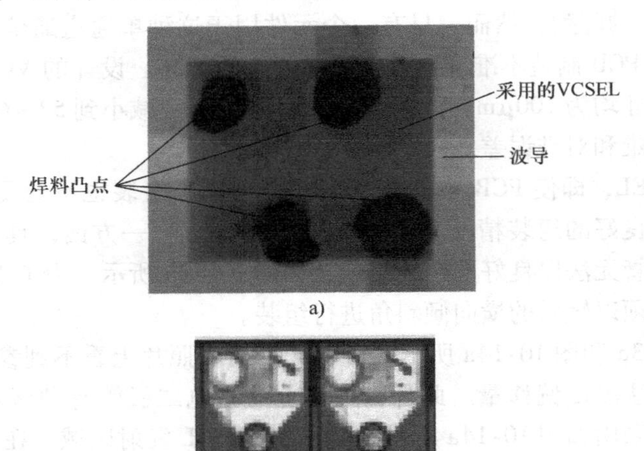

图 10-14
a）组装的 VCSEL 的 X 射线图像 b）VCSEL 的俯视图

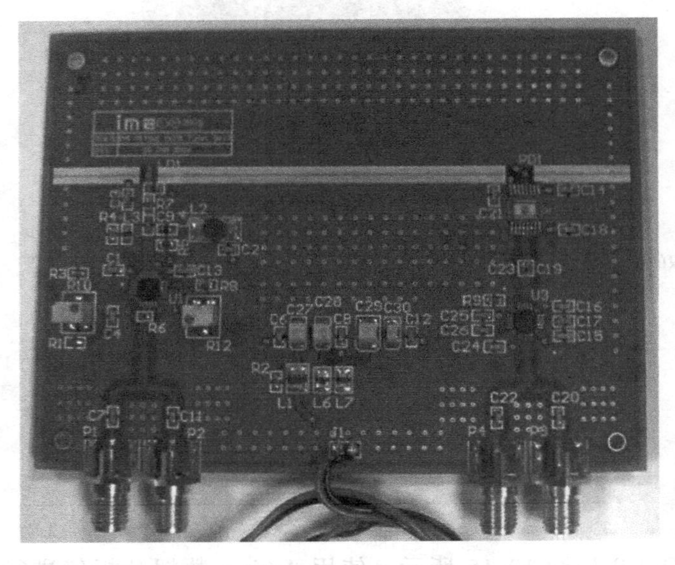

图 10-15 使用 SMT 组装的 OECB

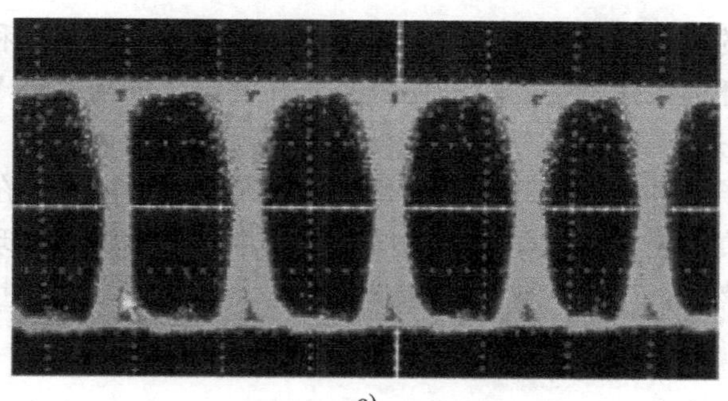

a)

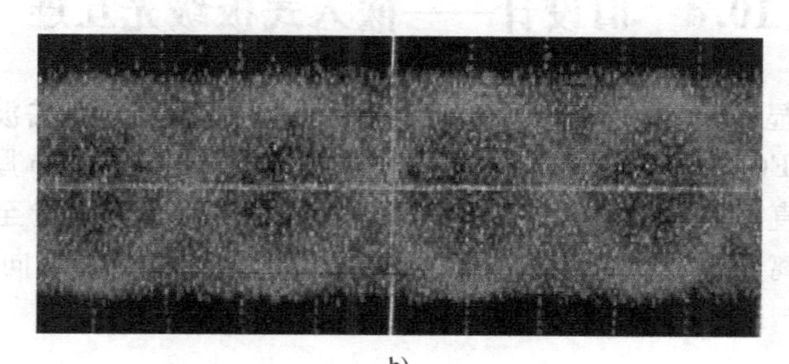

b)

图 10-16　测量的 OECB 眼图

a）1.25Gbit/s　b）2.5Gbit/s

测量的两端带有 45°反射镜的 82mm 长波导的光学插入损耗约为 4dB；因此，低比特率的可能原因是光电元件和波导之间的高耦合损耗，这是由 10.3.4 节中描述的固有偏移引起的。电路的总耦合损耗对光电二极管的对准精度高度敏感，如图 10-4 中的仿真结果所示。另一方面，VCSEL 具有较大的偏移容差，如图 10-7所示；其 X 射线照片显示该组装具有良好的精度，如图 10-14 所示。通过适当的 PCB 制造控制可以获得较低的光损耗，从而获得所需的光电焊盘尺寸，这决定了光耦合效率。此外，如图 10-12 中的仿真结果所示，45°反射镜的倾斜角误差也会导致显著的耦合损耗。未测量倾斜误差的程度，并且由于这些倾斜角误差而产生的额外耦合损耗也不包括在测量的 4dB 波导损耗中。

另一个可能的原因是 TIA 的 SOIC 封装中存在一些电学设计缺陷。由于键合线长度和焊盘，SOIC 中 TIA 的设计导致了附加的寄生电感和电容。这些寄生元件降低了带宽并导致较差的测量结果。最后，由于电学和光学电路中没有热控制设计，所以热问题也可能导致性能不佳。

10.3.6　总结和建议 ★★★

在 FR4 PCB 上演示了一种传输速率为 1.25Gbit/s 而长度为 82mm 的简单低成本 OECB。一些重要结果和建议总结如下[3]：

1）其简单的设计允许 OECB 采用当前的工业技术进行制造和组装。

2）它没有任何聚焦透镜，仅利用倒装芯片键合机的精度将 VCSEL 和光电二极管与光波导对齐。

3）所有电子元件，即 LDD、TIA 和限幅放大器，直接组装在 FR4 PCB 上。

4）光学仿真结果及其电学设计表明，直接耦合设计能够实现 2.5Gbit/s，误码率为 10^{-12}。然而，由于制造误差和一些设计疏忽，测量响应最高只有 1.25Gbit/s。

10.4 旧设计——嵌入式板级光互连

图 10-17 显示了采用传统 PCB 制造工艺的带有嵌入式波导的单通道 OECB[6-8]。OECB 由四个电学层和一个光学层组成，嵌入 60μm 厚的 BT 基板下方，形成两个直径为 100μm 的光学通孔，将光束从 VCSEL 引导至 45°镜面耦合器上。同样，离开波导的光束通过光学通孔从 45°镜面耦合器转向并被光电探测器接收。

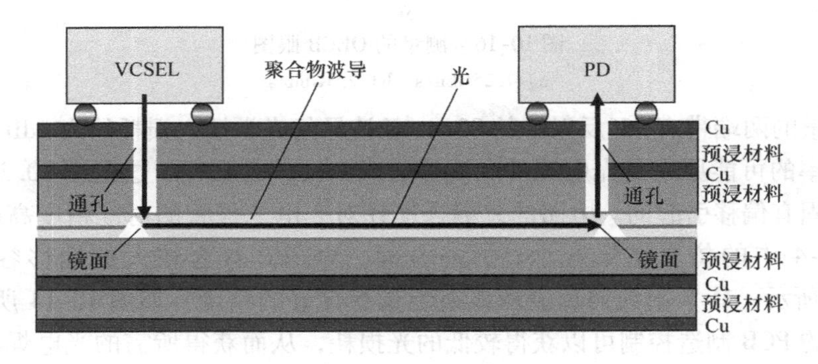

图 10-17　全嵌入式板级光互连系统示意图

一个 10cm 长的嵌入式聚合物波导由 70μm×70μm 纤芯和 15μm 厚的顶部和底部包层组成。使用 90°金刚石切割刀片在波导的两个角上形成两个 45°镜面耦合器。这些镜面将垂直路径上 VCSEL 发射的光束转换为平面方向并进入波导。

10.4.1 聚合物波导的制造 ★★★

柔性聚合物波导的制造工艺有很多种，如光刻[30,31]、RIE（反应离子蚀刻）、热压印和软成型[40]。本节讨论软成型方法，因为它具有成本效益且便于制造微米结构和纳米结构[30-31,40-42]。软成型适用于单步复制 3D 结构，也适用于批量生产或小批量原型制造。

使用可 UV 固化的氟化丙烯酸酯材料的波导制造工艺分为四个步骤，如图 10-18所示。首先，在带有支撑基板的铜聚酰亚胺膜的顶部上旋涂一层底部包层材料（WIR30－RI）。其次，将 PDMS（聚二甲基硅氧烷）模放置在底部包层材料的顶部，然后用纤芯材料填充，并在氮气环境中进行 UV 固化。聚合物波导长 10mm，纤芯截面为 70μm×70μm。第三，将软模从聚合物基板上去除。最后，旋涂另一层包层材料作为顶部包层，再进行 UV 固化。

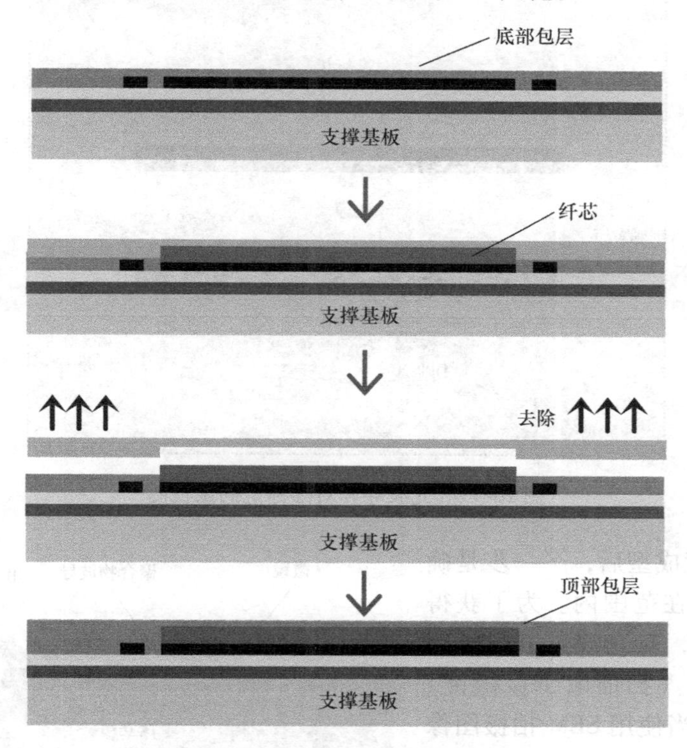

图 10-18　制造聚合物波导的步骤

10.4.2　45°微镜的制造　★★★

为了在波导和有源光学器件之间构建 3D 光学互连，通常引入集成微镜，以帮助将光偏转进入/离开波导。因此，微镜是 3D 光学互连必不可少的基本组件[29]。到目前为止，微镜的制造工艺主要有激光烧蚀[3,43]、灰度光刻[44]、切割[45]、X 射线光刻[46]、反应离子蚀刻[47]和成型[48]。本节将讨论切割方法。

波导制造完成后，下一道工序是使用 90°金刚石切割刀片通过机械切割制造 45°微镜。在制造微镜时应注意几个关键设计问题，包括镜面的定位、镜面的倾斜、镜面的角度和镜面表面粗糙度，因为这些问题会影响耦合效率。因此，选择一组不同的切割参数来制造45°微镜（见表10-2）。此表提供了影响微镜粗糙度和角度的主轴转速和进给速率。结果将决定哪一组切割参数能够达到预期要求。

由基板支撑的光波导安装在切割机上，然后使用对准标记对准，如图10-19所示。在切割线位置切割微镜，形成45°微镜。图10-20显示了带有微镜的光波导的侧视图。

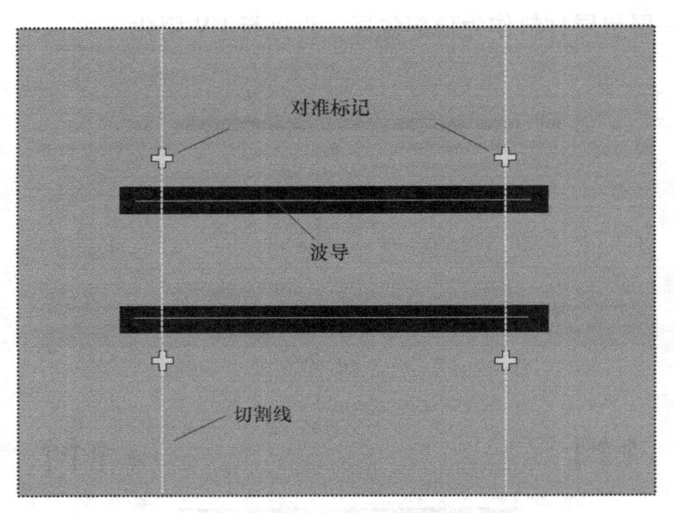

图10-19 光波导和对准标记的俯视图

45°微镜成型后，下一步是确保微镜角度在范围内。为了获得微镜的角度，对光波导进行横切并使用SEM（扫描电子显微镜）进行测定。当使用SEM拍摄图像时，使用3D图形软件测量微镜的角度，如图10-21所示。以下步骤说明了如何测量角度：

1）基线是平行于平面绘制的。

2）镜像线沿镜像的边缘绘制的。画了两个镜面，它们相交在一点。

3）通过镜像线的交点绘制一条垂直于基线的分界线，形成90°。

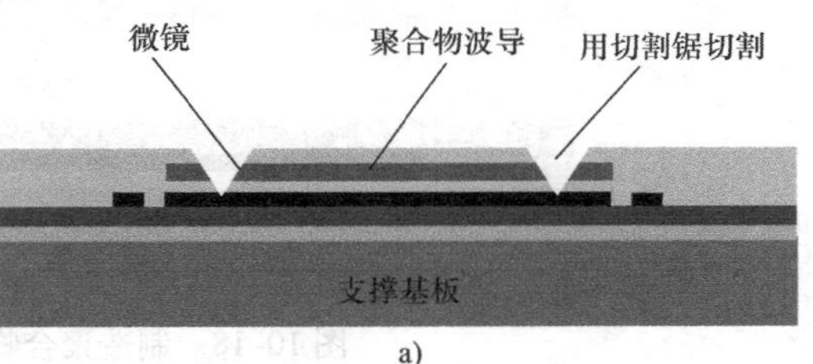

a)

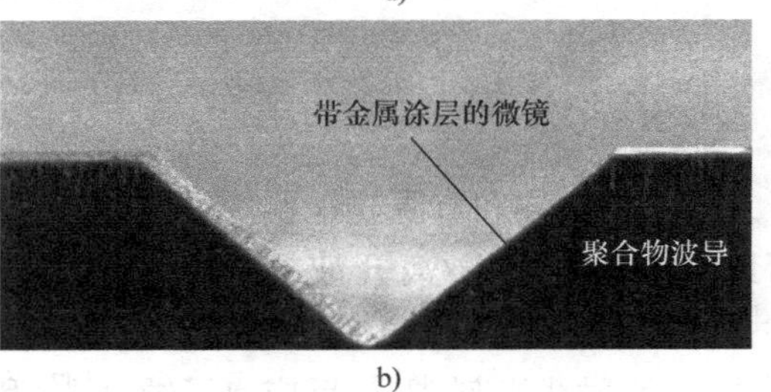

b)

图 10-20

a）45°微镜示意图 b）45°微镜的侧视图

4）使用3D图形软件测量工具，测量从镜像线1到分界线的角度，从而得到角度1，如图10-21所示。对于角度2，测量从镜像线2到分界线的角度。

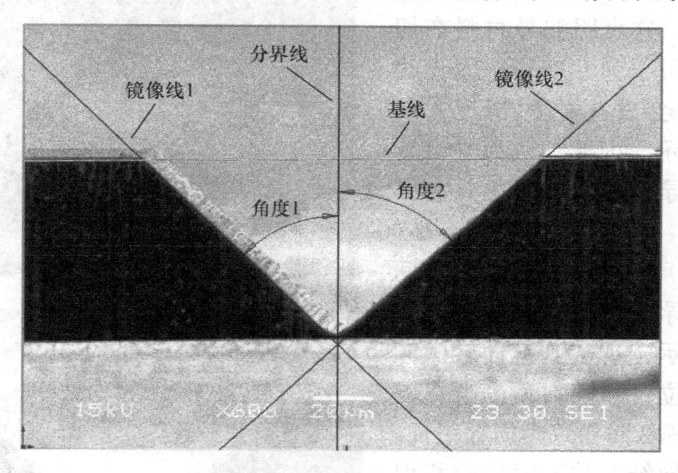

图 10-21　45°微镜的测量

表 10-2　切割镜面的切割参数

样品	主轴转速/(r/min)	进给速度/(mm/s)
X1	35000	1
X2	35000	5
X3	45000	1
X4	45000	5

最后，根据之前确定的一组切割参数，将角度测量结果（角度1和角度2）制成表格。

没有完美的45°微镜。缺陷会影响耦合效率。由于缺陷的出现，镜面积变小，耦合光源无法准确偏转进入波导纤芯并耦合输出到接收器，从而增加了光损耗。因此，对波导进行分析。为确定缺陷是由于波导的固化条件造成的，进行对比测试。两种波导均采用不同的固化条件制造，一种完全固化，另一种部分（半）固化。在此之后，波导被切割以形成微镜。部分固化的波导具有缺陷形态，如图10-22a所示，完全固化的波导具有完美的45°微镜形状，没有缺陷，如图10-22b所示。因此，波导必须完全固化，波导的最佳固化条件是在氮气环境中，UV强度为15～18mW/cm^2，固化时间为1.5h。

造成缺陷的原因是自旋速度和进给速度的纵横比提供了足够的去除速度来去除V形槽尖端的波导材料。然而，由于上表面去除量的增加，纵横比不再足以满足去除速率。因此，在切割过程中，切割刀片将波导材料推到一边，而不是去除波导材料。然后，它在去除刀片载荷后恢复，从而导致如图 10-22a 所示的缺陷。这表明波导材料在切割过程中经历了弹性变形。固化的波导材料不会发生这种情况，如图 10-22b所示。因此，认为是由于未固化的波导材料仍处于柔软和弹性状态。

在 SEM 下，发现了另一个问题。从波导管的俯视图，如图 10-23a所示，观察到镜面轻微倾斜。镜面的位置和倾斜角度会影响光耦合效率，从而导致光损耗增加。为了修正波导纤芯放置时的位移误差，采用精密对准键合机以最大限度地减少波导倾斜。图 10-23b 显示了如何进行测量。

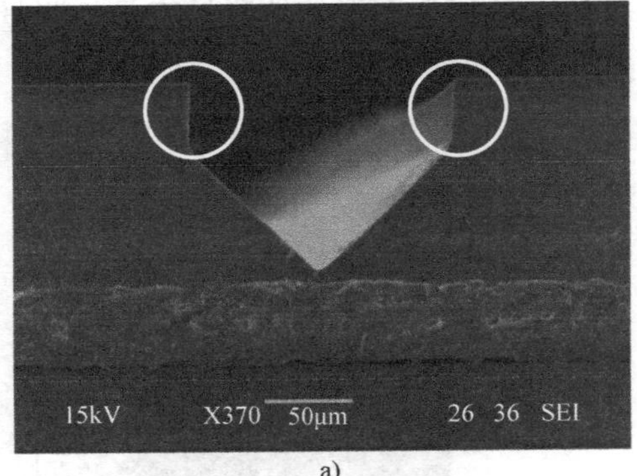

a)

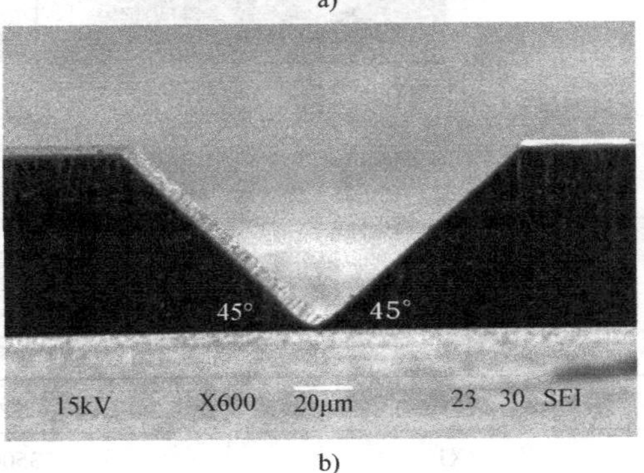

b)

图 10-22
a）45°微镜（半固化）的侧视图
b）45°微镜（完全固化）的侧视图

如图 10-19（波导基板俯视图）所示的一组对准标记用于对准 PDMS 软模，该软模用于制造波导的纤芯。PDMS 模上有一组对准标记，类似于波导基板上的标记。两组标记相互重叠放置，这是一个完美无误对准的完美场景。但是，误差总是会发生，因此采用对准系统来最小化偏移。对于 PDMS 模的正常放置，会出现偏移而导致波导的倾斜。表 10-3 显示了通过手动对准放置 PDMS 模的不同样本偏移，倾斜的角度导致镜面角度的倾斜。

当切片机在垂直于波导材料的直线上相对于对准标记移动时，该角度是通过放置导致镜面倾斜的纤芯形成的。这就是为什么放置纤芯至关重要的原因，因此，使用高精度对准机放置纤芯，从而最大限度地减少倾斜。由于镜面的倾斜角度，所以耦合光不会完全耦合到纤芯。角度误差也会导致损失少量耦合光。

使用对准系统可以极大地改善对准问题。表 10-3 显示了通过对准系统进行的几组测量。根据表 10-3 中的结果，对准系统倾斜的平均角度为 0. 006°。这将使倾斜角度最小化，改善镜面角度，减少耦合损耗。手动对准的平均倾斜角度为 0. 36°（见表 10-4）。

不同的主轴转速和进给速度会影响镜面的角度和镜面的粗糙度。使用表 10-2中给出的一组切割参数进行切割后，选择一个优化的切割参数。表 10-5

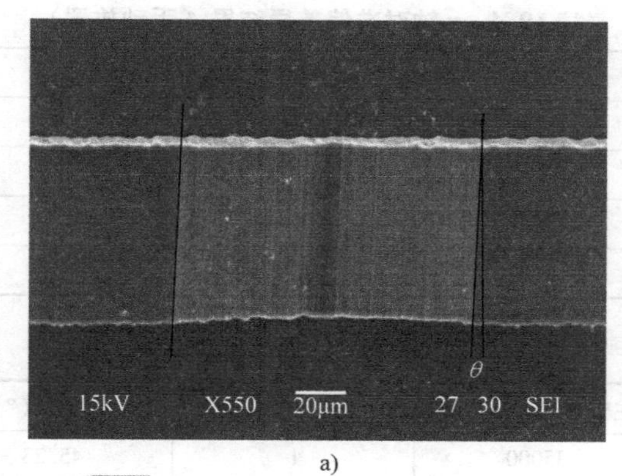

a)

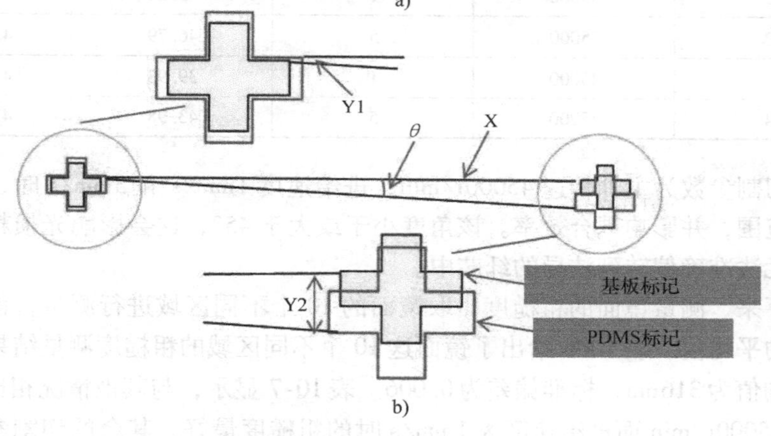

b)

图　10-23

a）镜面倾斜（未对准）　b）波导位置的测量

列出了不同组切割参数的微镜角度的结果，这些结果是使用前面提到的 SEM 和 3D 图形软件测量的。从表 10-5 中得到符合切割参数要求的角度，即主轴转速 35000r/min，进给速度 1mm/s。对于该微镜，角度 1 为 45.23°，角度 2 为 45.85°，均在 45°±1°范围内。

表 10-3　*y* 轴对准偏差的结果（对准系统）

样品	y_1/μm	y_2/μm	θ（°）
1	0	3	0.008
2	1	3	0.006
3	1	4	0.008
4	0	1	0.003
平均			0.006

表 10-4 *y* 轴对准偏差异结果（手动放置）

样品	y_1/μm	y_2/μm	θ（°）
1	10	123	0.32
2	15	44	0.30
3	8	54	0.45
平均			0.36

表 10-5 微镜角度结果

样品	主轴转速/(r/min)	进给速度/(mm/s)	角度 1（°）	角度 2（°）
X1	35000	1	45.23	45.85
X2	35000	5	46.79	45.73
X3	45000	1	39.93	46.58
X4	45000	5	43.98	42.39

当切割参数为主轴转速 45000r/min，进给速度 1mm/s 和 5mm/s 时，微镜角度超出范围，并影响耦合效率。该角度小于或大于 45°，这会影响光损耗，因为耦合光无法准确偏转到波导的纤芯中。

接下来，测量镜面的粗糙度，取镜面的 10 个不同区域进行测量，得到表面粗糙度的平均值。表 10-6 给出了镜面这 10 个不同区域的粗糙度测量结果。这些值的平均值为316nm，标准偏差为0.006。表 10-7 显示，与其他情况相比，主轴转速为 35000r/min 而进给速度为 1mm/s 时的粗糙度最好。其余的切割参数，即使其粗糙度接近 316nm，也无法达到角度要求。因此，35000r/min 的主轴转速和 1mm/s 的进给速度是首选切割参数。

表 10-6 微镜粗糙度结果

样品	主轴转速/(r/min)	进给速度/(mm/s)	粗糙度/nm
X1	35000	1	316
X2	35000	5	355
X3	45000	1	340
X4	45000	5	389

表 10-7 主轴转速（35000r/min）和进给速度（1mm/s）的粗糙度结果

区域	粗糙度/nm
1	0.313
2	0.307
3	0.312

（续）

区域	粗糙度/nm
4	0.309
5	0.312
6	0.315
7	0.317
8	0.322
9	0.325
10	0.324
平均值	0.316
标准偏差	0.006

10.4.3　OECB 的组装工艺 ★★★

图 10-24 显示了聚酰亚胺薄膜上微镜和聚合物波导的光学图像。在组装 OECB 时，需要解决两个关键挑战，即波导和预浸材料之间的层压黏合，以及波导镜面、PCB 垂直光通道和光学器件封装之间的层间对准精度。考虑到这两点，设计和开发了制造工艺[9]，如图 10-25 和图 10-26 所示。

层压前，在波导层表面进行表面预处理，如等离子体、微刻蚀或浮石。这种预处理可以增加表面粗糙度，因此，波导层和预浸料之间的黏附力也可以增加。然后，将位于两片预浸料和铜箔中间的波导层堆叠起来，进行层压处理，形成铜 - 预浸料 - 波导 - 预浸料 - 铜的三明治结构，称为 L2/L3，如图 10-25 所示。层压条件为200℃，持续 100min。层压后，使用 X 射线检测对准标记并钻出用于 L2/L3 图形化的对准孔，L1/L4 层压使用相同的方法。此外，使用 X 射线钻出对准孔，并继续钻穿孔并镀铜。然后形成垂直光通道，使镜面露出。最后，完成外层图形化、表面处理和 4 + 1 层 OECB。

10.4.4　垂直光通道制造工艺 ★★★

垂直光通道的制造是整个工艺中最重要的一步。下面设计并讨论一种特殊的工艺。本节将讨论三个要点：首先是如何从顶层对准 PCB 内层的镜面；二是如何控制通道壁的粗糙度；第三是如何控制通道的形状。特殊的制造工艺如图 10-26所示。

首先，使用 UV 激光在垂直光通道的所需位置的铜保形掩模上开孔，并将干膜压在表面上。UV 激光可以精确定位并直接钻孔。使用 CO_2 激光烧蚀预浸料并形成盲孔，通过调整激光参数可以优化孔壁的粗糙度。然后，通过快速刻蚀去除

底部铜，剥离干膜，形成垂直光通道。最后，使用传统的高密度互连（High Density Interconnect，HDI）工艺完成 OECB。

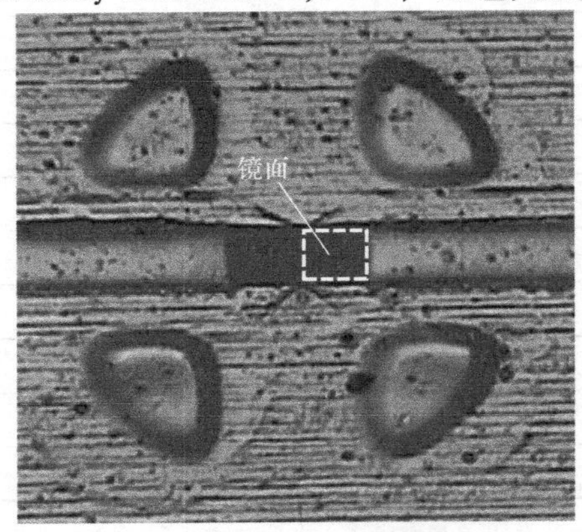

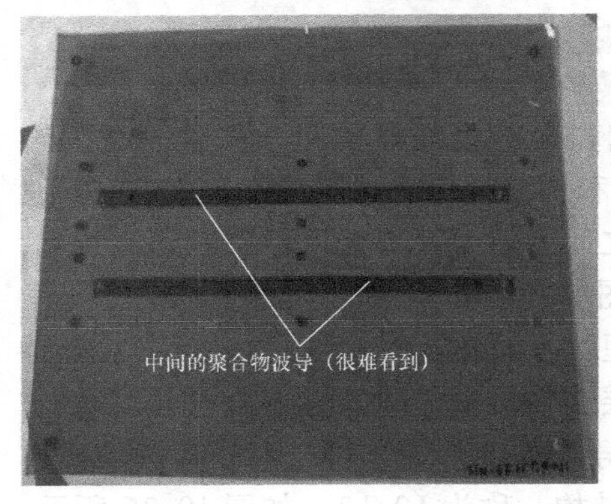

图 10-24　聚酰亚胺薄膜上微镜和聚合物波导的光学图像

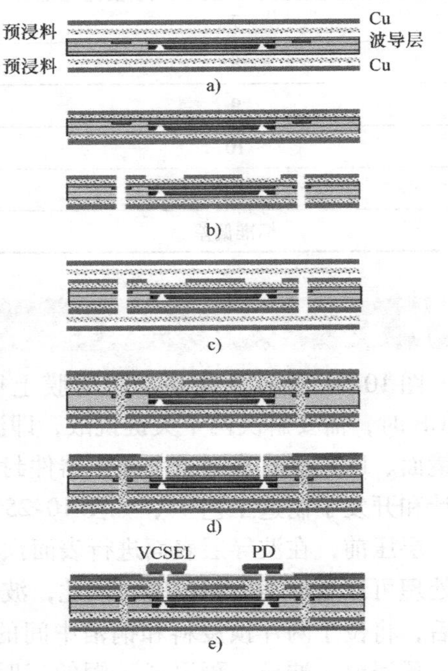

图 10-25　OPCB 的制造工艺
a）首次层压　b）X 射线钻头对准孔和内层图形
c）二次层压　d）形成垂直光通道　e）表面处理及组装

10.4.5　最终组装 ★★★

OECB 完成后，使用 SMT（表面贴装技术）进行最终组装。采用 SAC305 焊膏，最高温度为 240℃。VCSEL 和 PD 的焊盘尺寸仅为 80μm，因此采用微透镜进行焊接。所选 VCSEL 可发射波长为 850nm 的激光束，频率可达 5Gbit/s，发射端开孔直径为 13μm，光耗散角约为 17°。组装的样品如图 10-27 所示，尺寸为 12cm × 5cm。测试装置如图 10-28 所示，部分测量结果见本章参考文献[6，9，32]。

10.4.6　总结和建议 ★★★

一些重要结果和建议总结如下[6-8]：

1）通过优化 35000r/min 的主轴转速和 1mm/s 的进给速度，可实现标准偏差为 0.006 的镜面粗糙度（316nm）。

2）通过优化 35000r/min 的主轴转速和 1mm/s 的进给速度，可实现约 45°±1°的镜面角度。

3）通过在四个角使用对准标记和视觉对准系统（见图 10-19），得到波导中微镜的位置偏移（约 3μm）。

4）镜面倾斜的平均角度为 0.006°，是通过使用对准系统实现的。

5）通过优化固化工艺参数（在氮气环境中，UV 强度为 15 ~ 18mW/cm^2，持续 1.5h），可获得完美的 V 形微镜。

6）波导层的制造、光学特性表征的测量、4+1 层 OECB（包括垂直光学通道）的制造、表面器件的组装以及 OECB 的最终光学特性的测量均已成功完成。

7）聚合物波导的 CTE 是所有其他材料的两倍以上。因此，在层压过程中所有材料之间的热膨胀失配会导致缺陷，如波导与 PI 或铜之间的分层，以及波导扭曲甚至断裂[9]。

8）层压引起的聚合物波导材料的膨胀和收缩效应会增加比例尺寸（100.30%），并从矩形变形为菱形或梯形[9]。

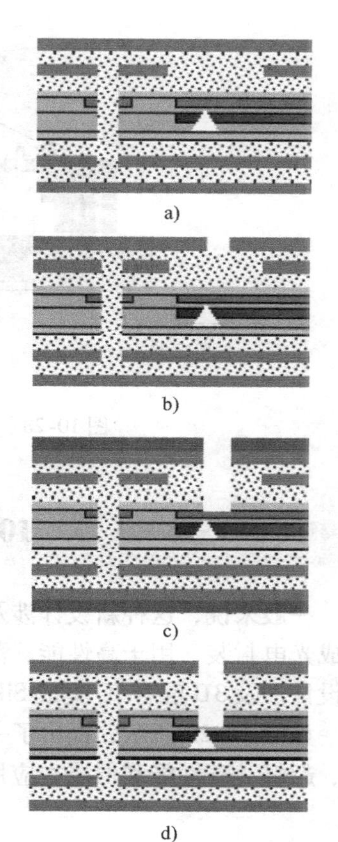

图 10-26　垂直光通道的制造工艺

a）层压 OEPC　b）UV 激光开铜窗口
c）压干膜和 CO_2 激光钻盲孔
d）刻蚀底部 Cu 并剥离干燥

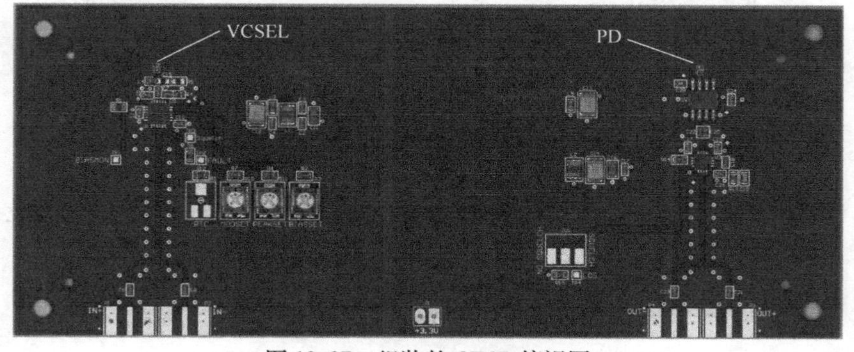

图 10-27　组装的 OECB 俯视图

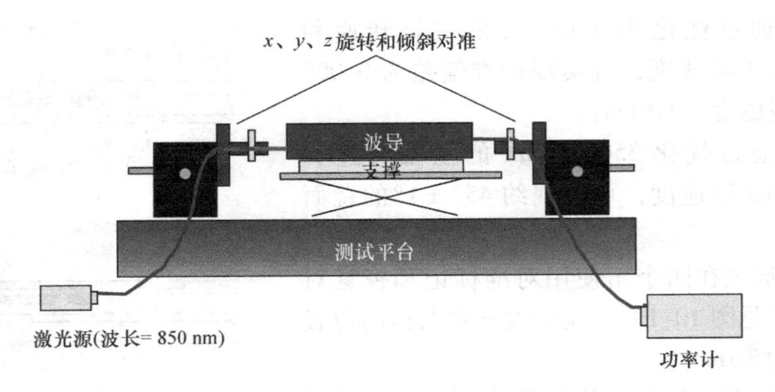

图 10-28 传播损耗和插入损耗的测量设置

10.5 新 设 计

一般来说，这种新设计涉及嵌入光学聚合物波导 PCB（或基板）中的 3D IC 集成光电封装，用于高性能、薄型、轻量化、紧凑型和低成本应用。具体而言，该设计涉及 3D 混合 IC 集成 SiP（封装系统）形式的嵌入式芯片到芯片光互连。

如图 10-29 所示，提出了一种采用电学和光学的 3D 光电混合系统，用于超薄、超轻、高性能和低成本应用[49,50]。整个系统由带有嵌入式光学聚合物波导

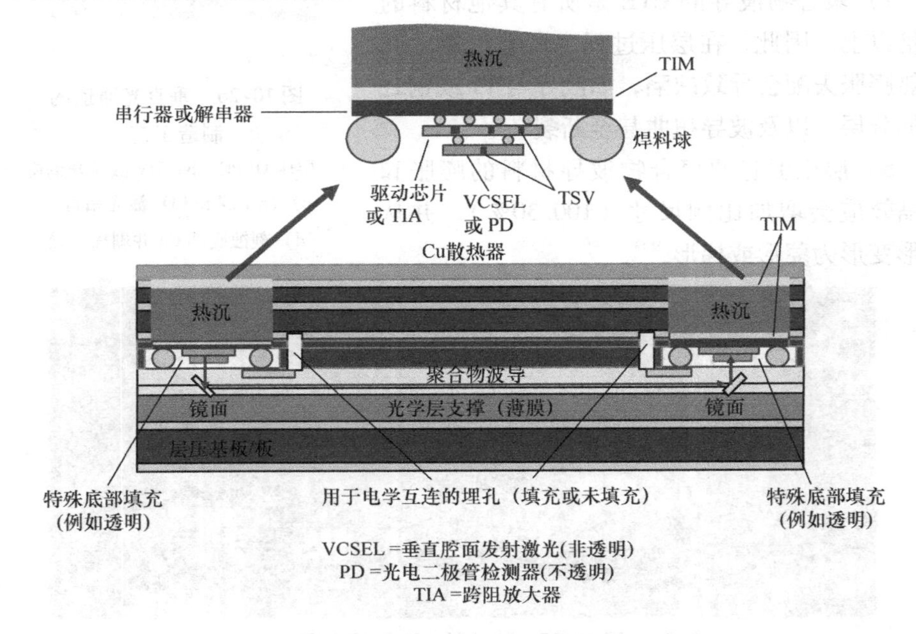

图 10-29 用于光电互连的嵌入式混合 3D 集成

的 FR4 材料（或由 BT 材料制成的基板）制成的刚性 PCB、嵌入式 VCSEL、嵌入式激光驱动器（Leaser Driver，LD）、嵌入式串行器、嵌入式光电二极管检测器、嵌入式 TIA、嵌入式解串器以及带或不带散热片的热沉组成。裸 VCSEL、LD 和串行器芯片堆叠在一起，然后贴附到 PCB 中嵌入式光学聚合物波导的一端。值得注意的是，由于 VCSEL 非常靠近光学聚合物波导的反射镜，因此光学透镜是可选的。类似地，裸光电二极管检测器、TIA 和解串器芯片堆叠在一起，然后贴附到 PCB 中嵌入式光学聚合物波导的另一端。两个 3D 堆叠芯片组均采用特殊的底部填充封装，例如透明聚合物。

如图 10-29 所示，带有 TSV 的 VCSEL（从芯片正面发光）是在带有 TSV 的 VCSEL 驱动芯片上的任何材料进行凸点焊接的倒装芯片，它是串行器芯片上通过焊料凸点焊接的倒装芯片。采用任何材料的较大凸点安装在串行器芯片上，而该芯片为晶圆形式。

切割 3D 混合 IC 芯片组后，将其放置在聚合物波导顶部的 PCB（或基板）上。可能需要诸如透明聚合物之类的特殊密封剂来保护芯片组。如果需要，可以通过 TIM 将热沉或任何热传导材料贴附到串行器芯片的背面。同样，如果需要，可以用 TIM 将散热片贴附到热沉的顶部。如果光从 VCSEL 的背面发射，那么就不需要在 VCSEL 中安装 TSV 以进行电馈电。

类似地，光电探测器芯片是 TIA 芯片上通过焊料凸点焊接的倒装芯片，然后是解串器芯片上通过焊料凸点焊接的倒装芯片。热管理技术与 VCSEL 芯片组的相同。在这种情况下，VCSEL 芯片和 VCSEL 驱动芯片之间，VCSEL 驱动芯片和串行器芯片之间，PD 芯片和 TIA 芯片之间，以及 TIA 芯片和解串器芯片之间可能需要底部填充。

在许多应用中，可能不需要或必须将串行器和解串器芯片置于 PCB 外部。此外，当驱动器和 TIA 芯片的散热量不是很大时，可能不需要散热片。此外，如果驱动器和 TIA 芯片的散热量非常小，则甚至不需要热沉或导热材料。

10.6　一个嵌入式 3D 混合集成设计实例

如图 10-29 所示，设计并分析一种采用电学和光学 IC，用于板级应用的低成本嵌入式 3D 混合光电系统[49,50]。整个系统由一个带有嵌入式光学聚合物波导的 FR4 材料制成的刚性 PCB、一个 10Gbit/s VCSEL（0.31mm × 0.4mm × 0.2mm、2.2V、33mW、16W/cm²）、一个 10.7Gbit/s LD（2mm × 2mm × 0.3mm、3.3V、0.35W、6.35W/cm²）、一个 10Gbit/s 16 : 1 串行器或多路复用器（4.5mm × 4.5mm × 0.8mm、3.3V、2.5W、2.5W、2.5 ~ 6.7W/cm²），一个 10Gbit/s 光电二极管检测器（0.31mm × 0.4mm × 0.23mm）、一个 10.7Gbit/s 跨

阻放大器或 TIA（2mm×2mm×0.3mm）、一个 10Gbit/s1:16 解串器或解复用器（4.5mm×4.5mm×0.8mm、3.3V、2.5W、2.5~6.7W/cm^2）和散热片组成。给出所提出的 3D 光电系统的光学、热学和机械设计理念及其指标，并对分析结果进行讨论。

10.6.1 光学设计、分析和结果 ★★★

1. 光学设计理念

除了热沉/散热片外，图 10-29 显示了 3D 系统的最顶层包含一个并行到串行的电学转换器，称为串行器。串行器将 16 位 622Mbit/s 并行信号转换为 10Gbit/s 串行信号，并将其馈送至 3D 系统中的下一层（VCSEL LD）。串行器和 VCSEL LD 的信号输入使用晶圆级 RDL 淀积技术重新布线。VCSEL 本身通过焊料凸点焊接在 LD 上，LD 将输入信号转换为 VCSEL 的电驱动信号。

同样，图 10-29 显示，接收器原理图与发射器的原理图相似，除了内部 IC 是接收元件外。3D 堆叠发射器和接收器可用于板级光互连，发射器输出耦合到聚合物波导的一端，聚合物波导另一端的输出耦合到接收器元件，如图 10-29 所示。

为了降低成本，本研究采用直接耦合（无透镜）进行光学耦合设计。光信号通过一端的镜面从 VCSEL 直接耦合到波导，并通过另一端的镜面从波导直接耦合到光电二极管。对于直接耦合，由于光信号的发散特性，所以为了获得所需的耦合效率，保持尽可能短的光传播距离至关重要。

基于给定的结构，该最小距离由光电元件的组装设计确定。对于引线键合元件，最小距离或高度由键合线回路确定，通常约为 200μm。另一方面，对于倒装芯片背照光电元件，最小高度可以尽可能接近（对于传统焊点约 100μm，对于微凸点约 25μm[29,30]），而不会损坏光电元件的有源区域。

2. 光学仿真

光波导的设计如图 10-30 所示。波导嵌入在 FR4 PCB 中以提供一个完整的平面设计。波导的横截面设计如图 10-30 所示，纤芯和包层的折射率分别为 1.5622 和 1.5544。在波导的两端，有一个平面外反射器或镜面，以 90°的角度反射光信号。

3. 结果

光学仿真是使用商业软件 ASAP 完成的，图 10-30 显示了仿真中使用的布局。仿真中使用的 VCSEL 的光束发散度为 30°，光电二极管的有效面积为 40μm。波导两侧的镜面用 0.6dB 的损耗仿真，没有仿真波导损耗。使用上述参数，对于 250μm 和 50μm 高度（VCSEL 和光电二极管与波导的距离），耦合损耗分别为 8.5dB 和 5.0dB。图 10-31 显示了其他高度的耦合损耗。正如预期的那

样，高度越高，耦合损耗越大。

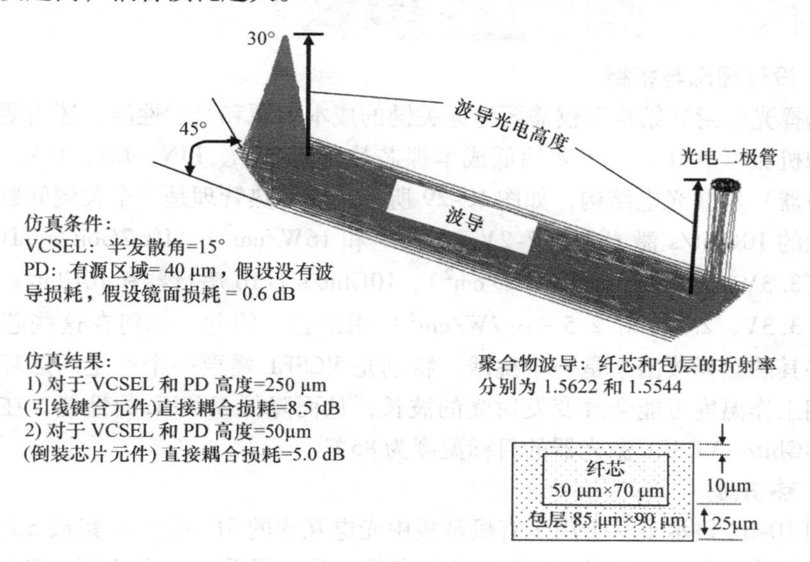

图 10-30　显示光信号直接耦合的仿真模型

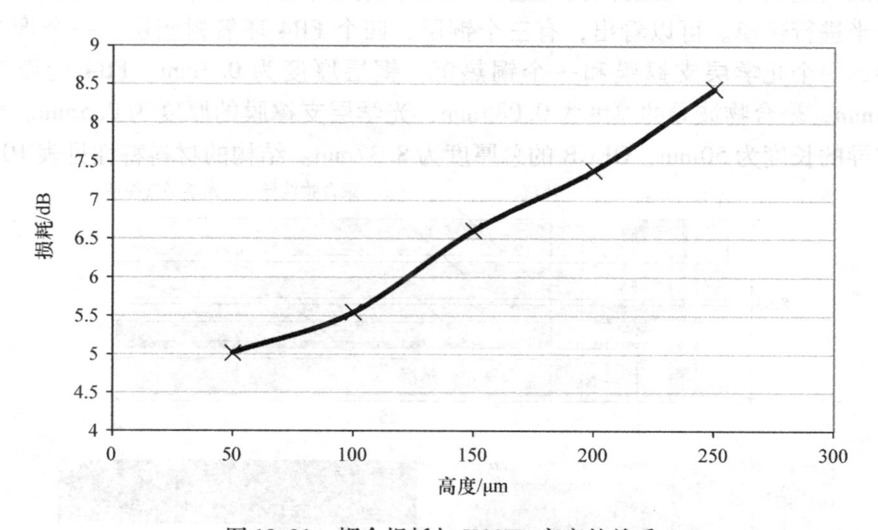

图 10-31　耦合损耗与 VCSEL 高度的关系

VCSEL 的典型光功率为 3dBm，GaAs 光电二极管在 850μm 处的响应度为 0.6A/W。假设波导损耗为 0.1dB/cm，10cm 长波导的光损耗为 1dB。同时假设 10Gbit/s 接收器所需的最小输入光功率为 -13dBm，则最大可接受的光耦合损耗约为 15dB。因此，直接耦合方案对于 10Gbit/s OECB 设计是可行的。

10.6.2 热设计、分析和结果 ★★★

1. 设计理念与指标

选择光学封装结构不仅需要考虑关键的成本问题和光学性能，还需要考虑热性能和机械可靠性。由于采用低成本裸芯片（VCSEL、PIN、LD、TIA、串行器和解串器）堆叠光电结构，如图10-29所示，因此热管理是一个关键问题。这与高功耗的10Gbit/s激光器（2-2V、33mW和16W/cm^2）、10.7Gbit/s LD和TIA芯片（3.3V、0.35W和6~35W/cm^2）、10Gbit/s 1∶16串行器和10Gbit/s 16∶1解串器（3.3V、2.5W和2.5~6.7W/cm^2）相结合，因此，如何在这些芯片燃烧之前将其热量释放出来是一个挑战。特别是VCSEL需要一个稳定的热环境，偏离预期工作温度可能会改变发射光的波长，从而降低VCSEL的性能。在本研究中，10Gbit/s VCSEL激光器的目标温度为85℃。

2. 热仿真

图10-32显示了一个用于有机基板中光电互连的3D混合IC集成SiP详细分析的新设计。它由一侧的VCSEL、LD和串行器以及另一侧的PIN、TIA和解串器组成（它们的尺寸在前面提到过）。由于发射器和接收器相似，因此仅对结构的一半进行建模。可以看出，有三个铜层、四个FR4环氧树脂层、一个聚合物波导、一个光学层支撑膜和一个铜热沉。铜层厚度为0.3mm，FR4的厚度为1.72mm，聚合物波导的厚度为0.085mm，光学层支撑膜的厚度为0.5mm。聚合物波导的长度为50mm，OECB的总厚度为8.37mm。结构的材料特性见表10-8。

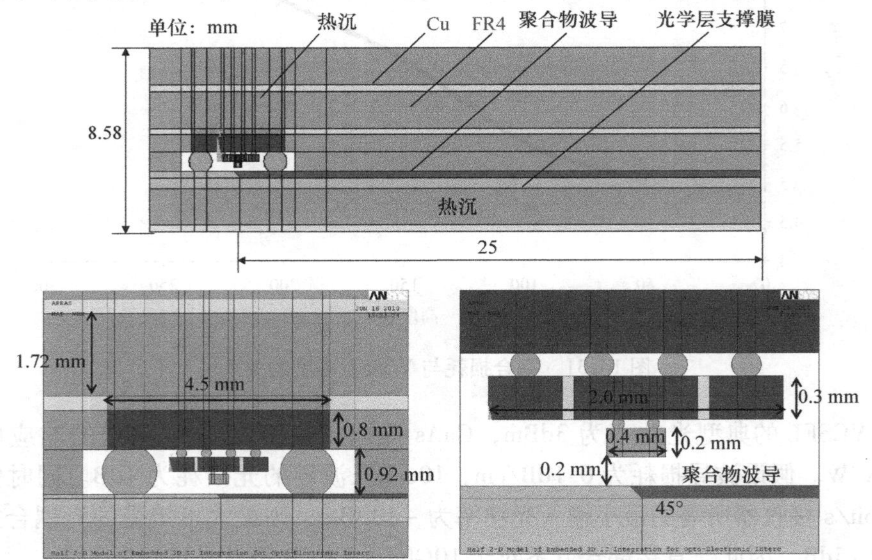

图10-32 有机基板中光电互连嵌入式3D SiP的有限元建模

表10-8 3D混合集成建模的材料特性

元件	PCB	散热片	多路器	激光驱动器	VCSEL	铜层	焊料凸点	聚合物波导
材料	FR4	Cu	Si	Si	GaAs	Cu	63Sn-37Pb	聚合物波导
热导率/[W/(m·K)]	0.8	390	150	150	68	390	50.9	1.5
TCE/(ppm/K)	15	17	2.7	2.7	5.6	17	24.5	251
模量/MPa	21000	110000	131000	131000	85000	110000	25000	50
泊松比	0.18	0.34	0.28	0.28	0.3	0.34	0.35	0.3

热边界条件是向VCSEL芯片施加1W的热量，环境温度为25℃，如图10-33所示。在使用中，大多数VCSEL将以每秒数百万（或更多）个周期的频率开启和关断。由于VCSEL结构的热时间常数明显大于电源开/电源关的循环周期，因此该结构将平衡到接近均匀的工作温度。保守地假设VCSEL具有1W的连续功率，均匀分布在VCSEL内。此外，由于它是一个线性传热分析，因此应用了一个单位（1W）。在实际应用中，大多数VCSEL的功率远小于1W。封装和空气之间存在热传递。热对流条件应用于所有外部封装表面，其中环境温度为25℃，对流系数为0.3W/(m^2·K)。对于嵌入部分，VCSEL芯片和空气之间没有热传递，因为它嵌在PCB中。

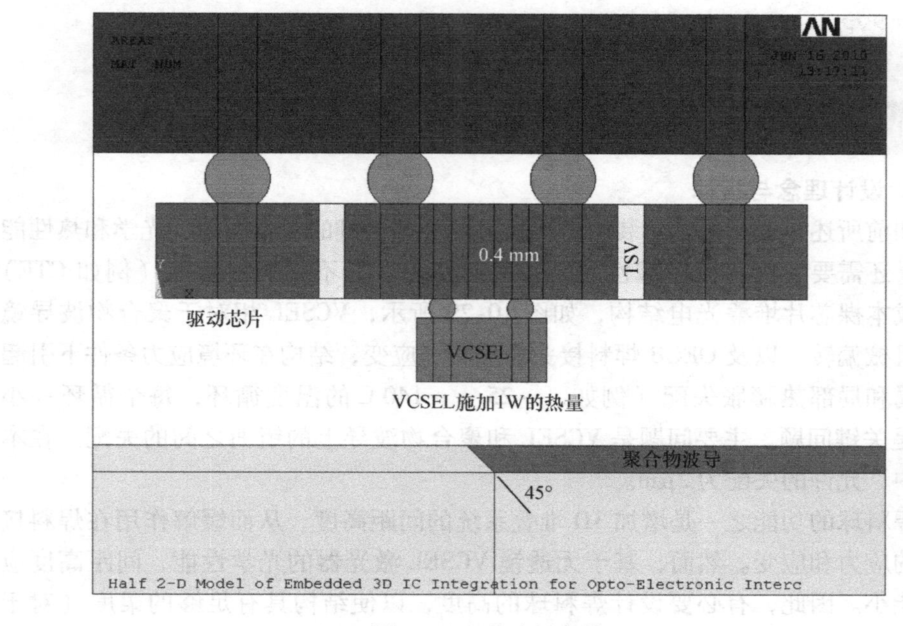

图10-33 热边界条件

3. 结果

图 10-34 显示了一半 OECB 和变送器临界区域的温度分布。可以看出，最大温度位置在 VCSEL 处，其大小为 64℃，低于允许的规范（85℃）。因此，VCSEL 应按预期运行。

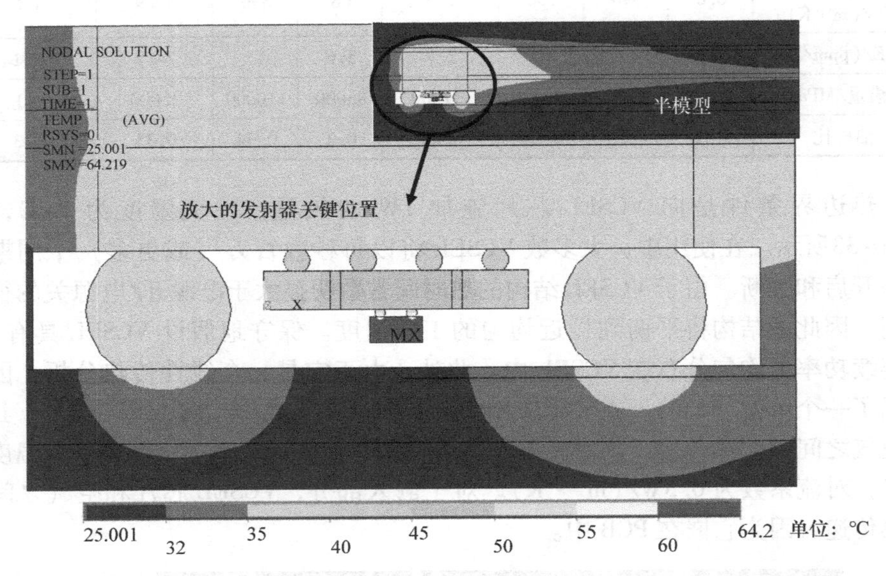

图 10-34　3D 混合 IC SiP 关键位置的温度分布

10.6.3　机械设计、分析和结果 ★★★

1. 设计理念与指标

如前所述，选择光学封装结构不仅需要考虑关键的成本问题、光学和热性能问题，还需要考虑机械可靠性问题。由于使用具有不同材料特性（例如 CTE）的低成本裸芯片堆叠光电结构，如图 10-29 所示，VCSEL 相对于聚合物波导镜面的机械偏转，以及 OECB 焊料接头的应力和应变，结构在环境应力条件下引起的全局和局部热膨胀失配（例如，-25 ~ +140℃ 的温度循环，每个循环一小时）是关键问题。主要问题是 VCSEL 和聚合物波导上的镜面之间的失配。在本研究中，允许的失配为 2μm。

焊料球的功能之一是增加 3D 堆叠系统的间距高度，从而缓解作用在焊料接头上的应力和应变。然而，基于无透镜 VCSEL 激光器的光学性能，间距高度应尽可能小。因此，有必要设计焊料球的高度，以使结构具有足够的柔度（对于焊点可靠性），并且仍然保持在光学性能目标范围内。在本研究中，每个温度循环的应变和应力目标分别为 2% 和 45MPa。

2. 机械仿真

除了应用于中心线的对称边界条件外，仿真模型与热仿真完全相同。热循环边界条件如图10-35所示。可以看出，整个OECB在-25℃下放置15min，然后上升至140℃放置15min，再下降至-25℃。上升和下降时间为15min。参考温度为25℃，即无应力条件。不考虑残余应力，因为热膨胀效应是本节的重点。

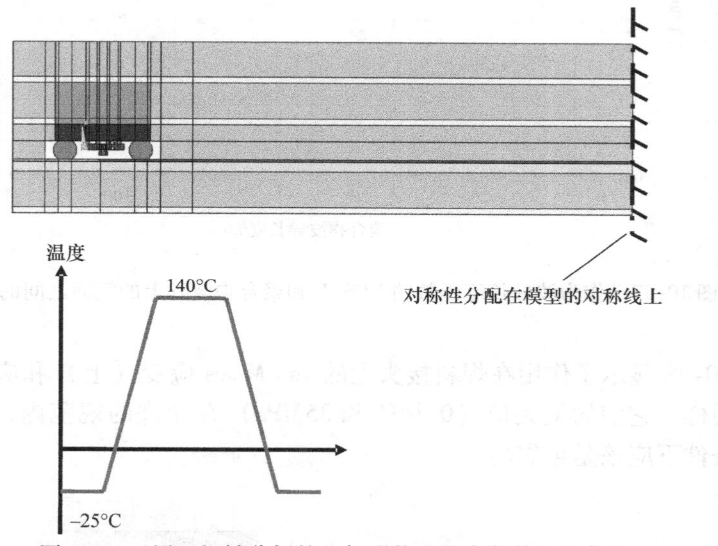

图10-35　用于机械分析的几何形状和温度载荷边界条件

3. 结果

图10-36显示了由于温度循环和VCSEL与聚合物波导上的镜面之间失配导致的OECB发射器关键区域未变形的形状和变形的形状。图10-37显示了不同聚合物波导长度（25μm、50μm和100μm）失配的仿真结果。可以看出，聚合物波导越长，失配越大。但是，它们都在允许的规范内（2μm）。

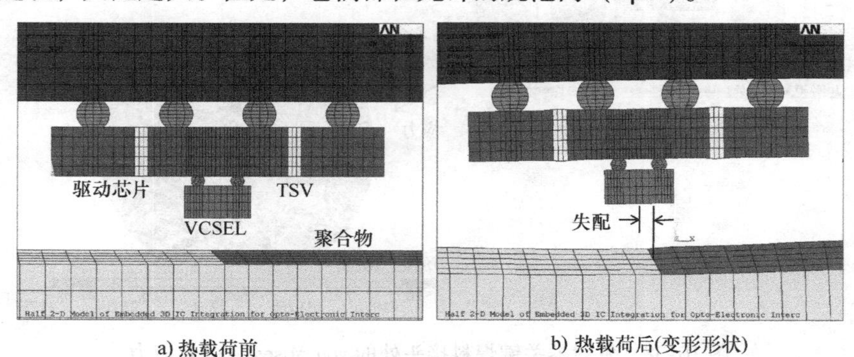

a) 热载荷前　　b) 热载荷后(变形形状)

图10-36　未变形的和变形的发射器形状（100×）

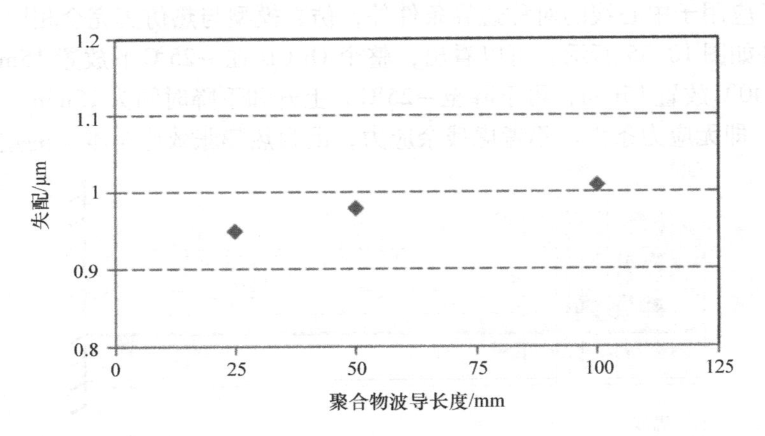

图 10-37　作为波导长度函数的 VCSEL 和聚合物波导上的镜面之间的失配

图 10-38 显示了作用在焊料接头上的 von Mises 应变（上）和应力（下）的分布。同样，它们的最大值（0.14% 和 35MPa）在允许的规范内，并且在大多数工作条件下应该是可靠的。

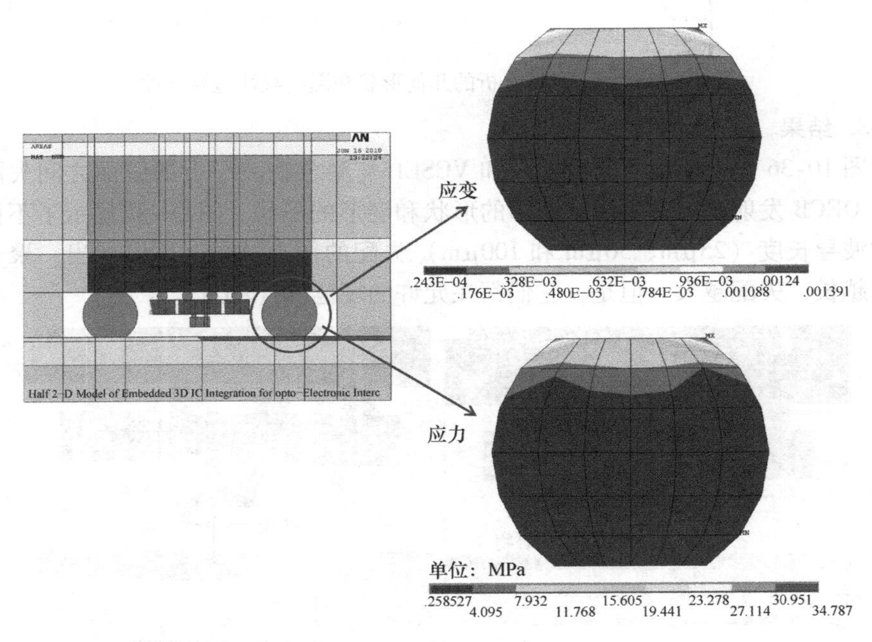

图 10-38　发射器关键焊料接头处的 von Mises 应变和应力

10.6.4　总结和建议 ★★★

本节提出了一种通用的低成本、高性能（光、电、热和机械）的 3D 混合 IC 光电系统，该系统嵌入到采用光学聚合物波导的 PCB 或有机层压基板中。此外，还提供了一种特殊设计，通过仿真进行演示。一些重要结果和建议总结如下[49,50]：

1）光学分析表明，目前光学聚合物波导横截面的设计满足可接受的光学耦合损耗（15dB）。因此，直接耦合方案（无透镜）适用于 10Gbit/s 光学板级互连。

2）热分析表明，当 1W 的热量施加到 10Gbit/s VCSEL 时，按照目前的设计，VCSEL 的最高温度仅为 65℃，低于技术规范（85℃）。

3）机械分析表明，当整个嵌入式 3D 混合 IC SiP 承受环境温度循环负荷（−25～140℃）时，按照目前的设计，VCSEL 和不同长度聚合物波导镜面之间的最大失配（1μm）在允许的规范（2μm）范围内。波导长度越长，失配越大。

4）机械分析表明，当整个嵌入式 3D 混合 IC SiP 承受环境温度循环负荷（−25～140℃）时，按照目前的设计，在关键焊料接头处的最大有效应变（0.14%）和应力（35MPa）小于允许的规范（2%和 45MPa）。

5）使用 TSV 进行垂直电馈通互连，每个芯片都可以有两个带有电路的表面，如驱动芯片，如图 10-29 所示。这一概念为许多创新应用打开了大门。

10.7　带有应力消除间隙的半嵌入式 TSV 转接板

移动产品的发展趋势之一是使其越来越薄。为了制造超薄产品，TSV 转接板应嵌入 PCB/基板中，如图 10-39 所示，这是本节的重点。

10.7.1　设计理念 ★★★

在基板/PCB 中嵌入器件是制造薄和外形小巧产品的最佳方法。嵌入式结构的基本要求是：可返工、热管理、最小破坏（因为它是一种破坏性的技术）、可靠。

图 10-39 显示了在其顶面上支撑芯片的半嵌入式转接板（带有应力消除间隙）。这种设计的优点是：外形小巧；无需 TSV 即可自由使用任何符合摩尔定律的芯片；设计周期短；制造成本低；RDL 允许芯片相互进行短距离通信；很多 TSV 可用于电源、地和一些信号；可返工（底部填充前，在基板/PCB 上测试芯片转接板模块）；热量可以通过散热片/热沉和/或带有散热片（未显示）的热沉将热量从焊料凸点传导到基板/PCB 的底部散出；可靠［因为应力消除间隙减少

了嵌入式转接板（$6\times10^{-6}\sim8\times10^{-6}$/℃）和有机基板/PCB（$15\times10^{-6}\sim18.5\times10^{-6}$/℃）之间的整体热膨胀失配]；潜在的低系统成本[51]。

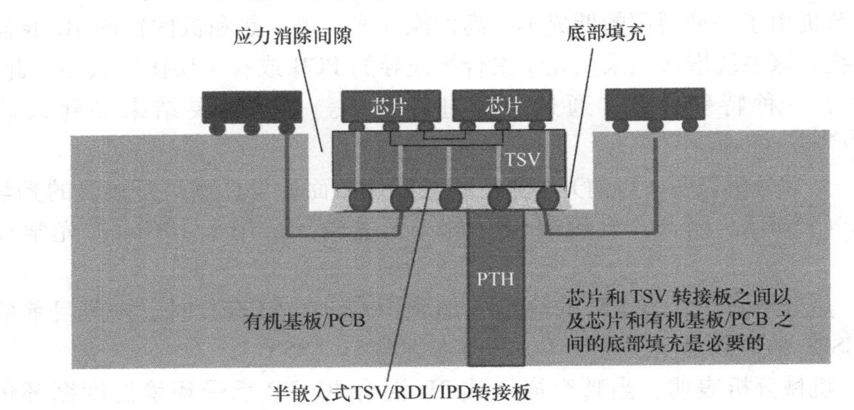

图 10-39　半嵌入在基板/PCB 上带有应力消除间隙的 TSV 转接板上的芯片

10.7.2　问题定义 ★★★

图 10-40 示意性地显示了一个支撑两个尺寸相同（10mm×10mm）芯片的

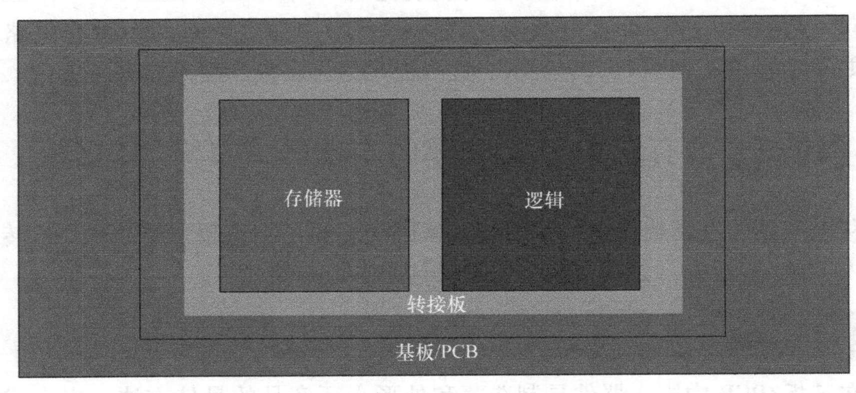

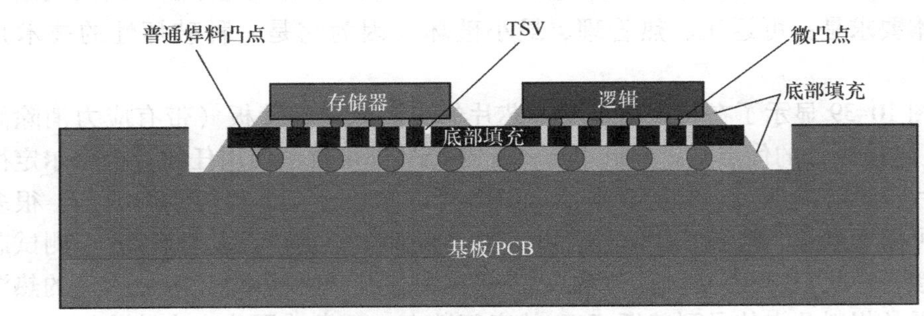

图 10-40　所考虑的结构示意图

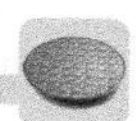

TSV 转接板（24mm×12mm）。转接板半嵌入在有机基板或 PCB 的顶部。底部填充用于芯片和 TSV 转接板以及转接板和基板/PCB 之间。转接板和基板/PCB 之间有一个水平间隙（约 1mm）。

有两个边界值问题。第一个是确定该结构在工作条件下的温度分布和最大应力应变，逻辑芯片的功耗为 10W，存储器芯片的功耗为 2W，如图 10-41 所示，环境温度为 298K。第二个是确定当整个结构在环境条件下时，结构中微焊料接头每个循环的蠕变应变能密度，温度循环为 −25℃↔125℃，循环 40min（在 25℃时无应力）[51]。

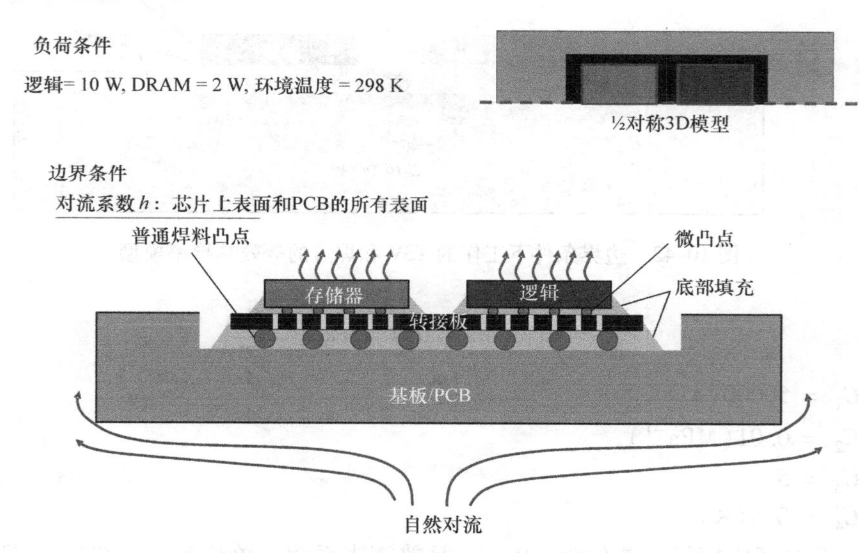

图 10-41　工作边界条件下的结构

10.7.3　工作条件下的半嵌入式 TSV 转接板 ★★★

1. 无散热片的半嵌入式 TSV 转接板

首先，没有办法对所有 TSV 进行详细建模。因此，使用等效模型对 TSV 转接板进行建模，如图 10-42 所示。在第 2 章、第 9 章和本章参考文献[52]中建立了平面内和平面外方向 TSV 的等效方程，其中还对微焊料凸点进行了建模，如图 10-42 所示。

表 10-9 给出了结构的材料特性，包括机械材料特性，如杨氏模量、泊松比和热膨胀系数。由于无铅焊料与温度和时间有关，因此使用以下非线性本构方程：

$$E = 49 - 0.07T$$

$$\alpha = 21.301 + 0.017T$$

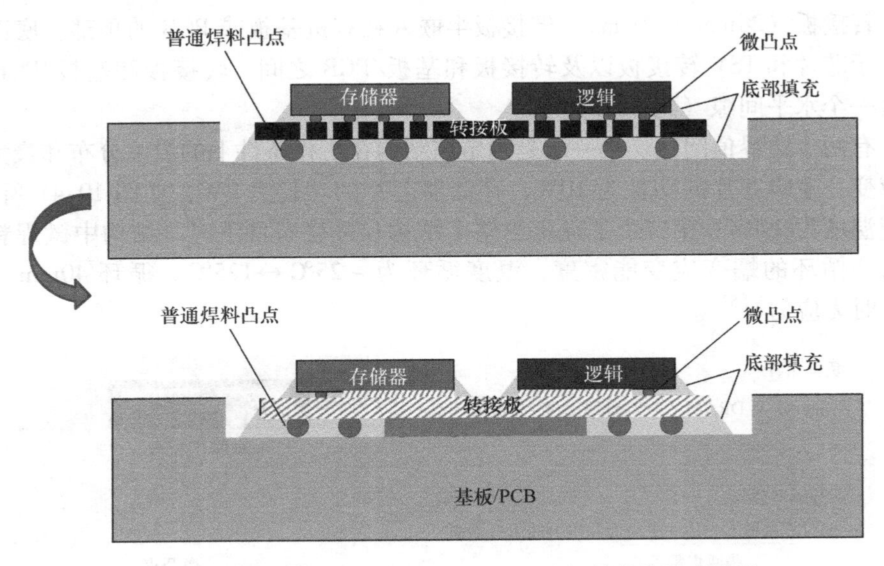

图 10-42　边界条件下工作的 TSV 和焊点的等效热导率模型

$$\frac{\mathrm{d}\varepsilon}{\mathrm{d}t} = C_1[\sinh(C_2\sigma)]^{C_3}\exp\left(-\frac{C_4}{T}\right)$$

$C_1 = 50000(\mathrm{s}^{-1})$

$C_2 = 0.01(\mathrm{MPa}^{-1})$

$C_3 = 5$

$C_4 = 0.5(\mathrm{K})$

式中，E 是杨氏模量，单位为 GPa；α 是热膨胀系数，单位为 ppm/℃；ε 是蠕变应变；t 是时间。

表 10-9　结构的材料特性

	杨氏模量/GPa	泊松比	CTE/(ppm/K)	热导率/[W/(m·K)]
硅	130	0.28	2.8	148
FR4	22	0.28	18	x，y：56.9 z：0.36
底部填充	9.07	0.3	40.75	0.23
SAC305	与温度相关	0.35	与温度相关	x，y：0.63 z：14.1
电镀的 Cu	70	0.34	18	400
Al 焊盘	72	0.33	23	237
Cu	110	0.34	17.5	400

用于此分析的有限元代码是 ANSYS Multiphysics v13.1。由于对称性，仅对结构的一半进行建模和分析。逻辑芯片的功耗为 10W，存储器芯片的功耗为 2W。没有散热片结构的温度分布如图 10-43 所示。可以看出，最高温度（95.7℃）出现在逻辑芯片上。存储器芯片中的最低温度为 61.5℃。

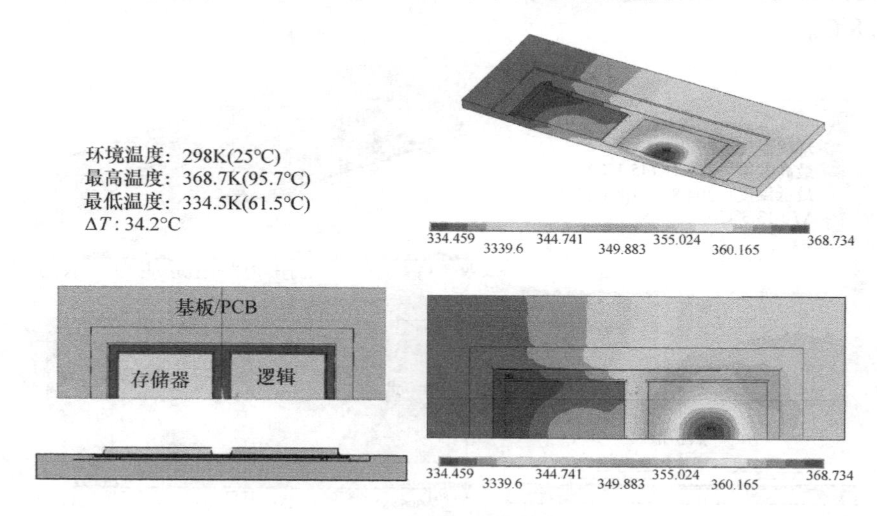

图 10-43　整个结构的温度等值线（无散热片）

图 10-44 显示了 125℃下结构的 von Mises 应力等值线和翘曲等值线。可以看出，最大 von Mises 应力（199MPa）出现在逻辑芯片的拐角微焊料接头处。结构的最大偏离（在基板/PCB 的尖端）为 246μm。

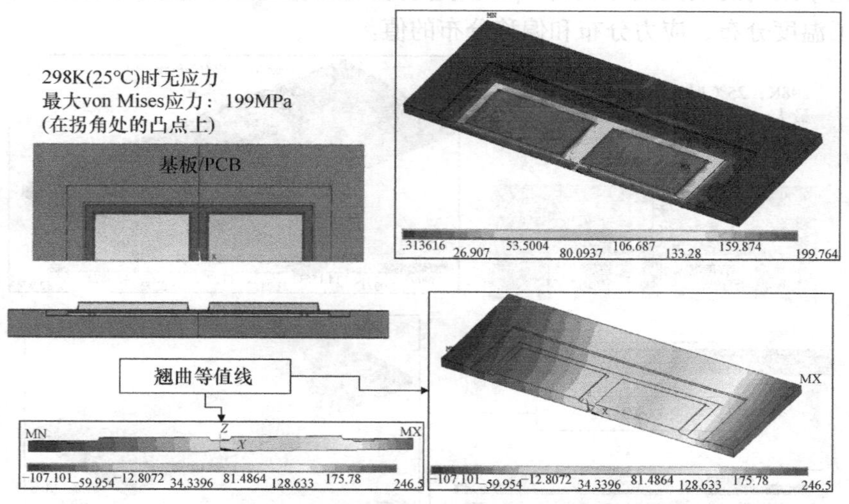

图 10-44　结构在 125℃下 von Mises 应力等值线

2. 带散热片的半嵌入式 TSV 转接板

图 10-45 显示了带散热片的整个结构的温度等值线。逻辑芯片的功耗为 10W，存储器芯片为 2W，环境温度为 298K。可以看出，最高温度（45.1℃）出现在逻辑芯片上，其值小于没有散热片情况下的一半。存储器芯片中的最低温度为 31.8℃。

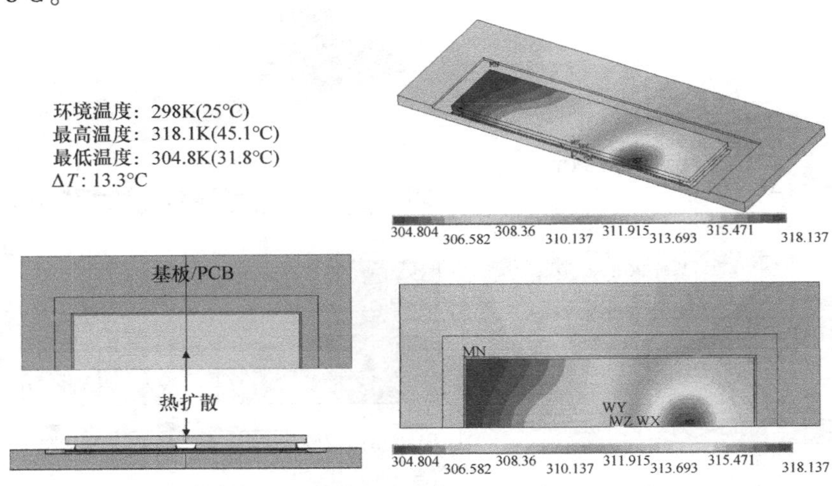

图 10-45　带散热片的整个结构的等温线

图 10-46 显示了在 125℃温度下，带散热片结构的 von Mises 应力等值线和翘曲等值线。可以看出，最大 von Mises 应力（53MPa）出现在逻辑的拐角微焊点处。整个结构的最大偏移仅为 6μm。这些较小的值显示了散热片的效果，从而降低了温度分布、应力分布和偏移分布的值。

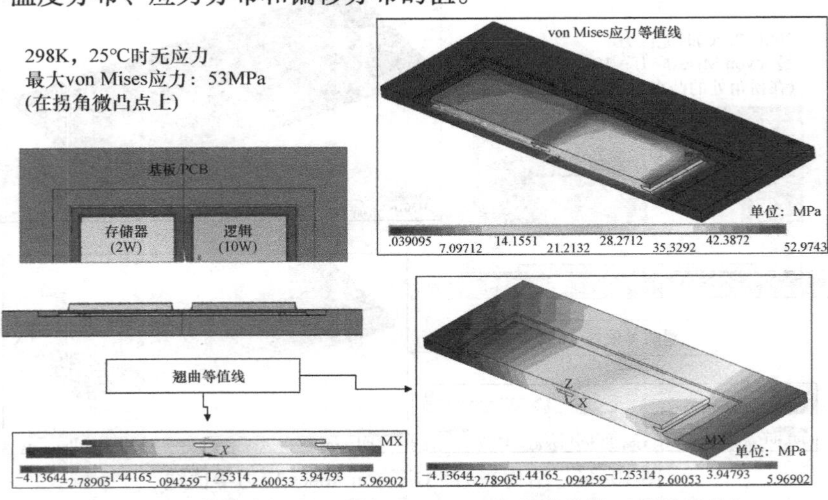

图 10-46　结构在 125℃时的 von Mises 应力等值线（带散热片）

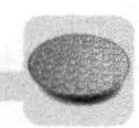

10.7.4　环境条件下的半嵌入式 TSV 转接板 ★★★

第二个边界值问题是确定在热循环负荷（环境）条件下结构（没有散热片）的拐角微焊点在每个循环的蠕变应变能量密度，如图 10-47 所示。由于双重对称性，仅对整个结构的四分之一进行建模，如图 10-48 所示。

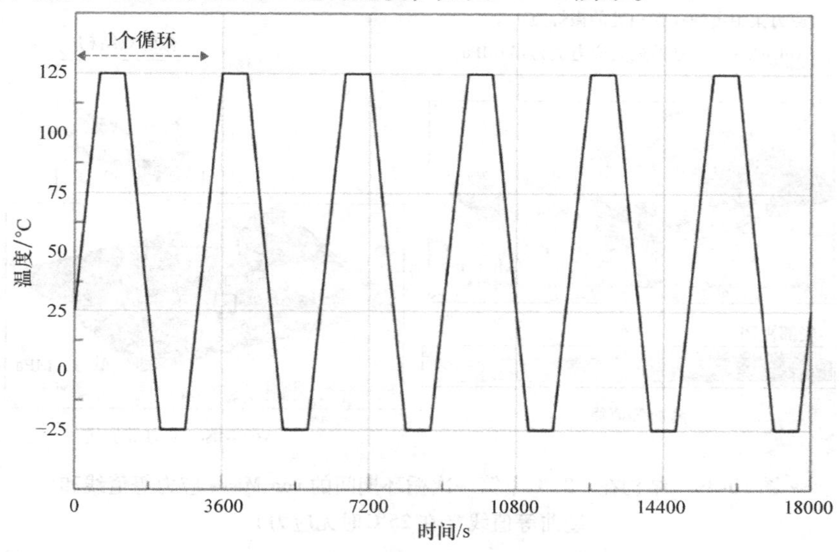

图 10-47　温度负荷条件

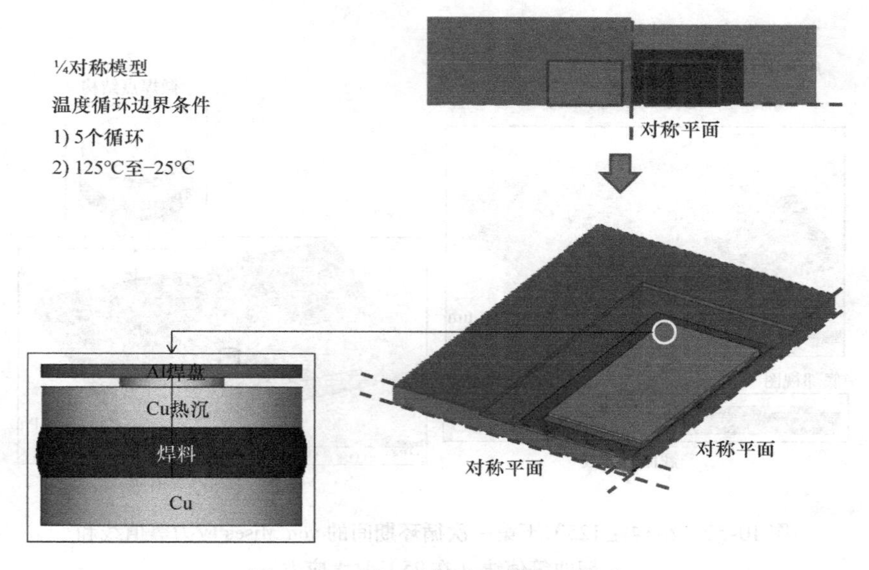

图 10-48　用于分析的四分之一模型

图 10-49 显示了整个结构在 -25℃下第一个循环期间的 von Mises 应力等值线（25℃时无应力）。可以看出，最大值出现在 Al/Cu 低 k 焊盘与拐角微焊点之间的界面处，该值为 134MPa。最大翘曲发生在芯片中心，等于 26μm。

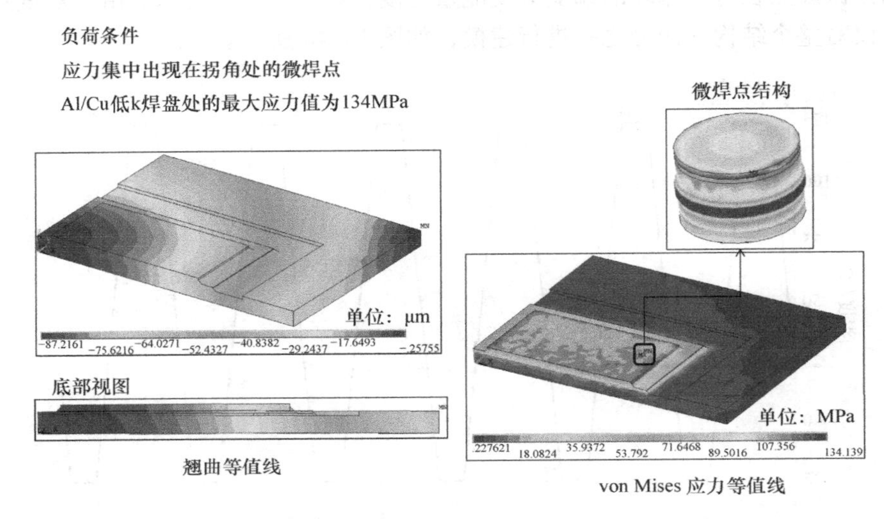

图 10-49 结构在 -25℃下第一次循环期间的 von Mises 应力等值线和翘曲等值线（在 25℃时无应力）

图 10-50 显示了整个结构在 125℃下第一个循环期间的 von Mises 应力等值线

负荷条件(在 25°C时无应力)
应力集中出现在拐角处的微焊点
Al/Cu低k焊盘处的最大应力值为210MPa
微焊点结构
单位：μm
.50932 23.388 46.2667 69.1454 92.0241 114.903 137.781 172.1
底部视图
翘曲等值线
单位：MPa
.183684 28.1728 56.1618 84.1509 112.14 140.129 168.118 210.102
von Mises 应力等值线

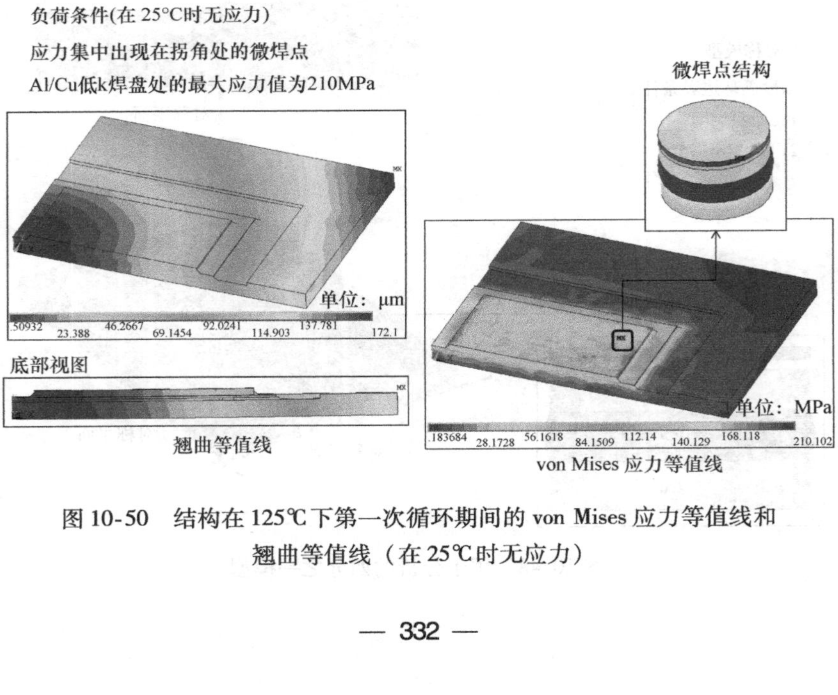

图 10-50 结构在 125℃下第一次循环期间的 von Mises 应力等值线和翘曲等值线（在 25℃时无应力）

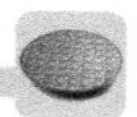

(25℃时无应力)。可以看出，最大值出现在 Al/Cu 低 k 焊盘与拐角微焊点之间的界面处，该值为 210MPa。最大翘曲发生在基板/PCB 上，等于 172μm。

图 10-51 所示为作用在拐角微焊点的最大蠕变应变能密度随时间的关系曲线。可以看出，每个循环的蠕变应变能密度为 0.03MPa，远低于规范的 0.1MPa，因此在大多数环境条件下是可靠的。这一结果表明，底部填充对于微焊点的可靠性是必不可少的。

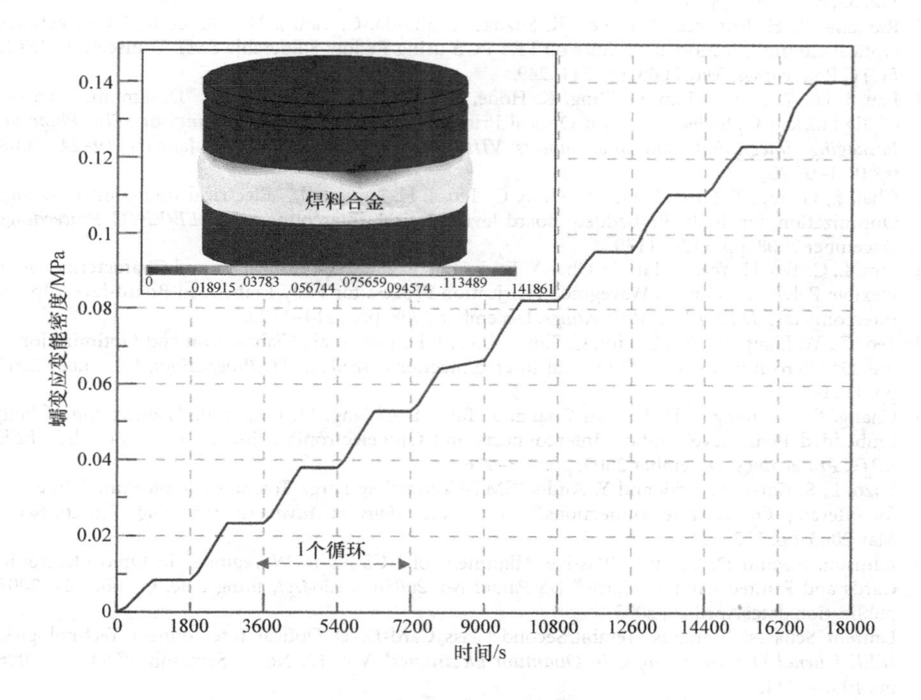

图 10-51　拐角微焊点的蠕变应变能量密度随时间的关系曲线

10.7.5　总结和建议 ★★★

本章设计并研究了在热工作和环境条件下带应力消除间隙的半嵌入式 TSV 转接板的 3D IC 集成。一些重要结果和建议总结如下[51]：

1）提出了一种具有支持摩尔定律芯片的半嵌入式 TSV 转接板的超薄和外形小巧 3D IC 集成。

2）在使用带散热片的工作条件下，温度分布和应力分布的值在规定范围内。

3）在环境条件下，使用底部填充，每次循环和升温的蠕变应变能密度和翘曲值都很小，不会产生任何可靠性问题。

10.8 参考文献

[1] Lau, J. H., *Flip Chip Technology*, McGraw-Hill, New York, NY, 1995.

[2] Lau, J. H., *Low-Cost Flip Chip Technology*, McGraw-Hill, New York, NY, 2000.

[3] Lim, T. G., B. Lee, T. Shioda, H. Kuruveettil, J. Li, K. Suzuki, J. H. Lau, et al., "Demonstration of high frequency data link on FR4 PCB using optical waveguides," *IEEE Transactions of Advanced Packaging*, Vol. 32, May 2009, pp. 509–516.

[4] Ramana, P., H. Kuruveettil, B. Lee, K. Suzuki, T. Shioda, C. Tan, J. H. Lau, et al., "Bi-directional Optical Communication at 10 Gb/s on FR4 PCB using Reflow Solderable SMT Transceiver," *IEEE/ECTC Proceedings*, May 2008, pp. 244–249.

[5] Lau, J. H., Y. Lim, T. Lim, G. Tang, K. Houe, X. Zhang, P. Ramana, et al., "Design and Analysis of 3D Stacked Optoelectronics on Optical Printed Circuit Boards," *Proceedings* of *SPIE, Photonics Packaging, Integration, and Interconnects VIII*, Vol. 6899, San Jose, CA, January 19–24, 2008, pp. 07.1–07.20.

[6] Chai, J., G. Yap, T. Lim, C. Tan, Y. Khoo, C. Teo, J. H. Lau, et al., "Electrical Interconnect Design Optimization for Fully Embedded Board-level Optical Interconnects," *IEEE/EPTC Proceedings*, December 2008, pp. 1126–1130.

[7] Lim, L, C. Teo, H. Yee, C. Tan, O. Chai, Y. Jie, J. H. Lau, et al., "Optimization and Characterization of Flexible Polymeric Optical Waveguide Fabrication Process for Fully Embedded Board-level Optical Interconnects," *IEEE/EPTC Proceedings*, December 2008, pp. 1114–1120.

[8] Teo, C., W. Liang, H. Yee, L. Lim, C. Tan, J. Chai, J. H. Lau, et al., "Fabrication and Optimization of the 45° Micro-mirrors for 3-D Optical Interconnections" *IEEE/EPTC Proceedings*, December 2009, pp. 1121–1125.

[9] Chang, C., J. Chang, J. H. Lau, A. Chang, T. Tang, S. Chiang, M. Lee, et al., "Fabrication of Fully Embedded Board-level Optical Interconnects and Optoelectronic Printed Circuit Boards," *IEEE/EPTC Proceedings*, December 2009, pp. 973–976.

[10] Yuzo, I., S. Koike, Y. Arai, and Y. Ando, "SMT-Compatible Large-Tolerance "OptoBump" Interface for Interchip Optical Interconnections," *IEEE Transactions on Advanced Packaging*, Vol. 26, No. 2, May 2003, pp. 122–127.

[11] Johnson, E., and D. Caletka, "Passive Alignment of VCSELs to Waveguides in Opto-Electronics Cards and Printed Circuit Boards," *US Patent No. 2005/0089264A1*, filing date: October 24, 2003, publication date: April 28, 2005.

[12] Laurent Schares, "Terabus: Terabit/Second-Class Card-Level Optical Interconnect Technologies," *IEEE Journal of Selected Topic in Quantum Electronics*," Vol. 12, No. 5, September/October 2006, pp. 1032–1044.

[13] Doany, F., C. Schow, C. Tsang, N. Ruiz, R. Horton, D. Kuchta, C. Patel, et al., "300-Gbps 24-Channel Bidirectional Si Carrier Transceiver Optochip for Board-Level Interconnects," *IEEE/ECTC Proceedings*, 2008, pp. 238–243.

[14] Lu, D., J. Tang, J. He, and E. Zarbock, "Chip-to-Chip Optical Interconnect," *US Patent No. 7373033*. May 13, 2008.

[15] Chen, R. T., "Packaging Enhanced Board Level Opto-Electronic Interconnects," *US Patent No. 6243509B1*, June 5, 2001.

[16] Chen, Y. M., C., L. Yang, L. C. Yao, H. H. Chen, Y. C. Chen, Y. Chu, and T. E. Hsieh, "10Gbps Multi-Mode Waveguide for Optical Interconnect," *IEEE Proceedings of Electronic Components and Technology Conference*, 2005, pp. 1739–1743.

[17] Shioda T., "Recent Progress and Potential Markets for Optical Circuit Boards," *IEEE Proceedings of Polytronic Conference*, 2007, pp. 1–3.

[18] Hiramatsu, S., K. Miura, and K. Hirao, "Optical Backplane Connectors Using Three-Dimensional Waveguide Arrays," *IEEE Journal of Lightwave Technology*, Vol. 25, No. 9, September 2007, pp. 2776–2782.

[19] Chang, G. K., "High-speed, High-density Optical Interconnects for Next Generation Computing and Communications Systems," *IME Seminar*, April 13, 2006.

[20] Glebov, A. L., C. J. Uchibori, and M. G. Lee, "Direct Attach of Photonic Components on Substrates with Optical Interconnects," *IEEE Photonics Technology Letters*, Vol. 19, No. 8, April 2007, pp. 547–549.

[21] Holden, H. T., "The Developing Technologies of Integrated Optical Waveguides in Printed Circuits," *Circuit World*, Vol. 29, No. 4, 2003, pp. 42–50.
[22] Pugliano, N., N. Chiarotto, J. Fisher, N. Heiks, T. Ho, G. Khanarian, M. Moynihan, et al., "Progress Toward the Development of Manufacturable Integrated Optical Data Buses," *SPIE Proceedings of Photonics Packaging and Integration IV*, Vol. 5358, 2004, pp. 71–79.
[23] Wang, L., J. Choi, X. L. Wang, R. T. Chen, D. Hass, and J. Magera, "Thin Film Optical Wavegide and Optoelectronic Device Integration for Fully Embedded Board Level Optical Interconnects," *SPIE Proceedings of Photonics Packaging and Integration IV*, Vol. 5556, 2004, pp. 1–13.
[24] Lee, B., R. Pamidigantham, and C. S. Premachandran, "Prototype Development for Chip-Chip Interconnection by Multimode Waveguide," *IEEE Proceedings of Electronic Packaging and Technology Conference*, 2005, pp. 488–491.
[25] Schow, C. L., Doany, F. E., Liboiron-Ladouceur, O., Baks, C., Kuchta, D. M., Schares, L., John, R., et al., "160-Gb/s, 16-Channel Full-Duplex, Single-Chip CMOS Optical Transceiver," *Proceedings of OThG4*, 2007, pp. 1–3.
[26] Dellmann, L., C. Berger, R. Beyeler, R. Dangel, M. Gmur, R. Hamelin, F. Horst, et al., "120 Gb/s Optical Card-to-Card Interconnect Link Demonstrator with Embedded Waveguides," *IEEE Proceedings of Electronic Components and Technology Conference*, 2007, pp. 1288–1293.
[27] Mikawa, T., M. Kinoshita, K. Hiruma, T. Ishitsuka, M. Okabe, S. Hiramatsu, H. Furuyama, et al., "Implementation of Active Interposer for High-Speed and Low-Cost Chip Level Optical Interconnects," *IEEE Journal of Selected Topics in Quantum Electronics*, Vol. 9, No. 2, 2003, pp. 452–459.
[28] Toffano, Z., A. Gholami, M. Fez, A. Destrez, and M. Marec, "VCSEL Short Reach Communications: Behavioural Modelling of High Speed Optoelectronic Modules," *Proc. 4th Int. Conf. Numerical Simulation Optoelectronic Devices*, Aug. 2004, pp. 49–50.
[29] Park, J., E.-D. Sim, and Y.-S. Beak, "Improvement of Fabrication Yield and Loss Uniformity of Waveguide Mirror," *IEEE Photonics Technology Letters*, Vol. 17, No. 4, April 2005, pp. 807–809.
[30] Matsubara, T., K. Oda, K. Watanabe, K. Tanaka, M. Maetani, Y. Nishimura, S. Tanahashi, "Three Dimensional Optical Interconnect on Organic Circuit Board," *IEEE Electronic Components and Technology Conference*, May 2006, pp. 789–794.
[31] Immonen, M., M. Karppinen, J. Kivilahti, "Fabrication and Characterization of Polymer Optical Waveguuides with Integrated Micromirrors for 3-D Board Level Optical Interconnects," *IEEE Transactions on Electronics Packaging Manufacturing*, Vol. 28, No. 4, 2005, pp. 304–311.
[32] Chandrappan, J., H. Kuruveettil, T. Wei, C. Liang, P. Ramana, K. Suzuki, T. Shioda, et al., "Performance Characterization Methods for Optoelectronic Circuit Boards," *IEEE Transactions on CPMT*, Vol. 1, No. 3, March 3, 2011, pp. 318–326.
[33] Lau J. H., C. P. Wong, N. C. Lee, R. Lee, *Electronics Manufacturing with Lead-Free, Halogen-Free, and Adhesive Materials*, McGraw-Hill, New York, NY, 2003.
[34] Wang, L., X. Wang, W. Jiang, J. Choi, H. Bi, and R. Chen, "45 Polymer-Based Total Internal Reflection Coupling Mirrors for Fully Embedded Intraboard Guided Wave Optical Interconnects," *Applied Physics Letters*, Vol. 87, September 2005, pp. 141110–141110-3.
[35] Glebov, A. L., D. Bhusari, P. Kohl, M. S. Bakir, J. D. Meindl, and M. G. Lee, "Flexible Pillars for Displacement Compensation in Optical Chip Assembly," *IEEE Photonics Technology Letters*, Vol. 18, No. 8, April 2006, pp. 974–976.
[36] Cho, H. S., K.-M. Chu, S. Kang, S. H. Hwang, B. S. Rho, W. H. Kim, J.-S. Kim, et al., "Compact Packaging of Optical and Electronic Components for On-Board Optical Interconnects," *IEEE Transactions on Advanced Packaging*, Vol. 28, No. 1, February 2005, pp. 114–120.
[37] Yoon, K. B., I.-K. Cho, S. H. Ahn, M. Y. Jeong, D. J. Lee, Y. U. Heo, B. S. Rho, et al., "Optical Backplane System using Waveguide-Embedded PCBs and Optical Slots," *Journals Lightwave Technology*, Vol. 22, September 2004, pp. 2119–2127.
[38] Chang, G.-K., D. Guidotti, F. Liu, Y.-J. Chang, Z. Huang, V. Sundaram, D. Balaraman, et al., "Chip-to-Chip Optoelectronics SOP on Organic Boards or Packages," *IEEE Transactions on Advanced Packaging*, Vol. 27, No. 2, May 2004, pp. 386–397.
[39] Maxim Application Notes, "Accurately Estimating Optical Receiver Sensitivity," HFAN-3.0.0, Rev 0.
[40] Choi, C., L. Lin, Y. Liu, J. Choi, L. Wang, D. Hass, J. Magera, et al., "Flexible Optical Waveguide Film Fabrications and Optoelectronic Devices Integration for Fully Embedded Board-Level Optical Interconnects," *IEEE Journal of Lightwave Technology*, Vol. 22, No. 9, 2004, pp. 2168–2176.
[41] Wang, L., X. L. Wang, J. Choi, D. Haas, J. Magera, and R. T. Chen, "Low-loss Thermally Stable Waveguide with 45° Micromirrors Fabricated by Soft Molding for Fully Embedded Board-level Optical Interconnects," *Proceedings of SPIE*, Vol. 5731, 2005, pp. 87–93.

[42] Xia, Y., and G. M. Whitesides, " Soft-lithography," *Annual Review Of Materials Science*, Vol. 28, 1998, pp. 84–153.
[43] Kim, J. T., B. C. Kim, M. Jeong, and M. Lee, "Fabrication of a Micro-Optical Coupling Structure by using Laser Ablation," *Journal of Materials Processing Technology*, Vol. 146, 2004, pp. 163–166.
[44] Garner, S., S.-S. Lee, V. Chuyanov, A. Chen, A. Yacoubian, W. Steier, and L. Dalton, "Three-Dimensional Integrated Optics using Polymers," *IEEE Journals Of Quantum Electronics*, Vol. 35, No. 8, August 1999, pp. 1146–1155.
[45] Kim, J.-S., and J.-J. Kim, "Stacked Polymeric Multimode Waveguide Arrays for Two-Dimensional Optical Interconnects," *IEEE Journal of Lightwave. Technology*, Vol. 22, No. 3, March 2004, pp. 840–844.
[46] Kim, J.-S., and J.-J. Kim, "Fabrication of Multimode Polymeric Waveguides and Micromirrors using Deep X-ray Lithography," *IEEE Photonics Technology Letters*, Vol. 16, No. 3, March 2004, pp. 798–800.
[47] Kim, J.-H., and R. T. Chen, "A Collimation Mirror in Polymeric Planar Waveguide Formed by Reactive Ion Etching," *IEEE Photonics Technology Letters*, Vol. 15, No. 3, March 2003, pp. 422–424.
[48] Lehmacher, S., and A. Neyer, "Integration of Polymer Optical Waveguides into Printed Circuit Boards," *Electronics Letters*, Vol. 36, No. 12, June 2000, pp. 1052–1053.
[49] Lau, J. H., M. S. Zhang, and S. W. R. Lee, "Embedded 3D Hybrid IC Integration System-in-Package (SiP) for Opto-Electronic Interconnects in Organic Substrates," *ASME Transactions, Journal of Electronic Packaging*, Vol. 133, September 2011, pp. 1–7.
[50] Lau, J. H., S. Lee, M. Yuen, J. Wu, C. Lo, H. Fan, and H. Chen, "Apparatus Having an Embedded 3D Hybrid Integration for Optoelectronic Interconnects in Organic Substrate". US 20100215314A1, Notice of Allowance on 02/09/2015, Filed on February 20, 2009.
[51] Lau, J. H., S. T. Wu, and H. C. Chien, "Nonlinear Analyses of Semi-Embedded Through-Silicon Via (TSV) Interposer with Stress Relief Gap Under Thermal Operating and Environmental Conditions," *IEEE EuroSime Proceedings, Chapter 11: Thermo-Mechanical Issues in Microelectronics*, Lisbon, Portugal, April 2012, pp. 1/6–6/6.
[52] Chien, H. C., J. H. Lau, Y. Chao, R. Tain, M. Dai, S. T. Wu, W. Lo, et al., "Thermal Performance of 3D IC Integration with Through-Silicon Via (TSV)," *IMAPS Transactions, Journal of Microelectronic Packaging*, Vol. 9, 2012, pp. 97–103.

第11章 »

LED与IC的3D集成

11.1 引　　言

本章将讨论LED（发光二极管）和IC的3D集成封装。这些封装包括单个或多个LED以及有源IC（集成电路）芯片，如ASIC（专用IC）、LED驱动器、处理器、存储器、RF（射频）传感器和采用3D方式的电源控制器或采用2.5D方式无源转接板。还将介绍和讨论这些封装的组装工艺。具体而言，IC和LED的2.5D集成，例如，①LED封装使用带有腔体的硅基板进行磷光体印刷和Cu填充的TSV进行互连；②用于LED封装的带有腔体和TSV的硅基板；③讨论了带有腔体和TSV的硅基板上的LED。最后，将提出一个适用于3D IC和LED集成封装的热管理系统。首先简要介绍Haitz定律的现状和展望。

11.2 Haitz定律的现状和展望

已退休的HP/Agilent公司的科学家Roland Haitz博士，因Haitz定律闻名，他在1999年预测[1,2]："每十年，每流明（发射的有用光单位）的成本下降90%，而每个LED封装产生的光量增加20倍。"由于白光LED的快速发展和环保措施带来的压力，在过去十年中，每个LED封装产生的光量增加了约30倍（见图11-1[1-11]和图11-2）。因此，Haitz（在LED领域仍然非常活跃）和Tsao对固态照明（Solid-State Lighting，SSL）在过去十年中的进展发表了评论[12]，并对未来10~20年做出了一系列新的预测。他们的结论和建议总结如下：

1）固态照明（SSL）一词现在在美国和日本常用来描述这一领域。这类似于"固态电子学"一词，该词在20世纪50年代和60年代很常见，用来描述基于半导体晶体管的技术，这些技术后来取代了电子产品中的真空管。其他可能更具描述性的表达通常用在其他语言中，例如韩语、俄语和德语中的"LED照明"，以及汉语中的"半导体照明"。在这些评论中，将交替使用这些表达方式。

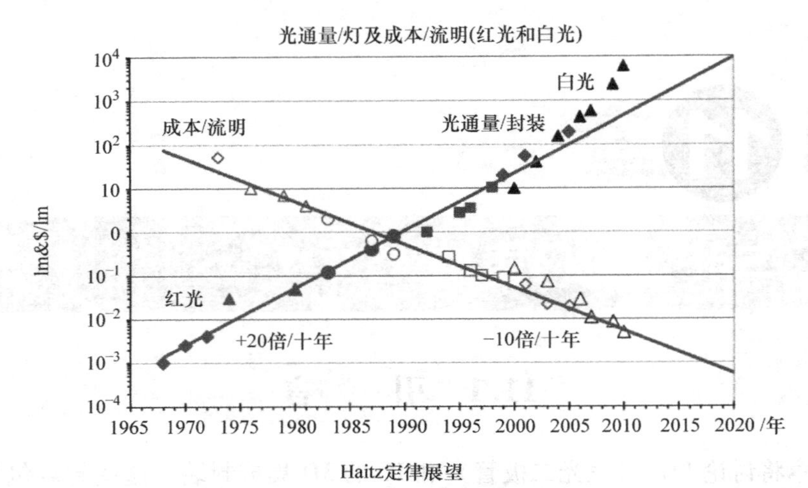

Haitz 定律是对 LED 多年来稳步改进的观察/预测。它指出，对于给定波长(颜色)的光，每十年，每流明(发射的有用光单位)的成本下降 90%，每个 LED 封装产生的光量增加 20 倍，它被认为是LED对应的摩尔定律

随着时间的推移，是什么导致$/lm下降？

- LED的生产成本
- 从生长到制造到封装再到测试
- 性能突破
- 良率
- 竞争
- 体积和自动化

图 11-1 Haitz 定律

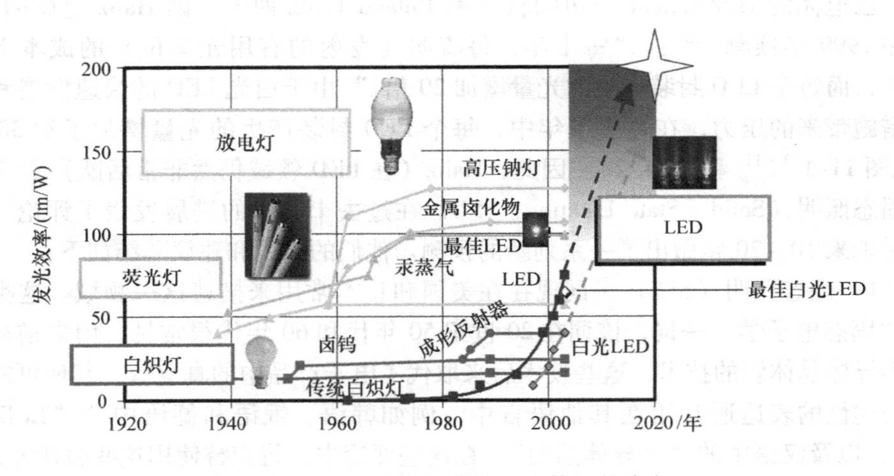

图 11-2 照明 LED（发光二极管）的演变

2）注意，与 Haitz 定律不同，摩尔定律没有明确成本，但众所周知，摩尔定律是计算成本大幅度下降的驱动因素，在过去三十年中，计算成本每年下降70%。随着对计算能力持续不断的需求和成本的稳步降低，摩尔定律没有面临可预见的基于应用的限制。

3）有人可能会争辩说，如果需要对光的时间和空间位置进行更精细的控制，那么朝着更大光通量/灯的趋势可能会最终逆转，因为这种控制是由大量空间分布的但光通量低的灯促成的。

4）白皮书中首选的颜色混合方法可以使用所选 4～6 种颜色中任何一种广泛生产经销的 LED。环境温度变化及其相应的色移、随时间变化的通量稳定性、老化等都可以通过主动反馈回路控制驱动电流的变化进行校正。如果数字调色成为市场需求，则可能必须实施这种颜色控制方法。

5）颜色混合将在需要有限或颜色丰富变化的照明市场的利基部分发挥作用。其市场份额将取决于红、黄、绿三种颜色的功效改善进展以及反馈回路的满意设计。目前，功率转换器/驱动器的成本与基本的大容量 LED 的成本相当。即使电源转换器可以为所有颜色所共享，4～6 个独立驱动器的成本也将是一个巨大的障碍。

6）在技术推动的快速转换过程中，市场预测必须谨慎对待。消费市场的经济问题是众所周知的，在产业繁荣时期过度投资导致的价格下跌速度快于预期，这是半导体行业的典型问题。

7）请注意，这些市场数字仅指简单封装的 LED 灯，不包括二次光学元件、驱动器、插座等。在过去 15 年中，所有传统灯泡的$15B/年的市场增长相当稳定，这种惊人的增长必须在这样的背景下才能看到。随着 SSL 的接管，传统灯泡市场将开始萎缩，并可能最终几乎完全消失。

8）注意这些价格与美国能源部的预测一致。最近，Jim Brodrick 介绍了能源部对 2009—2015 年期间 SSL 相对成本的预期[10]。能源部预计 LED 元件的成本将在六年窗口期降低 80%。图 11-1 所示的 2009 年趋势线成本为$8/klm。2015年减少 80%，达到在图 11-1 中预测的相同范围。

9）2003 年，Haitz[6] 预测到 2015 年 LED 灯将开始与任何基于电力的光源应用竞争，甚至是有电视覆盖的体育场馆。在最近的新闻稿中，PHILIPS 宣布为偏远地区无法接入电网的小型足球训练场提供基于太阳能/电池的照明系统。

10）注意，这并不意味着热问题将消失。尽可能地努力推动 LED 终究是有利的，以便将 LED 成本分摊到产生更大的流明上。在没有 100% 效率的情况下，热问题通常是限制 LED 驱动强度的因素。

11.3 LED已经走过了漫长的道路

2011年，全球LED市场（包括标准的、AlInGaP和InGaN）规模超过100亿美元，预计2015年LED销售额将增至450亿美元。受维护/劳动力、安全/安保和“绿色技术”问题驱动的外部应用将继续主导LED在固态通用照明中的使用。目前，全球最大的LED供应商（按收入计算）包括Nichia、Samsung LED、Osram、LG Innotek、Seoul半导体、Philips/Lumileds和Cree。LED已经走过了漫长的道路。

一百年前，Henry Joseph Round在1907年[13]发现了电致发光而Oleg Vladimirovich Losev在1920年代发明了第一个LED[14,15]，这预示着未来几代LED的发展。1962年Nick Holonyak, Jr. 发明了第一个实用的可见光谱红色LED[16]，1972年M. George Craford发明了第一个黄色LED[17]，1993年Shuji Nakamura发明了第一个高亮度（High Brightness, HB）蓝色LED[18-33]，激发了LED在更广泛技术领域的发展。Alberto Barbieri于1995年证明了在（例如AlGaInP/GaAs）LED上使用由氧化铟锡（ITO，例如Sn_2O_3: In_2O_3 = 1:9）制成的透明触点来提高HB LED的效率。HB蓝色LED和高效率HB LED的存在很快导致了Nakamura开发出第一个白色LED，他在蓝色LED上使用Y3Al5O12: Ce或YAG: Ce黄色荧光粉涂层来产生白色的光[34-36]。

Nakamura的发明是过去十多年来LED行业发展的最重要和最强大的驱动力（如图11-2所示明显的转折），并为LED的许多应用打开了大门，例如，指示灯和标志，如交通灯和车辆照明；照明，例如路灯和LCD（液晶显示器）电视的背光；智能照明，例如传输宽带数据和用于数据传输的无线路由器；环境可持续照明，例如无毒；经济地可持续的照明，例如降低成本；非视觉应用，例如传感器和光物质交互和通信；以及机器视觉系统的光源，例如条形码扫描仪。图11-3和图11-4显示了这些应用。所有这些都为Nakamura（与Isamu Akasaki和Hiroshi Amano一起）赢得了2014年诺贝尔物理学奖。

几年后，Jonathan Wierer和他在Lumileds的同事[37]演示了高功率（High-Power, HP）AlGaInN倒装芯片（Flip Chip, FC）LED（HP FCLED），进一步扩大了LED在更多新应用领域的应用范围，如图11-4所示。3D LED和IC与TSV技术的集成将使LED产品具有更好的性能、更低的成本、更小的面积、更轻的重量和更小的外形尺寸[38]。LED是一种清洁（绿色）产品，因为LED照明对人类的危害较小。此外，LED照明可以持续很长时间。因此，与当前的照明系统不同，在陆地上使用的LED对环境造成危害的情况要少得多。对LED来说，这是一个激动人心的时刻。

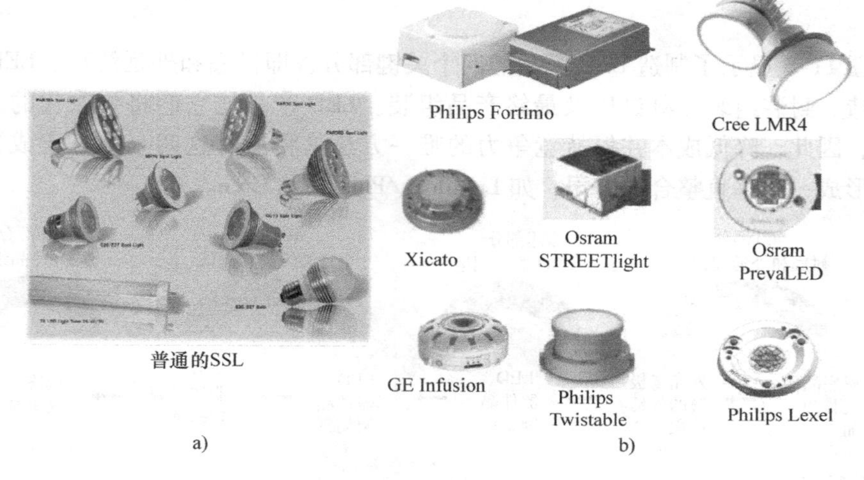

a) b)

图 11-3 固态照明示例

a）普通的 b）更多选项和更高级别的集成

a) b) c)

图 11-4 LED 的美丽示例

a）通往阿曼苏哈尔的大门 b）中国广州电视塔 c）泰国曼谷的巨桥

11.4 LED 产品的四个关键部分

图 11-5 显示了制造 LED 产品的四个关键部分，即衬底和外延淀积、LED 器件制造、封装组装和测试以及最终产品组装。LED 产品比它们将要取代的产品更贵，因此，降低成本并保持竞争力的唯一方法是将所有这四个部分集成在一起，形成一个垂直整合的公司，如 Lumileds/Philips 和 Cree。

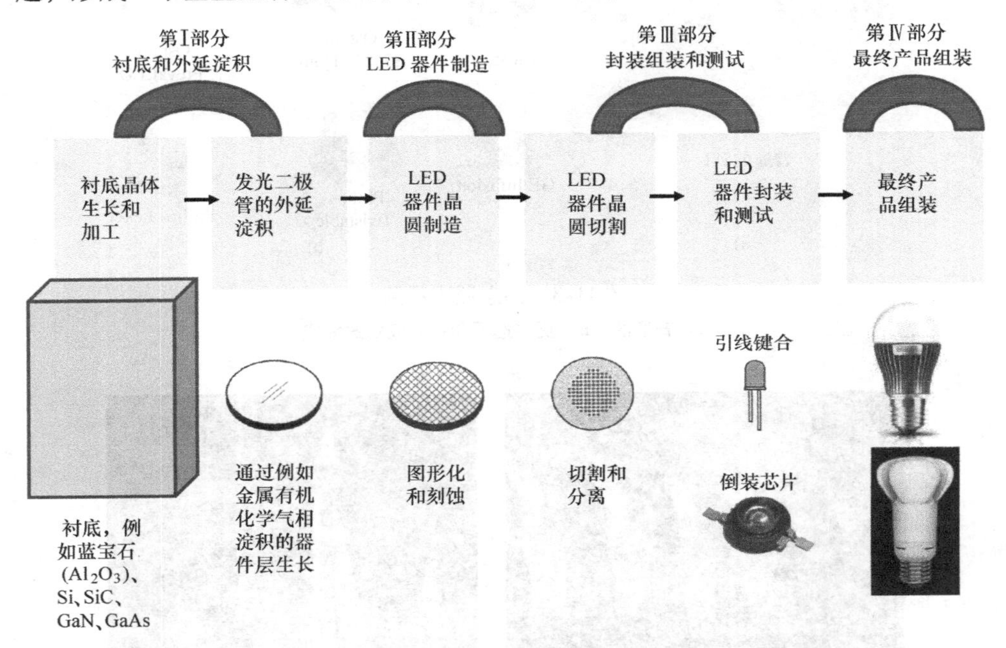

图 11-5　LED 半导体的四个关键部分，即衬底和外延淀积、LED 晶圆制造、封装，例如，切割、分离、引线键合、焊料凸点连接的倒装芯片、组装和测试以及最终产品组装

11.4.1　LED 衬底外延淀积 ★★★

LED 最常用的衬底是蓝宝石（Al_2O_3），甚至还使用了 SiC、GaN 和 GaAs。例如，Lumileds/Philips 使用 Al_2O_3，Cree 使用 SiC。Al_2O_3 和 SiC 的热导率分别为 24W/(m·℃) 和 250W/(m·℃)。Al_2O_3 和 SiC 的热膨胀系数分别为 6×10^{-6}/℃和 3×10^{-6}/℃。Al_2O_3 和 SiC 的弹性模量分别为 310GPa 和 500GPa。Al_2O_3 和 SiC 的电阻率分别为 $>10^{14}\Omega$cm 和 0.02Ωcm。

衬底上 LED 的外延淀积通过金属有机化学气相淀积（Metal - Organic Chemi-

cal Vapor Deposition，MOCVD）在反应器中生长（如图 11-6 显示 Veeco 仪器的 VECO）。工艺温度范围为 750～1100℃。用于 LED 应用的 MOCVD 的知名设备供应商有 Aixtron（德国）、Veeco（美国）、Nippon Santo 和 Nissin Electric（日本）。中国也开始生产 MOCVD，目前，中国拥有 1000 多台 MOCVD。在 LED 外延淀积之后，对晶圆进行图形化和刻蚀。

图 11-6　金属有机化学气相淀积反应器

11.4.2　LED 器件制造 ★★★

LED 器件制造的关键任务是图形化和刻蚀，这与 IC 半导体制造的关键任务是一样的。多量子阱基本上是通过光刻图形化和等离子体刻蚀技术实现的。

11.4.3　LED 封装组装与测试 ★★★

LED 器件的封装是一项艰巨的任务。除了常规切割和分离（切单）LED 器件晶圆外，单个 LED 器件封装在一个封装中，该封装应完成四项主要任务，即为 LED 器件供电的电流提供通路，分配到 LED 器件上信号的加载或关断，消除 LED 产生的热量，以及支撑和保护 LED 器件免受恶劣环境的影响。如今，有两种方法将 LED 器件连接到外部（下一级互连），一种是通过引线键合（所谓的“子弹头”），如图 11-5 所示，另一种是通过焊料凸点连接的倒装芯片，如图 11-5和图 11-7 所示。LED 封装的趋势是更亮、更小、更智能和更便宜，如图 11-8所示。

11.4.4　LED 最终产品组装 ★★★

LED 相当于 SSL 应用中的灯泡或灯吗？不，LED 不仅仅是 SSL 应用的灯泡

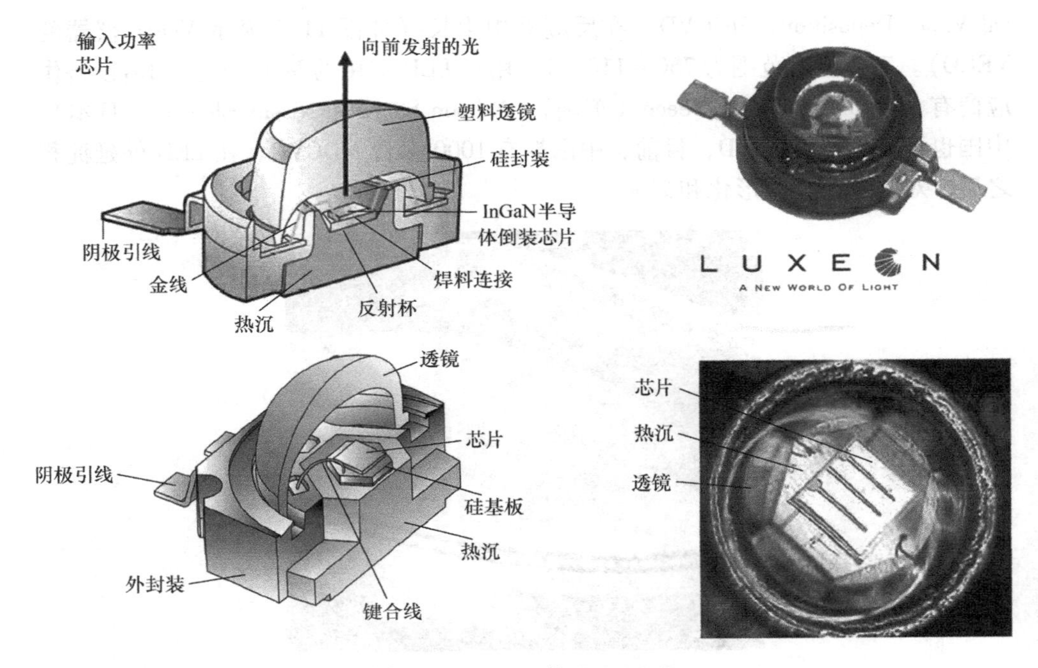

图 11-7 Philips 的 HPFC LED

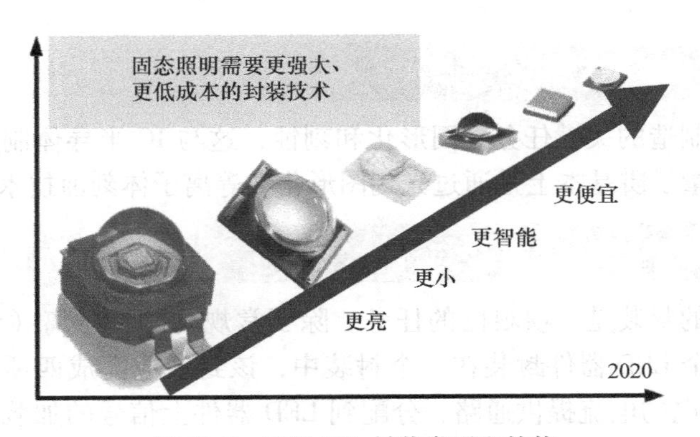

图 11-8 LED SSL 封装类型和趋势

或灯，还有更多。LED 或灯的最终组装至少由一个插座、散热器、驱动器（交流到直流）、LED 和光学元件组成。这就是为什么普通白炽灯比 LED 便宜的原因之一。影响 LED 效率的因素有驱动器、光学元件和散热元件。由于 LED 器件的尺寸非常小（即非常小的传导表面），因此很难将热量传导出去，通常需要（不成比例的）散热器将 LED 温度保持在 85℃ 以下，以保持 LED 流明性能。图 11-9 ~ 图 11-11 显示了 LED 封装和组装的最终产品的温度分布。可以看出

LED 是热的（红色）。

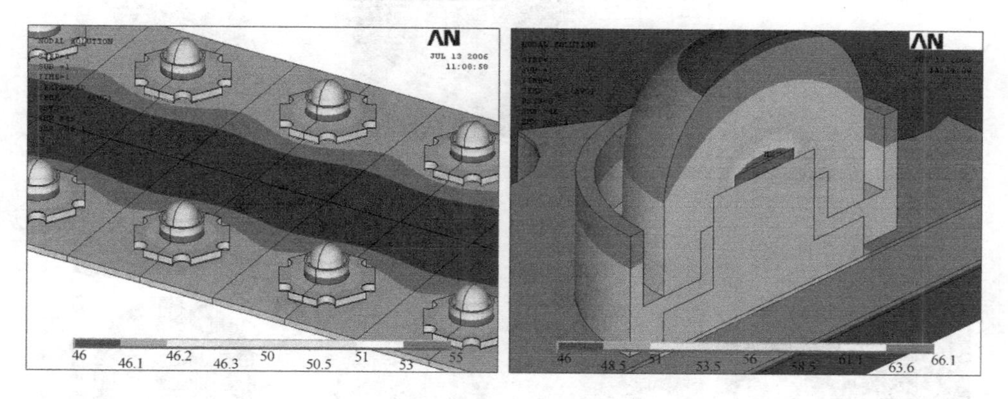

图 11-9 LED 封装中的温度分布

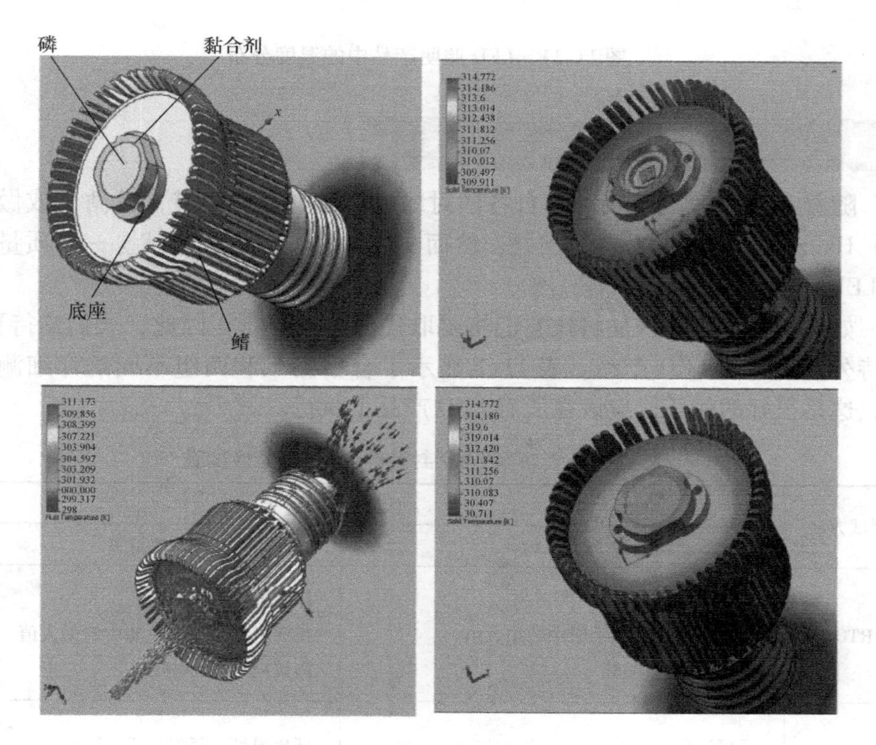

图 11-10 系统级热建模和分析

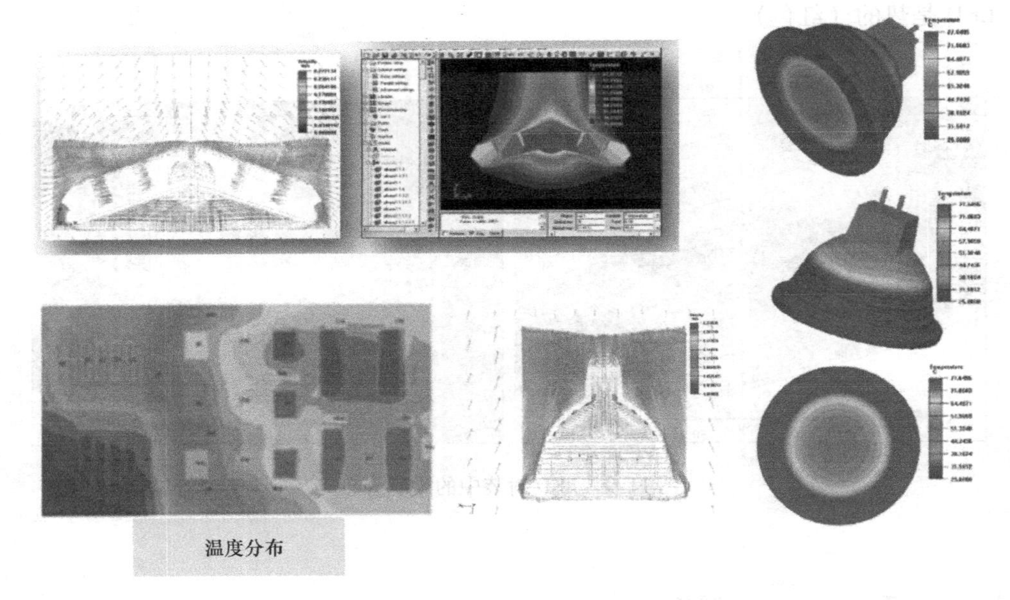

图 11-11　LED 照明产品中的温度分布

11.4.5　LED 产品的展望 ★★★

随着 LED 的发展势头和来自各国对绿色产品的环保举措，遵循（或做得更好）Haitz 定律应该没有任何问题。然而，LED 行业有两大担忧。一是质量低劣的 LED 产品，二是定价不公。

如前所述，LED 产品将比它们将要取代的产品更贵，因此，人们期待更亮、更持久的高品质 LED 产品。表 11-1 显示了合格测试和两组不同的详细测试条件，这是很好的例子，应该在所有 LED 产品上执行。

表 11-1　大功率 LED 封装的合格/可靠性试验

测试方法	应力条件	
	规范 A	规范 B
RTOL	环境温度：45℃ 正向电流：数据手册中的最大值 测试时间：1008h	环境温度：55℃ 正向电流：数据手册中的最大值 测试周期：1000h
HTOL	环境温度：85℃ 正向电流：数据手册中的最大值 测试时间：1008h	环境温度：85℃ 正向电流：数据手册中的最大值 测试周期：1000h

（续）

测试方法	应力条件	
	规范 A	规范 B
LTOL	40℃ 正向电流：数据手册中的最大值 测试时间：1008h	55℃ 正向电流：数据手册中的最大值 测试周期：1000h
WHTOL	环境温度：85℃ 正向电流：数据手册中的最大值 湿度：85%相对湿度（RH） 时间周期：1008h（周期）	回流焊接前在60℃和60% RH条件下进行预处理，120h 高压釜：121℃，100% RH，15psig，96h
热冲击	40～125℃ 停留时间：15min 传输时间：<20s 周期：200个周期	40～110℃ 停留时间：15min 传输时间：<20s 周期：1000个周期
机械冲击	冲击：1500G 脉冲宽度：0.5ms 方向：各5个，6轴（共30个）	冲击：1500G 脉冲宽度：0.5ms 方向：各5个，6轴
盐气氛	环境温度：35℃ 盐淀积：30g/m²/天 测试周期：48h	环境温度：35℃试验 测试周期：48h

11.5 LED与IC的3D集成

11.5.1 HP FCLED和薄膜FCLED ★★★

图11-12示意性地显示了Lumileds[37]（现在称为Philips）提出的Si热沉上的HP FCLED。图中显示蓝光从多量子阱（Multiple Quantum Wells，MQW）发出，通过涂有黄色荧光粉的透明蓝宝石衬底GaN提取。这种黄色荧光粉吸收一部分蓝光，并受激而发出黄光，黄光与其余蓝光混合，产生人眼看起来是白色的光。此外，HP FCLED具有大的发射面积和优化的接触方案，允许在低正向电压下进行大电流操作，因此具有高功率转换效率[37]。由于没有引线键合而采用焊料凸点，因此该封装将具有更好的热提取和光学效率。该技术已经量产，部分产品如图11-7所示。最近，Philips去掉了蓝宝石，并对n－GaN的背面进行了粗糙化处理，如图11-13所示，这就是所谓的薄膜FCLED。在这种情况下，它们可以实现更高的光学提取效率。

通常，带有Si热沉的FCLED封装在带有金属涂层的反射杯中（但有些没有

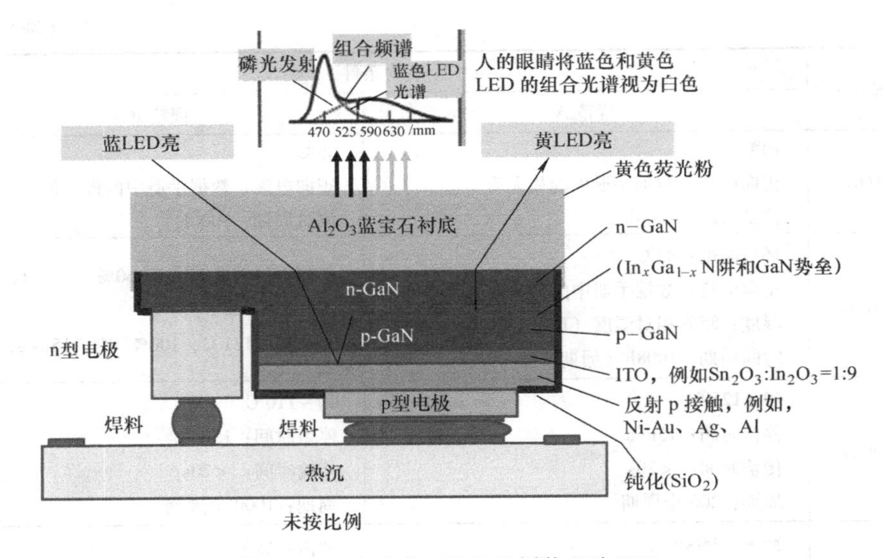

图 11-12　大功率 AlGaInN 倒装芯片 LED

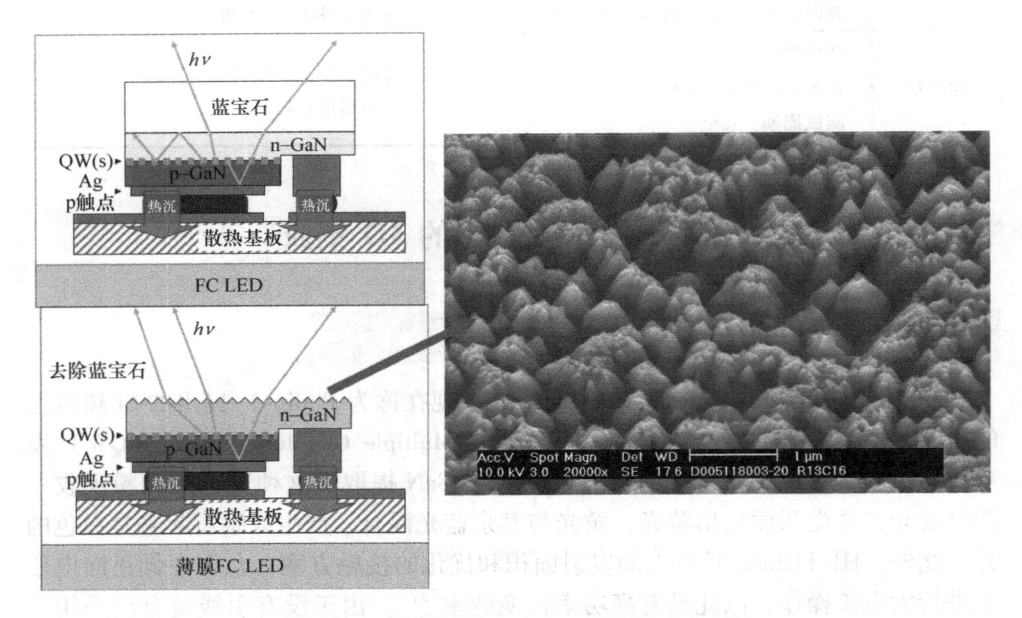

图 11-13　薄膜倒装芯片 LED（去除蓝宝石）

反射杯，如图 11-7 左下角所示），贴附到互连，例如外壳和/或 PCB，填充透明硅酮密封剂，然后覆盖塑料透镜（曲线或平面）。输入功率范围为 1～5W，LED 芯片尺寸为≥$1mm^2$。需要指出的是，为了提高光输出和质量，Philips/Lumileds 去除了蓝宝石衬底，如图 11-13 所示。

大多数系统在 PCB 的一个位置上设计和组装 LED 模块（组件），在 PCB 的另一个位置上设计和组装 ASIC、LED 驱动器、传感器、RF、电源控制器、处理器或存储器等，如图 11-14 顶部所示（为简单起见，未显示 LED 模块的盖透镜、密封剂、热管理系统等）。

11.5.2 LED 与 IC 的 3D 集成封装 ★★★

当今电子行业的主要发展趋势是通过使产品更智能、更轻、更小、更薄、更短和更快来使产品更加个性化，同时使它们更加友好、功能强大、可靠、坚固、创新和经济。随着产品微型化和快速化的持续趋势，推出更加人性化、功能更加多样化的创新产品将成为市场增长的驱动因素。有助于实现这些产品设计目标的关键技术之一是 3D IC 集成，参见本章参考文献[38－55]中的例子。

例如，图 11-14 的底部示意图显示了被诸如 ASIC、LED 驱动器、处理器、功率控制器、传感器、RF 等 IC 芯片替换的无源 Si 热沉，即以 3D 方式将 LED 和 IC 芯片集成在一起[38]。通过在 IC 芯片上填充铜的硅通孔，可以有效地实现它们的电馈通和一些热路径。这种 3D LED 和 IC 集成封装的优点是性能更好、成本更低、面积更小、重量更轻、外形尺寸更小，这也是本章的重点。

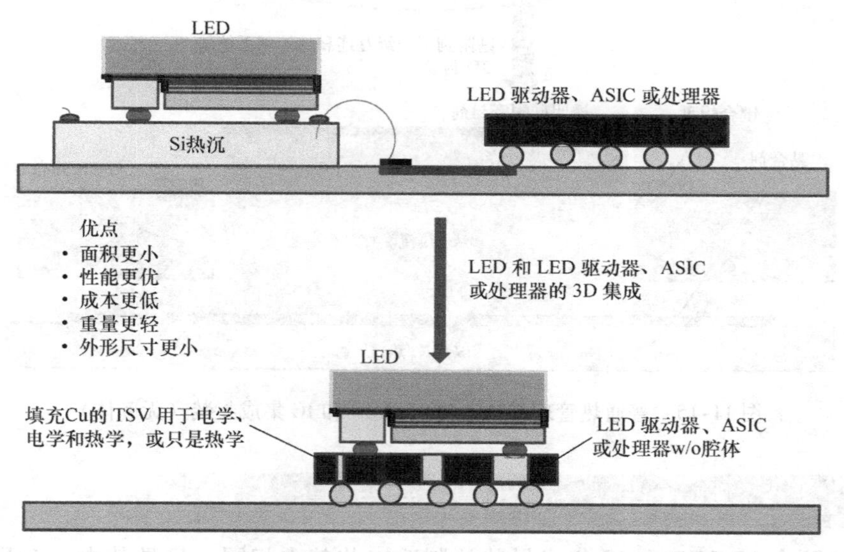

图 11-14 3D LED 和 IC（如 LED 驱动器、ASIC、存储器、处理器、传感器、电源控制器和 RF）集成

图 11-15 和图 11-16 显示了两个 3D LED 和 IC 集成封装。图 11-15 所示为不带反射杯但带有一个曲面透镜的封装。图 11-16 显示了带有反射杯和平面塑料透镜的封装。这两种封装都能够支撑黄色荧光粉多 LED 和有源芯片。可以看出，

无源 Si 热沉（见图 11-12 ~ 图 11-14）已被有源 IC 芯片所取代，该芯片可以是例如 ASIC、LED 驱动器、功率控制器、传感器、RF、处理器和存储器。这个有源 IC 芯片可用于支撑黄色荧光多 LED 的许多功能，例如调光和照明控制、升压和降压拓扑、电源转换、电馈通和热管理。这个有源 IC 芯片具有铜填充的 TSV（最有可能是 RDL）用于纯电馈通、电馈通和热路径以及纯热路径（即填充铜的大伪通孔）。Si 的热导率为 150W/(m · K)，Cu 的热导率为 390W/(m · K)。

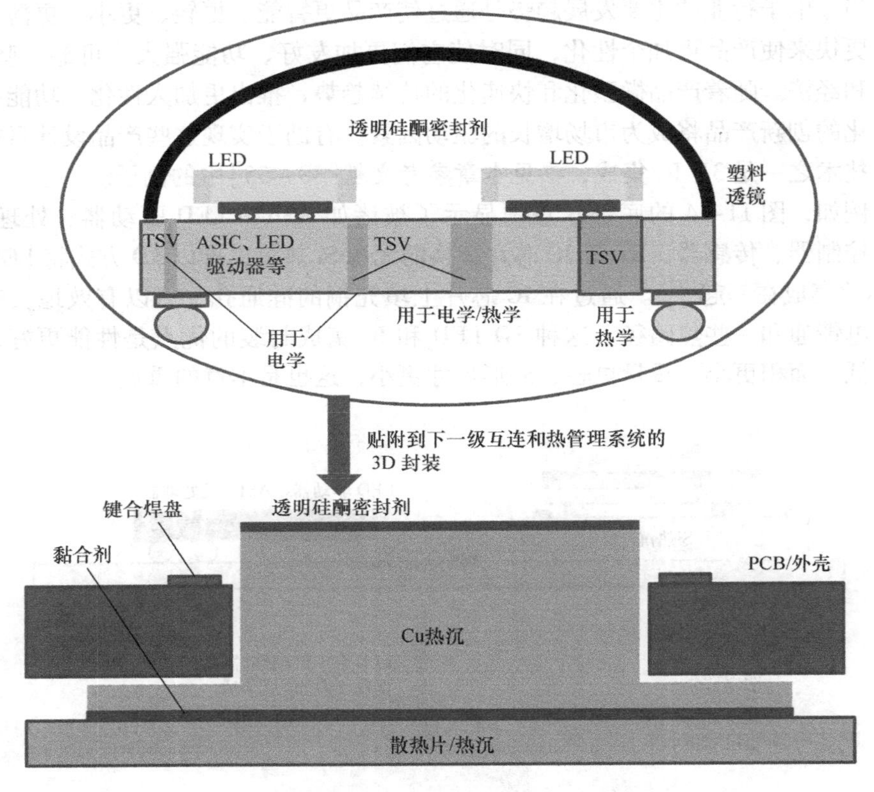

图 11-15　普通热管理系统上的 3D LED 和 IC 集成封装（无腔体）

11.5.3　LED 与 IC 的 3D 集成制造工艺 ★★★

这两个 3D LED 和 IC 集成封装的制造工艺基本相同，只是其中一个具有腔体（见图 11-16），本书对此进行了详细说明，如图 11-17 所示。有源硅 IC 晶圆的反射杯（腔）的制作是通过使用 KOH（氢氧化钾）溶液，EDP（乙二胺邻苯二酚）溶液和 TMAH（四甲基氢氧化铵）等刻蚀剂进行湿法各向异性刻蚀。根据掩模开孔的尺寸，可以在有源 IC 晶圆中形成 V 形槽或梯形盆。KOH 是最常用的刻蚀剂。它的危险性（毒性）比其他产品小得多，易于处理，容易获得，腐蚀

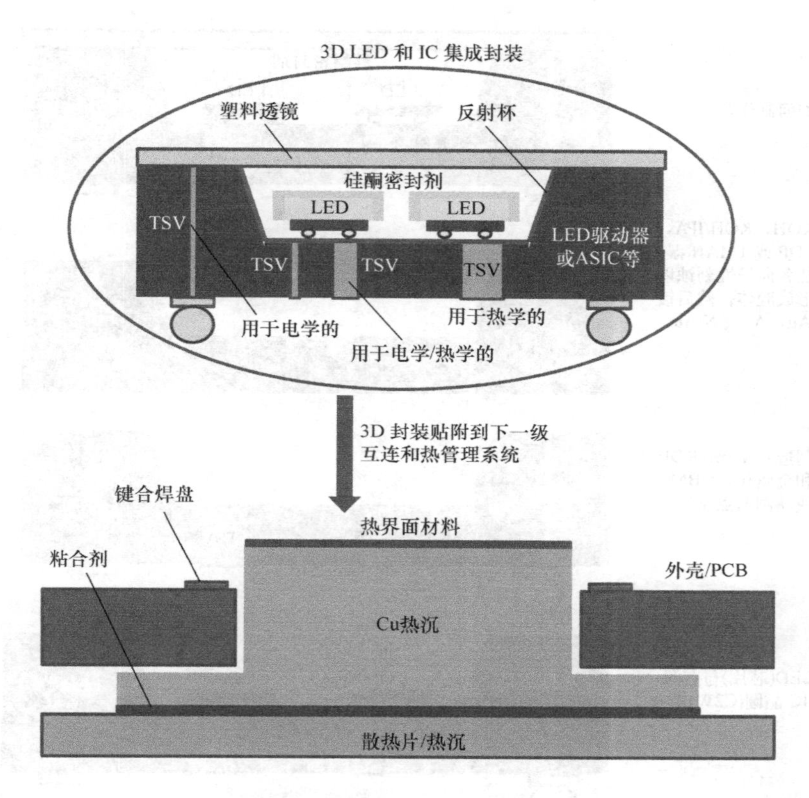

图 11-16 普通热管理系统上的 3D LED 和 IC 集成封装

速度快，但最大的缺点是 KOH 与 IC 不兼容，并且对 PECVD（等离子体增强化学气相淀积）氧化物的选择性相当差。TMAH 无毒且与 IC 兼容，但对该系统的研究较少。EDP 不容易处理，它是有毒的，如果与氧气接触，溶液会降解。因此，EDP 主要用于实验室研究，而不用于主流半导体制造。

KOH 刻蚀剂最常用的掩模材料是低压化学气相淀积（Low - Pressure Chemical Vapor Deposition，LPCVD）氮化硅/热氧化物，因为它相对于 KOH 蚀刻剂中的硅具有很大的刻蚀选择性。使用 KOH 各向异性湿法刻蚀剂对最常用的（100）取向硅晶片进行刻蚀时，腔体的侧壁（{111} 平面）与晶圆表面呈 54.74°角，对于不常用的（110）硅晶圆，腔体的侧壁（{111} 平面）与晶圆表面呈 90°角。为了促进硅晶体取向的概念发展，图 11-18a中展示了四种商用硅晶圆，而图 11-18b 中简述了 {100} n 型硅晶圆中的各种平面。根据掩模开孔的尺寸，在

如何制作?

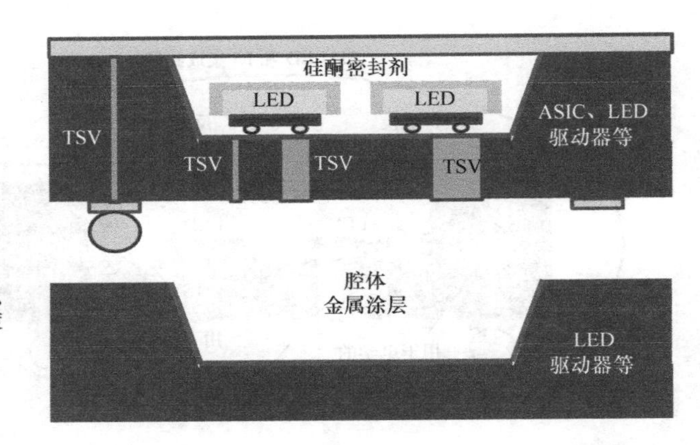

KOH、KOH/IPA、EDP 或 TMAH 湿法各向异性刻蚀以形成腔体，然后镀 Ag、Al 或 NiAu

制造TSV w/o RDL 和金属化、UBM 或晶圆凸点制造

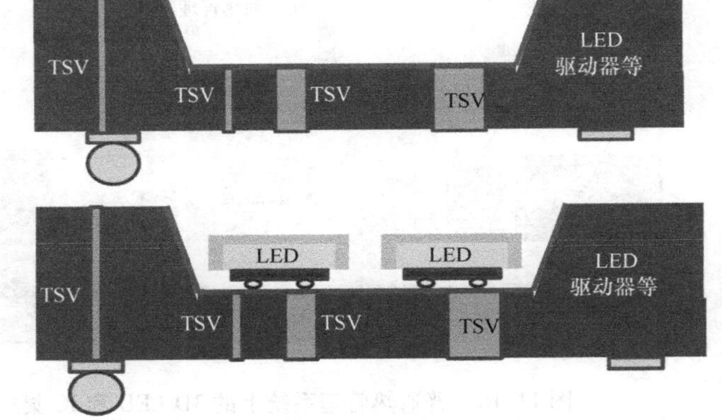

LED(芯片)与有源 IC 晶圆(C2W)键合

在有源IC晶圆上丝网印刷并固化硅酮密封剂

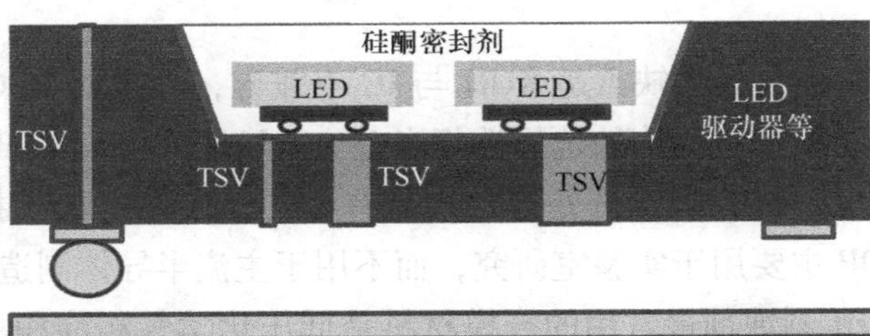

透镜晶圆与有源 IC 晶圆(W2W)键合，然后切割

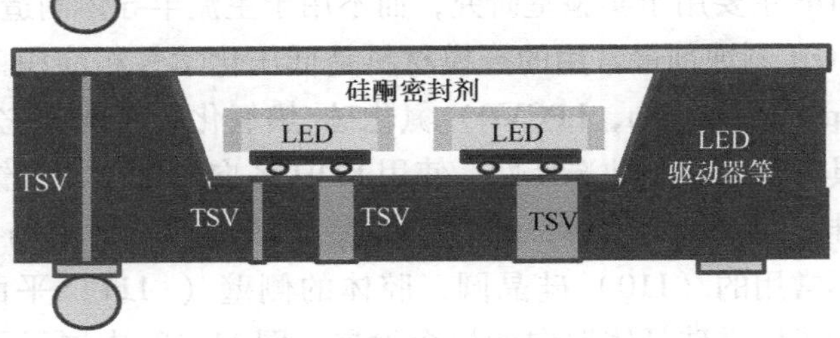

图 11-17　3D LED 和 IC 集成封装的制造工艺

[100]晶圆中形成V形槽或梯形盆，如图11-18c所示。

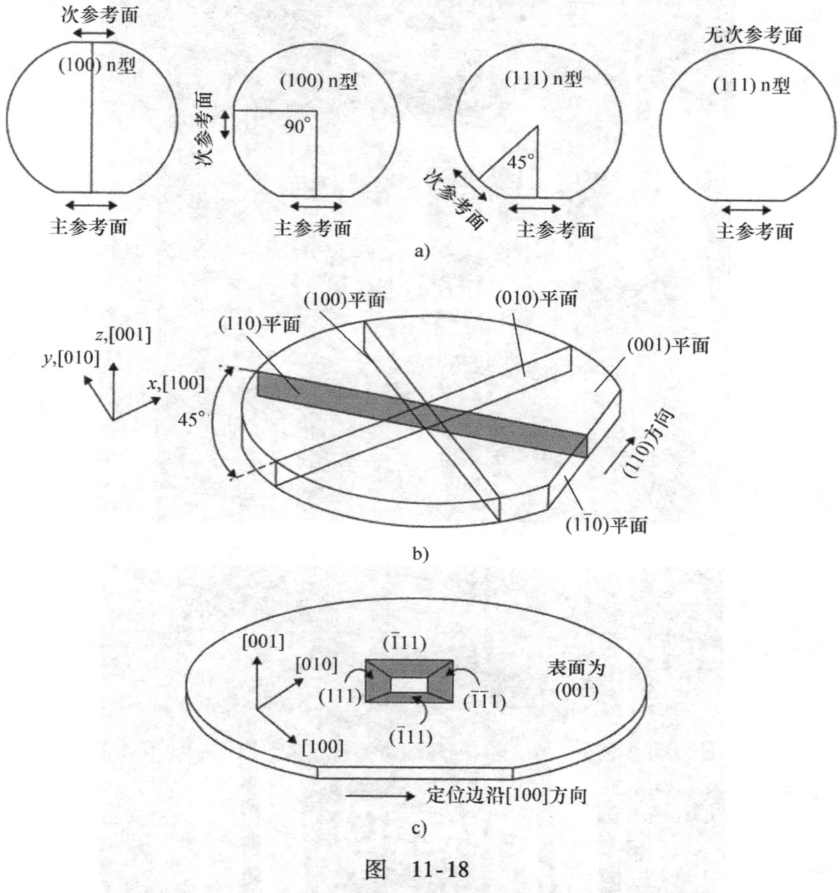

图　11-18

a）显示n型和p型掺杂的{100}和{111}晶圆的主参考面和次参考面图　b）{100}取向晶圆中的各个平面（晶圆厚度被夸大了）　c）{100}晶圆和以{111}平面为边界的KOH刻蚀坑的透视图（Maluf和Williams）

在KOH刻蚀剂（KOH/IPA）中加入IPA（异丙醇），则（100）取向硅晶圆的腔体侧壁（{110}平面）与硅晶圆表面呈45°角，如图11-19[56]所示。需要指出的是，EDP和KOH/IPA溶液的行为相似，但使用EDP可获得更光滑的表面[56]。此外，通过利用起始晶圆不同晶面刻蚀速率的知识，可以通过正确选择掩模和刻蚀剂来形成各种微机械结构[56-59]。在使用KOH/IPA刻蚀剂通过湿法各向异性刻蚀形成IC晶圆的腔体之后，腔体的表面镀上一层金属，例如Ag、Al或NiAu，成为反射器。

TSV和RDL是3D IC集成最重要的关键实现技术[38-55]。有六个主要步骤（通孔形成、介质隔离层淀积、阻挡层/黏附层和种子金属层、通孔填充铜、铜

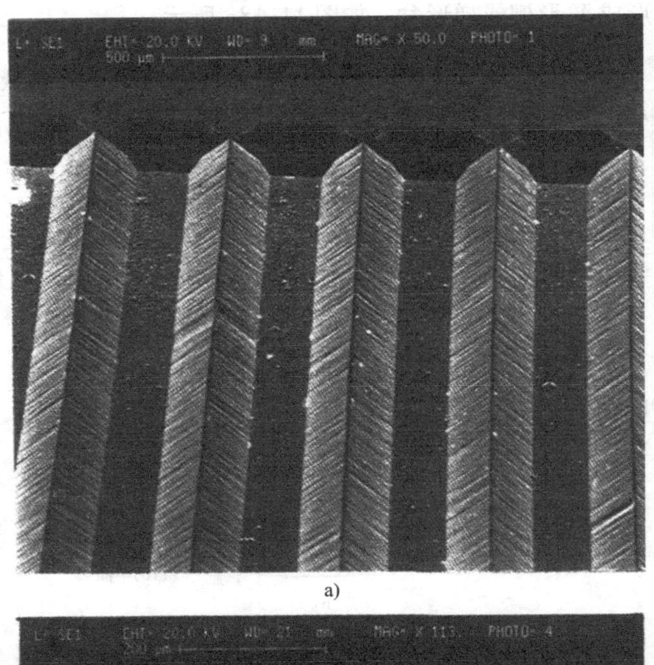

a)

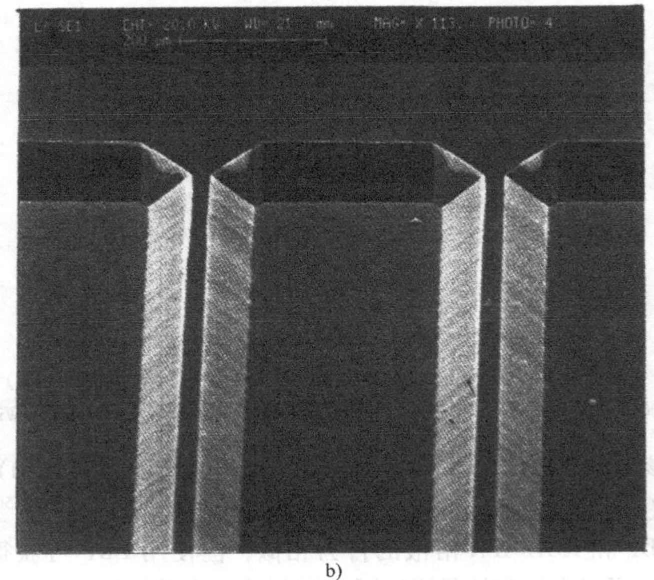

b)

图 11-19 KOH/IPA 和 EDP 刻蚀剂形成的腔体的 SEM 显微图
（侧壁是与（110）表面呈 45°倾角的｛110｝平面）

抛光和 TSV Cu 露出）来制造 TSV，还有更多步骤来制作 RDL、UBM、焊料凸点和金属化，如本书第 2～8 章所示。

如第 7 章中的方法所示，至少有两种方法用 TSV 将黄色荧光 LED（芯片）键合到 IC 晶圆（C2W）。一种是使用拾取和放置（Pick & Place，P&P）机器将所有 LED（w/o 助焊剂）放置在 IC 晶圆（w/o 助焊剂）上，然后立即对所有 LED 进行回流。另一种方法是使用倒装芯片键合器进行 P&P 和回流 LED（w/o 助焊剂），并在 IC 晶圆（w/o 助焊剂）上一次一个地回流 LED（w/o 助焊剂）。

在黄色荧光芯片（LED）与 IC 晶圆（C2W）键合后，接着进行硅酮封装。图 11-20 显示了简单的工艺步骤。可以看出，采用开孔略大于 IC 晶圆上腔体顶部开孔的不锈钢模板，将硅酮密封胶丝网印刷到腔体中，然后固化密封胶。

在 IC 晶圆的腔体中填充密封胶后，准备进行透镜晶圆到 IC 晶圆（W2W）的键合，如第 6 章中的方法所示。这一步骤非常类似于腔体帽晶圆和 ASIC 晶圆的 W2W 键合（MEMS 器件已经贴附在其顶面上），详见本书第 12 章和本章参考文献[40]。然后，用机械切割锯或激光切割键合的晶圆。

如果塑料透镜不是晶圆形式，即单个透镜，则有两种方法密封封装。一种是通过芯片（透镜）与 IC 晶圆键合，然后切割。另一种方法是首先将 IC 晶圆分为单个 IC 芯片，如图 11-20 底部所示，并按照第 8 章中的方法进行芯片（塑料透镜）与 IC 芯片（C2C）的键合。现在，3D 封装已经为下一级互连和热管理做好了准备。

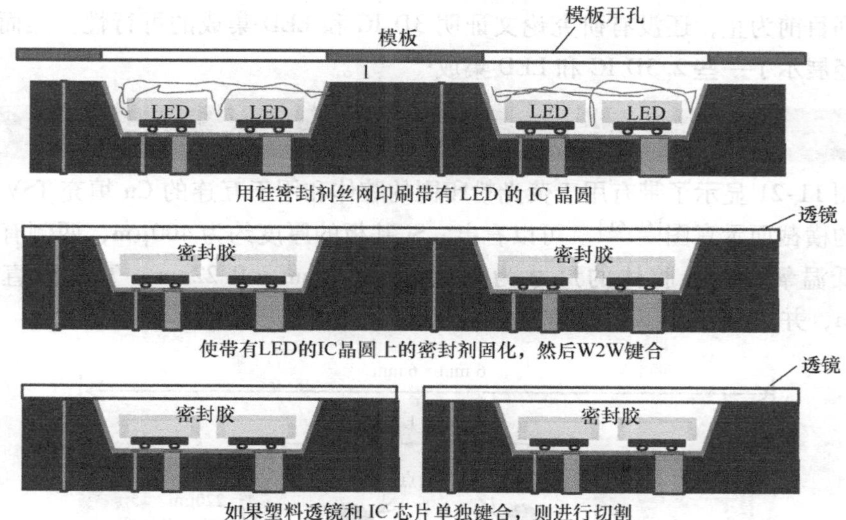

图 11-20　带有 LED 的 IC 晶圆上硅酮密封剂的丝网印刷

11.5.4　总结和建议 ★★★

一些重要结果和建议总结如下[38]：

1）通过用 ASIC、LED 驱动器、处理器、存储器、RF、传感器和电源控制器等有源 IC 芯片替代 HP FCLED 的 Si 热沉，即将 LED 和有源芯片集成到 3D

LED 和 IC 集成封装中。这些 3D 集成封装的优点是性能更好、成本更低、面积更小、重量更轻、外形尺寸更小。

2）通过利用起始晶圆不同晶面刻蚀速率的知识，适当选择掩膜材料（如 Si_3N_4、SiO_2、Au、Pt、Cr、Cu、Ag 和 Ta）和刻蚀剂（如 EDP、KOH/IPA 或 TMAH），可以形成各种微机械结构（反射杯）。

3）有源 IC 芯片中的铜填充 TSV 不仅可用于电馈通，还可作为热通道。由于铜的热导率是硅的两倍以上，故建议使用一些填充铜的大伪 TSV。

4）建议将 LED 拾取并放置在带有助焊剂的 IC 晶圆（C2W）上并同时进行回流，以提高产量并降低成本。

5）硅酮密封剂可以使用不锈钢模板进行丝网印刷，其开孔略大于 IC 晶圆腔体的开孔。

6）建议塑料透镜采用晶圆形式，这样可以使 IC 晶圆与塑料透镜晶圆（W2W）键合，以提高产量并节省成本。

11.6 IC 和 LED 的 2.5D 集成

到目前为止，还没有研究论文证明 3D IC 和 LED 集成的可行性。然而，最近已经展示了一些 2.5D IC 和 LED 集成[60-65]。

11.6.1 基于带有腔体以及铜填充 TSV 的 Si 基板的 LED 封装 ★★★

图 11-21 显示了带有用于荧光粉印刷的腔体和用于互连的 Cu 填充 TSV 的 Si 基板的横截面示意图[60,61]。可以看出，Si 基板的厚度约为 400μm，两侧有 3μm 厚的低温氧化物。腔体的尺寸为 1.3mm × 1.3mm × 0.22mm。TSV 的直径为 100μm，并填充有 Cu。Cu TSV 的暴露尖端为 30μm，并镀有焊料。

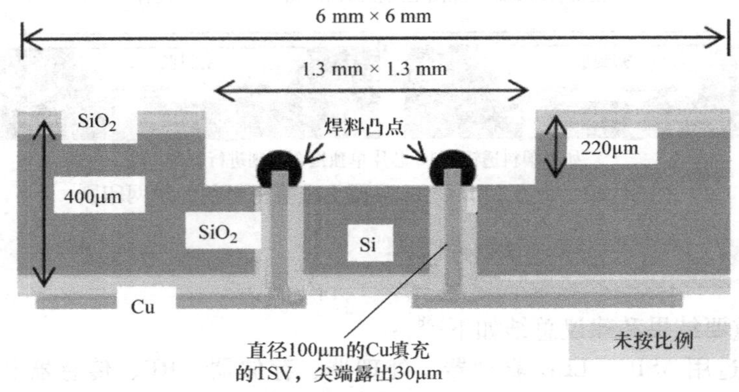

图 11-21 带有腔体和 TSV 的 Si 基板

LED 封装的关键组装工艺流程如图 11-22 所示。首先，采用 DRIE（深度反应离子刻蚀）从背面制造盲孔，而在正面制造腔体，见图 11-22a。接着是介质层、阻挡层、种子层淀积和镀 Cu 以填充通孔，见图 11-22b。然后应用 KOH 和 BOE（缓冲氧化物刻蚀）进一步刻蚀正面的腔体，以暴露 Cu 填充 TSV 的尖端，见图 11-22c。在 TSV 尖端进行焊料电镀，然后在背面电镀电极，见图 11-22d。焊料回流，然后在背面形成 RDL 图形并电镀，见图 11-22e。然后，将倒装芯片（1mm × 1mm × 0.07mm）蓝色 LED 器件拾取并放置在焊料上，并回流以形成焊点，如图 11-22f 所示。最后，印刷荧光粉以填充腔体，如图 11-22g所示。

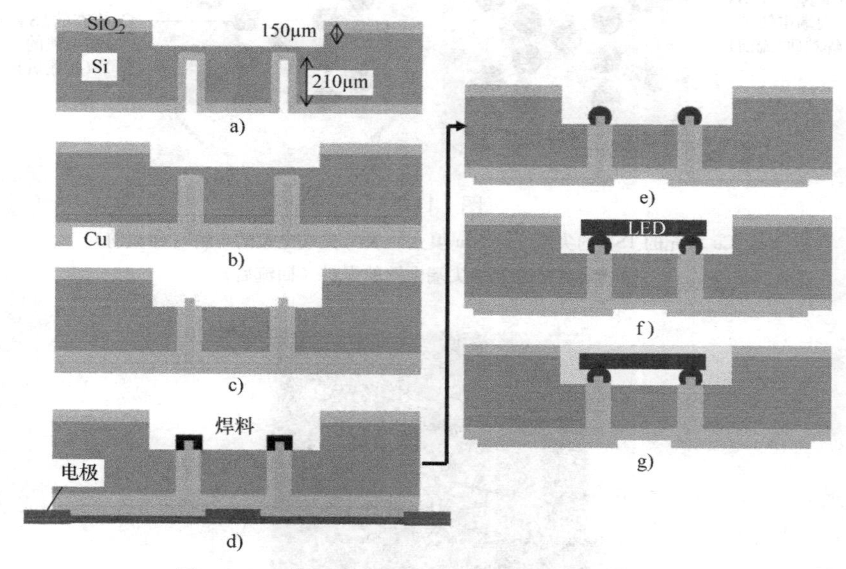

图 11-22 带 Si 基板的 LED 封装制造工艺流程图

a）TSV 和腔体刻蚀 b）TSV 的 Cu 填充 c）KOH 和 BOE 刻蚀以露出 TSV Cu 尖端
d）焊料和电极电镀 e）焊料回流和 RDL 图形化 f）LED 安装 g）荧光粉印刷

图 11-23a 显示了 Cu 填充的 TSV 尖端图像。图 11-23b 显示了 Cu 填充的 TSV 尖端电镀的焊料图像（焊料回流前），图 11-23c 显示了 Cu 填充的 TSV 尖端电镀的焊料图像（焊料回流后），可以看出效果很好。

图 11-24a 和 b 分别显示了 LED 封装的俯视图和横截面图。Si 基板、RDL、腔体和带有焊料凸点的 TSV 尖端（在 LED 安装之前）可以清楚地看到。

图 11-25a 示意性地显示了用于封装 LED 和填充腔体的干 YAG: Ce 黄色荧光粉的刮刀印刷。首先，将少量（1μL）UV 固化环氧树脂分布到腔体中，然后通过功率密度为 $75mW/cm^2$的 UV 灯预固化 10s。荧光粉末散布在 Si 基板的顶部，并通过刮刀印刷来填充腔体。最后，环氧树脂经 6min 完全固化以结合荧光粉并封装 LED 器件。图 11-25b 和 c 分别显示了荧光粉印刷前和印刷后的腔体图像。

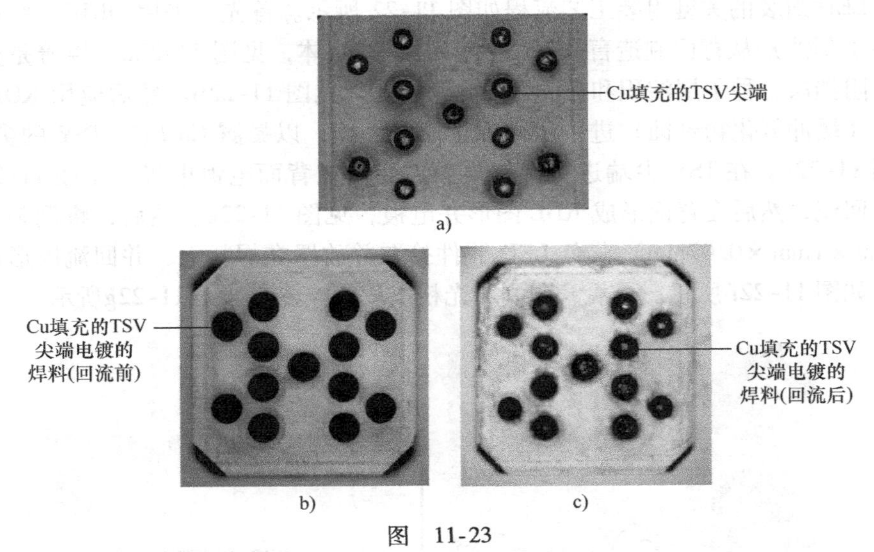

图 11-23

a）Cu 填充的 TSV 的尖端 b）Cu 填充的 TSV 尖端电镀的焊料（回流前）

c）Cu 填充的 TSV 尖端电镀的焊料（回流后）

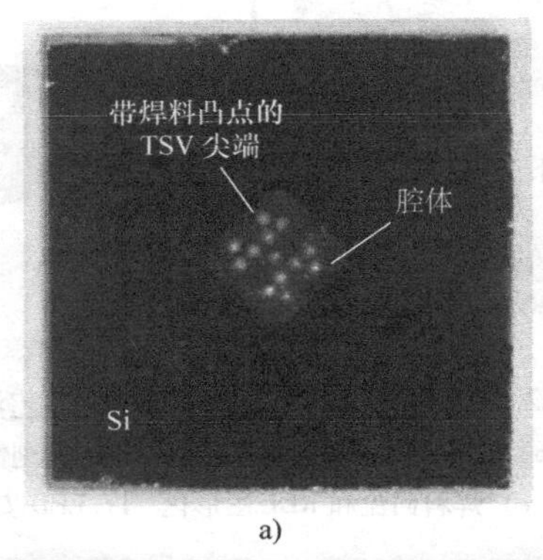

a)

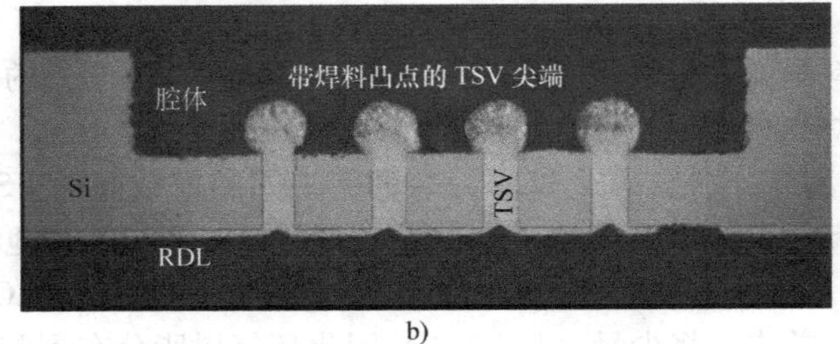

b)

图 11-24

a）带有腔体和带焊料凸点的 TSV 尖端的 Si 基板的俯视图

b）带有腔体和带有焊料凸点的 TSV 尖端的 Si 基板的横截面图

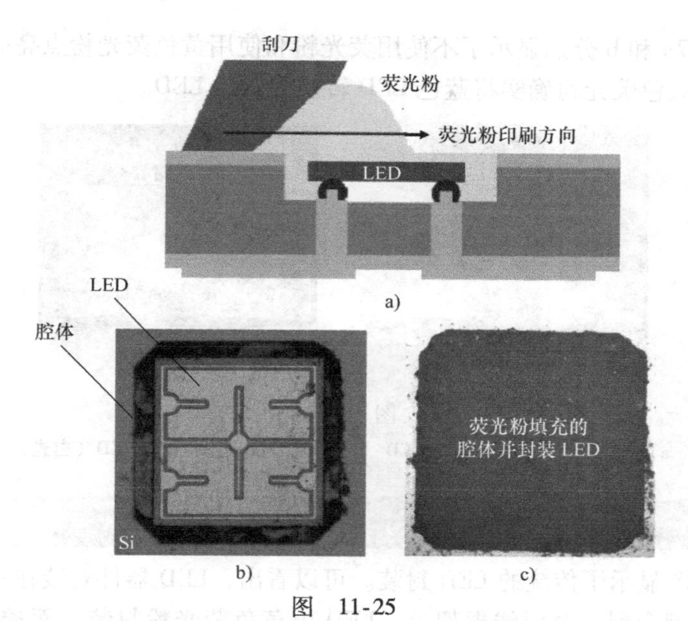

图　11-25

a）荧光粉印刷示意图　b）带有腔体和 LED 器件的 Si 基板俯视图

c）LED 和由黄色荧光粉覆盖的腔体的俯视图

图 11-26a 和 b 分别显示了最终 LED 封装的俯视图和横截面图。可以看出，LED 器件嵌入腔体中并由黄色荧光粉封装。封装在腔体内形成并实现平坦的轮廓。

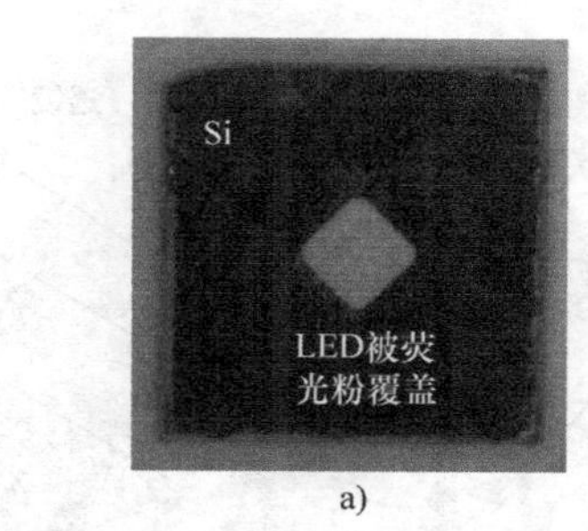

a)

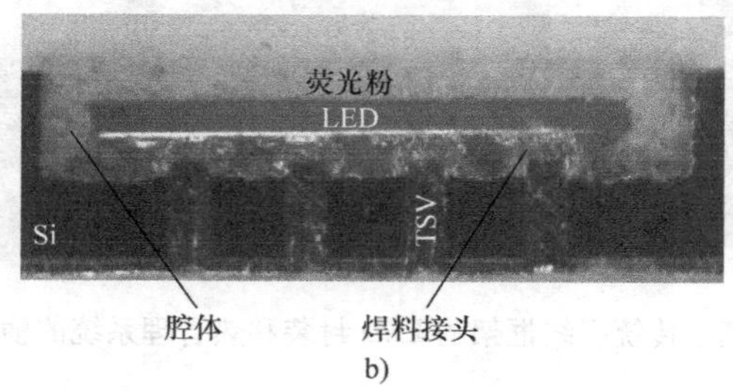

b)

图　11-26

a）带有腔体和 LED 被荧光粉覆盖的 Si 基板的俯视图

b）带有腔体和被荧光粉覆盖的 LED 的 Si 基板的横截面图

图 11-27a 和 b 分别显示了不使用荧光粉和使用黄色荧光粉点亮的蓝色 LED。可以看出，黄色荧光粉确实将蓝色 LED 转换为白色 LED。

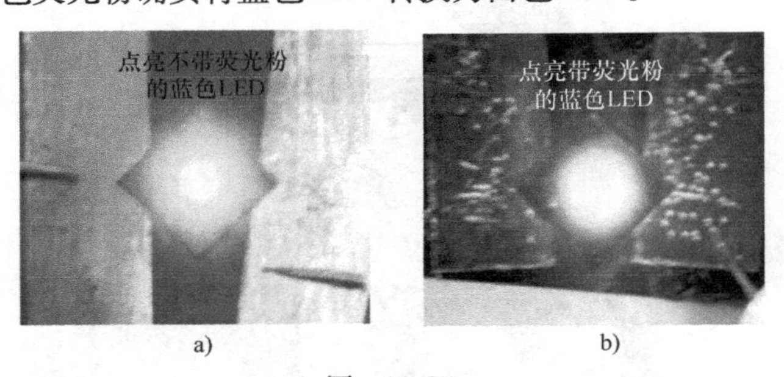

图 11-27

a）点亮不带荧光粉的蓝色 LED b）点亮带荧光粉的蓝色 LED（白光）

11.6.2 基于腔体和 TSV Si 基板的 LED 封装 ★★★

图 11-28 显示了传统的 LED 封装。可以看出，LED 器件安装在一个 Cu 热沉上并用引线键合到一个引线框架上。LED 由黄色荧光粉封装，而透镜被硅酮包围。建议使用图 11-29 所示的新型 LED 封装[62,63]来代替图 11-28 所示的传统 LED 封装。可以看出，Si 基板约为 370μm，腔体为 190μm，TSV 为 180μm；腔体为杯形而 TSV 为锥形；TSV 中填充 Cu；腔体容纳 LED，并填充有荧光粉和环氧树脂混合物。

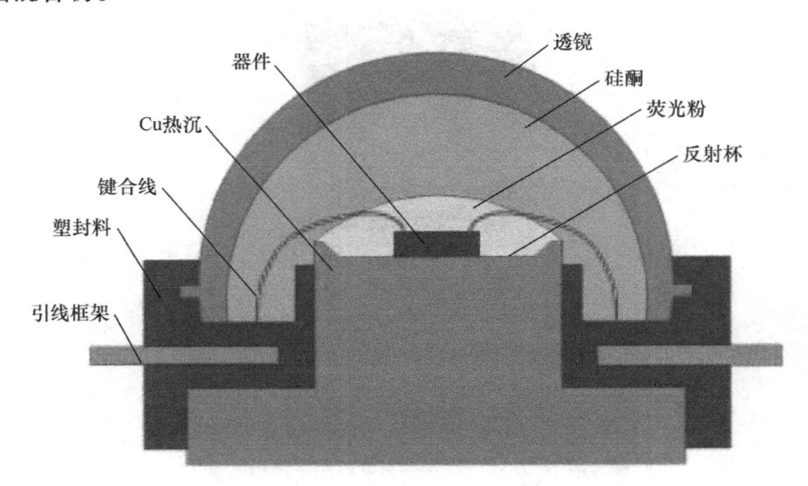

图 11-28 基于传统引线框架的 LED 封装和热管理系统的横截面示意图

新型 LED 封装的组装工艺流程如图 11-30 所示。首先（通过热氧化）在 Si 基板上生长 0.8μm 厚的二氧化硅，然后通过 RIE 在 Si 基板两侧刻蚀二氧化硅，

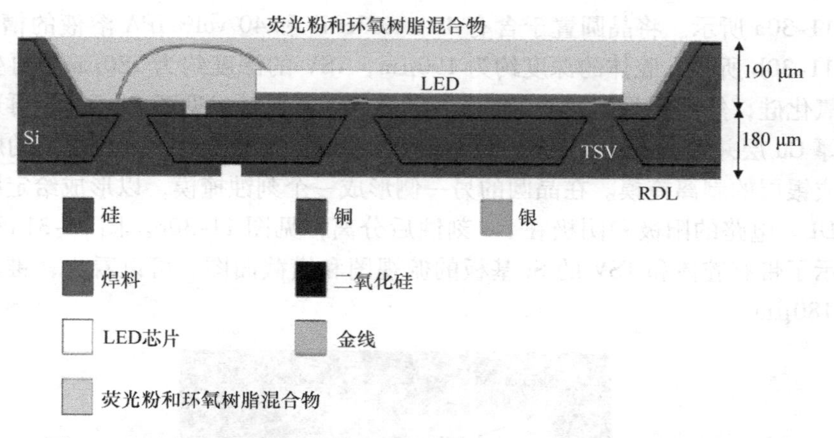

图 11-29　用于 LED 封装的带有腔体和 TSV 的 Si 基板的横截面示意图

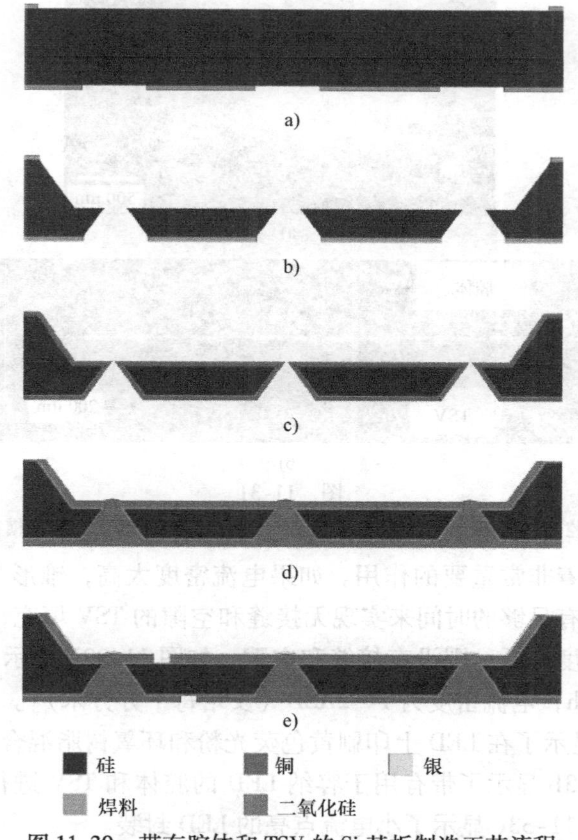

图 11-30　带有腔体和 TSV 的 Si 基板制造工艺流程

a）热氧化和 RIE　b）湿法 KOH 刻蚀　c）热氧化和 Cu 层溅射　d）电镀铜　e）银层溅射和铜刻蚀

如图 11-30a 所示。将晶圆置于含有 40 wt% KOH 和 40 vol% IPA 溶液的槽中 4h，如图 11-30b 所示。腔体的深度约为 190μm，TSV 的深度约为 180μm。再生长一层二氧化硅，然后在晶圆两侧的籽晶层上进行 Cu 溅射，见图 11-30c。再通过电镀加厚 Cu 层并填充通孔，见图 11-30d。电镀后，使用光刻工艺在晶圆的腔体一侧形成银层的剥离掩模。在晶圆的另一侧形成一个刻蚀掩模，以形成给定图形的 Cu RDL。电路的阳极和阴极在 Cu 刻蚀后分离，见图 11-30e。图 11-31a和 b 分别显示了带有腔体和 TSV 的 Si 基板的俯视图和横截面图。可以看出，锥形 TSV 约为 180μm。

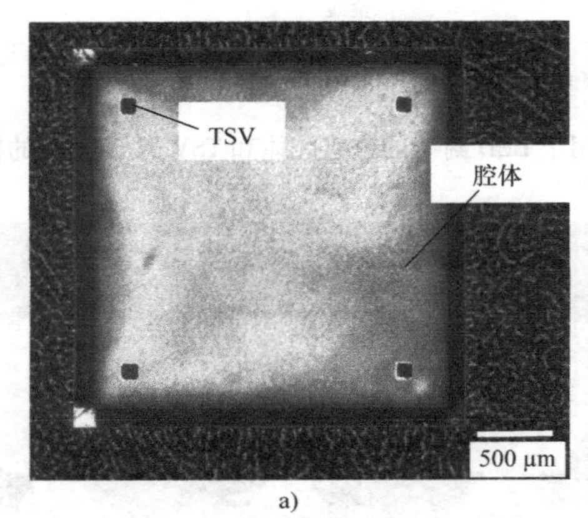

a)

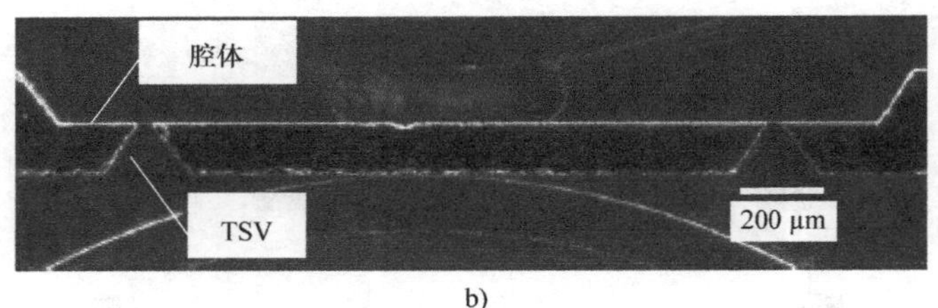

b)

图 11-31

a）带腔体和 TSV 的 Si 基板俯视图 b）带腔体和 TSV 的 Si 基板的横截面图

电流密度起着非常重要的作用。如果电流密度太高，锥形 TSV 的宽端会很快密封，并且没有足够的时间来实现无接缝和空隙的 TSV 填充，如图 11-32a 所示。如果电流密度太低，则没有接缝和空隙，如图 11-32b 所示，但填充通孔需要很长时间［12h，电流密度为 1 ~2ASD（安培每平方分米）］。

图 11-33a 显示了在 LED 上印刷黄色荧光粉和环氧树脂混合物并填充腔体的示意图；图 11-33b 显示了带有用于容纳 LED 的腔体和 TSV 进行互连的 Si 基板的横截面图；图 11-33c 显示了小电流点亮的 LED 封装。

LED 封装的性能如图 11-34 所示（Mentor Graphics 的 T3Ster）。对于 SemiLED 的 1W LED，当色温为 4200K 时，其发光功率约为 90lm，驱动电流为

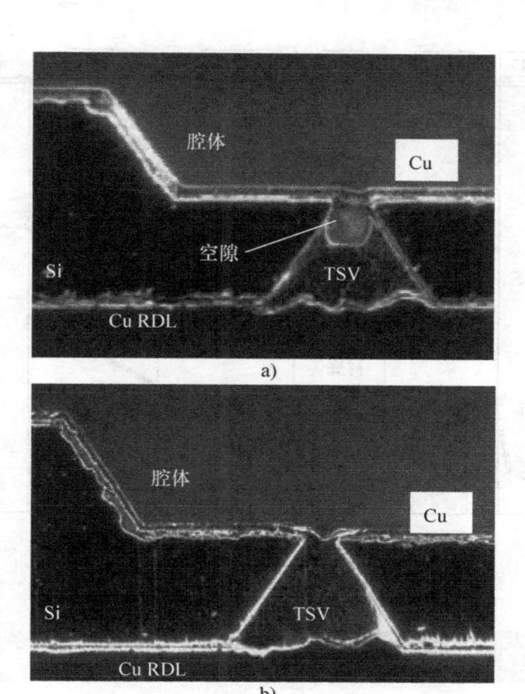

图　11-32

a）由于非常高的电流密度和很短的电镀时间，Cu 填充铜 TSV 中存在空隙

b）由于低的电流密度和很长的电镀时间，TSV 中无空隙

350mA。可以看出，基板（仅）的热阻仅为 1.3K/W，而对于整个 LED 封装，包括 LED 器件、焊料层、衬底、热接口材料层和热沉，大约为 8K/W。

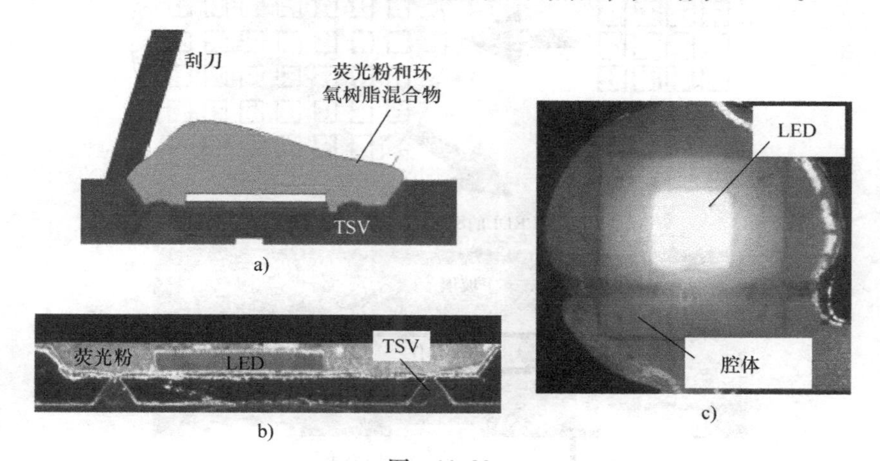

图　11-33

a）荧光粉和环氧树脂混合物印刷示意图　b）Si 基板的横截面图，带有容纳 LED 和 TSV 的腔体　c）点亮 LED

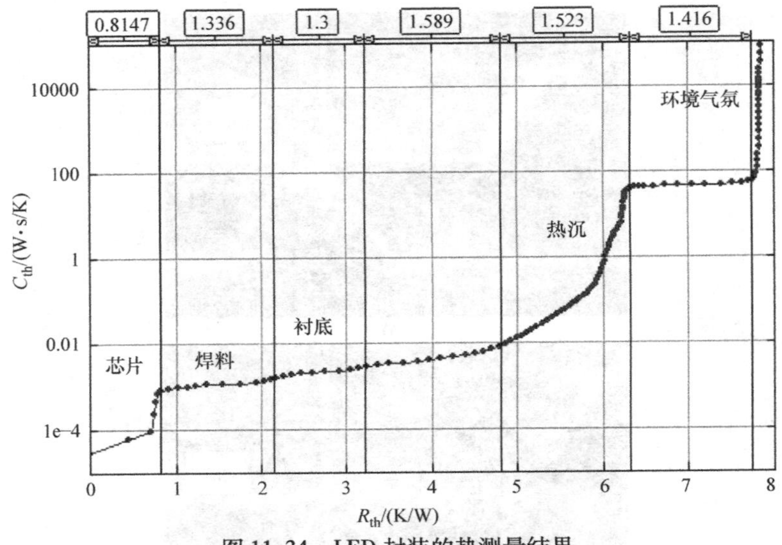

图 11-34　LED 封装的热测量结果

11.6.3　LED 晶圆级封装 ★★★

图 11-35 示意性地显示了在 Si 基板的腔体中带有 LED 器件的晶圆级封装[64,65]。

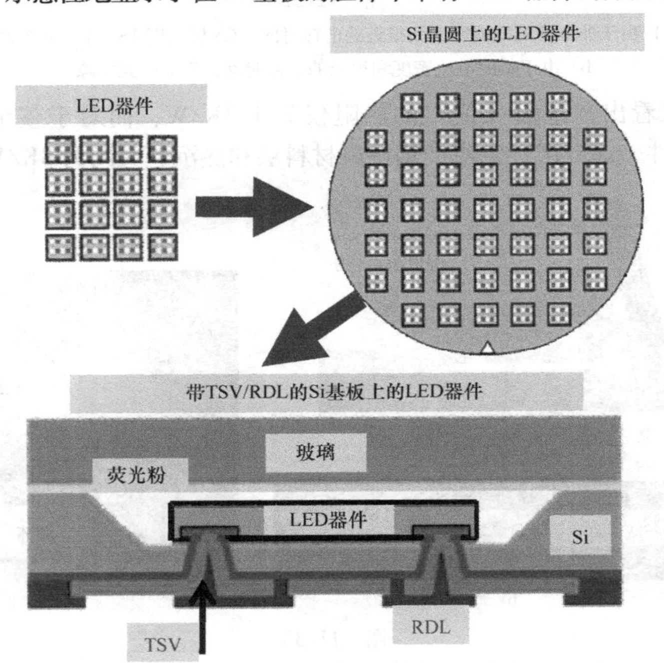

图 11-35　用于 LED 封装的带有腔体和 TSV 的 Si 基板

可以看出，Si 基板的顶侧有腔体用于容纳 LED 器件和用于将 LED 连接到其底侧 RDL 的 TSV。Si 基板被带有黄色荧光粉的玻璃覆盖。对于本章参考文献[64]中使用的测试板，1W LED 芯片如图 11-36 所示。可以看出 LED 的尺寸为 885μm × 885μm，p 型焊盘和 n 型焊盘的尺寸分别为 100μm × 200μm 和 100μm × 100μm。

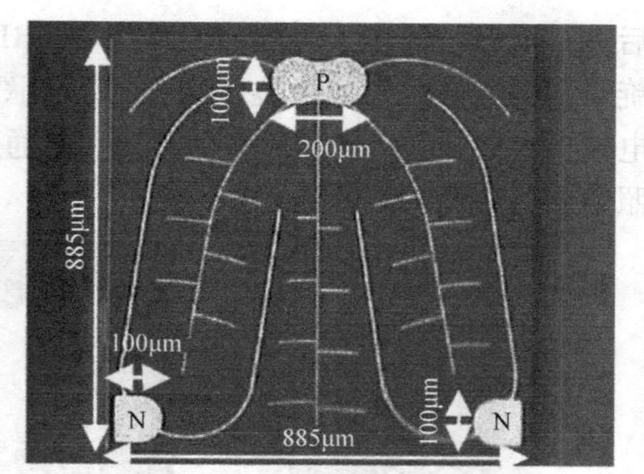

图 11-36　用于测试板的 LED 器件

所提出的 LED 封装的组装工艺流程如图 11-37 所示。首先，应用 DRIE 以形成 Si 基板顶侧的腔体，如图 11-37a所示。然后溅射反射金属，如图 11-37b 所示。再用聚合物黏合剂将 LED 贴附到 Si 基板腔体的底部，如图 11-37c 所示。带有荧光粉晶圆的光学玻璃键合到带有 LED 晶圆（W2W）的 Si 基板上，如图 11-37d所示。接下来，对 Si 基板的底面进行背面研磨，如图 11-37e 所示。之

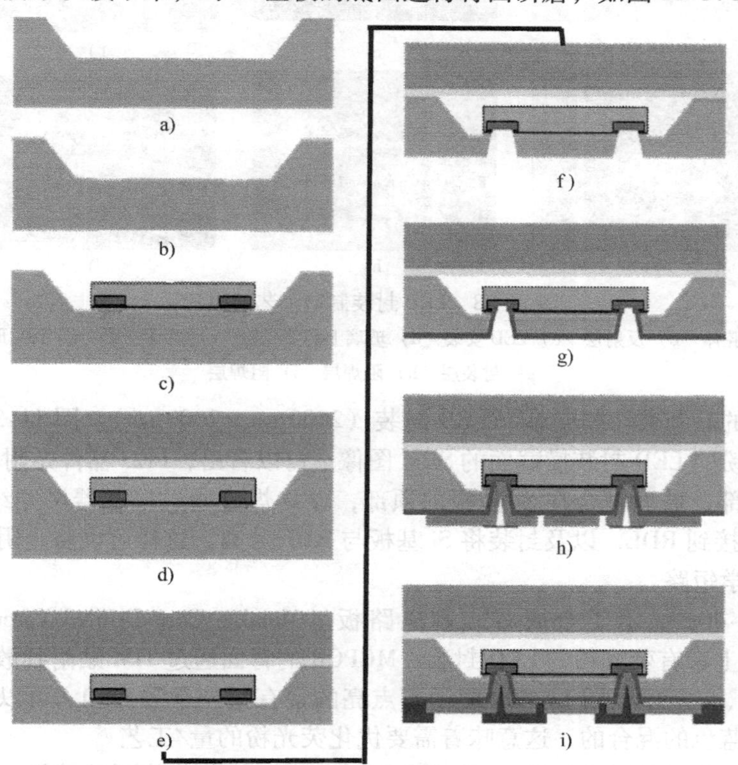

图 11-37　用于 LED 封装的带腔体和 TSV 的 Si 基板的制造工艺流程

a）Si 腔体刻蚀　b）反射层　c）LED 器件安装　d）带有荧光粉晶圆的玻璃键合到 Si 晶圆上　e）背面减薄　f）采用 DRIE 形成 TSV　g）封装和开孔　h）再分布层　i）阻焊层

后进行甩胶、掩模、光刻、图形化和 DRIE 以形成 TSV，如图 11-37f 所示。通过旋涂和激光钻孔形成封装层和开孔，如图 11-37g所示。接着溅射种子层、光刻、电镀 RDL，如图 11-37h 所示。最后，通过光刻形成阻焊层，如图 11-37i 所示。照片图像如图 11-38 所示。

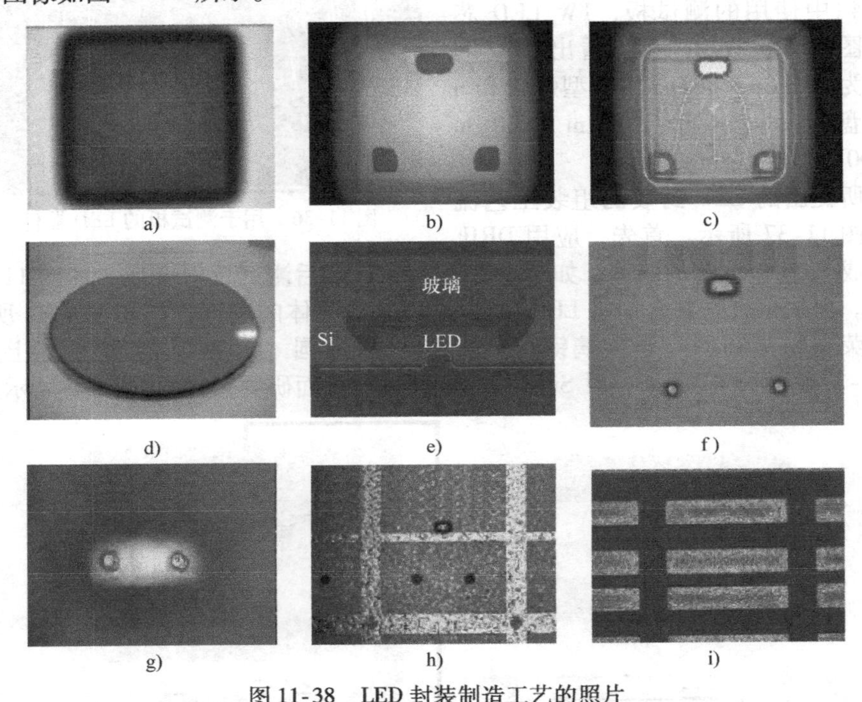

图 11-38 LED 封装制造工艺的照片

a）腔体 b）反射层 c）LED 安装 d）玻璃上的荧光粉 e）背面研磨 f）TSV 形成 g）封装层 h）阻焊层 i）阻焊层

封装的晶圆被切割成单个 LED 封装（2000μm×2000μm）。图 11-39 显示了不含荧光粉的 LED 封装横截面的 SEM 图像。可以看出，LED 器件贴附在 Si 基板的腔体底部，玻璃键合在 Si 基板的顶部，LED 焊盘通过接触器尺寸约为 20μm 的 TSV 连接到 RDL，以及封装将 Si 基板与 RDL 分离，这样可以防止阴极和阳极之间的电学短路。

图 11-40a 显示了金属芯印刷电路板（Metal - Core Printed Circuit Board，MCPCB）上带有荧光粉的 LED 封装。MCPCB 的背面通过 TIM 贴附到散热器，如图 11-40b、c 所示。图 11-40d 显示了点亮的带有荧光粉的 LED。可以看出，光是白色和蓝色的混合的，这意味着需要优化荧光粉的量/工艺。

图 11-41 显示了 Labsphere 公司在不同电流下的积分球测试结果，带荧光粉的 LED 封装电流为 50mA、200mA 和 350mA。可以看出，光功率随着输入电流的增加而增加，350mA 时的光功率为 189.98mW，约为原始 LED 器件的 85%（这

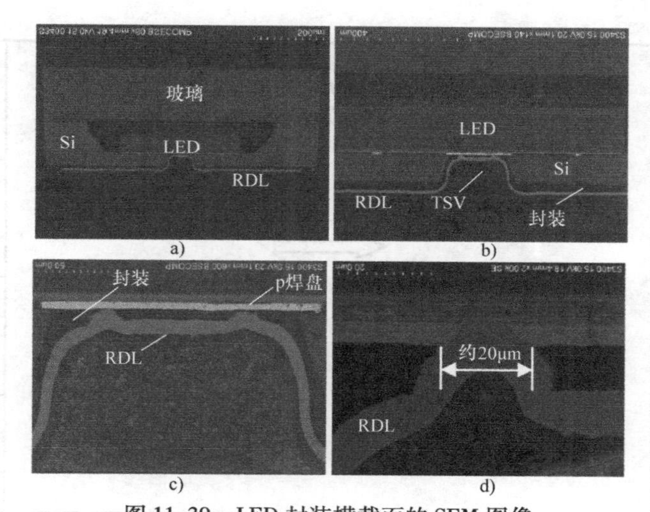

图 11-39 LED 封装横截面的 SEM 图像

a) Si 基板带有腔体用于容纳 LED 和 TSV，以连接到 RDL b) a) 的放大视图
c) b) 的放大视图 d) c) 的放大视图

意味着通过晶圆级封装形成了有效的电连接)，以及光功率效率随着输入电流的降低而降低（这意味着 LED 器件的结温随着输入电流的增加而升高）。因此，需要优化现有 LED 封装系统的热管理。

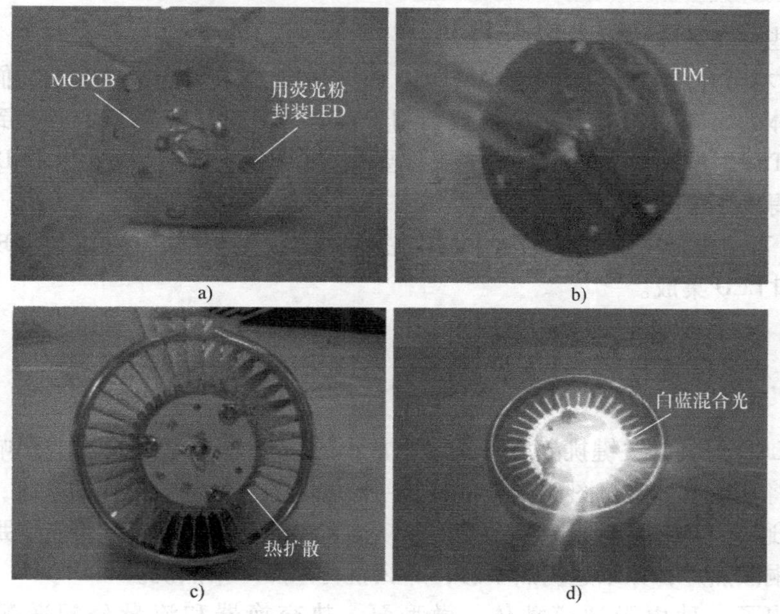

图 11-40

a) 在 MCPCB 上贴附带有荧光粉的 LED 封装 b) 在 MCPCB 的背面涂覆 TIM
c) 将散热器贴附到 MCPCB 的背面 d) 点亮 LED

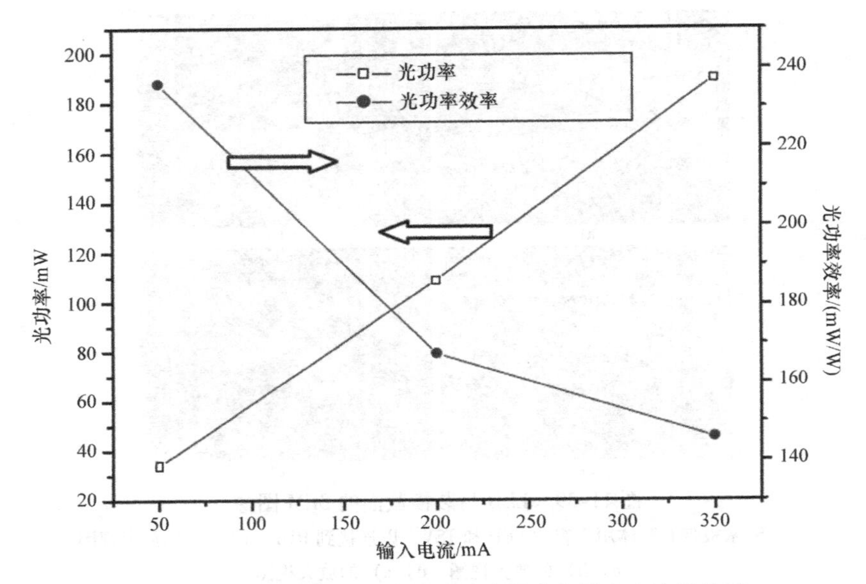

图 11-41 试验板的光功率和光功率效率与输入电流的关系

11.6.4 总结和建议 ★★★

一些重要结果和建议总结如下[60-65]：

1）本节介绍并讨论了一些 2.5D IC 和 LED 集成示例。基本上，它们由一个带有腔体的 Si 基板（转接板）组成，用于容纳 LED 和用于将 LED 连接到下一级互连的 TSV。虽然接下来还有很多工作要做，但使用硅转接板支撑 LED 的可行性已经得到了证明。

2）下一步是用带 TSV 的有源器件芯片替代 Si 基板（转接板），实现真正的 3D IC 和 LED 集成。

11.7 LED 与 IC 3D 集成的热管理

FCLED 封装的关键挑战之一是在非常小的 LED 芯片区域自燃或影响其光性能之前将其热量带走。图 11-15 和图 11-16 显示了最传统的热管理系统，它使用 Cu 热沉通过 TIM 贴附到 Si 热沉的底部。如果这还不足以将热量带走，那么就添加一个铜散热片，如果这仍然不够，那么就再添加一个热沉。

提出了一种由微通道载体、微型泵、热交换器和流量分配适配器（见图 11-42）组成的用于 FCLED 的热管理系统[66]。硅微通道载体由两个硅芯片组成，中间嵌入优化的液体冷却通道结构，如图 11-43 和图 11-44 所示。选择硅作

为载体材料是因为它是一种适合的可以采用微加工工艺在同一基板上集成电学结构和流体结构的材料。这两片 Si 的区别在于底部 Si 没有出口。这项技术已在本书第 9 章中进行了演示。

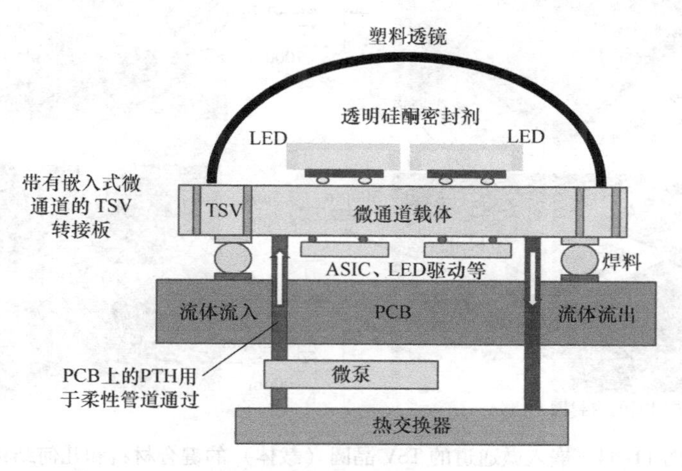

图 11-42　带有嵌入式微通道的 TSV 转接板，支撑顶部多个 LED 和底部高性能逻辑

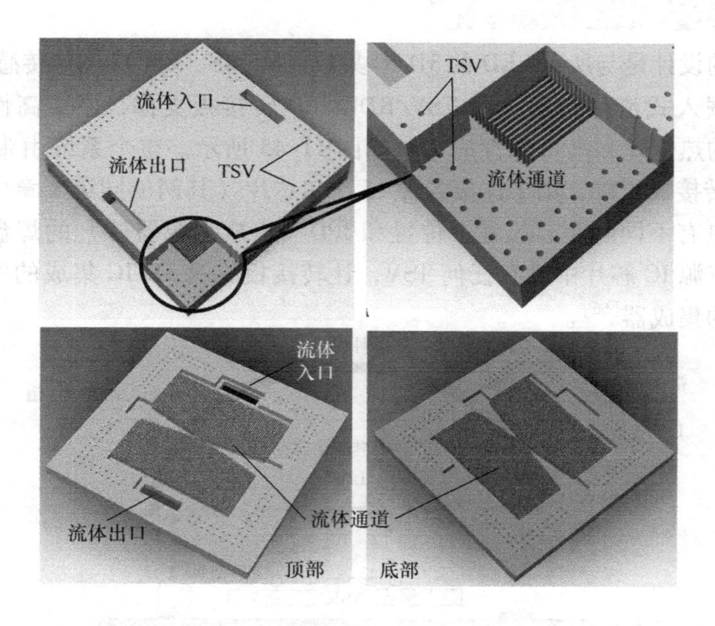

图 11-43　带 TSV 的转接板（载体）用于电馈通和用于热管理流体微通道

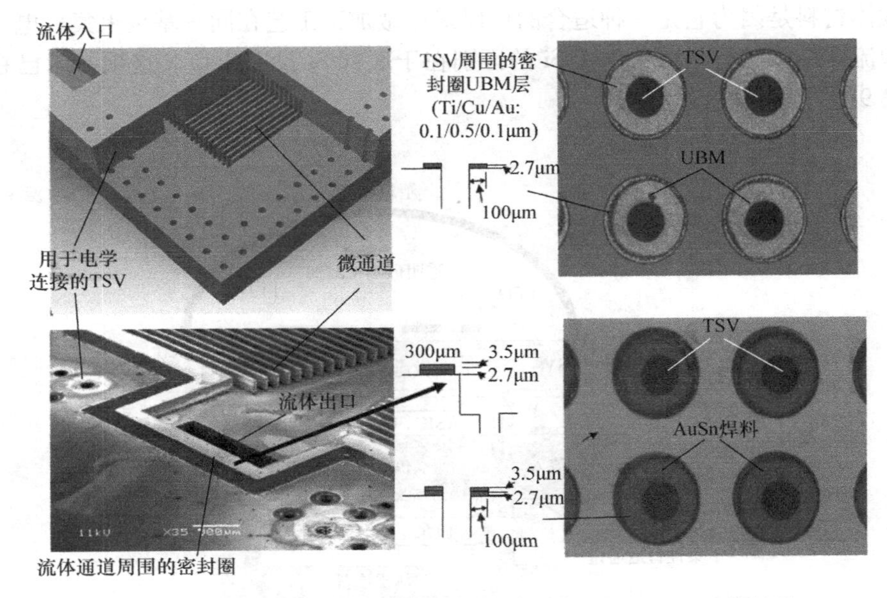

图 11-44　嵌入微通道的 TSV 晶圆（载体）的键合材料和几何结构

11.7.1　新设计 ★★★

建议的设计是与所有 LED 的 3D IC 集成。MEMS、CMOS 图像传感器和 IC 芯片由带有嵌入式流体微通道的 TSV/RDL/IPD 转接板支撑，用于高性能、低成本、有效的热管理和高可靠性应用，如图 11-45 所示。整个系统由带有 TSV 和 RDL 的硅转接板组成，用于连接各种 LED 和芯片（其两侧同第 8 章中讨论的那样）以及具有不同间距、尺寸、位置和 IPD（集成无源器件）的焊盘以提高电学性能。有源 IC 芯片中没有任何 TSV，让转接板成为 3D IC 集成的主力和最具成本效益的集成器[66]。

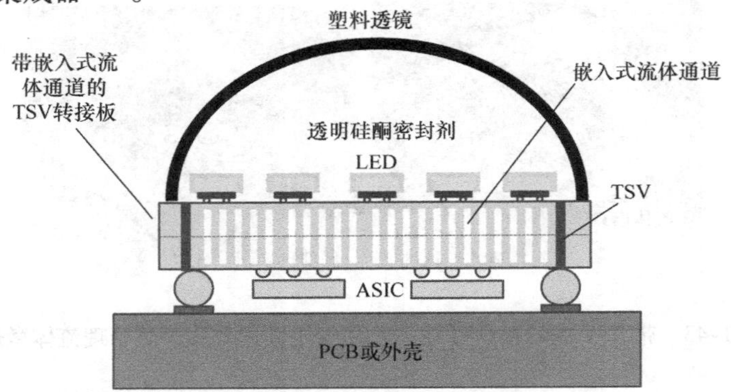

图 11-45　带嵌入式流体通道的 TSV 转接板的低成本大功率 LED 和 IC 的 3D 集成

11.7.2 IC 和 LED 的 3D 集成：一个设计示例 ★★★

图 11-46 显示了 LED 和 IC 的 3D 集成的详细分析示例。它由均匀分布在 TSV 转接板顶部的 100 个相同 LED 和均匀分布在其底部的 4 个相同逻辑（如 ASIC）组成。LED 的尺寸为 1mm × 1mm × 300μm，IC 芯片为 6mm × 6mm × 300μm，TSV 转接板为 25mm × 25mm × 1.4mm。考虑了微通道的两种几何形状：①通道高度 = 700μm；②通道高度 = 350μm。对于这两种情况，鳍宽为 0.1mm，间距为 1.25mm。流体入口/出口大小相同（20mm × 1.5mm）。

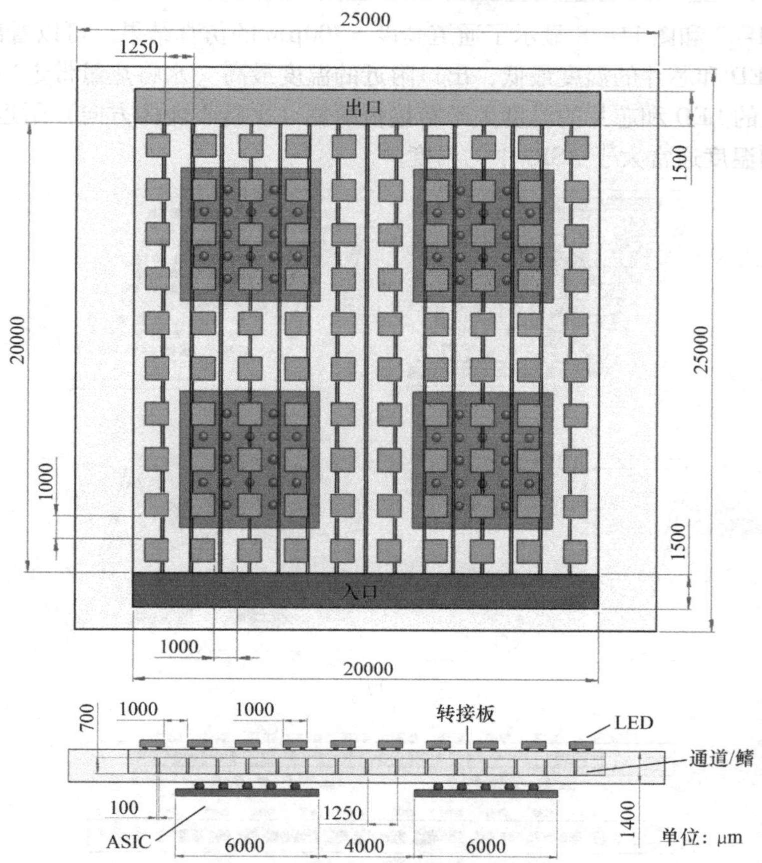

图 11-46 3D LED 和 IC 集成（带嵌入式流体微通道的 TSV 转接板顶部有 100 个 LED，底部有四个 ASIC）

11.7.3 边界值问题 ★★★

IC 和 LED 的 3D 集成的材料特性如下：①对于水，$\rho = 989\text{kg/m}^3$；$C_p = 4177\text{J/(kg·K)}$；$k = 0.6367\text{W/(m·K)}$；黏度 $= 5.77 \times 10^{-4}\text{kg/(m·s)}$；②对于

Si，$\rho=2330\text{kg/m}^3$；$C_p=660\text{J/(kg}\cdot\text{K)}$；$k=148\text{W/(m}\cdot\text{K)}$。

边界条件如下：①所有暴露表面都是绝热的（热响应的最坏情况）；②每个LED的功率分别为1W、1.5W和2W；③每个ASIC的功率分别为5W和10W；④流速分别为0.18L/min、0.36L/min、0.54L/min、0.72L/min、0.9L/min、1.08L/min和1.26L/min。分析采用有限体积模型，计算机代码为ANSYS ICE-PAK 12.1.6。

11.7.4 仿真结果（通道高度=700μm）★★★

图11-47和图11-48显示了通道高度=700μm的仿真结果。可以看出，入口附近的LED和芯片的温度最低，出口附近的温度最高（水将热量带走）；转接板中心附近的LED和芯片的温度大于转接板两侧（平行于流体方向）附近的温度；LED中的温度通常大于ASIC中的温度。

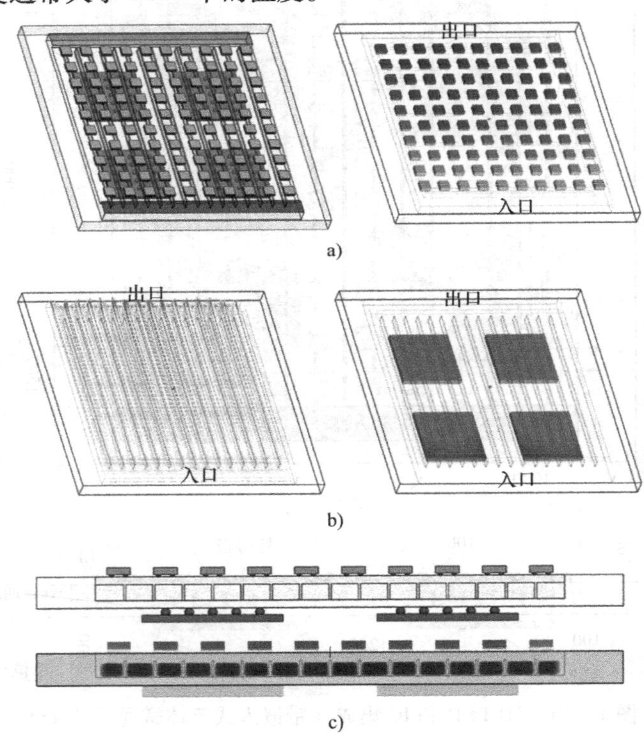

图11-47 典型的结果

a）左侧为CAD模型，右侧为LED温度分布 b）左侧为水流路径，右侧为ASIC温度

c）上部为CAD模型，下部为温度分布

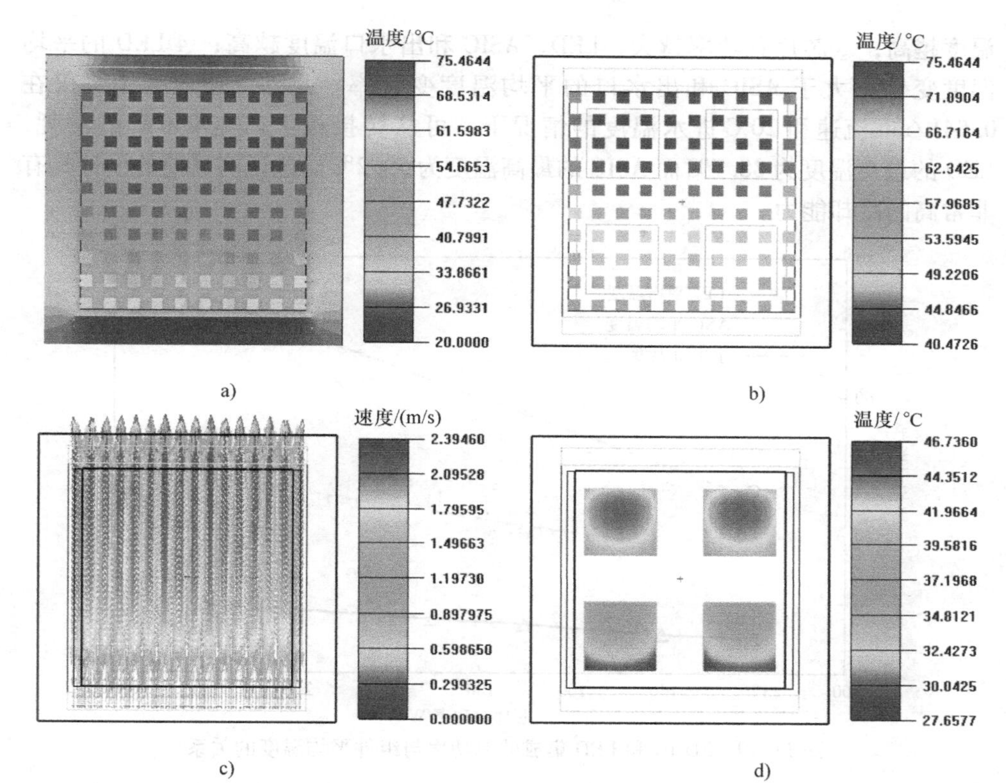

图 11-48　通道高度 = 700μm，LED = 2W，ASIC = 10W，流速 = 1.26L/min

a）转接板和 LED 温度分布　b）LED 温度分布　c）通道中的流动路径

d）ASIC 温度分布

表 11-2 总结了流量 = 0.54L/min 和压降 = 8.62mbar 时，不同 LED 和芯片功率的 LED、ASIC、进口和出口的温度分布。

表 11-2　具有不同 LED 和芯片功率的 LED、ASIC、进口和出口的温度分布

功率/W			LED 温度/℃			ASIC 温度/℃			温度/℃			流速/（L/min）	压降/mbar
LED	ASIC	总功率	*T* 最大	*T* 最小	*T* 平均	*T* 最大	*T* 最小	*T* 平均	进口	出口	平均		
1	5	120	54.3	32	46.5	39.6	25.9	34.8	20	24.9	22.45	0.54	8.62
1	10	140	57.4	32.6	48.3	47.1	27.8	40.5	20	25.6	22.8		
1.5	5	170	70	37.7	58.8	45.6	27.9	39.4	20	27	23.5		
1.5	10	190	73	38.3	60.7	53.1	29.8	45.1	20	27.7	23.85		
2	5	220	85.7	43.3	71.2	51.7	29.9	44	20	29	24.5		
2	10	240	88.7	44	73	59.2	31.8	49.7	20	29.8	24.9		

此外，图 11-49 显示了总（LED 和 ASIC）芯片功率与其组件平均温度之间的关系。可以看出：①LED 功率越大，LED 温度越高；②ASIC 功率越大，ASIC

温度越高；③芯片总功率越大，LED、ASIC 和出水口温度越高；④LED 的平均温度变化率大于 ASIC 和出水口的平均温度变化率。此外，还应指出，仅在 0.54L/min流速和 20℃ 进水温度的情况下，可从转接板上带走 240W 的功耗，LED 的最高温度为 88.7℃而 ASIC 的最高温度为 59.2℃。这说明目前的设计具有非常高的冷却能力。

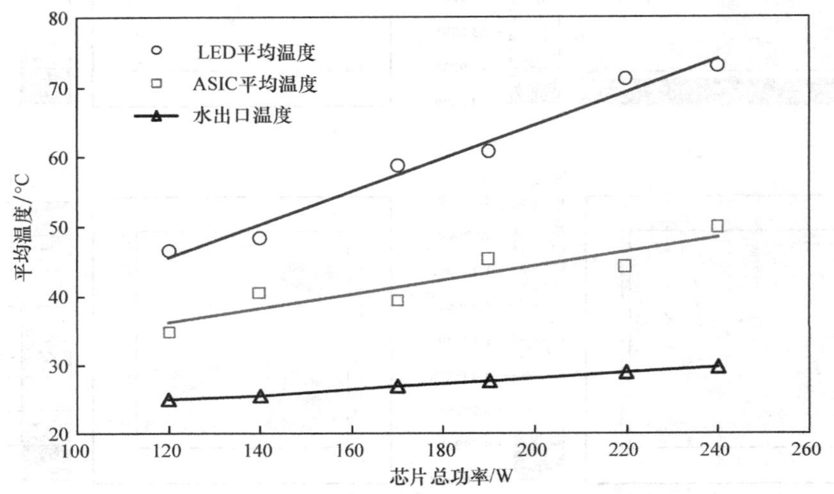

图 11-49　3D IC 和 LED 集成的总功率与组件平均温度的关系

表 11-3 显示了流速（对于 LED = 2W 和 ASIC = 10W，总计 240W）对 LED、ASIC 和出水口温度的影响。图 11-50 还显示了不同流速下 LED、ASIC 和出水口的平均温度。可以看出：①流速越小，LED、ASIC 和出水口的平均温度越高；②LED、ASIC 和出水口的平均温度对较小的流速（< 0.8L/min）更为敏感；③对于所有流速，LED 的平均温度都高于 ASIC 的平均温度。

表 11-3　流速（LED = 2W 和 ASIC = 10W，总功率为 240W 芯片）

对 LED、ASIC 和出水口温度以及压降的影响

流速/（L/min）	功率/W			LED 温度/℃			ASIC 温度/℃			温度/℃			压降/mbar
	LED	ASIC	总功率	T 最大	T 最小	T 平均	T 最大	T 最小	T 平均	入口	出口	平均	
0.18	2	10	240	115.6	54.1	93.9	84.8	43.6	70.4	20	44	32	1.609
0.36				97.2	46.8	79.4	67.2	35.1	56.1	20	33.5	26.75	4.52
0.54				88.7	44	73	59.2	31.8	49.7	20	29.8	24.9	8.62
0.72				83.5	42.5	69.3	54.4	30	45.9	20	29	24.5	13.82
0.9				80	41.6	66.8	51.1	28.9	43.3	20	26.7	23.35	20.21
1.08				77.4	40.9	65	48.7	28.2	41.4	20	25.9	22.95	27.57
1.26				75.4	40.5	63.7	46.7	27.7	39.9	20	25.3	22.65	36.01

压降是流速的非线性函数，如图 11-51 所示。可以看出，流速越大，压降越大。因此，流速、压降和温度之间始终存在折中。流速越大，3D IC LED 集成温度越低，这是好的。然而，流速越大，压降越大，这意味着需要更大（更高功率或更高成本）的微型泵。

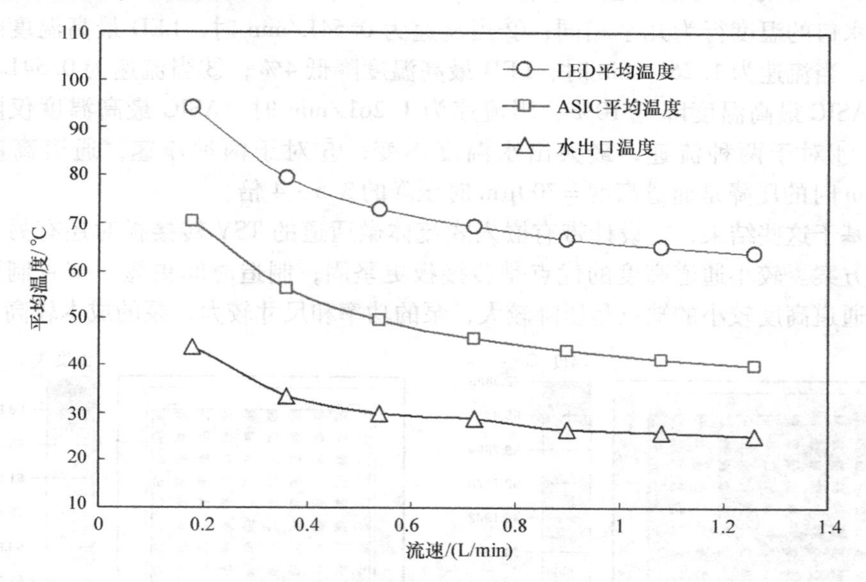

图 11-50　LED、ASIC 和出水口的平均温度与流速的关系（LED = 2W，ASIC = 10W）

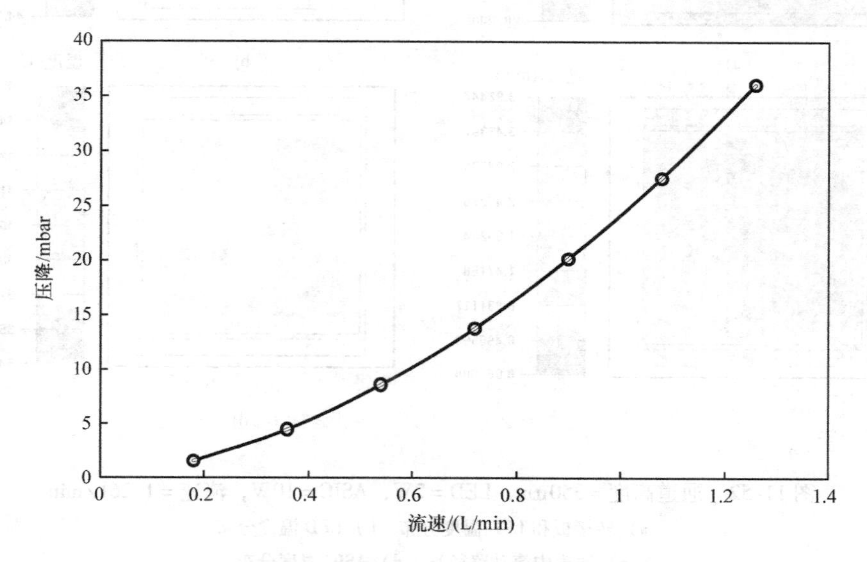

图 11-51　流速与压降的关系（LED = 2W，ASIC = 10W）

11.7.5 仿真结果（通道高度 =350μm）★★★

在通道高度 =350μm 的情况下，LED、ASIC 和出水口的温度分布如图 11-52 和表 11-4 所示。可以看出：①在 350μm 和 700μm 通道高度之间，LED、ASIC 和出水口的温度行为几乎相同；②当流速为 0.54L/min 时，LED 最高温度降低 10%，当流速为 1.26L/min 时，LED 最高温度降低 4%；③当流速为 0.54L/min 时，ASIC 最高温度降低 10%，当流速为 1.26L/min 时，ASIC 最高温度仅降低 2%；④对于两种流速，最大出水温度不变；⑤对于两种流速，通道高度 = 350μm 时的压降是通道高度 =700μm 时压降的 3.5 ~4 倍。

基于这些结果，在设计带有嵌入式流体微通道的 TSV 转接板时还有另一个折中方案。较小通道高度的优点是转接板更坚固，制造时间更短，节省制造成本。通道高度较小的缺点是压降较大，泵的功率和尺寸较大，泵的成本较高。

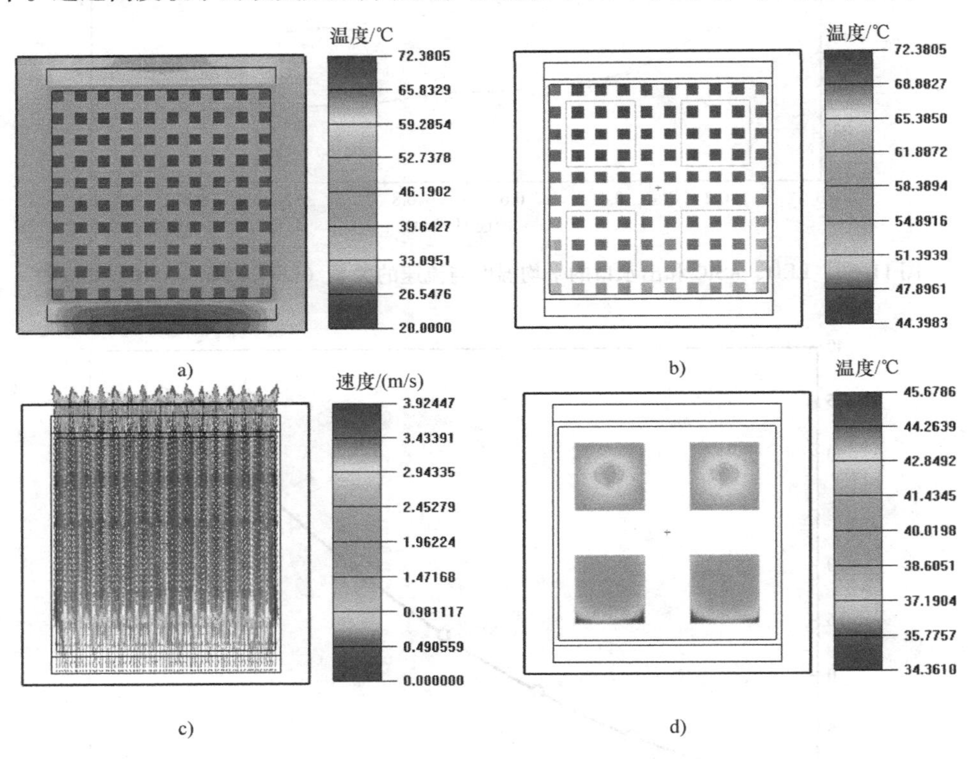

图 11-52 通道高度 =350μm，LED =2W，ASIC =10W，流速 =1.26L/min

a）转接板和 LED 温度分布 b）LED 温度分布

c）通道中流动路径） d）ASIC 温度分布

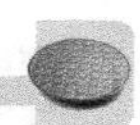

表 11-4 两种不同通道高度（350μm 和 700μm）和两种不同流速（0.54L/min 和 1.26L/min）下 LED、ASIC 和出水口的温度分布

通道高度/μm	流速/(L/min)	功率			LED 温度/℃			ASIC 温度/℃			温度/℃			压降/mbar
		LED	ASIC	总功率	T 最大	T 最小	T 平均	T 最大	T 最小	T 平均	入口	出口	平均	
700	0.54	2	10	240	88.7	44	73	59.2	31.8	49.7	20	29.8	24.9	8.62
	1.26				75.5	40.5	63.7	46.7	27.7	39.9	20	25.3	22.65	36.01
350	0.54				79.4	46	68.7	53	36	47.2	20	26.7	23.35	33.83
	1.26				72.4	44.4	64	45.7	34.4	42.1	20	25.3	22.65	124

11.7.6 总结和建议 ★★★

本节提出了一种用于 3D LED 和 IC 集成热管理的微通道冷却方法，并提供了一个示例。一些重要结果和建议总结如下[66]：

1）所提议的微通道载体不仅可以冷却带有 LED 的 IC 芯片，而且还允许电馈通，它是真正的 3D LED 和 IC 集成。

2）微通道载体的热性能比传统热管理方法（如热底座/热沉）要好得多。

3）带有嵌入式流体微通道的 TSV 转接板，支撑任何有源芯片（ASIC）和光学器件（LED），是当前设计的核心和主力。

4）LED 和 ASIC 温度在进水口附近较低，而在出水口附近较高。

5）对于所有考虑的情况，LED 温度高于 ASIC 温度。

6）正如预期的那样，LED 功率越大，LED 温度越高。对于 ASIC 温度也是如此。

7）对于所有芯片的总功率，LED 的平均温度变化率大于 ASIC。

8）目前的 3D LED 和 IC 集成设计具有非常高的散热能力。仅 0.54L/min 的流速和 20℃的进水温度，可从转接板中带走 240W 的功耗，LED 中的最高温度为 88.7℃，ASIC 中的最高温度为 59.2℃。

9）LED 和 ASIC 的平均温度对较小流速（<0.8L/min）更敏感。

10）对于所有流速，LED 的平均温度高于 ASIC 的平均温度。

11）压降是流速的函数，流速越大，压降越大。

12）通道高度（降低）的影响是压降增加。

11.8 参考文献

[1] Haitz, R., F. Kish, J. Tsao, and J. Nelson, "The Case for a National Research Program on Semiconductor Lighting," presented at the *Annual Forum of the Optoelectronics Industry Development Association*, Washington, DC, 1999.

[2] Haitz, R., F. Kish, J. Tsao, and J. Nelson, "The Case for a National Research Program on Semiconductor Lighting," presented at *Strategies in Light*, Burlingame, CA, 2000.

[3] Krames, M. R., O. B. Shchekin, R. Mueller-Mach, G. O. Mueller, L. Zhou, G. Harbers, and M. G. Craford, "Status and Future of High-Power Light-Emitting Diodes for Solid-State Lighting," *IEEE Journal of Display Technology*, Vol. 3, 2007, pp. 160–175.

[4] Tsao, J. Y., M. E. Coltrin, M. H. Crawford, and J. A. Simmons, "Solid State Lighting: An Integrated Human Factors, Technology, and Economic Perspective," *Proceedings of IEEE*, Vol. 98, No. 7, 2010, pp. 1162–1179.

[5] Workshop, Electric Power Research Institute (EPRI), Rochester, NY, 1995, *Proceedings of ALITE* '95 Workshop, EPRI-TR-106022.

[6] Haitz, R., "Another Semiconductor Revolution: This Time It's Lighting!," in *Advances in Solid State Physics*, edited by B. Kramer, Vol. 43, Springer, Berlin, 2003, pp. 35–50.

[7] Christensen, C. M., *The Innovator's Dilemma: When New Technologies Cause Great Firms to Fail*, Harvard Business School Press, Boston, MA, 1997.

[8] EERE, "*Solid-State Lighting Multi-Year Program Plan FY'10-FY'16*," U.S. Department of Energy, Office of Energy Efficiency and Renewable Energy Building Technologies Program, 2010.

[9] Steele, R., "High-Brightness LED Market Review and Forecast," in *Strategies in Light*, Strategies Unlimited, Santa Clara, CA, 2010.

[10] Brodrick, J., "DOE SSL Roadmap," in *Strategies in Light*, Strategies Unlimited, Santa Clara, CA, 2010.

[11] Schubert, E. F., and J. K. Kim, "Solid-State Light Sources Getting Smart," *Science*, Vol. 308, 3005, 2005, pp. 1274–1278.

[12] Haitz, R. and J. Y., Tsao, "Solid-state Lighting: 'The Case' 10 Years after and Future Prospects," *Physica Status Solidi (a)*, Vol. 208, 2011, pp. 17–29.

[13] Round, H. J., "A Note on Carborundum," *Electrical World*, Vol. 19, 1907, p. 309.

[14] Losev, O. V., "CII. Luminous Carborundum Detector and Detection Effect and Oscillations with Crystals," *Philosophical Magzine*, Vol. 6, 1928, pp. 1024–1044.

[15] Soviet patent No. 12191 granted in 1929.

[16] Holonyak, Jr. H., and S. F. Bevaqua, "Coherent (Visible) Light Emission from Ga(As1-xPx) Junctions," *Applied Physics Letters*, Vol. 1, No. 4, 1962, pp. 82–83.

[17] Craford, M. G., R. W. Shaw, W. O. Groves, and A. H. Herzog, "Radiative Recombination Mechanisms in GaAsP Diodes With and Without Nitrogen Doping," *Journal of Applied Physics*, Vol. 43, October 1972, pp. 4075–4083.

[18] Nakamura, S., "GaN Growth Using GaN Buffer Layer," *Japanese Journal of Applied Physics*, Vol. 30, 1991, p. L1705.

[19] Nakamura, S., T. Mukai, and M. Senoh, "High-Power GaN p-n Junction Blue-Light-Emitting Diodes," *Japanese Journal of Applied Physics*, Vol. 30, 1991, p. L1998.

[20] Nakamura, S., Y. Harada, and M. Senoh, "Novel Metalorganic Chemical Vapor Deposition System for GaN Growth," *Applied Physics Letters*, Vol. 58, 1991, p. 2021.

[21] Nakamura, S., M. Senoh, and T. Mukai, "Highly P-Type Mg-Doped GaN Films Grown with GaN Buffer Layers," *Japanese Journal of Applied Physics*, Vol. 30, 1991, p. L1708.

[22] Nakamura, S., T. Mukai, M. Senoh, and N. Iwasa, "Thermal Annealing Effects on P-Type Mg-Doped GaN Films," *Japanese Journal of Applied Physics*, Vol. 31, 1992, p. L139.

[23] Nakamura, S. and T. Mukai, "High-Quality InGaN Films Grown on GaN Films," *Japanese Journal of Applied Physics*, Vol. 31, 1992, p. L1457.

[24] Nakamura, S., T. Mukai, and M. Senoh, "Si- and Ge-Doped GaN Films Grown with GaN Buffer Layers," *Japanese Journal of Applied Physics*, Vol. 31, 1992, p. 2883.

[25] Nakamura, S., N. Iwasa, M. Senoh, and T. Mukai, "Hole Compensation Mechanism of P-Type GaN Films," *Japanese Journal of Applied Physics*, Vol. 31, 1992, p. 1258.

[26] Nakamura, S., M. Senoh, and T. Mukai, "P-GaN/N-InGaN/N-GaN Double-Heterostructure Blue-

Light-Emitting Diodes," *Japanese Journal of Applied Physics,* Vol. 32, 1993, p. L8.

[27] Nakamura, S., T. Mukai, and M. Senoh, "Candela-Class High-Brightness InGaN/AlGaN Double-Heterostructure Blue-Light-Emitting-Diodes," *Applied Physics Letters,* Vol. 64, 1994, p. 1687.

[28] Nakamura, S., "Growth of InXGa1-XN Compound Semiconductors and High-Power InGaN/AlGaN Double Heterostructure Violet-Light-Emitting Diodes," *Microelectronics,* Vol. 25, 1994, p. 651.

[29] Nakamura, S., M. Senoh, N. Iwasa, and S. Nagahama, "High-Power InGaN Single-Quantum Well-Structure Blue and Violet Light-Emitting Diodes," *Applied Physics Letters,* Vol. 67, 1995, p. 1868.

[30] Nakamura, S., M. Senoh, N. Iwasa, S. Nagahama, T. Yamada, and T. Mukai, "Superbright Green InGaN Single-Quantum-Well-Structure Light-Emitting Diodes," *Japanese Journal of Applied Physics,* Vol. 34, 1995, p. L1332.

[31] Nakamura, S., M. Senoh, N. Iwasa, and S. Nagahama, "High-Brightness InGaN Blue, Green and Yellow Light-Emitting Diodes with Quantum Well Structures," *Japanese Journal of Applied Physics,* Vol. 34, 1995, p. L797.

[32] Nakamura, S., M. Senoh, S. Nagahama, N. Iwasa, T. Yamada, T. Matsushita, Y. Sugimoto, et al., "Room-Temperature Continuous-Wave Operation of InGaN Multi-Quantum-Well Structure Laser Diodes," *Applied Physics Letters,* Vol. 69, 1996, p. 4056.

[33] Nakamura, S., "Characteristics of Room Temperature-cw Operated InGaN Multi-Quantum-Well-Structure Laser Diodes," *MRS Internet Journal of Nitride Semiconductor Research,* Vol. 2, No. 5, 1997, p. 449.

[34] Japan Patent Application No. 10-194156 (194156, 1998) filed on July 9, 1998.

[35] Japan Patent Application No. 10-316169 (316169, 1998) filed on November 6, 1998.

[36] Japan Patent Application No. 10-321605 (321605, 1998) filed on November 12, 1998.

[37] Wierer, J., D. A. Steigerwald, M. R. Krames, J. J. O'Shea, M. J. Ludowise, G. Christenson, Y.-C. Shen, et al., "High-power AlGaInN Flip-chip Light-emitting Diodes," *Applied physics Letters,* Vol. 78, No. 22, May 28, p. 2001.

[38] Lau, J. H., R. Lee, M. Yuen, and P. Chan, "3D LED and IC Wafer Level Packaging," *Journal of Microelectronics International,* Vol. 27, No. 2, 2010, pp. 98–105.

[39] Lau, J. H., *Reliability of RoHS Compliant 2D & 3D Interconnects*, McGraw-Hill, 2011.

[40] Lau, J. H., C. Lee, C. Premachandran, and A. Yu, *Advanced MEMS Packaging,* McGraw-Hill, New York, NY, 2010.

[41] Zhang, X., T. Chai, J. H. Lau, C. Selvanayagam, K. Biswas, S. Liu, D. Pinjala, et al., "Development of Through Silicon Via (TSV) Interposer Technology for Large Die (21 × 21 mm) Fine-pitch Cu/low-*k* FCBGA Package," *IEEE Proceedings of Electronic Components and Technology Conference,* San Diego, CA, May 2009, pp. 305–312.

[42] Chai, T. C., X. Zhang, J. H. Lau, C. S. Selvanayagam, D. Pinjala, Y. Hoe, Y. Ong, et al., "Development of Large Die Fine-Pitch Cu/low-*k* FCBGA Package with through Silicon via (TSV) Interposer," *IEEE Transactions on CPMT,* Vol. 1, No. 5, May 2011, pp. 660–672.

[43] Yu, A., J. H. Lau, S. Ho, A. Kumar, W. Hnin, D. Yu, M. Jong, et al., "Study of 15 μm Pitch Solder Microbumps for 3D IC Integration," *IEEE Proceedings of Electronic Components and Technology Conference,* San Diego, CA, May 2009, pp. 6–10.

[44] Yu, A., J. H. Lau, S. Ho, A. Kumar, H. Yin, J. Ching, V. Kripesh, et al., "Three dimensional interconnects with high aspect ratio TSVs and fine pitch solder microbumps," *IEEE Proceedings of Electronic Components and Technology Conference,* San Diego, CA, May 2009, pp. 350–354.

[45] Yu, A., J. H. Lau, S. Ho, A. Kumar, W. Hnin, W. Lee, M. Jong, et al., "Fabrication of High Aspect Ratio TSV and Assembly with Fine-Pitch Low-Cost Solder Microbump for Si Interposer Technology with High-Density Interconnects," *IEEE Transactions on CPMT,* Vol. 1, No. 9, September 2011, pp. 1336–1344.

[46] Ho, S., S. Yoon, Q. Zhou, K. Pasad, V. Kripesh, and J. H. Lau, "High RF performance TSV for silicon carrier for high frequency application," *IEEE Proceedings of Electronic Components and Technology Conference,* Orlando, FL, May 27–30, 2008, pp. 1946–1952.

[47] Khan, N., V. Rao, S. Lim, S. Ho, V. Lee, X. Zhang, J. H. Lau, et al., "Development of 3D Silicon Module with TSV for System in Packaging," *IEEE Proceedings of Electronic Components and Technology Conference,* Orlando, FL, May 27–30, 2008, pp. 550–555.

[48] Khan, N., H. Li, S. Tan, S. Ho, V. Kripesh, D. Pinjala, J. H. Lau, et al., "3-D Packaging With Through-Silicon Via (TSV) for Electrical and Fluidic Interconnections," *IEEE Transactions on CPMT,* Vol. 3, No. 2, February 2013, pp. 221–228.

[49] Khan, N., V. Rao, S. Lim, H. We, V. Lee, X. Zhang, J. H. Lau, et al., "Development of 3-D Silicon Module With TSV for System in Packaging," *IEEE Transactions on CPMT*, Vol. 33, No. 1, March 2010, pp. 3–9.
[50] Selvanayagam, C., J. H. Lau, X. Zhang, S. Seah, K. Vaidyanathan, and T. Chai, "Nonlinear Thermal Stress/Strain Analysis of Copper Filled TSV (Through Silicon Via) and their Flip-chip Microbumps," *IEEE Transactions on Advanced Packaging*, Vol. 32, No. 4, 2009, pp. 720–728.
[51] Khan, N., H. Li, S. Tan, S. Ho, N. Su, W. Hnin, J. H. Lau, et al., "3D Packaging with Through Silicon Via (TSV) for Electrical and Fluidic Interconnections," *IEEE Proceedings of Electronic Components and Technology Conference*, San Diego, CA, May 2009, p. 1153–1158.
[52] Tang, G., S. Tan, N. Khan, D. Pinjala, J. H. Lau, A. Yu, V. Kripesh, et al., "Fluidic Interconnects in Integrated Liquid Cooling Systems for 3-D Stacked TSV Module," *IEEE Proceedings of Electronic Packaging and Technology Conference*, December 2008, pp. 552–558.
[53] Tang, G., O. Navas, D. Pinjala, J. H. Lau, A. Yu, and V. Kripesh, "Integrated Liquid Cooling Systems for 3-D Stacked TSV Modules," *IEEE Transactions on Components and Packaging Technologies*, Vol. 33, No. 1, 2010, pp. 184–195.
[54] Lau, J. H., and G. Tang, "Thermal management of 3D IC integration with TSV (through silicon via)," *IEEE Proceedings of Electronic Components and Technology Conference*, San Diego, CA, May 2009, pp. 635–640.
[55] Yu, A., N. Khan, G. Archit, D. Pinjalal, K. Toh, V. Kripesh, J. H. Lau, et al., "Development of Silicon Carriers with Embedded Thermal Solutions for High Power 3-D Package," *IEEE Transactions on Components and Packaging Technology*, Vol. 32, No. 3, September 2009, pp. 566–571.
[56] Y. Backlund, and L. Rosengren, "New Shapes in (100) Si using KOH and EDP Etches," *Journal of Micromechanics and Microengineering*, Vol. 2, 1992, pp. 75–79.
[57] Tiggelaar, R., T. Veenstra, R. Sanders, J. Gardeniers, M. Elwenspoek, and A. Berg, "A Light Absorption Cell for Micro-TAS with KOH/IPA Etched 45 Degrees Mirrors in Silicon," *Journal of Micromechanics and Microengineering*, Vol. 17, 2007 pp. 137–142.
[58] Pal, P., K. Sato, and S. Chandra, "Fabrication Techniques of Convex Corners in a (100)-Silicon Wafer using Bulk Micromachining: A Review," *Journal of Micromechanics and Microengineering*, Vol. 17, 2007, pp. R111–R133.
[59] An, S. Lee, B. O, H. Kim, S. Park, and E. Lee, "The Effect of KOH and KOH/IPA Etching on the Surface Roughness of the Silicon Mold to be used for Polymer Waveguide Imprinting," *Proc. of the SPIE*, V 6897, 2008, pp. 689717–689717-7.
[60] Zhang, R., R. Lee, D. Xiao, and H. Chen, "LED Packaging using Silicon Substrate with Cavities for Phosphor Printing and Copper-filled TSVs for 3D Interconnection," *Proceeding of IEEE/ECTC*, Orlando, FL, May 2011, pp. 1616–1621.
[61] Zhang, R., and R. Lee, "Moldless Encapsulation for LED Wafer Level Packaging using Integrated DRIE Trenches," *Journal of Microelectronics Reliability*, Vol. 52, 2012, pp. 922–932.
[62] Lv, Z., X. Liu, L. Yang, J. Yuan, X. Wang, and S. Liu, "Silicon Substrate with TSV for Light Emitting Diode Packaging," *IEEE Proceedings of EMAP*, November 2012, pp. 1–4.
[63] Lv, Z., X. Wang, L. Yang, J. Yuan, J. Fang, B. Cao, and S. Liu, "Study on Packaging Method Using Silicon Substrate With Cavity and TSV for Light Emitting Diodes," *IEEE Transactions on CPMT*, Vol. 3, No. 7, July 2013, pp. 1123–1129.
[64] Chen, D., L. Zhang, Y. Xie, K. Tan, and C. Lai, "A Study of Novel Wafer Level LED Package Based on TSV Technology," *IEEE Proceedings on ICEPT*, August 2012, pp. 52–55.
[65] Xie, Y., D. Chen, L. Zhand, K. Tan, and C. Lai, "A Novel Wafer Level Packaging for White Light LED," *IEEE Proceedings on ICEPT*, August 2013, pp. 1170–1174.
[66] Lau, J. H., H. C. Chien, and R. Tain, "TSV Interposers with Embedded Microchannels for 3D IC and LED Integration," *ASME Paper: InterPACK2011-52204*, pp. 1–8.

第12章 MEMS与IC的3D集成

12.1 引言

MEMS代表微机电系统，它是通过使用微加工技术将传感器、执行器等机械元件和电子器件集成在一个普通的硅基板上[1-4]。用于制造诸如CMOS等传统电子IC的相同基本技术和工艺步骤，例如刻蚀、图形化、掺杂和连接，可用通过选择性地刻蚀掉硅片的部分或添加新的结构层来形成MEMS器件来制造（微加工）微机械元件。但是，MEMS和IC器件之间存在根本区别，即MEMS器件必须保持物理可移动。MEMS器件使用电子器件来移动它们的机械元件（零件）!

大多数人认为智能手机之后的下一件大事是物联网（Internet of Things，IoT)。物联网有时被称为机器对机器（Machine-to-Machine，M2M）革命，而MEMS是重要的一类机器，它将在扩大物联网的蓬勃发展中发挥重要作用。例如，MEMS传感器允许设备收集和数字化现实世界的数据，然后在互联网上共享。物联网为MEMS市场带来了一个重大的新增长机会。

12.2 MEMS封装

与IC的电学封装[21-30]不同，MEMS封装[5-20]并不简单，价格昂贵（占产品总成本的60%至80%），而且是定制的。电子IC封装是一种成熟的技术（例如，引线键合、载带自动键合和倒装芯片）。然而，MEMS封装是一种特殊设计的封装工艺，由于结构元器件的移动，封装难度较大，是微加工中成本最高的工艺。

与电子IC封装[21-30]不同，MEMS封装[5-20]需要一个帽。为了使MEMS器件的运动元器件在良好控制的气氛中有效地移动（例如，以最小的阻尼和静摩擦力），必须将MEMS器件密封在帽中。对于一些MEMS器件（如谐振器、红外测辐射热测量计和陀螺仪），甚至需要真空封装。通常，帽是在晶圆级加工的，

因此 MEMS 封装是真正的晶圆级封装。顶级的 MEMS 供应商有 BOSCH、STMicroelectronics、Texas Instruments、Hewlett - Packard、Robert Lexmark、Seiko Epson、Freescale Semiconductor、Canon、Analog Devices 和 Systron Donner。

与电子 IC 器件[21-30]一样，MEMS 器件[5-20]也不是孤立的孤岛。它们必须通过互连的 I/O 系统与电路中的其他 IC 芯片通信。此外，MEMS 器件需要供电，其嵌入式电路和移动元件非常精密，需要封装来携带和保护器件。因此，MEMS 封装的主要功能是提供一个电流路径，为电路供电并移动可动元件，控制 MEMS 器件上信号的加载，去除电路所产生的热量，以及支撑和保护 MEMS 器件免受恶劣环境的影响。

大多数系统都是在 PCB 的一个位置上设计和组装 MEMS 模块（组件），在 PCB 的另一个位置上设计和组装有源芯片如 ASIC（专用 IC），如图 12-1 的顶部所示。然而，如果 ASIC 芯片可以直接放置在 MEMS 器件的下方（见图 12-1 底部），那就更好了。在这种情况下（3D MEMS 和 IC 集成），优势是更好的性能、更低的成本、更小的面积、更轻的重量、更小的外形，这也是本章的重点。

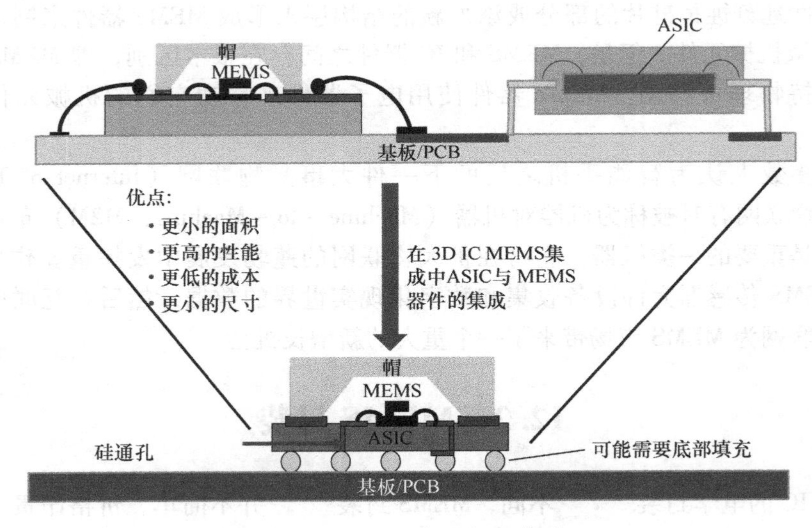

图 12-1　3D MEMS 和 IC 集成

本章将提出满足这些要求的十种不同配置的 3D MEMS 封装的设计[31,32]。这些封装应该具有低成本、高性能和小的面积。此外，还将对提供的这些 3D 封装的组装工艺进行讨论。重点将介绍低温键合、MEMS 芯片与 ASIC 晶圆（C2W）的键合以及 MEMS 芯片与 ASIC 晶圆（W2W）的键合，并将给出一种采用低温键合的 3D IC MEMS 集成的实例。最后，将简要介绍 MEMS 封装的最新进展，如用于 RF MEMS 器件晶圆级封装的 TSV，用于 RF - MEMS 实现 TSV 和金属

键合的零级封装，基于 Cu 填充 TSV 的 Si 转接板晶圆的 MEMS 封装，以及基于 FBAR 振荡器的晶圆级封装。

12.3　MEMS 与 IC 的 3D 集成

先进的 3D IC 与 MEMS 集成通常涉及三个晶圆，即 MEMS 器件晶圆、ASIC 晶圆和腔帽晶圆[31,32]。图 12-2 显示了九种不同的 3D MEMS 封装组合（设计），分别来自 MEMS 晶圆（带引线键合焊盘、焊料凸点连接的 TSV 基板或无 TSV 焊料凸点连接的倒装芯片）、ASIC 晶圆（带或不带 TSV）和腔帽晶圆（带或不带 TSV）。

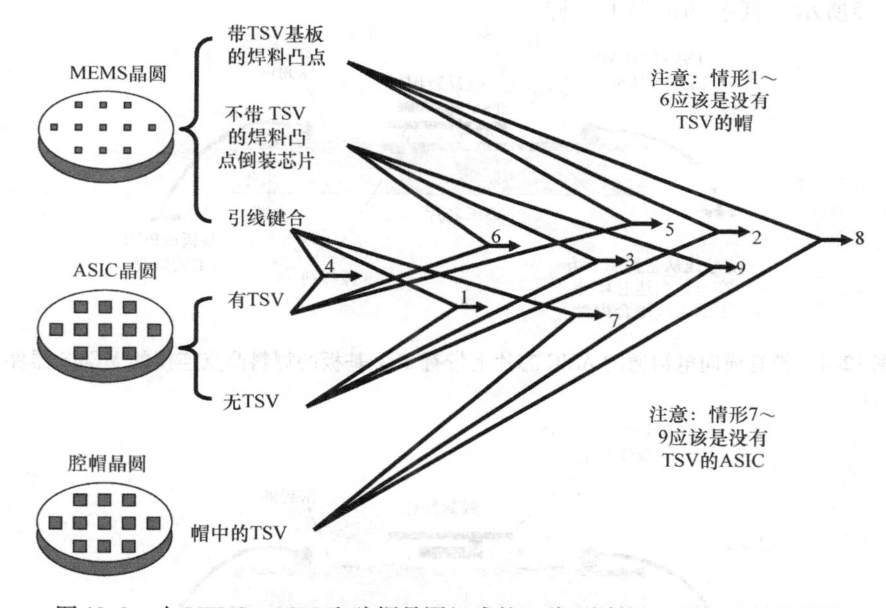

图 12-2　由 MEMS、ASIC 和腔帽晶圆组成的 9 种不同的 3D MEMS 封装设计

12.3.1　带有横向电馈通的 MEMS 与 IC 的 3D 集成 ★★★

情形 1：MEMS 器件是芯片贴装的，然后引线键合在 ASIC 芯片或晶圆上。如图 12-3 所示，腔帽芯片/晶圆用密封圈贴装到 ASIC 芯片/晶圆上。信号线从密封圈下方穿过，到达 ASIC 芯片外围的引线键合焊盘。另一组引线键合焊盘将 MEMS/ASIC 3D 堆叠连接到封装基板或 PCB 上。

情形 2：如图 12-4 所示，首先将带有 TSV 基板的微焊料凸点连接的 MEMS 器件贴装到 ASIC 上，其余和情形 1 一样。

情形 3：首先将焊料凸点连接的倒装芯片 MEMS 器件贴装到 ASIC 上，如

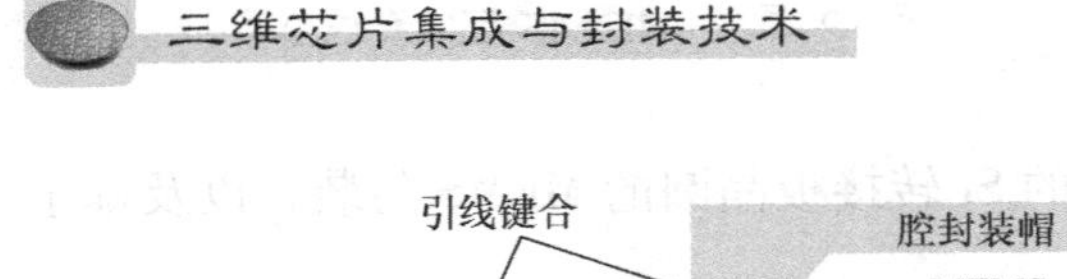

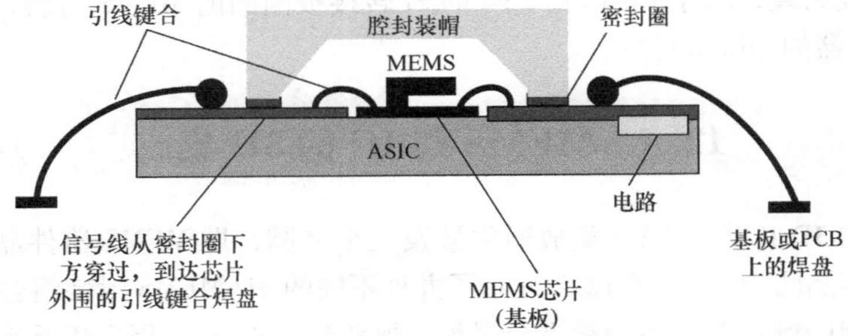

图 12-3　带横向电馈通的引线键合 3D MEMS 封装

图 12-5所示，其余和情形 1 一样。

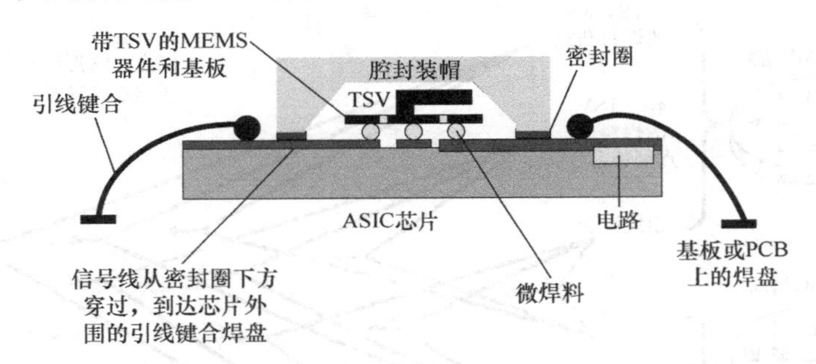

图 12-4　带有横向电馈通的 ASIC 芯片上带有 TSV 基板的焊料凸点连接的 MEMS 器件

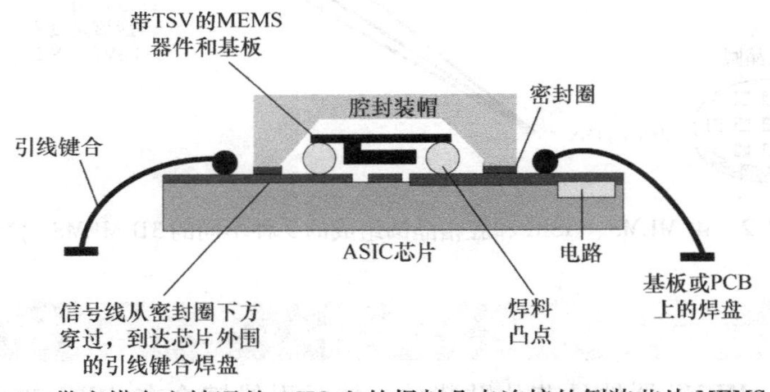

图 12-5　带有横向电馈通的 ASIC 上的焊料凸点连接的倒装芯片 MEMS 器件

12.3.2　ASIC 中带有垂直电馈通的 MEMS 和 IC 的 3D 集成★★★

情形 4：MEMS 器件是芯片贴装的，然后用 TSV 和普通焊料凸点引线键合在 ASIC 芯片上，如图 12-6 所示。腔帽用密封圈贴装在 ASIC 上。然后将 MEMS/ASIC 3D 堆叠（焊料回流的）贴装到封装中的基板或 PCB 上。

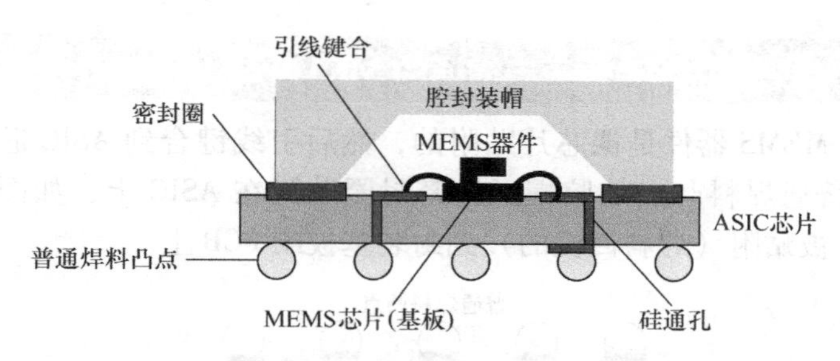

图 12-6　MEMS 器件引线键合在具有垂直电馈通 TSV 的 ASIC 上

情形 5：首先将带有 TSV 基板的微焊料凸点连接的 MEMS 器件贴附到带有 TSV 和普通焊料凸点的 ASIC 芯片/晶圆上，如图 12-7 所示，其余和情形 4 一样。

情形 6：先将焊料凸点连接的 MEMS 器件贴装到 TSV ASIC 上，如图 12-8 所示，其余和情形 5 一样。

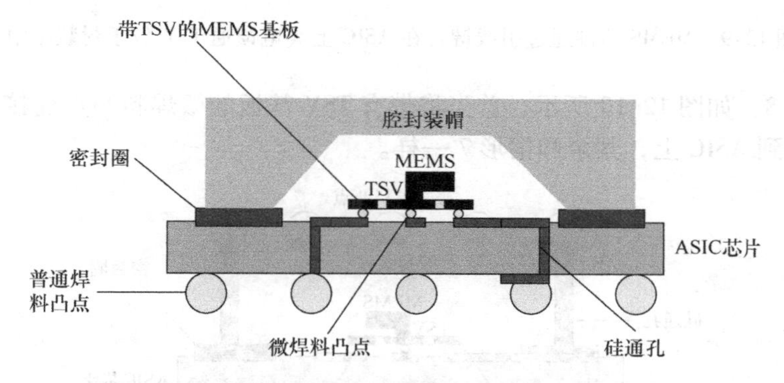

图 12-7　TSV MEMS 器件通过焊料键合在带有垂直馈通 TSV 的 ASIC 上

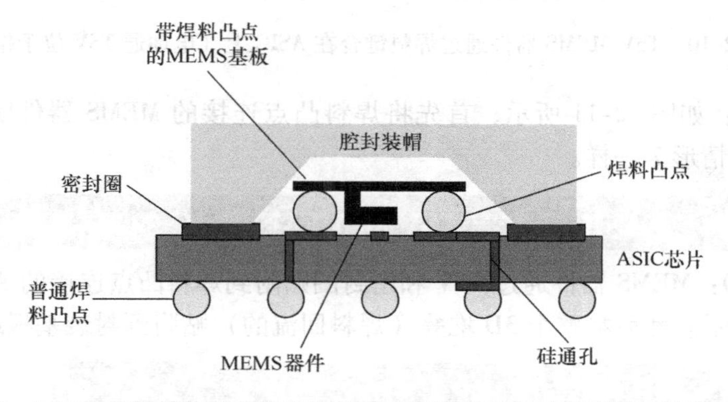

图 12-8　MEMS 器件倒装芯片通过焊料凸点连接到带有垂直馈通 TSV 的 ASIC 上

12.3.3 封装帽中带有垂直电馈通的 MEMS 与 IC 的 3D 集成 ★★★

情形 7：MEMS 器件是裸芯片贴附的，然后引线键合到 ASIC 芯片/晶圆上。带有 TSV 和普通焊料凸点的腔帽通过密封圈贴附在 ASIC 上，如图 12-9 所示。整个 3D 载体被贴附（焊料回流的）到封装基板或 PCB 上。

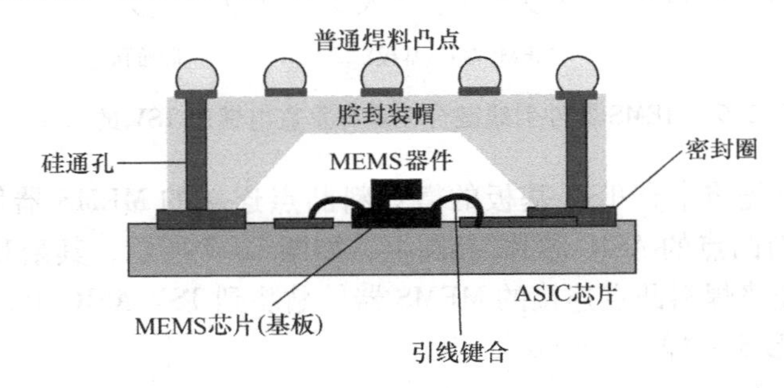

图 12-9 MEMS 器件通过引线键合在 ASIC 上（电馈通 TSV 位于封装帽中）

情形 8：如图 12-10 所示，首先将带有 TSV 基板的微焊料凸点连接的 MEMS 器件贴附到 ASIC 上，其余和情形 7 一样。

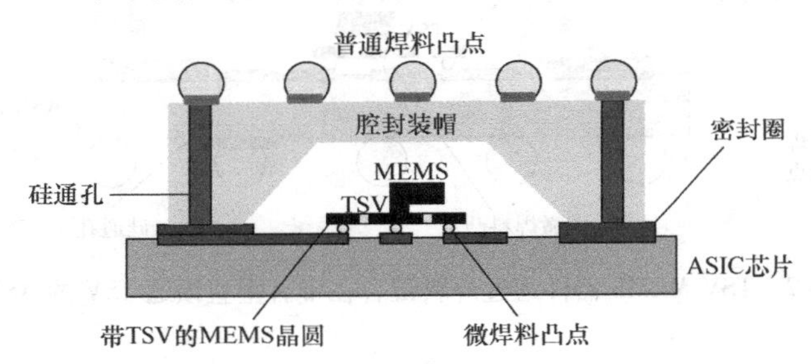

图 12-10 TSV MEMS 器件通过焊料键合在 ASIC 上（电馈通 TSV 位于帽中）

情形 9：如图 12-11 所示，首先将焊料凸点连接的 MEMS 器件贴附到 ASIC 上，其余和情形 7 一样。

12.3.4 在 ASIC 上带有 TSV 的 MEMS 与 IC 的 3D 集成 ★★★

情形 10：MEMS 器件通过 TSV 和密封圈贴附到焊料凸点连接的 ASIC 上，如图 12-12 所示。然后将整个 3D 堆叠（焊料回流的）贴附到封装基板或 PCB 上。

12.3.5 MEMS 与 IC 的 2.5D/2.25D 集成 ★★★

如果有源器件，例如情形 1～10 的 ASIC 被无器件的无源 TSV/RDL 转接板取代，则它变成了 2.5D MEMS 和 IC 集成（封装）。如果 ASIC 不存在，而 MEMS

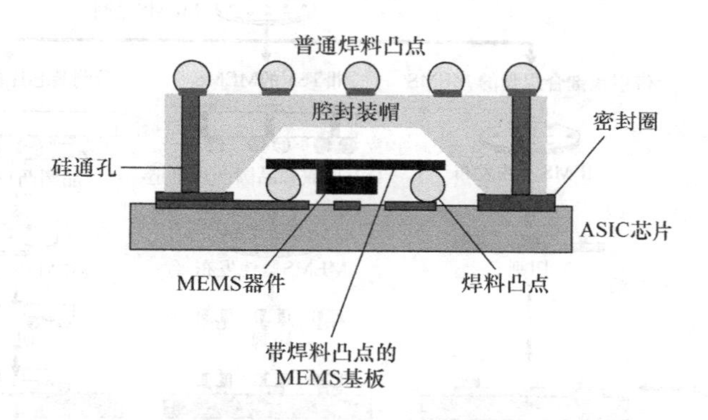

图 12-11　ASIC 上焊料键合的 MEMS 器件倒装芯片（电馈通 TSV 位于帽中）

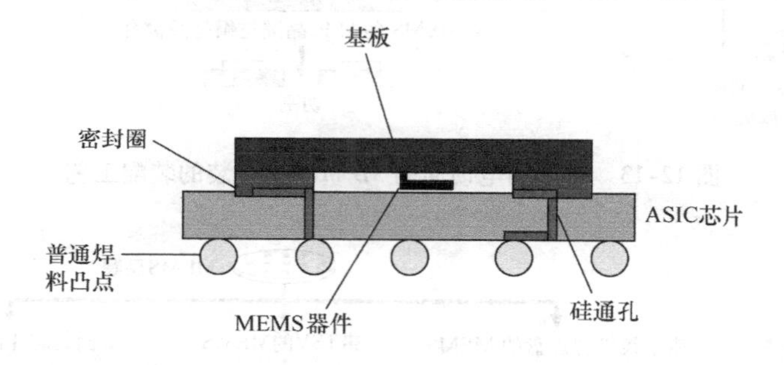

图 12-12　MEMS 器件键合（采用密封圈）在带电馈通 TSV 的 ASIC 上

的基板通过横向电馈通支撑帽层，则情形 1 ~3 退化为正常的 2D MEMS 封装。如果 ASIC 不存在，而 MEMS 的基板支撑垂直电馈通（通过 TSV）帽层，则情形 7 ~9 退化为 2.25D MEMS 和 IC 集成（封装）。

12.4　MEMS 与 IC 3D 集成的组装工艺

组装这十个 IC 和 MEMS 3D 集成封装有许多不同的工艺。例如，图 12-13 所示的组装工艺可以应用于情形 1 ~3；图 12-14 适用于情形 4 ~6；图 12-15 适用于情形 7 ~9。情形 10 稍后讨论。如前所述，MEMS 晶圆可以使用引线键合焊盘或 TSV 和焊料凸点或焊料凸点连接的倒装芯片来制造，如图 12-13 ~ 图 12-15 所示。接下来是释放（刻蚀）MEMS 晶圆和切割。由于芯片良率和尺寸差异，故不建议使用 MEMS 晶圆与 ASIC 晶圆键合。

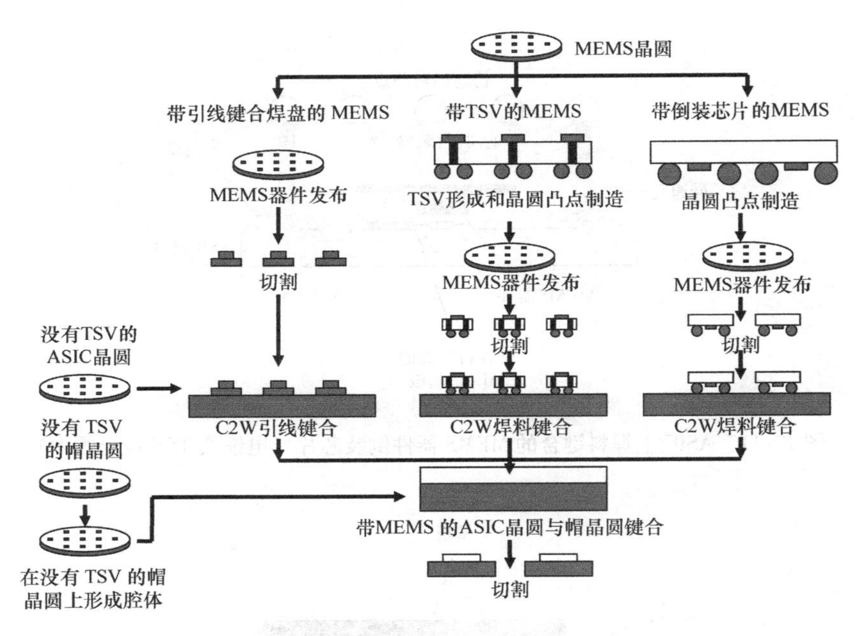

图 12-13　带横向电馈通的 3D MEMS 封装的装配工艺

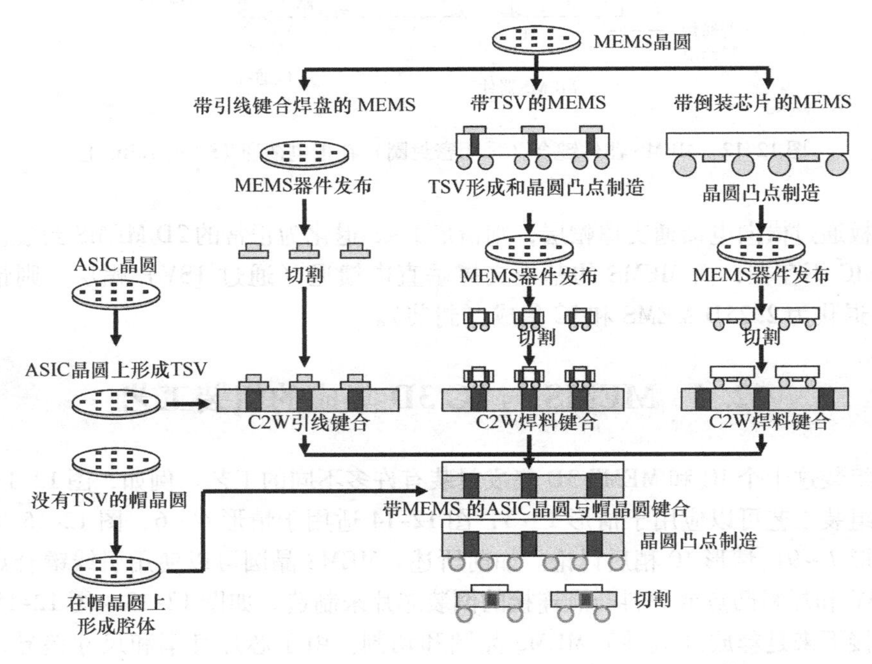

图 12-14　带有垂直电馈通 TSV ASIC 的 3D MEMS 封装的组装工艺

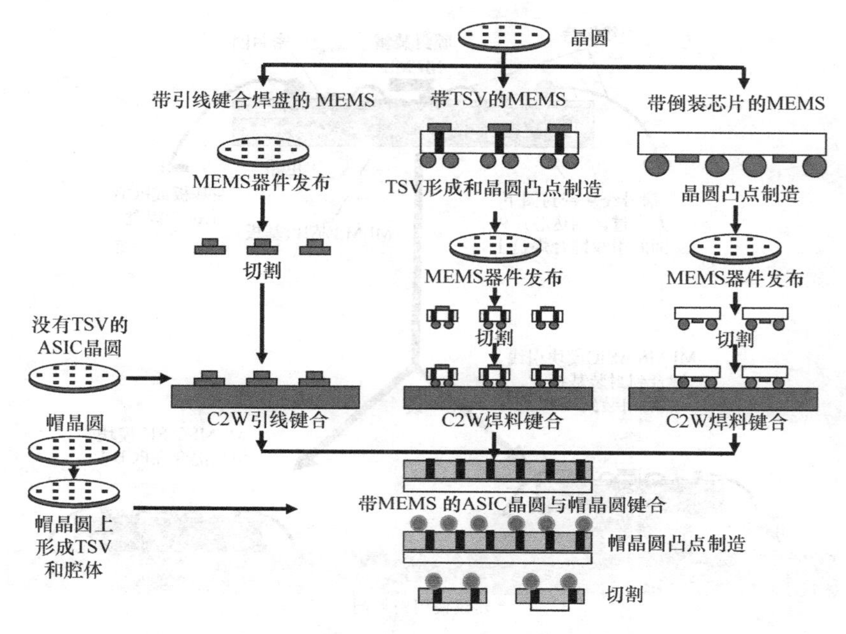

图 12-15 带有垂直馈通 TSV 帽的 3D MEMS 封装装配工艺

12.4.1 带有横向电馈通的 MEMS 和 IC 的 3D 集成 ★★★

对于具有横向电馈通的 MEMS 和 IC 的 3D 集成（情形 1 ~ 3），ASIC 和帽晶圆中都没有 TSV（见图 12-13）。在这些情况下，应该通过 KOH 刻蚀或使用激光在帽晶圆中形成腔体。然后执行 MEMS 器件（芯片）与 ASIC 晶圆（C2W）的键合。随后将腔帽晶圆与 ASIC 晶圆（W2W）键合。最后，键合的晶圆被切割成单个单元，准备在封装的基板或 PCB 上进行引线键合，如图 12-16 所示。对于这两种情况，推荐使用诸如 glop – top 之类的封装。

12.4.2 ASIC 中带垂直电馈通的 MEMS 和 IC 的 3D 集成 ★★★

对于 ASIC 中具有垂直电馈通的 3D MEMS 和 IC 集成（情形 4 ~ 6），必须在 MEMS 芯片与 ASIC 芯片（C2W）键合之前在 ASIC 晶圆上制造 TSV，如图 12-14 所示。在 W2W（帽到 ASIC）键合后，应在 ASIC 晶圆的底部进行晶圆凸点的制造。切割后，单个单元可以焊接在一个封装基板或 PCB 上，如图 12-17 所示。对于 PCB 情形，为保证焊点的可靠性，可能需要进行底部填充。对于封装情形中焊料凸点连接的倒装芯片，底部填充的使用取决于基板材料。如果它是陶瓷制造的，且芯片尺寸较小，那么底部填充是可选的。然而，如果它是一个有机基板并且芯片尺寸不小，那么底部填充是必需的。

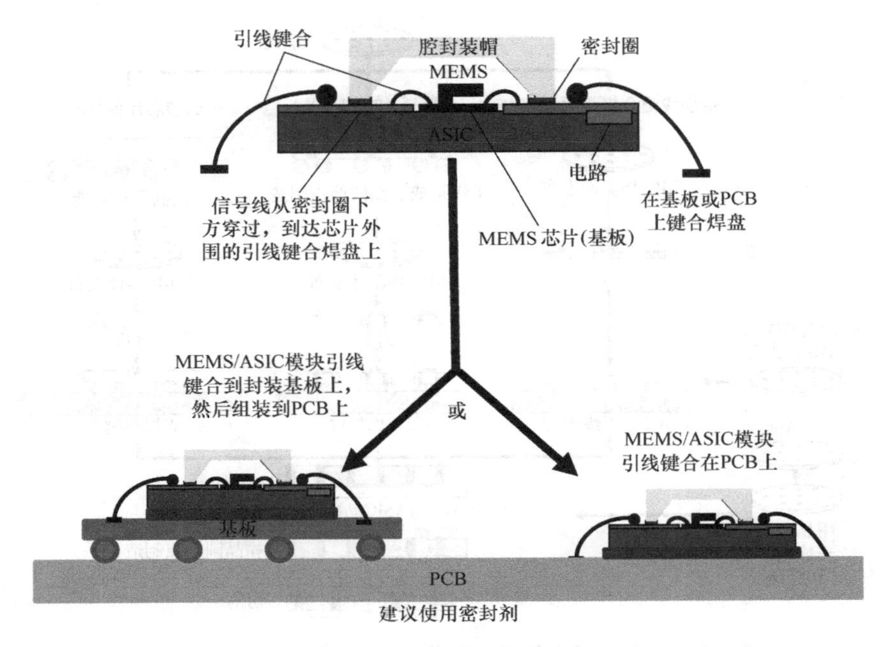

图 12-16　带有横向电馈通的 3D MEMS 封装

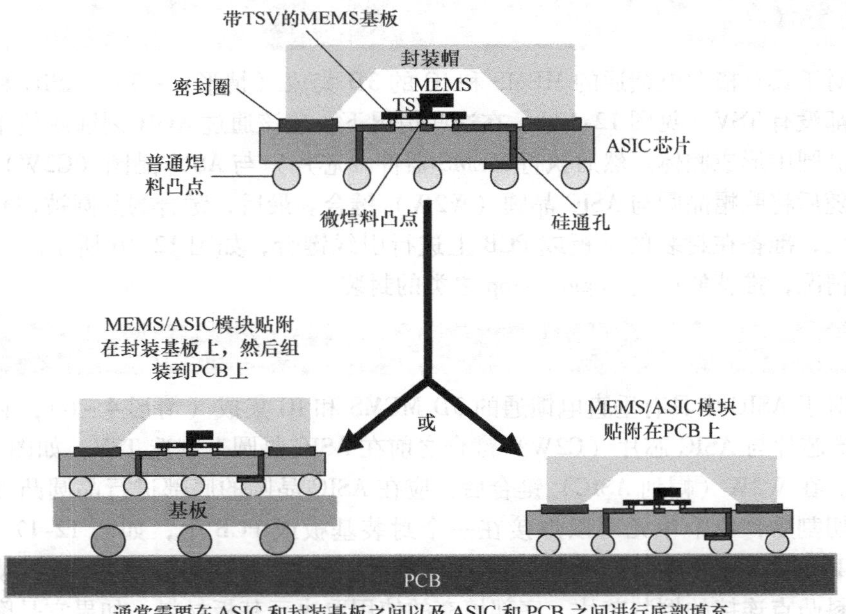

图 12-17　TSV ASIC 中具有垂直电馈通的 3D MEMS 封装

12.4.3　在封装帽中带有垂直电贯通的 MEMS 和 IC 的 3D 集成 ★★★

在封装帽中（情形 7～9）带有垂直电贯通的 3D MEMS 和 IC 集成，在 W2W 键合之前必须在帽晶圆上制造 TSV 和腔体，如图 12-15 所示。C2W 键合和 W2W 键合完成后，应在帽晶圆底部进行晶圆凸点制造。其余与情形 4～6 是一样的，图 12-18 显示了一个在封装帽中带有垂直电贯通的完整 3D MEMS 封装的例子。需要在 Si 帽和有机基板之间以及 Si 帽和 FR－4 PCB 之间进行底部填充。

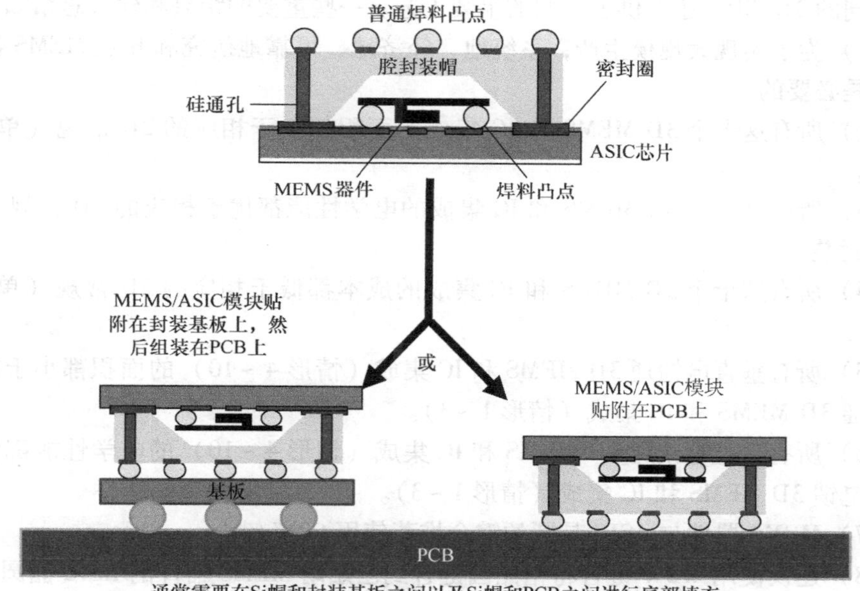

图 12-18　带有垂直电馈通 TSV 帽的 3D MEMS 封装

如前所述，有多种方法可以组装 3D MEMS 封装。另一种方法是先将 MEMS 器件贴附到帽晶圆上，然后在进行帽晶圆与 ASIC 晶圆的键合。然而，在这种情形下，W2W 键合的对准精度要求就更严格了。

12.4.4　关于情形 10：一个真实的 MEMS 和 IC 的 3D 集成 ★★★

在电子产品的食物链中，封装是一个下游的工艺（例如，封装不能或不处于主动地位，没有太多发言权），封装行业只是封装任何半导体上游的产品（也就是说，封装的工作从制造的晶圆开始）。从封装的角度来看，情形 10（见图 12-12）是一种非常低成本、高性能的 3D MEMS 和 IC 集成。然而，为了实现这一点，MEMS 器件（芯片）必须比情形 1～9 中带有腔帽的封装更大（为密封圈留出空间)。因此，从半导体的角度来看，这是一个非常“糟糕的主意”，因为可以在相同尺寸的 MEMS 晶圆上制造的 MEMS 器件更少了。

12.4.5 总结和建议 ★★★

通过集成来自 MEMS 晶圆的 MEMS 器件（带引线键合焊盘、焊料凸点连接的 TSV 基板，或不带 TSV 的焊料凸点连接的倒装芯片），来自 ASIC 晶圆的 ASIC 芯片（无论带或不带 TSV）和来自帽晶圆腔帽（无论带或不带 TSV），展现了十种不同的 3D SiP，还提供了它们的组装工艺。一些重要的结果和建议总结如下：

1）为了实现大规模生产，系统地、经济地、可靠地研究和开发 MEMS 器件封装是必要的。

2）所有这十个 3D MEMS 和 IC 集成的面积都小于相应的 2D 常规（单独）封装。

3）所有这十个 3D MEMS 和 IC 集成的电学性能都优于相应的 2D 常规（单独）封装。

4）所有这十个 3D MEMS 和 IC 集成的成本都低于相应的 2D 常规（单独）封装。

5）所有垂直电馈通 3D MEMS 和 IC 集成（情形 4 ~ 10）的面积都小于横向电馈通 3D MEMS 和 IC 集成（情形 1 ~ 3）。

6）所有垂直电馈通 3D MEMS 和 IC 集成（情形 4 ~ 10）的电学性能都优于横向电馈 3D MEMS 和 IC 集成（情形 1 ~ 3）。

7）MEMS 器件与 ASIC 晶圆的键合推荐使用 C2W 键合。

8）建议使用 W2W 键合将帽晶圆键合到已贴附 MEMS 器件的 ASIC 晶圆上。

9）对于 C2W 键合和 W2W 键合，建议采用使用焊料的低温键合方法（请参阅第 8 章参考文献[22]）。无焊料的 C2W 和 W2W 室温键合更好，但它们还不成熟。

12.5 采用低温焊料键合的 3D MEMS 封装

目前大多数 C2W 和 W2W 键合方法采用的温度高于 300℃。然而，在键合过程中，MEMS 器件已经发布（有独立的微结构，如膜、梁和悬臂），并且需要低温键合以减少由于键合结构的热膨胀失配（小的弯曲）对微结构的破坏。室温下的熔融（如 Cu - Cu）键合有效，然而，键合表面必须非常平坦和干净（1 级洁净室），不允许大批量生产。另一方面，通过适当的焊盘和 UBM 设计和焊料材料的选择，180℃或更低的键合温度是可能的[7-20]。在键合过程中/之后，焊料与 UBM 发生反应，并形成熔点远高于焊料的 IMC（金属间化合物）。

这一特性受到3D MEMS 和 IC 集成的欢迎。例如，采用低熔点焊料将 MEMS 器件与 ASIC 键合后，所有键合（焊料互连的）区域都成为重熔温度非常高的 IMC。当帽晶圆键合到 ASIC 晶圆（已经与 MEMS 器件键合）时，ASIC 和 MEMS 器件之间的互连将不会回流。此外，当整个 3D MEMS 和 IC 集成模块通过 SMT（表面贴装技术）无铅焊接（260℃）贴附到 PCB 上时，ASIC 与 MEMS 之间以及帽与 ASIC 之间的焊料互连将不会回流。在本节中，展示了使用低温焊料键合非功能性 3D MEMS 和 IC 集成封装（见图 12-19）的可行性。

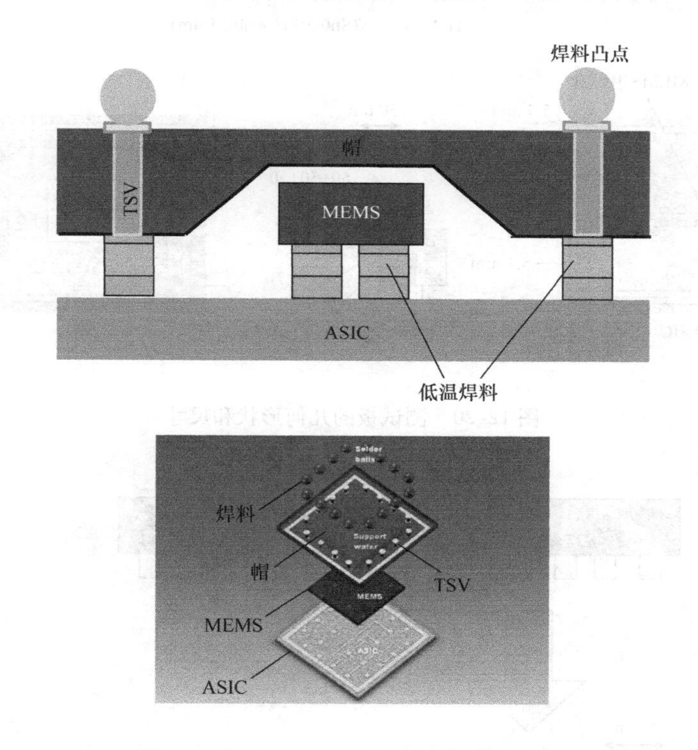

图 12-19 3D MEMS 和 ASIC 集成测试板

12.5.1 不同芯片尺寸的 IC 和 MEMS 3D 集成 ★★★

图 12-20 显示了非功能性 MEMS 和 ASIC 以及帽的尺寸和材料（情形 7，8 和 9）。可以看出，MEMS 尺寸为 3mm × 3mm × 200μm，有九个焊盘（200μm × 200μm），如图 12-20 和图 12-21 所示；ASIC 尺寸为 5.5mm × 5.5mm，ASIC 两侧各有一个宽度为 300μm 的密封圈，如图 12-20、图 12-22 和图 12-23 所示；键合焊盘（用于 MEMS 器件）和密封圈（用于帽晶圆）均涂有低温焊料。

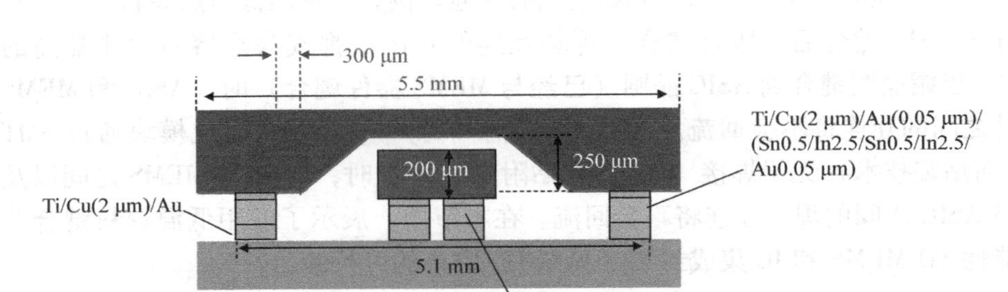

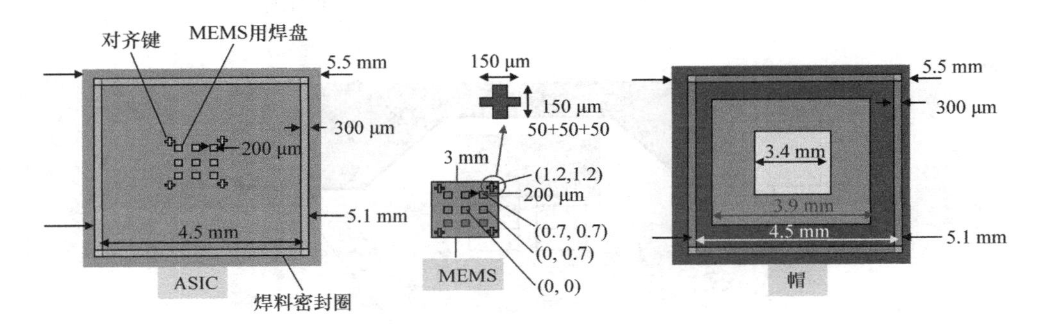

图 12-20　测试板的几何形状和尺寸

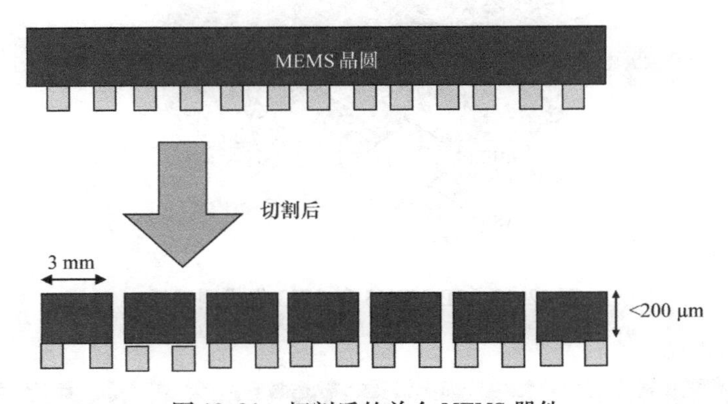

图 12-21　切割后的单个 MEMS 器件

在这种情况下，用于 3D MEMS 和 IC 集成的 MEMS 和 ASIC 之间的芯片尺寸通常是不一样的。因此，这两个器件的 W2W 键合可能不是一个好主意，而且互连通常是通过 C2C 或 C2W 键合进行的。本节讨论一个 MEMS 芯片如何仅通过（Ti/Cu/Au）UBM 键合到一个带有低温焊料（AuInSn）的 ASIC 晶圆上，如图 12-20所示。

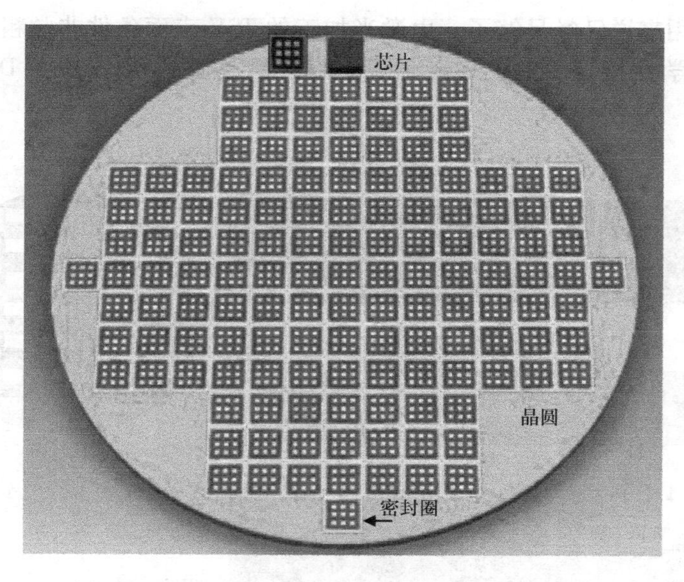

图 12-22 显示 MEMS 器件位置的 ASIC 晶圆示意图

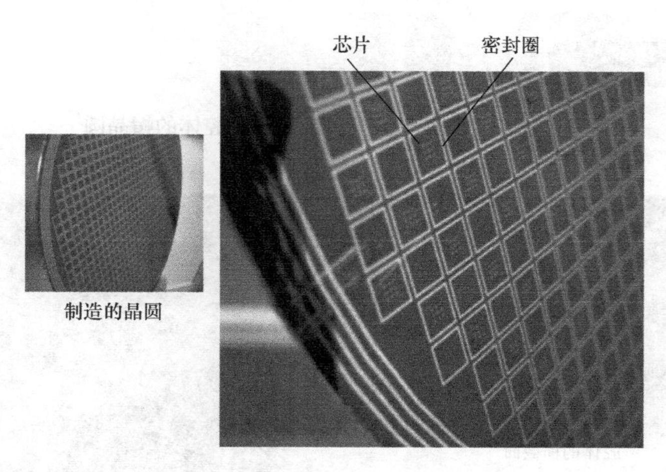

图 12-23 带有 MEMS 器件和密封环位置的 ASIC 晶圆

12.5.2 帽晶圆中的腔体和 TSV ★★★

图 12-24 和图 12-25 所示为 KOH（氢氧化钾）湿法刻蚀制备的带腔体的 200mm 帽晶圆及其典型横截面。可以看出，KOH 刻蚀产生了非常光滑的壁条件。用于帽晶圆的 TSV 是通过 DRIE（深度反应离子蚀刻）制造的。腔体和 TSV 也可以通过激光加工制成，如图 12-26 所示。即使它的质量不如 KOH 刻蚀，但是对

于大多数应用来说已经足够了。由激光加工的 TSV 表面条件非常粗糙，这可能会影响其电学性能。因此，一般来说，用于帽晶圆的 TSV 是由 DRIE 工艺制造的[33-36]。

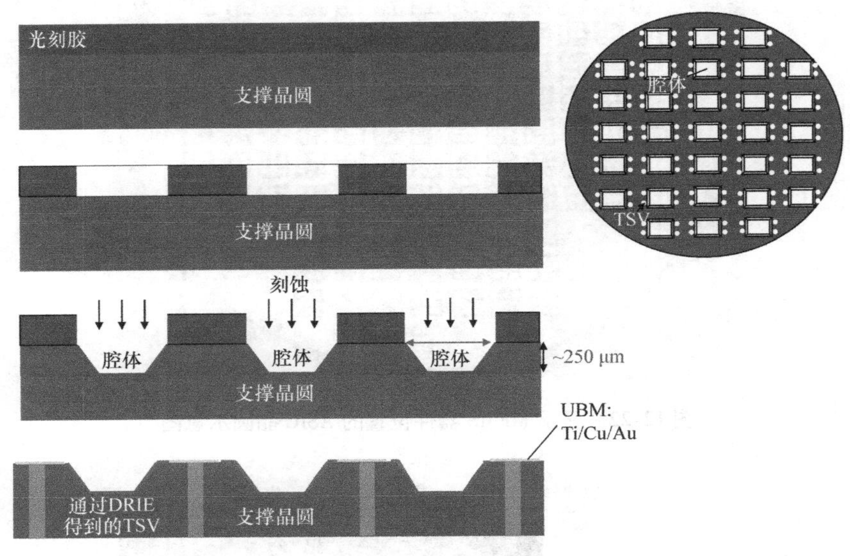

图 12-24　KOH 湿法刻蚀制备的带腔体的帽晶圆

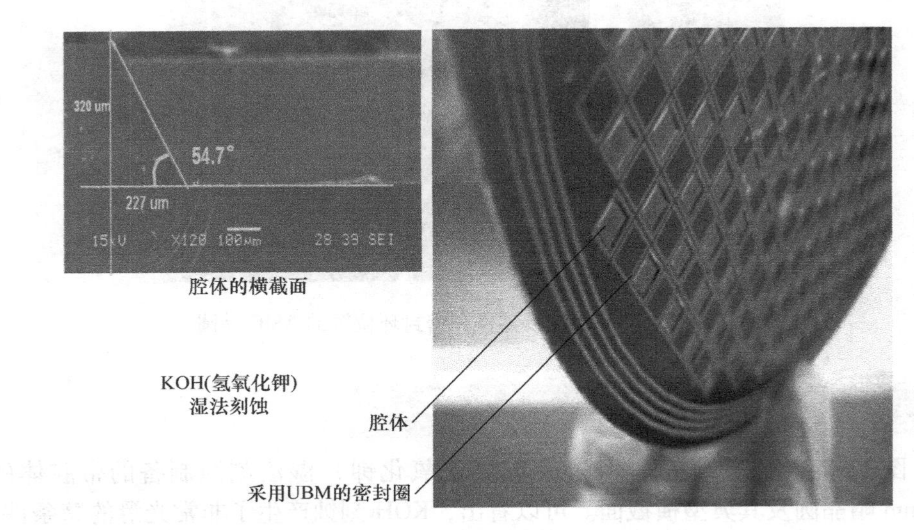

图 12-25　帽晶圆湿法工艺（KOH）制造的结果

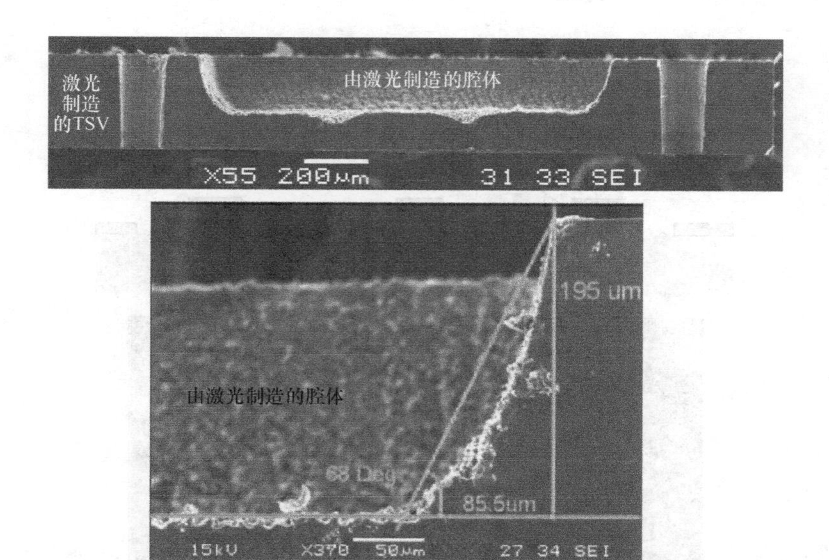

图 12-26　激光加工制备的腔体和 TSV 的帽晶圆

12.5.3　MEMS 芯片与 ASIC 晶圆键合（C2W）★★★

图 12-27 显示了非功能性 3D IC 和 MEMS 集成的组装工艺。可以看出，ASIC 晶圆是用涂有 UBM 和焊料的密封环和焊盘制成的。图 12-27 和图 12-28 显示了在

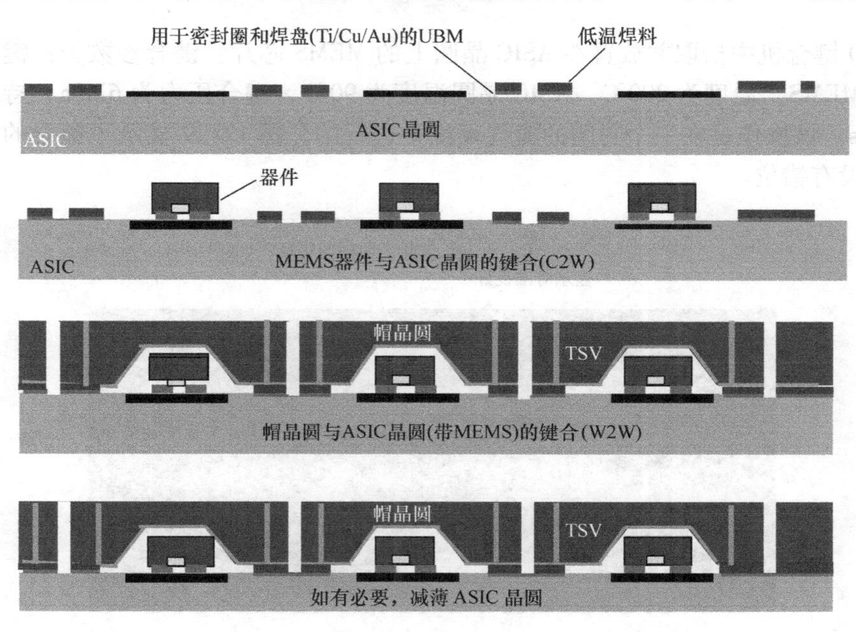

图 12-27　3D MEMS 与 ASIC 集成工艺步骤总结

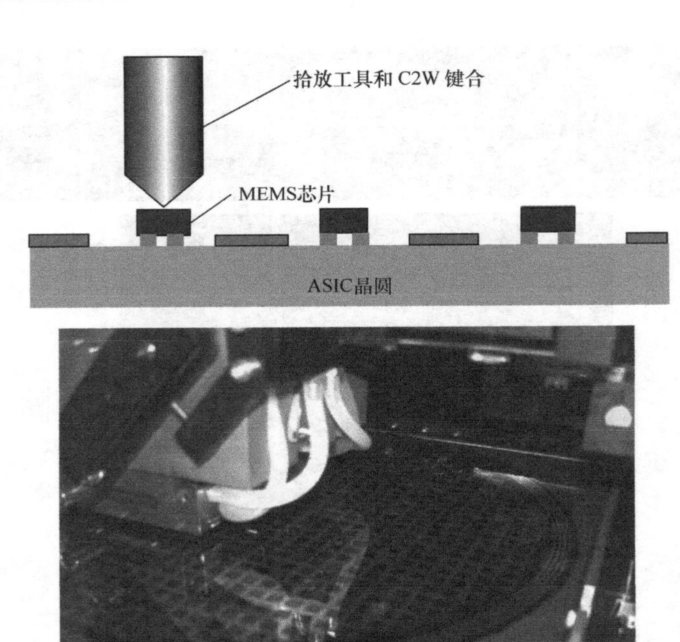

图 12-28 在 ASIC 晶圆上 MEMS 器件的 C2W 键合

FC150 键合机中拾取并放置在 ASIC 晶圆上的 MEMS 芯片。键合参数为：键合工具（MEMS）温度为 200℃，ASIC 晶圆温度为 90℃，键合压力为 6MPa，持续时间 40s。该操作是在一个封闭的氮气环境中进行的。图 12-29 显示了键合的横截面，没有错位。

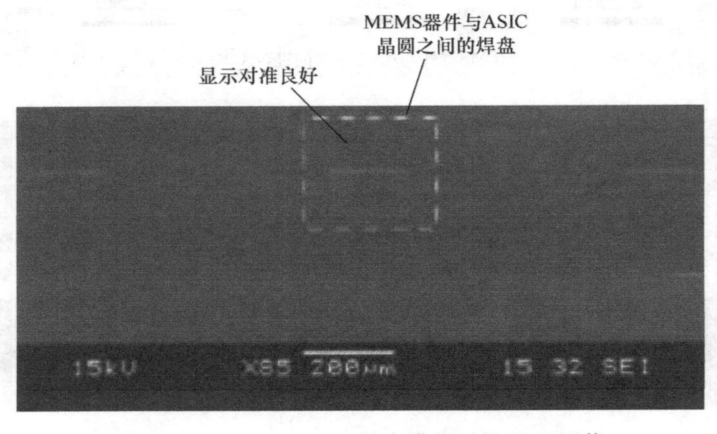

图 12-29 MEMS/ASIC 键合横截面的 SEM 图像

12.5.4　带有 MEMS 芯片的 ASIC 晶圆与帽晶圆的键合（W2W）★★★

如前所述，200mm 帽晶圆上的腔体是用 KOH 刻蚀工艺制造的。帽晶圆上的密封圈只涂有 UBM。图 12-27 和图 12-30 显示了帽晶圆与带有 MEMS 器件的 ASIC 晶圆键合的示意图，该键合在 EVG 键合机中完成，压力为 9kN，温度为 200℃，键合时间为 20min。图 12-31 显示了 ASIC 晶圆与 MEMS 器件和帽晶圆的

图 12-30　带 MEMS 器件的 ASIC 晶圆与帽晶圆的 W2W 键合

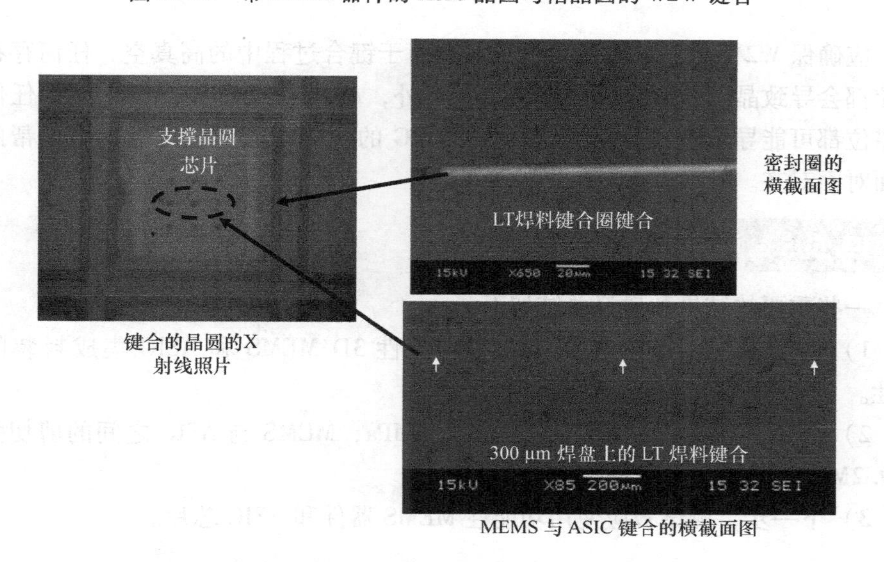

图 12-31　显示帽和 ASIC 之间密封圈的 X 射线和 SEM 图像

W2W 键合横截面的 X 射线照片和 SEM 图像。可以看出：MEMS 芯片与 ASIC 芯片之间的键合焊盘对准良好，焊料密封圈中没有空隙。图 12-32 显示了剪切强度的测试结果，所有芯片都符合规范。在焊料凸点制造和切割后，其中的一个单独的封装如图 12-32 所示。

键合力	温度	时间	剪切强度(帽-ASIC)	剪切强度(MEMS-ASIC)
9kN	200°C	20 min	71.6 MPa	9.2 MPa

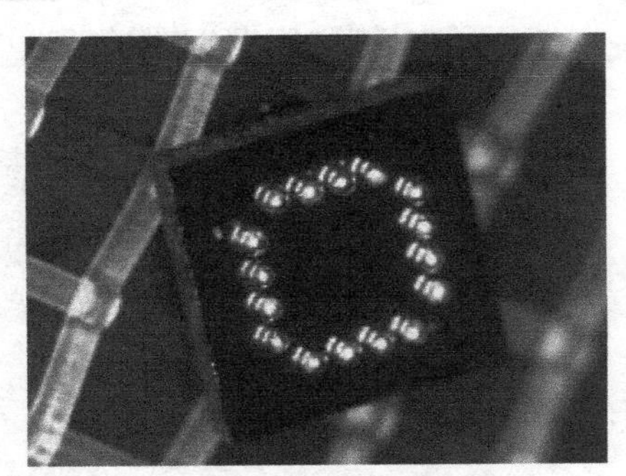

采用焊料球贴附的完整封装

图 12-32　经过表征测试的完整 3D MEMS 和 ASIC 集成封装

应确保 W2W 键合的键合室无碎屑。由于键合过程中的高真空，任何存在的颗粒都会导致晶圆破裂或形成微裂纹。另外，ASIC 晶圆和帽晶圆之间的任何严重错位都可能导致整个晶圆无法使用。EVG 的智能视图键合对准器可以帮助进行面对面对齐。

12.5.5　总结与建议 ★★★

一些重要的结果和建议总结如下：

1）展示了使用低温焊料键合非功能性 3D MEMS 和 ASIC 集成封装的可行性。

2）ASIC 与帽之间的剪切强度为 71.6MPa，MEMS 与 ASIC 之间的剪切强度为 9.2MPa，两者均大于规范（6MPa）。

3）下一步，测试板应使用功能性 MEMS 器件和 ASIC 芯片。

12.6 MEMS 先进封装的最新发展

12.6.1 用于 RF MEMS 晶圆级封装的 TSV 技术 ★★★

图 12-33 示意性地显示了 RF MEMS 器件晶圆级封装的横截面和俯视图[37,38]。它由 MEMS 晶圆［RF MEMS 器件、带 RDL 的高电阻率硅（HR - Si）基板、用于密封圈和键合焊盘的 AuSn 焊料］和帽晶圆（带腔的帽、TSV、RDL 和焊料凸点）组成。它是 2.25D MEMS 和 IC 集成，如 12.3.5 节所述。本章参考文献[37，38]的主要目的是研究在 TSV 帽晶圆封装过程中 RF - MEMS 晶圆的插入损耗。设计和制造了两种不同类型的共面波导（Coplanar Waveguide，CPW）结构（1mmCPW 和 2mmCPW），如图 12-33 所示。

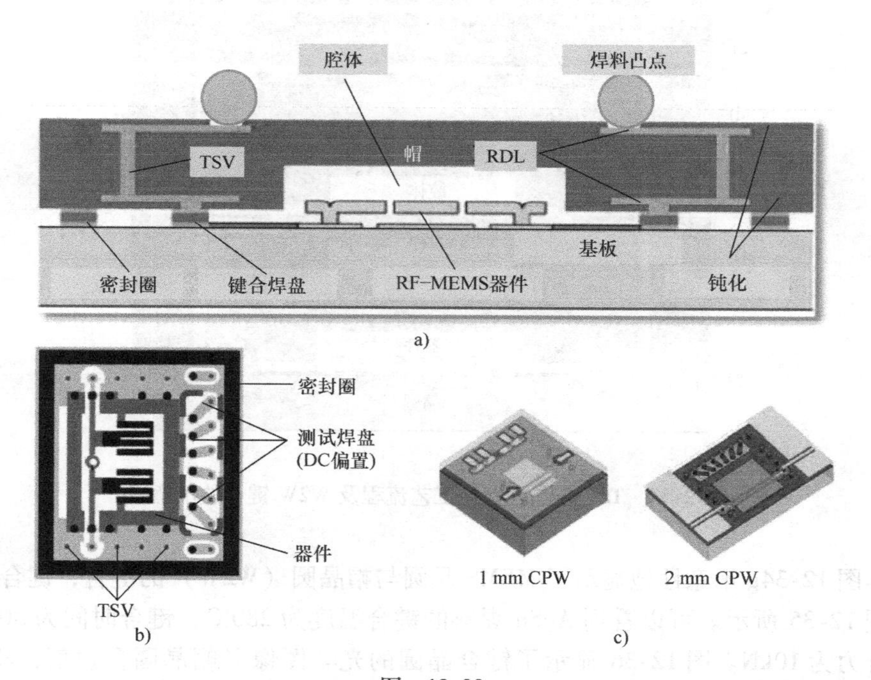

图 12-33

a）MEMS 晶圆级封装示意图 b）带有 TSV 的典型 RF - MEMS 封装的设计布局

c）不同长度的 CPW 结构

CPW 线由铝（厚度为 1.5μm）制成。考虑了三种钝化方案，即 3kÅ 多晶硅、2μm 的低应力氧化物和 1kÅ SiN。密封圈和焊盘上的 UBM 为 0.1μm Ti/0.2μm Pt/2μmAu/2.15μm Sn/500Å Au。

帽晶圆的制造工艺流程如图 12-34 所示。首先，采用 DRIE 形成 TSV（直径 60μm，深度 200μm），见图 12-34a。然后，通过电镀 Cu 填充 TSV 和 RDL，见图 12-34b。接着背面研磨帽晶圆至 200μm 以露出 TSV 的尖端，再进行钝化，见图 12-34c。在帽晶圆背面的 RDL 上电镀 Cu，见图 12-34d。DRIE 腔体至 100μm，见图 12-34e。UBM 和 AuSn 焊料淀积，见图 12-34f。薄晶圆拿持是必要的。在背面研磨露出 TSV 之前，用 BSI HT10.10 黏合剂将帽晶圆的正面临时键合在支撑晶圆（载体）上。在焊料淀积之后，晶圆立即通过热滑脱法剥离（分离）。

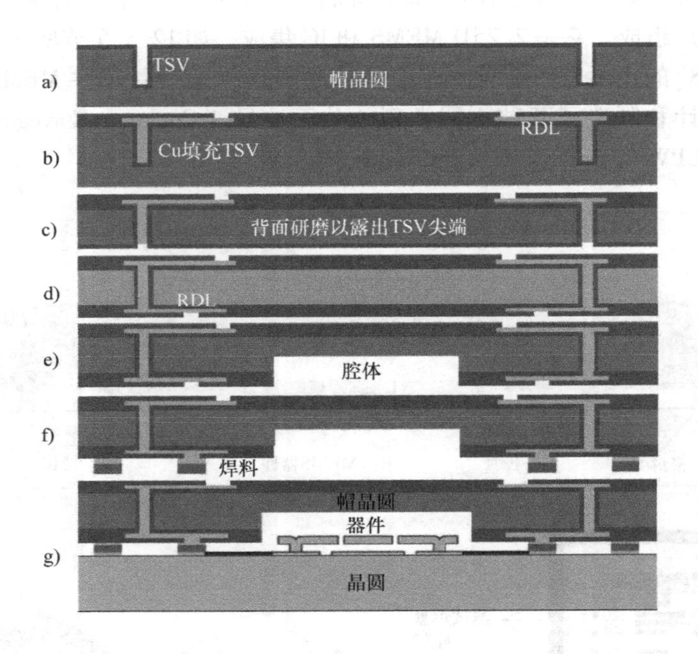

图 12-34　TSV 帽晶圆制造工艺流程及 W2W 键合的示意图

图 12-34g 示意性地显示了 MEMS 晶圆与帽晶圆（W2W）的键合，键合条件如图 12-35 所示。可以看到 AuSn 焊料的键合温度为 280℃，键合时间为 30min，键合力为 10kN。图 12-36 显示了键合晶圆的光学图像（帽晶圆在顶部，MEMS 晶圆在底部）和 X 射线图像。可以看出，没有异常情况出现。图 12-37 显示了键合封装后的 X 射线和 SEM 图像，可以看出密封圈没有空隙和分层现象。图 12-38显示了键合 MEMS 封装的图像，可以看出 TSV 中没有空隙，且 TSV 的介质层、阻挡层和种子层没有分层。

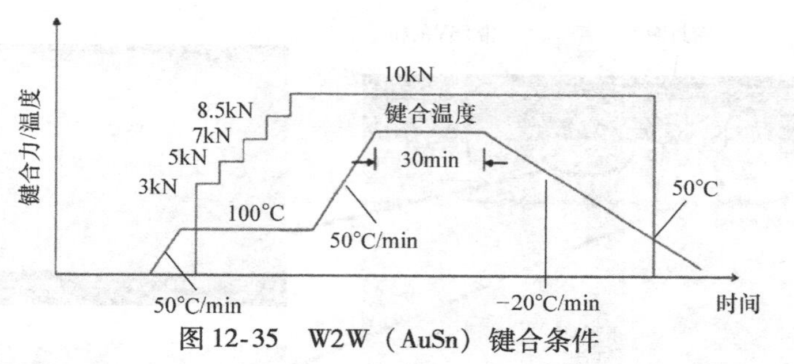

图 12-35 W2W（AuSn）键合条件

图 12-36 键合的晶圆，TSV 和密封圈的 X 射线图像

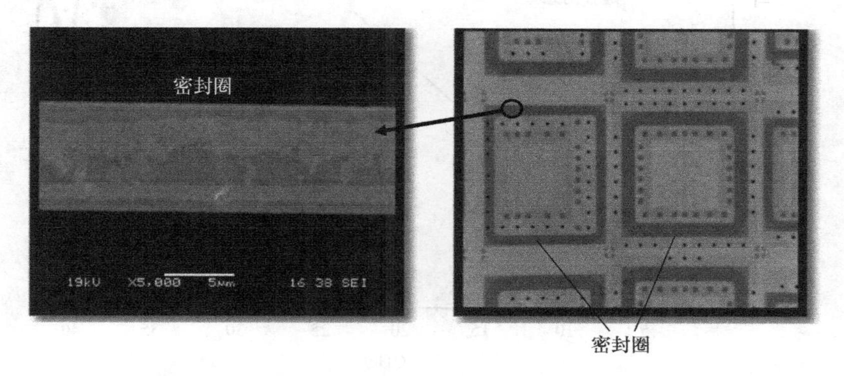

图 12-37 密封圈的 SEM 和 X 射线图像

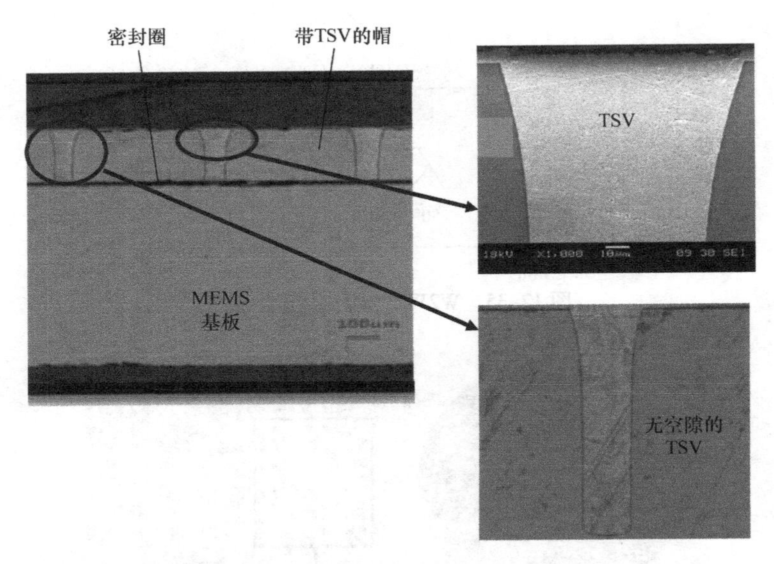

图 12-38　键合的帽与 MEMS 晶圆的横截面图，显示 AuSn 密封圈和无空隙 TSV

在 19GHz 共振开始前，测量了不同频率下 1mmCPW 线的封装损耗（见图 12-39）。在 5 ~ 20GHz 范围内，插入损耗范围为 0.12 ~ 0.2dB，而 1dB 截止频率为 22.7GHz。2mmCPW 线的插入损耗在 5 ~ 25GHz 范围内为 0.14 ~ 0.3dB，而 1dB 截止频率为 27.4GHz（见图 12-40）。由于在 <20GHz 范围内可接受的封装损耗为 <0.2dB，而 1dB 封装截止频率为 >20Hz，因此，1mm CPW 的设计是可行的。

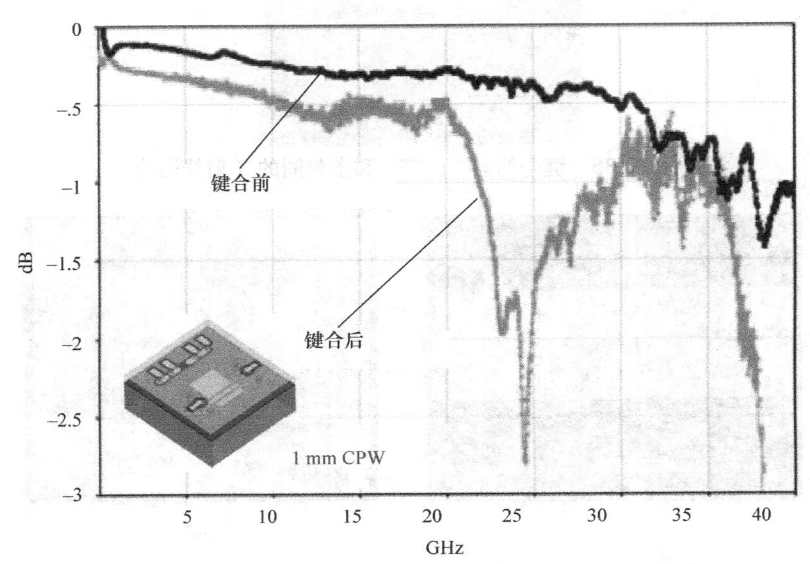

图 12-39　采用 1mmCPW 设计的 MEMS 封装插入损耗

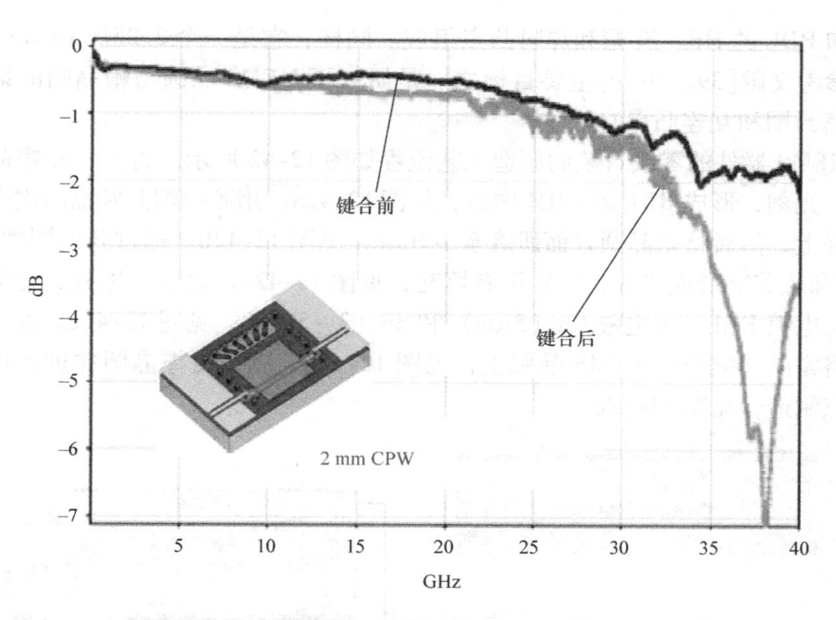

图 12-40 采用 2mmCPW 设计的 MEMS 封装插入损耗

12.6.2 TSV 与金属键合技术实现 RF - MEMS 的零级封装 ★★★

图 12-41 示意性地显示了 RF - MEMS 器件的零级封装[39,40]。它由 RF - MEMS、带有 RDL 的 HR - Si 基板、用于密封圈和键合焊盘的 Cu - Sn - Cu、带有

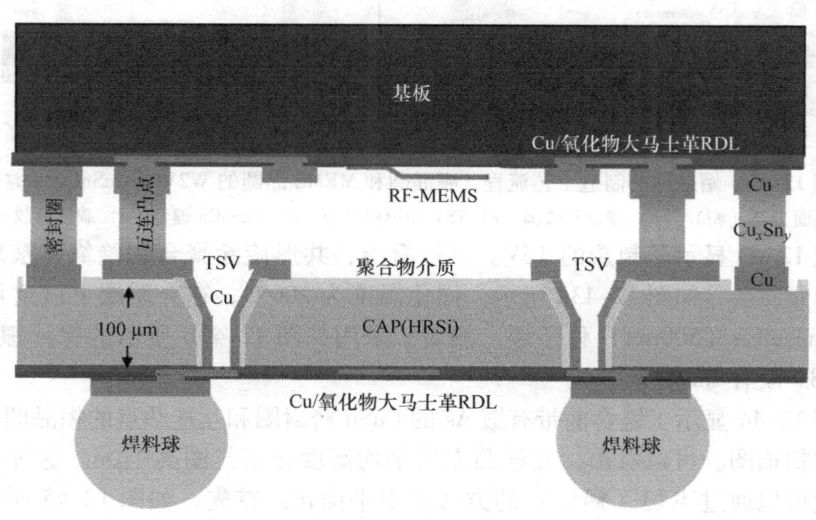

图 12-41 MEMS 封装示意图，显示了 RF - MEMS，带 RDL 的 HR - Si 基板，密封圈和键合焊盘的 Cu - Sn - Cu，带 TSV、RDL 和焊料凸点的 HR - Si 帽

TSV 和 RDL 的 HR－Si 帽和焊料凸点组成。同样，它是一个 2.25D MEMS 封装。本章参考文献[39，40]的主要目标之一是研究了 MEMS 晶圆与帽晶圆的键合特性（密封圈和互连凸点）。

MEMS 器件的零级封装的制造工艺流程如图 12-42 所示。首先，在帽晶圆上甩胶、光刻，形成 RDL 和 UBM 图形，见图 12-42a。用胶将帽晶圆临时键合在支撑晶圆上，然后将帽晶圆背面研磨至 100μm，见图 12-42b。通过各向同性刻蚀、DRIE 和软着陆形成 TSV，TSV 没有填充，见图 12-42c。之后，甩胶、光刻、图形化、电镀 RDL，再电镀 Cu（5μm）和 Sn（3～5μm），见图 12-42c。通过热压键合将帽晶圆键合到 MEMS 晶圆上，见图 12-42d。剥离支撑晶圆并进行焊料晶圆凸点制造，见图 12-42e。

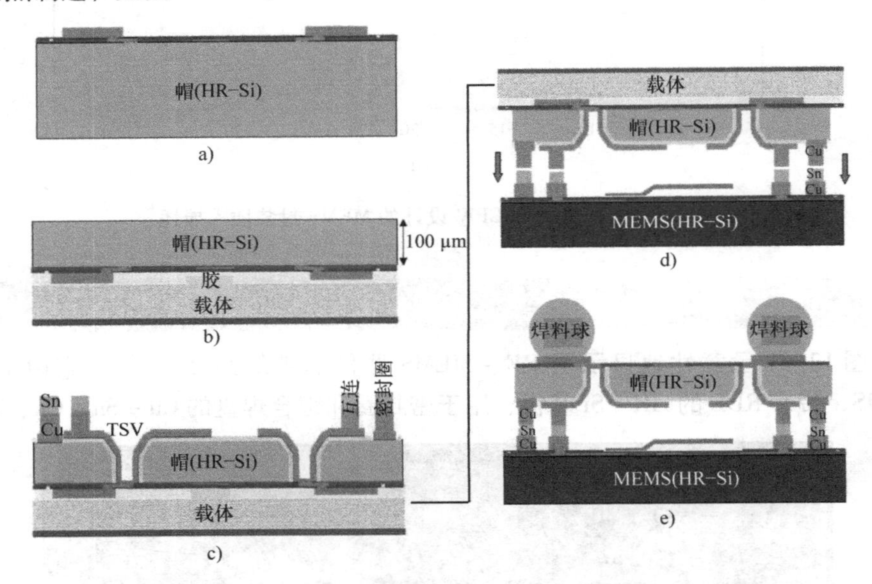

图 12-42　帽晶圆的制造工艺流程，帽晶圆和 MEMS 晶圆的 W2W（CuSnCu）键合

a）正面工艺（帽）　b）键合和减薄　c）TSV 和焊料电镀　d）CuSnCu 键合　e）载体释放和植球

图 12-43 显示了制造的 TSV。可以看出，共形旋涂聚合物绝缘体被应用于 TSV 的介质层，如图 12-43a 所示。固化温度为 200℃，在介质层上溅射形成 Ti（70 nm）/Cu（500nm）种子层。然后，采用如图 12-43b 所示的保形镀 Cu 工艺。TSV 没有 Cu 填充。

图 12-44 显示了键合前带有镀 As 的 CuSn 密封圈和互连凸点的帽晶圆的光学轮廓仪扫描图。可以看出，互连凸点的平均高度比密封圈高 1μm。这种不均匀的高度可以通过飞切（锡层）的方法实现平面化。首先，如图 12-45 所示，在帽晶圆上涂上一层光刻胶。图 12-46 和图 12-47 分别显示了带有密封圈和互连 CuSn 凸点的飞切帽晶圆的光学轮廓仪扫描和光学图像。可以看出，飞切后的表

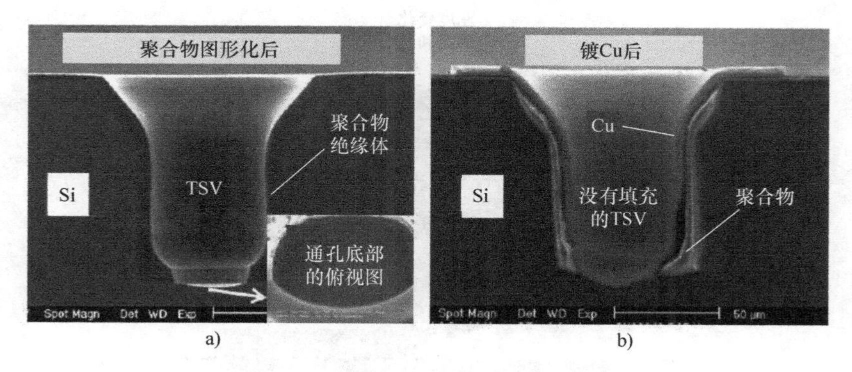

a)　　b)

图 12-43

a）聚合物图形化后的 TSV　b）在 TSV 侧壁 Cu 电镀之后

面平整度明显提高（平均高度差别减小到 0.1μm），表面变得光滑。

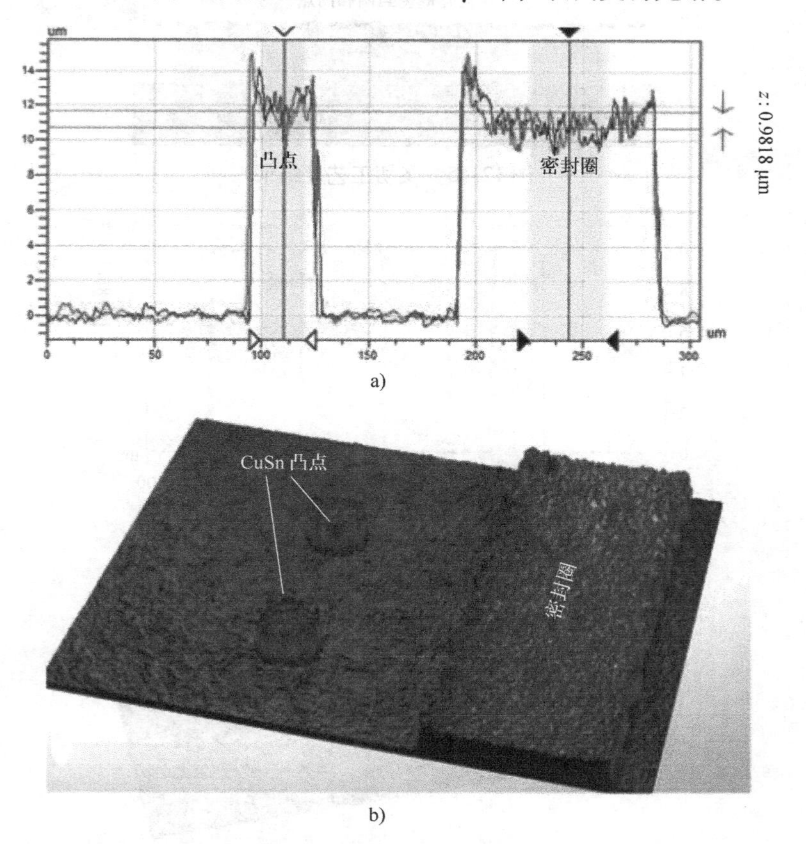

a)

b)

图 12-44　带有镀 As 的 CuSn 密封圈和凸点的帽晶圆光学轮廓仪扫描图

a）台阶高度剖面　b）3D 轮廓

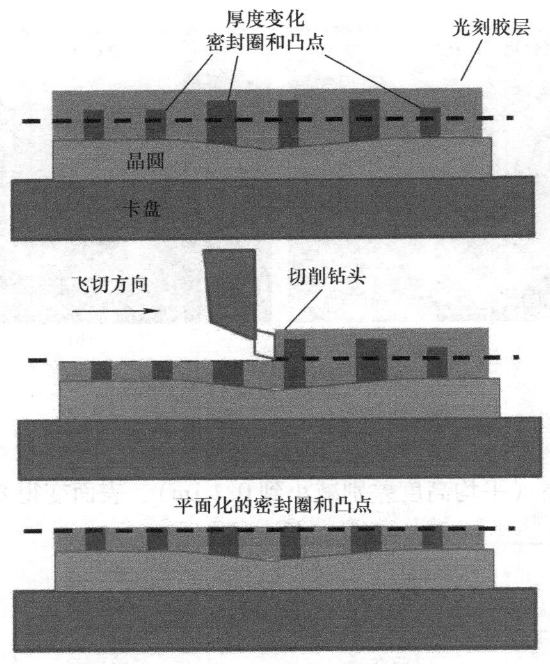

图 12-45 飞切工艺及结果

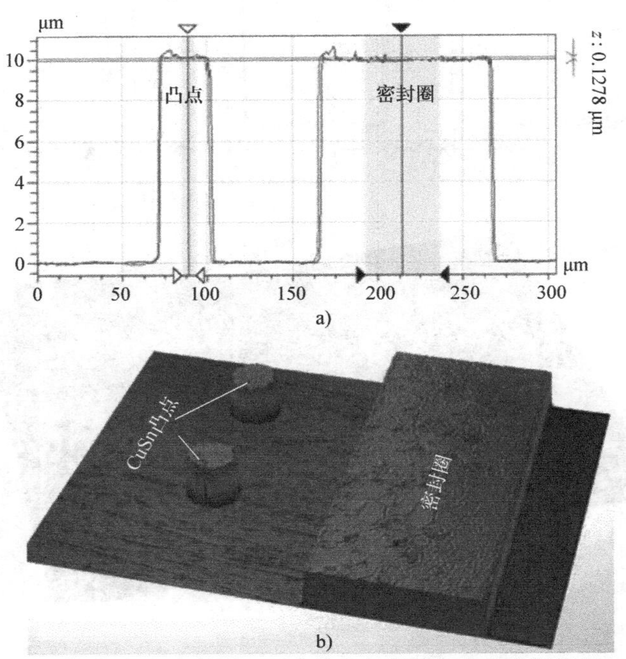

图 12-46 带有 CuSn 密封圈和凸点的飞切帽晶圆的光学轮廓仪扫描图

a）台阶高度剖面 b）3D 轮廓

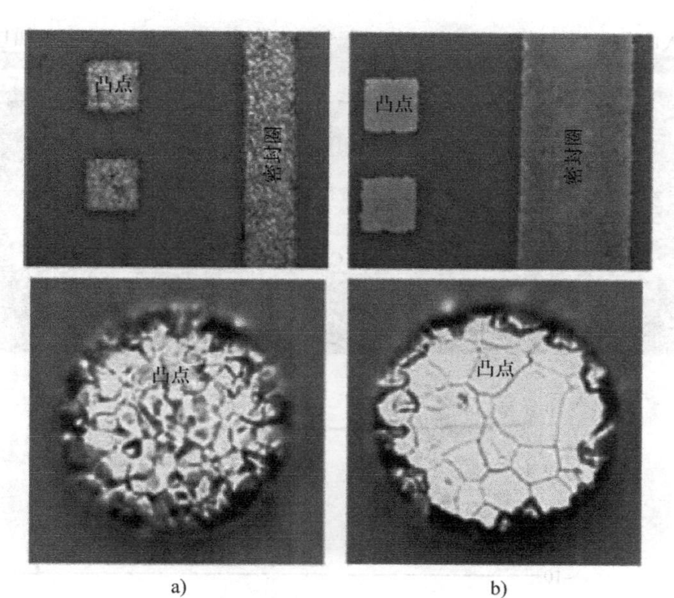

图 12-47　密封圈和凸点表面的俯视图

a）电镀 As　b）飞切后

MEMS 封装的 RF 性能是通过测量穿过封装互连的 CPW 来研究的，如图 12-48a 所示。CPW 的厚度为 1μm。MEMS 封装在 100MHz ~ 40GHz 频率范围内的典型性能如图 12-48b 所示。反射系数的可接受幅度（S_{11} < 115dB）表明，在较宽的频率范围内，连线的实际波阻抗接近于目标值（50Ω），并且键合组装的精度足够准确[39,40]。

12.6.3　基于带 Cu 填充的 TSV Si 转接板晶圆的 MEMS 封装 ★★★

图 12-49 示意性地显示了基于转接板晶圆[41]的 MEMS 封装。可以看出，MEMS 器件贴附到带有 Cu 填充的 TSV 和 RDL 的 Si 转接板晶圆上，并与带腔体的帽晶圆进行气密密封。这是一个 2.5D MEMS 和 IC 集成，组装工艺与图 12-14 所示的非常相似，不同之处在于有器件的 ASIC 晶圆被无器件的转接板晶圆取代。最终组装的典型横截面如图 12-50 所示。可以看出，MEMS 封装的所有关键元件，如 MEMS 器件、Si 转接板、TSV、微凸点、密封圈等都在合适的位置。有关 MEMS 封装的特性请参阅本章参考文献[41]。

12.6.4　基于 FBAR 振荡器的晶圆级封装 ★★★

图 12-51 显示了基于薄膜体声谐振器（Film Bulk Acoustic Resonator，FBAR）的振荡器的晶圆级封装[42,43]。图 12-51a 显示了封装的帽晶圆，可以看出有一个

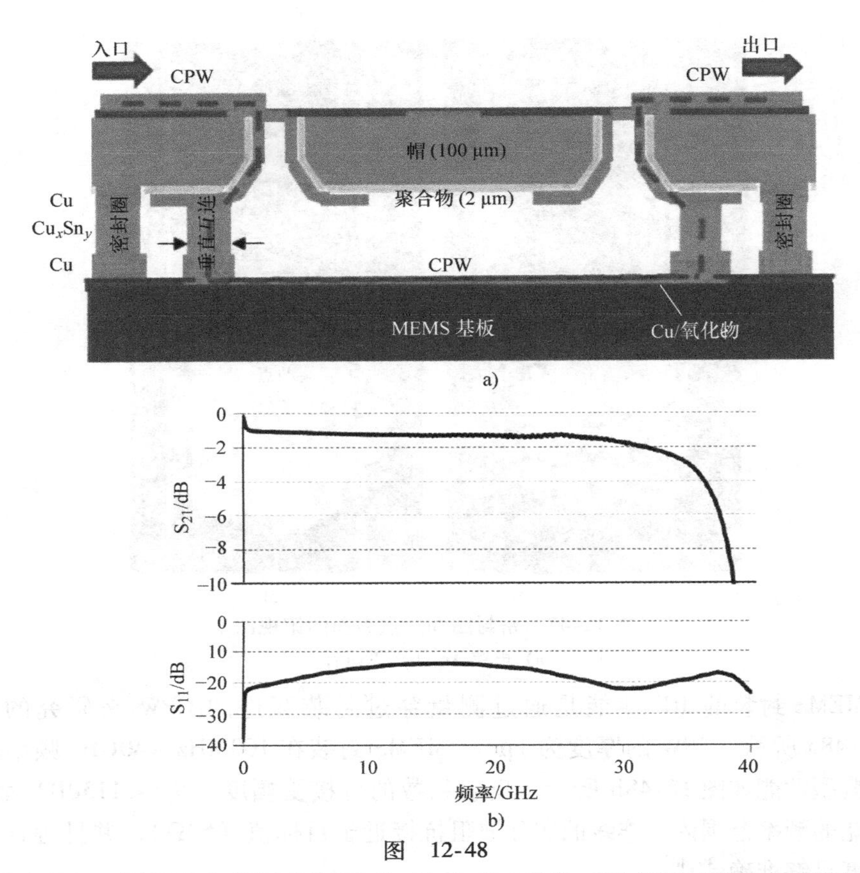

图 12-48

a）虚线表示 RF 信号从输入到输出的传播路径　b）典型 RF 性能：封装的反射系数 S_{11} 和透射系数 S_{21}

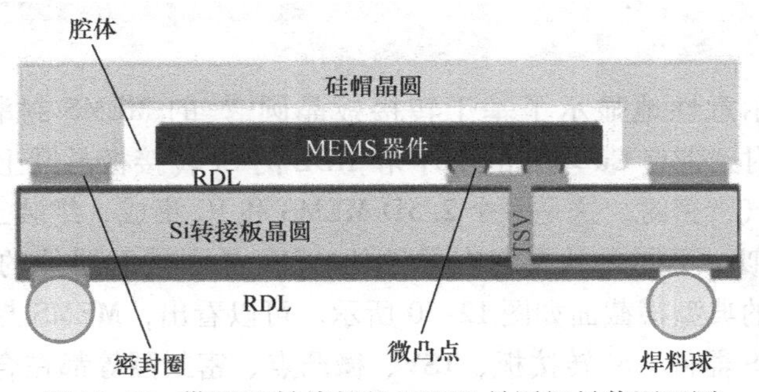

图 12-49　带 TSV 转接板的 MEMS 晶圆级封装原理图

IC 器件（330μm × 285μm）、六个用于外部连接的 TSV、两个内部连接（ICP），以及一个用于 FBAR 的小腔体。图 12-51b 显示封装的 FBAR 晶圆。可以看到有一个 FBAR、六个外部焊盘（用于六个 TSV）、两个内部连接（从帽电路到 FBAR），以及一个腔体（用于 IC 器件）。这是一个真正的 3D MEMS 与 IC 集成

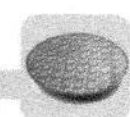

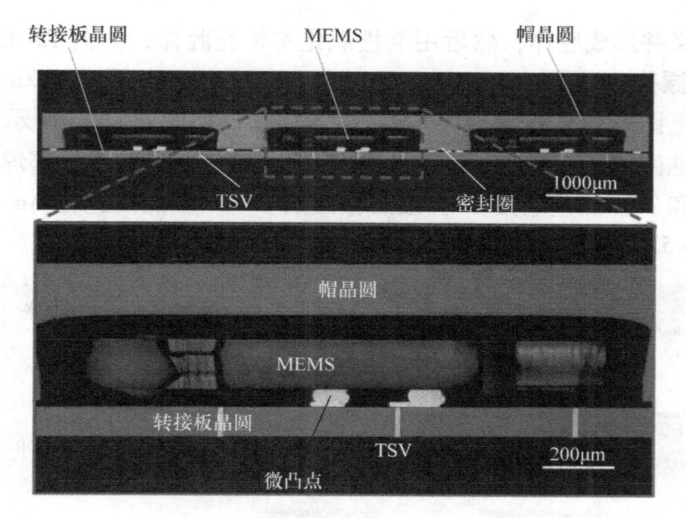

图 12-50 在 TSV 转接板上的 MEMS 器件的横截面图像，器件由带腔体的帽密封

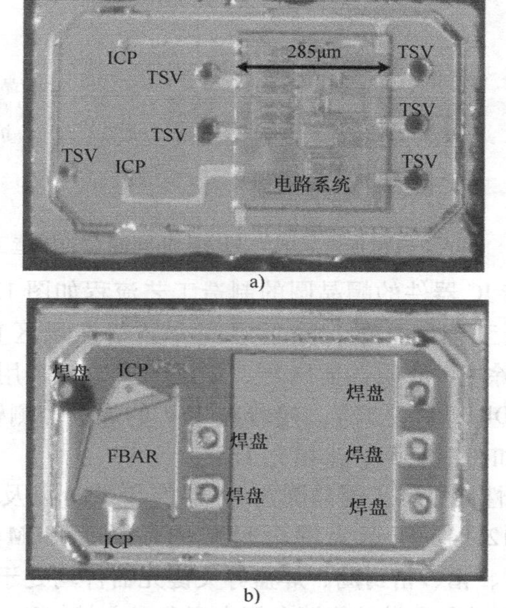

图 12-51 FBAR 密封封装的照片图像

a）带有 IC 器件、TSV、内部连接和 FBAR 腔体的帽晶圆

b）带有 FBAR、焊盘、内部连接和 IC 器件腔体的 FBAR 晶圆

（非常类似于图 12-12 中的情形 10）。FBAR 和帽晶圆都是高阻抗 Si，以最大限度地减少串扰和电容损耗。

没有 IC 器件的 FBAR 封装的制造工艺流程如图 12-52 所示。对于 FBAR 晶圆，首先定义并形成腔体，然后用牺牲氧化物填充腔体，如图 12-52a 所示。形成 FBAR/零漂移谐振器（Zero Drift Resonator，ZDR），如图 12-52b 所示。在焊盘和密封圈上图形化 Au，然后去除牺牲氧化物，如图 12-52c 所示。对于帽晶圆，采用标准微加工工艺制造腔体，采用 DRIE 制造 TSV。在外部焊盘、内部焊盘、密封圈和 TSV 侧壁电镀 Au。最后帽晶圆和 FBAR 晶圆进行 Au - Au 扩散键合，如图 12-52d 所示。

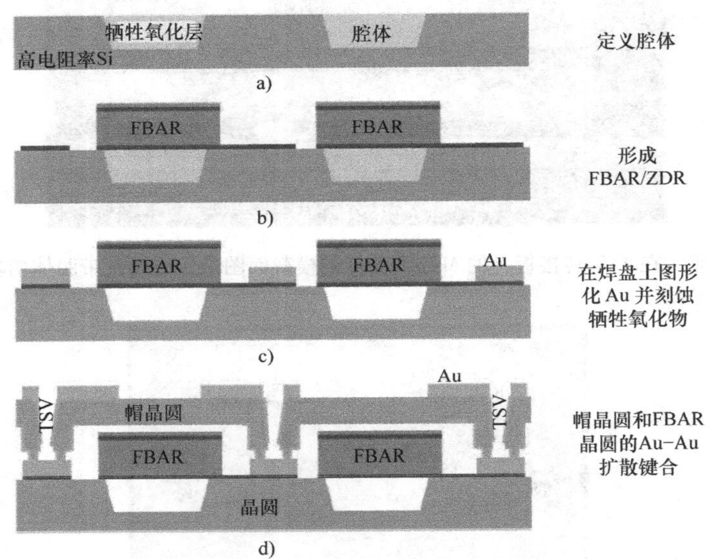

图 12-52　FBAR 晶圆和帽晶圆与 FBAR 晶圆键合的制造工艺流程

FBAR 封装的带 IC 器件的帽晶圆的制造工艺流程如图 12-53 所示。这些器件是用标准的双极工艺制作的，除了层间介质留在场区直到器件完成，如图 12-53a。然后去除场区介质直至 Si 层，如图 12-53b。采用标准的微加工工艺制造腔体，并采用 DRIE 制造 TSV。接着在 TSV 的焊盘和侧壁上镀 Au，然后翻转晶圆进行键合，如图 12-53c。未填充 TSV。

图 12-54a 示意性地显示了帽晶圆与 IC 器件和 TSV 以及 FBAR 晶圆的 Au - Au 扩散键合。图 12-54b 所示为键合封装的横截面 SEM 图像。可以看出，FBAR、IC 器件 TSV、帽、密封圈、焊盘等关键元器件均处于正确位置。有关详细的特性描述以及机械和电学性能请参阅本章参考文献[42，43]。

12.6.5　总结与建议 ★★★

一些重要的结果和建议总结如下[37-43]：

1）TSV（无论是 Cu 填充的还是未填充的）应用于 MEMS 封装。

2）大多数研究论文都在不使用任何器件（2.25 MEMS 和 IC 集成）的情况

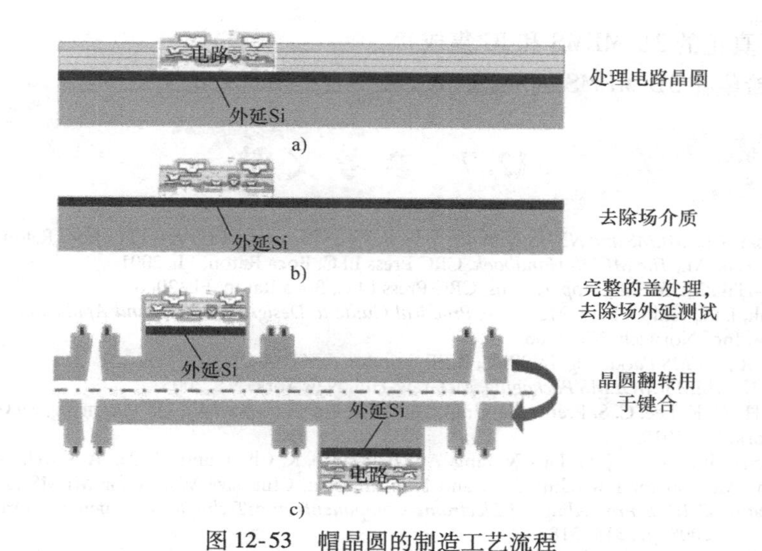

图 12-53　帽晶圆的制造工艺流程

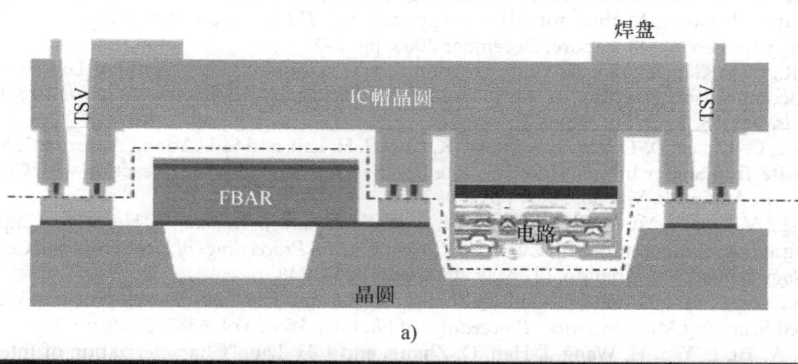

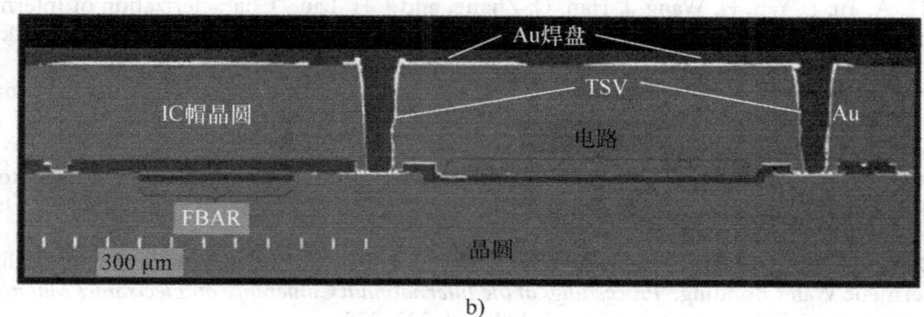

图　12-54

a）IC 帽晶圆与 FBAR 晶圆的 Au－Au 键合　b）带 IC 帽的 FBAR MEMS 封装的横截面扫描电镜图像

下在帽中使用 TSV[37－40]。

3）只有一篇论文提到用 TSV 转接板支撑 MEMS 器件（2.5D MEMS 和 IC 集成）[41]。

4）只有一篇论文提到 FBAR MEMS 器件与带有 IC 器件和 TSV[43] 的帽键合

在一起（真正的3D MEMS和IC集成）。

5）希望在3D MEMS和IC集成领域发表更多研究论文。

12.7 参考文献

[1] Lyshevski, S. E., *MEMS and NEMS: Systems, Devices, and Structures*, CRC Press LLC, Boca Raton, FL, 2001.

[2] Gad-el-Hak, M., *The MEMS Handbook*, CRC Press LLC, Boca Raton, FL, 2001.

[3] Gad-el-Hak, M., *MEMS: Applications*, CRC Press LLC, Boca Raton, FL, 2006.

[4] Korvink, J. G., and O. Paul, *MEMS: A Practical Guide to Design, Analysis, and Applications*, William Andrew, Inc., Norwich, NY, 2006.

[5] Hsu, T. R., *MEMS Packaging*, INSPEC, IEEE, London, UK, 2004.

[6] Gilleo, K., *MEMS/MOEMS Packaging*, McGraw-Hill, New York, NY, 2005.

[7] Lau, J. H., C. K. Lee, C. S. Premachandran, and Yu Aibin, *Advanced MEMS Packaging*, McGraw-Hill, New York, NY, 2010.

[8] Premachandran, C. S., J. H. Lau, X. Ling, A. Khairyanto, K. Chen, and M. Pa, "A Novel, Wafer-level Stacking Method for Low-chip Yield and Non-uniform, Chip-size Wafers for MEMS and 3D SiP Applications," *IEEE Proceedings of Electronic Components and Technology Conference*, Orlando, FL, May 27–30, 2008, pp. 314–318.

[9] Chen, K., C. Premachandran, K. Choi, C. Ong, X. Ling, A. Ratmin, J. H. Lau, et al., "C2W Low Temperature Bonding Method for MEMS Applications," *IEEE Proceedings of Electronics Packaging Technology Conference*, Singapore, December 2008, pp. 1–7.

[10] Made, R., C. L. Gan, L. Yan, A. Yu, S. U. Yoon, J. H. Lau, and C. Lee, "Study of Low Temperature Thermocompression Bonding in Ag-In Solder for Packaging Applications," *Journal of Electronic Materials*, Vol. 38, 2009, pp. 365–371.

[11] Yan, L.-L., C.-K. Lee, D.-Q. Yu, A.-B. Yu, W.-K. Choi, J. H. Lau, and S.-U. Yoon, "A Hermetic Seal using Composite Thin Solder In/Sn as Intermediate Layer and its Interdiffusion Reaction with Cu," *Journal of Electronic Materials*, Vol. 38, 2009, pp. 200–207.

[12] Yan, L.-L., V. Lee, D. Yu, W. K. Choi, A. Yu, S.-U. Yoon, and J. H. Lau, "A Hermetic Chip to Chip Bonding at Low Temperature with Cu/In/Sn/Cu Joint," *IEEE Proceedings of Electronics and Components Technology Conference*, Orlando, FL, May 2008, pp. 1844–1848.

[13] Yu, A., C. Lee, L. Yan, R. Made, C. Gan, Q. Zhang, S. Yoon, and J. H. Lau, "Development of Wafer Level Packaged Scanning Micromirrors," *Proceedings of Photonic West*, Vol. 6887, 2008, pp. 1–9.

[14] Lee, C., A. Yu, L. Yan, H. Wang, J. Han, Q. Zhang, and J. H. Lau, "Characterization of Intermediate In/Ag Layers of Low Temperature Fluxless Solder based Wafer Bonding for MEMS Packaging," *Journal of Sensors Actuators A: Physical*, Vol. 154, 2009, pp. 85–91.

[15] Yu, D. Q., C. Lee, L. L. Yan, W. K. Choi, A. Yu, A., and J. H. Lau, "The Role of Ni Buffer Layer on High Yield Low Temperature Hermetic Wafer Bonding Using In/Sn/Cu Metallization," *Applied Physics Letters*, Vol. 94, No. 3, 2009, pp 1–3.

[16] Yu, D. Q., L. L. Yan, C. Lee, W. K. Choi, S. U. Yoon, and J. H. Lau, "Study on High Yield Wafer to Wafer Bonding using In/Sn and Cu Metallization," *Proceedings of the Eurosensors Conference*, Dresden, Germany, 2008, pp. 1242–1245.

[17] Yu, D., C. Lee, and J. H. Lau, "The Role of Ni Buffer Layer between InSn Solder and Cu Metallization for Hermetic Wafer Bonding," *Proceedings of the International Conference on Electronics Materials and Packaging*, Taipei, Taiwan, October 22–24, 2008, pp. 335–338.

[18] Yu, D., L. Yan, C. Lee, W. Choi, M. Thew, C. Foo, and J. H. Lau,"Wafer level hermetic bonding using Sn/In and Cu/Ti/Au metallization," *IEEE Proceeding of Electronics Packaging and Technology Conference*, December 2008, pp. 1–6.

[19] Choi, W., D. Yu, C. Lee, L. Yan, A. Yu, S. Yoon, J. H. Lau, et al., "Development of Low Temperature Bonding using In-based Solders," *Proceedings* of *Electronics Component and Technology Conference*, Orlando, FL, May 2008, pp. 1294–1299.

[20] Choi, W., C. Premachandran, C., Ong, X. Ling, E. Liao, A. Khairyanto, J. H. Lau, et al., "Development of Novel Intermetallic Joints using Thin Film Indium Based Solder by Low Temperature Bonding

Technology for 3D IC Stacking," *IEEE Proceedings of Electronics Component and Technology Conference*, San Diego, CA, May 2009, pp. 333–338.
[21] Lau, J. H., *Reliability of RoHS Compliant 2D & 3D IC Interconnects*, McGraw-Hill, New York, NY, 2011.
[22] Lau, J. H., *Through-Silicon Vias for 3D Integration*, McGraw-Hill, New York, NY, 2013.
[23] Lau, J. H., *Low Cost Flip Chip Technologies for DCA, WLCSP, and PBGA Assemblies*, McGraw-Hill, New York, NY, 2000.
[24] Lau, J. H., and R. Lee, *Chip Scale Package: Design, Materials, Process, Reliability, and Applications*, McGraw-Hill, New York, NY, 1999.
[25] Lau, J. H., C. P. Wong, J. Prince, and W. Nakayama, *Electronic Packaging: Design, Materials, Process, and Reliability*, McGraw-Hill, New York, NY, 1998.
[26] Lau, J. H., *Flip Chip Technologies*, McGraw-Hill, New York, NY, 1996.
[27] Lau, J. H., *Ball Grid Array Technology*, McGraw Hill, New York, NY, 1995.
[28] Lau, J. H., *Chip On Board Technologies for Multichip Modules*, Van Nostrand Reinhold, New York, NY, 1994.
[29] Lau, J. H., *Handbook of Fine Pitch Surface Mount Technology*, VNR, New York, NY, 1994.
[30] Lau, J. H., *Handbook of Tape Automated Bonding*, VNR, New York, NY, 1992.
[31] Lau, J. H., "Design and Process of 3D MEMS Packaging," *IMAPS Proceedings of International Symposium on Microelectronics*, San Jose, CA, November 2009, pp. 1–9.
[32] Lau, J. H., "Design and Process of 3D MEMS Packaging," *IMAPS Transactions, Journal of Microelectronics and Electronic Packaging*, First Quarter Issue, Vol. 7, 2010, pp. 10–15.
[33] Khan, N., V. Rao, S. Lim, S. Ho, V. Lee, X. Zhang, J. H. Lau, et al., "Development of 3D Silicon Module with TSV for System in Packaging," *Proceedings of Electronic Components and Technology Conference*, Orlando, FL, May 27–30, 2008, pp. 550–555.
[34] Zhang, X., T. Chai, J. H. Lau, C. Selvanayagam, K. Biswas, S. Liu, D. Pinjala, et al., "Development of Through Silicon Via (TSV) Interposer Technology for Large Die Fine-pitch Cu/low*k* FCBGA Package," *IEEE Electronic Components and Technology Conference*, San Diego, CA, May 2009, pp. 305–312.
[35] Chai, T. C., X. Zhang, J. H. Lau, C. S. Selvanayagam, D. Pinjala, Y. Hoe, Y. Ong, et al., "Development of Large Die Fine-Pitch Cu/low-*k* FCBGA Package with Through Silicon via (TSV) Interposer," *IEEE Transactions on CPMT*, Vol. 1, No. 5, May 2011, pp. 660–672.
[36] Yu, A., N. Khan, G. Archit, D. Pinjalal, K. Toh, V. Kripesh, J. H. Lau, et al., "Development of Silicon Carriers with Embedded Thermal Solutions for High Power 3-D Package," *IEEE Transactions on Components and Packaging Technology*, Vol. 32, No. 3, September 2009, pp. 566–571.
[37] Sekhar, V., J. Toh, J. Cheng, J. Sharma, S. Fernando, and B. Chen, "Wafer Level Packaging of RF MEMS Devices Using TSV Interposer Technology," *Proceedings of IEEE/EPTC*, Singapore, December 2012, pp. 239–243.
[38] Chen, B., V. Sekhar, C. Jin, Y. Lim, J. Toh, S. Fernando, and J. Sharma, "Low-Loss Broadband Package Platform With Surface Passivation and TSV for Wafer-Level Packaging of RF-MEMS Devices," *IEEE Transactions on CPMT*, Vol. 3, No. 9, September 2013, pp. 1443–1452.
[39] Pham, N., V. Cherman, B. Vandevelde, P. Limaye, N. Tutunjyan, R. Jansen, N. Hoovels, et al., "Zero-level Packaging for (RF-)MEMS Implementing TSVs and Metal Bonding," *Proceedings of IEEE/ECTC*, May 2011, 1588–1595.
[40] Pham, N., V. Cherman, N. Tutunjyan, L. Teugels, D. Teacan, and H. Tilmans, "Process Challenges in 0-level Packaging Using 100μm-thin Chip Cappin with TSV," *Proceedings of IMAPS International Symposium on Microelectronics*, September 2012, San Diego, CA, pp. 276–282.
[41] Zoschke, K., C.-A. Manier, M. Wilke, N. Jürgensen, H. Oppermannl, D. Ruffieux, J. Dekker, et al., "Hermetic Wafer Level Packaging of MEMS Components Using Through Silicon Via and Wafer to Wafer Bonding Technologies," *Proceedings of IEEE/ECTC*, May 2013, Las Vegas, NV, pp. 1500–1507.
[42] Pang, W., R. Ruby, R. Parker, P. W. Fisher, M. A. Unkrich, and J. D. Larson, III, "A Temperature-Stable Film Bulk Acoustic Wave Oscillator," *IEEE Electron Device Letters*, Vol. 29, No. 4, April 2008, pp. 315–318.
[43] Small, M., R. Ruby, S. Ortiz, R. Parker, F. Zhang, J. Shi, and B. Otis, "Wafer-Scale Packaging For FBAR-Based Oscillators," *Proceedings of IEEE International Joint Conference of FCS*, 2011, pp. 1–4.

第13章 CIS与IC的3D集成

13.1 引　言

CMOS图像传感器的基本功能是将光（光子）转换为电学信号（电子）。接触式图像传感器（Contact Image Sensor，CIS）在便携式、移动、可穿戴和汽车产品方面拥有巨大的市场，是IoT（物联网）的关键要素。例如，智能手机和平板电脑的相机以及汽车的机器视觉都使用CIS。通常，CIS由微透镜矩阵、晶体管和金属布线以及光电二极管（Photodiode，PD）组成[1-6]。本章介绍3D CIS和IC集成。重点放在3D CIS和IC堆叠[3]以及CIS和处理器IC[5]的3D集成。

13.2 FI-CIS和BI-CIS

有两种不同类型的CIS，即FI（前照式）-CIS和BI（背照式）-CIS。对于FI-CIS，微透镜矩阵在前，晶体管和金属布线在中间，PD在晶圆表面的深底（背面），如图13-1所示。Si基板表面的晶体管和金属布线反射了一些光，因此PD只能接收剩余的入射光。

BI-CIS包含相同的元件，但通过在制造过程中翻转硅晶圆，然后减薄其背面，确定PD层后面晶体管和金属布线方位，这样光线就可以在不穿过晶体管和金属布线层的情况下照射到PD层，如图13-2a所示。与FI-CIS相比，BI-CIS可以将捕获输入光子的概率从大约60%提高到90%以上[6]。然而，BI-CIS会导致诸如串扰等问题，这会导致相邻像素之间的噪声、暗电流和颜色混合，从而导致图像质量下降。为了克服这个问题，Sony开发了一种独特的PD结构[2]。在光照侧上方，在光电二极管之间形成金属遮光罩（见图13-2b）以减少像素阵列中的串扰，从而实现良好的颜色分离[2]。

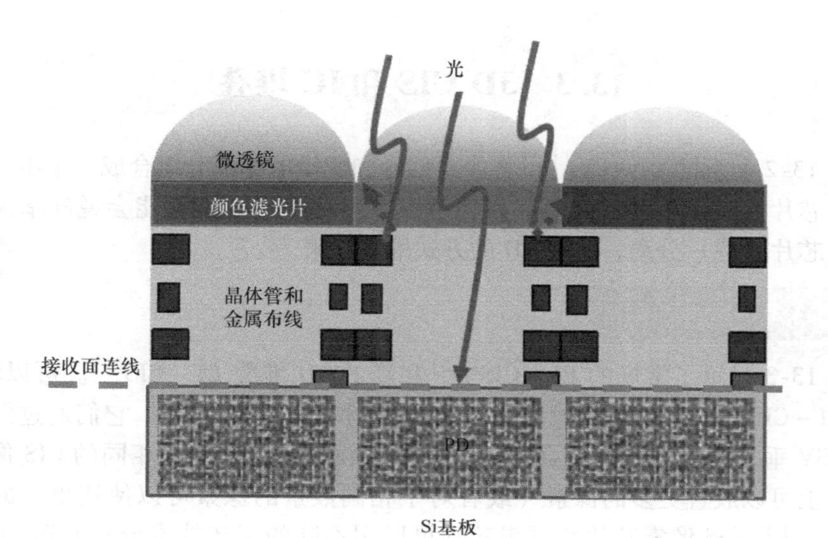

图 13-1 前照式 CIS，一些光被晶体管和金属布线阻挡（反射）

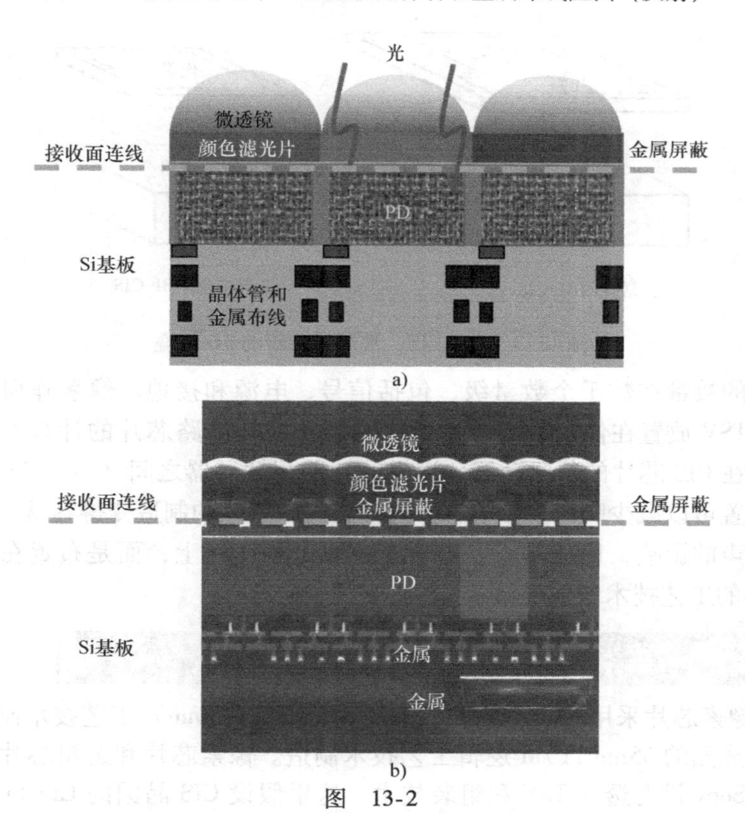

图 13-2

a）背照式 CIS 示意图 b）BI－CIS 的横截面 SEM 图像

13.3 3D CIS 和 IC 堆叠

图 13-2 所示的 BI－CIS[1,2] 将像素部分和逻辑电路部分组合成一个由硅基板支撑的芯片。Sony 将 CIS 像素芯片和逻辑电路芯片（有人可能会说硅基板被逻辑电路芯片代替）分离，并以 3D 的方式堆叠起来[3]。

13.3.1 结构 ★★★

图 13-3 显示了常规的 BI－CIS[1,2] 和新的 3D 堆叠 BI－CIS[3]。可以看出，新的 BI－CIS 由两个芯片组成，CIS 像素芯片和逻辑电路芯片，它们通过围绕边缘的 TSV 垂直连接，如图 13-4 所示。这种新设计的优点是在相同的 CIS 像素芯片尺寸上可以放置更多的像素（或者对于相同数量的像素可以使用更小的芯片尺寸），以及 CIS 像素芯片和逻辑芯片可以用不同的工艺技术分别制造。结果，CIS 芯片尺寸减小了 30%，而逻辑电路芯片按比例从 500k 门增加到 2400k 门[3]。

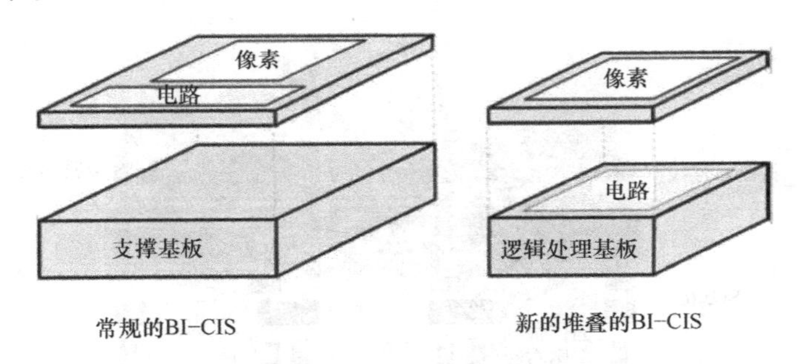

图 13-3　BI－CIS：常规的与新的 3D 堆叠

TSV 的数量在数千个数量级，包括信号、电源和接地。像素阵列区域没有 TSV。列 TSV 放置在像素 CIS 芯片的比较器和逻辑电路芯片的计数器之间。行 TSV 放置在 CIS 芯片的行驱动器和逻辑芯片的行解码器之间（见图 13-4）。TSV 的这些布置可以减少噪声的影响，并且使得 CIS 芯片的制造变得容易。例如，为了减少噪声的影响，比较器不是布置在逻辑电路芯片上，而是布置在可以使用 Sony 成熟的工艺技术制造的像素 CIS 芯片上。

13.3.2 CIS 像素晶圆和逻辑 IC 晶圆的制造 ★★★

CIS 像素芯片采用 Sony 常规的 1P4M BI－CIS（90nm）工艺技术制造。逻辑芯片采用成熟的 65nm 1P7M 逻辑工艺技术制造。像素芯片和逻辑芯片的尺寸大致相同。Sony 没有透露 TSV 和组装技术。这里假设 CIS 晶圆的 CIS Si 绝缘体键合到逻辑晶圆的逻辑 Si 绝缘体（非常类似于本书第 6 章提到的 SiO_2－SiO_2 W2W

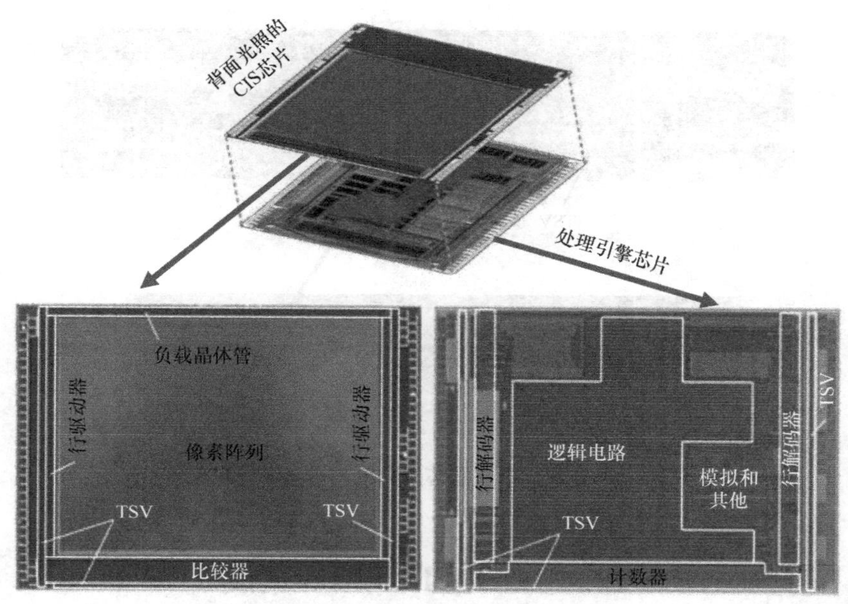

图 13-4 3D CIS 像素芯片和逻辑 IC 集成

键合)。然后在晶圆键合之后形成 TSV 并填充 Cu。图 13-5 和图 13-6 显示了 3D CIS 像素芯片和逻辑 IC 芯片集成的横截面 SEM 图像。可以看出，顶部是 BI - CIS 芯片，底部是逻辑芯片，BI - CIS 晶圆和逻辑晶圆是绝缘体到绝缘体（W2W）键合（见图 13-5），CIS 芯片通过 TSV 连接到逻辑芯片（见图 13-6）。

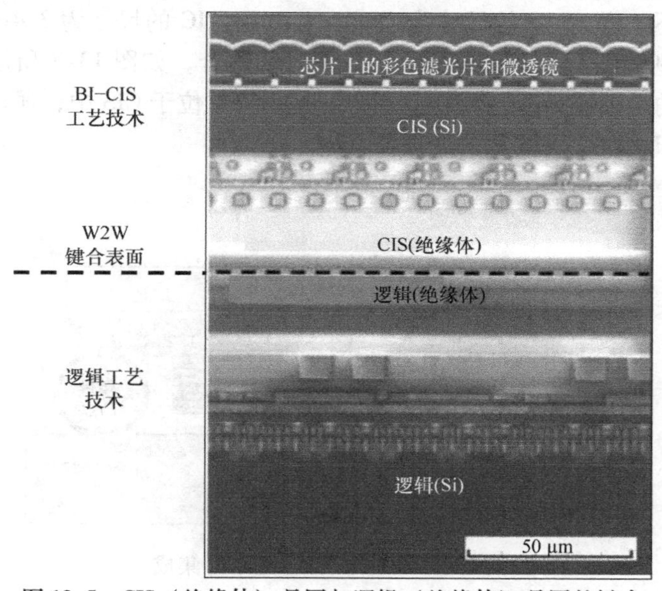

图 13-5 CIS（绝缘体）晶圆与逻辑（绝缘体）晶圆的键合

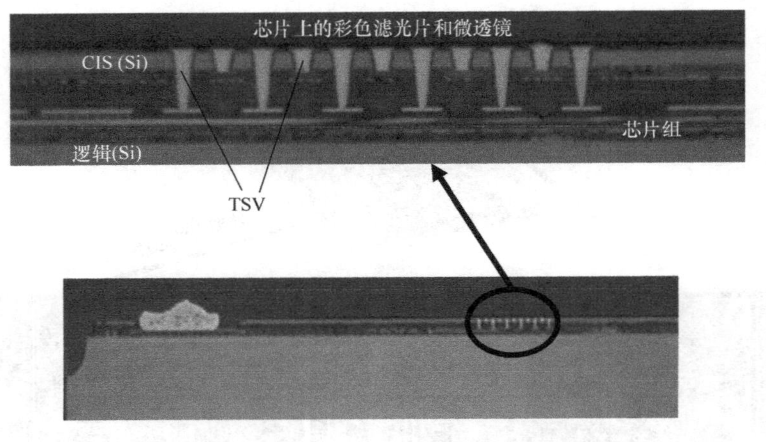

图 13-6　连接 CIS 像素芯片和逻辑电路芯片的 TSV

13.4　3D CIS 和 IC 集成

13.4.1　结构 ★★★

图 13-7 显示了本章参考文献[5]中介绍的 3D CIS 和 IC 集成。它由 CIS、协处理器 IC 和玻璃载体组成。CIS 的 I/O 数为 80，IC 的 I/O 数为 164。CIS 和协处理器的大小不一样。CIS 的尺寸为 5mm×4.4mm，IC 的尺寸为 3.4mm×3.5mm。IC 和 CIS 分别如图 13-8a 和 b 所示，并面对背键合，如图 13-7 所示。CIS 和 IC 的互连采用的是带有 SnAg 焊料帽层的 Cu 柱。TSV 位于 CIS 中，通过焊料凸点连接到基板。RDL 位于 CIS 和协处理器 IC 中。

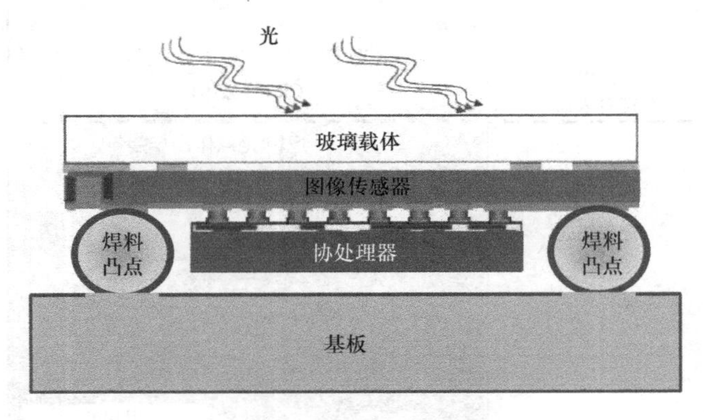

图 13-7　3D CIS 和处理器 IC 集成

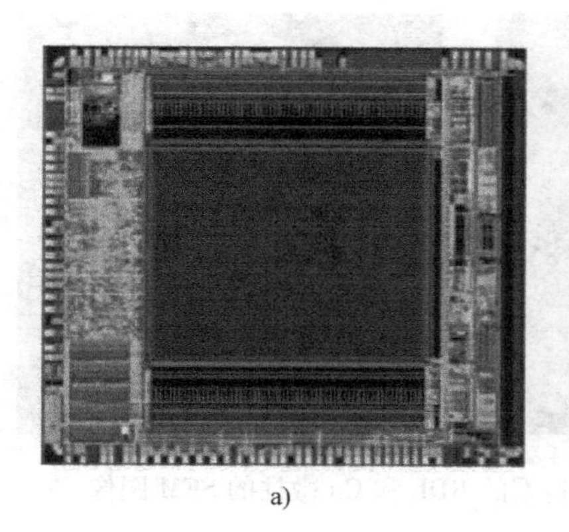
a)

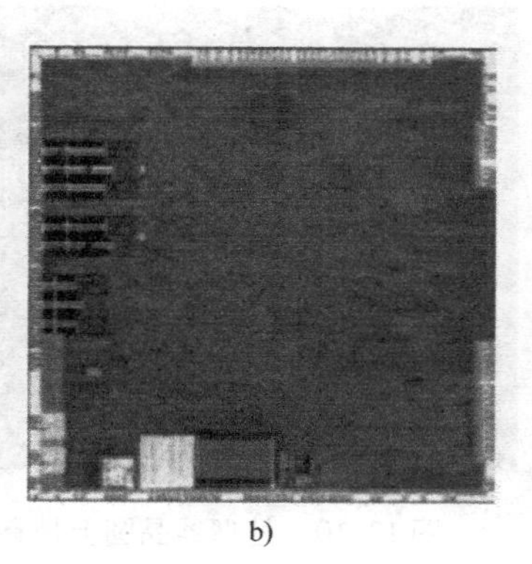
b)

图　13-8
a）CIS 像素芯片　b）处理器芯片

13.4.2　协处理器晶圆制造工艺流程 ★★★

协处理器晶圆的制造工艺流程如图 13-9 所示。在 BEOL 之后，通过 PVD 溅射阻挡层/种子层（Ti/Cu）。接着使用导线上键合（Bond - on - Trace，BOT）光刻制造 RDL，然后电化学淀积（Electrochemical Deposition，ECD）SiN（500nm）和通过化学气 CVD 淀积低应力 SiO_2（600nm）钝化。Cu 柱的直径为 20μm，而 Cu 柱（12μm）是通过在 Ti（100nm）阻挡层和 Cu（400nm）种子层上电镀制造的。然后，电镀 Ni（2μm）和 SnAg（2μm）。最后，在 260℃ 下回流。图 13-10显示了 RDL 和 RDL 上的微米级 Cu 柱的 SEM 图像。

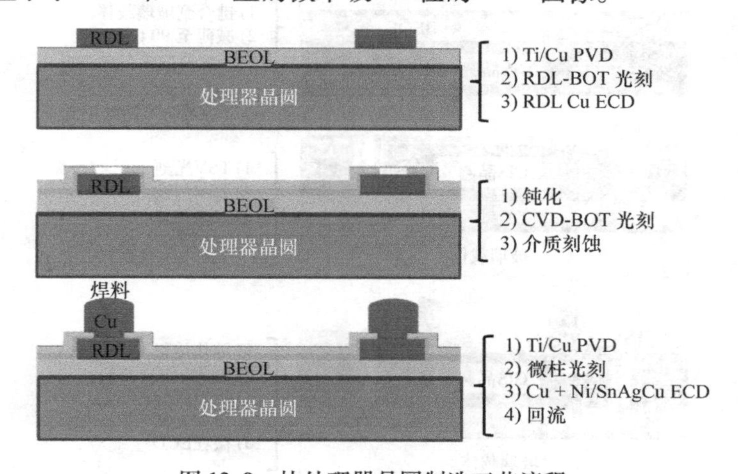

图 13-9　协处理器晶圆制造工艺流程

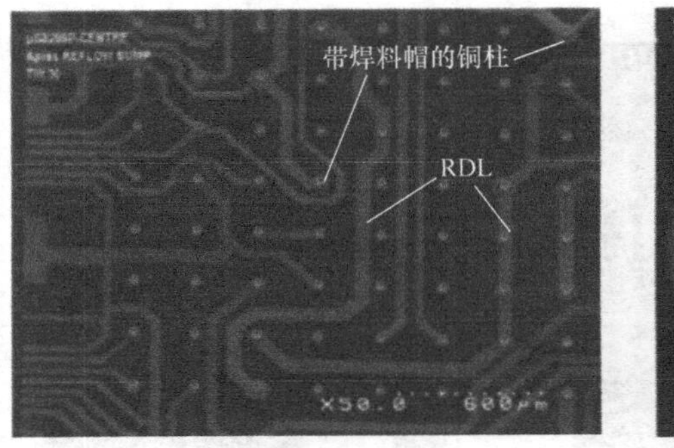

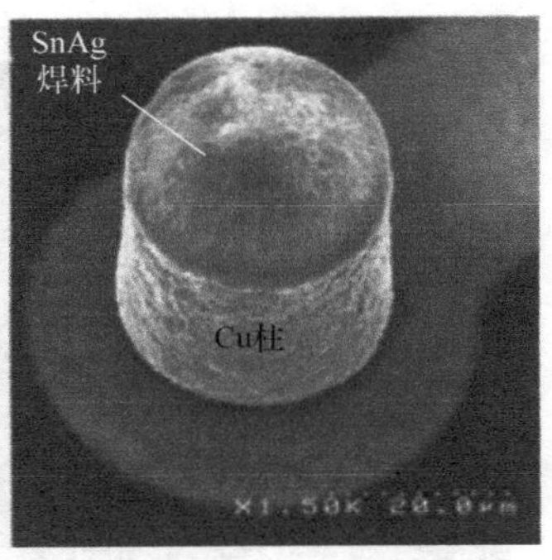

图 13-10　处理器晶圆上带有焊料帽的 RDL 和 Cu 微柱的 SEM 图像

13.4.3　CIS 晶圆的制造工艺流程 ★★★

CIS 晶圆的制造工艺流程如图 13-11 所示。在 BEOL 之后，将 CIS 晶圆的正面键合到玻璃载体晶圆上。该玻璃晶圆将充当机械（支撑）载体以及封装的光学部分。使用由 Shin－Etsu MicroSi 提供的 7μm 厚的 SiNR™黏合剂进行键合，在像素阵列周围形成花边图形，如图 13-12 所示。然后将 CIS 晶圆的背面减薄到 90μm，在 CIS 晶圆和 RDL 的背面形成 TSV（直径为 60μm）。接着电镀 25μm 直径的 Cu 微柱（12μm）和焊料帽层（2μm 的 Ni 和 2μm 的 SnAg），并在 260℃下回流。图 13-13 显示了带有焊料（Ni/SnAg）帽和 RDL 的 Cu 微柱的 SEM 图像（这些带有焊料帽的 Cu 柱用于将来与顶部管芯上的 Cu 柱连接）。

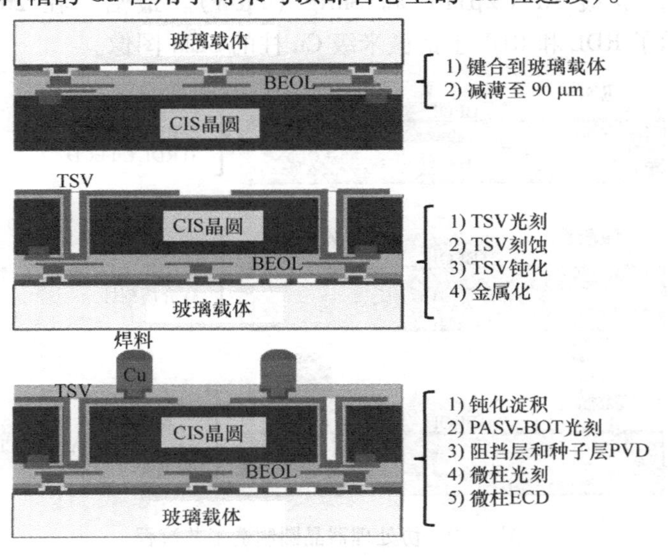

图 13-11　CIS 晶圆的制造工艺流程

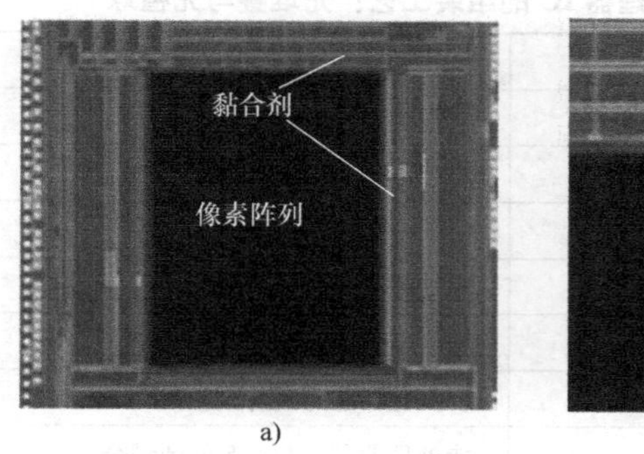

a)

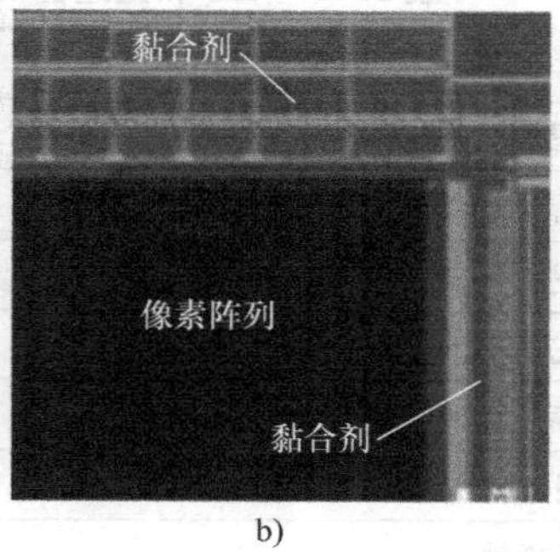

b)

图 13-12
a）带有黏合剂的 CIS 晶圆 b）放大视图

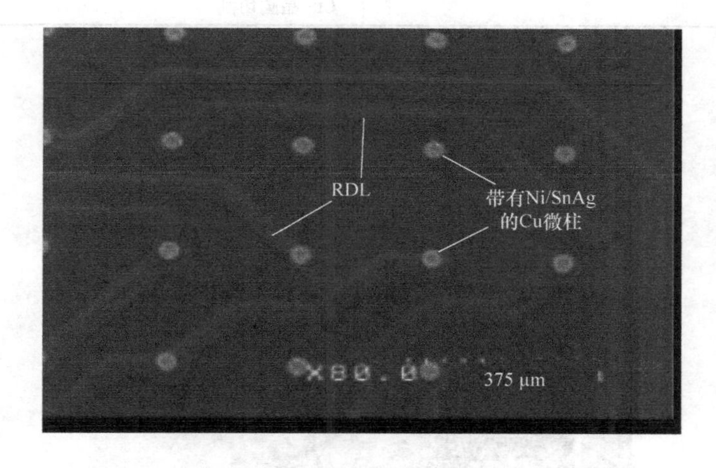

图 13-13 CIS 晶圆上带有焊料帽层的 RDL 和 Cu 微柱的 SEM 图像

13.4.4 最终组装 ★★★

至少有两种方法可以进行最终组装。一种是先将协处理器 IC 芯片堆叠到 CIS 晶圆上（芯片到晶圆或 C2W），然后再做 CIS 晶圆的植球。另一种是先在 CIS 上进行植球，然后再做 IC 芯片到 CIS 晶圆（C2W）键合，见表 13-1。图 13-14显示了组装工艺中的 3D 原型（先植球）：安装的 IC 协处理器和未处理的位置。

表 13-1 CIS 和处理器 IC 的组装工艺：先堆叠与先植球

先堆叠	先植球
协处理器晶圆减薄	CIS 助焊剂点胶
协处理器晶圆切割	CIS 植球
协处理器芯片助焊剂浸渍	CIS 晶圆回流
协处理器芯片与 CIS 晶圆键合	协处理器晶圆减薄
回流和清洗	协处理器晶圆切割
CIS 助焊剂点胶	协处理器芯片助焊剂浸渍
CIS 焊料球喷射	协处理器芯片与 CIS 晶圆键合
CIS 晶圆回流	CIS 晶圆回流
劈刀底部填充	劈刀底部填充
CIS 切割	CIS 晶圆切割

图 13-14 组装工艺中的 3D 原型（先植球）：安装的 IC 协处理器和未处理的位置

13.5 总结和建议

一些重要的结果和建议总结如下：

1）本章介绍了几个真实的 3D CIS 和 IC 集成示例。

2）希望在不久的将来会发布更多该领域的示例。

3）混合 W2W（Cu－Cu 和 SiO_2－SiO_2 同时发生）键合（见图 13-15）最适合 3D CIS 和 IC 集成。然而，应该在制造 TSV 上进行更多的研究和开发工作（仅

一次），因为大多数 TSV 是在 Cu－Cu 键合之前和 SiO_2－SiO_2键合之后制造的。

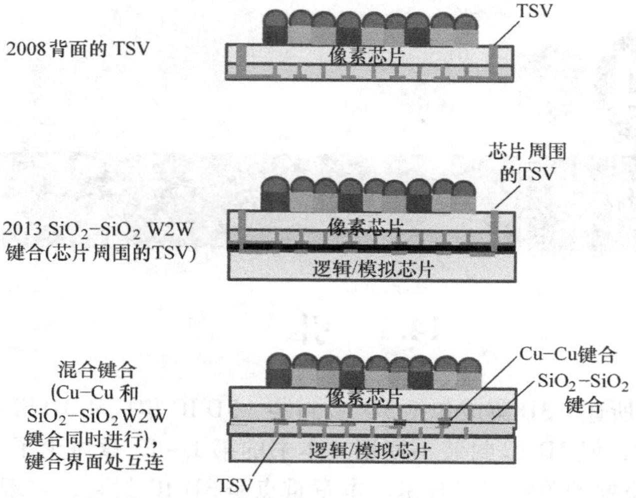

图 13-15 3D CIS 和 IC 集成的趋势

13.6 参考文献

[1] Iwabuchi, S., Y. Maruyama, Y. Ohgishi, M. Muramatsu, N. Karasawa, and T. Hirayama, "A Back-Illuminated High-Sensitivity Small-Pixel Color CMOS Image Sensor with Flexible Layout of Metal Wiring," *Proceedings of IEEE/ISSCC*, San Francisco, CA, February 2006, pp. 16.8.1–16.8.8.

[2] Wakabayashi, H. K. Yamaguchi, M. Okano, S. Kuramochi, O. Kumagai, S. Sakane, M. Ito, et al., "A 1/2.3-inch 10.3Mpixel 50frame/s Back-Illuminated CMOS Image Sensor," *Proceedings of IEEE/ISSCC*, San Francisco, CA, February 2010, pp. 411–412.

[3] Sukegawa, S., T. Umebayashi, T. Nakajima, H. Kawanobe, K. Koseki, I. Hirota, T. Haruta, et al., "A 1/4-inch 8Mpixel Back-Illuminated Stacked CMOS Image Sensor," *Proceedings of IEEE/ISSCC*, San Francisco, CA, February 2013, pp. 484.

[4] Rhodes, H., D. Tai, Y. Qian, D. Mao, V. Venezia, W. Zheng, Z. Xiong, et al., "The Mass Production of BSI CMOS Image Sensors," *Proceedings of International Image Sensor Workshop*, 2009, pp. 27–32.

[5] Coudrain, P., D. Henry, A. Berthelot, J. Charbonnier, S. Verrun, R. Franiatte, N. Bouzaida, et al., "3D Integration of CMOS Image Sensor with Coprocessor Using TSV last and Micro-Bumps Technologies," *Proceedings of IEEE/ECTC*, Las Vegas, NV, May 2013, pp. 674–682.

[6] Tetsuo Nomoto1 Swain, P. K., and D. Cheskis, "Back-Illuminated Image Sensors Come to the Forefront," *Photonics Spectra*, http://www.photonics.com/Article.aspx?AID=34685.

第14章 3D IC封装

14.1 引　　言

如第1章所述，3D集成包括3D IC封装、3D IC集成和3D Si集成。3D IC/Si集成使用TSV，但3D IC封装不使用。本书的第1～13章讨论了TSV，它是3D IC/Si集成最重要的关键实现技术。本章重点是3D IC封装，它现在已经成熟地用于制造，而它的一些最新进展已经使3D IC/Si集成进入量产。重点放在通过引线键合进行芯片堆叠，叠层封装（Package－on－Package，PoP），扇入晶圆级封装（Wafer－Level Package，WLP），扇出嵌入式晶圆级封装（embedded WLP，eWLP）和嵌入式板级封装（embedded Panel－Level Package，ePLP）。

14.2 采用引线键合的芯片堆叠

常见的3D IC封装之一是使用Au和Cu线进行引线键合的3D芯片堆叠。

14.2.1 Au线 ★★★

图14-1示意性地显示了由nCHIP[1]20年前发布的通过裸芯片连接材料和Au线键合实现在3D存储器芯片的堆叠。从那时起，Au引线键合的存储器芯片（尤其是NAND Flash）的3D堆叠进入了大批量的生产。此外，该技术已经发展到如图14-2所示的阶段。

14.2.2 Cu线和Ag线 ★★★

由于Au价格的飙升和Cu（甚至Al）引线键合技术的研发进展，许多公司已经从Au转向Cu引线键合，如图14-3所示。2014年Au线和Cu（包括PdCu）线的使用量几乎持平。在过去的几年中，Ag线引起了一些关注。

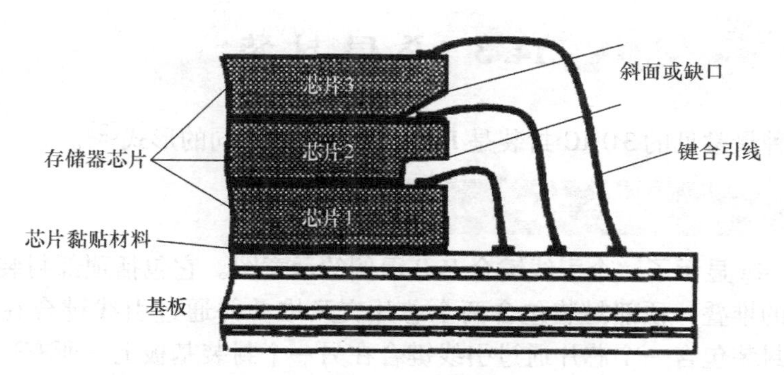

图 14-1　通过芯片黏贴和引线键合堆叠的存储器芯片[1]

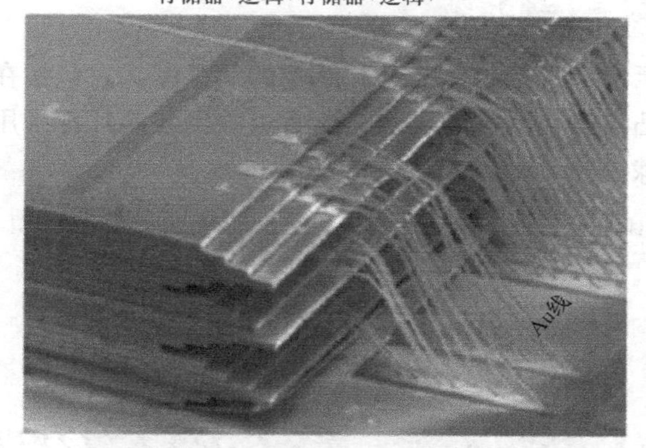

图 14-2　Hynix 使用存储器 + 逻辑 + 存储器 + 逻辑 + …使用引线键合的堆叠

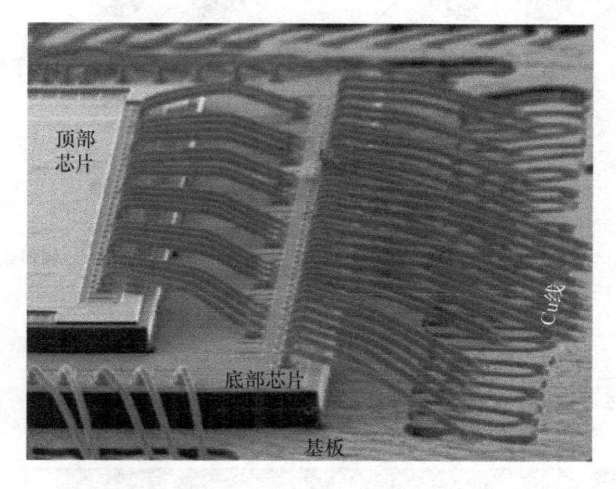

图 14-3　Amkor 使用 Cu 线的 3D IC 封装

14.3 叠层封装

另一种最常见的3D IC封装是PoP，它有很多不同的形式[2]。

14.3.1 引线键合PoP ★★★

图14-4a显示了一个引线键合PoP示例的示意图。它包括顶部封装的堆叠和底部封装的堆叠，顶部封装包含两个芯片交叉堆叠并通过引线键合在封装基板上，底部封装包含一个芯片通过引线键合在另一个封装基板上。所有这些芯片都是包胶注塑的，而所有这些基板都带有焊料球。

14.3.2 倒装芯片PoP ★★★

图14-4b显示了一个倒装芯片PoP示例的示意图。它包括在基板封装上堆叠两个相同的焊料凸点连接的倒装芯片。所有这些倒装芯片都采用底部填充，所有基板都带有焊料球。

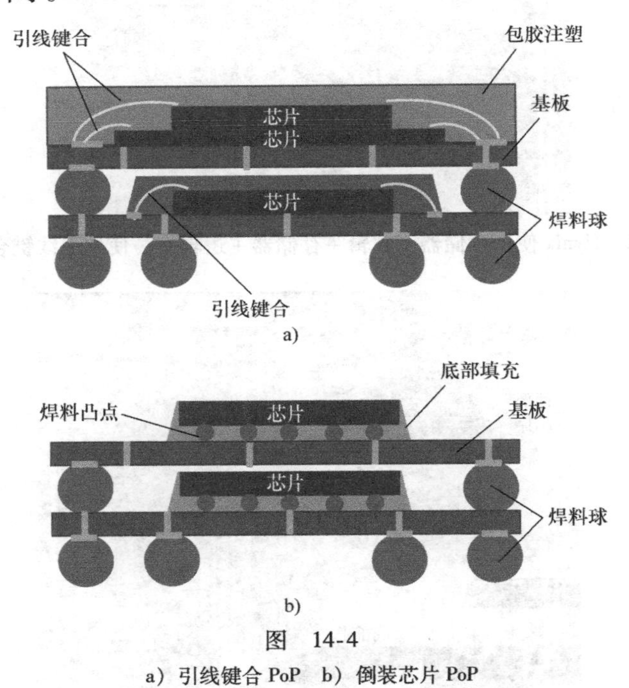

图 14-4
a）引线键合PoP　b）倒装芯片PoP

14.3.3 倒装芯片封装上的引线键合封装 ★★★

图14-5示意性地显示了倒装芯片封装上的引线键合封装的横截面。可以看

出，顶部封装包含引线键合芯片，底部封装包含倒装芯片。一个真实的例子如图 14-6所示，它是 iPhone 5s 的横截面。

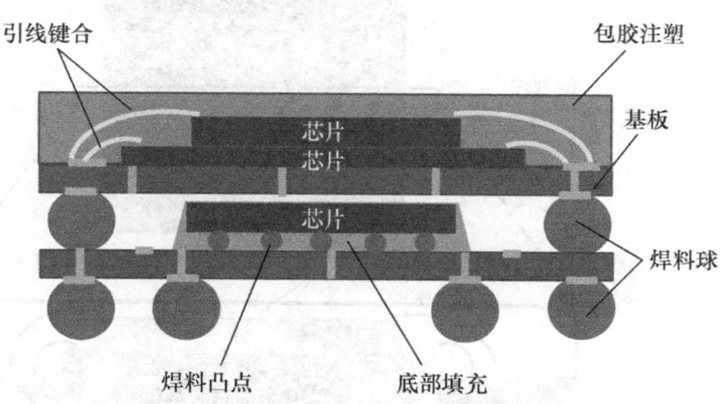

图 14-5　倒装芯片封装上的引线键合封装

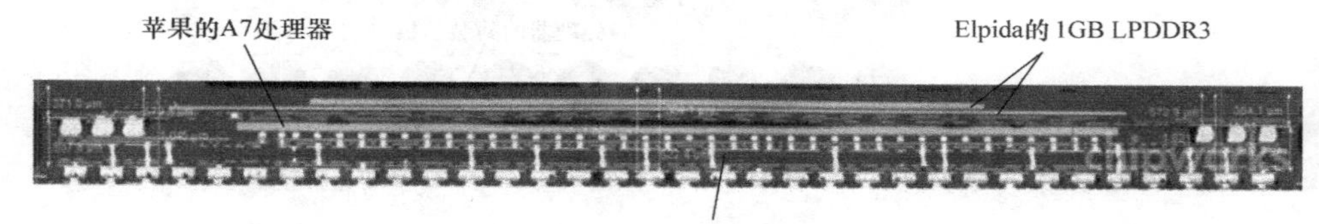

图 14-6　显示 iPhone 5s 应用处理器芯片组的横截面图

14.3.4　iPhone 5s 中的 PoP ★★★

iPhone 5s 是高端智能手机之一。图 14-7 显示了 iPhone 5s 内部 PoP 中的应用处理器（Application Processor，AP）芯片组。从横截面示意图可以看出，顶部封装包含了 Elpida（现在的 Micron）的 1GB LPDDR3（低功耗双倍数据速率类型 3）移动随机存取存储器（Random Access Memory，RAM）芯片（约 11mm × 7.8mm），交叉堆叠并通过引线键合在无芯细间距球栅阵列（Fine – Pitch Ball Grid Array，FBGA）封装基板上，然后包胶注塑。FBGA 上有三排（456 个）焊料球（见图 14-8）。底部封装包含 64 位 A7 处理器芯片（约 10mm × 10mm），它是在具有 38 × 34 = 1292 个焊料球的积层封装基板上通过焊料凸点连接的倒装芯片。

图 14-9 显示了支持 A7 处理器的封装基板的横截面。可以看出，它是一个 2 – 2 – 2（两个核心层和两个积层在其顶侧和底侧）的简单基板，其中嵌入了两个 0201 和一个 0402 无源转接板。可控塌陷芯片连接（Controlled – Collapse Chip Connection，C4）凸点连接的 A7 处理器芯片的焊盘间距约为 200μm，而球栅阵列焊料球的焊盘间距约为 400μm。积层封装基板有足够的增长空间。

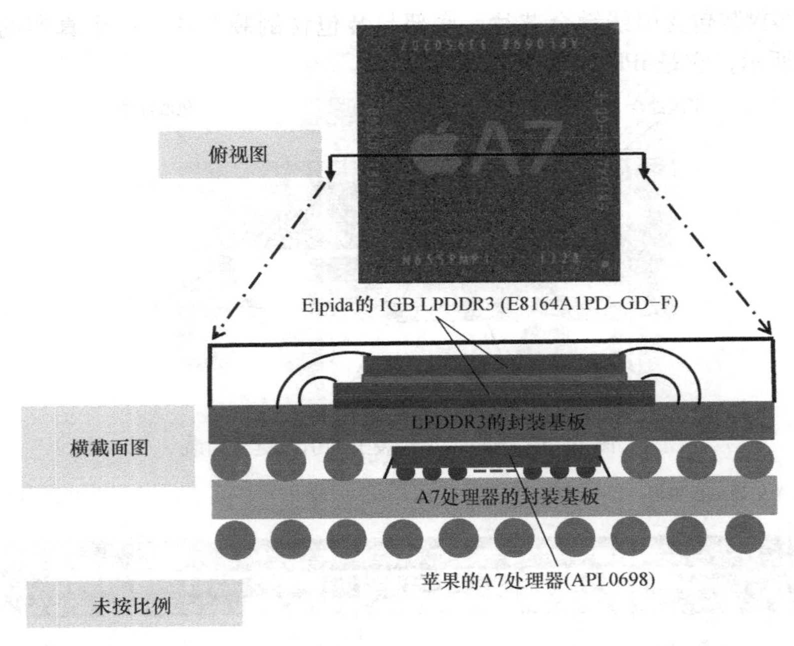

图 14-7 iPhone 5s 内部 PoP（用于移动 DRAM 和 A7 处理器）的俯视图和横截面图

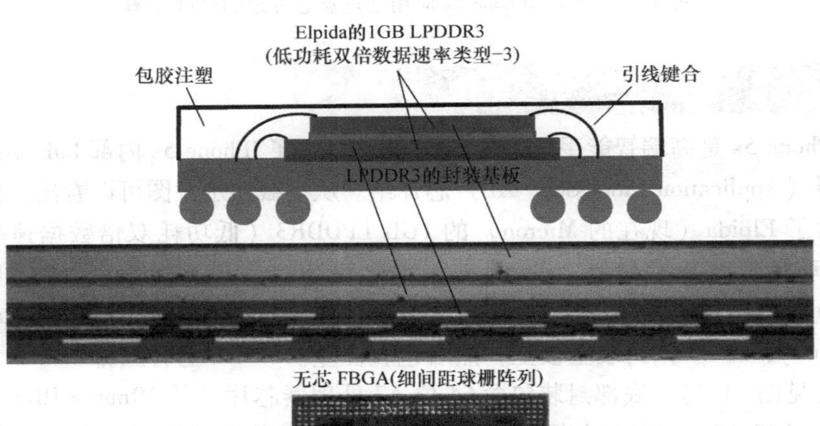

图 14-8 iPhone 5s 内部 PoP 顶部封装中的移动 DRAM

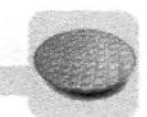

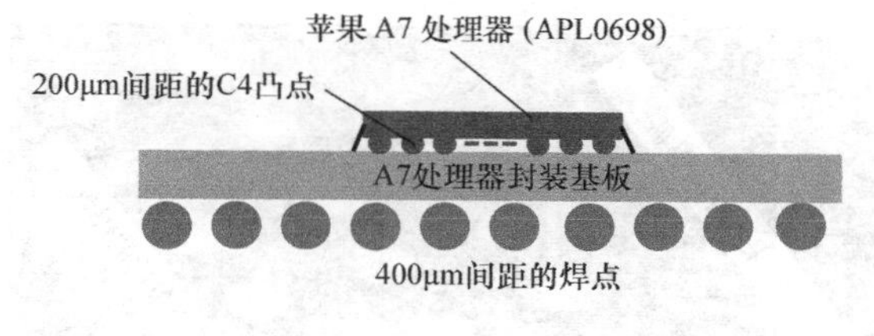

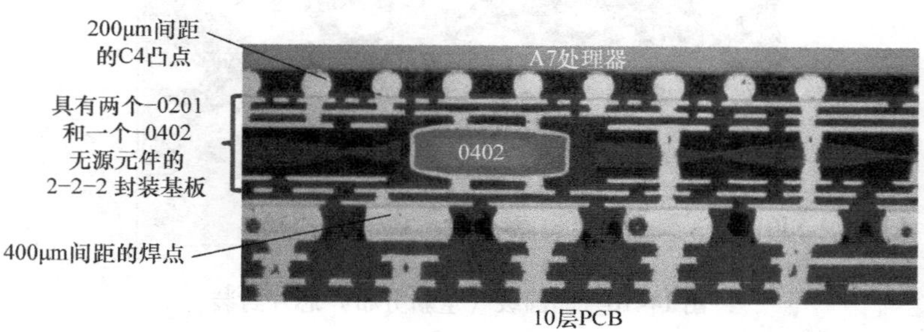

图 14-9　iPhone 5s 内部 PoP 中的 A7 处理器倒装芯片的底部封装

14.4　晶圆级封装

对于常规的 IC 封装，首先将 IC 晶圆切割成单个 IC 芯片，然后进行封装。对于 WLP，在 IC 封装过程中，如焊料凸点制造，IC 晶圆是完整的。完成所有工艺后，将晶圆切割成单独的封装。因此，WLP 技术带来了晶圆级芯片封装（Wafer - Level Chip Scale Package，WLCSP）[3,4]。

14.4.1　扇入晶圆级封装 ★★★

晶圆上的大部分芯片都带有外围焊盘，如图 14-10 所示。普通的倒装芯片技术是通过晶圆凸点制造在外围焊盘上形成凸点。扇入 WLP（WLCSP）的独特特点是使用金属层将芯片上间距非常细的外围阵列焊盘重新分布到具有更大焊料凸点的更大间距区域的焊盘阵列。

图 14-11 显示了一个方形芯片（9.64mm×9.64mm），晶圆上有 144 个外围焊盘阵列。焊盘尺寸为 0.1mm×0.1mm，间距为 0.25mm。在晶圆顶部添加金属层意味着芯片上的细间距外围焊盘阵列可以重新分布到更大间距和面积的焊盘阵列。在这种情况下，间距为 0.75mm，焊盘尺寸为直径 0.3mm。图 14-11 的右侧显示了重新分布的详细信息。可以看出，焊料凸点由 Cu 柱（芯）支撑，通过 TiCu UBM 连接到重新分布的 Cu - Ni 焊盘。重新分布的金属层由 Cu - Ni 制成，如图 14-12 [5,6] 所示。

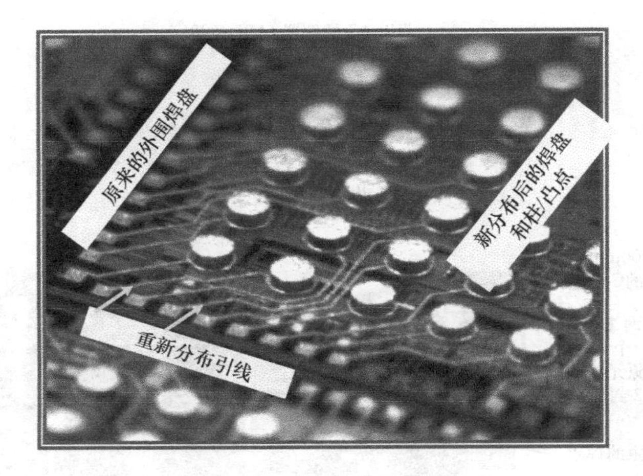

图 14-10　晶圆级（重新分布）芯片封装

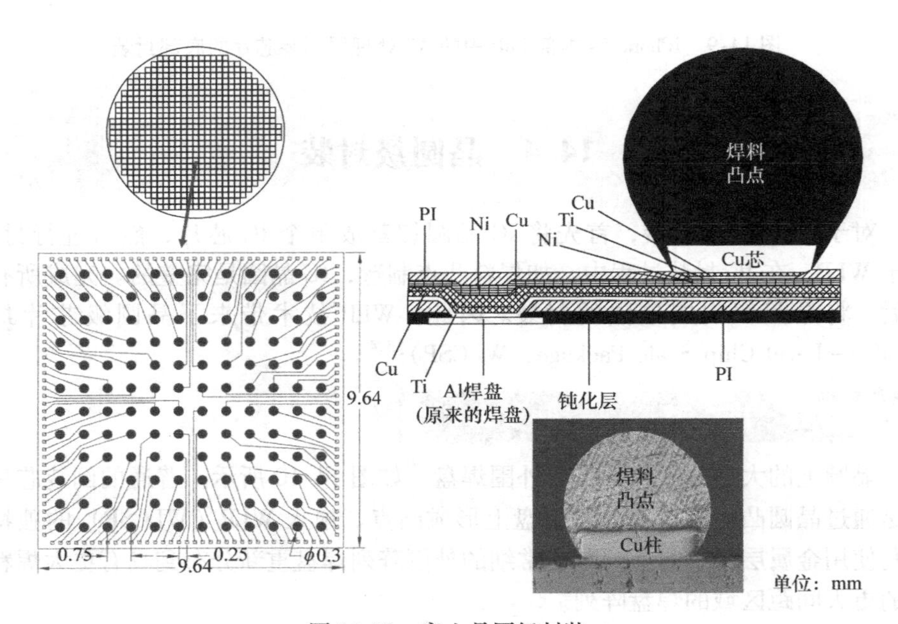

图 14-11　扇入晶圆级封装

14.4.2　芯片－芯片的 3D 晶圆级封装 ★★★

图 14-13 显示了 3D 芯片到芯片互连的示意图[7,8]。它由与子芯片面对面连接的母芯片组成，母芯片的背面可以连接到散热片（如有必要，则还可以连接热沉）。整个模块（通过倒装芯片母芯片）连接到刚性或柔性基板，它是一种不使用 TSV[7,8] 的 3D IC 封装。

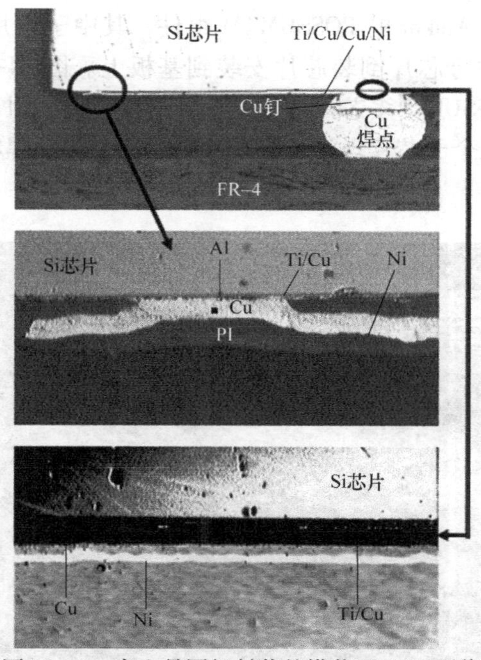

图 14-12　扇入晶圆级封装的横截面 SEM 图像

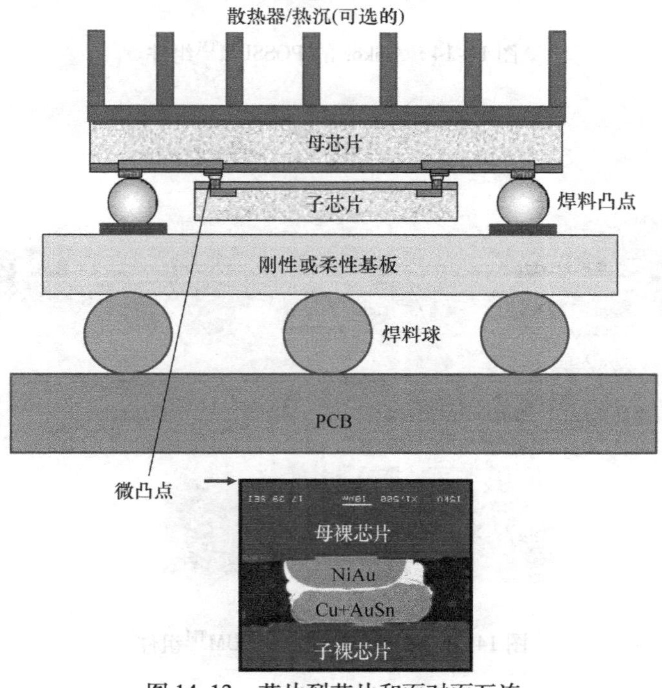

图 14-13　芯片到芯片和面对面互连

图 14-14 显示了 Amkor 的 POSSUMTM 组件，其中子芯片与较大的母芯片面对面安装[9]。然后将母芯片倒装芯片安装到基板上。图 14-15 显示了 Amkor 的不使用 TSV 的双 POSSUM™ 多芯片堆叠结构。可以看出，祖母级芯片支撑着母芯片，也就是支撑着三个子芯片。祖母级芯片是封装基板上焊料凸点连接的倒装芯片，连接到 PCB 上。

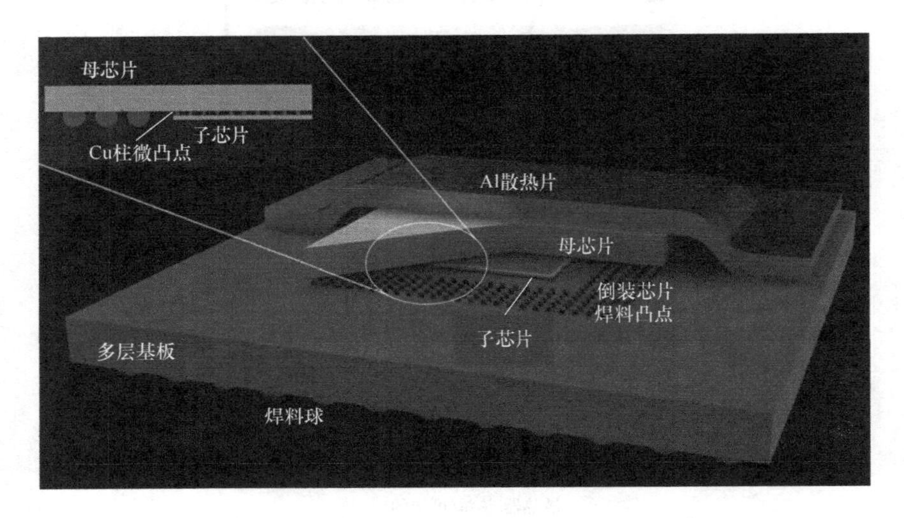

图 14-14　Amkor 的 POSSUM™ 组件

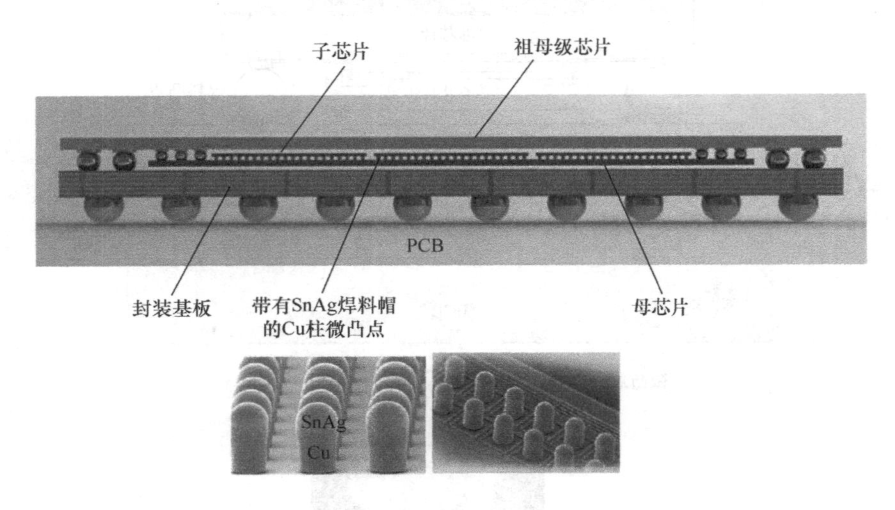

图 14-15　Amkor 的双 POSSUM™ 组件

14.5 扇出 eWLP

这项技术有几个不同的名称。Infineon 将其称为嵌入式晶圆级球栅阵列(embedded Wafer - Level Ball Grid Array，eWLB)[10-17]。Freescale 将其称为 RCP 重新分布的芯片封装（Redistributed Chip Package，RCP)[18,19]。业界将其称为扇出 eWLP 或简称为 eWLP。ASE、STATSChipPAC、STMicroelectronics 一直在与 Infineon 合作开发 eWLB 技术，而 NEPES 一直在与 Freescale 合作开发 RCP 技术。

14.5.1 扇出 eWLP ★★★

图 14-16 和图 14-17 分别显示了 Infineon 和 Freescale 的关键工艺步骤，可以看出它们非常相似。首先，对晶圆进行好的裸芯片（Known - Good Dies，KGD）测试，然后将其分割成单个管芯。然后将 KGD 面朝下放置在重新配置的（临时）晶圆（基板）上，该晶圆可以是圆形或矩形的。之后，对重新配置的晶圆进行包胶注塑。接下来移除基板并翻转整个注塑件（带有 KGD)，并制作用于信号、电源和接地的 RDL。最后，安装并切割焊球。图 14-18 显示了一个典型 eWLP 的分解图。

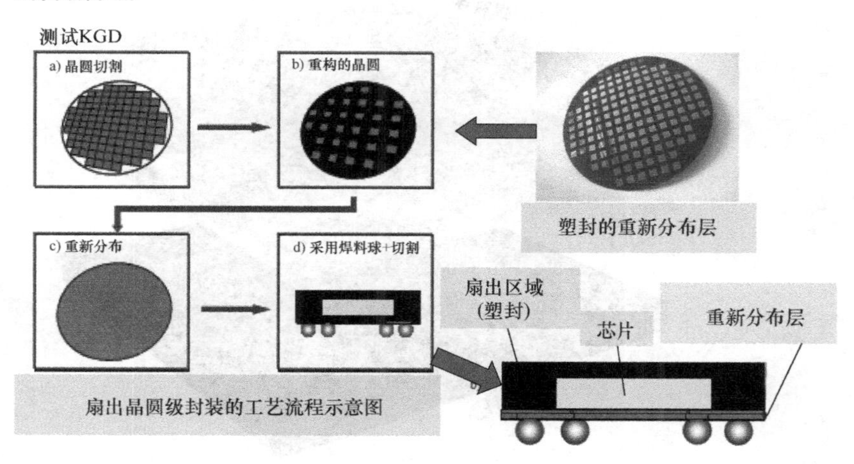

图 14-16 Infineon 的嵌入式晶圆级球栅阵列

顾名思义，WLP 和 eWLP 都在研究晶圆。它们之间最大的区别在于对 WLP，晶圆上的好芯片和坏芯片在加工过程中会受到相同的处理。而对于 eWLP，只有 KGD 将在重新配置的晶圆上进行处理。

对 eWLP 与塑料球栅阵列（Plastic Ball Grid Array，PBGA）中流行的焊料凸点连接的倒装芯片进行比较，如图 14-19 所示。可以看出，eWLP 消除了焊料凸

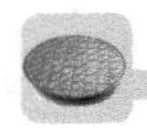

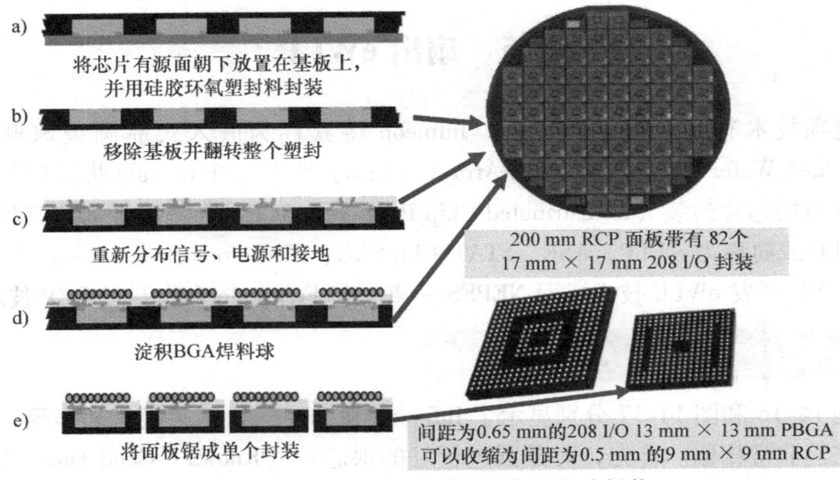

图 14-17　Freescale 的重新分布的芯片封装

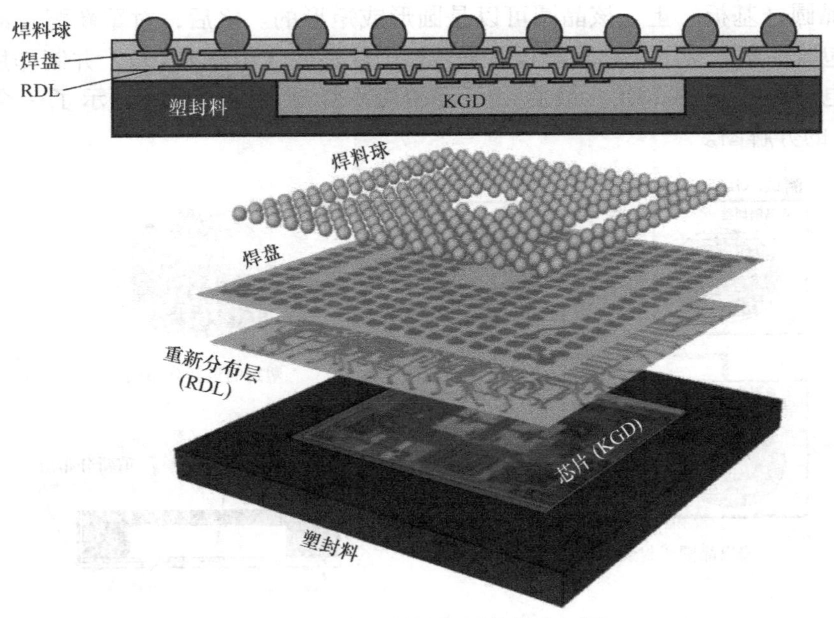

图 14-18　扇出晶圆级封装的分解图

点，消除了底部填充，消除了有机基板而用 RDL 取代，eWLP 的刚度由塑封和芯片提供，而 eWLP 的尺寸小于 PBGA 的尺寸（较低的外形）。

由于热压塑封，翘曲控制是 eWLP 的一大挑战。应提高环氧塑封料（Epoxy Molding Compound，EMC）中二氧化硅填料颗粒的含量（>85%），以增加刚度以抵抗翘曲。

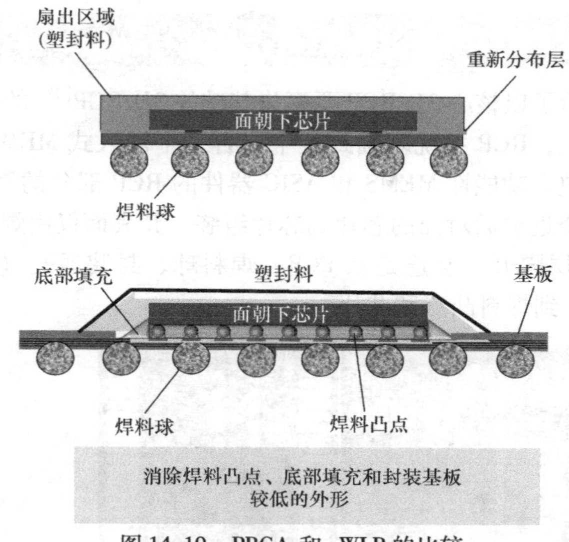

图 14-19　PBGA 和 eWLP 的比较

14.5.2　3D eWLP——双芯片堆叠 ★★★

图 14-20 显示了以 eWLP 格式堆叠和封装的两个芯片[20-26]。可以看出芯片 1（7mm×7mm）比芯片 2（5mm×5mm）大，芯片 1 和芯片 2 用切割片贴膜（0.025mm）贴合，芯片 1 和芯片 2 的互连是铜柱，它们通过 RDL 连接，并且芯片 1、芯片 2 和铜柱是包胶注塑的。

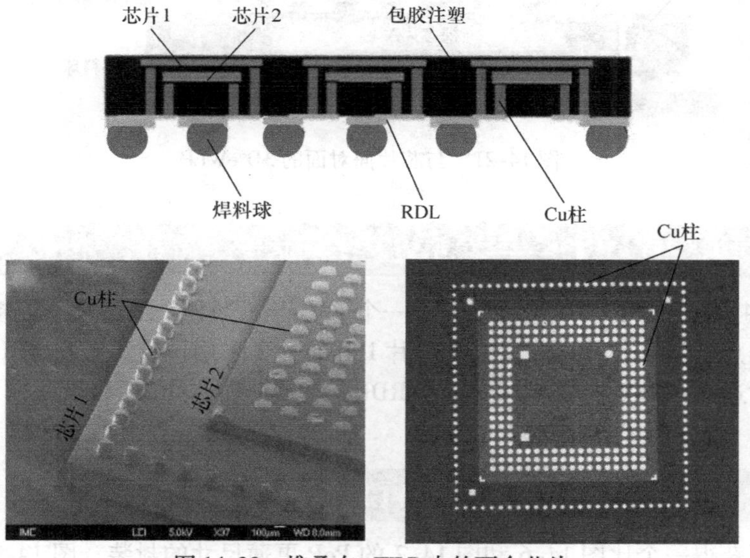

图 14-20　堆叠在 eWLP 中的两个芯片

14.5.3 3D eWLP——在 eWLP 上的芯片（面对面）★★★

图 14-21 显示了以核心 3D RCP 要素为基础的 3D RCP[19] 的俯视图和横截面图。在这个基础上，RCP 系统基础封装中包含一个嵌入式 MEMS 器件及其配对的控制器芯片。包含功能性 MEMS 和 ASIC 器件的 RCP 部分的厚度约为 600μm。此外，还包括一个近乎面对面的芯片到芯片组装，其表面仅由焊料凸点和一个用于 RCP 布线的单层隔开。互连是从 PCB、焊料球、封装通孔（Through Package Via，TPV）、RDL 到焊料凸点和芯片。

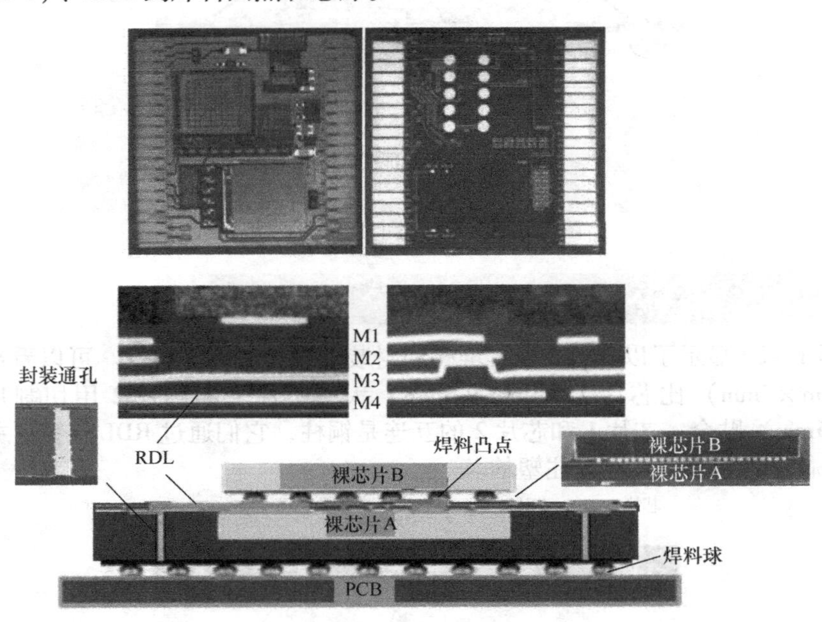

图 14-21 与芯片面对面的 3D eWLP

14.5.4 3D eWLP——在 eWLP 上的芯片（面对背）★★★

图 14-22 显示了 3D eWLP。它由一个 eWLP[15,16] 和一个面朝下连接到 eWLP 的焊料凸点的倒装芯片组成，其中芯片 1 和芯片 2 采用包胶注塑和 RDL。互连是通过塑封通孔从 PCB、焊料球到下部 RDL、芯片 1 和芯片 2，以及上部 RDL 和芯片 3。

14.5.5 3D eWLP——在 eWLP 上的封装 ★★★

为了获得一个比图 14-6 和图 14-7 的 PoP 更薄尺寸的封装，图 14-23 给出了一个 3D eWLP[17] 的横截面 SEM 图像。它由底部封装，即 eWLP（取代图 14-6和

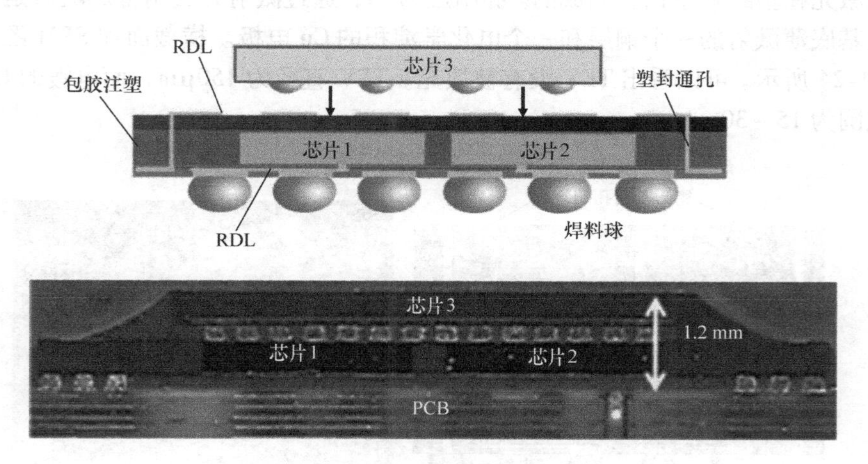

图 14-22　芯片面对背的 3D eWLP

图 14-7 的焊料凸点连接的倒装芯片封装）和顶部封装，即存储器封装组成。可以看出，eWLP 只有 450μm 厚，eWLP 包含一个应用处理器，顶部封装厚 520μm，它包含采用引线键合的存储器芯片，并且互连是从 PCB 焊料球，RDL 到处理器，以及焊料球，RDL 到存储器芯片。

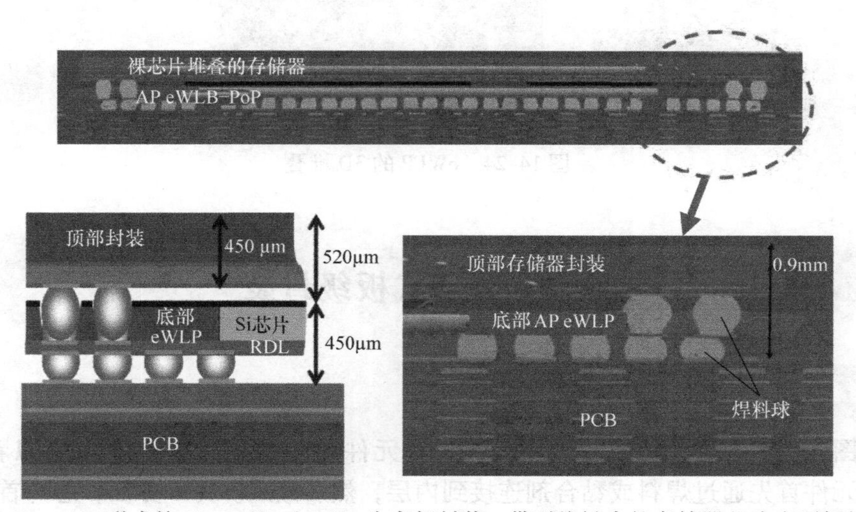

图 14-23　PoP 形式的 3D eWLP（eWLP 为底部封装，带引线键合的存储器芯片为顶部封装）

14.5.6　3D eWLP——在 eWLP 上的 eWLP ★★★

图 14-24 示意性地显示了 Infineon 在 eWLP 上的 eWLP[27,28]。eWLP 之间的垂直互连通过焊点和通过密封剂通孔（Through Encapsulant Via，TEV）。TEV 是

通过激光在塑封料中钻孔制成的。黏附层为 Ti，通过溅射方法制备。随后是作为电镀基底薄溅射的一个铜层和一个电化学淀积的 Cu 电极。横截面和 SEM 图像如图 14-24 所示。可以看出 TEV 没有被填充。TEV 直径为 150μm，而电镀的 Cu 厚度范围为 15 ~30μm。

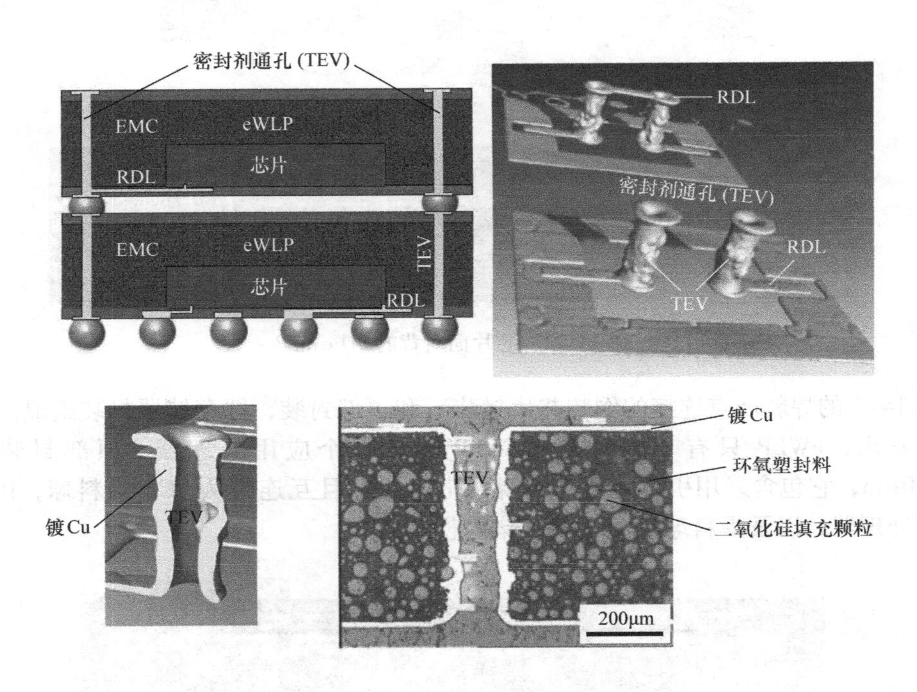

图 14-24　eWLP 的 3D 堆叠

14.6　嵌入式板级封装

14.6.1　优势和劣势 ★★★

图 14-25 示意性地显示了嵌入式无源元件和芯片。从图 14-25a 可以看出，无源元件首先通过焊料或黏合剂连接到内层，然后嵌入。另一方面，芯片首先安装在内层/衬底上，然后嵌入，通过钻孔和 Cu 电镀连接，如图 14-25b 所示。嵌入无源元件和芯片的优点是尺寸薄、面板大、成本低，小电感具有更好的电学性能，以及易于扩展到 3D 芯片堆叠。缺点是不能返工，基础设施和供应链不完善。

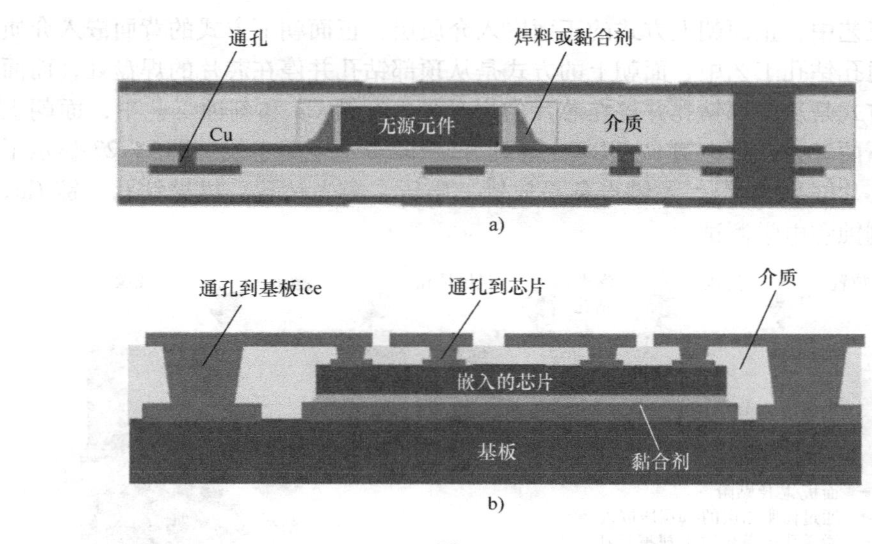

图　14-25
a）嵌入的无源元件　b）嵌入的芯片

14.6.2　不同芯片嵌入工艺 ★★★

至少有两种方法可以将芯片嵌入到板中，即面朝上和面朝下。图 14-26 显示了面朝上和面朝下工艺的示意图。可以看出，在芯片贴附工艺中，对于正面方式，芯片的背面贴附到衬底，对于面朝下的方式，芯片的正面贴附到衬底；在嵌

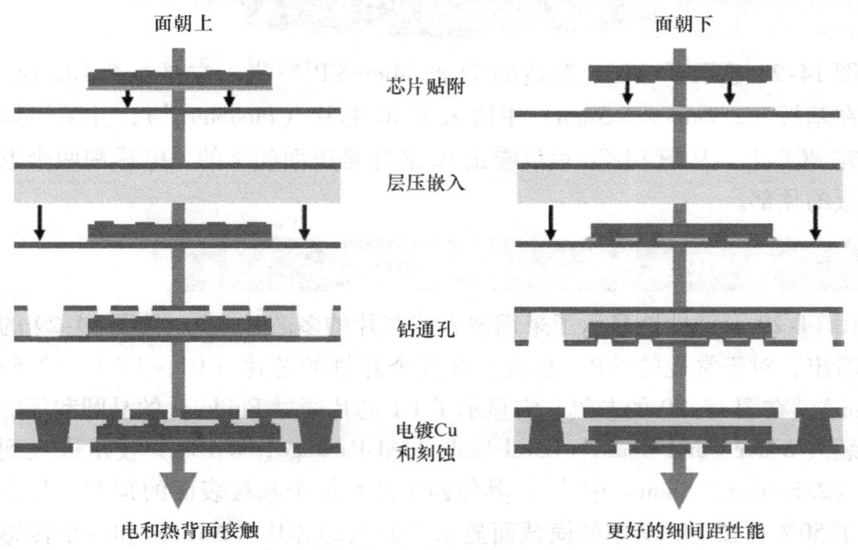

图 14-26　嵌入式芯片正面朝上和正面朝下的制作工艺

入层压工艺中，正面朝上方式的正面嵌入介质层，正面朝下方式的背面嵌入介质层；在通孔钻孔工艺中，面朝上的方式是从顶部钻孔并停在芯片的焊盘处，而面朝下的方式是从底部钻孔并停在芯片的焊盘处；在镀 Cu 和刻蚀工艺中，面朝上和面朝下两种方式都电镀 Cu 以填充通孔并制作/刻蚀电路走线。图 14-27 显示了典型的芯片嵌入线[29]。关键设备是放置、层压、激光钻孔、机械钻孔、镀 Cu、成像、刻蚀和电学测试。

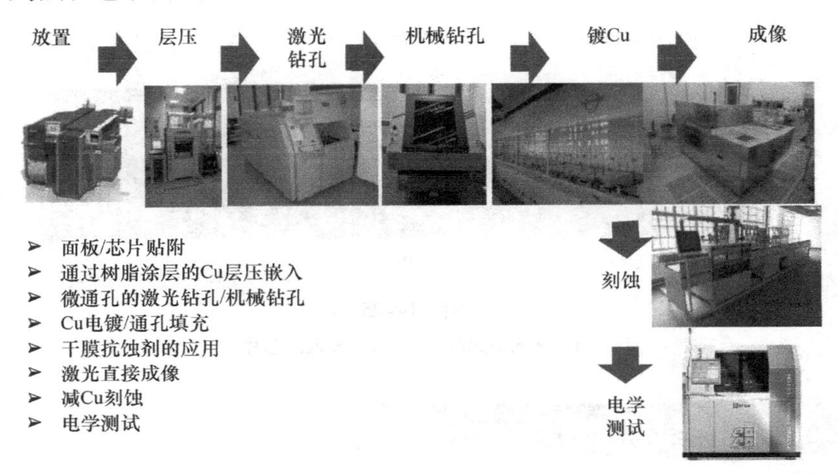

图 14-27　基板/电路板组装线/设备中嵌入的芯片

14.6.3　SiP 刚性基板中嵌入的芯片 ★★★

图 14-28 显示了 AT&S 制造的 TI 的 MicroSiP™[30]。它是一个 DC/DC 转换器，在基板（2.9mm×2.3mm）中嵌入了 IC 芯片（PicoStar™），并采用焊料球贴附在 PCB 上。从图 14-28 可以看出 IC 芯片是正面朝下的。电感和两个电容位于基板的顶部。

14.6.4　SiP 柔性基板中嵌入的 3D 芯片 ★★★

图 14-29 示意性地显示了采用嵌入式芯片的多芯片 SiP。从图 14-29 的左侧可以看出，对于常规的 SiP，基板上有五个并排的芯片（U1 ~ U5）（3.5mm×3.5mm）。在图 14-29 的左侧，它显示了 U1 芯片通过 Fujikura 的晶圆和板级嵌入式封装（Wafer - and Board - Level Embedded Package，WABE）技术嵌入到柔性基板（2.5mm×2.5mm）中[31]。其他四个芯片位于基板表面的顶部。封装尺寸减小了 50%。图 14-29 中的横截面显示了嵌入的芯片（ASIC）和一个传感器芯片（其他三个芯片不在照片图像中）。这是一个嵌入芯片的 3D IC 封装，所有的

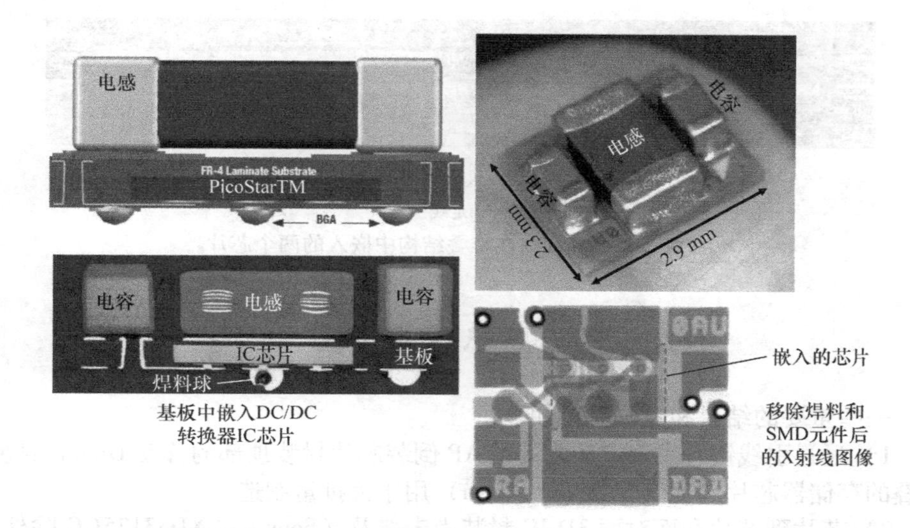

图 14-28 TI 的在 DC/DC 转换器刚性基板上嵌入的芯片

芯片都塑封在一起。

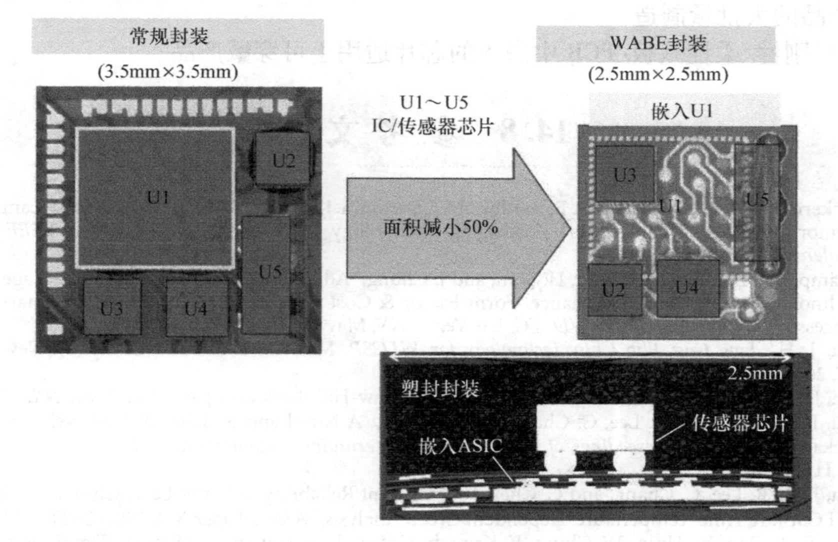

图 14-29 Fujikura 在 3D SiP 柔性基板中嵌入的芯片

14.6.5 SiP 柔性基板中嵌入的 3D 芯片堆叠 ★★★

图 14-30 显示了多层板的横截面照片图像，其中嵌入了两个堆叠结构的芯片[32]，采用 WABE 技术制造。这些芯片的最小厚度为 85μm，它们通过 Cu 走线和通孔互连。该板有九层，总厚度为 0.55mm。

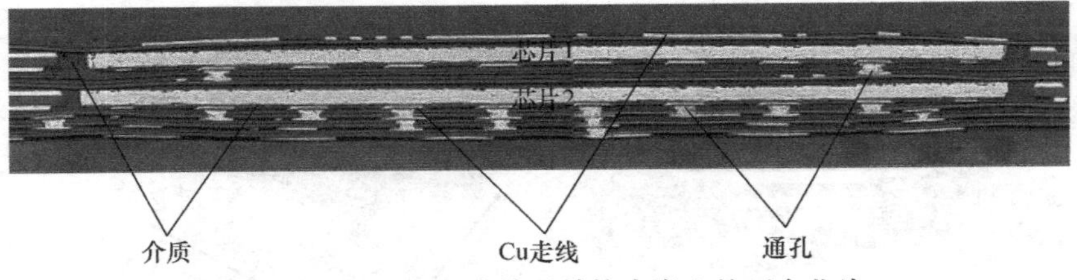

图 14-30　Fujikura 在堆叠结构中嵌入的两个芯片

14.7　总结和建议

一些重要的结果和建议总结如下：

1）通过引线键合和 PoP（尤其是 AP 倒装芯片封装顶部的移动 DRAM 封装）堆叠的存储器芯片（尤其是 NAND Flash）用于大批量制造。

2）芯片到芯片和面对面 3D IC 封装尚未普及（Sony 的 CXD53135GG 除外），然而，它们的时代很快就会到来。

3）扇出 eWLP 现在用于小批量制造，但它将会用于智能手机和平板电脑等移动产品的大批量制造。

4）刚性/柔性基板/PCB 中嵌入的芯片适用于可穿戴产品。

14.8　参 考 文 献

[1] Tuckerman, D. B., L. O. Bauer, N. E. Brathwaite, J. Demmin, K. Flatow, R. Hsu, P. Kim, et al., "Laminated Memory: A New 3-Dimensional Packaging Technology for MCMs," *Proceedings of IEEE/MCM Conference*, 1994, pp. 58–63.

[2] Eslampour, H., M. Joshi, S. Park, H. Shin, and J. Chung, "Advancements in Package-on-Package (PoP) Technology, Delivering Performance, Form Factor & Cost Benefits in Next Generation Smartphone Processors," *Proceedings of IEEE/ECTC*, Las Vegas, NV, May 2013, pp. 1823–1828.

[3] Lau, J. H., *Low Cost Flip Chip Technology for WLCSP*, McGraw-Hill Book Company, New York, NY, 2000.

[4] Lau, J. H., and S. W. R. Lee, *Chip Scale Package*, McGraw-Hill Book Company, New York, NY, 1999.

[5] Lau, J. H., T. Chung, R. Lee, C. Chang, and C. Chen, "A Novel and Reliable Wafer-Level Chip Scale Package (WLCSP)," *Proceedings of the Chip Scale International Conference*, SEMI, September 1999, pp. H1–H8.

[6] Lau, J. H., R. Lee, C. Chang, and C. Chen, "Solder Joint Reliability of Wafer Level Chip Scale Package (WLCSP): A Time-Temperature-Dependent Creep Analysis," *ASME Paper NO. 1999-IMECE/EEP-5*.

[7] Lim, S., V. Rao, W. Hnin, W. Ching, V. Kripesh, C. Lee, J. H. Lau, et al., "Process Development and Reliability of Microbumps," *IEEE Transactions on CPMT*, Vol. 33, No. 4, December 2010, pp. 747–753.

[8] Lim, S., V. Rao, H. Yin, W. Ching, V Kripesh, C. Lee, J. H. Lau, et al., "Process Development and Reliability of Microbumps," *IEEE/EPTC Proceedings*, Singapore, December 2008, pp. 367–372.

[9] Sutanto, J., "POSSUM™, "Die Design as a Low Cost 3D Packaging Alternative," *3D Packaging*, Issue No. 25, November 2012, pp. 16–18.

[10] Brunnbauer, M., E. Fürgut, G. Beer, T. Meyer, H. Hedler, J. Belonio, E. Nomura, et al., "An Embedded Device Technology Based on a Molded Reconfigured Wafer," *Proceedings of IEEE/ECTC*, May 2006, pp. 547–551.

[11] Brunnbauer, M., E. Furgut, G. Beer, and T. Meyer, "Embedded Wafer Level Ball Grid Array (eWLB)," *Proceedings of IEEE/EPTC*, Singapore, December 2006, pp. 1–5.

[12] Meyer, T., G. Ofner, S. Bradl, M. Brunnbauer, and R. Hagen, "Embedded Wafer Level Ball Grid Array (eWLB)," *Proceedings of IEEE/EPTC*, Singapore, December 2008, pp. 994–998.
[13] Brunnbauer, M., T. Meyer, G. Ofner, K. Mueller, and R. Hagen, "Embedded Wafer Level Ball Grid Array (eWLB)," *Proceedings of IEEE/IEMTS*, 2008, pp. 1–6.
[14] Pressel, K., G. Beer, T. Meyer, M. Wojnowski, M. Fink, G. Ofner, and B. Römer, "Embedded Wafer Level Ball Grid Array (eWLB) Technology for System Integration," *Proceedings of Japan IEEE/CPMT Symposium*, 2010, pp. 1–4.
[15] Yoon, S., J. Caparas, Y. Lin, and P. Marimuthu, "Advanced Low Profile PoP Solution with Embedded Wafer Level PoP (eWLB-PoP) Technology," *Proceedings of IEEE/ECTC*, May 2012, pp. 1250–1254.
[16] Jin, Y., J. Teysseyrex, X. Baraton, S. Yoon, Y. Lin, P. Marimuthu, "Development of Next General eWLB (Embedded Wafer Level BGA) Technology," *Proceedings of IWLPC*, San Jose, CA, November 2011, pp. 7.1–7.7.
[17] Yoon, S., P. Tang, R. Emigh, Y. Lin, P. C. Marimuthu, and R. Pendse, "Fanout Flipchip eWLB (embedded Wafer Level Ball Grid Array) Technology as 2.5D Packaging Solutions," *Proceedings of IEEE/ECTC*, Las Vegas, NV, May 2013, pp. 1855–1860.
[18] Keser, B., C. Amrine, T. Duong, O. Fay, S. Hayes, G. Leal, W. Lytle, et al., "The Redistributed Chip Package: A Breakthrough for Advanced Packaging," *Proceedings of IEEE/ECTC*, May 2007, pp. 286–291.
[19] Hayes, S., N. Chhabra, T. Duong, Z. Gong, D. Mitchell, and J. Wright, "System-in-Package Opportunities with the Redistributed Chip Package (RCP)," *Proceedings of IWLPC*, November 2011, pp. 10.1–10.7.
[20] Sharma, G., V. Rao, A. Kumar, Y. Lim, K. Houe, S. Lim, J. H. Lau, et al., "Design and Development of Multi-Die Laterally Placed and Vertically Stacked Embedded Micro-Wafer-Level Packages," *IEEE Transactions on CPMT*, Vol. 1, No. 5, May 2011, pp. 52–59.
[21] Sharma, G., S. Vempati, A. Kumar, N. Su, Y. Lim, K. Houe, J. H. Lau, et al., "Embedded Wafer Level Packages with Laterally Placed and Vertically Stacked Thin Dies," *IEEE/ECTC Proceedings*, San Diego, CA, May 2009, pp. 1537–1543.
[22] Lim, Y., X. Xiao, R. Vempati, S. Nandar, K. Aditya, J. H. Lau, J. H. Lau, et al., "High Quality and Low Loss Millimeter Wave Passives Demonstrated to 77-GHz for SiP Technologies Using Embedded Wafer-Level Packaging Platform (EMWLP)," *IEEE Transactions on Advanced Packaging*, Vol. 33, 2010, pp. 1061–1071.
[23] Lim, Y., S. Vempati, N. Su, X. Xiao, J. Zhou, A. Kumar, J, H, Lau, et al., "Demonstration of High Quality and Low Loss Millimeter Wave Passives on Embedded Wafer Level Packaging Platform (EMWLP)," *IEEE/ECTC Proceedings*, San Diego, CA, May 2009, pp. 508–515.
[24] Kripesh, V., V. Rao, A. Kumar, G. Sharma, K. Houe, X. Zhang, J, H, Lau, et al., "Design and Development of a Multi-Die Embedded Micro Wafer Level Package," *IEEE Proceedings of IEEE/ECTC*, Orlando, FL, May 2008, pp. 1544–1549.
[25] Khong, C., A. Kumar, X. Zhang, S. Gaurav, S. Vempati, V. Kripesh, J. H. Lau, et al., "A Novel Method to Predict Die Shift During Compression Molding in Embedded Wafer Level Package," *IEEE/ECTC Proceedings*, San Diego, CA, May 2009, pp. 535–541.
[26] Kumar, A., D. Xia, V. Sekhar, S. Lim, C. Keng, S. Gaurav, J, H, Lau, et al., "Wafer Level Embedding Technology for 3D Wafer Level Embedded Package," *IEEE/ECTC Proceedings*, San Diego, CA, May 2009, pp. 1289–1296.
[27] Wojnowski, M., G. Sommer, K. Pressel, and G. Beer, "3D eWLB – Horizontal and Vertical Interconnects for Integration of Passive Components," *Proceeding of IEEE/ECTC*, May 2013, pp. 2121–2125.
[28] Wunderle, B., J. Heilmann, S. G. Kumar, O. Hoelck, H. Walter, O. Wittler, G. Engelmann, et al., "Accelerated Reliability Testing and Modeling of Cu-Plated Through Encapsulant Vias (TEVs) for 3D-Integration," *Proceeding of IEEE/ECTC*, May 2013, pp. 372–382.
[29] Lang, K.-D., "Advanced Embedding Technologies – Core Process for Panel Level Packaging," *Embedded Technology Forum, SEMICON Taiwan*, September 2012.
[30] Texas Instruments, *Design Summary for MicroSiP™-enabled TPS8267xSiP*, Dallas, TX, First Quarter, 2011.
[31] Itoi, K., M. Okamoto, Y. Sano, N. Ueta, S. Okude, O. Nakao, T. Tessier, et al., "Laminate Based Fan-Out Embedded Die Packaging Using Polyimide Multilayer Wiring Boards," *Proceedings of IWLPC*, San Jose, CA, November 2011, pp. 7.8–7.14.
[32] Munakata, K., N. Ueta, M. Okamoto, K. Onodera, K. Itoi, S. Okude, O. Nakao, et al., "Polyimede PCB Embedded with Two Dies in Stacked Configuration," *Proceedings of IWLPC*, San Jose, CA, November 2013, pp. 5.1–5.6.

John H.Lau
3D IC Integration and Packaging
978-0-07-184806-0
Copyright © 2016 by McGraw-Hill Education.

All Rights reserved. No part of this publication may be reproduced or transmitted inany form or by any means, electronic or mechanical, including without limitation photocopying, recording, taping, or any database, information or retrieval system, without the prior written permission of the publisher。

This authorized Chinese translation edition is published by McGraw-Hill Education in arrangement with McGraw-Hill Education (Singapore) Pte. Ltd. This edition is authorized for sale in the Chinese mainland (excluding Hong Kong SAR, Macao SAR and Taiwan)。

Translation Copyright © 2023 by McGraw-Hill Education (Singapore) Pte. Ltd. and China Machine Press.

版权所有。未经出版人事先书面许可，对本出版物的任何部分不得以任何方式或途径复制传播，包括但不限于复印、录制、录音，或通过任何数据库、信息或可检索的系统。

本授权中文简体翻译版由麦格劳－希尔教育出版公司和机械工业出版社合作出版。此版本经授权仅限在中国大陆地区（不包括香港、澳门特别行政区及台湾地区）销售。

翻译版权© 2023由麦格劳－希尔教育（新加坡）有限公司与机械工业出版社所有。

本书封底贴有McGraw-Hill Education公司防伪标签，无标签者不得销售。

北京市版权局著作权合同登记号：01-2021-6189

图书在版编目（CIP）数据

三维芯片集成与封装技术 /（美）刘汉诚著；杨兵译．— 北京：机械工业出版社，2023.2（2024.5重印）

（微电子与集成电路先进技术丛书）

书名原文：3D IC Integration and Packaging

ISBN 978-7-111-71973-1

Ⅰ．①三…　Ⅱ．①刘…　②杨…　Ⅲ．①集成芯片 - 封装工艺　Ⅳ．① TN430.5

中国版本图书馆 CIP 数据核字（2022）第 207923 号

机械工业出版社（北京市百万庄大街 22 号　邮政编码 100037）
策划编辑：江婧婧　　　　责任编辑：江婧婧　翟天睿
责任校对：樊钟英　贾立萍　封面设计：鞠　杨
责任印制：刘　媛
涿州市般润文化传播有限公司印刷
2024 年 5 月第 1 版第 2 次印刷
169mm × 239mm · 29 印张 · 562 千字
标准书号：ISBN 978-7-111-71973-1
定价：189.00 元

电话服务　　　　　　　网络服务
客服电话：010-88361066　机　工　官　网：www.cmpbook.com
　　　　　010-88379833　机　工　官　博：weibo.com/cmp1952
　　　　　010-68326294　金　　书　　网：www.golden-book.com
封底无防伪标均为盗版　　机工教育服务网：www.cmpedu.com